简明现代建筑工程手册系列

简明现代建筑幕墙设计手册

Concise Manual of Modern Building Curtain Wall Design

唐兴荣　编著

机械工业出版社
CHINA MACHINE PRESS

本书是一部系统介绍现代建筑幕墙（采光顶）设计的工具书。全书共 16 章，主要内容包括建筑幕墙的分类及其应用，建筑幕墙材料力学性能，建筑幕墙物理性能，幕墙结构的选型与设计思维，幕墙结构设计的基本原则，玻璃面板设计，全玻璃幕墙设计，框支承玻璃幕墙设计，点支式玻璃幕墙设计，玻璃采光顶设计，石材幕墙设计，金属幕墙设计，建筑幕墙节能设计，建筑幕墙防火设计，建筑幕墙防雷设计以及建筑幕墙抗震设计等。依据国家现行的幕墙材料、设计、施工及性能检测相应的标准、规范、规程，对各类建筑幕墙（采光顶）的材料选择、结构选型和设计思维、建筑幕墙性能、建筑幕墙设计计算及构造措施等进行系统阐述，并给出了各类建筑幕墙（采光顶）相应的设计计算例题或设计实例。

本书可供从事建筑幕墙（采光顶）设计、施工、检测等工作的技术人员、科研人员以及高等院校幕墙工程专业师生参考使用。

图书在版编目（CIP）数据

简明现代建筑幕墙设计手册/唐兴荣编著 . —北京：
机械工业出版社，2022.10
（简明现代建筑工程手册系列）
ISBN 978-7-111-71258-9

Ⅰ.①简⋯ Ⅱ.①唐⋯ Ⅲ.①幕墙－建筑设计－手册
Ⅳ.①TU227-62

中国版本图书馆 CIP 数据核字（2022）第 131673 号

机械工业出版社（北京市百万庄大街 22 号 邮政编码 100037）
策划编辑：薛俊高 责任编辑：薛俊高 范秋涛
责任校对：刘时光 封面设计：张 静
责任印制：李 昂
北京联兴盛业印刷股份有限公司印刷
2022 年 10 月第 1 版第 1 次印刷
184mm×260mm·36.75 印张·2 插页·911 千字
标准书号：ISBN 978-7-111-71258-9
定价：128.00 元

电话服务 网络服务
客服电话：010-88361066 机 工 官 网：www.cmpbook.com
010-88379833 机 工 官 博：weibo.com/cmp1952
010-68326294 金 书 网：www.golden-book.com
封底无防伪标均为盗版 机工教育服务网：www.cmpedu.com

前　言

自 1981 年我国第一片玻璃幕墙出现以来，建筑幕墙技术在我国已经历了四十余年的发展，建筑幕墙（采光顶）新技术、新材料、新工艺不断涌现，世界上先进的幕墙设计技术、新的幕墙施工工艺、复杂的建筑幕墙（采光顶）工程在我国都得到了应用，并积累了丰富的工程实践经验，推动了我国建筑幕墙（采光顶）技术的迅猛发展。

编者多年从事幕墙工程专业相关课程的教学工作以及建筑幕墙设计、施工和性能检测的技术咨询，在收集大量建筑幕墙（采光顶）工程最新技术资料的基础上，依据国家现行的幕墙材料、设计、施工、性能检测相应的标准、规范、规程对已有《建筑幕墙设计》讲义进行补充、更新和完善，编写成本书。本书编写过程中体现了以下几个方面的特点：

（1）新颖性　本书所引用的标准、规范、规程均为建筑幕墙（采光顶）设计、施工、性能检测现行的标准、规范和规程（截至 2021 年 12 月），建筑幕墙材料标准也是国家现行的标准（截至 2021 年 12 月）。特别是对于《玻璃幕墙工程技术规范》（JGJ102）和《金属与石材幕墙工程技术规范》（JGJ133），均按 2022 年送审稿内容编写。在本书编写过程中，还尽可能体现近年来国内建筑幕墙（采光顶）的新技术、新材料和新工艺。

（2）系统性　本书编写时，将建筑幕墙（采光顶）的材料选择、结构选型和设计思维、建筑幕墙性能、建筑幕墙设计计算及构造措施等所依据的标准、规范和规程及相关知识进行了系统阐述。同时，为帮助读者掌握各类建筑幕墙（采光顶）设计的计算理论和方法，本书还列出了各类建筑幕墙（采光顶）相应的设计计算例题或设计实例。

（3）权威性　对书中引用的标准、规范、规程均进行了严格筛选、仔细核对，保证是现行的标准、规范、规程，确保本书的内容准确可靠，技术先进实用。

本书共 16 章内容，主要内容包括建筑幕墙的分类及其应用，建筑幕墙材料力学性能，建筑幕墙物理性能，幕墙结构的选型与设计思维，幕墙结构设计的基本原则，玻璃面板设计，全玻璃幕墙设计，框支承玻璃幕墙设计，点支式玻璃幕墙设计，玻璃采光顶设计，石材幕墙设计，金属幕墙设计，建筑幕墙节能设计，建筑幕墙防火设计，建筑幕墙防雷设计以及建筑幕墙抗震设计等。

本书可供从事建筑幕墙（采光顶）设计、施工、检测等工作的技术人员、科研人员以及高等院校幕墙工程专业师生参考使用。真心希望本书的出版发行，能为推动我国建筑幕墙（采光顶）技术的创新发展起到一定的作用。

限于编者的水平、工程实践经验，以及收集资料的局限，书中内容定有不妥之处，恳请广大读者批评指正。

编　者
2022 年 2 月 22 日

目　录

第1章

建筑幕墙的分类及其应用

1.1 建筑幕墙的定义

建筑幕墙（curtain wall for building）是指由面板与支承结构体系（支承装置与支承结构）组成的、可相对主体结构有一定位移能力或自身有一定变形能力、不承担主体结构所受作用的建筑外围护结构或装饰性结构。

简言之，幕墙就是建筑的漂亮外衣，是现代大型和（超）高层建筑常用的带有装饰效果的轻质墙体，是利用各种强劲、轻盈、美观的建筑材料取代传统的砖石或窗墙结合的外墙工法，或者说是包围在主结构的外围而使整栋建筑达到美观、节能、智能化等多功能的外墙工法。建筑幕墙由三大系统组成，即面材系统、支承系统和连接系统，如图1-1所示。另外，还有密封系统、防火系统、抗震系统、防雷系统等辅助系统。

建筑幕墙在其构造和功能方面具有以下特点：

1）具有完整的结构体系。建筑幕墙通常是由支承结构和面板组成，支承结构可以是横梁立柱框架、玻璃肋、单独柱或梁、（鱼腹式）钢桁架、预应力拉杆（拉索）桁架、单层索网、自平衡索桁架等。面板可以是玻璃板、石材板、铝板、陶瓷板、金属板、彩色板、彩色混凝土板等。整个建筑幕墙体系通过连接件（如预埋件或化学锚栓）挂在建筑主体结构上。

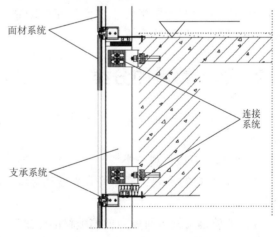

图1-1 建筑幕墙系统示意

2）建筑幕墙自身应能承受风荷载、地震作用和温度作用，并将它们传递到主体结构上。建筑幕墙不分担主体结构所承受的荷载或作用。

3）建筑幕墙应能承受较大的自身平面外和平面内的变形，并具有相对于主体结构较大的变位能力。

4）抵抗温差作用能力强。当外界温度变化时，建筑结构将随着温度的变化发生热胀冷缩现象，应采取设置伸缩缝等措施来减少温差作用对建筑结构引起的不利影响。建筑幕墙属于围护结构，它将整个建筑结构包围起来，使建筑结构不暴露于室外空气中，因此建筑结构由于一年四季季节变化引起的热胀冷缩非常小，减少了由此对建筑结构产生的损害，保证了建筑主体结构在温差作用下的安全。

5）抵抗地震灾害能力强。建筑幕墙的支承结构一般采用铰连接，面板之间留有缝隙，使得建筑幕墙能够承受 1/100~1/60 的大位移（变形），因此幕墙抵抗地震灾害的能力强。历次地震灾害均表明，砌体填充墙和常规玻璃窗常常遭到大量破坏，而各种建筑幕墙，即使是玻璃幕墙也很少有震害的报告，震后大多保持完好。

6）降低基础和主体结构的造价。玻璃幕墙的重量（一般为 350~400kN/m²）只相当于传统砖墙的 1/10，相当于混凝土墙板的 1/7，而且铝单板幕墙更轻，一般为 200~300kN/m²。因此，采用建筑幕墙取代传统的砌体外墙作围护结构极大地减少了主体结构的材料用量，也减轻了基础的荷载，降低了基础和主体结构的造价。

7）可用于既有建筑的更新改造。由于建筑幕墙悬挂于主体结构之外，因此可用于既有建筑的更新改造。在不改动主体结构的前提下，通过外挂幕墙，内部重新装修，则可以比较简便地完成对既有建筑的更新改造。

8）安装速度快，施工周期短。幕墙由钢型材、铝型材、钢拉索和各种面板材料构成，这些型材和板材都能工业化生产，安装方法简便，特别是单元式幕墙，其主要制作安装工作是在工厂完成的，现场施工安装工作工序非常少，因此安装速度快，施工周期短。

9）维修更换简单易行。建筑幕墙构造规格统一，面板材料单一、轻质，安装工艺简便，因此维修更换十分方便。特别是对那些可独立更换单元板块和单元幕墙的构造，维修更换更是简单易行。

10）具有装饰性，建筑效果好。建筑幕墙依据不同的面板材料可以实现实体墙无法达到的建筑效果，如色彩艳丽、多变、充满动感；建筑造型轻巧、灵活；虚实结合，内外交融，具有现代化建筑的特征。

1.2　建筑幕墙的分类

建筑幕墙可根据面板材料、面板支承结构形式、施工方法、发展过程、是否节能以及是否防水气等进行分类。

1. 按幕墙面板材料分类

按面板材料的不同，幕墙可分为玻璃幕墙、石材幕墙、金属板幕墙、人造板材幕墙和组合幕墙等。

1）玻璃幕墙是指面板为玻璃板材的建筑幕墙，包括框支承玻璃幕墙、全玻璃幕墙、点支式玻璃幕墙等。

框支承玻璃幕墙是指面板周边由金属框支承的玻璃幕墙，包括明框玻璃幕墙、隐框玻璃幕墙、半隐框玻璃幕墙。全玻璃幕墙是指由玻璃肋和玻璃面板构成的玻璃幕墙。点支式玻璃幕墙是指由玻璃面板、点支承装置和支承结构构成的玻璃幕墙。

2）石材幕墙是指面板为建筑石材的建筑幕墙，包括花岗岩石材面板、非花岗岩石材面板。非花岗岩石材优先采用火成岩，也可采用砂岩、大理岩、洞石等。

3）金属板幕墙是指面板为金属板材的建筑幕墙，包括单层铝板幕墙、铝塑胶合板幕墙、蜂窝铝板幕墙、不锈钢板幕墙、搪瓷板幕墙等。

4）人造板材幕墙是指面板为瓷板、陶板、微晶玻璃板等的建筑幕墙。

瓷板幕墙是指以建筑幕墙用瓷板（吸水率平均值 $E \leqslant 0.5\%$ 的干压陶瓷板）为面板的人

造板材幕墙。陶板幕墙是指以建筑幕墙用陶板（3% < 吸水率平均值 $E \leqslant 6\%$ 和 $6\% < E \leqslant$ 10% 的挤压陶瓷板）为面板的人造板材幕墙。微晶玻璃板幕墙是指以建筑装饰用微晶玻璃板（通体板材）为面板的人造板材幕墙。

5）组合幕墙是指由不同材料面板（玻璃、金属、石材、人造板等）组成的建筑幕墙。

2. 按幕墙面板支承结构形式分类

按幕墙面板支承结构形式的不同，玻璃幕墙可分为框支承幕墙（明框玻璃幕墙、隐框玻璃幕墙、半隐框玻璃幕墙、干法隐框幕墙）和点支式幕墙等。

明框玻璃幕墙是指金属框架的构件显露于面板外表面的框支承玻璃幕墙。隐框玻璃幕墙是指金属框架的构件完全不显露于面板外表面的框支承玻璃幕墙。半隐框玻璃幕墙是指金属框架的竖向或横向构件显露于面板外表面的框支承玻璃幕墙，包括横明竖隐玻璃幕墙、竖明横隐玻璃幕墙。

3. 按幕墙安装施工方法分类

建筑幕墙按施工方法可分为构件式幕墙、半单元式幕墙和单元式幕墙。

构件式幕墙是指在现场依次安装立柱、横梁和面板的框支承玻璃幕墙，是目前采用较多的幕墙结构形式。幕墙大部分元件在工厂内加工后，运输到现场由安装人员根据设计图样要求，按照竖框、横框及板块的顺序，以散件的形式逐件安装，部分元件现场进行二次加工。这种幕墙具有安装灵活、工期较长，现场作业较多，大量安装工序需要现场进行，现场管理工作量大，对工人素质要求高，安装质量不可控，但维修最方便等特点。图 1-2 为构件式幕墙节点示意。

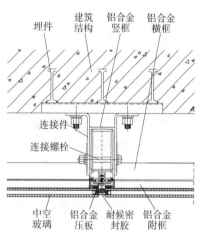

图 1-2　构件式幕墙节点示意

单元式幕墙是指将面板和金属框架（横梁、立柱）在工厂组装为幕墙单元，以幕墙单元形式在现场完成安装施工的框支承玻璃幕墙。幕墙的所有构件在工厂加工完成，并按照施工图样的要求把幕墙各构件组装为独立的板块（一般为一个层高，1~2 个分格宽度），运输到现场直接与主体结构预埋的挂点挂接安装。安装可与主体结构施工同步（相差 5~6 个楼层即可）。单元与单元之间采用阴阳镶嵌的结构形式，即单元组件的左右竖框、上下横框都是和相邻单元组件对插，通过对插的荷载是由单元组件的竖框直接传递到主体结构。图 1-3 为单元式幕墙节点示意。

半单元式幕墙是一种介于构件式幕墙及单

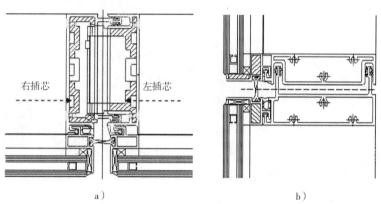

图 1-3　单元式幕墙节点示意

a）竖框节点　b）横框节点

元式幕墙之间的结构。幕墙的所有结构都在工厂加工，除竖框或竖框与横梁组成的框架外所有结构元件在工厂按照设计图样组装为独立的板块（一般为一个分格）后运输到现场，现场竖框安装好后，把组装好的板块与竖框连接。通常有两种结构形式：①竖框先安装在主体结构上，竖框上装有挂接板块的装置，横梁与面板材料组成单元板块，板块挂接在竖框上。竖向接缝在竖框上，横向采用上下单元板块对插接缝，进行接缝处理，形成整片幕墙。②竖框与横梁组成框架，固定于主体结构上，面板组成独立的小板块，挂接于框架上。竖向接缝在竖框上，横向接缝在横梁上，并进行接缝处理，形成整片幕墙。图1-4为半单元式幕墙竖向节点示意。

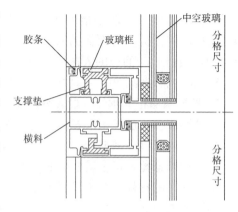

图 1-4　半单元式幕墙竖框节点示意

4. 按幕墙发展过程分类

幕墙按发展过程可分为普通功能型系统和能量转换型系统。其中第一代幕墙系统：构件式幕墙系统，第二代幕墙系统：单元式或半单元式幕墙系统，第三代幕墙系统：点支式幕墙系统。第一～三代幕墙系统属于普通功能型系统。第四代幕墙系统：双层动态节能幕墙系统，第五代幕墙系统：光电智能幕墙系统。第四、第五代幕墙系统属于能量转换型系统。

5. 按幕墙是否节能分类

幕墙按是否节能主要分为非断热系统（图1-5）和断热系统（图1-6）两种。断热系统可采用PVC断热条、穿条式断热条（尼龙66）、注胶断热条（聚氨酯）等。

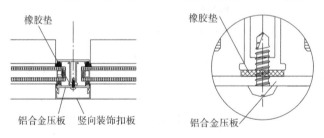

图 1-5　幕墙非断热系统

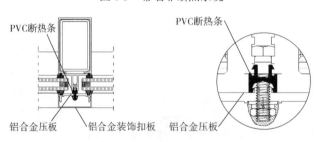

图 1-6　幕墙断热系统（PVC断热条）

6. 按幕墙是否防水气分类

幕墙按是否防水气可分为封闭式建筑幕墙、开放式建筑幕墙等。封闭式建筑幕墙是指要求具有阻止空气渗透和雨水渗漏功能的建筑幕墙。开放式建筑幕墙是指不要求具有阻止空气渗透或雨水渗漏功能的建筑幕墙，包括遮挡式、开缝式建筑幕墙。

1.2.1　玻璃幕墙

现代玻璃幕墙基本可分为以下四类：框支承玻璃幕墙、全玻璃幕墙、点支式玻璃幕墙以及双层动态节能玻璃幕墙。

1. 框支承玻璃幕墙

框支承玻璃幕墙包括明框玻璃幕墙、全隐框玻璃幕墙、半隐框玻璃幕墙、干法隐框幕墙四种，半隐式又分横明竖隐和横隐竖明两种。按照装配方式又可分为压块式、挂接式两种。

压块式构件幕墙也称为"元件式构件幕墙"：玻璃板块采用浮动式连接结构，吸收变位能力强。定距压紧式压块，保证使每一玻璃板块压紧力均匀，玻璃平面变形小，镀膜玻璃的外视效果良好。硬性接触处采用弹性连接，能够实现建筑上的平面幕墙和曲面幕墙效果。拆卸方便，易于更换，便于维护。

挂接式构件幕墙也称"小单元式构件幕墙"：玻璃面板连接采用浮动式伸缩结构，可适应变形，安装简捷，易于调整，适用于平面幕墙形式。硬性接触处采用弹性连接，幕墙的隔声效果好。

（1）明框玻璃幕墙　明框玻璃幕墙是指金属框架的构件（横梁、立柱）显露于面板外表面的框支承玻璃幕墙。在明框玻璃幕墙中，玻璃面板采用镶嵌或压扣等机械方式固定在金属框内，成为四边有金属框的幕墙构件，而金属框架的构件（横梁、立柱）显露于玻璃面板外，形成金属框分格明显的立面。明框玻璃幕墙典型节点如图 1-7 所示。

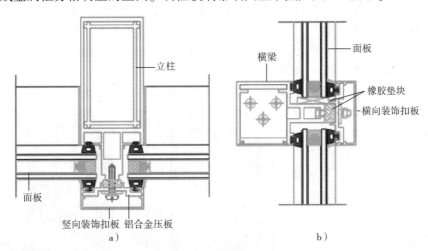

图 1-7　明框玻璃幕墙典型节点

a）竖框节点　b）横框节点

明框玻璃幕墙中外露铝合金型材，金属质感强，从而达到不同的装饰效果。明框玻璃幕墙中通过镶嵌或压扣等机械方式固定玻璃面板，因此相对于隐框玻璃幕墙而言，性能安全可靠。明框玻璃幕墙相对于单元玻璃幕墙而言，造价比较低，应用量大面广，应用最早。明框玻璃幕墙在形式上脱胎于玻璃窗，施工比较方便、容易，所以明框玻璃幕墙至今仍被人们所钟爱。但明框玻璃幕墙相对于单元式玻璃幕墙来说，施工周期较长，安装精度不高。

在明框玻璃幕墙中，不仅玻璃参与室内外传热，铝合金框也参与室内外传热，在一个幕墙单元中，玻璃面积远超过铝合金框的面积，因此玻璃的热工性能在明框玻璃幕墙中占主导地位。

（2）全隐框玻璃幕墙　全隐框玻璃幕墙是指金属框架的构件（横梁、立柱）完全不显露于面板外表面的框支承玻璃幕墙，如图1-8所示。全隐框玻璃幕墙中玻璃用硅酮结构密封胶粘结在金属框上，一般情况下，不需再加金属连接件。隐框幕墙的外立面主要由胶和玻璃组成，金属框全部被玻璃遮挡，看不见装饰扣条，形成大面积的全玻璃镜面效果。

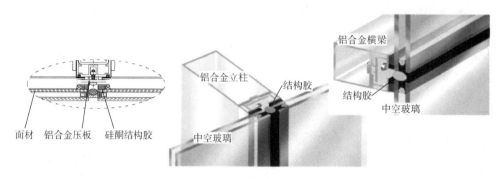

图1-8　全隐框玻璃幕墙

全隐框玻璃幕墙可实现产品标准化、系列化设计，质量稳定可靠，可满足不同的要求。定位安装、定距压紧结构，玻璃板块受力均匀；板块采用浮动式连接结构，平面内变位吸收能力强。建筑立面效果平整、简洁。

在全隐框玻璃幕墙中，只有玻璃参与室内外传热，铝合金框位于玻璃面板的后面，不参与室内外传热，因此玻璃的热工性能决定了全隐框玻璃幕墙的热工性能。

（3）半隐框玻璃幕墙　半隐框玻璃幕墙是指金属框架的竖向或横向构件显露于面板外表面的框支承玻璃幕墙，如图1-9所示。相对于明框玻璃幕墙而言，幕墙元件的玻璃板两对边镶嵌在铝框内，另外两对边采用结构胶直接粘贴在金属框上，构成半隐框玻璃幕墙。

立柱隐蔽、横梁外露的玻璃幕墙称为横明竖隐玻璃幕墙。玻璃自重由固定于横梁的托板承担，结构安全可靠，并可通过改变横向扣板形式来满足不同的建筑立面效果要求。

横梁隐蔽、立柱外露的玻璃幕墙称为横隐竖明玻璃幕墙。玻璃自重由固定于横梁的托板承担，结构安全可靠，并可通过改变竖向扣板形式来满足不同的建筑立面效果要求。

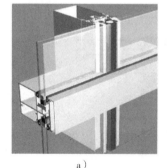

a）　　　　　　　　　　b）

图1-9　半隐框玻璃幕墙
a）竖隐横明玻璃幕墙　b）横隐竖明玻璃幕墙

在半隐框玻璃幕墙中，不仅玻璃参与室内外传热，外露的铝合金框也参与室内外传热，在一个幕墙单元中，玻璃面积远超过铝合金框的面积，因此玻璃的热工性能在半隐框玻璃幕墙中占主导地位。

（4）构件式干法隐框玻璃幕墙　这种玻璃幕墙采用挂钩式机械锁紧结构固定，安全可靠；玻璃板块可实现无序安装，操作简单，安装速度快捷。采用三道胶条结构密封，水密、气密性能可达到《建筑幕墙》（GB/T 21086—2007）的 I 级标准。建筑立面开启部分与固定部分的内、外视效果一致，整体协调统一。

2. 全玻璃幕墙

根据是否设置玻璃肋，全玻璃幕墙可分为有肋全玻璃幕墙和无肋全玻璃幕墙。有肋全玻璃幕墙是大片玻璃与支承框架均为玻璃的幕墙（图 1-10a），大片玻璃支承在玻璃框架上的形式有后置式、骑缝式、平齐式、凸出式等。当全玻璃幕墙的玻璃面板具有足够的承载力承受水平风荷载和垂直荷载时，可以构造出无肋全玻璃幕墙。无肋全玻璃幕墙的玻璃宽度一般 2～3m，高度可达几十米，甚至更高，属于超大结构玻璃，对玻璃品质和质量要求极高。玻璃原片选用超白浮法玻璃，并应进行钢化均质处理。结构玻璃必须采用 SGP 夹层玻璃。广州凯华国际中心首层大堂无肋玻璃幕墙（图 1-10b），其玻璃（2.3m×10.8m）配置为：12 超白钢化均质 + 2.28SGP + 12 超白钢化均质 + 2.28SGP + 12 超白钢化均质 + 2.28SGP + 12 超白钢化均质 + 2.28SGP + 12 超白钢化均质，对玻璃加工工艺和质量要求极为严格。

a）　　　　　　　　　　　　　　　　b）

图 1-10　全玻璃幕墙

a）有肋全玻璃幕墙　b）无肋全玻璃幕墙（广州凯华国际中心）

全玻璃幕墙是一种全透明、全视野的玻璃幕墙，利用玻璃的透明性，追求建筑物内外空间的流通和融合，已被广泛应用于建筑物首层大堂、顶层和旋转餐厅等公共空间的外装饰。

3. 点支式玻璃幕墙

由玻璃面板、点支承装置和支承结构构成的玻璃幕墙称为点支式玻璃幕墙。这种做法体现了设计的高技派风格及当今时代的技术美倾向。它追求建筑物内外空间的更多融合，人们可透过玻璃清晰地看到支承玻璃的整个构架体系，使得这些构架体系从单纯的支承作用转向为具有具体形式美、结构美的元素，具有强烈的装饰效果。点支式玻璃幕墙被广泛应用于各种大型公共建筑中共享空间的外装饰。

点支式玻璃幕墙按其支承结构形式的不同可分为玻璃肋支承点式玻璃幕墙、单柱支承点式玻璃幕墙、钢桁架支承点式玻璃幕墙、拉杆桁架支承点式玻璃幕墙、索杆桁架支承点式玻璃幕墙、索网支承点式玻璃幕墙等。

图 1-11　玻璃肋支承点式玻璃幕墙

（1）玻璃肋支承点式玻璃幕墙（图 1-11）　这种

玻璃幕墙中玻璃面板将外部风压力或吸力传递给起梁作用的玻璃肋。其主要特点是通透性强，构造简单。

（2）单柱支承点式玻璃幕墙（图1-12）　这种玻璃幕墙是用单根钢管、工字梁或方柱作为受力支承结构。其主要特点是构造简洁、占地面积小，有建筑韵律感。

（3）钢桁架支承点式玻璃幕墙（图1-13）　这种玻璃幕墙使用各种桁架结构（如鱼腹式桁架、平行弦桁架、三角形桁架等）作为受力支承结构。其特点是将钢结构的雄浑构造美和玻璃的"透"进行了完美结合。

图1-12　单柱支承点式玻璃幕墙　　　　图1-13　钢桁架支承点式玻璃幕墙

（4）拉杆桁架支承点式玻璃幕墙（图1-14）　这种玻璃幕墙是用圆钢拉杆和悬空连接杆组成空间受力拉杆体系作为受力支承结构。其特点是拉杆受拉，连接杆受压。因拉杆直径较细，整个受力结构轻盈、飘逸，通透性较好，但安装调试难度较大，且造价较高。

（5）索杆桁架支承点式玻璃幕墙（图1-15）　索杆桁架是点式玻璃幕墙中应用最广泛的支承结构形式，由钢绞线和悬空连接杆张拉成空间索桁架。其特点是承载能力强、轻盈美观、通透性好、技术难度大，是高科技与现代建筑艺术的完美结合。

图1-14　拉杆桁架支承点式玻璃幕墙

（6）索网支承点式玻璃幕墙（图1-16）　索网支承是索杆桁架支承结构的简化形式，将拉紧的钢索平行地布置在玻璃接缝的后面，取消了部分构件，从而使玻璃结构的通透性得以极大的提高。

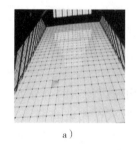

a）　　　　　　　　b）

图1-15　索杆桁架支承　　　　图1-16　索网支承点式玻璃幕墙
　　　点式玻璃幕墙　　　　　　　a）外视　b）不锈钢夹具

4. 双层动态节能幕墙

双层动态节能幕墙（也称双层热通道幕墙）按通风原理分为自然通风和强制通风两种系统，由外层幕墙、内层幕墙、遮阳装置、出风装置等组成。其设计理念是实现节能、环保，使室内生活工作环境与室外自然环境达到融合。

（1）双层热通道幕墙的组成（图1-17） 双层热通道幕墙由内幕墙和外幕墙组成，外层幕墙通常采用点式玻璃幕墙、明框玻璃幕墙或隐框玻璃幕墙，内层幕墙通常采用明框玻璃幕墙、隐框玻璃幕墙或铝合金门窗。为了增加幕墙的通透性，也有内外层幕墙都采用点式玻璃幕墙结构的。在内、外层幕墙之间形成一个具有一定宽度的通道，在通道的上下部位分别有出气口和进气口，空气可从下部的进气口进入通道，从上部的出气口排出通道，形成空气在通道内自下而上的流动，同时将通道内的热量带出通道，所以称之为双层热通道幕墙。

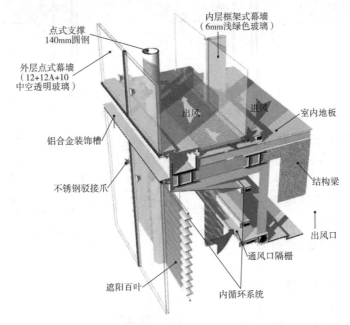

图1-17 双层热通道幕墙的组成

内层幕墙和外层幕墙之间，常设置百叶窗、卷帘等遮阳装置，防止夏季强烈的太阳辐射进入室内，可进一步改善室内环境，降低能耗。内幕墙常设置门窗，便于人员进入热通道内进行维护保洁，并输入新风进入室内换气。当通道宽度较大时，还可作为休闲、散步、欣赏室外景色之用。

双层热通道幕墙的作用是：①改善室内环境，稳定室内的温度、光照，增强通风换气功能，降低室外噪声影响；②大大提高幕墙的保温隔热能力，节省能源。不同工程采用双层热通道幕墙，可能偏重于两个方面中的某一个侧面。

（2）双层热通道幕墙的分类与构造 依据通道内气体的循环方式，将双层热通道幕墙分为内循环双层热通道幕墙、外循环双层热通道幕墙和开放式双层热通道幕墙。

1）内循环双层热通道幕墙（图1-18）。内循环双层热通道幕墙的进气口和出气口均位于内层幕墙，通道内的气流与室内相通，构成循环，外层幕墙的玻璃面板通常是中空玻璃，内层幕墙的玻璃面板通常是单层玻璃。夏季关闭通往屋内的风管，将双层封闭热通道内大部分热空气排出室外。冬季将温室效应蓄热的空气通过管道回路系统加热并传到室内，达到节能效果。内循环双层幕墙热工性能、隔声性能都极佳，且符合我国消防安全要求，在工程中应用较多。

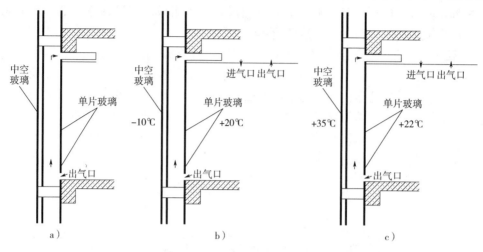

图1-18　内循环双层幕墙动态效应工作原理
a）内循环双层幕墙　b）冬季　c）夏季

2）外循环双层热通道幕墙（图1-19）。外循环双层热通道幕墙的进气口和出气口均位于外层幕墙，通道内的气流与室外相通，构成循环，外层幕墙的玻璃面板通常是单层玻璃，内层幕墙的玻璃面板通常是中空玻璃。

外循环双层热通道幕墙运用空气热压原理和烟囱效应，让新鲜的空气进入室内，把室内污浊的空气排到室外，并且能够有效防止灰尘进入室内；具有卓越的冬季保温和夏季隔热、隔声降噪等能力。

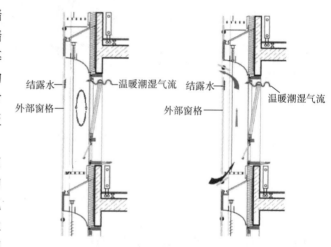

图1-19　外循环双层幕墙控制图
a）冬季　b）夏季

3）开放式双层热通道幕墙。开放式双层热通道幕墙的特点是：外层幕墙永远处于开放状态，通道内永远与室外相通。开放式双层幕墙主要影响建筑的立面效果，改善室内自然通风换气状态，对幕墙的传热系数几乎没有影响，但对遮阳系数有贡献，对幕墙的隔声性能有部分贡献。外层幕墙通常采用单片玻璃，内层幕墙通常采用中空玻璃。

1.2.2　石材幕墙

石材幕墙由石材面板、不锈钢挂件、金属骨架及预埋件、连接件和石材拼缝胶等组成。石材面板一般采用干挂法存在于建筑物上，当主体结构为混凝土结构时，可采用直接干挂法，无需金属骨架，将石材面板通过不锈钢挂件直接安装于主体结构上；否则，则采用骨架式干挂法，将石材面板通过不锈钢挂件空挂于横梁、立柱等金属骨架上。金属骨架可采用型钢或铝合金型材，悬挂在主体结构上。

石材幕墙是独立于实体墙外的围护结构体系，石材幕墙应能承受重力荷载、风荷载、地震作用和温度作用，不承受主体结构所受的荷载，与主体结构可产生适当的相对位移，以适应主体结构的变形。石材幕墙还应具有保温、隔热、隔声、防水、防火和防腐蚀等作用。

根据石材幕墙面板材料可将石材幕墙分为天然石材幕墙（如花岗岩石材幕墙、洞石石材幕墙等）、人造石材幕墙（如微晶玻璃幕墙、瓷板幕墙、陶土板幕墙）。按石材金属挂件的形式（表 1-1）可分为钢销式石材幕墙（现在已不采用）、短槽式石材幕墙、通槽式石材幕墙、背栓式石材幕墙等。按石材幕墙板之间是否打胶可分为封闭式和开缝式两种，封闭式又分为浅打胶和深打胶两种。

表 1-1　干挂石材幕墙主要挂件表

名称	挂件图例	干挂形式	适用范围	名称	挂件图例	干挂形式	适用范围
T 形			适用于小面积内外墙	SE 形	S 形 E 形		适用于大面积内外墙
L 形			适用于幕墙上下收口处	固定背栓			适用于大面积内外墙
Y 形			适用于大面积外墙	可调挂件	R 形 SE 形 背栓		适用于高层大面积内外墙
R 形			适用于大面积外墙				

（1）短槽式石材幕墙（图 1-20）　在石材面板上、下边中间开有效长度的沟槽，用金属挂件连接，与石材接触面积大，受力较钢销式更为均匀。前期使用的 T 形和蝶形不锈钢金属挂件连接上、下两块石材，由于拆卸不便以及加工工艺影响，目前已很少使用。L 形金属挂件是一个金属挂件连接一块石材，目前还在使用，缺点是内侧空间有限、不易

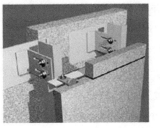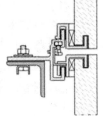

图 1-20　短槽式石材幕墙（铝合金挂件）

施工。现在基本是采用结构性铝合金金属挂件配合短槽式施工，如用 SE 组合挂件安装，使用效果较好。

（2）通槽式石材幕墙（图 1-21）　在石材面板上、下边中间开通长的沟槽，采用通长的连接件与横梁连接固定，受力较短槽式分散，不产生应力集中现象，相应石材沟槽受力较好，安全性能比短槽式要强，但加工不便、运输中易损坏。

（3）背栓式石材幕墙（图 1-22）　背栓式石材幕墙是在石板背面钻（一个、两个或四个）背栓孔，将背栓植入背栓孔后在背栓上安装连接件，用连接件与幕墙结构体系连接。背栓式是石材幕墙的新型做法，在外观、安全性、耐久性、可更换性等方面具有较大的优势，它可以不受主体结构产生较大位移或温差较大的影响，不会在板材内部产生附加应力，从而控制了破坏状态，特别适用于高层建筑和抗震建筑外墙饰面，而且在施工过程中可以自由选择板材背面的悬吊位置，任意角度拼挂，为复杂外形的幕墙设计需求提供了空间。

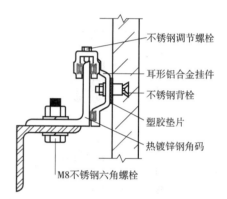

不锈钢调节螺栓

耳形铝合金挂件

不锈钢背栓

塑胶垫片

热镀锌钢角码

M8不锈钢六角螺栓

图 1-21　通槽式石材幕墙　　　　　　图 1-22　背栓式石材幕墙

1.2.3　金属幕墙

以金属板（如铝塑复合板、铝单板、蜂窝铝板等）作为饰面的幕墙称为金属幕墙。金属幕墙是一种新型的建筑幕墙形式，用于建筑外装修。由于金属板材优良的加工性能，色彩的多样及良好的安全性，能完全适应各种复杂造型的设计，可以任意增加凹进和凸出的线条，而且可以加工各种形式的曲线线条，给建筑师以巨大的发挥空间而倍受建筑师的青睐，因而获得了突飞猛进的发展。金属幕墙具有重量轻、强度高、板面平滑、富有金属光泽、质感丰富等特点，同时金属幕墙还具有加工工艺简单、加工质量好、生产周期短、可工厂化生产、装配精度高、维修方便和防火性能优良等特点，因此被广泛地应用于各种建筑中。

金属幕墙按照面板材质的不同分为铝板幕墙、蜂窝铝板幕墙、铝瓦楞板幕墙、铜板幕墙、不锈钢板幕墙、钛板幕墙、钛锌板幕墙等，还有用两种以上材料构成的金属复合板，如复合铝板幕墙、金属夹芯板幕墙，其中铝板幕墙在金属幕墙中占主导地位。金属幕墙面板按表面处理不同又分为光面板、亚光板、压型板、波纹板等。金属幕墙的面板可订制各种图案。

金属幕墙由金属饰面板、连接件、金属骨架、预埋件、密封条和胶缝等组成（图 1-23）。金属幕墙的构造与石材幕墙基本相同，不同之处是金属面板采用折边加副框的方法形成组合件，再由上而下逐层进行安装。

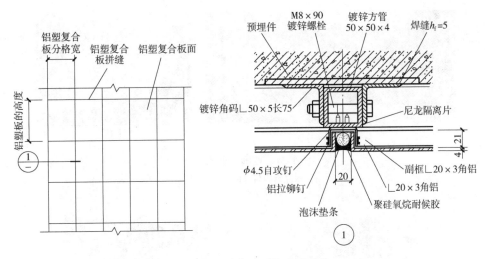

图 1-23　铝塑板金属幕墙面构造（单位：mm）

1.3　建筑幕墙的应用和发展

1.3.1　国外建筑幕墙的应用和发展

　　"玻璃界域"最早是 1909 年油画家康定斯基（Kandinsky）为了扩大艺术影响力所提出的概念，自此之后，即得到了建筑师们的热烈响应。其实玻璃幕墙的设想在 19 世纪 40 年代即已初见端倪，1851 年为英国伦敦第一届工业产品博览会而设计建造的"水晶宫"首次露面。幕墙最初出现在美国，1931 年建成的纽约帝国大厦采用了石材幕墙。1951 年纽约利华大厦首次向人们展示了一座全新的玻璃方盒子，这座由玻璃和金属组成的玻璃幕墙建筑宣告现代主义建筑时代的开始。建筑幕墙在国际上已有上百年的应用和发展历史，经历了以下四个阶段：

　　1. 探索阶段（1850～1950 年）

　　1851 年约瑟夫·帕克斯顿（Joseph Paxton）在英国伦敦工业博览会上设计的水晶宫（Crystal Palace）（图 1-24）是第一个以钢铁为骨架、玻璃为主要建材的建筑，成为现代玻璃幕墙建筑的先驱。1909 年彼得·贝伦斯（Peter Behrens）所设计的德国 AEG 电气公司透平机工厂（图 1-25）的端部山墙采用折线的外轮廓，玻璃墙从砖墙面凸现出来，产生一种精致的抽象斜接的效果，它标志着工程技术与建筑艺术的重新结合，被公认为是一座现代建筑。1911 年由瓦尔特·格罗皮乌斯（Walter Gropius）与阿道夫·迈尔（Adolf Meyer）设计的德国法古斯鞋楦工厂（图 1-26），则可以说是世界上第一幢玻璃幕墙建筑，那上下贯通连成一片的玻璃面，创造出一种轻盈剔透的风格，让人感到纯技术的光辉，被誉为新建筑的曙光。建于 1917 年的美国旧金山的哈里德大厦（Willis Polks Hallidie）（图 1-27）是美国历史上第一个玻璃幕墙，也是今天无数熠熠生辉的高楼大厦的鼻祖。1971 年哈里德大厦被列为美国国家史迹名录和旧金山历史古迹和地区。

a)

b)

图 1-24　英国伦敦水晶宫

a) 水晶宫内景　b) 水晶宫外景

图 1-25　德国 AEG 电气公司透平机工厂　　　图 1-26　德国法古斯鞋楦工厂

　　高层玻璃幕墙建筑开始于 1919 年，密斯·凡·德·罗（Ludwing Mies Van Der Rohe）在他设计的弗雷德里希办公大楼（图 1-28）提出了将窗墙合二为一，成为世界上第一个采用全玻璃、钢结构设计的高层建筑方案，被密斯称为"骨头与皮肤"的结构，也是目前全世界玻璃幕墙建筑结构的雏形。1921 年，他进一步发展了这种形式，建造了一个采用这两种建筑材料做成的高层玻璃摩天大楼模型，称为"玻璃摩天大楼"（图 1-29），整个建筑立面采用玻璃幕墙结构，完全通透。这两个设计都具有简单到极点的形式特点，是密斯"少就是多"原则的最早集中体现。他认为玻璃幕墙起反射作用，没有阴影，可得出最简洁的造型；同时，映现出周围景色，可得到丰富多彩的艺术效果。密斯的方案完全是从造型艺术角度提出的，但用当时仅有的透明玻璃来做墙，其热导率约为 5.8W/（m·℃）。这样大型的全玻璃幕墙建筑，冬天取暖与夏天制冷时难以承受的负担，加上眩光使人眼花缭乱，在当时是不切实际的。

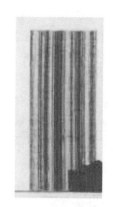

图 1-27　哈里德大厦　　　图 1-28　弗雷德里希高层　　图 1-29　"玻璃摩天大楼"

　　　　　　　　　　　　　　　办公楼方案图　　　　　　　　方案图

早期玻璃幕墙采用明框玻璃幕墙，以其良好的透光性，简洁、明亮的立面造型，逐渐成为现代建筑的主要造型特征之一，并随现代建筑的发展流行而开始得到广泛应用。明框玻璃幕墙是第一代玻璃幕墙。但当时早期的玻璃幕墙由于所用材料只限于普通钢材焊接而成的型材、平板透明玻璃、密封用油灰及一般橡胶且寿命很短又不美观，在很大程度上制约了幕墙的迅速发展。在使用过程中，一些玻璃幕墙自身的弊端也逐步暴露出来，一是空调负荷大，采用染色或反射玻璃后透光性差，需用人工照明补偿，增加了照明耗能及空调负荷；二是由于大量反射型玻璃幕墙的应用，使街景与建筑相互透射映照，造成视觉上的干扰和混乱，被认为是交通事故潜在肇因，而玻璃幕墙给周围环境造成的"光污染""热污染"的影响范围则更大。总之，由于技术、美学、社会、经济等诸多原因，导致玻璃幕墙自 20 世纪 60 年代末开始降温，直到 70 年代一直处于低潮期。

2. 发展阶段（1950～1980 年）

直到后现代主义运动兴起，高层玻璃幕墙建筑基本保持着密斯玻璃盒子的国际主义风格，突出特点是采用新技术、新材料，开始探索解决影响幕墙发展的各项问题的途径和方法。

隐框玻璃幕墙是第二代玻璃幕墙，最大特点是立面看不见金属骨架，使玻璃幕墙外观更统一、新颖，通透感更强。玻璃面板通过结构硅酮胶与梁、柱框架连接。20 世纪 70 年代中期以来，人们的思想及审美意识均产生了很大变化：强调历史的价值、伦理的价值、传统文化的价值，反对简化，注重复杂性，从强调关注物质转而强调人及人的精神的重要。阿尔瓦·阿尔托（Alvan Aalto）指出"现代建筑的最新课题是要使理性化的方法，突破技术的范畴而进入人情和心理的领域"。20 世纪 80 年代美国经济的繁荣，引起新的投资热潮更加剧了这种变化。高层建筑的造型变化逐渐丰富起来，玻璃幕墙建筑也一改规则几何体的保守形式，相继涌现出许多新颖别致、极富新意的作品，这一具有突破性的变化与科技的发展、建筑思潮的影响、社会的需求和人们审美素质的提高有着直接关系。

玻璃幕墙得以重生的另一个重要原因在于现代玻璃工业及金属加工业的迅速发展，其自动化程度的提高，以及各类材料性能的不断改进，使原先许多问题有所解决。随着先进材料加工工艺的迅速发展，铝型材料的推广及挤出机的应用，各种类型的玻璃研制成功，以及各种密封胶的发明（如硅酮密封胶 Silicone，延伸率 50%，寿命 30 年……），其他隔声防火填充材料的出现等，共同较好解决了幕墙的各项要求（强度、水密性、气密性、热物理、防火、隔声……），从而加速了它的发展，并成为全球性的建筑新潮流。幕墙建筑创作设计手段的成熟和丰富，以及幕墙安装行业素质水平的提高，均为玻璃幕墙建筑的发展提供良好的技术保障。因而有人评论说："战后美国建筑史，在某种意义上讲，说它是追求挖掘玻璃幕墙可能性的历史也不为过。"

进入国际主义建筑时期，密斯对于"少就是多"和高度工业化语汇的立场到美国之后逐步明朗化，1954～1958 年著名建筑师路德维希·密斯·凡·德·罗（Ludwig Mies Van Der Rohe）和菲利普·约翰逊（Philip Johnson）合作完成 38 层全玻璃幕墙的纽约西格拉姆大厦（Seagram Building）（图 1-30），实现了密斯本人在 20 世纪 20 年代初的摩天大楼构想，建筑外形极为简单，为直上直下的正六面体。按照密斯一贯主张，采用 20 世纪 50 年代新材料染色隔热玻璃作幕墙，这些占外墙面积 75% 的琥珀色玻璃，夏季可以避免阳光的暴晒，节约制冷费，还可避免眩光。整个建筑的细部处理都经过慎重推敲，简洁细致，突出材质和工艺的审美品质。西格拉姆大厦虽然还没有达到密斯设想的高反射全玻璃幕墙的境地，但它新颖的造型与较为实用的功能，讲求技术精美的风格和"少就是多"的主张以及对玻璃的试验，大大地丰富了建筑艺术，使西格拉姆大厦成了高层玻璃幕墙建筑的纪念碑。

图 1-30　纽约西格拉姆大厦

而实际上，1952 年建成的由 SOM 设计事务所（Skidimore, Owings&Merrill）设计的 22 层纽约利华公司大厦（Lever House）（图 1-31）是世界上第一座高层玻璃幕墙建筑，它比密斯的西格拉姆大厦早 6 年完成。大厦采用全部玻璃幕墙建筑，浅蓝色单层吸热玻璃窗与墨绿色不透明单层钢丝窗裙玻璃层层交替，取得了很好的艺术效果。建筑所有功能部分都包裹在简单的玻璃外壳之内，可说是吸收了密斯思想和设计原则的、早于密斯同类建筑在纽约的第一个国际主义风格的高层建筑。此后，直到后现代主义运动兴起，高层玻璃幕墙建筑基本保持着密斯玻璃盒子的国际主义风格，比如，1952 年由美国建筑师华莱士·哈利逊（Wallace Haffison）主持设计的纽约联合国秘书处大厦，大厦 2700 个窗口采用玻璃幕墙结构，采用铝合金框构成，形成一个巨大的玻璃盒子形式。

图 1-31　纽约利华公司大厦

1951 年芝加哥湖滨路公寓楼（图 1-32）是密斯的代表作之一，它是密斯到美国后在高层建筑上运用钢框架结构的先例。至此密斯终于实现了一直萦绕在他脑海中的钢和玻璃摩天大楼的梦想。公寓楼平面采用直角相连的不对称几何构图，立面比例修长，玻璃墙面，充分体现了时代的技术精神，成为新摩天楼的原型，由于其形象对现代高层建筑的重大影响，1976 年赢得了美国建筑师协会（AIA）的"25 周年奖"。1952 年的匹兹堡阿尔考大厦（Alcoa Building）是世界上首次采用压力平衡原理成功解决防渗漏的幕墙建筑（图 1-33），立面采用黑色铝材和古铜色玻璃相嵌的玻璃幕墙，外观效果非常好。

图 1-32　芝加哥湖滨路公寓楼

图 1-33　匹兹堡阿尔考大厦

菲利普·约翰逊（Philip Johnson）和约翰·伯吉（John Burgee）在突破现代玻璃幕墙建筑呆板方面，做出了许多有益的探索。他们设计的明尼阿波利斯 IDS 中心（IDS center，1973 年）（图 1-34），把平板的外界面一部分设计成锯齿形，不仅产生有趣而新颖的外观效果，又使室内产生许多转角空间，具有两个方面的视野。休斯敦潘索尔大厦（Pennzoil Place，1976 年）被约翰逊称为他们所设计的具有雕塑感的建筑物中最成功的实例。

以南非约翰内斯堡斜街 11 号、得克萨斯沃斯堡城市中心大厦（图 1-35）等为代表的现代派玻璃幕墙建筑，则以其独特的造型以及对人的因素的积极考虑，给人们留下了深刻的印象。

图 1-34　明尼阿波利斯 IDS 中心

图 1-35　得克萨斯沃斯堡城市中心大厦

3. 推广阶段（1980～1996 年）

菲利普·约翰逊完成于 1976 年的高 151m（495ft）的 36 层潘索尔大厦（Pennzoll Place）（图 1-36）极具喜剧化的雕塑剪影效果，是约翰逊从密斯国际主义风格向后现代主义转变的里程碑。双塔外墙由古铜色镜面玻璃和氧化铝窗框构成的玻璃幕墙，其美学形象跳出了简单的方盒子概念，两幢古铜色镜面玻璃高塔，相互照映出各自的轮廓。两座梯形平面高塔间存在明显的张力，其斜面和尖角加上地面及顶部三角形的玻璃顶，从不同角度望去，在城市风景中呈现出多变的视觉效果。

1984 年的平板玻璃公司总部（PPG corporate headquarters）（图 1-37），菲利普·约翰逊大胆地尝试赋予其现代的玻璃建筑以后现代式的古典外形，采用热导率远低于一般玻

图 1-36　潘索尔大厦

璃，甚至几乎可以和石材的保温性能相媲美的高反射率玻璃。整座建筑都带有长而尖的顶，231 个尖顶令人想起伦敦的英国议会大厦。立面上那些由方形和三角形凹凸形成的起伏的竖直线条在反射玻璃的映射下使整个建筑显得更加挺拔壮观。

设计于 1981 年的芝加哥沃克道 333 大楼（333 Wacker Drive）（图 1-38）在具体表达与抽象表达之间形成对话，弧形立面由于顶部切削出线性体块更具动感，建筑的底部以石材的沉重体量植根于大地，与上部玻璃体量的轻盈形成对照。这座建筑通过它具有雕塑感、水平

划分的玻璃体与周围厚重的石头建筑形式形成的对照丰富了城市景观。

图 1-37　平板玻璃公司总部大楼

图 1-38　芝加哥沃克道 333 大楼

4. 提高阶段（1996 年至今）

这一阶段主要以智能型玻璃幕墙的现代化大型生态办公建筑为发展方向。智能型玻璃幕墙是指幕墙以一种动态的形式，根据外界气候环境的变化，自动调节幕墙的保温、遮阳、通风设备系统，以达到最大限度降低建筑物所需的一次性能源，同时又能最大限度地创造出健康、舒适的室内环境。

热通道幕墙也称为双层皮玻璃幕墙。另一种是"双层立面"构造（Double Skin），即两层立面，中间形成空腔的形式。这种界面形式具有保温、隔热、通风、隔声、遮阳等综合的生态效应。

双层立面中间空腔作为环绕主要空间的走廊，外层界面内侧的遮阳百叶避免了过多的太阳辐射，上下贯通的连续外层界面的腔体内，由于"烟囱效应"形成良好的自然通风系统，中间空气间层能有效保持主要空间热稳定而节省大量能源。它在双层玻璃之间形成温室效应，并将其温室的夏季的过热空气排除室外，冬季把太阳热能有控制排入室内，使冬夏两季节约大量能源。它对提高幕墙的保温、隔热、隔声功能起到了很大的作用。

双层皮玻璃幕墙早期的第一个实例出现在 1903 年，即德国 Giengen 的斯戴夫工厂（Steiff Factory）（图 1-39），它由两层玻璃表皮和两者之间的密闭的空气间层组成，主要为建筑内部提供气候缓冲。1929 年，现代主义大师勒·柯布西耶（Le Corbusier）在巴黎救世军旅馆（图 1-40）中提出多层玻璃墙"murneurtal sinat"的设想。他设想让几公分厚的空气间层包裹整个大楼的周围，结合空调系统，通过空气间层调节室内温度。尽管该设想因为高造价和低效率的原因并未得以

图 1-39　德国 Giengen 的斯戴夫工厂

实现，但双层皮外墙的概念和目标却由此而建立。1978 年，Cannon Design 与 HOK 合作设计

了位于纽约州尼加拉瓜大瀑布的胡克办公大楼（Hooker Office Building）（图 1-41），又称为西方化学中心（The Occidental，Chemical Centre），利用双层皮外墙作为气候缓冲层调控室内温度。外层皮采用透光率达 80% 的蓝绿色双层隔热玻璃，内层皮采用单层透光玻璃，内外皆封闭。

图 1-40　巴黎救世军旅馆　　　　　　　图 1-41　美国胡克办公大楼

与此同时，由世界级建筑大师理查德·罗杰斯（Richard George Rogers）事务所设计的位于伦敦的劳埃德保险公司大厦（图 1-42），被称为未来派设计，更加夸张地使用高科技手段，不断暴露结构，大量使用不锈钢、铝材和其他合金材料构件，使整个建筑闪闪发光。采用了双层皮外墙技术，其目标是对空气间层中的空气回收利用，为整个建筑提供高效率的外围护体系。

进入 20 世纪 90 年代后，双层皮外墙的应用有了飞速的发展，据统计仅在德国已经建成百余栋双层皮外墙建筑。

德国贸易博览会有限公司大楼（图 1-43）由托马斯·赫尔佐格设计，在这个设计中，设计师成功地实现了结构形式与能源理念的相互协调，对当地现有环境进行合理运用，实现了"可持续发展建筑"。通过控制双层立面间的玻璃推拉窗，使用者能享受到清新的自然风。当窗户关闭时，新鲜空气通过内层立面上的通风管道进入室内。经过使用的空气（由于热空气上升的原理）被从上空抽出，通过中央管道系统进入热交换系统。在冬天，废气 85% 的热量可用于预热新鲜空气，这对于能量的高效率使用和保证内部空间舒适度有着重要意义。

a）　　　　　　　　　　b）

图 1-42　劳埃德保险公司大厦　　　　　　图 1-43　德国贸易博览会有限公司大楼

内外表皮通高空腔达 1.5m 宽，内装有光电感应器控制的活动遮阳百叶，其楼层间设有通风格栅。在双层外墙的底部设置进风口，在顶部设置排风口，以便在夏季时排除空气间层中的过热气体，利用热压原理组织通风。

图 1-44　英国瑞士再保险总部大楼

英国的瑞士再保险总部大楼（Swiss Re Tower）（图 1-44）由诺曼·福斯特勋爵（Lord Norman Foster）设计，于 2004 年投入使用，被誉为 21 世纪伦敦街头最佳建筑之一。该建筑与外界相交的边界实际上由两种不同性质的空间组成，同质空间盘旋向上，而这就是幕墙上色泽深暗的螺旋线的由来。玻璃有两种颜色，浅色为固定扇，深色的部分为可开启的上悬窗并与其共享空间位置相对应。在对曲线形的外立面做了可能的简化处理之后，外围护结构被分解成 5500 块平板三角形和钻石形玻璃。数千板块构成了一套十分复杂的幕墙体系，这套体系按照不同功能区对照明、通风的需要为建筑提供了一套可呼吸的外围护结构，同时在外观上标明了不同的功能安排，使建筑自身的逻辑贯穿于建筑的内外和设计的始终。

1.3.2　国内建筑幕墙的应用和发展

1951 年纽约利华大厦首次采用由玻璃和金属组成的玻璃幕墙建筑宣告现代主义建筑时代的开始，30 年之后，作为现代主义建筑代表元素的玻璃幕墙在东方大地出现。1981 年广州交易会展馆（图 1-45）的正面出现了一片玻璃幕墙，它已经具有玻璃面板和金属支承框架的两大特征，也许可以作为我国幕墙时代开始的标志。1984 年落成的北京长城饭店（图 1-46）采用了银灰色反射玻璃，整座建筑美观、雅致、亮丽、明快、挺拔，银光闪烁，晶莹剔透。它是我国第一座真正具有代表性的玻璃幕墙建筑。这座单元式中空玻璃幕墙的板块是在比利时制作的，国内负责安装，正是通过这个工程的实践，我国第一次接触到幕墙的设计、施工技术。1985 年建成的上海联谊大厦（图 1-47）是我国第一栋现代办公用玻璃幕墙建筑，采用反射吸热玻璃幕墙，外观新颖轻巧。

图 1-45　广州交易会展馆

图 1-46　北京长城饭店

图 1-47　上海联谊大厦

幕墙一旦出现，就迅速在国内各大工程中得到应用。在 1988 年～1991 年期间，采用玻璃面板或铝板幕墙的高层建筑如同雨后春笋在各地出现。
1985年建成的深圳国际贸易中心（图1-48）是国内第一个
超过50层、高度超过160m的建筑，首次采用了茶色的明
框玻璃幕墙和铝板，裙房有大面积采光顶。1988年建成的
北京中国国际贸易中心（图1-49）全部采用茶色吸热中空
玻璃明框幕墙。1990年建成的深圳发展中心大厦（图1-50）
采用隐框结构，银白色反射玻璃幕墙，蜂窝铝板幕墙，它
也是国内第一个隐框玻璃幕墙。1990年建成的广东国际大
厦，主楼外墙采用蜂窝铝板和蓝色镀膜玻璃装饰，裙楼墙
面用光面花岗石贴砌。1990年建成的北京京广中心大厦
（图1-51），主楼外墙采用三段淡蓝色的明框玻璃幕墙，取
天坛三重檐之意。1991年建成的上海国际贸易中心，外部
墙体采用镜面反射玻璃幕墙。

图1-48　深圳国际贸易中心

图1-49　北京中国国际贸易中心

图1-50　深圳发展中心大厦

图1-51　北京京广中心大厦

　　20世纪90年代，我国全面改革开放，城市建设迅猛发展，办公楼、酒店、大型公共建
筑大量兴建，给幕墙行业带来了空前广阔的机遇，幕墙工程进入高速发展的新阶段。

　　反射玻璃、中空玻璃等新颖玻璃面板材料在幕墙中开始
得到应用，使幕墙更加多姿多彩。1996年建成的广州市长大
厦（图1-52）外墙壁采用最新金色反射玻璃幕墙，璀璨生
辉，气派非凡。1995年建成的深圳地王大厦（图1-53）是
我国第一个钢结构高层建筑，采用绿色镀膜中空玻璃和银色
单层铝板幕墙，使我国玻璃幕墙突破了300m的高度。1997
年建成的广州中信大厦（图1-54）是世界上最高的混凝土大
厦，采用铝板-玻璃幕墙。

　　1995年建成的深圳康佳展览馆采用钢桁架支承点式玻璃
幕墙，是我国第一个点支幕墙工程，也开启了我国在大型公
共建筑中运用点支式玻璃幕墙的先河。北京天文馆新馆
（图1-55）的玻璃工程由北立面玻璃幕墙以及采光顶、马鞍形
玻璃通道、四个空间钢结构玻璃旋体等三个主要部分组成，

图1-52　广州市长大厦

图 1-53　深圳地王大厦

图 1-54　广州中信大厦

图 1-55　北京天文馆新馆

其中马鞍形玻璃通道采用由曲形钢结构支撑的 360 片不同尺寸规格的双曲面热弯夹胶点支式玻璃。

1997 年建成的深圳蛇口新时代广场,外立面采用石材、玻璃复合幕墙,花岗岩石材幕墙达到了 175m 的空前高度。而 1994 年建成的上海东方明珠广播电视塔则将双曲铝板和玻璃板幕墙应用于超高特种构筑物。1998 年建成的上海金茂大厦采用外装饰不锈钢的单元式幕墙,单元式玻璃幕墙大量采用中空玻璃和 PA66 穿条式隔热型材,将玻璃幕墙的高度提升至 420m。

近 10 年来,我国幕墙年生产量已超过 5000 万 m²,并且逐年快速地增长,目前约占世界幕墙年产量的 80% 以上,我国也成为世界幕墙生产大国。在这个阶段,上海环球金融中心、广州国际金融中心、南京绿地广场紫峰大厦、广州国际金融中心、深圳京基 100 大厦和广州塔等一批超高层建筑中均采用玻璃幕墙,建筑幕墙已应用到一批高度 400m 以上的超高层建筑中。

近年来,一批新的高层建筑不断刷新玻璃幕墙的工程纪录,大连国际贸易中心、广州东塔、深圳平安金融中心、天津高银 117 大厦、武汉绿地中心、中国尊、上海中心大厦、苏州东方之门、苏州中南中心大厦等超高层建筑幕墙也主要采用玻璃幕墙。

苏州中心广场（图1-56）其内圈及大鸟形屋面幕墙系统包括 EWS01-EWS12、采光顶、大鸟屋顶、下层广场、连廊、5#6#塔楼裙楼部分、室外吊顶、BMU 防坠落系统等。主要幕墙系统有 30 余个，幕墙面积超 17 万 m²，且幕墙种类多，相互之间收口多，异形幕墙多，曲面幕墙、双曲面幕墙种类较多，施工工艺复杂。

大鸟形屋面系统：玻璃和格栅采用不锈钢球铰夹具，不锈钢挡堰。玻璃采用多

图1-56 苏州中心广场

种彩釉处理，部分采用彩色胶片。格栅和铝板表面氟碳喷涂处理，多种颜色。玻璃基本配置为 10mm（半钢化）+ 2.28PVB + 10mm（半钢化）。铝单板采用 3mm，表面氟碳喷涂处理，全隐框夹胶玻璃幕墙采光顶，采光区幕墙玻璃形式：10mm（HS）半钢化玻璃 + 2.28PVB + 10mm（HS）半钢化夹胶玻璃（彩釉玻璃，局部彩色 PVB 胶片）；不锈钢夹板 – 150mm × 150mm 矩形带球铰不锈钢夹板，不锈钢套筒。

树结构玻璃幕墙体系位于 J 区中轴线西立面三～七层，全明框夹胶玻璃幕墙系统，幕墙玻璃形式：6mm（HS）半钢化玻璃 + 1.52SGP + 6mm（HS）超白半钢化夹胶彩釉玻璃。

苏州东方之门在立面的处理上蕴含着中国化的精细，建筑表面鱼鳞状的幕墙不同于一般的光滑幕墙，它为巨大的塔体提供了精致而不花哨的细部。这些鱼鳞状的单片幕墙能产生透明度的变化以适应视线及日照的不同要求，为幕墙增添了更多的内涵。东面的玻璃幕墙从塔顶一泻如瀑，更抽提了东方之门的气势。南北侧立面的设计明显不同于东西幕墙，利用遮阳挑檐，深灰色铝板，产生凸出凹进的效果。轻玻璃等材料及细部的处理创造了较含蓄的立面，与率直的东西立面互相衬托，并使整个立面拥有阴阳两面。建筑顶端的玻璃穹顶用流畅的曲线，将东西幕墙自然而光滑地连接起来。东方之门幕墙总面积 16 万 m²，其中裙楼为框架式幕墙，幕墙面积有 4 万 m²；塔楼主要为单元式幕墙，由 1.4 万块单元式幕墙组成，幕墙面积有 12 万 m²。

此外，随着玻璃幕墙技术的不断成熟，我国还建设了大批大型公共建筑，其规模之宏大、技术难度之高，在世界上也是少有的。2010 年上海世界博览会汇集了近 100 个场馆，不少建筑采用了新材料、新工艺、新结构，尤其是外墙用料特殊、做法新颖，光伏技术和 LED 技术得到广泛应用。

上海世博轴共有 6 个阳光谷（图1-57），结构体系均为三角形网格组成的单层网壳，

图1-57 上海世博会阳光谷

结构下部为竖直方向，到上部边缘逐步转化为环向。阳光谷平面为圆形或椭圆形，6 个阳光谷的杆件拓扑连接完全相同，但 6 个阳光谷体型不一，其中 4 号阳光谷为旋转对称，其余均为轴对称。每个阳光谷的高度为 41.5m，最大底部直径约为 20m，最大顶部直径约为 90m，

6个阳光谷总面积31500m²。阳光谷为漏斗形单层网壳钢结构，上表面覆盖玻璃幕墙，采用隐框做法，三角形夹胶玻璃。

国家大剧院（图1-58）主体建筑是一幢由曲线构成的巨大超椭球壳体，高46.68m，东西长轴212m，南北短轴144m，壳体四周为景观水池，水池周围是绿化。大剧院采用双层夹胶中空玻璃幕墙（面积约为6700m²）和钛金属复合板幕墙（面积约为30800m²）。壳体双层夹胶中空玻璃（12mm+12mmA+8mm+1.52PVB+8mm）采用法国圣戈班超白玻璃，每块玻璃近似梯形，较大尺寸约为3.8m×2.3m。这种玻璃采用纳米自洁技术，它可以通过太阳的光照作用，把聚积在玻璃表面上的一些有机物分解成溶于水的一些物质，被雨水或者人工清洗水冲走，有效解决了有机物的分解问题。壳体采用钛金属复合板（0.3mm钛板+3.4mm氧化铝+0.3mm不锈钢），每块钛金属复合板尺寸约为2000mm×800mm×4mm，共使用了20000多块。钛金属板最外层的0.3mm"贴膜"钛金属进行了特殊氧化处理，以经得起清洗。

图1-58 国家大剧院

国家游泳中心（水立方）（图1-59）是一个177m×177m的方形建筑，高31m。水立方是我国第一个ETFE（Ethylenetetra-Fluoro-Ethylene的缩写）膜结构建筑。也是世界上最大的ETFE应用建筑工程，同时也成为单个气枕最大、拥有内外两层气枕结构的建筑物。水立方的屋面、墙面和内部隔墙均由双层ETFE充气枕构成，并通过次结构依附于建筑主体钢结构上。屋顶气枕数量803个，顶棚气枕数量734个，墙体气枕数量1436个，泡泡吧气枕数量126个，共计3099个。

国家体育场（鸟巢）（图1-60）建筑造型呈椭圆的马鞍形，外壳由4.2万t钢结构有序编织成鸟巢状独特的建筑造型。建筑物南北向（长轴）长333m，东西向（短轴）长280m。钢结构屋顶上层为4.2万m²ETFE单层张拉膜，下层为5.3万m²PTET膜声学吊顶。

图1-59 国家游泳中心（水立方）　　　　图1-60 国家体育场（鸟巢）

首都机场 T3 航站楼、深圳机场 T3 航站楼、上海浦东机场 T2 航站楼、昆明长水机场航站楼等代表了幕墙设计、施工的新高度。

北京 2022 年冬奥会场馆——国家速滑馆（图 1-61），也称"冰丝带"，是一座富含创新技术和节能理念的场馆，采用轻盈的索网结构、天然工质的二氧化碳制冷剂、节能运行的机电系统设计，以及自然通风采光、可持续能源等，形成了一个完整的可持续技术体系。建筑高度 33m，建筑面积约 8 万 m^2，能容纳约 12000 名观众。

图 1-61　国家速滑馆（冰丝带）

从外观看，"冰丝带"类似一个马鞍形建筑，索网南北向最大跨度 198m、有稳定索 30 对，东西向最大跨度 124m、有承重索 49 对，外加 120 根幕墙索，承重索和稳定索都采用双索，为国产高钒密闭索。索网支承 1080 块 16m^2 的屋面板，形成世界上跨度最大的单层双向正交马鞍形屋顶形状，如图 1-62a 所示。

　　a）　　　　　　　　　　　　　　　b）

图 1-62　国家速滑馆幕墙系统
a）正交双向马鞍形索网结构屋顶　b）外立面曲面玻璃幕墙

"冰丝带"的外形上有 22 条晶莹美丽的"丝带"状曲面玻璃幕墙环绕，玻璃幕墙有三种面材，分别是半径为 1500mm 弯弧玻璃、平板玻璃和半径为 175mm 圆管玻璃灯带。外立面由 3360 块曲面玻璃单元拼装而成，通过机械配合工人操作，严丝合缝地嵌入 160 根 S 形钢龙骨形成的框架中，如图 1-62b 所示。"冰丝带"幕墙玻璃面板采用半钢化双超白三银低辐射双夹胶（SGP）中空玻璃，玻璃原片为金晶科技生产的超白三银 Low-E 玻璃，其上进行彩釉印刷，形成"冰晶"花纹。

单层双向正交马鞍形索网支承在外圈的巨型环桁架上；巨型环桁架由 48 根看台混凝土

斜柱（呈 20°倾斜）支承，斜柱高度随马鞍形索网状屋盖形状变化，最高柱顶标高为 17m，位于主入口大厅两侧，最低柱顶标高为 6m，位于南北两侧。斜柱看台间隔 64m，其余间距 9～11m，如图 1-63 所示。

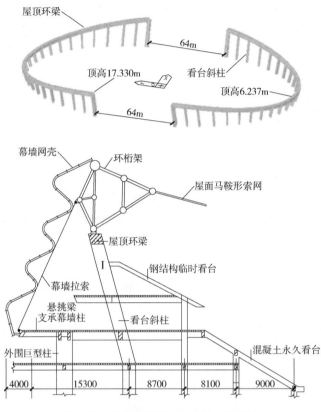

图 1-63　国家速滑馆支承结构系统示意

第2章

建筑幕墙材料力学性能

建筑幕墙是由面板与支撑结构体系（支承装置与支承结构）组成的建筑外围护墙。建筑幕墙用的主要材料是钢材、铝合金材料、玻璃、密封胶等。本章将介绍建筑幕墙材料及其力学性能。

2.1 玻璃材料

玻璃是一种较为透明的液体物质，在熔融时形成连续网络结构，冷却过程中黏度逐渐增大并硬化而不结晶的硅酸盐类非金属材料。普通玻璃化学氧化物的组成（$Na_2O \cdot CaO \cdot 6SiO_2$），主要成分是二氧化硅（$SiO_2$）。玻璃是建筑幕墙的主要材料之一。

2.1.1 玻璃的类型

1. 浮法玻璃

浮法玻璃是以熔化的玻璃浮在锡床上，靠自重和表面张力的作用而形成的平滑表面，其特点是表面平整、无波纹、"不走样"，幕墙用的无色、灰色、茶色玻璃都是浮法玻璃。

浮法玻璃制作工艺（图2-1）：原材料→熔化罐→浮法池→退化韧化炉→自动切割→仓储。

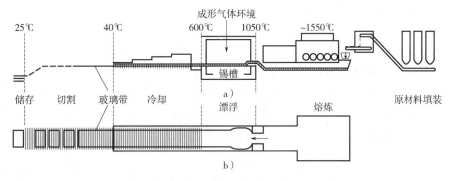

图 2-1　浮法玻璃的生产系统示意图

a）侧视图　b）俯视图

（1）标准纯浮法玻璃的原材料　主要为硅沙晶（72%）、氧化钙、碱、碳酸钾、氧化镁、氧化铁、白云石和氧化铝及20%左右的回收碎玻璃。

（2）熔化罐　玻璃溶液被加热至1500℃或1600℃。流下罐的玻璃通过玻璃溶液上吹过的冷空气冷却至1100℃。

（3）浮法池　含有熔化锡，玻璃在其上以带状流动。玻璃在锡上的稳定厚度一般在6～

7mm。通过辊筒将玻璃带快速倒下，可以得到较薄或较厚的玻璃平板。

（4）退火韧化炉　退火韧化炉是一个密封箱，控制逐渐加热和逐渐冷却。在退火韧化炉里，玻璃在辊轴上传输。为了释放玻璃中的应力，玻璃带还要通过一定的热处理。当玻璃送出退火韧化炉时，玻璃的温度被冷却至100℃，因此，浮法玻璃也称为退火玻璃。

（5）自动切割和仓储　玻璃从退火韧化炉出来后经过一个检查点，被自动切割为3210mm×6000mm的板材（更长的玻璃可以定制）。玻璃板材被捡起，并堆放到仓储间。

浮法玻璃按颜色属性可分为无色透明平板玻璃和本体着色平板玻璃，按外观质量分为合格品、一等品和优等品，按公称厚度分为2mm、3mm、4mm、5mm、6mm、8mm、10mm、12mm、15mm、19mm、22mm、25mm。浮法玻璃的技术要求应符合《平板玻璃》（GB 11614—2009）的规定。

按浮法玻璃加工工艺生产的退火玻璃是目前应用最为广泛的玻璃类型。工业化的生产流程可以制作大量具有理想平面的厚度在2～19mm高质量、高清晰度的玻璃。在加工过程中可以对退火玻璃着色制造有色玻璃，或去色制造白色玻璃。

退火玻璃的热疲劳抗力约为30℃（最大为40℃），即如果在玻璃的两个面存在这一温度差，玻璃将碎裂。退火玻璃破碎后会形成长的、边部锋利的碎片（图2-2），可能造成割伤或刺穿等伤害。因此，退火玻璃不是安全玻璃。

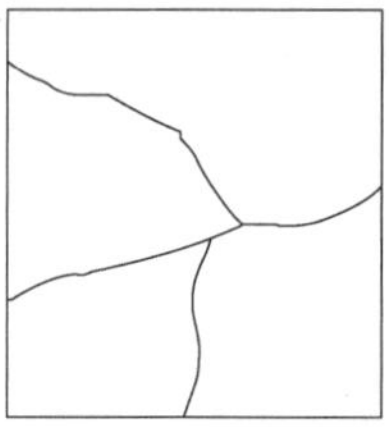

图 2-2　退火玻璃的碎片状态

2. 钢化玻璃

为了提高玻璃的强度，通常使用化学或物理的钢化方法，将预压应力导入玻璃表面，在玻璃表面形成压应力，玻璃承受外力时首先抵消表层应力，从而提高了承载能力，增强了玻璃自身的抗风压性、寒暑性、冲击性等。

钢化玻璃按其工艺可分为物理钢化玻璃和化学钢化玻璃。热回火是最常用的钢化方法，为强化玻璃薄板，可特别采用化学钢化方法，但化学钢化玻璃很少用于建筑。

物理钢化的原理就是形成永久应力的过程。玻璃在加热炉内按一定升温速度加热到低于软化温度（650℃）时，通过自身的形变消除内部应力，然后将此玻璃移出加热炉并迅速送入冷却装置，用低温高速气流进行淬冷，玻璃外层首先收缩硬化，由于玻璃的热导率（$\lambda \approx 0.963 \mathrm{W/m \cdot K}$）小，这时内部仍处于高温状态，待到玻璃内部也开始硬化时，已硬化的外层将阻止内层的收缩，从而使先硬化的外层产生压应力，后硬化的内层产生拉应力。由于玻璃表面层存在压应力，这就大大提高了玻璃的力学强度。物理钢化玻璃又称为淬火钢化玻璃。

玻璃是非晶态固体物质，一般硅酸盐玻璃是由 Si-O 键形成的网络和进入网络中的碱金属、碱土金属等离子构成。此网络是由含氧离子的多面体（三面体或四面体）构成的，其中心被 Si^{4+}、Al^{3+} 或 P^{5+} 离子所占据，其中碱金属离子较活跃，很容易从玻璃内部析出。离子交换法就是基于碱金属离子自然扩散和相互扩散，以改变玻璃表面层的成分，从而形成表面压应力层。

化学钢化玻璃是通过改变玻璃的表面的化学组成来提高玻璃的强度，一般是应用离子交换法进行钢化。其方法是将含有碱金属离子的硅酸盐玻璃，浸入熔融状态的锂（Li^+）盐中，使玻璃表层的 Na^+ 或 K^+ 离子与 Li^+ 离子发生交换，表面形成 Li^+ 离子交换层，由于 Li^+

的膨胀系数小于 Na^+、K^+ 离子，从而在冷却过程中造成外层收缩较小而内层收缩较大，当冷却到常温后，玻璃便同样处于内层受拉、外层受压的状态，其效果类似于物理钢化玻璃。由于玻璃里存在这种表面压应力层，当外力作用于此表面时，首先必须抵消这部分压应力，这样就提高了玻璃的力学强度；由于降低了玻璃的热膨胀系数，从而提高了其热稳定性。

在玻璃表面冷却后，内部继续冷却收缩使表面产生压应力，而内部产生拉应力以与表面压应力相平衡。最终沿玻璃厚度方向产生了二次函数形的应力分布（图 2-3），所以钢化玻璃又称为预应力玻璃。

由于钢化玻璃处于内部受拉、外部受压的应力状态，一旦玻璃中有裂纹扩展到受拉区，因玻璃所固有应变能的迅速释放，整个钢化玻璃会立即碎裂。玻璃的破坏会形成许多碎小玻璃粒（图 2-4），钢化玻璃造成人员伤害的几率会大大降低，所以钢化玻璃也称为安全玻璃。

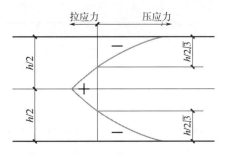

图 2-3　钢化玻璃中的预应力分布

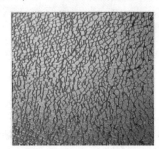

图 2-4　钢化玻璃的碎片状态

通常取 4 块玻璃试样进行碎片状态试验，每块试样在任何 $50mm \times 50mm$ 区域内的最少碎片数必须满足表 2-1 的要求，且允许有少量长条形碎片，其长度不超过 $75mm$。

表 2-1　最少允许碎片数

玻璃品种	公称厚度/mm	最少碎片数/片
平面钢化玻璃	3	30
	4 ~ 12	40
	≥15	30
曲面钢化玻璃	≥4	30

钢化玻璃具有如下优点：

1) 钢化玻璃的力学强度。在玻璃厚度相同的条件下，钢化玻璃的抗冲击强度是普通退火玻璃的 3~5 倍；抗弯强度是普通平板玻璃的 4~5 倍；挠度比普通退火玻璃大 3~4 倍。

2) 钢化玻璃的热稳定性。热稳定性是指玻璃能承受温度的剧烈变化而不破坏的性能。钢化玻璃的使用温度范围：-40~350℃，可承受温度的剧变范围：250~350℃，而一般玻璃只有 70~100℃。将钢化玻璃放置到 0℃ 环境保温后，浇上熔融铅液（327.5℃）不会破裂。钢化玻璃应耐 200℃ 温差而不破坏。

3) 钢化玻璃的安全性能。由于钢化玻璃的拉应力存在于玻璃的内层，当玻璃受外力破裂时，在外层压应力的保护下，玻璃碎片呈类似蜂窝状的钝角颗粒，不易对人体造成严重的伤害。

但钢化玻璃也具有以下缺点：

1）钢化后的玻璃不能再进行切割和加工，只能在钢化前就对玻璃进行加工至需要的形状，再进行钢化处理。

钢化玻璃圆孔的边部距玻璃边部的距离 a 不应小于玻璃公称厚度的 2 倍，如图 2-5a 所示。两孔孔边之间的距离 b 不应小于玻璃公称厚度的 2 倍，如图 2-5b 所示。孔的边部距玻璃角部的距离 c 不应小于玻璃的公称厚度 d 的 6 倍，如图 2-5c 所示。

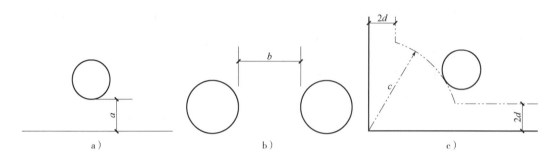

图 2-5 孔的位置示意
a）孔的边部距玻璃边部的距离　b）两孔孔边之间的距离
c）孔的边部距玻璃角部的距离

2）钢化玻璃强度虽然比普通玻璃高，但是钢化玻璃有"自爆"的可能性，而普通玻璃不存在自爆的可能性。

3）钢化玻璃的表面会存在凹凸不平现象（风斑），有轻微的厚度变薄。变薄的原因是因为玻璃在热熔软化后，经过强风力使其快速冷却，其玻璃内部晶体间隙变小，压力变大，所以玻璃在钢化后要比在钢化前要薄。一般情况下 4~6mm 玻璃在钢化后变薄 0.2~0.8mm，8~20mm 玻璃在钢化后变薄 0.9~1.8mm。具体程度要根据设备来决定，这也是钢化玻璃不能做镜面的原因。

4）通过钢化炉（物理钢化）后的建筑用的平板玻璃，一般都会有变形，变形程度由设备与技术人员工艺决定，在一定程度上，影响了装饰效果（特殊需要除外）。

钢化玻璃在无直接机械外力作用下发生的自动性炸裂称为钢化玻璃的"自爆"，根据行业经验，普通钢化玻璃的自爆率在 1‰~3‰。自爆是钢化玻璃固有的特性之一。钢化玻璃产生自爆的原因很多，简单地归纳以下几种：

（1）玻璃质量缺陷的影响

1）玻璃中有结石、杂质，气泡：玻璃中有杂质是钢化玻璃的薄弱点，也是应力集中处。特别是结石若处在钢化玻璃的拉应力区，常成为导致炸裂的重要因素。

结石存在于玻璃中，与玻璃体有着不同的膨胀系数。玻璃钢化后结石周围裂纹区域的应力集中成倍地增加。当结石膨胀系数小于玻璃，结石周围的切向应力处于受拉状态。伴随结石而存在的裂纹扩展就极易发生。

2）玻璃中含有硫化镍结晶物。硫化镍夹杂物一般以结晶的小球体存在，直径在 0.1~2mm，外表呈金属状，这些夹杂物是 Ni_3S_2、Ni_7S_6 和 Ni-xS（其中 $x=0~0.07$），只有 Ni-xS 相（即 NiS 结石）是造成钢化玻璃自发炸碎的主要原因。

需要说明的是，有些研究认为并非所有的 NiS 结石都会引起钢化玻璃的自爆，引起钢化玻璃自爆的结石临界直径一般为 0.04~0.65mm，且临界直径 D_c 值取决于结石周围玻璃的应力值。

根据断裂力学原理，可推导得到引起自爆的 NiS 结石临界直径 D_c：

$$D_c = \frac{\pi k_{1c}^2}{3.55 p_0^{0.5} \sigma_0^{1.5}}$$

(2-1)

式中　k_{1c}——应力强度因子（MPa·m$^{1/2}$），$k_{1c} = 0.76 \text{m}^{0.5}$；

　　　p_0——度量相变及热膨胀的因子，$p_0 = 615 \text{MPa}$；

　　　σ_0——NiS 周围玻璃的应力值（MPa）。

NiS 在 379℃时有一相变过程，从高温状态的 α-NiS 六方晶系转变为低温状态 β-NiS 三方晶系过程中，伴随出现 2.38% 的体积膨胀。这一结构在室温时保存下来。如果以后玻璃受热就可能迅速出现 α-β 态转变。如果这些杂物在钢化玻璃的拉应力区（玻璃板厚度方向的中部），则体积膨胀会引起自发炸裂。如果室温时存在 α-NiS，经过数年、数月也会慢慢转变到 β 态，在这一相变过程中体积缓慢增大未必造成内部破裂。

3）玻璃表面因加工过程或操作不当造成有划痕、炸口、深爆边等缺陷，易造成应力集中或导致钢化玻璃自爆。

（2）钢化玻璃中应力分布不均匀、偏移　玻璃在加热或冷却时沿玻璃厚度方向产生的温度梯度不均匀、不对称，使钢化制品有自爆的趋向，有的在急冷时就产生"风爆"。如果张应力区偏移到制品的某一边或者偏移到表面则钢化玻璃形成自爆。

（3）钢化程度的影响　实验证明，当钢化程度提高到 1 级/cm 时自爆数达 20% ~ 25%，由此可见应力越大钢化程度越高，自爆量也越大。

解决钢化玻璃自爆可采取如下措施：

（1）降低钢化玻璃的应力值　钢化玻璃中应力的分布是钢化玻璃的两个表面为压应力，板芯层处于拉应力，在玻璃厚度上应力分布类似抛物线。玻璃厚度的中央是抛物线的顶点，即拉应力最大处；两侧接近玻璃两表面处是压应力；零应力面大约位于厚度的 1/3 处。通过分析钢化急冷的物理过程，可知钢化玻璃表面压应力和内部的最大拉应力在数值上有粗略的比例关系，即拉应力是压应力的 1/2 ~ 1/3。若降低其表面应力，相应地会降低钢化玻璃本身自有的拉应力，从而有助于减少自爆的发生。《建筑用安全玻璃第 2 部分：钢化玻璃》（GB 15763.2—2005）规定，钢化玻璃的表面应力不应小于 90MPa。

（2）使玻璃的应力均匀一致　钢化玻璃的应力不均，会明显增大自爆率，已经到了不容忽视的程度。应力不均引发的自爆有时表现得非常集中，特别是弯钢化玻璃的某具体批次的自爆率会达到令人震惊的严重程度，且可能连续发生自爆。其原因主要是局部应力不均和张力层在厚度方向的偏移，玻璃原片自身质量也有一定的影响。应力不均会大幅降低玻璃的强度，在一定程度上相当于增大了玻璃内部的拉应力，从而提高了玻璃的自爆率。如果能使钢化玻璃的应力均匀分布，则可有效降低其自爆率。

（3）热浸处理（HST）　热浸处理又称均质处理，俗称"引爆"。均质玻璃的生产即将钢化玻璃放进热冲击炉中，通过快速升温伪造成一个比使用环境更为恶劣的环境，产生热冲击力，首先使由于应力不均匀、结石、微裂缝等产生自爆的玻璃提前破碎，然后再将温度控制在 280 ~ 295℃，促使其 α-NiS 向 β-NiS 转变，从而达到消除"自爆"的效果。通过热冲击测试炉生产出的钢化玻璃即为均质钢化玻璃。

3. 半钢化玻璃

半钢化玻璃是通过控制加热和冷却过程，在玻璃表面引入永久压应力层，使玻璃的力学强度和耐热冲击性能提高，并具有特定的碎片状态的玻璃制品，又称热增强玻璃。半钢化玻璃是一种介于普通平板玻璃和钢化玻璃之间的一个品种，它兼有钢化玻璃强度高的优点，同时又克服了钢化玻璃平整度差、易自爆、一旦破坏即整体破碎等缺点。半钢化玻璃按生产工艺可分为垂直法半钢化玻璃和水平法半钢化玻璃。

半钢化玻璃的加工工艺与钢化玻璃类似，但其冷却过程较慢。原片玻璃为浮法玻璃、镀膜玻璃时，半钢化玻璃的表面压应力控制在24~60MPa。半钢化玻璃的强度是普通浮法玻璃的2倍。半钢化玻璃的挠度比钢化玻璃小，比普通浮法玻璃大。半钢化玻璃的热稳定性也明显地比退火玻璃好，按《半钢化玻璃》（GB/T 17841—2008）第7.9条款进行检验，试样应耐100℃温差不破坏。

半钢化玻璃破碎时，沿裂纹源呈放射状径向开裂，一般无切向裂纹扩展（图2-6），所以破坏后一般情况下仍能保持整体不塌落。

厚度小于等于8mm的玻璃的碎片状态，按《半钢化玻璃》（GB/T 17841—2008）第7.8条款进行检验，每片试样的破碎状态应满足下列要求。厚度大于8mm的玻璃的碎片状态由供需双方商定。

1）碎片至少有一边延伸到非检查区域（图2-7）。

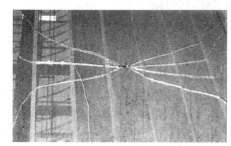

图2-6 半钢化玻璃的碎裂后状态

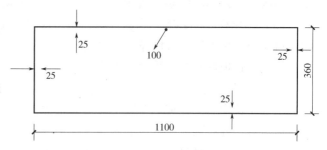

图2-7 "非检查区域"示意图

2）当有碎片的任何一边不能延伸到非检查区域时，此类碎片归类为"小岛"碎片和"颗粒"碎片（图2-8）。"小岛"碎片是指面积大于等于1cm²的碎片，"颗粒"碎片是指面积小于1cm²的碎片。"小岛"碎片和"颗粒"碎片应满足如下要求：

①不应有两个及两个以上小岛碎片。

②不应有面积大于10cm²的小岛碎片。

③所有"颗粒"碎片的面积之和不应超过50cm²。

碎片状态放行条款：

1）碎片至少有一边延伸到非检查区域。

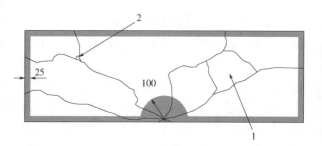

图2-8 "小岛"和"颗粒"碎片示意图
1—"小岛"碎片 2—"颗粒"碎片

2）当有碎片的任何一边不能延伸到非检查区域时，此类碎片归类为"小岛"碎片和"颗粒"碎片。"小岛"碎片和"颗粒"碎片应满足如下要求：

①不应有 3 个及 3 个以上小岛碎片。

②所有"小岛"碎片和"颗粒"碎片，总面积之和不应超过 $500cm^2$。

半钢化玻璃在建筑中适用于幕墙和外窗，可以制成钢化镀膜玻璃，其影像畸变优于钢化玻璃。半钢化玻璃不会发生"自爆"现象。《建筑安全玻璃管理规定》（发改运行〔2003〕2116 号）中明确指出"单片半钢化玻璃（热增强玻璃）不属于安全玻璃"，因其一旦破碎，会形成大的碎片和放射状裂纹，虽然多数碎片没有锋利的尖角，但仍然会伤人，不能用于天窗和有可能发生人体撞击的场合。

4. 夹层玻璃

夹层玻璃是玻璃与玻璃和/或塑料等材料，用中间层分隔并通过处理使其粘结为一体的复合材料的统称。常见和大多使用的是玻璃与玻璃，用中间层分隔并通过处理使其粘结为一体的玻璃构件。夹层玻璃按形状分为平面夹层玻璃和曲面夹层玻璃；按霰弹袋冲击性能分为：

1）Ⅰ类夹层玻璃：对霰弹袋冲击性能不做要求的夹层玻璃，该类玻璃不能作为安全玻璃。

2）Ⅱ-1 类夹层玻璃：霰弹袋冲击高度可达 1200mm，冲击结果符合《建筑用安全玻璃 第 3 部分：夹层玻璃》（GB 15763.3—2009）第 6.11 条规定的安全夹层玻璃。

3）Ⅱ-2 类夹层玻璃：霰弹袋冲击高度可达 750mm，冲击结果符合《建筑用安全玻璃 第 3 部分：夹层玻璃》（GB 15763.3—2009）第 6.11 条规定的安全夹层玻璃。

4）Ⅲ类夹层玻璃：霰弹袋冲击高度可达 300mm，冲击结果符合《建筑用安全玻璃 第 3 部分：夹层玻璃》（GB 15763.3—2009）第 6.11 条规定的安全夹层玻璃。

夹层玻璃中的单片玻璃可选用浮法玻璃、普通平板玻璃、压花玻璃、抛光夹丝玻璃、夹丝压花玻璃等，可以是无色的、本体着色的或镀膜的；透明的、半透明的或不透明的；退火的、热增强的或钢化的；表面处理的，如喷砂或酸腐蚀的等。

夹层玻璃的中间层可选用材料种类和成分、力学和光学性能等不同的材料，如 SGP 中间层（离子性中间层，含有少量金属盐，以乙烯-甲基丙烯酸共聚物为主，可与玻璃牢固地粘结的中间层材料）、PVB 中间层（以聚乙烯醇缩丁醛为主的中间层材料）、EVA 中间层（以乙烯-聚醋酸乙烯共聚物为主的中间层材料）等。

（1）PVB 夹层玻璃　两片或多片玻璃（浮法玻璃、钢化或半钢化玻璃）可以被一层或多层聚乙烯醇缩丁醛树脂（Polyvinyl Butyral，商品名称为 PVB）内夹层粘在一起。单层 PVB 内夹层的厚度是 0.38mm（图 2-9），再经电热高压器加热到 140℃，在 12Pa 压力下维持 6h，以消除玻璃与内夹层之间的空气。在冲击荷载下，玻璃层可能会破碎，但碎片会牢固地粘在

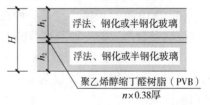

图 2-9　PVB 夹层玻璃（单位：mm）

内夹层里。所以，夹层玻璃是真正的安全玻璃。多层组合的玻璃可以提高对于高速子弹在内的任何射击作用的抵抗力。夹层玻璃中的玻璃碎片可以留至方便时再行更换。

采用 PVB 中间层的夹层玻璃边缘的粘结可能长期受到潮湿作用。由于内夹层最初是干

的，它可以吸收潮气，使得边缘粘结弱化，因此夹层玻璃的边缘必须放置在具有均衡蒸汽压力的防止长期潮湿的玻璃槽口内。否则，不可能完全排除弱化的效应。即使在运输和储存中也要避免玻璃边缘过度潮湿。

国内常用夹层玻璃的中间层一般为两层PVB，厚度为0.76mm；常用玻璃板材的厚度有3mm、5mm、6mm、8mm等。夹层玻璃的厚度和面积可根据用户的需要而定。

（2）SGP夹层玻璃 由于PVB中间层主要不是针对建筑幕墙开发的，所以它富于弹性，比较柔软，剪切模量小，两块玻璃间受力后会有显著的相对滑移，承载力较小，弯曲变形较大。同时，PVB夹层玻璃的外露边容易受潮开胶，PVB中间层夹层玻璃使用时间长以后容易发黄变色。因此，PVB夹层玻璃可以用于一般玻璃幕墙，不适宜用于有高性能要求的玻璃幕墙。对于大型公共建筑幕墙、超高层建筑幕墙、大跨度采光顶、超大尺寸夹层玻璃、全玻璃结构中的夹层玻璃应采用高性能的离子性中间层（Sentry Glas Plus，商品名称为SGP）。

SGP中间层具有以下优良的性能：

1）具有高的强度和剪切模量，力学性能优异。

SGP的剪切模量是PVB的50倍以上，撕裂强度比PVB高5倍。采用SGP夹层后，玻璃受力时两片玻璃之间的胶层基本上不会产生滑动，两片玻璃如同一片等厚度的单片玻璃整体工作。因此，SGP夹层玻璃的承载力就是等厚度的PVB夹层玻璃承载力的2倍；同时，在相等荷载、相等厚度的情况下，SGP夹层玻璃的弯曲挠度仅为PVB夹层玻璃的1/4。

2）具有良好的边部稳定性，可外露使用而无须封边。

边部稳定性是指夹层玻璃边部外露于大气条件下的耐久性。PVB中间层不耐潮湿，水汽作用下容易开胶、分离，要求外露边缘进行封边处理。而SGP中间层有良好的边部稳定性，对水分不敏感，在外露条件下使用也不会开胶、分离，可以开边使用，不必封边。

3）玻璃破损后留有充分的剩余承载力，不会整块坠落。

普通PVB夹层玻璃，尤其是钢化夹层玻璃，玻璃一旦破碎就会产生很大的弯曲变形，有整块脱落的危险。SGP中间层夹层玻璃整体性好，SGP中间层的撕裂强度是PVB中间层的5倍，即使玻璃万一破碎，SGP中间层还可以粘结碎玻璃形成破坏后的一个临时结构，其弯曲变形小，还可以承受一定量的荷载而不会整片下坠。

4）无色透明，不易变色，通透性极佳。

SGP中间层本身无色透明，而且耐候性好，不易泛黄。SGP中间层的泛黄系数小于1.5，而PVB中间层的泛黄系数为6～12，因此超白夹层玻璃采用SGP中间层的较多。

（3）XIR夹层玻璃 这是一种在两片PVB之间加入一层透明的XIR热反射薄膜，再与两片玻璃热合而成的一种新型节能夹层玻璃。XIR夹层玻璃具有以下特点：

1）可见光透过率高达72%，可见光反射率低至8%，同时可反射超过90%的不可见太阳热辐射，阳光得热系数仅为0.41～0.47，冬日保温、夏日隔热，能有效降低能源消耗，从而减少成本支出。

2）屏蔽电磁辐射：特殊制作的XIR节能夹层玻璃，可有效降低电磁波辐射强度，具备电磁屏蔽功能。

3）高效屏蔽紫外线：XIR夹层玻璃可以阻挡高达99.8%的紫外线，完全减少室内饰物褪色，阻隔紫外线对人体和物品的侵害。

4）隔声效果显著：基于XIR夹层玻璃特殊的夹层结构，可以有效降低噪声干扰。

5）安全性高：由于 XIR 夹层玻璃结构特殊，使其安全性较普通夹层玻璃有了进一步的提高。

我国海南、广东南部和广西南部等夏热冬暖地区，冬季不取暖而无保温要求；夏季以防太阳辐射为主。采用 XIR 中间层的夹层玻璃即可满足节能要求，无须做成夹层中空玻璃。单夹层与夹层中空相比可节省玻璃 30%～50%，而且自重减轻后使支承结构用材相应也减少，节材也就是节能和减排。

5. 中空玻璃

中空玻璃是由两片或多片玻璃以有效支撑均匀隔开并周边粘接密封，使玻璃层间形成有干燥气体空间的玻璃制品。中空玻璃原片玻璃厚度可采用 3mm、4mm、5mm、6mm、8mm、10mm、12mm，空气层厚度可采用 6mm、9mm、12mm。中空玻璃按中空腔内气体可分为普通中空玻璃（中空腔内为空气的中空玻璃）和充气中空玻璃（中空腔内充入氩气、氪气等气体的中空玻璃）。

在中空玻璃构件中，间隔条、干燥剂、密封胶（或复合型材料）、（内层、外层）玻璃等形成了中空玻璃的边部密封系统，如图 2-10 所示。

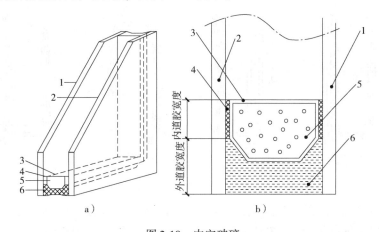

图 2-10　中空玻璃

a）中空玻璃　b）胶层宽度示意

1—外层玻璃　2—内层玻璃　3—间隔条　4—内道密封胶　5—干燥剂　6—外道密封胶

1）玻璃，是构成中空玻璃的基本成分。玻璃可采用平板玻璃、Low-E（低辐射）镀膜玻璃、夹层玻璃、钢化玻璃、防火玻璃、半钢化玻璃和压花玻璃等，所用玻璃应符合相应标准要求。中空玻璃可做成平面或曲面。

2）干燥剂。保证将密封在中空玻璃内部的所有水蒸气吸附干净，并吸附随着时间的推移而进入中空玻璃内部的水蒸气，保证中空玻璃的寿命。干燥剂应符合相关标准要求。

3）间隔条。控制中空玻璃内、外两片玻璃的间距，并控制外部的水蒸气在这一部分被完全隔绝，保证中空玻璃具有合理的空间层厚度和使用寿命。间隔材料可分为铝间隔条、不锈钢间隔条、复合材料间隔条、复合胶条等，并应符合相关标准和技术文件的要求。

4）边部密封材料。中空玻璃边部密封材料应能够满足中空玻璃的水汽和气体密封性能并能保持中空玻璃的结构稳定。密封胶的粘结性能、边部密封材料水气渗透率参见《中空玻璃》（GB/T 11944—2012）附录 B、附录 C。

中空玻璃的使用寿命与边部材料（如间隔条、干燥剂、密封胶）的质量和中空玻璃的制作工艺有直接关系，也受安装状况、使用环境的影响。中空玻璃腔体内有目视可见的水汽产生，即为中空玻璃失效。中空玻璃失效即为中空玻璃使用寿命的终止。中空玻璃的预期寿命至少应为15年。

玻璃幕墙采用中空玻璃时，除应符合现行国家标准《中空玻璃》（GB/T 11944—2012）的有关规定外，尚应符合下列规定：

1）中空玻璃气体层厚度不应小于9mm。

2）中空玻璃应采用双道密封。内道密封（一道密封）应采用丁基热熔密封胶。隐框、半隐框及点支承玻璃幕墙用中空玻璃的外道密封（二道密封）应采用硅酮结构密封胶；明框玻璃幕墙用中空玻璃的外道密封宜采用聚硫类中空玻璃密封胶，也可采用硅酮密封胶。外道密封应采用专用打胶机进行混合、打胶。

3）中空玻璃的间隔铝框可采用连续折弯型或插角型，不得使用热熔型间隔胶条。间隔铝框中的干燥剂宜采用专用设备装填。

4）中空玻璃加工过程应采取措施消除玻璃表面可能产生的凹、凸现象（图2-11）。

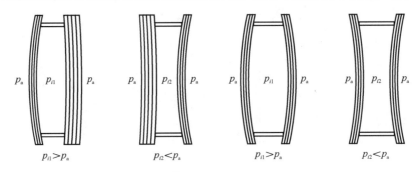

图 2-11　中空玻璃的"鼓吸"效应示意

面板之间的空间与外部空气隔绝，间隔条中的吸湿物质能够使这一空间保持干燥，这样可使密闭空气的结露点降低到 $-30℃$。这一密闭系统可以防止密闭空间中的气体与外部空气交换，以及潮气进入密闭空间。

密闭空间内的空气压力与制作时大气压力相等。密闭玻璃单元制作后，当大气压力上升超过密闭空间内的空气压力时，两个玻璃面板将被向内挤压；当大气压力降低时，面板将向外鼓出。当设计大面积的带反射效果的玻璃时，必须十分重视这一"鼓吸"效应。仅仅通过改变玻璃厚度以满足结构要求很难克服这一效应。目前计算玻璃厚度的方法是将荷载分布在两个面板上，这会导致一个较小的面板厚度、较小的刚度和较大的"鼓吸"效应。可以试用的设计方法是室外层面板（即带反射涂层的面板）较厚而内层面板较薄，当然必须通过计算确保内层厚度足够。优化玻璃面板的厚度，并不仅仅意味着减小面板厚度，而是使面板厚度与可以预期的各种物理现象相匹配。

6. 真空玻璃

真空玻璃（vacuum insulating glass）是将两片或两片以上玻璃以支撑物隔开，周边（采用低熔点玻璃焊料或金属焊料）封接，在玻璃间形成真空腔的玻璃制品（图2-12）。真空玻璃应符合《真空玻璃》（GB/T 38586—2020）规定的技术要求。

真空腔内的真空压力应不超过1.0Pa，一般可以控制在0.1~0.01Pa或者更低。为了长期保持真空腔内的真空压力，一般真空腔内要放置吸气剂。

由于真空玻璃要承受大气压力，需在两层玻璃之间设置"支撑物"来使玻璃之间间隔形成真空层。"支撑物"的排列形式和间距可根据玻璃厚度，支撑物的种类、材料、形式、尺寸以及相关受力情况、力学参数来确定。通常情况下，为了减小支撑物"热桥"形成的传热并同时提高视觉效果，支撑物直径一般在 $0.3 \sim 0.5$mm，高度在 $0.1 \sim 0.4$mm，间距一般在 $20 \sim 60$mm。支撑点应等距均匀排列，不准许重叠；不准许连续缺

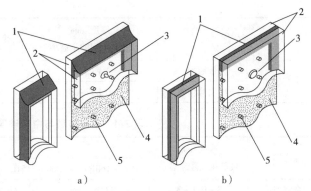

图 2-12　真空玻璃结构示意图

a）错台结构（下片玻璃大于上片玻璃）

b）平封结构（两片玻璃尺寸相同）

1—封边　2—玻璃　3—排气口　4—Low-E 膜面　5—支撑物

位，缺位或多出的支撑点每平方米不准许超过 3 个；支撑点偏移超过设计间距 1/3 的每平方米不准许超过 5 个。

具有排气口的真空玻璃产品，其排气口位置是薄弱之处，应采取封接封口片、粘贴保护帽、保护胶等保护装置或保护材料。

真空玻璃的工作原理与玻璃保温瓶的保温隔热原理相同。真空玻璃的制造工艺：将两片玻璃板（可以是浮法玻璃、夹丝玻璃、钢化玻璃、压延玻璃、喷砂玻璃、吸热玻璃、紫外线吸收玻璃、热反射玻璃等）洗净，在一片玻璃板上以 $20 \sim 60$mm 的间隔放置高度为 $0.1 \sim 0.4$mm，直径为 $0.3 \sim 0.5$mm 的圆柱状支撑物，然后再放上另一片玻璃板。将两片玻璃板的周边涂上低熔点玻璃焊料或金属焊料，在 450℃ 中加热 $15 \sim 60$min，在去除玻璃上附着的水分及有机物的同时用焊接玻璃将两片玻璃板的四周封接，形成一个整体。在适当位置开孔，用真空泵使两片玻璃板间隙的真空压力达到 $0.1 \sim 0.01$Pa（不超过 1.0Pa），即形成真空玻璃。

真空玻璃与中空玻璃结构和性能比较见表 2-2 ～ 表 2-5。

表 2-2　真空玻璃与中空玻璃结构比较

类别	间隙层	空间尺寸/mm	四周密封方式	总厚度
真空玻璃	真空	$0.1 \sim 0.4$	玻璃密封	几乎为两片玻璃厚度总厚
中空玻璃	空气或氩气、氮气等	$0 \sim 18$	铝框加玻璃密封胶	间隙：6mm、9mm、12mm

表 2-3　真空玻璃与中空玻璃热工性能比较

类别		厚度/mm 玻璃+间隙+玻璃	热导率/[W/(m·K)]	传热系数/[W/(m²·K)]
真空玻璃	普通型	$3 + 0.1 + 3$	0.0315	2.021
	单面低辐射	$4 + 0.1 + 4$	0.0155	1.650
	双面低辐射	$4 + 0.1 + 4$	0.0122	1.230

（续）

类别		厚度/mm 玻璃 + 间隙 + 玻璃	热导率/[W/(m·K)]	传热系数/[W/(m²·K)]
中空玻璃	普通型	3 + 12 + 3	0.135	3.483
	单面低辐射	6 + 12 + 8	0.0748	2.107

表 2-4　真空玻璃与中空玻璃隔声比较

类别	厚度/mm 玻璃 + 间隙 + 玻璃	隔声/dB				
		100 ~ 160Hz	300 ~ 315Hz	400 ~ 630Hz	800 ~ 1200Hz	≥1200
真空玻璃	3 + 0.1 + 3	22	27	31	38	53
中空玻璃	4 + 6 + 4	11	16	19	23	28

表 2-5　真空玻璃与中空玻璃防结露性能比较

样品类别	厚度/mm 玻璃 + 间隙 + 玻璃	室外气温（结露温度）/℃		
		室内湿度60%	室内湿度70%	室内湿度80%
真空玻璃	3 + 0.1 + 3 ~ 6	−21	−6	2
中空玻璃	3 + 6 + 3 ~ 12	−1	−5	11

真空玻璃具有以下特点：

1）传热系数低。真空玻璃空腔内气体很少，腔体内气体对流传热很小，因此传热系数较低。为了进一步提高真空玻璃的隔热保温性能，可以在真空玻璃基片中至少采用一片低辐射镀膜玻璃，这样会减少真空玻璃的辐射传热，从而进一步降低真空玻璃的传热系数。

2）隔热保温。选用适当遮阳系数的真空玻璃，在夏季，能够有效控制太阳得热，保持室内凉爽；在冬季，当室外温度为 −20℃ 时，真空玻璃的内表温度仅比室内空气温度低 3 ~ 5℃，可以保持室内温暖舒适。《真空玻璃》（GB/T 38586—2020）规定，真空玻璃保温性能 Ⅰ 级，传热系数 ≤1.0 [W/(m²·K)]；保温性能 Ⅱ 级，1.0 [W/(m²·K)] < U 值（K 值）≤ 2.0 [W/(m²·K)]。

3）隔声降噪。真空玻璃由于真空腔的存在，有效地阻隔了声音的传递，隔声效果很好。建筑用真空玻璃计权隔声量 R_w 应不小于 35dB。

4）远离结露。真空玻璃具有超强的隔热保温性能，在寒冷的冬季，即使室外气温降到 −30℃，室内玻璃表面的温度也与室温相近，远高于结露温度。

由于钢化玻璃的强度高于普通玻璃，采用钢化玻璃为基片制作的真空玻璃在一定程度上可以提高真空玻璃抵抗外界大气压的能力。与普通玻璃制作的真空玻璃相比，其力学性能（抗风压能力、抵抗温差能力、抗冲击能力等）也能得到提高。同时，用钢化玻璃制作的真空玻璃，其支撑物间距可适当扩大，可以进一步降低真空玻璃的传热系数，提高保温隔热性能，同时玻璃更加美观。

由于真空玻璃结构和加工的特殊性，以目前的技术水平，采用钢化玻璃为基片的真空玻璃的部分力学性能（如抗冲击性能）要低于合片前的单片钢化玻璃。

真空玻璃可制成真空复合夹层玻璃、真空复合中空玻璃、真空同时复合夹层和中空玻璃等多种复合产品，使隔热、隔声、力学等性能得到进一步提升。各类复合产品除应满足真空玻璃标准要求的性能外，还应分别满足各类复合工艺所对应产品的相关标准要求。

真空玻璃适用于各种海拔地区；同时，真空玻璃应用于建筑物的各个位置都能保持其优异的性能不变，包括立面、斜面及屋顶，不存在中空玻璃平放时气体对流加大导致性能降低的问题。

7. 防火玻璃

防火玻璃是经过特殊工艺加工和处理，在规定的耐火试验中能保持其完整性和隔热性的特种玻璃。防火玻璃在防火时的作用主要是控制火势的蔓延或隔烟，是一种措施型的防火材料，其防火的效果以耐火性能进行评价。防火玻璃的技术要求应符合《建筑用安全玻璃 第 1 部分：防火玻璃》（GB 15763.1—2009）的规定。

防火玻璃原片可选用镀膜或非镀膜的浮法玻璃、钢化玻璃、复合防火玻璃原片，还可选用单片防火玻璃。原片玻璃应分别满足相应的国家标准和《建筑用安全玻璃 第 1 部分：防火玻璃》（GB 15763.1—2009）相应条款的规定。

防火玻璃可按结构、耐火性能及耐火极限进行分类：

（1）按结构分类　防火玻璃可分为复合防火玻璃（以 FFB 表示）（灌注型和复合型，灌浆防火玻璃的隔热性能好，复合防火玻璃的防火性能好）和单片防火玻璃（以 DFB 表示）。

复合防火玻璃（FFB）是由两层或两层以上玻璃复合而成或由一层玻璃和有机材料复合而成，并满足相应耐火性能要求的特种玻璃。其防火原理：当火灾发生时，向火面玻璃遇高温后很快炸裂，其防火夹层相继发泡膨胀十倍左右，形成坚硬的乳白色泡状防火胶板，可有效地阻断火焰，隔绝高温及有害气体。

灌注防火玻璃是由两层玻璃原片（特殊需要也可用三层玻璃原片），四周以特制阻燃胶条密封，中间灌注防火胶液，经固化后为透明胶冻状与玻璃粘接成一体。其防火原理：遇高温以后，玻璃中间透明胶冻状的防火胶层会迅速硬结，形成一张不透明的防火隔热板，在阻止火焰蔓延的同时，也阻止高温向背火面传导。此类防火玻璃不仅具有防火隔热性能，而且隔声效果出众，可加工成弧形。

单片防火玻璃（DFB）是由单层玻璃构成，并满足相应耐火性能要求的特种玻璃。在一定的时间内保持耐火完整性、阻断迎火面的明火及有毒、有害气体，但不具备隔温绝热功效。常用的有单片铯钾防火玻璃、单片硼硅防火玻璃等。

单片铯钾防火玻璃是通过特殊化学处理在高温状态下进行 20 多个小时离子交换，替换了玻璃表面的金属钠，形成低膨胀硅酸盐玻璃。单片铯钾防火玻璃的热导率为 $1.13W/(m \cdot ℃)$，热膨胀系数为 $3.0 \sim 3.5 \times 10^{-6}/℃$，软化点为（$720 \pm 10$）℃，故具备高效的抗热性能。同时通过物理处理后，玻璃表面形成高强的压应力，大大提高了抗冲击强度，单片铯钾防火玻璃的强度是普通玻璃的 6～12 倍，是钢化玻璃的 1.5～3 倍。当玻璃破碎时呈现微小颗粒状态，可有效减少对人体造成的伤害。

单片硼硅防火玻璃是选用含高硼硅经浮法工艺生产出的一种原片玻璃，经钢化加工而成。它的热膨胀系数（约 $4.0 \times 10^{-6}/℃$）约为普通玻璃（硅酸盐玻璃）的 1/3；它的软化点（845℃ ±10℃）高，因而具有较强的抵抗热变能力。当火灾发生时，硼硅单片防火玻璃不易膨胀碎裂，其耐火极限可达 3.00h。

（2）按耐火性能分类　防火玻璃按耐火性能可分为隔热型防火玻璃（A 类）和非隔热型防火玻璃（C 类），其耐火性能应满足表 2-6 的要求。

隔热型防火玻璃（A 类）是指耐火性能同时满足耐火完整性、耐火隔热性要求的防火玻璃,包括复合型防火玻璃和灌注型防火玻璃两种。此类玻璃具有透光、防火(隔烟、隔火、遮挡热辐射)、隔声、抗冲击性能。

非隔热型防火玻璃(C 类)是指耐火性能仅满足耐火完整性要求的防火玻璃。此类玻璃具有透光、防火、隔烟、强度高等特点。

表 2-6　防火玻璃的耐火性能 (GB 15763.1—2009)

分类名称	耐火极限等级	耐火性能要求
隔热型防火玻璃 (A 类)	3.00h	耐火隔热时间≥3.00h,且耐火完整性时间≥3.00h
	2.00h	耐火隔热时间≥2.00h,且耐火完整性时间≥2.00h
	1.50h	耐火隔热时间≥1.50h,且耐火完整性时间≥1.50h
	1.00h	耐火隔热时间≥1.00h,且耐火完整性时间≥1.00h
	0.50h	耐火隔热时间≥0.50h,且耐火完整性时间≥0.50h
非隔热型防火玻璃 (C 类)	3.00h	耐火完整性时间≥3.00h,耐火隔热性无要求
	2.00h	耐火完整性时间≥2.00h,耐火隔热性无要求
	1.50h	耐火完整性时间≥1.50h,耐火隔热性无要求
	1.00h	耐火完整性时间≥1.00h,耐火隔热性无要求
	0.50h	耐火完整性时间≥0.50h,耐火隔热性无要求

(3) 按耐火极限分类　防火玻璃按耐火极限分为五个等级:0.50h、1.00h、1.50h、2.00h、3.00h。

8. 镀膜玻璃

镀膜玻璃(coated glass)是指通过物理或化学方法,在玻璃表面涂覆一层或多层金属、金属化合物或非金属化合物的薄膜,以满足特定要求的玻璃制品。镀膜玻璃按产品的不同特性,可分为阳光控制镀膜玻璃、低辐射镀膜玻璃(Low-E)、导电膜玻璃等。

(1) 阳光控制镀膜玻璃　阳光控制镀膜玻璃是通过膜层,改变其光学性能,对波长范围 300~2500nm 的太阳光具有选择性反射和吸收的镀膜玻璃。阳光控制镀膜玻璃按镀膜工艺分为离线阳光控制镀膜玻璃和在线阳光控制镀膜玻璃;按其是否进行热处理或热处理种类可分为非钢化阳光控制镀膜玻璃(镀膜处理后未经钢化或半钢化处理)、钢化阳光控制镀膜玻璃(镀膜后进行钢化加工或在钢化玻璃上镀膜)、半钢化阳光控制镀膜玻璃(镀膜后进行半钢化加工或在半钢化玻璃上镀膜);按阳光控制镀膜层耐高温性能的不同,分为可钢化阳光控制镀膜玻璃和不可钢化阳光控制镀膜玻璃。

阳光控制镀膜玻璃的技术要求应满足《镀膜玻璃 第 1 部分:阳光控制镀膜玻璃》(GB/T 18915.1—2013)的规定。

阳光控制镀膜玻璃一般是在玻璃表面镀一层或多层诸如铬(Cr)、钛(Ti)或不锈钢等金属或其化合物组成的薄膜,使产品呈丰富的色彩,对于可见光有适当的透射率,对红外线有较高的反射率,对紫外线有较高吸收率,主要用于建筑和玻璃幕墙。

(2) 低辐射镀膜玻璃(Low-E 玻璃)　　低辐射镀膜玻璃是指对 4.5~25μm 红外线有较高反射比的镀膜玻璃,也称 Low-E 玻璃(Low-E coated glass)。低辐射镀膜玻璃按镀膜工艺分为离线低辐射镀膜玻璃和在线低辐射镀膜玻璃。按膜层耐高温性能可分为钢化低辐射镀膜玻璃和不可钢化低辐射镀膜玻璃。

低辐射镀膜玻璃的技术要求应满足《镀膜玻璃 第 2 部分：低辐射镀膜玻璃》（GB/T 18915.2—2013）的规定。

低辐射镀膜玻璃是在玻璃表面镀由多层银（Ag）、铜（Cu）或锡（Sn）等金属或其化合物组成的薄膜，产品对可见光有较高的透射率，对红外线有很高的反射率，具有良好的隔热性能，主要用于建筑和汽车、船舶等交通工具，由于膜层强度较低，一般都制成中空玻璃使用。低辐射镀膜玻璃从结构上可以分为单银和双银 Low-E 镀膜玻璃等。

单银 Low-E 镀膜玻璃通常只含有一层功能层（银层），加上其他的金属及化合物层，膜层总数达到 5 层。双银 Low-E 镀膜玻璃具有两层功能层（银层），加上其他的金属及化合物层，膜层总数达到 9 层。在相同玻璃组合下，双银 Low-E 玻璃比单银 Low-E 玻璃具有更低的辐射率、传热系数（U 值）和遮阳系数（Sc 值），在遮阳系数（Sc 值）相同的情况下，其可见光透过率比单银 Low-E 玻璃更高。

9. 弯曲玻璃

玻璃弯曲有热弯和冷弯两种方式。

（1）热弯玻璃　热弯玻璃是将平板玻璃通过磨边处理后加热到玻璃软化温度点（玻璃从固体转换为软化状态的温度点，640℃左右），靠自重或配重等方法，在各种特定的曲面坯体上成型，使玻璃成为与坯体相吻合的非平面形状，再经退火工艺处理而制成所需的曲面玻璃。热弯玻璃可以制作热弯、热弯夹胶、热弯中空等复合产品。

热弯玻璃从形状上分类，可分为单弯热弯玻璃（图 2-13a）、折弯热弯玻璃（图 2-13b）、多曲面弯热弯玻璃（图 2-13c）。热弯玻璃厚度 3～19mm，最大尺寸（弧长 + 高度）/2 ≤ 4000mm，拱高 ≤ 600mm。热弯玻璃的原片不应使用非浮法玻璃，压花玻璃除外。

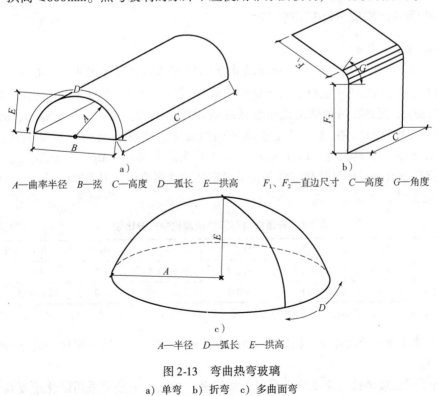

A—曲率半径　*B*—弦　*C*—高度　*D*—弧长　*E*—拱高　　F_1、F_2—直边尺寸　*C*—高度　*G*—角度

A—半径　*D*—弧长　*E*—拱高

图 2-13　弯曲热弯玻璃

a）单弯　b）折弯　c）多曲面弯

热弯玻璃的应力包括厚度应力和平面应力。

1）厚度应力是玻璃在冷却过程中，由厚度方向上的温度梯度导致的玻璃内应力。板芯为张应力，表面为压应力。厚度应力以板芯最大张应力为准，不同厚度玻璃的应力最大允许值见表2-7。

表 2-7　玻璃的应力最大允许值（JC/T 915—2003）

玻璃厚度/mm	3	4	5	6	8	10	12 ~ 19
应力值/MPa	0.70	0.90	1.20	1.40	1.70	2.20	2.10

2）平面应力是玻璃平面各区域，由于形状、模具等因素造成平面温度梯度所导致的应力。平面应力在玻璃厚度方向上大小不变。平面应力的允许值：在玻璃板的任意部位其压应力≤6MPa，张应力≤3MPa。

建筑热弯玻璃主要用于建筑内外装饰、采光顶、观光电梯、拱形走廊等。

（2）冷弯玻璃　冷弯玻璃是指在环境温度下通过固定架和外力作用被弯曲并最终固定在结构物上的单片或夹层钢化玻璃。

由于钢化过程使玻璃存在预应力，完全有可能在钢化玻璃的冷弯曲过程结束后在玻璃表面不产生拉应力。玻璃片越薄，可以达到的弯曲半径越小。

由于冷弯改变了玻璃的初始应力分布，使玻璃的承载能力明显减小。克服这一问题的方法是采用多于1片的夹层玻璃来承受单片玻璃的荷载。夹层玻璃中PVB中间层的特殊性能使得其既能牢固连接两个单片玻璃来承受外荷载的作用，其柔度又足以容许连接其上的各单片玻璃被冷弯曲。

2.1.2　玻璃的化学成分和抗腐蚀性

1. 玻璃的化学成分

浮法玻璃化学成分是在普通平板玻璃化学成分的基础上设计出来的。根据 Na_2O-CaO-SiO_2 系统相图确定该系统中能够形成玻璃的组成范围为：12% ~ 18% Na_2O，6% ~ 16% CaO，68% ~ 82% SiO_2，但在实用玻璃组成中该系统的组成范围为：12% ~ 15% Na_2O，8% ~ 12% CaO，69% ~ 73% SiO_2。在这个三元系统玻璃组成中，容易形成两种析晶组成，失透石（$Na_2O \cdot CaO \cdot SiO_2$）和硅灰石（$CaO \cdot SiO_2$），在生产实践中当引入 MgO 和 Al_2O_3 时，不仅玻璃的析晶性能得到改善，而且热稳定性和化学稳定性均得到改善，因而形成了普通平板玻璃化学成分（表2-8）。

表 2-8　普通玻璃与浮法玻璃化学成分比较　　　　　　　　（单位:%）

化学成分	SiO_2	Al_2O_3	Fe_2O_3	CaO	MgO	R_2O	SO_3
普通玻璃	71 ~ 73	1.5 ~ 2.0	<0.2	6.0 ~ 6.5	4.5	15	<0.3
浮法玻璃	71.5 ~ 72.5	<1.0	<0.1	8.0 ~ 9.0	4.0	14 ~ 14.5	<0.3

注：表中 Fe_2O_3 为原料中杂质所致，并非设计数值，而是限制数值；而 SO_3 主要是由澄清剂芒硝引入。

浮法玻璃化学成分设计时，根据浮法玻璃成型的特点，在普通玻璃化学成分基础上进行了局部调整。

1）由于浮法玻璃拉引速度比垂直引上快得多，在成型中必须采用硬化速度快的"短"

性玻璃成分，即调整 CaO 到 8% ~9% 。但是 CaO 含量增加，使玻璃发脆并容易产生硅灰石析晶，因此 MgO 控制在 4% 左右，以改善玻璃析晶性能。

2）为了获得优质的玻璃表面质量，将 Al_2O_3 的含量降低到 1.3% 以下，并注意不能影响玻璃的力学强度、热稳定性。

3）Fe_2O_3 是原料中的杂质引入的，它是一种着色剂，因此严格限制在 0.1% 以内，最好在 0.08% 以下，以使玻璃有良好的透光率，经调整后浮法玻璃化学成分见表 2-8。

2. 玻璃的抗腐蚀性

玻璃的化学稳定性是指玻璃抵抗气体（包括大气在内）或水、酸、碱、盐及其化学试剂溶液侵蚀破坏的能力。玻璃的化学稳定性决定于玻璃的抗蚀能力以及侵蚀介质（水、酸、碱及大气等）的种类和特征。此外侵蚀时的温度、压力等也有很大的影响。

（1）水对玻璃的侵蚀　水对硅酸盐玻璃的侵蚀开始于水中的 H^+ 和玻璃中的 Na^+ 进行交换，其反应方程式如下：

$$\equiv Si\text{-}O\text{-}Na^+ + H^+OH^- = \equiv Si - OH + NaOH \qquad (2\text{-}2)$$

这一交换反应又引起下列反应方程：

$$\equiv Si\text{-}OH + 1.5H_2O = HO\text{-}Si \equiv OH \qquad (2\text{-}3)$$

$$Si(OH)_4 + NaOH = [Si(OH)_3O]^-Na^+ + H_2O \qquad (2\text{-}4)$$

反应方程［式（2-5）］的产物硅酸钠，其电离度要低于 NaOH 的电离度，因此，这一反应使溶液中 Na^+ 溶度降低，这就对反应方程［式（2-4）］有所促进。这三个反应互为因果，循环进行，而总的速度取决于离子交换反应方程［式（2-2）］，因为它控制着 $\equiv Si - OH$ 和 NaOH 的生产速度。另一方面，H_2O 分子也能对硅氧骨架直接起反应。

$$\equiv Si - O - Si \equiv + H_2O = Si - 2(\equiv Si - OH) \qquad (2\text{-}5)$$

随着这一水化反应的继续，Si 原子周围原有的四个桥氧全部成为 OH［如反应方程（式 2-3）］。这是 H_2O 分子对硅氧骨架的直接破坏。

反应产物 $Si(OH)_4$ 是一种极性分子，它能使周围的水分子极化，而定向地附着在自己的周围，成为 $Si(OH)_4 \cdot nH_2O$（或简写为 $SiO_2 \cdot xH_2O$），这是一个高度分散的 $SiO_2 - H_2O$ 系统，通常称为硅酸凝胶，除有一部分溶于水溶液外，大部分附着在玻璃表面，形成一层薄膜，它具有较强的抗水和抗酸能力，因此有人称之为"保护膜层"，并认为"保护膜层"的存在使 Na^+ 和 H^+ 的离子扩散受到阻挡，离子交换反应速度越来越慢，以致停止。但是许多实验证明，Na^+ 和 H_2O 分子在凝胶层中的扩散速度比未在被侵蚀的玻璃中要快得多，其原因：①由于 Na^+ 被 H^+ 代替，使结构变得疏松；②由于 H_2O 分子破坏了网络，造成断裂，也有利于扩散。因此，硅酸凝胶薄膜并不会使扩散变慢。而进一步的侵蚀之所以变慢以致停顿，一方面是由于在薄膜内的一定深度中，Na^+ 已很缺乏而且随着 Na^+ 含量的降低，其他组分如 R^{2+}（碱土金属或其他二价金属离子）的含量相对上升，这些二价阳离子对 Na^+ 的"抑制效应"（阻挡作用）加强，因而使 $H^+ - Na^+$ 交换缓慢，在玻璃表面层中，反应方程［式（2-2）］几乎不能继续进行，从而反应方程［式（2-3）和式（2-4）］几乎相继停止，结果玻璃在水中的溶解量几乎不再增加，水对玻璃的侵蚀也就停止了。

对于二元 $Na_2O - SiO_2$ 玻璃体系，则在水中的溶解将长期继续下去，直到 Na^+ 几乎全都被扩散为止。但在含有 RO、R_2O_3、RO_2 的三组分或多组分系统中，情况就大为不同。如果有第三、第四等其他组分的存在，对于 Na^+ 扩散有巨大影响，它们通常能阻挡 Na^+ 的扩散，

并且 Na^+ 的相对溶度（相对于 R^{2+}、R^{3+}、R^{4+} 的含量来说）越低，则所受阻挡越大，扩散越来越慢，以致几乎停止。

（2）酸对玻璃的侵蚀　除氢氟酸（HF）外，一般的酸并不直接与玻璃起反应，它是通过水的作用侵蚀玻璃。酸的浓度大意味着其中水的含量低，因此，浓酸对玻璃的侵蚀能力低于希酸。

氢氟酸（HF）能够溶解玻璃（主要成分 SiO_2），生成气态的四氟化硅（SiF_4），反应方程式如下：

$$SiO_2 + 4HF = SiF_4 + 2H_2O \qquad (2-6)$$

生成的四氟化硅（SiF_4）可以继续和过量的氢氟酸（HF）作用，生成氟硅酸（H_2SiF_6），氟硅酸是一种二元强酸。

$$SiF_4 + 2HF = H_2SiF_6 \qquad (2-7)$$

（3）碱对玻璃的侵蚀　硅酸盐玻璃一般不耐碱，碱对玻璃的侵蚀是通过 OH^- 破坏硅氧骨架（即 $\equiv Si\text{-}O\text{-}Si \equiv$）而产生 $\equiv Si\text{-}O\text{-}$ 群，使 SiO_2 溶解在溶液中。所以在玻璃侵蚀过程中，不形成硅酸凝胶薄膜，而使玻璃表面层全部脱落，玻璃侵蚀的程度与侵蚀时间成直线关系。但玻璃受侵蚀不仅仅与 OH^- 的溶度有关，而且由于阳离子的种类不同，侵蚀程度也不相同。

在相同 pH 值的碱溶液中，不同阳离子的碱侵蚀强度顺序为：$Ba^{2+} > Sr^{2+} >> NH_4^+ > Rb^+ \approx Na^+ \approx Li^+ > N(CH_3)_4^+ > Ca^{2+}$。

在碱的侵蚀中，阳离子对玻璃表面的吸附能力有很大的影响。另外，侵蚀后玻璃表面形成的硅酸盐在碱溶液中的溶解度，对玻璃的侵蚀也有较大的作用。玻璃受碱侵蚀的过程可以分为三个阶段：

第一阶段：碱溶液中的阳离子首先吸附在玻璃表面上。

第二阶段：由于阳离子有束缚其周围 OH^- 的作用，因此，当阳离子吸附在玻璃表面的同时，玻璃表面附近的 OH^- 溶度相应增高，起着"攻击"和断裂玻璃表面硅氧键的作用。

第三阶段：$\equiv Si\text{-}O\text{-}Si \equiv$ 骨架破坏后，产生 $\equiv Si\text{-}O\text{-}$ 群，最后变成了硅酸离子。有时它和吸附在玻璃表面的阳离子形成硅酸盐，并逐渐溶解在碱溶液中。$Ca(OH)_2$ 溶液的侵蚀能力之所以非常小，其原因就在于被侵蚀的玻璃表面产生了溶解度小的硅酸钙的缘故。

此外，玻璃的耐碱能力还与玻璃中含有的各种 R-O 键的强度有关。随着 R^+ 和 R^{2+} 半径的增大，玻璃的耐碱能力降低。高场强、高配位的阳离子能提高玻璃的耐碱性。

（4）大气对玻璃的侵蚀　水汽比水溶液对玻璃具有更大的侵蚀性。水溶液对玻璃的侵蚀是从 Na^+ 和 H^+ 之间的离子交换开始的，由于玻璃表层中的 Na^+ 逐渐减少，使侵蚀变得缓慢，最后趋于停止。这是在大量水存在的情况下进行的，因此从玻璃中释放的碱（Na^+）不断转入水溶液中（不断稀释）。所以，在侵蚀过程中，玻璃表面附近水的 pH 值不致有明显的改变。水汽则不然，它是以微粒水滴粘附与玻璃表面的，释出的碱并没有被移走，而是在原地不断积累。随着侵蚀的进行，碱浓度越来越大，pH 值迅速上升，最后类似于碱侵蚀，从而大大加速了对玻璃的侵蚀。因此，水汽对玻璃的侵蚀，先是以离子交换为主的释碱过程，后来逐步过渡到以破坏网络为主的溶蚀过程。

水汽和水溶液对玻璃的侵蚀属于完全不同的类型（特别在侵蚀的后期），前者的侵蚀能力远大于后者。在高温高压下使用的水位计玻璃侵蚀特别严重，无疑与水汽的侵蚀特性有一定的联系。在高温高压下，水的电离度加速了对玻璃的侵蚀。

大气也会对玻璃进行侵蚀，大气的侵蚀实质上是水汽、CO_2、SO_2 等作用的总和。玻璃受潮湿大气的侵蚀过程，首先始于玻璃表面。玻璃表面某些离子吸附了空气中的水分子，这些水分子以 OH^- 基团的形式覆盖在玻璃表面，在这种原子团上不断吸收水分子（或其他物质），形成厚达几十个分子的薄膜层。如果玻璃组成中，K_2O、Na_2O 和 CaO 等含量少，这种薄膜层形成后，就不再继续发展；如果玻璃组成中，碱性氧化物含量较多，则被吸附的水膜会变成碱金属氢氧化物的溶液，并进一步吸收水分，同时使玻璃表面受到破坏。

2.1.3　玻璃的微观结构和断裂特征

1. 玻璃的微观结构

玻璃的原子粘结性很强，因此具有原始微观结构和完备表面的玻璃具有极高的理论力学强度。但是，在玻璃制造过程中不可避免地在表面产生很多肉眼看不见的裂纹，又称格里菲斯（Griffith）裂纹，如图 2-14 所示。当作用有外荷载时，裂纹尖端会产生极高的应力峰值（图 2-15）。与其他材料相比，这样的应力峰值不会因塑性变形而减小。因为表面裂纹在玻璃表面或钻孔周围是不可避免的，所以玻璃的实际破坏强度要远远低于其理论强度。

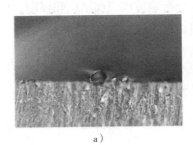 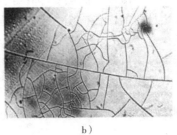

图 2-14　玻璃裂纹

a）玻璃表面裂缝　b）玻璃表面的格里菲斯裂纹

2. 玻璃的断裂特征

当峰值应力达到临界拉应力时，裂纹在槽口尖端开始扩展。某些情况下，裂纹以小的增量扩展，增量之间会停顿。断裂力学中，这样的缓慢或稳定的裂纹扩展被称为亚临界扩展，本质上取决于荷载持续时间。短期荷载下的容许应力值高于长期荷载下的应力值。

裂纹尖端的化学反应会影响亚临界的裂纹扩展，例如周围环境的潮湿会加速裂纹的扩展，但有时也能观察到裂纹的闭合。

一旦超过临界裂纹的扩展速度，裂纹就会失稳，即裂纹宽度迅速增加，这会导致玻璃单元的突然断裂。

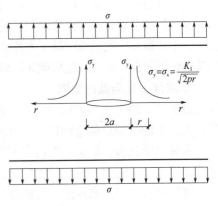

图 2-15　玻璃裂纹处应力集中

当亚临界裂纹扩展在长期荷载下增加以及在裂纹尖端发生相应的化学反应时，必须将使用多年的玻璃单元实际最大容许应力降低到根据短期荷载试验所得值之下。

玻璃强度和裂纹深度及荷载作用时间的关系如图 2-16 所示。

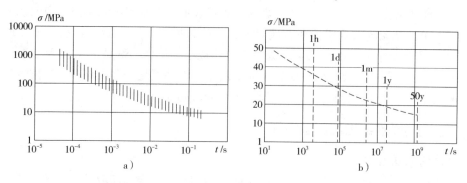

图 2-16　玻璃强度和裂纹深度及荷载作用时间的关系

a）应力和玻璃裂纹深度的关系　b）玻璃强度和荷载作用时间的关系

3. 玻璃的表面结构

玻璃表面会因不同的机械原因（如刮擦、清洗和风蚀等）而损伤。机械和化学处理，如切割、打磨、喷砂、酸蚀、涂层或印花等，会影响玻璃表面结构和强度。玻璃边缘特别是钻孔周边会引起更严重的内在损伤，这样的损伤很难通过抛光处理予以消除，因为抛光很难消除很深的裂纹。

玻璃的实际强度可以通过给玻璃施加保护层来改善。应有这样一个概念，在一定条件下可以给夹层或中空玻璃的内表面分配较高的最大应力。

2.1.4　玻璃的强度

从强度角度出发，玻璃不是一个传统意义上的材料。玻璃的应力抗力很大程度上取决于玻璃表面的完备性。根据已知的玻璃晶格的化学粘结性和破断所需的能量，玻璃抗拉强度的理论值要远远高于玻璃成品所达到的值，这主要是因为玻璃表面存在缺陷。表面许多随机微观裂纹和宏观裂纹的存在使玻璃的实际强度值要远远小于其理论值。由于玻璃没有明显的塑性发展能力，裂缝扩展会导致没有预兆的突然的脆性断裂。因为玻璃尺寸越大其表面存在缺陷的概率也越高，小片玻璃的测试强度高于大片玻璃，这就导致了玻璃强度的离散性。因为玻璃裂纹在长期荷载作用下会扩展直至玻璃破坏，玻璃的强度还与荷载作用时间的长短有关。

1. 玻璃强度降低的原因

由于玻璃的脆性和玻璃中存在有微裂纹和不均匀所引起的，玻璃受到应力时不会产生流动，表面上的微裂纹便急剧扩展，并且应力集中，以至破裂。

断裂力学认为，玻璃材料内部有裂纹存在，在外力作用下，裂纹将发生扩展，当外力超过玻璃强度承受能力，玻璃就发生破裂，这种破裂可用脆性断裂理论来解释。

玻璃材料由于内部缺陷、表面反应与表面损伤的影响，使材料内部和表面形成了各种各样的缺陷。可以把这种缺陷看成一种裂纹源，这些裂纹的扩展，结合玻璃的脆性，是玻璃强度降低的主要原因。

2. 影响玻璃强度的主要因素

（1）玻璃成分的影响　有完整的、强的 Si-O 键的强度较高。在石英玻璃中加入 R^+ 离子后，强度降低。引入少量的 Al_2O_3，使结构紧密，能提高强度。

（2）玻璃表面微裂纹对玻璃强度的影响　格里菲斯认为玻璃的破坏是从表面微裂纹开始，玻璃表面存在大量微裂纹（1mm² 玻璃表面上含有 300 个左右的微裂纹），微裂纹的存在使玻璃的抗拉、抗折强度大大降低，仅为其抗压强度的 1/10 ~ 1/15。

（3）玻璃微不均匀性对强度的影响　在玻璃中存在微相和微不均匀性结构，结构中的微不均匀性降低了玻璃强度。这是由于微相之间易产生裂纹，两相交界面间结合力较弱，两相成分不同，热膨胀系数不同，从而产生应力的缘故。

（4）玻璃的宏观、微观缺陷对强度的影响　玻璃中宏观缺陷（气泡、条纹、结石等）的热膨胀系数与玻璃不一致而引起内应力。常在玻璃中微观缺陷（点缺陷、局部析晶、晶界等）的地方出现应力集中导致裂纹产生。玻璃中的宏观和微观缺陷严重影响玻璃的强度。

（5）温度对玻璃强度的影响　低温温度（接近绝对零度至 200℃）下，玻璃强度随温度升高而降低；在 200℃ 左右强度为最低点；高于 200℃ 时，强度则随温度逐渐增大，这可能是由塑性变形引起的。

（6）玻璃中应力对强度的影响　玻璃中的残余应力，尤其是分布不均匀的残余应力，使其强度大为降低。玻璃强化（钢化）后，表面产生均匀的压应力，内部形成均匀的拉应力，玻璃强度大大提高。

（7）玻璃的疲劳对强度的影响　常温下，玻璃的破坏强度随加荷速度或加荷时间而变化。加荷速度越大或加荷时间越长，破坏强度越小，短时间不会破坏的负荷，长时间就可能破坏，这种现象称为玻璃的疲劳强度。

玻璃的实际强度不是其理论力学强度，而取决于其表面（包括端部及钻孔周围）损失程度的变量。只有通过统计方法才能确定与临界损伤相对应的玻璃强度（图 2-17）。

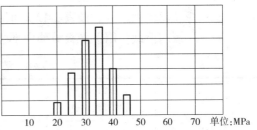

图 2-17　玻璃破坏试验所得强度分布

玻璃断裂强度与玻璃表面微裂纹的尺寸和分布有关。刚从生产线下线的新玻璃（a）强度分布也很广，但高于老玻璃强度的平均值。玻璃安装后及在其使用期间，老玻璃（b）表面的损伤会积累，其临界裂纹的形成概率会提高。带损伤的玻璃（c）具有较低的平均强度，但相对较窄的概率分布，如图 2-18 所示。同样，1000m² 玻璃面板的破坏概率是 1m² 玻璃面板的 1000 倍。

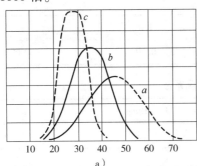
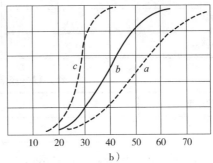

a）
b）

图 2-18　玻璃断裂强度统计分析图（单位：MPa）

a）玻璃强度的正态分布　b）玻璃的累积频数曲线

a—新玻璃　b—老玻璃　c—带损伤的玻璃

2.1.5 玻璃的物理力学性能

1. 玻璃的应力-应变曲线

玻璃材料属于弹性材料，可用虎克定律描述其应力-应变曲线（图 2-19），即

$$\sigma = E\varepsilon \qquad (2-8)$$

式中 E——玻璃的弹性模量。

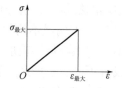

图 2-19 玻璃的应力-应变曲线

玻璃材料具有可逆应力-应变曲线和不出现塑性变形的特征，但玻璃材料抗脆性的能力是极需注意的。

2. 玻璃的强度取值

《建筑玻璃应用技术规程》（JGJ 113—2015）规定玻璃强度设计值 f_g：

$$f_g = c_1 c_2 c_3 c_4 f_0 \qquad (2-9)$$

式中 c_1——玻璃种类系数，按表 2-9 取值；

c_2——玻璃强度位置系数，按表 2-10 取值；

c_3——荷载类型系数，按表 2-11 取值；

c_4——玻璃厚度系数，按表 2-12 取值；

f_0——短期荷载作用下平板玻璃中部强度设计值，取 28MPa。

表 2-9 玻璃种类系数 c_1

玻璃种类	平板玻璃 超白浮法玻璃	半钢化玻璃	钢化玻璃	压花玻璃
c_1	1.0	1.6 ~ 2.0	2.5 ~ 3.0	0.6

表 2-10 玻璃强度位置系数 c_2

玻璃位置	中部强度	边缘强度	端部强度
c_2	1.0	0.8	0.7

表 2-11 荷载类型系数 c_3

荷载类型	平板玻璃 超白浮法玻璃	半钢化玻璃	钢化玻璃
短期荷载 c_3	1.0	1.0	1.0
长期荷载 c_3	0.31	0.50	0.50

表 2-12 玻璃厚度系数 c_4

玻璃厚度	4 ~ 12mm	15 ~ 19mm	≥20mm
c_4	1.0	0.85	0.70

《玻璃幕墙工程技术规范》（JGJ 102）（2022 年送审稿）、《建筑玻璃应用技术规程》（JGJ 113—2015）规定的玻璃的强度设计值 f_g 见表 2-13、表 2-14。

表 2-13　短期荷载作用下玻璃强度设计值 f_g

[JGJ 102（2022 年送审稿），表 5.2.1；JGJ 113—2015，表 4.1.9]

（单位：N/mm^2）

种类	厚度/mm	中部强度	边缘强度	端面强度
平板玻璃 超白浮法玻璃	4 ~ 12	28.0	22.0	20.0
	15 ~ 19	24.0	19.0	17.0
	≥20	20.0	16.0	14.0
半钢化玻璃	4 ~ 12	56.0	44.0	40.0
	15 ~ 19	48.0	38.0	34.0
	≥20	40.0	32.0	28.0
钢化玻璃	4 ~ 12	84.0	67.0	59.0
	15 ~ 19	72.0	58.0	51.0
	≥20	59.0	47.0	42.0

注：1. 夹层玻璃和中空玻璃的强度设计值可按所采用的玻璃类型确定。

　　2. 当钢化玻璃的强度标准值达不到平板玻璃强度标准值的 3 倍时，表中数值应根据实测结果予以调整。

　　3. 半钢化玻璃强度设计值可取平板玻璃强度设计值的 2 倍。当半钢化玻璃的强度标准值达不到平板玻璃强度标准值的 2 倍时，其设计值应根据实测结果予以调整。

　　4. 端面是指玻璃切割后的断面，其宽度为玻璃厚度；边缘是指玻璃大面上与断面边缘 1 倍玻璃厚度范围内的区域。

表 2-14　长期荷载作用下玻璃强度设计值 f_g

（JGJ 113—2015，表 4.1.10）　　　　（单位：N/mm^2）

种类	厚度/mm	中部强度	边缘强度	端面强度
平板玻璃 超白浮法玻璃	4 ~ 12	9	7	6
	15 ~ 19	7	6	5
	≥20	6	5	4
半钢化玻璃	4 ~ 12	28	22	20
	15 ~ 19	24	19	17
	≥20	20	16	14
钢化玻璃	4 ~ 12	42	34	30
	15 ~ 19	36	29	26
	≥20	30	24	21

3. 玻璃的弹性

表征弹性的参数包括弹性模量（E）、剪切模量（G）、泊松比（ν）和体积压缩模量（K），它们之间存在下列关系：

$$G = \frac{E}{2(1+\nu)} \tag{2-10}$$

$$K = \frac{E}{3(1-2\nu)} \tag{2-11}$$

玻璃弹性模量 E 与玻璃成分、温度及热处理等有关。

1）玻璃的弹性模量与成分有关，主要取决于内部质点间化学键的强度，同时也与结构有关。质点间化学键的强度越大，变形越小，弹性模量就越大；玻璃结构越坚实，弹性模量也越大。

2）玻璃弹性模量与温度有关，大多数硅酸盐玻璃的弹性模量随温度升高而降低；对石英玻璃、高硅氧玻璃、派来克斯玻璃，弹性模量与温度的关系出现反常，随温度升高而增加。

3）玻璃弹性模量还与热处理有关，淬火玻璃的弹性模量比退火玻璃低，一般低2% ~ 7%；玻璃纤维的弹性模量比块状玻璃低；微晶化后弹性模量增高，增高幅度主要取决于析出的主晶相的种类和性质。

4. 玻璃的硬度与脆性

（1）玻璃的硬度　硬度是指固体材料抵抗另一个固体深入其内部而不产生残余形变的能力。硬度的表示方法有莫氏硬度（划痕法）、显微硬度（压痕法）、研磨硬度（磨损法）和刻化硬度（刻痕法）。一般玻璃用显微硬度表示。

显微硬度法是利用金刚石四面锥体以一定负荷在玻璃表面压痕，测量压痕对角线的长度。由于所用金刚石压头的形状不同，显微硬度又分为维氏（Vickers）显微硬度和努普（Knoop）显微硬度两种。

维氏硬度是用对象为130°的金刚石四棱锥作压入头，其值按下式计算：

$$HV = \frac{18.18P}{L^2} \qquad (2-12)$$

式中　HV——维氏硬度（MPa）；

　　　 P——荷重（kg）；

　　　 L——压痕对角线长度（mm）。

努普硬度是用对棱角为172°30′和130°的金刚石四棱锥作压入头，其值按下式计算：

$$HK = \frac{139.54P}{L^2} \qquad (2-13)$$

式中　HK——努普硬度（MPa）；

　　　 P——荷重（kg）；

　　　 L——压痕对角线长度（mm）。

中国和欧洲各国采用维氏硬度，美国则采用努普硬度。兆帕（MPa）是显微硬度的法定计量单位，而 kg/mm² 是以前常用的硬度计算单位。它们之间的换算公式为 $1kg/mm^2 = 9.80665MPa$。

玻璃的硬度主要取决于其化学成分和结构。一般来说，网络生成离子使玻璃硬度增加，网络外体离子使玻璃硬度降低。硬度随阳离子的配位数的增加而增大。玻璃的硬度还与温度、热历史等有关。

（2）玻璃的脆性　玻璃的脆性是指当负荷超过玻璃的极限强度时，立即破裂的特性。玻璃属于脆性材料，虽然具有微脆性，但它的屈服延伸阶段非常小，特别是在受到突然施加的负荷时，玻璃内部的质点来不及做出适应性的变形流动，就相互分裂。它属于非弹性变形和断裂，松弛速度低是玻璃具有脆性的重要原因。

另一方面，玻璃的强度低，也是引起玻璃脆性高的重要原因。玻璃的理论强度并不低，而实际强度却相当低，其原因是玻璃表面的微不均匀、微裂纹和疲劳现象所致。

玻璃的脆性通常采用它破坏时所受到的冲击强度来表示：

$$D = \frac{耐压强度}{单位体积所致的破坏功 \, S} \tag{2-14}$$

式中　$S = \dfrac{冲击物做的功 \sum Ph}{试件的体积}$。

玻璃的脆性与玻璃的厚度、形状、热历史、组成、内在的均匀性有关。表面缺陷是造成普通玻璃强度低的主要原因；网络形成离子所占比例增多时，能提高强度；玻璃中的分相，也就是玻璃的内在均匀性受到影响时，强度会降低；玻璃的厚度及形状会使玻璃内部的残余应力过大或者过于集中；适当的热处理会使玻璃的强度得到极大的提高。

5. 玻璃的密度

玻璃的密度主要取决于构成玻璃原子的质量、原子堆积紧密程度以及配位数，是表征玻璃结构的一个标志。在实际生产中，通过测定玻璃的密度来控制工艺过程，借以控制玻璃成分。

1）玻璃密度与成分差别很大。不同组成玻璃密度差别很大，一般单组分玻璃的密度最小，添加网络外体密度增大。玻璃中引入 R_2O 和 RO 氧化物，随离子半径的增大，玻璃密度增加。同时氧化物配位状态改变，对密度也产生影响，B_2O_3 从 $[BO_3]$ 到 $[BO_4]$ 的转化会使密度增加；中间体从网络内四面体 $[RO_4]$ 转变为网络外八面体 $[RO_6]$ 也会使密度增加。

2）玻璃密度与温度及热处理的关系。随着温度升高，玻璃密度下降。一般工业玻璃，温度从室温升至1300℃，密度下降为6%～12%。玻璃从高温状态冷却下来，同成分的淬火玻璃比退火玻璃具有较低的密度。在一定退火温度下保持一定时间后，淬火玻璃和退火玻璃的密度趋向该温度的平衡密度。冷却速度越快，偏离平衡密度的温度越高，其转化温度（T_g）也越高。

3）玻璃密度与压力的关系。一定温度下，随压力的增加玻璃的密度随之增大。密度变化的幅度与加压方法、玻璃组成、压力大小、加压时间有关。

6. 玻璃的热膨胀系数 α

玻璃的热膨胀系数是重要的热学性质。玻璃的热膨胀对玻璃的成型、退化、钢化，玻璃与玻璃、玻璃与金属、玻璃与陶瓷的封接以及对玻璃的热稳定性等有重要意义。玻璃热膨胀系数根据成分不同可在 $(0.80 \sim 1.00) \times 10^{-5}/℃$ 范围内变化。

玻璃与其他材料的物理力学参数比较见表2-15。

表2-15　玻璃与其他材料的物理力学参数比较

项目	数值		
	玻璃	钢材	铝合金
自重 $\gamma_g/$（kN/m³）	25.6	78.5	28.0
弹性模量 E/MPa	0.72×10^5	2.06×10^5	0.70×10^5
剪切模量 G/MPa	0.28×10^5	0.79×10^5	0.27×10^5
泊松比 ν	0.20	0.30	0.33

（续）

项目	数值		
	玻璃	钢材	铝合金
抗拉强度/MPa	28～84	235～345	90～265
抗压强度/MPa	700～1000	235～345	90～265
熔点/℃	600	1450～1430	658
热膨胀系数 α/℃$^{-1}$	0.80×10^{-5}～1.00×10^{-5}	1.20×10^{-5}	2.35×10^{-5}

2.2 铝合金材料

铝合金材料是幕墙工程中大量使用的材料。在明框玻璃幕墙、隐框玻璃幕墙、单元式玻璃幕墙中，幕墙金属杆件以铝合金建筑型材为主（约占95%以上），幕墙面板也大量使用单层铝板、铝塑复合板、蜂窝铝板等。

2.2.1 铝合金材料的基础状况定义

《变形铝及铝合金状态代号》（GB/T 16475—2008）规定了变形铝及铝合金的状态代号。基础状态代号用一个英文大写字母表示，有 F、O、H、W、T 五种基础状态（表2-16）。T×状态见表2-17，T 后面的数字表示对产品的基本处理程序。

表2-16　基础状态代号、名称及说明与应用

代号	名称	说明及应用
F	自由加工状态	适用于成型过程中，对加工硬化和热处理条件无特殊要求的产品，该状态产品的力学性能不做规定
O	退火状态	适用于经完全退火获得最低强度的加工产品
H	加工硬化状态	适用于经过加工硬化提高强度的产品，产品在加工硬化后可经过（也可不经过）使强度有所降低的附加热处理。H 代号后面必须跟有两位或多位阿拉伯数字
W	固溶热处理状态	一种不稳状态，仅适用于经固溶热处理后，室温下自然时效的合金，该状态代号仅表示产品处于自然时效阶段
T	热处理状态（不同于F、O、H状态）	适用于热处理后，经过（或不经过）加工硬化达到稳定状态的产品。T 代号后面必须跟有一位或多位阿拉伯数字（见表2-17）

表2-17　T×状态

状态代号	代号释义
T1	高温成型＋自然时效 适用于高温成型后冷却、自然时效，不再进行冷加工（或影响力学性能极限的矫平、矫直）的产品
T2	高温成型＋冷加工＋自然时效 适用于高温成型后冷却、进行冷加工（或影响力学性能极限的矫平、矫直）以提高强度，然后自然时效的产品

（续）

状态代号	代号释义
T3[①]	固溶热处理 + 冷加工 + 自然时效 适用于固溶热处理后，进行冷加工（或影响力学性能极限的矫平、矫直）以提高强度，然后自然时效的产品
T4[①]	固溶热处理 + 自然时效 适用于固溶热处理后、不再进行冷加工（或影响力学性能极限的矫平、矫直），然后自然时效的产品
T5	高温成型 + 人工时效 适用于高温成型后、不经冷加工（或影响力学性能极限的矫平、矫直），然后人工时效的产品
T6[①]	固溶热处理 + 人工时效 适用于固溶热处理后、不再进行冷加工（或影响力学性能极限的矫平、矫直），然后人工时效的产品
T7[①]	固溶热处理 + 过时效 适用于固溶热处理后，进行过时效至稳定化状态，为获得除力学性能外的其他某些重要特性，在人工时效时，强度在时效曲线上越过了最高峰点的产品
T8[①]	固溶热处理 + 冷加工 + 人工时效 适用于固溶热处理后，经冷加工（或影响力学性能极限的矫平、矫直）以提高强度，然后人工时效的产品
T9[①]	固溶热处理 + 人工时效 + 冷加工 适用于固溶热处理后，人工时效，然后进行冷加工（或影响力学性能极限的矫平、矫直）以提高强度的产品
T10	高温成型 + 冷加工 + 人工时效 适用于高温成型后冷却，经冷加工（或影响力学性能极限的矫平、矫直）以提高强度，然后进行人工时效的产品

①某些 6××× 系或 7××× 系的合金，无论是炉内固溶热处理，还是高温成型后急冷以保留可溶性组分在固溶体中，均能达到相同的固溶热处理效果，这些合金的 T3、T4、T6、T7、T8、T9 状态可采用上述两种处理方法的任一种，但应保证产品的力学性能和其他性能（如抗腐蚀性能）满足要求。

2.2.2　铝合金分类

变形铝合金按合金中所含主要元素成分可分为工业纯铝（1××× 系）、Al-Cu 合金（2××× 系）、Al-Mn 合金（3××× 系）、Al-Si 合金（4××× 系）、Al-Mg 合金（5××× 系）、Al-Mg-Si 合金（6××× 系）、Al-Zn-Mg 合金（7××× 系）、Al-其他元素合金（8××× 系）及备用合金组（9××× 系）。

6××× 系合金（Al-Mg-Si）是最重要的挤压合金，目前全世界有 70% 以上的铝挤压加工材是用 6××× 系合金生产的，其成分质量分数范围为 0.3% ~ 1.3% Si、0.35% ~ 1.4% Mg。经过几十年的实践应用和筛选，证明 6063、6082、6061、6005 等四种合金及其变种已经占据了 6××× 系合金的统治地位（80% 以上），它们涵盖了抗拉强度 σ_b 从 180 ~ 360MPa 整个范围的所有合金。

6063 合金是 Al-Mg-Si 系合金中典型代表，具有特别优良的可挤压性和可焊接性，是建筑门窗型材的首选材料。它的特点是在压力加工温度-速度条件下，塑性性能和抗蚀性高；没有应力腐蚀倾向；在焊接时，其抗蚀性实际上不降低。6××× 系铝合金品种的典型用途见表 2-18。

表2-18　6×××系铝合金品种的典型用途

合金	品种	状态	典型用途
6005	挤压管、棒、型、线材	T1、T5	挤压型材与管材，用于抗拉强度大于6063合金的结构构件，如梯子、电视天线等
6061 6082	线材	O、T4、T6	要求有一定强度、可焊性与抗蚀性高的各种工业结构构件，如制造卡车、塔式建筑、船舶、电车、铁道车辆、集装箱、家具等用的管、棒、型材
	厚板	O、T451、T651	
	拉伸管	O、T4、T6	
	挤压管、棒、型、线材	O、T1、T4、T4510、T4511、T51、T6、T6510、T6511	
	导管	T6	
	轧制或挤压结构型材	T6	
	冷加工棒材	O、H13、T4、T541、T6、T651	
	铆钉线材	T6	
	铸件	F、T6、T652	
6063	拉伸管	O、T4、T6、T83、T831、T832	建筑型材、灌溉管材，供车辆台架、家具、栅栏等用的挤压材料，以及飞机、船舶、轻工业部门、建筑物等用的不同颜色的装饰构件
	挤压管、棒、型、线材	O、T1、T4、T5、T52、T6	
	导管	T6	
6101	挤压管、棒、型、线材	T6、T61、T63、T64、T65、H111	公共汽车、地铁用高强度棒材，高强度网线、导电体与散热装置等
	导管	T6、T61、T63、T64、T65、H111	
	轧制或挤压结构型材	T6、T61、T63、T64、T65、H111	

在明框玻璃幕墙、隐框玻璃幕墙、单元式幕墙中，主要使用的是30号锻铝（6061）和31号锻铝（6063、6063A）经高温挤压成型、快速冷却并人工时效（T5）或经固溶热处理（T6）状态的型材，经阳极氧化或涂漆、粉末喷涂和氟碳化喷涂表面处理。

《铝合金建筑型材 第1部分：基材》（GB/T 5237.1—2017）对铝合金建筑型材的质量做了规定。

化学成分是决定铝合金材料各项性能的关键因素。6303铝合金的化学元素含量范围比较宽，主要合金元素是镁（Mg）、硅（Si），主要强化相Mg_2Si。为了获得良好的挤压性能、优质的表面处理性能、适宜的力学性能、满意的表面质量和外观装饰效果，必须严格控制铝合金的化学成分。

要保证合金中的Mg_2Si总量不少于0.75%，且Mg_2Si得到充分溶解。Mg_2Si在基体铝中的溶解度与合金中镁（Mg）的含量有关，Mg_2Si中镁、硅质量百分比为1.73∶1，若Mg_2Si含量超过这个比值，则镁过剩，过剩的镁（Mg）将显著降低Mg_2Si在固溶态铝中的溶解度，削弱Mg_2Si的强化效果；若Mg_2Si含量低于这个比值，则硅过剩，对Mg_2Si的溶解度影响很小，基本不会削弱Mg_2Si的强化效果。

铁（Fe）是主要杂质元素，是对氧化着色质量影响最大的元素。随着铁元素的升高，阳极氧化膜的光泽度暗、透明度减弱，铝型材表面的光亮度显著降低，从而影响美观，而且含铁高的型材不宜氧化着色。另外，由于铁、硅形成的化合物有较强的热缩性，容易使铸锭产生裂纹，特别是含量Fe＜Si时，容易在晶界上形成低熔点的三元共晶体，热脆性更大。当含量中

Fe > Si 时，则易产生熔点较高的包晶反应，提高了脆性区的温度晶体，能降低热裂倾向。

因此，应首先控制好镁（Mg）、硅（Si）、铁（Fe）三个元素的含量及相互关系，既保证合金中能够形成足够的 Mg_2Si 强化相，又保证有一定量的硅过剩，且过剩量小于合金中铁的含量，合金中的铁含量还不能影响到氧化着色的质量。这样，使得合金既有一定的强度，又降低了产生裂纹的倾向，同时，氧化着色的质量也不会降低。

其他杂质元素虽然对铝型材性能的影响相对小一些，但也不可忽视。铜（Cu）对提高合金的强度有一定的作用，但对耐久性有不利影响。锰（Mn）、铬（Cr）对提高合金的耐蚀性有帮助，锰还可以提高合金的强度，铬则有抑制 Mg_2Si 相在晶界的析出，能延缓自然时效过程，提高人工时效后的强度作用，但锰、铬含量高时，会使铝型材氧化膜色泽偏黄，着色效果差。钛（Ti）在铝合金中起细化晶粒，减少热裂倾向，提高伸长率的作用，但含量超过 0.10% 时也会对铝型材的着色质量有较大的影响。这几种杂质元素的含量应控制在规定的 0.10% 以下，才不会对铝型材的性能有太大影响。

《变形铝及铝合金化学成分》（GB/T 3190—2008）对铝合金建筑型材化学成分的规定见表 2-19。

表 2-19　常用铝合金建筑型材的化学成分

序号	牌号	化学成分（质量分数）（%）											其他		Al
		Si	Fe	Cu	Mn	Mg	Cr	Ni	Zn		Ti	Zr	单个	合计	
108	6005	0.60~0.9	0.35	0.10	0.10	0.40~0.6	0.10	—	0.10	—	0.10	—	0.05	0.15	余量
118	6060	0.30~0.6	0.10~0.30	0.10	0.10	0.35~0.6	0.05	—	0.15	—	0.10	—	0.05	0.15	余量
119	6061	0.40~0.8	0.7	0.15~0.40	0.15	0.8~1.2	0.04~0.35	—	0.25	—	0.15	—	0.05	0.15	余量
122	6063	0.20~0.6	0.35	0.10	0.10	0.45~0.9	0.10	—	0.10	—	0.10	—	0.05	0.15	余量
123	6063A	0.30~0.6	0.15~0.35	0.10	0.15	0.60~0.9	0.05	—	0.15	—	0.10	—	0.05	0.15	余量
124	6463	0.20~0.6	0.15	0.20	0.05	0.45~0.9	—	—	0.05	—	—	—	0.05	0.15	余量
125	6463A	0.20~0.6	0.15	0.25	0.05	0.30~0.9	—	—	0.05	—	—	—	0.05	0.15	余量

注：1. 表中"其他"一栏是指未列出的金属元素，表中含量为单个数值者，铝为最低限，其他元素为最高限；极限数值表示方法如下：

　　　< 0.001% ——0.000X；

　　　0.001% ~ < 0.01% ——0.00X；

　　　0.01% ~ < 0.10% ——0.0X；

　　　0.10% ~ 0.55% ——0.XX；

　　　> 0.55% ——0.X、X.X、XX.X 等。

　　2. 仅对表中"铝"及"其他"之外有数值规定的元素进行常规化学分析。

　　3. 化学成分按 GB/T 7999 或 GB/T 20975 规定的方法进行分析，也可采用其他准确可靠的方法，有争议时，必须采用 GB/T 20975 或双方另行商定的方法做仲裁分析。

　　4. 第一次分析结果不合格，允许进行第二次分析，并以第二次分析结果为生产厂出厂、验收的判定依据。

2.2.3　铝合金材料的力学性能

铝合金的主要力学性能可以由拉伸试验得到。拉伸过程的应力-应变（σ-ε）曲线没有明显的屈服点（图2-20），大致可以划分成三个阶段：

1）线弹性阶段直至比例极限应力 σ_p（σ_p 为拉伸过程中应力和应变保持正比例关系的最大应力，一般为与0.01%残余应变相对应的应力）。

2）非线性阶段。

3）应变强化阶段。

通常把与0.2%残余应变相对应的应力 $\sigma_{0.2}$ 假设为超出材料弹性阶段的应力。在结构计算中，与钢材的屈服应力具有同样的意义。

室温条件下铝材的主要物理性能与钢材、不锈钢的比较见表2-20。由表2-20可以看出：

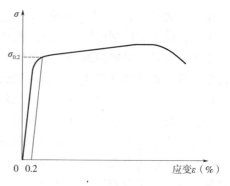

图2-20 铝合金型材6063的应力-应变（σ-ε）曲线

1）铝的密度近似为钢材的1/3（在不同的合金中，其密度在2600~2800kg/m³之间变化）。

2）铝的弹性模量近似为钢材的1/3（在不同的合金中，其弹性模量在68500~74500N/mm²之间变化），因而变形和稳定问题显得更为重要。

3）铝的热胀系数是钢的2倍（在不同的合金中，其热膨胀系数在 19×10^{-6} ~ 25×10^{-6}/℃之间变化），这意味着结构对温度变化更敏感，因而，当它不受约束时，会有较大的变形。这一事实必须在设计支承装置时加以考虑。

表2-20 室温条件下铝材的主要物理性能与钢材、不锈钢的比较

材料 物理性能	铝	钢	不锈钢
平均密度/(kg/m³)	2700	7850	7900
熔点/℃	658	1450~1530	1450
线膨胀系数/℃⁻¹	24×10^{-6}	12×10^{-6}	17.3×10^{-6}
弹性模量/(N/mm²)	65800	206000	206000

铝合金室温纵向拉伸试验结果、硬度应符合表2-21的规定。铝合金的物理性能指标应按表2-22采用。

表2-21 铝合金纵向拉伸力学性能和硬度

牌号	状态		壁厚/mm	室温纵向拉伸试验结果				硬度		
				抗拉强度R_m /(N/mm²)	规定非比例 延伸强度$R_{p0.2}$ /(N/mm²)	断后伸长率 （%）		试样 厚度 /mm	维氏 硬度 HV	韦氏 硬度 HW
						A	A_{50mm}			
				不小于						
6005	T5		≤6.30	260	240	—	8	—	—	—
	T6	实心 基材	≤5.00	270	225	—	6	—	—	—
			>5.00~10.00	260	215	—	6	—	—	—
		空心 基材	>10.00~25.00	250	200	8	6	—	—	—
			≤5.00	255	215	—	6	—	—	—
			>5.00~15.00	250	200	8	6	—	—	—

（续）

牌号	状态	壁厚/mm	室温纵向拉伸试验结果				硬度		
			抗拉强度R_m /(N/mm²)	规定非比例延伸强度$R_{p0.2}$ /(N/mm²)	断后伸长率（%）		试样厚度 /mm	维氏硬度 HV	韦氏硬度 HW
					A	A_{50mm}			
			不小于						
6060	T5	≤5.00	160	120	—	6	—	—	—
		>5.00~25.00	140	100	8	6	—	—	—
	T6	≤3.00	190	150	—	6	—	—	—
		>3.00~25.00	170	140	8	6	—	—	—
	T66	≤3.00	215	160	—	6	—	—	—
		>3.00~10.00	195	150	8	6	—	—	—
6061	T4	所有	180	110	16	16	—	—	—
	T6	所有	265	245	8	8	—	—	—
6063	T5	所有	160	110	8	8	0.8	58	8
	T6	所有	205	180	8	8	—	—	—
	T66	≤10.00	245	200	—	6	—	—	—
		>10.00~25.00	225	180	8	6	—	—	—
6063A	T5	≤10.00	200	160	—	5	0.8	65	10
		>10.00	190	150	5	5	0.8	65	10
	T6	≤10.00	230	190	—	5	—	—	—
		>10.00	220	180	4	4	—	—	—
6463	T5	≤50.00	150	110	8	6	—	—	—
	T6	≤50.00	195	160	10	8	—	—	—
6463A	T5	≤12.00	150	110	—	6	—	—	—
	T6	≤3.00	205	170	—	6	—	—	—
		>3.00~12.00	205	170	—	8	—	—	—

表2-22 铝合金的物理性能指标

弹性模量 E /(N/mm²)	泊松比 ν	剪切模量 G /(N/mm²)	线膨胀系数 α /(1/℃)	质量密度 ρ /(kg/m³)
0.70×10^5	0.3	0.27×10^5	2.30×10^{-5}	2.70×10^3

《玻璃幕墙工程技术规范》（JGJ 102）（2022年送审稿）、《铝合金结构设计规范》（GB

50429—2007）规定的铝合金型材的强度设计值 f_a 见表2-23、表2-24。

表2-23 铝合金材料强度设计值 f_a

（GB 50429—2007 中表4.3.4）　　　　　　　　　（单位：N/mm²）

铝合金材料			用于构件计算		用于焊接连接计算	
牌号	状态	厚度/mm	抗拉、抗压和抗弯 f	抗剪 f_v	焊件热影响区抗拉、抗压和抗弯 $f_{u,haz}$	焊件热影响区抗剪 $f_{v,haz}$
6061	T4	所有	90	55	140	80
	T6	所有	200	115	100	60
6063	T5	所有	90	55	60	35
	T6	所有	150	85	80	45
6063A	T5	≤10	135	75	75	45
		>10	125	70	70	40 –
	T6	≤10	160	90	90	50
		>10	150	85	85	50
5083	O/F	所有	90	55	210	120
	H112	所有	90	55	170	95
3003	H24	≤4	100	60	20	10
3004	H34	≤4	145	85	35	20
	H36	≤3	160	95	40	20

表2-24 铝合金型材的强度设计值 f_a

［JGJ 102（2022 年送审稿），表5.2.2］　　　　　（单位：N/mm²）

铝合金牌号	状态	壁厚/mm	强度设计值 f_a		
			抗拉、抗压	抗剪	局部承压
6061	T4	不区分	90	55	135
	T6	不区分	200	115	200
6063	T5	不区分	90	55	120
	T6	不区分	150	85	160
6063A	T5	≤10	135	75	150
		>10	125	75	140
	T6	≤10	160	90	120
		>10	150	85	160

2.3 钢材

2.3.1 钢材分类

幕墙结构中钢材有碳素结构钢和低合金结构钢以及不锈钢等。铝合金幕墙与建筑物主体结构的连接构件大部分采用钢材，使用的钢材以碳素结构钢为主。

1. 碳素结构钢

碳素结构钢包括一般结构钢和工程用热轧钢板、钢带、型钢和钢棒。《碳素结构钢》（GB/T 700—2006）规定了碳素结构钢的技术条件。

碳素结构钢按屈服点的数值（MPa）分为 Q195、Q215、Q235、Q275 四种；按硫（S）、磷（P）杂质的含量由多到少分为 A、B、C、D 四个质量等级；按脱氧程度的不同分为沸腾钢（F）、镇静钢（Z）和特殊镇静钢（TZ）。钢的牌号由代表屈服点的字母（Q）、屈服点数值、质量等级（A、B、C、D）和脱氧程度（镇静钢和特殊镇静钢可省略）四个部分按顺序组成。如 Q235AF 表示屈服强度为 235MPa 质量等级为 A 级的沸腾碳素结构钢。

钢材的化学成分直接影响钢的组织构造，并与钢的力学性能有密切关系。钢的基本元素是铁（Fe），普通碳素钢中纯铁约占 99%，此外还有碳（C）等元素，以及在冶炼过程中不易除尽的硫（S）、磷（P）、氧（O）、氮（N）等有害元素。碳（C）和其他元素虽然含量不大（仅约占 1%），但对钢材的力学性能却有决定性的影响。因此，在选用钢材时，要注意钢的化学成分，钢中碳含量高不利于焊接，一般在焊接结构中含碳量常限制在 0.2% 以内。碳素结构钢的化学成分（熔炼分析）应符合表 2-25 的规定。

表 2-25　碳素结构钢的牌号和化学成分（熔炼分析）

牌号	统一数字代号[1]	等级	厚度（或直径）/mm	脱氧方法	化学成分（质量分数）（%），不大于				
					C	Si	Mn	P	S
Q195	U11952	—	—	F、Z	0.12	0.30	0.50	0.035	0.040
Q215	U12152	A	—	F、Z	0.15	0.35	1.20	0.045	0.050
	U12155	B							0.045
Q235	U12352	A		F、Z	0.22	0.35	1.40	0.045	0.050
	U12355	B			0.20[2]				0.045
	U12358	C		Z	0.17			0.040	0.040
	U12359	D		TZ				0.035	0.035
Q275	U12752	A	—	F、Z	0.24	0.35	1.50	0.045	0.050
	U12755	B	≤40	Z	0.21			0.045	0.05
			>40		0.22				
	U12758	C		Z	0.20			0.040	0.040
	U12759	D		TZ				0.035	0.035

①表中为镇静钢、特殊镇静钢牌号的统一数字，沸腾钢牌号的统一数字代号如下：

Q195F——U11950。

Q215AF——U12150，Q215BF——U12153。

Q235AF——U12350，Q235BF——U12353。

Q275AF——U12750。

②经需方同意，Q235B 的碳含量可不大于 0.22%。

碳素结构钢的拉伸和冲击试验结果应符合表 2-26 的规定，弯曲试验结果应符合表 2-27 的规定。

表 2-26 碳素结构钢拉伸和冲击试验的规定

牌号	等级	屈服强度[1]R_{cH}/(N/mm²)，不小于						抗拉强度[2] R_m/ (N/mm²)	断后伸长率 A（%），不小于					冲击试验（V 形缺口）	
		厚度（或直径）/mm							厚度（或直径）/mm					温度/℃	冲击吸收功（纵向）/J 不小于
		≤16	>16 ~ 40	>40 ~ 60	>60 ~ 100	>100 ~ 150	>150 ~ 200		≤40	>40 ~ 60	>60 ~ 100	>100 ~ 150	>150 ~ 200		
Q195	—	195	185	—	—	—	—	315 ~ 430	33					—	—
Q215	A	215	205	195	185	175	165	335 ~ 450	31	30	29	27	26	—	—
	B													+ 20	27
Q235	A	235	225	215	215	195	185	370 ~ 500	26	25	24	22	21	—	—
	B													+ 20	27[3]
	C													0	
	D													− 20	
Q275	A	275	265	255	245	225	215	410 ~ 540	22	21	20	18	17	—	—
	B													+ 20	
	C													0	
	D													− 20	

①Q195 的屈服强度值仅供参考，不作为交货条件。

②厚度大于 100mm 的钢材，抗拉强度下限允许降低 20N/mm²。宽带钢（包括剪切钢板）抗拉强度上限不作为交货条件。

③厚度小于 25mm 的 Q235B 级钢材，如供方能保证冲击吸收功值合格，经需方同意，可不做检验。

表 2-27 碳素结构钢弯曲试验的规定

牌号	试样方向	冷弯试验，180°，$B = 2a$[1]	
		钢材厚度（或直径）[2]/mm	
		≤60	>60 ~ 100
		弯心直径 d	
Q195	纵	0	—
	横	0.5a	
Q215	纵	0.5a	1.5a
	横	a	2a
Q235	纵	a	2a
	横	1.5a	2.5a
Q275	纵	1.5a	2.5a
	横	2.0a	3.0a

①B 为试样宽度，a 为试样厚度（或直径）。

②钢材厚度（或直径）大于 100mm 时，弯曲试验由双方协商确定。

Q195 及 Q215 的强度比较低，而 Q275 的含碳量都超出低碳钢的范围，所以建筑工程中碳素结构钢主要应用 Q235。Q195 和 Q215 号钢常用作生产一般使用的钢钉、铆钉、螺栓及钢丝等；Q275 钢多用于生产机械零件和工具等。

2. 低合金结构钢

低合金高强度结构钢是在碳素结构钢的基础上，添加一种或多种少量的合金元素（总含量 <5%）的一种结构钢。其目的是为了提高钢的屈服强度、抗拉强度、耐磨性及耐低温性能等。因此它是综合性较为理想的建筑钢材，尤其在大跨度、承受动荷载和冲击荷载的结

构中更适用。此外，与使用碳素钢相比，可以节约钢材 20% ~ 30%，而成本并不很高。

《低合金高强度结构钢》（GB/T 1591—2018）规定，热轧钢牌号分为 Q355、Q390、Q420、Q460；正火、正火轧制钢的牌号分为 Q355N、Q390N、Q420N、Q490N；热机械轧制钢的牌号分为 Q355M、Q390M、Q420M、Q460M、Q500M、Q550M、Q620M、Q690M，所加的合金元素主要有锰（Mn）、硅（Si）、钒（V）、钛（Ti）、铌（Ne）、镍（Ni）及稀土元素。

钢的牌号由代表屈服强度的"屈"字的汉语拼音首字母 Q、规定的最小上屈服强度数值、交货状态代号、质量等级符号（B、C、D、E、F）四个部分按顺序组成。交货状态为热轧时，交货状态代号 AR 或 WAR 可省略；交货状态为正火或正火轧制状态时，交货状态代号均用 N 表示。

热轧低合金高强度结构钢（Q355、Q390、Q420 和 Q460）是《钢结构设计标准》（GB 50017—2017）规定采用的钢种，其质量应分别符合《低合金高强度结构钢》（GB/T 1591—2018）和《建筑结构用钢板》（GB/T 19879—2005）的规定。

热轧钢的牌号及化学成分（熔炼分析）应符合表 2-28 的规定，其碳当量（CEV）应符合表 2-29 的规定。碳当量（CEV）由熔炼分析成分按式（2-15）计算，焊接裂纹敏感性指数（Pcm）由熔炼分析成分按式（2-16）计算。

$$CEV(\%) = C + Mn/6 + (Cr + Mo + V)/5 + (Ni + Cu)/15 \qquad (2\text{-}15)$$
$$Pcm(\%) = C + Si/30 + Mn/20 + Cu/20 + Ni/60 + Cr/20 + Mo/15 + V/10 + 5B \qquad (2\text{-}16)$$

表 2-28　热轧钢的牌号及化学成分

牌号		化学成分（质量分数）（%）													
钢级	质量等级	C[1]		Si	Mn	P[3]	S[3]	Nb[4]	V[5]	Ti[5]	Cr	Ni	Cu	Mo	N[6]	B
		以下公称厚度或直径/mm									不大于					
		≤40[2]	>40													
		不大于														
Q355	B	0.24		0.55	1.60	0.035	0.035	—	—	—	0.30	0.30	0.40	—	0.012	—
	C	0.20	0.22			0.030	0.030									
	D	0.20	0.22			0.021	0.025									
Q390	B	0.20		0.55	1.70	0.035	0.035	0.05	0.13	0.05	0.30	0.50	0.40	0.10	0.015	—
	C					0.030	0.030									
	D					0.025	0.025									
Q420[7]	B	0.20		0.55	1.70	0.035	0.035	0.05	0.13	0.05	0.30	0.80	0.40	0.20	0.015	—
	C					0.030	0.030									
Q460[7]	C	0.20		0.55	1.80	0.030	0.030	0.05	0.13	0.05	0.30	0.80	0.40	0.20	0.015	0.004

①公称厚度大于 100mm 的型钢，碳含量可由供需双方商定。

②公称厚度大于 30mm 的钢材，碳含量不大于 0.22%。

③对应型钢和棒体，其磷和硫含量上限值可提高 0.005%。

④Q390、Q420 最高可到 0.07%，Q460 最高可提高 0.11%。

⑤最高可到 0.20%。

⑥如果钢中酸溶铝 Als 含量不小于 0.015% 或全铝 Alt 含量不小于 0.20%，或添加了其他固氮合金元素，氮元素含量不做限制，固氮元素应在质量证明书中注明。

⑦仅适用于型钢和棒材。

表 2-29　热轧状态交货钢材的碳当量（基于熔炼分析）

牌号		碳当量 CEV（质量分数）（%），不大于				
钢级	质量等级	公称厚度或直径/mm				
		≤30	>30~63	>63~150	>150~250	>250~400
Q355[1]	B	0.45	0.47	0.47	0.49[2]	—
	C					—
	D					0.49[3]
Q390	B	0.45	0.47	0.48	—	—
	C					
	D					
Q420[4]	B	0.45	0.47	0.48	0.49[2]	—
	C					
Q460[4]	C	0.47	0.49	0.49	—	—

①当需对硅含量控制时（例如热浸镀锌涂层），为达到抗拉强度要求而增加其他元素如碳和锰的含量，表中最大碳当量值的增加应符合下列规定：

　对于 Si≤0.030%，碳当量可提高 0.02%。

　对于 Si≤0.25%，碳当量可提高 0.01%。

②对于型钢和棒材，其最大碳当量可到 0.54%。

③只适用于质量等级为 D 的钢板。

④只适用于型钢和棒材。

正火及正火轧制钢的牌号及化学成分（熔炼分析）应符合表 2-30，其碳当量值应符合表 2-31 的规定。

表 2-30　正火及正火轧制钢的牌号及化学成分

牌号		化学成分（质量分数）（%）													
钢级	质量等级	C	Si	Mn	P[1]	S[1]	Nb	V	Ti[3]	Cr	Ni	Cu	Mo	N	Als[4]
		不大于			不大于					不大于					不小于
Q355N	B	0.20	0.50	0.90~1.65	0.035	0.035	0.035~0.05	0.01~0.12	0.006~0.05	0.30	0.50	0.40	0.10	0.015	0.015
	C				0.030	0.030									
	D				0.030	0.025									
	E	0.18			0.025	0.020									
	F	0.16			0.020	0.010									
Q390N	B	0.20	0.50	0.90~1.70	0.035	0.035	0.01~0.05	0.01~0.20	0.006~0.05	0.30	0.50	0.40	0.10	0.015	0.015
	C				0.030	0.030									
	D				0.030	0.025									
	E				0.025	0.020									
Q420N	B	0.20	0.60	1.00~1.70	0.035	0.035	0.01~0.05	0.01~0.05	0.006~0.05	0.30	0.80	0.40	0.10	0.015	0.015
	C				0.030	0.030									
	D				0.030	0.025							0.025		
	E				0.025	0.020									

（续）

牌号		化学成分（质量分数）（%）													
钢级	质量 等级	C	Si	Mn	P①	S①	Nb	V	Ti③	Cr	Ni	Cu	Mo	N	Als④
		不大于			不大于						不大于					不小于
Q490N②	C	0.20	0.60	1.00 ~ 1.70	0.030	0.030	0.01 ~ 0.05	0.01 ~ 0.05	0.006 ~ 0.05	0.30	0.80	0.40	0.10	0.015	0.015
	D				0.030	0.025									0.025	
	E				0.025	0.020										

①对于型钢和棒材，磷和硫含量上限值可提高 0.005%。

②V + Ni + Ti 的含量≤0.22%，Mo + Cr 的含量≤0.30%。

③最高可达 0.20%。

④可用全铝 Alt 替代，此时全铝最小含量为 0.020%。当钢中添加了铌、钒、钛等细化晶粒元素且含量不小于表中规定含量的下限时，铝含量下限值不限。

注：钢中应至少含有铝、铌、钒、钛等细化晶粒元素中的一种，单独或组合加入时，应保证其中至少一种合金元素含量不小于表中规定含量的下限。

表 2-31　正火及正火轧制状态交货钢材的碳当量（基于熔炼分析）

牌号		碳当量 CEV（质量分数）（%），不大于			
钢级	质量等级	公称厚度或直径/mm			
		≤63	>63~100	>100~250	>250~400
Q355N	B、C、D、E、F	0.43	0.45	0.45	协议
Q390N	B、C、D、E	0.46	0.48	0.49	协议
Q420N	B、C、D、E	0.8	0.50	0.52	协议
Q490N	C、D、E	0.53	0.54	0.55	协议

　　热轧钢材的拉伸性能应符合表 2-32 和表 2-33 的规定。正火、正火轧制钢材的拉伸性能应符合表 2-34 的规定。热机械轧制（TMCP）钢材的拉伸性能应符合表 2-35 的规定。对于公称宽度不小于 600mm 的钢板及钢带，拉伸试件取横向试样；其他钢材的拉伸试件取纵向试样。

表 2-32　热轧钢材的拉伸性能

牌号		上屈服强度 R_{eH}①/MPa，不小于									抗拉强度 R_w/MPa			
钢级	质量 等级	公称厚度或直径/mm												
		≤16	>16~ 40	>40~ 63	>63~ 80	>80~ 100	>100~ 150	>150~ 200	>200~ 250	>250~ 400	≤100	>100~ 150	>150~ 250	>250~ 400
Q355	B、C	355	245	335	325	315	295	285	275	—	470~ 630	450~ 600	450~ 600	—
	D									265②				450~ 600②
Q390	B、C、D	390	380	360	340	340	320	—	—	—	490~ 650	470~ 620	—	—
Q420③	B、C	420	410	390	370	370	350	—	—	—	520~ 680	500~ 650	—	—

（续）

牌号		上屈服强度 R_{cH}①/MPa，不小于									抗拉强度 R_w/MPa			
		公称厚度或直径/mm												
钢级	质量等级	≤16	>16~40	>40~63	>63~80	>80~100	>100~150	>150~200	>200~250	>250~400	≤100	>100~150	>150~250	>250~400
Q460③	C	460	450	430	410	410	390	—	—	—	550~720	530~700	—	—

①当屈服不明显时，可用规定塑性延伸强度 $R_{P0.2}$ 代替上屈服强度。

②只适用于质量等级为 D 的钢板。

③只适用于型钢和棒材。

表 2-33　热轧钢材的伸长率

牌号		断后钢材的伸长率 A（%）　不小于						
		公称厚度或直径/mm						
钢级	质量等级	试样方向	≤40	>40~63	>63~100	>100~150	>150~250	>250~400
Q355	B、C、D	纵向	22	21	20	18	17	17①
		横向	20	19	18	18	17	17①
Q390	B、C、D	纵向	21	20	20	19	—	—
		横向	20	19	19	18	—	—
Q420②	B、C	纵向	20	19	19	19	—	—
Q460②	C	纵向	18	17	17	17	—	—

①只适用于质量等级为 D 的钢板。

②只适用于型钢和棒材。

表 2-34　正火、正火轧制钢材的拉伸性能

牌号		上屈服强度 R_{cH}①/MPa，不小于								抗拉强度 R_w/MPa			断后伸长率 A（%）不小于					
		公称厚度或直径/mm																
钢级	质量等级	≤16	>16~40	>40~63	>63~80	>80~100	>100~150	>150~200	>200~250	≤100	>100~200	>200~250	≤16	>16~40	>40~63	>63~80	>80~200	>200~250
Q355N	B、C、D、E、F	355	345	335	325	315	295	285	275	470~630	450~600	450~600	22	22	22	21	21	21
Q390N	B、C、D、E	390	380	360	340	340	320	310	300	490~650	470~620	470~620	20	20	20	19	19	19
Q420N	B、C、D、E	420	400	390	370	360	340	330	320	520~680	500~650	500~650	19	19	19	18	18	18
Q460N	C、D、E	460	440	430	410	400	380	370	370	540~720	530~710	510~690	17	17	17	17	17	16

①当屈服不明显时，可用规定塑性延伸强度 $R_{P0.2}$ 代替上屈服强度。

注：正火状态包含正火加回火状态。

表 2-35　热机械轧制（TMCP）钢材的拉伸性能

牌号		上屈服强度 R_{cH}[①]/MPa，小于						抗拉强度 R_w/MPa					断后伸长率 $A(\%)$ 不小于
		公称厚度或直径/mm											
钢号	质量等级	≤16	>16 ~ 40	>40 ~ 63	>63 ~ 80	>80 ~ 100	>100 ~ 120[①]	≤40	>40 ~ 63	>63 ~ 80	>80 ~ 100	>100 ~ 120[②]	
Q355M	B、C、D、E、F	355	345	335	325	325	320	470 ~ 630	450 ~ 610	440 ~ 600	440 ~ 600	430 ~ 590	22
Q390M	B、C、D、E	390	380	360	340	340	335	490 ~ 650	480 ~ 640	470 ~ 630	460 ~ 620	500 ~ 610	20
Q420M	B、C、D、E	200	400	390	380	370	365	520 ~ 680	500 ~ 660	480 ~ 640	470 ~ 630	460 ~ 620	19
Q460M	C、D、E	460	440	430	410	400	385	540 ~ 720	530 ~ 710	510 ~ 690	500 ~ 680	490 ~ 660	17
Q500M	C、D、E	500	490	480	460	450		610 ~ 770	600 ~ 760	590 ~ 750	540 ~ 730		17
Q550M	C、D、E	550	540	530	510	500		670 ~ 830	620 ~ 810	600 ~ 790	590 ~ 780		16
Q620M	C、D、E	620	610	600	580	—		710 ~ 880	690 ~ 880	670 ~ 860			15
Q690M	C、D、E	690	680	670	650			770 ~ 940	750 ~ 920	730 ~ 900			14

①当屈服不明显时，可用规定塑性延伸强度 $R_{P0.2}$ 代替上屈服强度 R_{cH}。

②对于型钢和棒材，厚度或直径不大于 150mm。

注：热机械轧制（TMCP）状态包含机械轧制加回火状态。

　　低合金高强度结构钢主要用于轧制各种型钢（角钢、槽钢、工字钢）、钢板、钢管及钢筋，广泛用于钢结构和钢筋混凝土结构中，特别适用于各种重型结构、大跨度结构、高层结构及桥梁工程等，尤其在用于大跨度和大柱网的结构时，其技术经济效果更为显著。

3. 耐候结构钢

　　焊接结构用耐候钢是在钢中加入少量的合金元素，如铜（Cu）、铬（Cr）、镍（Ni）等，使其在金属基体表面上形成保护层，以提高钢材的耐候性能，同时保持钢材具有良好的焊接性能。

　　高耐候钢是在钢中加入少量的合金元素，如铜（Cu）、磷（P）、铬（Cr）、镍（Ni）等，使其在合金基体表面上形成保护层，以提高钢材的耐候性能。这类钢的耐候性能比焊接结构用耐候钢好，称为高耐候性结构钢（GNH）。

　　耐候结构钢的技术要求应符合《耐候结构钢》（GB/T 4171—2008）的规定。各牌号及用途见表 2-36。钢的牌号由"屈服强度""高耐候"或"耐候"的汉语拼音首位字母"Q""GNH"或"NH"、屈服强度的下限值以及质量等级（A、B、C、D、E）按顺序组成。

　　钢的牌号和化学成分（熔炼分析）应符合表 2-37 的规定。钢材的力学性能和工艺性能应符合表 2-38 的规定。

表 2-36 耐候结构钢的牌号及用途

类别	牌号	生产方式	用途
高耐候钢	Q295GNH、Q355GNH	热轧	车辆、集装箱、建筑、塔架或其他结构件等结构用，与焊接耐候钢相比，具有较好的耐大气腐蚀的性能
	Q265GNH、Q310GNH	冷轧	
焊接耐候钢	Q235NH、Q295NH、Q355NH、Q415NH、Q469NH、Q500NH、Q550NH	热轧	车辆、桥梁、集装箱、建筑或其他结构件等结构用，与高耐候钢相比，具有较好的焊接性能

表 2-37 耐候钢的牌号和化学成分（熔炼分析）

牌号	化学成分（质量分数）（%）								
	C	Si	Mn	P	S	Cu	Cr	Ni	其他元素
Q265GNH	≤0.12	0.10 ~ 0.40	0.20 ~ 0.50	0.07 ~ 0.12	≤0.020	0.20 ~ 0.45	0.30 ~ 0.65	0.25 ~ 0.50[5]	①、②
Q295GNH	≤0.12	0.10 ~ 0.40	0.20 ~ 0.50	0.07 ~ 0.12	≤0.020	0.20 ~ 0.45	0.30 ~ 0.65	0.25 ~ 0.50[5]	①、②
Q310GNH	≤0.12	0.25 ~ 0.75	0.20 ~ 0.50	0.07 ~ 0.12	≤0.020	0.20 ~ 0.50	0.30 ~ 1.25	≤0.65	①、②
Q355GNH	≤0.12	0.25 ~ 0.75	≤1.00	0.07 ~ 0.15	≤0.020	0.25 ~ 0.65	0.30 ~ 1.25	≤0.65	①、②
Q235NH	≤0.13[6]	0.10 ~ 0.40	0.20 ~ 0.60	≤0.030	≤0.030	0.25 ~ 0.55	0.40 ~ 0.80	≤0.65	①、②
Q295NH	≤0.15	0.10 ~ 0.50	0.30 ~ 1.00	≤0.030	≤0.030	0.25 ~ 0.55	0.40 ~ 0.80	≤0.65	①、②
Q355NH	≤0.16	≤0.50	0.50 ~ 1.50	≤0.030	≤0.030	0.25 ~ 0.55	0.40 ~ 0.80	≤0.65	①、②
Q415NH	≤0.12	≤0.65	≤1.10	≤0.025	≤0.030[4]	0.25 ~ 0.55	0.30 ~ 1.25	0.12 ~ 0.65[5]	①、②、③
Q460NH	≤0.12	≤0.65	≤1.50	≤0.025	≤0.030[4]	0.25 ~ 0.55	0.30 ~ 1.25	0.12 ~ 0.65[5]	①、②、③
Q500NH	≤0.12	≤0.65	≤2.0	≤0.025	≤0.030[4]	0.20 ~ 0.55	0.30 ~ 1.25	0.12 ~ 0.65[5]	①、②、③
Q550NH	≤0.16	≤0.65	≤2.0	≤0.025	≤0.030[4]	0.25 ~ 0.55	0.30 ~ 1.25	0.12 ~ 0.65[5]	①、②、③

①为了改善钢的性能，可以添加一种或一种以上的微量合金元素：Ni 0.015% ~ 0.060%，V 0.02% ~ 0.12%，Ti 0.02% ~ 0.10%，Al（t）（Al 的总含量）≥0.020%。若上述元素组合使用时，应至少保证其中一种元素含量达到上述化学成分的下限规定。

②可以添加下列合计元素：Mo≤0.30%，Zr≤0.15%。

③Nb、V、Ti 等三种合金元素的添加总量不应超过 0.20%。

④供需双方商定，S 的含量可以不大于 0.008%。

⑤供需双方商定，Ni 含量的下限可不做要求。

⑥供需双方商定，C 的含量可以不大于 0.15%。

表 2-38　耐候钢的力学性能和工艺性能

牌号	拉伸试验[①]									180°弯曲试验 弯心直径		
	下屈服强度 R_{cH} /(N/mm²) 不小于				抗拉强度 R_w /(N/mm²)	断后伸长率 A（%） 不小于						
	≤16	>16 ~ 40	>40 ~ 60	>60		≤16	>16 ~ 40	>40 ~ 60	>60	≤6	>6 ~ 16	>16
Q235NH	235	225	215	215	360 ~ 510	25	25	24	23	a	a	2a
Q295NH	295	285	275	255	430 ~ 560	24	24	23	22	a	2a	3a
Q295GNH	295	285	—	—	430 ~ 560	24	24	—	—	a	2a	3a
Q355NH	355	345	335	325	490 ~ 630	22	22	21	20	a	2a	3a
Q355GNH	355	345	—	—	490 ~ 630	22	22	—	—	a	2a	3a
Q415NH	415	405	395	—	520 ~ 680	22	22	20	—	a	2a	3a
Q460NH	460	450	440	—	570 ~ 730	20	20	19	—	a	2a	3a
Q500NH	500	490	480	—	600 ~ 760	18	16	15	—	a	2a	3a
Q550NH	550	540	530	—	620 ~ 780	16	16	15	—	a	2a	3a
Q265GNH	265	—	—	—	≥410	27	—	—	—	a	—	—
Q310GNH	310	—	—	—	≥450	26	—	—	—	a	—	—

①当屈服现象不明显时，可以采用 $R_{r0.2}$。

注：a 为钢材厚度。

钢材的冲击性能应符合表 2-39 的规定。经供需双方协商，高耐候钢可以不做冲击试验。冲击试验结果按三个试样的平均值计算，允许其中一个试样的冲击吸收能量小于规定值，但不得低于规定值的 70%。

厚度不小于 6mm 或直径不小于 12mm 的钢材应做冲击试验。对于厚度≥6mm ~ <12mm 或直径≥12mm ~ <15mm 的钢材做冲击试验时，应采用 10mm × 5mm × 55mm 或 10mm × 7.5mm × 55mm 小尺寸试样，其试验结果应不小于表 2-39 规定值的 55% 或 75%，应尽可能取较大尺寸的冲击试样。

表 2-39　耐候钢材的冲击性能

质量等级	V 形缺口冲击试验[①]		
	试样方向	温度/℃	冲击吸收能量 J
A	纵向	—	—
B		+ 20	≥47
C		0	≥34
D		− 20	≥34
E		− 40	≥27[②]

①冲击试样尺寸为 10mm × 10mm × 55mm。

②经供需双方协商，平均冲击功值可以≥60J。

4. 钢结构用钢材

钢结构构件一般应直接选用各种型钢。构件之间可直接或附连接钢板通过铆接、螺栓连接或焊接连接。所用母材主要是碳素结构钢及低合金高强度结构钢。

型钢与钢板主要用于钢结构构件，通常有热轧和冷弯成型两种方法。

（1）钢板 以平板状态供货的称为钢板，以卷状供货的称为钢带。热轧钢板分为厚板及薄板两种，厚板的厚度为 $\delta = 4.5 \sim 60mm$，薄板的厚度为 $\delta = 0.35 \sim 4mm$。一般前者可用于焊接结构，后者可用作屋面或墙面等围护结构，或用作涂层钢板的原材料。而冷轧钢板只有薄板（$\delta = 0.2 \sim 4mm$）一种。

（2）型钢 热轧型钢有角钢（等边和不等边两种）、槽钢、工字钢、H 型钢和部分 T 型钢等形式（图 2-21）。我国建筑用热轧型钢主要采用碳素结构钢 Q235-A（含碳量 0.14% ~ 0.22%）。在《钢结构设计标准》（GB 50017—2017）中推荐使用的低合金钢主要有 Q355、Q390、Q420 和 Q460 四种，用于大跨度、承受动荷载的钢结构中。

| 钢板 | 等边角钢 | 不等边角钢 | 钢管 | 槽钢 | 工字钢 | 宽翼缘工字钢 | T型钢 |

图 2-21 热轧型材截面

冷弯薄壁型钢由 2 ~ 6mm 薄钢板冷弯或模压成型（图 2-22），有开口薄壁（如角钢、槽钢）和空心薄壁（方形、矩形）两种，主要用于轻型钢结构。

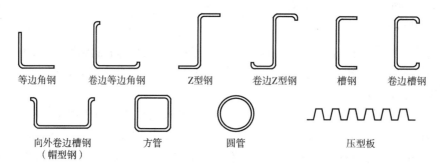

| 等边角钢 | 卷边等边角钢 | Z型钢 | 卷边Z型钢 | 槽钢 | 卷边槽钢 |

| 向外卷边槽钢（帽型钢） | 方管 | 圆管 | 压型板 |

图 2-22 冷弯型钢的截面形式

2.3.2 钢材设计指标

1）钢材的强度设计指标，应根据钢材牌号、厚度或直径按表 2-40 采用。

表 2-40 钢材的强度设计值 f

（GB 50017—2017 中表 5.4.1） （单位：N/mm²）

牌号	厚度或直径 /mm	抗拉、抗压和抗弯 f	抗剪 f_v	端面承压（刨平顶紧）f_{ce}	钢材名义屈服强度 f_y	极限抗拉强度最小值 f_u
Q235	≤16	215	125	325	235	370
	> 16 ~ 40	205	120		225	370
	> 40 ~ 60	200	115		215	370
	> 60 ~ 100	200	115		205	370

（续）

牌号	厚度或直径 /mm	抗拉、抗压 和抗弯 f	抗剪 f_v	端面承压 （刨平顶紧）f_{ce}	钢材名义 屈服强度 f_y	极限抗拉强度 最小值 f_u
Q345	≤16	300	175	400	345	470
	> 16 ~ 40	295	170		335	470
	> 40 ~ 63	290	165		325	470
	> 63 ~ 80	280	160		315	470
	> 80 ~ 100	270	155		305	470
Q390	≤16	345	200	415	390	490
	> 16 ~ 40	330	190		370	490
	> 40 ~ 63	310	180		350	490
	> 63 ~ 80	295	170		330	490
	> 80 ~ 100	295	170		330	490
Q420	≤16	375	215	440	420	520
	> 16 ~ 40	355	205		400	520
	> 40 ~ 63	320	185		380	520
	> 63 ~ 80	305	175		360	520
	> 80 ~ 100	305	175		360	520
Q460	≤16	410	235	470	460	550
	> 16 ~ 40	390	225		440	550
	> 40 ~ 63	355	205		420	550
	> 63 ~ 80	340	195		400	550
	> 80 ~ 100	340	195		400	550
Q345GJ	> 16 ~ 35	310	180	415	345	490
	> 35 ~ 50	290	170		335	490
	> 50 ~ 100	285	165		325	490

注：1. GJ 钢的名义屈服强度取上屈服强度，其他均取下屈服强度。

2. 表中厚度是指计算点的钢材厚度，对轴心受拉和轴心受压构件是指截面中较厚板件的厚度。

2）焊缝的强度设计值按表 2-41 采用。

表 2-41　焊缝的强度设计值

（GB 50017—2017 中表 5.4.2）　　　　　　　　（单位：N/mm²）

焊接方法和 焊条型号	钢材牌号规格和标准号		对接焊缝				角焊缝
	牌号	厚度或直径 /mm	抗压 f_c^w	焊缝质量为下列 等级时，抗拉 f_t^w		抗剪 f_v^w	抗拉、抗压和 抗剪 f_f^w
				一级、二级	三级		
自动焊、半自动焊和 E43 型焊条手工焊	Q235 钢	≤16	215	215	185	125	160
		> 16 ~ 40	205	205	175	120	
		> 40 ~ 60	200	200	170	115	
		> 60 ~ 100	200	200	170	115	

（续）

焊接方法和焊条型号	钢材牌号规格和标准号		对接焊缝				角焊缝
	牌号	厚度或直径/mm	抗压 f_c^w	焊缝质量为下列等级时,抗拉 f_t^w		抗剪 f_v^w	抗拉、抗压和抗剪 f_f^w
				一级、二级	三级		
自动焊、半自动焊和 E50、E55 型焊条手工焊	Q345 钢	≤16	305	305	260	175	200
		> 16 ~ 40	295	295	250	170	
		> 40 ~ 63	290	290	245	165	
		> 63 ~ 80	280	280	240	160	
		> 80 ~ 100	270	270	230	155	
自动焊、半自动焊和 E50、E55 型焊条手工焊	Q390 钢	≤16	345	345	295	200	200（E50）220（E55）
		> 16 ~ 40	330	330	280	190	
		> 40 ~ 63	310	310	265	180	
		> 63 ~ 80	295	295	250	170	
		> 80 ~ 100	295	295	250	170	
自动焊、半自动焊和 E55、E60 型焊条手工焊	Q420 钢	≤16	375	375	320	215	220（E55）240（E60）
		> 16 ~ 40	355	355	300	205	
		> 40 ~ 63	320	320	270	185	
		> 63 ~ 80	305	305	260	175	
		> 80 ~ 100	305	305	260	175	
自动焊、半自动焊和 E55、E60 型焊条手工焊	Q460 钢	≤16	410	410	350	235	220（E55）240（E60）
		> 16 ~ 40	390	390	330	225	
		> 40 ~ 63	355	355	300	205	
		> 63 ~ 80	340	340	290	195	
		> 80 ~ 100	340	340	290	195	
自动焊、半自动焊和 E50、E55 型焊条手工焊	Q345GJ 钢	> 16 ~ 35	310	310	265	180	200
		> 35 ~ 50	290	290	245	170	
		> 50 ~ 100	285	285	240	165	

注：1. 手工焊用焊条、自动焊和半自动焊所采用的焊丝和焊剂,应保证其熔敷金属的力学性能不低于母材的性能。

2. 焊缝质量等级应符合现行国家标准《钢结构焊接规范》（GB 50661—2011）的规定,其检验方法应符合现行国家标准《钢结构工程施工质量验收规范》（GB 50205—2020）的规定。其中厚度小于 8mm 钢材的对接焊缝,不应采用超声波探伤确定焊缝质量等级。

3. 对接焊缝在受压区的抗弯强度设计值取 f_c^w,在受拉区的抗弯强度设计值取 f_t^w。

4. 表中厚度是指计算点的钢材厚度,对轴心受拉和轴心受压构件是指截面中较厚板件的厚度。

5. 进行无垫板的单面施焊对接焊缝的连接计算时,上表规定的强度设计值应乘折减系数 0.85。

3）螺栓连接的强度设计值按表 2-42 采用。

表 2-42　螺栓连接的强度设计值

（GB 50017—2017 中表 5.4.4）　　　　　　　　　　　　（单位：N/mm²）

螺栓的性能等级、锚栓和构件钢材的牌号		普通螺栓					锚栓	承压型或网架用高强度螺栓		
		C 级螺栓			A 级、B 级螺栓						
		抗拉 f_t^b	抗剪 f_v^b	承压 f_c^b	抗拉 f_t^b	抗剪 f_v^b	承压 f_c^b	抗拉 f_t^b	抗拉 f_t^b	抗剪 f_v^b	承压 f_c^b
普通螺栓	4.6 级、4.8 级	170	140	—	—	—	—	—	—	—	—
	5.6 级	—	—	—	210	190	—	—	—	—	—
	8.8 级	—	—	—	400	320	—	—	—	—	—
锚栓	Q235 钢	—	—	—	—	—	—	140	—	—	—
	Q345 钢	—	—	—	—	—	—	180	—	—	—
	Q390 钢	—	—	—	—	—	—	185	—	—	—
承压型连接高强度螺栓	8.8 级	—	—	—	—	—	—	—	400	250	—
	10.9 级	—	—	—	—	—	—	—	500	310	—
螺栓球网架用高强度螺栓	9.8 级	—	—	—	—	—	—	—	385		
	10.9 级	—	—	—	—	—	—	—	430		
构件	Q235 钢	—	—	305	—	—	405	—	—		470
	Q345 钢	—	—	385	—	—	510	—	—		590
	Q390 钢	—	—	400	—	—	530	—	—		615
	Q420 钢	—	—	425	—	—	560	—	—		655
	Q460 钢	—	—	450	—	—	595	—	—		695
	Q345GJ 钢	—	—	400	—	—	530	—	—		615

注：1. A 级螺栓用于 $d \leqslant 24mm$ 和 $L \leqslant 10d$ 或 $L \leqslant 150mm$（按较小值）的螺栓；B 级螺栓用于 $d > 24mm$ 和 $L > 10d$ 或 $L > 150mm$（按较小值）的螺栓；d 为公称直径，L 为螺栓公称长度。

2. A、B 级螺栓孔的精度和孔壁表面粗糙度，C 级螺栓孔的允许偏差和孔壁表面粗糙度，均应符合现行国家标准《钢结构工程施工质量验收规范》（GB 50205—2020）的要求。

3. 用于螺栓球节点网架的高强度螺栓，M12 ~ M36 为 10.9 级，M39 ~ M64 为 9.8 级。

4）钢材的物理性能指标应按表 2-43 采用。

表 2-43　钢材的物理性能指标

钢材种类	弹性模量 E /（N/mm²）	剪切模量 G /（N/mm²）	线膨胀系数 α /（1/℃）	质量密度 ρ /（kg/m³）	泊松比 ν
钢材和铸钢	2.06×10^5	0.79×10^5	1.20×10^{-5}	7.85×10^3	0.3

2.3.3　钢材的锈蚀和预防

钢材的锈蚀是指钢材的表面与周围介质发生化学作用或电化学作用，遭到侵蚀而破坏的过程。影响钢材锈蚀的主要因素是环境湿度、侵蚀性介质的性质及数量、钢材材质及表面状况等。

钢材的锈蚀包括化学锈蚀和电化学锈蚀两类。化学锈蚀是指钢材表面直接与周围介质（如空气的氧化作用）发生化学作用而产生锈蚀，随其周围温度和湿度增大而加快。电化学锈蚀是指钢材与电解质溶液接触产生电流，形成微电池而锈蚀。电化学锈蚀是钢材最主要的锈蚀形式。

钢材的锈蚀将伴随着体积的增大，在钢筋混凝土中会使周围的混凝土胀裂。钢材锈蚀的预防可采用下列方法：

（1）保护层法　在钢筋表面施加金属保护层（如镀锌、镀锡、镀铬等）或非金属保护层（各种防锈涂料、塑料保护层、沥青保护层及搪瓷保护层等），使钢与周围介质隔离，防止钢筋锈蚀。

玻璃幕墙用碳素结构钢和低合金结构钢应采取有效的防腐处理，当采用热浸镀锌防腐蚀处理时，锌膜厚度应符合《金属覆盖层 钢铁制件热浸镀锌层 技术要求及试验方法》（GB/T 13912—2020）的要求，见表2-44、表2-45。

表2-44　未经离心处理的最小镀层厚度和最小镀覆量（GB/T 13912—2020）

制件及其厚度/mm	镀层局部厚度① 最小值/μm	镀层局部镀覆量② 最小值/(g/m²)	镀层平均厚度③ 最小值/μm	镀层平均镀覆量② 最小值/(g/m²)
钢厚度>6	70	505	85	610
3<钢厚度≤6	55	395	70	505
1.5≤钢厚度≤3	45	325	55	395
钢厚度<1.5	35	250	45	325
铸铁厚度≥6	70	505	80	575
铸铁厚度<6	60	430	70	505

①镀层局部厚度：在某一基本测量面按规定次数用磁性法所测得的镀层厚度的算术平均值或用称量法进行一次测量所测得的镀层镀覆量的厚度换算值。

②使用标称镀层密度7.2g/cm³计算等价镀层镀覆量（参见GB/T 13912—2020附录D）。

③镀层平均厚度：对某一大件（主要表面大于2m²的制件）或某一批镀锌件抽样后测得局部厚度的算术平均值。

注：本表为一般的要求，具体产品标准包含不同的厚度等级及分类在内的各种要求。表中给出了局部镀覆量和平均镀覆量相关要求，以供在相关争议中参考。

表2-45　经离心处理的最小镀层厚度和最小镀覆量（GB/T 13912—2020）

制件及其厚度/mm		镀层局部厚度① 最小值/μm	镀层局部镀覆量② 最小值/(g/m²)	镀层平均厚度③ 最小值/μm	镀层平均镀覆量② 最小值/(g/m²)
螺纹件	直径>6	40	285	50	360
	直径≤6	20	145	25	180
其他制件（包括铸铁件）	厚度≥3	45	325	55	395
	厚度<3	35	250	45	325

①镀层局部厚度：在某一基本测量面按规定次数用磁性法所测得的镀层厚度的算术平均值或用称量法进行一次测量所测得的镀层镀覆量的厚度换算值。

②使用标称镀层密度7.2g/cm³计算等价镀层镀覆量（参见GB/T 13912—2020附录D）。

③镀层平均厚度：对某一大件（主要表面大于2m²的制件）或某一批镀锌件抽样后测得局部厚度的算术平均值。

注：本表为一般的要求，紧固件和具体产品标准可以有不同要求。表中给出了局部镀覆量和平均镀覆量相关要求，以供在相关争议中参考。

支承结构用碳素钢和低合金高强度结构钢采用氟碳漆喷涂或聚氨酯漆喷涂时，涂膜的厚度不宜小于35μm；在空气污染严重及海滨地区，涂膜厚度不宜小于45μm。

（2）制成合金钢　在钢材中加入铬（Cr）、镍（Ni）、钛（Ti）、铜（Cu）等少量合金，制成不锈钢，可以提高钢材的耐锈蚀能力。

（3）电化学保护法　一般采用牺牲阳极法，即在钢结构附近埋设一些废钢铁，外接直流电源将阴极接在钢结构上，通电后阳极废钢铁被腐蚀，阴极钢结构受到保护。对不宜涂刷防锈层的钢结构，可采用阴极保护法即在被保护的钢结构上连接一块比钢铁更为活泼的金属（如锌、镁等）成为阳极，这样作为阴极的钢结构就会被保护而不腐蚀。

2.4　不锈钢

2.4.1　不锈钢定义

以不锈、耐蚀性为主要特性，且铬（Cr）含量至少为 10.5%，碳含量不超过 1.2% 的钢材称为不锈钢（stainless steel）。

不锈钢的耐蚀性随含碳量的增加而降低，因此，大多数不锈钢的含碳量均较低，最大不超过 1.2%，有些钢的含碳量甚至低于 0.03%。不锈钢中的主要合金元素为铬（Cr），一般铬（Cr）的含量至少为 10.5%。不锈钢中还含有镍（Ni）、钼（Mo）、钛（Ti）、铌（Nb）、铜（Cu）、氮（N）等元素，以满足各种用途对不锈钢组织和性能的要求。

由于不锈钢中含有一定量的铬（Cr）、镍（Ni）等元素，而铬的化学性质比较活泼，铬首先与环境中的氧化合，生成一层与钢基体牢固结合的紧密的氧化膜，使内部的钢不再生锈。但不锈钢容易被氯离子腐蚀，因为铬（Cr）、镍（Ni）、氯（Cl）是同位原素，同位原素会进行互换同化从而造成不锈钢的腐蚀。

2.4.2　不锈钢分类

不锈钢常按组织状态分为铁素体型不锈钢、奥氏体型不锈钢、双相型（奥氏体－铁素体）不锈钢、马氏体型不锈钢以及沉淀硬化不锈钢五大类。

1. 铁素体型不锈钢

铁素体型不锈钢是指基体以体心立方晶体结构的铁素体组织（α 相）为主，有磁性，一般不能通过热处理硬化，但冷加工可使其轻微强化的不锈钢。铁素体型不锈钢常用牌号有 Crl7、Cr17Mo2Ti、Cr25、Cr25Mo3Ti、Cr28 等。

铁素体型不锈钢的含铬（Cr）为 12%~30%，其耐蚀性、韧性和可焊性随含铬量的增加而提高，耐氯化物应力腐蚀性能优于其他种类不锈钢。由于铁素体型不锈钢的含铬量高，耐腐蚀性能与抗氧化性能均比较好，但力学性能与工艺性能较差。这类钢能抵抗大气、硝酸及盐水溶液的腐蚀，并具有高温抗氧化性能好、热膨胀系数小等特点。

2. 奥氏体型不锈钢

奥氏体型不锈钢是指基体以面心立方晶体结构的奥氏体组织（γ 相）为主，无磁性，主要通过冷加工使其强化并可能导致一定的磁性的不锈钢。奥氏体型不锈钢的常用牌号有 06Cr19Ni10（S30408）、022Cr19Ni10（S30403）、06Cr17Ni12Mo2（S31608）、022Cr17Ni12Mo2（S31603）等。钢号中前面的数字表示含碳量的万分数，0 表示钢的含碳量 $W_c < 0.08\%$；元素后数字表示含该元素的百分数。

奥氏体型不锈钢含铬（Cr）大于 18%，还含有 8% 左右的镍（Ni）及少量钼（Mo）、钛（Ti）、氮（N）等元素。由于这类钢中含有大量的铬（Cr）和镍（Ni），使钢在室温下呈奥氏体状态。这类钢具有良好的塑性、韧性、焊接性、耐蚀性能和无磁或弱磁性，在氧化性和还原性介质中耐蚀性均较好。奥氏体不锈钢一般采用固溶处理，即将钢加热至 1050~1150℃，然后水冷或风冷，以获得单相奥氏体组织。

玻璃幕墙用的不锈钢材宜采用奥氏体不锈钢，且含镍量不应小于 8%。

3. 双相型（奥氏体-铁素体）不锈钢

双相型（奥氏体-铁素体）不锈钢是指基体兼有奥氏体和铁素体两相组织（其中较少的

含量一般大于15%），有磁性，可通过冷加工使其强化的不锈钢。双相型不锈钢常用牌号有022Cr23Ni5Mo3N（S22053）、022Cr22Ni5Mo3N（S22253）等。

双相型（奥氏体-铁素体）不锈钢含铬（Cr）在18%～28%，含镍（Ni）在3%～10%，有些钢还含有钼（Mo）、铜（Cu）、硅（Si）、铌（Nb）、钛（Ti）、氮（N）等合金元素。该类钢兼有奥氏体和铁素体不锈钢的特点，与铁素体相比，塑性、韧性更高，无室温脆性，耐晶间腐蚀性能和焊接性能均显著提高，同时还保持有铁素体不锈钢的475℃脆性以及热导率高，具有超塑性等特点。与奥氏体不锈钢相比，强度高且耐晶间腐蚀和耐氯化物应力腐蚀有明显提高。双相型不锈钢具有优良的耐孔蚀性能，也是一种节镍不锈钢。

4. 马氏体型不锈钢

马氏体型不锈钢在正常淬火温度下处在 γ 相区，但它们的 γ 相仅在高温时稳定，Ms 点（是指马氏体转变的起始温度）一般在300℃左右，故冷却时转变为马氏体。马氏体型不锈钢常用牌号有12Cr13、20Cr13、30Cr13、40Cr13 等。

马氏体型不锈钢含铬（Cr）12%～14%，含碳0.1%～0.4%。由于马氏体不锈钢含碳量较高，淬火后得到马氏体组织，具有较高的强度、硬度、耐磨性，但耐蚀性稍差；具有较好的切削加工性能，但焊接性能差。因此，这类钢常用于力学性能要求较高、耐蚀性能要求一般的一些零件（如弹簧、汽轮机叶片、水压机阀等）上。这类钢是在淬火、回火处理后使用的，锻造、冲压后需退火。

5. 沉淀硬化不锈钢

基体为奥氏体或马氏体组织，沉淀硬化不锈钢的常用牌号有04Cr13Ni8Mo2Al 等。其能通过沉淀硬化（又称时效硬化）处理使其硬（强）化的不锈钢。

上述五大类不锈钢的性能特征比较见表2-46，马氏体不锈钢和沉淀硬化不锈钢因其焊接及冷加工性能差，在结构工程中无法使用。铁素体不锈钢在国外已有许多使用实例，但在国内使用经验和工程数据较少。适用于一般结构用途的不锈钢是奥氏体型不锈钢和双相型不锈钢，最常用的是 S30408、S31608、S30403 和 S31603。其中 S30403 和 S31603 是与 S30408 和 S31608 近似等同标准成分的低碳型钢种。国内外不锈钢牌号近似对照见表2-47。

表 2-46　各类不锈钢的性能特征汇总简表

特性		不锈钢品种				
		马氏体型	铁素体型	奥氏体型	双相型	沉淀硬化型
耐蚀性	不锈性	良	优	优	优	优
	耐全面腐蚀性	良中	优中	优良	优	良中
	耐点蚀、缝隙腐蚀性	中差	优中	优良	优良	中差
	耐应力腐蚀性	中差	优	差良	优	中差
耐热性	高温强度	优	中	优	中	良优[①]
	抗氧化、抗硫化性	中	优中	良差	良	良中
	热疲劳性	良	良	良	良	良
焊接性和冷加工性	焊接性	中差	良中	优	优	中
	冷成型性（深冲）	中差	优	优	中	中差
	冷成型性（深拉）	中差	良	优	中	中差
	易切削性	良	良	中良	良	中

（续）

特性		不锈钢品种				
		马氏体型	铁素体型	奥氏体型	双相型	沉淀硬化型
强度和塑、韧性	室温强度	优	良	良	优	优
	室温塑性、韧性	良差	良	优	优	良中
	低温塑性、韧性	良差	良差	优	良	中差良①
其他	磁性	有	有	无	有	有无①
	导热性	良	优	差	良	中差①
	线膨胀系数	小	小	大	中	中差①

①仅对奥氏体沉淀硬化型不锈钢。

注：凡有两种不同评定时，则随钢中化学成分的不同而有所不同。

表 2-47 国内外不锈钢牌号近似对照

GB/T 20878 中序号	统一数字代号	牌号	旧牌号	美国 ASTM A 240/A 204M	日本 JIS G 4304，JIS G 4305 等	欧洲 EN 10088—2
17	S30408	06Cr19Ni10	0Cr18Ni9	S30400，304	SUS304	X5CrNi18-10，1.4301
18	S30403	022Cr19Ni10	00Cr19Ni10	S30403，304L	SUS304L	X2CrNi18-0，1.4307
38	S31608	06Cr17Ni12Mo2	0Cr17Ni12Mo2	S31600，316	SUS316	X5CrMo17-12-2，1.4401
39	S31603	022Cr17Ni12Mo2	00CR17Ni14Mo2	S31603，316L	SUS316L	X2CrNiMo17-12-2，1.4404
71	S22053	022Cr23Ni5Mo3N	—	S32205，2205	—	—

结构用不锈钢应根据结构的重要性、荷载特征、结构形式、应力状态、钢材厚度、成型方法、工作环境、表面要求等因素综合选取不锈钢牌号及性能指标。可采用牌号为 06Cr19Ni10（S30408）、022Cr19Ni10（S30403）、06Cr17Ni12Mo2（S31608）、022Cr17Ni12Mo2（S31603）奥氏体型不锈钢和 022Cr23Ni5Mo3N（S22053）、022Cr22Ni5Mo3N（S22253）双相型（奥氏体-铁素体）不锈钢。当有可靠依据时，可采用其他牌号的不锈钢。

S30408 是最常用的奥氏体型不锈钢，其塑性、韧性和冷加工性能良好，在氧化性酸和大气、水介质中耐蚀性好，材料价格经济，但敏态和焊接后有晶间腐蚀倾向。S30403 比 S30408 的碳含量更低，耐晶间腐蚀性能更为优越，但固溶态的强度较低。S31608 与 S30408 比较，在海水和其他各种介质中的耐腐蚀性能更好，主要用在耐点蚀性能要求更高的情况。S31603 比 S31608 的碳含量更低，更适于需要焊接且耐晶间腐蚀性能要求高的情况。

S22053 是常用的奥氏体-铁素体双相型不锈钢，对含碳化氢、二氧化碳、氯化物的环境具有阻抗性，与奥氏体型不锈钢比较，有更好的耐应力腐蚀性能和更高的强度。

从经济方面比较，S304 系列不锈钢单价最低，S316 系列不锈钢单价较高，S2205 双相型不锈钢单价最高。

2.4.3 不锈钢的强度

《不锈钢棒》（GB/T 1220—2007）、《不锈钢冷轧钢板》（GB/T 3208—2009）都列出了各种牌号不锈钢化学成分和力学性能（包括屈服强度、抗拉强度、伸长率和收缩率等）。常用不锈钢的牌号、统一数字代号及化学成分（熔炼分析）应符合表 2-48 的规定。常用经热处理的不锈钢钢棒或试样不再进行热处理，其力学性能分别符合表 2-49 的规定。由表 2-49 所列的力学性能指标可以看出，不锈钢具有较高的强度和较好的塑性变形能力，可以用于点支式玻璃中的拉杆、拉索、支承结构和连接件。

表2-48　常用不锈钢的化学成分（GB/T 1220—2007）

种类	GB/T 20878中的序号	统一数字代号	新牌号	旧牌号	化学成分（质量分数）（%）										
					C	Si	Mn	P	S	Ni	Cr	Mo	Cu	N	其他元素
奥氏体型	17	S30408	06Cr19Ni10	0Cr18Ni9	0.08	1.00	2.00	0.045	0.03	8.00~11.00	—	—	—	—	—
	18	S30403	022Cr19Ni10	00Cr19Ni10	0.03	1.00	2.00	0.045	0.03	18.00~20.00	—	—	—	—	—
	23	S30458	06Cr19Ni9N	0Cr19Ni9N	0.08	1.00	2.00	0.045	0.03	8.00~11.00	18.00~20.00	—	—	0.10~0.16	—
	25	S30453	022Cr19Ni10N	00Cr18Ni10N	0.03	1.00	2.00	0.045	0.03	8.00~11.00	18.00~20.00	—	—	0.10~0.16	—
	38	S31608	06Cr17Ni12Mo2	0Cr17Ni12Mo2	0.08	1.00	2.00	0.045	0.03	10.00~14.00	16.00~18.00	2.00~3.00	—	—	—
	39	S31603	022Cr17Ni12Mo2	00Cr17Ni12Mo2	0.03	1.00	2.00	0.050	0.03	10.00~14.00	16.00~18.00	2.00~3.00	—	—	—
	43	S31658	06Cr17Ni12Mo2N	0Cr17Ni12Mo2N	0.08	1.00	2.00	0.045	0.03	10.00~13.00	16.00~18.00	2.00~3.00	—	0.10~0.16	—
	44	S31653	022Cr17Ni12Mo2N	00Cr17Ni13Mo2N	0.03	1.00	2.00	0.045	0.03	10.00~13.00	16.00~18.00	2.00~3.00	—	0.10~0.16	—
	49	S31708	06Cr19Ni13Mo3	0Cr119Ni13Mo3	0.08	1.00	2.00	0.045	0.03	11.00~15.00	18.00~20.00	3.00~4.00	—	—	—
双相型（奥氏体-铁素体型）	71	S22053	022Cr23Ni5Mo3N		0.03	1.00	2.00	0.03	0.02	4.50~6.50	22.00~23.00	3.00~3.50	—	0.14~0.20	—
	73	S22553	022Cr25Ni5Mo2N		0.03	1.00	2.00	0.035	0.03	5.50~6.50	24.00~26.00	1.20~2.50	—	0.10~0.20	—

注：1. 表中所列成分除成分表明范围或最小值外，其余均为最大值。
2. 本标准牌号与国外标准牌号对照参见 GB/T 20878。

表 2-49　常用经固溶处理的不锈钢钢棒或试样的力学性能①（GB/T 1220—2007）

种类	GB/T 20878 中的序号	统一数字代号	新牌号	旧牌号	规定非比例延伸强度 R_w②/(N/mm²)	抗拉强度 R_w/(N/mm²)	断后伸长率 A(%)	断后收缩率 Z③(%)	硬度② HBW	硬度② HRB	硬度② HV
						不小于	不小于	不小于	不大于	不大于	不大于
奥氏体型	17	S30408	06Cr19Ni10	0Cr18Ni9	205	520	40	60	187	90	200
	18	S30403	022Cr19Ni10	00Cr19Ni10	175	480	40	60	187	90	200
	23	S30458	06Cr19Ni9N	0Cr19Ni9N	275	550	35	50	217	95	220
	25	S30453	022Cr19Ni10N	00Cr18Ni10N	245	550	40	50	217	95	220
	38	S31608	06Cr17Ni12Mo2	0Cr17Ni12Mo2	205	520	40	60	187	90	200
	39	S31603	022Cr17Ni12Mo2	00Cr17Ni14Mo2	175	480	40	60	187	90	200
	43	S31658	06Cr17Ni12Mo2N	0Cr17Ni12Mo2N	275	550	35	50	217	95	220
	44	S31653	022Cr17Ni12Mo2N	00Cr17Ni13Mo2N	245	550	40	50	217	95	220
	49	S31708	06Cr19Ni13Mo3	0Cr119Ni13Mo3	205	520	40	60	187	90	200
双相型（奥氏体-铁素体型）	71	S22053	022Cr23Ni5Mo3N		450	655	25	—	290	—	—
	73	S22553	022Cr25Ni5Mo2N		450	620	20	—	260	—	—

①表中仅适用于直径、边长、厚度或对边距离小于或等于180mm 的钢棒，大于180mm 的钢棒可改锻成180mm 的样坯检验，或由供需双方协商，规定允许降低其力学性能的数值。

②规定非比例延伸强度和硬度，仅当需方要求时（合同中注明）才进行测定，且供方可根据钢棒的尺寸或状态任选一种方法测定硬度。

③扁钢不适用，但需方要求时，可由供需双方协商决定。

《玻璃幕墙工程技术规范》（JGJ 102）（2022 年送审稿）规定：不锈钢材料的抗压、抗拉强度设计值应按其屈服强度标准值除以系数 1.15 采用，其抗剪强度设计值应按其抗拉强度设计值的 0.58 倍采用。《金属与石材幕墙工程技术规范》（JGJ 133）（2022 年送审稿）规定的不锈钢强度设计值见表 2-50 和表 2-51。《不锈钢结构技术规范》（CECS 410：2015）规定了建筑结构中常用不锈钢材料的力学性能，见表 2-52。

表 2-50　不锈钢型材和棒材强度设计值 f_{s1}

[JGJ 133（2022 年送审稿）中表 5.2.5-1]　　　　　　（单位：N/mm²）

牌号		屈服强度标准值 $\sigma_{0.2}$	抗拉强度 f_{s1}^t	抗剪强度 f_{s1}^v	局部承压强度 f_{s1}^c
06Cr18Ni10	S30408	205	180	100	250
06Cr19Ni10N	S30458	275	240	140	315
022Cr19Ni10	S30408	175	155	90	220
022Cr18Ni10N	S30453	245	215	125	280
06Cr17Ni12Mo2	S31608	205	180	105	250
06Cr17Ni12Mo2N	S31658	275	240	140	315
022Cr17Ni14Mo2	S31603	175	155	90	220
022Cr17Ni13Mo2N	S31653	245	215	125	280

表 2-51　不锈钢板强度设计值 f_{s2}

[JGJ 133（2022 年送审稿）中表 5.2.5-2]　　　　　　（单位：N/mm²）

牌号		屈服强度标准值 $\sigma_{0.2}$	抗拉强度 f_{s2}^t	抗剪强度 f_{s2}^v	断面承压强度 f_{s2}^c
06Cr18Ni10	S30408	205	180	105	255
06Cr17Ni12Mo2	S31608	205	180	105	255
06Cr19Ni13Mo3	S31708	205	180	105	255

表 2-52　不锈钢材料的力学性能

（CECS 410：2015 中表 3.3.1）　　　　　　（单位：N/mm²）

种类	统一数字代号	牌号	不锈钢强度标准值		不锈钢强度设计值			纵向/横向应变强化系数 n
			名义屈服强度 $f_{0.2}$	极限抗拉强度 f_u	抗拉、抗压和抗弯强度 f	抗剪强度 f_v	断面承压强度 f_{ce}	
奥氏体型	S30408	06Cr19Ni10	205	515	175	100	450	6/8
	S30403	022Cr19Ni10	170	485	145	85	420	6/8
	S31608	06Cr17Ni12Mo2	205	515	175	100	450	7/9
	S31603	022Cr17Ni12Mo2	170	485	145	85	420	7/9
双相型	S22053	022Cr23Ni5Mo3N	450	620	385	220	540	5/5
	S22253	022Cr22Ni5Mo3N	450	620	385	220	540	5/5

2.5　钢绞线

2.5.1　材料的选用

钢绞线是指由一股或多股钢丝经捻制而成的螺旋状钢丝索。玻璃幕墙工程结构用钢绞线对柔性要求并不高。玻璃幕墙工程中使用的钢丝基本上是冷拉状态的钢丝，在冷拉过程中，可根据材料的不同及对钢丝抗拉强度取值的要求不同进行相应的热处理（图 2-23）。

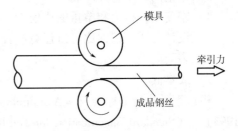

图 2-23　控制钢丝示意图

奥氏体不锈钢丝是索网支承点支式玻璃幕墙中索网结构大量广泛使用的材料。不锈钢丝的制作可根据原材料（热轧盘圆）原始尺寸及工程对钢丝抗拉强度 R_w 的取值来确定拉制过程中是否需要进行固溶处理，生产工艺流程为：热轧盘圆→固溶处理→碱浸→冲洗→酸洗→中和→涂层→拉丝→去涂层→检验包装。

《不锈钢丝》（GB/T 4240—2019）规定，奥氏体冷拉不锈钢丝抗拉强度应符合表 2-53 的规定。

表 2-53　奥氏体冷拉不锈钢丝的力学性能

GB/T 20878 中的序号	统一数字代号	牌号	公称直径/mm	抗拉强度 R_w/MPa
1	S35350	12Cr17Mn6Ni5N		
2	S35450	12Cr18Mn9Ni5N		
4	S30210	12Cr18Ni9	0.10~1.00	1200~1500
7	S30408	06Cr19Ni10	>1.00~3.00	1150~1450
9	S30409	07Cr19Ni10	>3.00~6.00	1100~1400
10	S30510	10Cr18Ni12	>6.00~12.0	950~1250
16	S31608	06Cr17Ni12Mo2		
20	S32168	06Cr18Ni11Ti		

铝包钢丝是由高碳钢丝外面包覆一层高纯度铝，再经拉拔和绞制而成（图 2-24），即在牵引力作用下，优质淬火钢丝通过一个热的挤压模腔中，同时高纯度 EC 级铝被高压挤入模中，在低于熔点的温度向模腔出口方向流动，紧紧地包裹住钢芯，在模腔中钢芯与铝产生高度摩擦，从而使铝与钢之间获得理想的结合，其工艺流程大致为：盘条→酸洗→磷化→拉拔→铝淬火→除锈→盘条→酸洗→磷化→拉拔。

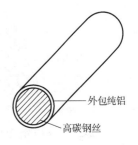

图 2-24　铝包钢绞线钢丝断面示意图

铝包钢绞线的优点：

1）抗拉强度高。铝包钢丝中间是优质的高碳钢丝，具有较高的强度。

2）耐腐蚀。铝包钢丝表面为高纯度铝，无电化腐蚀现象，铝表面的钝化膜提供了优良的耐腐蚀性。

3）铝钢间的结合强度高。

4）密度小，拉力和单重的比值大。

5）设计灵活，铝钢比可以任意组合。

6）表面美观。

7）成本低。

铝包钢丝执行的标准有《Aluminium-clad Steel Wires for Electrical Purposes》（IEC 61232：1993）、《Standard Specification for Hard-Drawn Aluminum-clad Steel Wire》（ASTM B415—2016）、《电工用铝包钢线》（GB/T 17937—2009）。其结构及规格为：铝包钢单丝 $\phi = 1.24 \sim 5.5mm$；铝包钢绞线：1×3、1×7、1×9、1×37。铝包钢绞线按其导电率大小分为 LB14、LB20、LB23、LB27、LB30、LB35 及 LB40 七个等级。

复合钢丝是应用金属真空镀膜工艺生产出复合钢丝材料，其生产原理为：将被镀材料（钢芯）作为阴极，钢芯材料仍可采用高碳钢丝以保证其强度；表面金属作为阳极材料，通过物理真空镀膜方法获得新的复合钢丝，其表面金属可以任意选用金属铝、铬或其他金属材料。其特点是既保持了碳素钢丝的高强度，又获得了理想的外观色彩与品质，缺点是由于其生产工艺的原因，价格较铝包钢丝和不锈钢丝要贵很多，从经济的角度考虑不太适宜大量采用。但如有特殊要求，即对强度要求非常高，外观又需要非常美观时，复合钢丝则是较为合适的选择。

2.5.2　钢绞线的绞制

1）绞制方向。同心绞合的每一层线的绞合方向应相反，外层捻向宜为右捻（图2-25），其原因是多层线都绞合成圆形。当绞线受到拉力时各层产生的转动力矩可相互抵消，以防止各层单线向同一方向转动而松脱。也能使绞线产生转动力矩的分力，避免绞线在未拉紧时即有打卷现象发生。

2）绞合节径比（捻距）。绞合节径比是指绞线中单线的捻距与该层的外径之比，可以以线材围绕索芯缠绕一周的长度来定量描述（图2-26）。

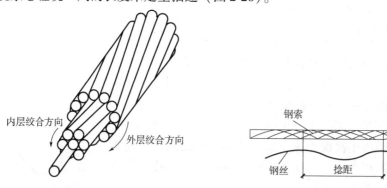

图 2-25　1×19 钢绞线每层绞合方向示意图　　　　图 2-26　钢索捻距示意图

缠绕长度越长的索（绞合节径比大），抗拉强度和弹性模量值越接近索的限值，反之亦然。但从美观的角度考虑正好相反，绞合节径比越小越漂亮，因此，一般绞合索的缠绕节径比为 8～13 倍，点支式玻璃幕墙用索绞合节径比一般选 9.5 倍左右。索尺寸越小，缠绕长度可以越大，从而弹性模量和抗拉强度就越大。对于大尺寸或多层线股索，为缠绕的紧密性和高质量必然缩短缠绕长度（绞合节径比），从而降低了弹性模量和抗拉强度。

3）钢绞线的结构和性能参数见表 2-54。

表 2-54　钢绞线的结构和性能参数

钢绞线公称直径/mm	结构参数	公称金属横截面面积/mm²	钢丝公称直径/mm	钢绞线最小破断拉力/kN		每米理论质量/g	交货长度/m
				1300MPa	1000MPa		
6.0	1×7	22.0	2.00	28.6	22.0	173	≥600
7.0		30.4	2.35	39.5	30.4	240	≥600
8.0		38.6	2.65	50.2	38.6	303	≥600
10.0		61.7	3.35	80.2	61.7	482	≥600
6.0	1×19	21.5	1.20	28.0	21.5	170	≥500
8.0		38.2	1.60	49.7	38.2	302	≥500
10.0		59.7	2.00	77.6	59.7	472	≥500
12.0		86.0	2.40	112	86.0	680	≥500
14.0		117	2.80	152	117	925	≥500
16.0		153	3.20	199	153	1210	≥500
18.0	1×37	196	2.60	255	196	1564	≥400
20.0		236	2.85	307	236	1879	≥400
22.0		288	3.15	374	288	2291	≥400
24.0		336	3.40	437	336	2673	≥400
22.0	1×61	286	2.44	372	286	2293	≥300
24.0		341	2.67	443	341	2734	≥300
26.0		403	2.90	524	403	3231	≥300
28.0		460	3.10	598	460	3688	≥300
30.0		538	3.35	699	538	4314	≥300
32.0		604	3.55	785	604	4843	≥300
34.0		692	3.80	900	692	5549	≥300
36.0		767	4.00	997	767	6150	≥300
30.0	1×91	531	2.73	691	531	4291	≥200
32.0		604	2.91	786	604	4881	≥200
34.0	1×91	683	3.09	887	683	5519	≥200
36.0		766	3.27	995	766	6190	≥300

2.5.3　索的应力-应变关系特性判定

承重索会呈现出非线性受力变形或拉伸变形，即使是相同的质量和直径的索，也要先将它们置于同一受力状态下，然后才可比较其长度。延伸率是对预应力索而言。

因此，索要进行预应力处理（预张拉），其长度要在预承重状态下测量。在钢索生产厂制作的时候，所需的几何参数与预承重均已考虑进去了。

1. 松弛新索

对于面积为 A、长度为 L 的松弛新索，在拉力 N 作用下伸长 ΔL，如果定义应力 $\sigma = N/A$，应变 $\varepsilon = \Delta L/L$，则应力-应变关系如图 2-27 所示。应力-应变关系分为三个特征阶段：第一特征段 AB，随着应力从 σ_0 到 σ_B 的增加中，应变从 $\varepsilon_A = 0$ 迅速增加到 ε_B，其中大部分是永久应变。第二特征段 BC 内，应力 σ-应变 ε 变化相对均匀，应力与应变近似为常数，永久应变 ε_p 变化不大。第三特征段 CD 是以永久应变的迅速增加为特征的，应力缓慢增加至索的破坏强度（与 D 点对应）。因此，索的弹性模量被定义为 BC 段曲线的切线模量的平均值。

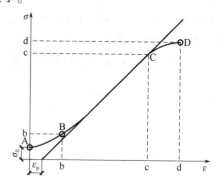

图 2-27　松弛新索应力-应变图

2. 索的反复加载效应——张紧索和部分张紧索

将松弛新索均匀张拉至选定的拉力 $N = N_1$ 后，再均匀卸载至 $N \rightarrow 0$，这时索的残余永久变形是 ε_{p1}。在以后 $2 \sim n$ 次加卸载后，每次残余永久变形为 ε_{p2}、…、ε_{pn}。随着加卸载次数的增加，σ-ε 曲线将趋于直线（图 2-28）。

索的残余永久变形 $\varepsilon_p = \sum \varepsilon_{pi}$。

如果一根索在反复加卸载若干次后已消除了大

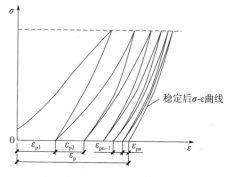

图 2-28　松弛新索反复张拉残余变形图

部分残余变形，再次加载并卸载后只有较小的残余变形（例如 $\varepsilon_p < 0.1 \mathrm{mm/m}$），这样的索称为张紧索。张紧索在一定的加载范围内可视为线弹性的，其弹性模量一般比松弛新索高 $20\% \sim 30\%$。实验表明，一般松弛新索经 10 次循环加卸载后就可消除大部分残余变形。

如果一根索在反复加卸载若干次后只能消除部分残余变形，这样的索称为部分张紧索。

当索被用于工程结构后，未消除的残余变形将会因材料蠕变效应慢慢得到消除，但这将使索产生松弛。

对于索在实际生产过程中的预张拉，其工艺大致有以下两种方法：

工艺 1：在索的最大破断力的 $40\% \sim 60\%$ 之间反复张拉 5 次，然后持续 10min（图 2-29a）。

工艺 2：在索的最大破断力的 $50\% \sim 55\%$，持续张拉 2h（图 2-29b）。

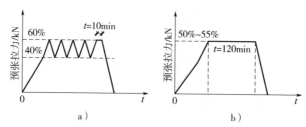

图 2-29　钢索预张拉曲线图

a）工艺 1　b）工艺 2

3. 索的蠕变

蠕变（creep）是指固体材料在保持应力不变的条件下，应变随时间延长而增加的现象。虽然对索的蠕变研究较长时间，但至今尚很难确定索的蠕变程度，如果线材是以正规规范的方法绞合并具有合适的绞合长度，而索是施加预应力的，考虑到钢丝同时处于冷拉状态，因此工程设计中可以忽略正常使用工作寿命内的蠕变效应。

4. 索的疲劳

索的疲劳寿命取决于索内的应力幅度值和工作条件。对绕轴卷动弯曲的索，其疲劳是由拉伸应力和弯曲应力组合作用引起的。而工程结构中的索，主要承受拉伸应力，只有脉动风效应会使索中产生幅度应力。目前对工程结构用索的疲劳研究极少，只有德国做过这方面的实验研究，研究表明：为了确保具有不少于 200 万次循环的疲劳寿命，索的工作应力不应超过 200 ~ 250MPa。在设计中应注意避免索受附加的变化弯曲应力。

5. 索的选型

应选择弹性模量较大的索型，同时还要考虑外形美观、不易单丝断裂的情况（图 2-30）。

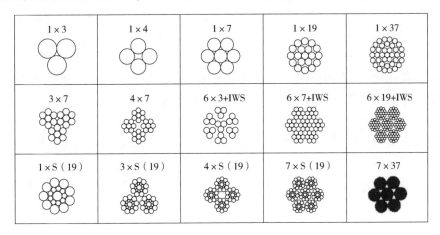

图 2-30　钢索断面简图

2.6　密封胶

密封胶的选择与使用，直接关系到建筑幕墙的结构性装配、建筑幕墙雨水渗漏及其他安全性问题。密封胶作为建筑幕墙的功能材料，对其有建筑密封、防水、隔声、节能、防腐蚀、防污染、防火、装饰、结构弹性连接、结构安全耐久等功能的要求。

铝合金玻璃幕墙用的密封胶有结构密封胶、建筑密封胶（耐候密封胶）、中空玻璃二道密封胶、防火密封胶等。

2.6.1　密封胶的定义、适用范围及选择

1. 密封胶的定义

硅酮建筑密封胶是指幕墙嵌缝用的硅酮密封材料，又称硅酮耐候胶。硅酮结构密封胶是指幕墙中用于板材与金属构架、板材与板材、板材与玻璃肋之间的结构用硅酮粘接材料，简称硅酮结构胶。

2. 密封胶的适用范围

（1）硅酮建筑密封胶的适用范围

1）各种幕墙耐候密封，尤其用于玻璃幕墙、铝塑板幕墙、石材干挂的耐候密封。

2）金属、玻璃、铝材、瓷砖、有机玻璃、镀膜玻璃间的接缝密封。

3）混凝土、水泥、砖石、岩石、大理石、钢材、木材、阳极处理铝材及涂漆铝材表面的接缝密封。

（2）硅酮结构密封胶的适用范围

1）玻璃幕墙的金属和玻璃间结构或非结构性粘合装配。

2）它能将玻璃直接和金属构件表面连接构成单一装配组件，满足全隐或半隐框的幕墙设计要求。

3）中空玻璃的结构性粘接密封。

3. 选择使用密封胶时的注意事项

建筑幕墙中所用结构胶和耐候胶的选择主要取决于所处的外界工作环境，这些外界工作环境主要包括阳光中的紫外线（UV）的辐射老化、氧气和臭氧的氧化、水的蒸汽的影响、环境温度变化的影响、风荷载、剪切力的作用、循环机械（压缩/拉伸）荷载、侵害性的大气污染（如酸雨、盐雾等）、微生物和大生物（真菌等）的影响。

由于密封胶在建筑幕墙中所起的作用非常重要，以及所处的外界工作环境的特殊性，决定了密封胶选择的重要性。在选择、使用结构胶和耐候胶时应注意下列事项：

1）结构胶和耐候胶不得互相代用，尤其不得将结构胶作为耐候胶使用。这是因为：

①耐候胶主要用于材料之间的密封填缝，而结构胶主要是起粘接作用，两者用的不是一个地方。

②耐候胶具有抗紫外线、酸雨、雪等极端的天气的特性。结构胶除了具有耐候胶的特性外，还具有比耐候胶更强的粘结性能，主要表现在抗撕裂强度、断裂延伸率、拉伸强度比较强。

③结构胶是用于各种幕墙的结构性和非结构性粘接装配的材料，而耐候胶则是幕墙嵌缝用的防水密封材料。结构胶的模量、硬度、强度及价格都要高于同档次的耐候胶，但耐候胶的位移能力要高于结构胶，所以两者不能混用。

2）结构胶和耐候胶都应在有效期内使用，不得使用过期的。

3）所使用的耐候胶和结构胶都必须符合相关质量技术指标和各种性能检测报告的要求，当用于幕墙工程时，还应对两种胶进行二次性能检测。

4）对于结构胶，除了各种性能检测外，还应做与接触材料的相容性试验。所谓相容性是指结构胶与这些材料接触时，只起粘结作用，不发生影响粘结性能的任何化学变化。

5）应根据使用的目的和部位、施工条件、批量大小等因素进行综合经济、技术比较后确定选用何种密封胶。

2.6.2 建筑密封胶

建筑密封胶也称耐候胶，主要有硅酮密封胶、丙烯酸酯密封胶、聚氨酯密封胶和聚硫密封胶。聚硫密封胶与硅酮密封胶相容性能差，不宜配合使用。

耐候胶要具备四个基本特性，即良好的粘结性、一定的模量、适当的位移能力、耐久性及对建筑物外观的保护。耐候胶与基材有良好的粘结性是防止建筑物漏水的重要措施。耐候胶良好的伸缩性能意味着较低的模量和良好的位移能力。较低的模量表明密封胶在拉伸时会对接口产生较小的应力，这对密封胶的持久粘结性有利；良好的位移能力表明密封胶不易因为板片接口位移过大而开裂。

1. 硅酮和改性硅酮建筑密封胶的性能

（1）硅酮建筑密封胶（SR）　硅酮建筑密封胶是以聚硅氧烷为主要成分，室温固化的单组分（Ⅰ）和多组分（Ⅱ）密封胶。硅酮建筑密封胶按固化体系分为酸性和中性，按用途分为三类：F 类——建筑接缝胶；Gn 类——普通装饰装修玻璃用，不适用于中空玻璃；Gw——建筑幕墙非结构性装配用，不适用于中空玻璃。

硅酮建筑密封胶（SR）的技术要求应符合《硅酮和改性硅酮建筑密封胶》（GB/T 14683—2017）的规定，其理化性能应符合表 2-55 的规定。

表 2-55　硅酮建筑密封胶（SR）的理化性能

序号	项目		技术指标							
			50LM	50HM	35LM	35HM	25LM	25HM	20LM	20HM
1	密度/(g/cm³)		规定值 ±0.1							
2	下垂度/mm		≤3							
3	表干时间[①]/h		≤3							
4	挤出性/(mL/min)		≥150							
5	适用期[②]		供需双方商定							
6	弹性恢复率（%）		≥80							
7	拉伸模量/MPa	23℃	≤0.4 和 ≤0.6	>0.4 或 >0.6	≤0.4 和 ≤0.6	>0.4 或 >0.6	≤0.4 和 ≤0.6	>0.4 或 >0.6	≤0.4 和 ≤0.6	>0.4 或 >0.6
		−20℃								
8	定伸粘结性		无破坏							
9	浸水后定伸粘结性		无破坏							
10	冷拉-热压后粘结性		无破坏							
11	紫外线辐射后粘结性[③]		无破坏							
12	浸水光照后粘结性[④]		无破坏							
13	质量损失率（%）		≤8							
14	烷烃增塑剂[④]		不得检出							

①允许采用供需双方商定的其他指标值。

②仅适用于多组分产品。

③仅适用于 Gn 类产品。

④仅适用于 Gw 类产品。

（2）改性硅酮建筑密封胶（MS）　改性硅酮建筑密封胶是以端硅烷基聚醚为主要成分，室温固化的单组分（Ⅰ）和多组分（Ⅱ）密封胶。改性硅酮建筑密封胶按用途分为两类：F 类——建筑接缝胶；R 类——干缩位移接缝胶，常见于装配式预制混凝土外挂墙板接缝。

改性硅酮建筑密封胶按《建筑密封胶分级和要求》（GB/T 22083—2008）中的规定对位移能力进行分级，见表2-56。

表2-56 密封胶级别

级别	试验拉压幅度（%）	位移能力（%）
50	±50	50.0
35	±35	35.0
25	±25	25.0
20	±20	20.0

改性硅酮建筑密封胶（MS）的技术要求应符合《硅酮和改性硅酮建筑密封胶》（GB/T 14683—2017）的规定，其理化性能应符合表2-57的规定。

表2-57 改性硅酮建筑密封胶（MS）的理化性能

序号	项目		技术指标				
			25LM	25HM	20LM	20HM	20LM-R
1	密度/(g/cm³)		规定值±0.1				
2	下垂度/mm		≤3				
3	表干时间⊖/h		≤24				
4	挤出性①/(mL/min)		≥150				
5	适用期②/min		≥30				
6	弹性恢复率（%）		≥70	≥70	≥60	≥60	—
7	定伸永久变形（%）		—	—	—	—	>50
8	拉伸模量/MPa	23℃	≤0.4和≤0.6	>0.4或>0.6	≤0.4和≤0.6	>0.4或>0.6	≤0.4和≤0.6
		-20℃					
9	定伸粘结性		无破坏				
10	浸水后定伸粘结性		无破坏				
11	冷拉-热压后粘结性		无破坏				
13	质量损失率（%）		≤5				

①仅适用于单组分产品。
②仅适用于多组分产品；允许采用供需双方商定的其他指标。

2. 幕墙玻璃接缝用密封胶

幕墙玻璃接缝用密封胶技术要求应符合《幕墙玻璃接缝用密封胶》（JC/T 882—2001）的规定。密封胶分单组分（Ⅰ）和多组分（Ⅱ）两个品种；密封胶按位移能力分为25、20两个级别（见表2-58）；密封胶按拉伸模量分为低模量（LM）和高模量（HM）两个级别。25、20级密封胶为弹性密封胶。

幕墙玻璃接缝用密封胶的物理力学性能应符合表2-59的规定。

⊖ 指密封胶挤出后表面固化的最短时间。

表 2-58　密封胶级别

级别	试验拉压幅度（%）	位移能力（%）
25	±25	25.0
20	±20	20.0

表 2-59　物理力学性能

序号	项目		技术指标			
			25LM	25HM	20LM	20HM
1	下垂度/mm	垂直	≤3			
		水平	无变形			
2	挤出性/(mL/min)		≥80			
3	表干时间/h		≤3			
4	弹性恢复率（%）		≥80			
5	适用期①/min		≥30			
6	拉伸模量/MPa	标准条件	≤0.4 和 ≤0.6	>0.4 或 >0.6	≤0.4 和 ≤0.6	>0.4 或 >0.6
		−20℃				
7	定伸粘结性		无破坏			
8	浸水后定伸粘结性		无破坏			
9	冷拉-热压后粘结性		无破坏			
10	质量损失率（%）		≤10			

①密封胶的适用期指标由供需双方商定。

3. 金属板用建筑密封胶

密封胶按基础聚合物种类分为硅酮（SR）、改性硅酮（MS）、聚氨酯（PU）、聚硫（PS）等，按组分分为单组分（Ⅰ）和双组分（Ⅱ）。

密封胶按位移能力分为 12.5、20、25 三个级别（表 2-60），按《建筑密封胶分级和要求》（GB/T 22083—2008）分为低模量（LM）、高模量（HM）、弹性密封胶（E）三个次级别。

金属板用建筑密封胶的技术要求应符合《金属板用建筑密封胶》（JC/T 884—2016）的要求。

金属板用建筑密封胶的物理力学性能应符合表 2-61 的规定。密封胶与工程用金属板基材剥离粘结性应符合表 2-62 的规定。

表 2-60　密封胶级别

级别	试验拉压幅度（%）	位移能力（%）
12.5	±12.5	12.5
20	±20	20.0
25	±25	25.0

表 2-61　物理力学性能

序号	项目		技术指标				
			25LM	25HM	20LM	20HM	12.5E
1	下垂度/mm	垂直	≤3				
		水平	无变形				
2	表干时间/h		≤3				
3	挤出性/(mL/min)		≥80				
4	弹性恢复率（%）		≥70		≥60		≥40
6	拉伸模量/MPa	23℃	≤0.4 和 ≤0.6	>0.4 或 >0.6	≤0.4 和 ≤0.6	>0.4 或 >0.6	—
		−20℃					—
7	定伸粘结性		无破坏				
8	冷拉-热压后粘结性		无破坏				
9	浸水后定伸粘结性		无破坏				
10	质量损失率（%）		≤7.0				

表 2-62　密封胶与工程金属板基材剥离粘结性

序号	项目		技术指标
1	剥离粘结性	剥离强度/(N/mm)	≥1.0
		粘结破坏面积（%）	≤25

4. 石材用建筑密封胶

石材用建筑密封胶技术要求应符合《石材用建筑密封胶》（GB/T 23261—2009）的规定。

密封胶按聚合物分为硅酮（SR）、改性硅酮（MS）、聚氨酯（PU）等。密封胶按组分分为单组分型（1）和双组分型（2）。

密封胶按位移能力分为12.5、20、25、50级别，见表2-63。20、25、50级密封胶按拉伸模量分为低模量（LM）和高模量（HM）两个次级别。12.5级密封胶按弹性恢复率不小于40%为弹性体（E），50、25、20、12.5E密封胶为弹性密封胶。

密封胶的物理力学性能应符合表2-64的规定。

表 2-63　密封胶级别（GB/T 23261—2009）

级别	试验拉压幅度（%）	位移能力（%）
12.5	±12.5	12.5
20	±20	20.0
25	±25	25.0
50	±50	50.0

表 2-64　物理力学性能（GB/T 23261—2009）

序号	项目		技术指标						
			50LM	50HM	25LM	25HM	20LM	20HM	12.5E
1	下垂度/mm	垂直≤	3						
		水平	无变形						

（续）

序号	项目		技术指标						
			50LM	50HM	25LM	25HM	20LM	20HM	12.5E
2	表干时间/h≤		3						
3	挤出性/（mL/min）≥		80						
4	弹性恢复率（%）≥		80						40
5	拉伸模量/MPa	+23℃	≤0.4 和 ≤0.6	>0.4 或 >0.6	≤0.4 和 ≤0.6	>0.4 或 >0.6	≤0.4 和 ≤0.6	>0.4 或 >0.6	—
		−20℃							
6	定伸粘结性		无破坏						
7	冷拉热压后粘结性		无破坏						
8	浸水后定伸粘结性		无破坏						
9	质量损失（%）≤		5.0						
10	污染性/mm	污染深度≤	2.0						
		污染宽度≤	2.0						

注：双组分密封胶的适用期由供需双方商定。

2.6.3 硅酮结构密封胶

结构玻璃装配使用的结构密封胶只能是硅酮密封胶。铝合金隐框玻璃幕墙是采用结构密封胶胶缝固定玻璃并使其与铝框有可靠连接，同时也把玻璃幕墙密封起来。通过硅酮结构胶将玻璃面板固定在铝合金框架上，并将玻璃面板承受的荷载和间接作用（包括热应力、风荷载、气候变化、地震作用等），通过胶缝传递到铝合金框架上。

1. 硅酮结构密封胶的性能

硅酮结构密封胶主要原料——硅油（用河沙经过多道工序加工后得到的），硅酮结构密封胶的主要成分是二氧化硅，其分子式为：

$$\begin{array}{ccc} (CH_3)_2 & (CH_3)_2 & (CH_3)_2 \\ | & | & | \\ HO\!-\!Si\!-\!O\!-\!(Si\!-\!O)_x\!-\!Si\!-\!\!-OH \end{array}$$

由于紫外线（UV）不能破坏硅氧键，所以硅酮密封胶具有良好的抗紫外线性能，因此它是非常稳定的化学物质。

《建筑用硅酮结构密封胶》（GB 16776—2005）对硅酮结构密封胶的技术要求做了规定。产品物理力学性能应符合表 2-65 的要求。

表 2-65 产品物理力学性能

序号	项目		技术指标
1	下垂度	垂直放置/mm	≤3
		水平放置	不变形
2	挤出性[①]/s		≤10
3	试用期[②]/min		≥20
4	表干时间/h		≤3

（续）

序号	项目			技术指标
5	硬度/Shore A			20～60
6	拉伸粘结性	拉伸粘结强度/MPa	23℃	≥0.6
			90℃	≥0.45
			−30℃	≥0.45
			浸水后	≥0.45
			水—紫外线光照后	≥0.45
		粘结破坏面积（%）		≤5
		23℃时最大拉伸强度时伸长率（%）		≥100
7	热老化	热失重（%）		≤10
		龟裂		无
		粉化		无

①仅适用于单组分产品。

②仅适用于双组分产品。

结构胶必备的四个性能指标，即良好的粘结性、足够的强度、适当的位移能力、长期持久的性能。结构胶的强度和位移能力是相互制约的，位移能力随强度的增加会下降，反之亦然，所以同时满足这两个指标需要特殊配方的结构胶。

下垂度、挤出性、适用期、表干时间等指标主要是反映硅酮结构密封胶的施工性能。硬度、热老化、拉伸粘结性等指标主要是反映硅酮结构密封胶固化后的物理性能。

下垂度：反映密封材料在一定温度下的流动程度。下垂度越小胶越不容易流淌，数值越低，表示胶体的抗变形抗流挂性越好。

挤出性：反映密封材料挤出的性能，以单位时间内挤出的密封材料体积（容量）表示。单组分胶挤出性越小越容易挤出，数值低表示胶体容易挤出和施工。

适用期：双组分密封胶能保持施工操作性（刮平或挤出）的最长时间。即双组分密封材料混合之后，在规定条件下一次全部挤出所需的时间。双组分胶的适用期越长越便于施工操作。数值合适为好，过小的话，操作时间短而紧张；过大的话，固化时间延长，影响工期和工作效率。

表干时间：密封胶挤出后表面固化的最短时间，即密封材料表面失去黏性的时间。记录胶体打出后至胶体不粘附在手指上所经历的时间。表干时间太短，不利于胶缝表面的修整，表干时间太长则有可能固化不正常。一般来说，数值低比较好，表示胶体可以快速固化成形，但当需要对胶体表面进行修整时，表干过快会带来不利。

硬度：弹性密封材料抵抗外力压入的能力。主要是反映密封胶固化后的弹性性能（Shore A 表示），数值合适为好。

拉伸粘结性：反映密封材料在给定基材上的拉伸粘结性能。以计算拉伸粘结强度（MPa）和断裂伸长率（%）、粘结破坏面积的百分率（%）判定密封材料的拉伸性能，是胶体综合性能的一个重要指标。可对胶体的抗拉强度、粘结强度给出明确的检测结果，为幕墙工程的设计提供定量依据。

热老化：密封材料在规定条件下、规定时间内受热后表面产生的变化。无龟裂粉化现象及程度越轻越好。热老化一项中热失重越小，胶长期使用后的性能变化就越小。

2. 硅酮结构胶的工作原理

相容性是指在两种或多种物质混合时具有相互亲和的能力。即密封胶与其他材料的接触面互相不产生不良的物理、化学反应的性能。硅酮结构胶与结构装配系统附件的相容性应符合《建筑用硅酮结构密封胶》（GB 16776—2005）附录 A 规定，硅酮结构胶与实际工程用基材的粘结性应符合《建筑用硅酮结构密封胶》（GB 16776—2005）附录 B 规定。

（1）胶接原理　结构胶接是指能传递较大静、动荷载，并在使用环境中长期可靠工作的结构件的胶接技术。在胶接面上，结构胶主要是依靠表面的粘附作用力将两个被粘结物粘接在一起的。粘结作用力包括：

1）胶粘剂对被粘物表面的润湿。润湿（湿润或浸润）是指在界面分子力的作用下，液体在固体上均匀铺展的现象。胶粘剂对被粘物表面的润湿，并取代表面上可能存在的吸附物，仍是产生各种粘附力的前提。如果润湿不充分、不完全就可能造成粘附强度低，甚至缺胶，从而导致胶接强度和耐久性下降。

2）机械嵌合作用。氧化膜表面凸出的"须状结构"可增强胶粘剂对基体的机械嵌合作用。"须状结构"是由各微孔间材料多余的部位在溶解过程中残留下来而形成的。铝合金磷酸阳极氧化膜的表面形状如图 2-31 所示。

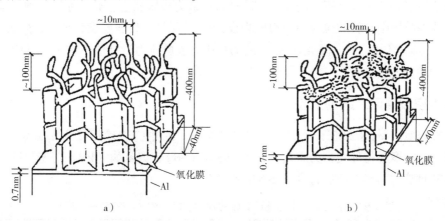

图 2-31　铝合金磷酸阳极氧化膜的表面形状

a）新鲜表面　b）手接触过的表面

磷酸阳极氧化膜的这种结构对胶结而言是非常有利的，这不仅因为多孔结构具有很大的实际表面积，很高的表面活性，而且由于孔径大，胶粘剂或底胶中的分子易渗入微孔中，并且与须状物一起组成复合相，这种机械嵌合作用大大加强了其粘附力。

对于铝合金胶接而言，机械嵌合力对粘附强度，特别是它的耐久性能具有重要作用。

3）主价键作用。主价键具有比次键高得多的键能，铝合金胶接中，胶粘剂与金属氧化膜之间的主价键作用可以包括形成离子对、形成共价键或某种络合物、通过偶联剂与金属氧化膜及胶粘剂之间都形成共价键，见表 2-66。

表 2-66　各种物理及化学键的键能表

键的类型	键的种类		键能（kJ/mol）
主价键（化学键）	离子键		590～1090
	共价键		63～710
	金属键		113～347
次价键	氢键	含氟氢键	≤40
		不含氟氢键	10～25
	范德华力	偶极力	4～20
		诱导力	<2
		色散力	0.05～0.5

（2）固化原理　单组分结构密封胶靠吸收空气中水分而固化，它要求周围环境温度不低于23℃，相对湿度不少于70%，否则会影响固化速度，甚至不能完全固化，影响胶缝的强度。

双组分结构密封胶包装形态为基胶和固化剂分别装在两个容器内，在施工前要用调胶机按一定比例混合拌匀，由基胶和固化剂接触而固化。所以在搅拌时要用蝶式检查法检查拌匀程度。双组分结构密封胶的基胶和固化剂混合比不同，其固化时间也随之变化。

3. 硅酮结构胶的强度设计值

硅酮结构密封胶应根据不同的受力情况进行承载力极限状态验算。在风荷载、水平地震作用下，硅酮结构密封胶的拉应力或剪应力设计值不应大于其强度设计值 f_1，f_1 应取 $0.2N/mm^2$；在永久荷载作用下，硅酮结构密封胶的拉应力或剪应力设计值不应大于其强度设计值 f_2，f_2 应取 $0.01N/mm^2$。

2.6.4　中空玻璃用二道密封胶

《中空玻璃用弹性密封胶》（GB/T 29755—2013）对中空玻璃用二道密封胶做了规定。产品按密封胶的聚合物种类分为聚硫（PS）、硅酮（SR）、聚氨酯（PU）等密封胶。中空玻璃用弹性密封胶的物理性能应符合表 2-67 的规定。

表 2-67　中空玻璃用弹性密封胶的物理性能（GB/T 29755—2013）

序号	项目		技术指标
1	密度/(g/cm³)	A 组分	规定值±0.1
		B 组分	规定值±0.1
2	下垂度	垂直/mm　≤	3
		水平	不变形
3	表干时间/h　≤		2
4	适用期[①]/min　≥		20
5	硬度/ShoreA		30～60
6	弹性恢复力（%）　≥		80

（续）

序号	项目		技术指标
7	拉伸粘结性	拉伸粘结强度/MPa　≥	0.60
		最大拉伸强度时伸长率（%）　≥	50
		粘结破坏面积（%）　≤	10
8	定伸粘结性		无破坏
9	水—紫外线处理后拉伸粘结性	拉伸粘结强度/MPa　≥	0.45
		最大拉伸强度时伸长率（%）　≥	40
		粘结破坏面积（%）　≤	30
10	热空气老化后拉伸粘结性	拉伸粘结强度/MPa　≥	0.60
		最大拉伸强度时伸长率（%）　≥	40
		粘结破坏面积（%）　≤	30
11	热失重（%）　≤		6.0
12	水蒸气渗透率/[g/(m² · d)]　≤		报告值

①适用期也可由供需双方商定。

注：中空玻璃用二道密封胶使用时应关注与相接触材料的相容性或粘结性，相接触材料包括一道密封胶、中空玻璃单元接触密封胶、间隔条、密闭垫块等，试验参考 GB 16776—2005 和 GB 24266—2009 相应规定。

2.6.5　防火密封胶

防火密封胶是指具有防火密封功能的液态防火材料，用于穿楼层管道与楼板孔的缝隙及幕墙防火层与楼板接缝处密封。防火密封胶的技术性能应符合《防火封堵材料》（GB 2386—2009）的规定。缝隙封堵材料和防火密封胶的理化性能应符合表 2-68 的规定。

表 2-68　缝隙封堵材料和防火密封胶的理化性能

序号	检验项目	技术指标		缺陷分级
		缝隙封堵材料	防火密封胶	
1	外观	柔性或半硬质固体材料	液体或膏状材料	C
2	表干密度/(kg/m³)	≤1.6×10³	≤2.0×10³	C
3	腐蚀性/d	—	≥7，不应出现锈蚀、腐蚀现象	B
4	耐水性/d			B
5	耐碱性/d	≥3，不溶胀、不开裂		B
6	耐酸性/d			C
7	耐湿热性/h	≥360，不开裂、不粉化		B
8	耐冻融循环/次	≥15，不开裂、不粉化		B
9	膨胀性能（%）	≥300		B

注：膨胀性能指标玻璃幕墙用弹性防火密封胶除外。

第3章

建筑幕墙物理性能

《建筑幕墙、门窗通用技术条件》（GB/T 31433—2015）要求（透光）幕墙具有安全性（抗风压性能、平面内变形性能、耐撞击性能）、节能性（气密性能、保温性能、遮阳性能）、适用性（水密性能、空气声隔声性能、采光性能）和耐久性（反复启闭性能）等物理性能，见表3-1。

表 3-1　幕墙、门窗性能分类及选用（GB/T 31433—2015）

分类	性能级代号	门		窗		幕墙		
		外门	内门	外窗	内窗	透光	不透光	
							密闭式	开缝式
安全性	抗风压性能（p_3）	◎	—	◎	—	◎	◎	◎
	平面内变形性能	◎	◎	—	—	◎	◎	◎
	耐撞击性能	◎	◎	○	—	◎	◎	◎
	抗风携碎物冲击性能	○	—	○	—	○	○	○
	抗爆炸冲击波性能	○	—	○	—	○	○	○
	耐火完整性	○	○	○	○	—	—	—
节能性	气密性能（q_1，q_2）	◎	◎	◎	◎	◎	◎	—
	保温性能（K）	◎	○	◎	◎	◎	◎	—
	遮阳性能（SC）	○	—	◎	○	◎	—	—
适用性	启闭力（F）	◎	◎	◎	◎	◎	—	—
	水密性能（Δp）	◎	—	◎	—	◎	◎	○
	空气声隔声性能（$R_w + C_{tr}$；$R_w + C$）	◎	○	◎	○	◎	○	—
	采光性能（T_r）	○	—	◎	○	◎	—	—
	防沙尘性能	○	—	○	—	○	—	—
	耐垂直荷载性能	○	○	—	—	—	—	—
	抗静扭曲性能	○	○	—	—	—	—	—
	抗扭曲变形性能	○	○	—	—	—	—	—
	抗对角线变形性能	○	○	—	—	—	—	—
	抗大力关闭性能	○	○	—	—	—	—	—
	开启限位	—	—	○	—	○	—	—
	撑挡试验	—	—	○	—	○	—	—

（续）

分类	性能级代号	门		窗		幕墙		
						透光	不透光	
		外门	内门	外窗	内窗		密闭式	开缝式
耐久性	反复启闭性能	◎	◎	◎	◎	◎	—	—
	热循环性能	—	—	—	—	○	○	—

注：1. "◎" 为必需性能；"○" 为选择性能；"—" 为不要求。

2. 平面内变形性能适用于抗震设防设计烈度 6 度及以上的地区。

3. 启闭力性能不适用于自动门。

3.1 建筑幕墙气密性能

3.1.1 建筑幕墙气密性能分级

幕墙气密性能是指可开启部分处于关闭状态，试件（包括可开启部分以及幕墙整体）阻止空气渗透的能力。影响幕墙气密性检测的气候因素主要是检测室气压和温度。

在《建筑幕墙气密、水密、抗风压性能检测方法》GB/T 15227—2019 中，采用 q_A [10Pa 作用压力差下幕墙整体单位面积空气渗透量，$m^3/(m^2 \cdot h)$]，q_L [10Pa 作用压力下可开启部分单位缝长空气渗透量值，$m^3/(m \cdot h)$] 作为分级指标。因此，幕墙的气密性要求，以 10Pa 压力差下可开启部分的单位缝长空气渗透量和整体幕墙试件（含可开启部分）单位面积空气渗透量作为分级指标。

建筑幕墙气密性能设计指标一般规定见表 3-2。可开启部分气密性分级指标 q_L 应符合表 3-3 的要求。幕墙整体（含开启部分）气密性分级指标 q_A 应符合表 3-4 的要求。开放式建筑幕墙的气密性不做要求。

表 3-2 建筑幕墙气密性能设计指标一般规定（GB/T 21086—2007）

地区分类	建筑层数、高度	气密性能分级	气密性能指标小于	
			开启部分 q_L /[$m^3/(m \cdot h)$]	幕墙整体 q_A /[$m^3/(m^2 \cdot h)$]
夏热冬暖地区	10 层以下	2	2.5	2.0
	10 层及以上	3	1.5	1.2
其他地区	7 层以下	2	2.5	2.0
	7 层及以上	3	1.5	1.2

表 3-3 建筑幕墙可开启部分气密性能分级指标（GB/T 21086—2007）

分级代号	1	2	3	4
分级指标值 q_L/[$m^3/(m \cdot h)$]	$4.0 \geqslant q_L > 2.5$	$2.5 \geqslant q_L > 1.5$	$1.5 \geqslant q_L > 0.5$	$q_L \leqslant 0.5$

表 3-4 建筑幕墙整体气密性能分级指标（GB/T 21086—2007）

分级代号	1	2	3	4
分级指标值 q_A/[$m^3/(m^2 \cdot h)$]	$4.0 \geqslant q_A > 2.0$	$2.0 \geqslant q_A > 1.2$	$1.2 \geqslant q_A > 0.5$	$q_A \leqslant 0.5$

《玻璃幕墙工程技术规范》（JGJ 102）（2022 年送审稿）第4.2.3条规定，开启部分完全闭合的玻璃幕墙整体气密性能不应低于现行国家标准《建筑幕墙》（GB/T 21086—2007）中的2级（表3-4），其分级指标值不应大于2.0m³/(m²·h)。

在《建筑幕墙、门窗通用技术条件》（GB/T 31433—2015）中，建筑幕墙的气密性能分级和指标值以可开启部分单位缝长空气渗透量q_L和幕墙整体单位面积空气渗透量q_A为分级指标，幕墙气密性能分级应符合表3-5的规定。

表3-5　幕墙气密性能分级（GB/T 31433—2015）

分级代号		1	2	3	4
分级指标值 $q_L/[\text{m}^3/(\text{m}\cdot\text{h})]$	可开启部分	$4.0 \geqslant q_L > 2.5$	$2.5 \geqslant q_L > 1.5$	$1.5 \geqslant q_L > 0.5$	$q_L \leqslant 0.5$
分级指标值 $q_A/[\text{m}^3/(\text{m}^2\cdot\text{h})]$	整体	$4.0 \geqslant q_A > 2.0$	$2.0 \geqslant q_A > 1.2$	$1.2 \geqslant q_A > 0.5$	$q_A \leqslant 0.5$

注：第4级应在分级后注明具体分级指标。

3.1.2　建筑幕墙气密性能检测

1. 预备加压

在正压预备加压前，将试件上所有可开启部分启闭5次，最后关紧。在正、负压检测前分别施加三个压力脉冲。压力差绝对值为500Pa，加载速度约为100Pa/s。压力稳定作用时间为3s，泄压时间不少于1s。

2. 渗透量的检测

（1）附加空气渗透量q_f的测定　充分密封试件上的可开启缝隙和镶嵌缝隙或将箱体开口部分密封。定级检测时，按照图3-1规定的加压顺序进行加压，工程检测时，按照图3-2规定进行加压。每级压力作用时间不应小于10s，先逐级加正压，后逐级加负压。记录各级的空气渗透量检测值。

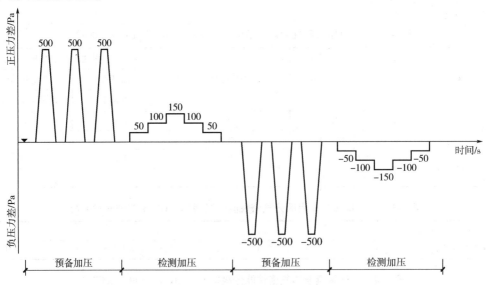

图3-1　定级检测加压顺序示意图

图中符号"▾"表示将试件的可开启部分启闭不少于5次。

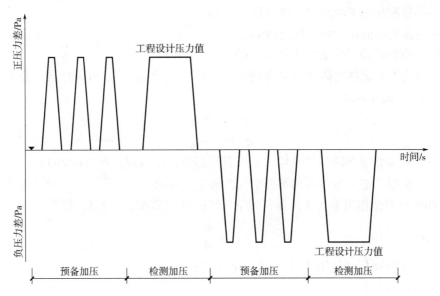

图 3-2 工程检测气密性能加压顺序示意图

图中符号"▾"表示将试件的可开启部分启闭不少于 5 次。

压力箱开口为固定尺寸时,附加空气渗透量不宜高于试件空气渗透量的 50%;压力箱开口为非固定尺寸时,附加空气渗透量不宜高于试件空气渗透量,否则可采用彩色烟雾或示踪气体检查渗漏部位,并在密封处理后重新进行检测。

(2) 附加空气渗透量与固定部分空气渗透量之和 q_{fg} 的测定 将试件上的可开启部分的开启缝隙密封后进行检测。检测程序同附加空气渗透量 q_{f} 的测定。

(3) 总空气渗透量 q_{z} 的测定 去除试件上所加的密封措施后进行检测。检测程序同附加空气渗透量 q_{f} 的测定。

注意:允许对 q_{fg}、q_{z} 检测顺序进行调整。

在正压、负压条件下,试件单位面积(含可开启部分)q'_{A} 和单位开启缝长的空气渗透量 q'_{L} 均应满足工程设计要求,否则应判定为不满足工程设计要求。

3.1.3 建筑幕墙气密性能指标计算

分别计算正压检测升压和降压过程中在 100Pa 压力差下的两次附加空气渗透量检测值的平均值 $\overline{q_{\mathrm{f}}}$、两次附加空气渗透量与固定部分空气渗透量之和的平均值 $\overline{q_{\mathrm{fg}}}$、两次总空气渗透量检测值的平均值 $\overline{q_{\mathrm{z}}}$,并按下式转换成标准状态:

$$q'_{\mathrm{f}} = \frac{293}{101.3} \times \frac{\overline{q_{\mathrm{f}}}p}{T} \tag{3-1a}$$

$$q'_{\mathrm{fg}} = \frac{293}{101.3} \times \frac{\overline{q_{\mathrm{fg}}}p}{T} \tag{3-1b}$$

$$q'_{\mathrm{z}} = \frac{293}{101.3} \times \frac{\overline{q_{\mathrm{z}}}p}{T} \tag{3-1c}$$

式中 q'_{f}——标准状态下的附加空气渗透量(m^3/h);

q'_{fg}——标准状态下的附加空气渗透量与固定部分空气渗透量之和(m^3/h);

q'_z——标准状态下的总空气渗透量（m^3/h）；

p——检测时的试验室气压（kPa）；

T——检测时的试验室空气温度（K）。

100Pa 压力差下试件整体（含可开启部分）的空气渗透量 q_S 和可开启部分空气渗透量 q_k 按式（3-2）、式（3-3）计算：

$$q_S = q'_z - q'_f \tag{3-2}$$

$$q_k = q'_z - q'_{fg} \tag{3-3}$$

式中　q_S——标准状态下的试件整体（含可开启部分）空气渗透量（m^3/h）；

q_k——标准状态下的可开启部分空气渗透量（m^3/h）。

在 100Pa 压力差作用下，单位面积的空气渗透量 q'_A 值按式（3-4）计算：

$$q'_A = \frac{q_S}{A} \tag{3-4}$$

式中　q'_A——单位面积空气渗透量 [$m^3/(m^2 \cdot h)$]；

A——试件面积（m^2）。

在 100Pa 压力差作用下，可开启部分单位开启缝长的空气渗透量 q_L' 值按式（3-5）计算：

$$q'_L = \frac{q_k}{L} \tag{3-5}$$

式中　q'_L——单位开启缝长空气渗透量 [$m^3/(m \cdot h)$]；

L——开启缝长（m）。

负压检测时的结果，也采用同样的方法，分别按式（3-1）~ 式（3-5）进行计算。

采用由 100Pa 检测压力差下的计算值 ±q'_A 值或 ±q'_L 值，分别按式（3-6）、式（3-7）换算为 10Pa 压力差下的相应值 ±q_A 值或 ±q_L 值。以试件的 ±q_A 和 ±q_L 值确定按面积和按缝长各自所属的级别，取最不利的级别定级。

$$\pm q_A = \frac{\pm q'_A}{4.65} \tag{3-6}$$

$$\pm q_L = \frac{\pm q'_L}{4.65} \tag{3-7}$$

式中　q'_A——100Pa 压力差作用下，单位面积空气渗透量 [$m^3/(m^2 \cdot h)$]；

q_A——10Pa 压力差作用下，单位面积空气渗透量 [$m^3/(m^2 \cdot h)$]；

q'_L——100Pa 压力差作用下，单位开启缝长空气渗透量 [$m^3/(m \cdot h)$]；

q_L——10Pa 压力差作用下，单位开启缝长空气渗透量 [$m^3/(m \cdot h)$]。

在理解幕墙气密性能试验和分级标准时，必须注意以下几点：

1）区分试验状态和标准状态。试验状态是幕墙检测时试件所处的环境，包括一定的温度（T）、气压（p）、空气密度等。标准状态则是指温度为 293K（20℃）、大气压力为 101.3kPa（760mmHg）、空气密度为 1.202kg/m^3 的试验条件。每一次试验所测定的空气渗透量都要转化为标准状态下的空气渗透量，其转换公式为式（3-1）。

2）无论试验状态还是标准状态，所取的大气压力都是 100Pa，而定级标准则是 10Pa，两者之间要进行一次转化，其换算公式为式（3-6）、式（3-7）。

【例3-1】 幕墙试件开启缝长 4.0m，固定缝长 42.0m，100Pa 风压作用时，空气总渗透量为 27.0m³/h，固定部分空气渗透量为 15.9m³/h，检测室气压值为 101.3kPa，温度为 20℃，试确定标准状态下固定部分和可开启部分气密性能等级。

【解】

1）100Pa 风压作用下，试件空气渗透量 $q_s = q_z - q_f = 27.0$m³/h，试件固定部分空气渗透量 $q_g = 15.9$m³/h，可开启部分空气渗透量 q_k：

$$q_k = q_z - q_{fg} = q_z - q_f - q_g = q_s - q_g = 27.0 - 15.9 = 11.1 \ (m^3/h)$$

2）检测室气压值 $p = 101.3$kPa，空气温度值 $T = 293$K（20℃）。

将 q_s 和 q_k 分别换算成标准状态的渗透量 q'_s 和 q'_k。

$$q'_s = \frac{293}{101.3} \times \frac{q_s p}{T} = \frac{293}{101.3} \times \frac{27.0 \times 101.3}{293} = 27.0 \ (m^3/h)$$

$$q'_k = \frac{293}{101.3} \times \frac{q_k p}{T} = \frac{293}{101.3} \times \frac{11.1 \times 101.3}{293} = 11.10 \ (m^3/h)$$

3）将 q'_k 值除以可开启部分开启缝长即可得出在100Pa 压差作用下，幕墙试件可开启部分单位开启缝长（幕墙试件上开启扇周长的之和，以室内表面测定值为准）的空气渗透量 q'_L。

$$q'_L = \frac{q'_k}{L} = \frac{11.10}{4.0} = 2.775 \ [m^3/(m \cdot h)]$$

同理，幕墙试件固定部分单位缝长的空气渗透量 $= 15.9/40.0 = 0.3975 \ [m^3/(m \cdot h)]$

4）采用由 100Pa 检测压力差作用下的 q'_L 值，换算为 10Pa 压力差作用下的相应 q_L 值。以试件的 q_L 值确定按接缝长各自所属的级别，取最不利的级别定级。

$$q_L = \frac{q'_L}{4.65} = \frac{2.775}{4.65} = 0.597 \ [m^3/(m \cdot h)]$$

查表 3-5 可知，$0.5 < q_L = 0.597 \leqslant 1.5$，可开启部分气密性能为 3 级。

3.2 建筑幕墙水密性能

幕墙水密性能是指幕墙可开启部分处于关闭状态，在风雨同时作用下，试件阻止雨水向室内渗漏的能力。与幕墙水密性能有关的气候因素主要有暴风雨时的风速和降雨强度。水密性能一直是建筑幕墙工程设计的重要问题，经不完全统计，在实验室中有 90% 的幕墙样品需要经过修复才能进行试验，即使在实验室中样品经过试验合格，但在实际工程应用中，幕墙所处环境错综复杂，不可能等同于模拟试验中的环境，同时在具体施工过程中会受到各种人为或非人为因素的影响，建筑幕墙渗水的概率明显增大。因此消除幕墙雨水渗漏最可靠的方法之一就是在设计阶段采用雨幕原理，形成压力平衡系统。

3.2.1 建筑幕墙抗渗的机理

1. 幕墙雨水渗漏的成因

幕墙发生雨水渗漏要具备三个要素：①幕墙表面上存在缝隙或孔洞。②缝隙或孔洞周围存在雨水。③要有雨水通过缝隙或孔洞进入幕墙内部的压力差。这三个要素中如果缺少一项，渗漏就不会发生。也就是说，要防止雨水渗漏必须上述三个要素不同时存在。所以幕墙缝隙的几何形状、尺寸和暴露状态，雨量大小，幕墙内外压力差都直接影响水密性能的好坏。

当风压和雨水同时作用于幕墙表面上时，雨水通过幕墙上的空隙直接溅向室内或顺着幕墙下淌，待具备一定的条件，即幕墙表面有缝隙的情况下，通过压力差向室内渗漏。

2. 建筑幕墙抗渗的机理

在导致渗漏的三个要素中，因为雨水是自然界中存在的，是无法避免的。而缝隙则是幕墙结构本身限定的，幕墙不可能没有接缝和活动窗，但可以采取对缝隙进行封闭处理的办法加以解决。也可采用消除第三个因素的方法，即消除水通过缝隙进入幕墙内部的作用力，从而达到幕墙防雨水渗漏的目的。

雨幕原理假定墙体外表面为一层"膜"，研究如何阻止雨水或雪融水通过这层膜的机理，其研究范围包括缝隙或孔洞影响、重力作用、毛细作用、表面张力的影响、风运动能的影响、压力差的作用等。图 3-3 给出了雨幕原理与压力平衡示意。图 3-3a 表示室外压力高于室内压力，压力差驱水流入开口内侧。图 3-3b 表示室外压力与室内压力平衡，雨水没有流入开口内侧，开口的设置有效阻止了重力、动能、表面张力和毛细作用的雨水渗漏。图 3-3c 表示一个压力平衡墙模型，该压力平衡墙主要是由外侧非密封表面（雨幕）和内侧密封墙体组成，中间为空气间层以维持其压力与外侧压力平衡。这样压力差产生的部位不是在外壁表面而是内侧空气隔墙部位。因有压力差存在，内壁隔墙不会像简单的气密薄膜一样，而是要具有结构作用。但是因为内侧隔墙表面不会淋湿，其接缝处的密封处理可以不要求同时防止空气渗透和雨水渗漏了。图 3-3d 表示在内侧隔墙加了一层保温层，以满足一般墙体构造形式。应当指出的是必须在保温层的一侧或是内墙构件的一侧加设连续的薄膜，也可以是墙体内部饰面，使之不存在开敞的接缝。

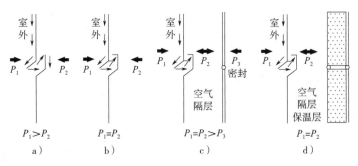

图 3-3　雨幕原理与压力平衡示意

3.2.2　基于雨幕原理的幕墙抗渗原理

常见导致渗水的作用力包括重力作用、动能作用、表面张力、毛细作用、气流作用、压力差等六种（图 3-4），其中动能作用、气流作用和压力差是由风引起的。在一些情况下，仅存在 1~2 种作用，但是在暴风雨中，各种作用都会出现，驱使表面水层通过任何缝隙。如果要消除某种作用，则必须采取相应解决的对策：

1）重力作用（图 3-4a）。作用于幕墙的雨水遇到倾斜的雨水后，在重力作用下直接流入室内。解决的对策：采用向上的斜坡或加设挡水板。

2）动能作用（图 3-4b）。雨水在强风的作用下对幕墙会产生较强的冲击力，在风速的带动下，雨水顺着缝隙进入室内。解决的对策：加挡水板或设置成迷宫式。

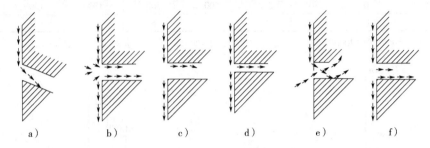

图 3-4　各种作用的特征

a）重力作用　b）动能作用　c）表面张力　d）毛细作用　e）气流作用　f）压力差

3）表面张力（图 3-4c）。雨水附着于幕墙体上，由于表面张力的作用，雨水顺着缝隙下沿渗入室内。解决的对策：在墙体缝隙的上口采取滴水檐口。

4）毛细作用（图 3-4d）。通常发生在宽度足够小的两个潮湿表面之间。解决的对策：加大缝宽（缝宽要大于毛细缝）或设置局部空腔。

5）气流作用（图 3-4e）。气流由幕墙表面的风压差形成或由墙体上的空洞对流产生。

6）压力差（图 3-4f）。在风压的作用下，幕墙外侧压力较高，内侧压力较低，产生压力差。若接缝存在缝隙，压力就会寻求平衡，雨水因此被带入室内。解决的对策：利用等压原理消除压力差。

气流作用和压力差是由风引起的，较难控制。控制这类由压力差引起的渗漏，解决的办法是减小室内外压力差，通常设计等压腔或导压孔来解决，幕墙常用的等压结构如图 3-5 所示。

应用雨幕原理时，在墙内部要设置空间，其外表面（即雨幕）的外侧压力在所有部位上一直要保持和室外气压相等，以使外表面两侧处于等压状态。由阵风所造成的空气压力波动也在外侧面两边加以平衡。所谓墙内空间并非简单的通风空间那样，利用压力差使之在空间内部产生空气流，如欲取得防渗效果，它必须是一个限定空间，而且该空间将体现在雨幕原理应用中会遇到许多复杂性。

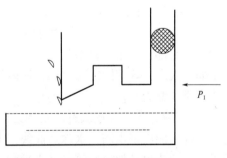

图 3-5　常用的等压结构

3.2.3　建筑幕墙水密性能试验

《建筑幕墙、门窗通用技术条件》（GB/T 31433—2015）规定，水密性能检测分为稳定加压法和波动加压法。工程所在地为热带风暴和台风地区的工程检测，应采用波动加压法；定级检测和工程所在地为非热带风暴和台风地区的工程检测，可采用稳定加压法。已进行波动加压法检测可不再进行稳定加压法检测。水密性能最大检测压力峰值不应大于抗风压安全检测压力值。

（1）稳定加压法　稳定加压法的加压顺序见表 3-6，如图 3-6 所示。

表 3-6　稳定加压法的加压顺序

加压顺序	1	2	3	4	5	6	7	8
检测压力差/Pa	0	250	350	500	700	1000	1500	2000
持续时间/min	10	5	5	5	5	5	5	5

注：水密设计指标值超过 2000Pa 时，先按顺序逐级加压至 2000Pa，再按照水密设计压力值加压。

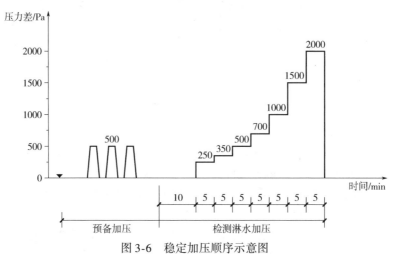

图 3-6　稳定加压顺序示意图

图中符号 "▾" 表示将试件的可开启部分启闭不少于 5 次。

稳定加压法检测按下列步骤操作：

1）预备加压：施加三个压力脉冲。压力差绝对值为 500Pa。加压速度约为 100Pa/s，压力持续作用时间为 3s，泄压时间不少于 1s。

2）淋水：对幕墙试件均匀地淋水，淋水量为 3L/（m²·min）。

3）加压：在淋水的同时施加稳定压力。定级检测时，逐级加压至幕墙固定部位出现严重渗漏为止。工程检测时，首先加压至可开启部分水密性能指标值，压力稳定作用 15min 或幕墙可开启部分产生严重渗漏为止，然后加压至幕墙固定部位水密性能指标值，压力稳定作用 15min 或产生幕墙固定部位严重渗漏为止；无开启结构的幕墙试件压力稳定作用 30min 或产生严重渗漏为止。

4）观察记录：在逐级升压及持续作用过程中，观察并记录渗漏状态及部位。渗漏状态包括试件内侧出现水滴；水珠连成线，但未渗出试件界面；局部少量喷溅；持续喷溅出试件界面、持续流出试件界面等，其中后两项为严重渗漏状态。

（2）波动加压法　波动加压法的加压顺序见表 3-7，如图 3-7 所示。

表 3-7　波动加压法的加压顺序

加压顺序		1	2	3	4	5	6	7	8
波动压力值 /Pa	上限值	—	313	438	625	875	1250	1875	2500
	平均值	0	250	350	500	700	1000	1500	2000
	下限值	—	187	262	375	525	750	1125	1500
波动周期/s		—	3 ~ 5						
每级加压时间/min		10	5						

注：水密设计指标值超过 2000Pa 时，以该压力差为平均值，波幅为实际压力差的 1/4。

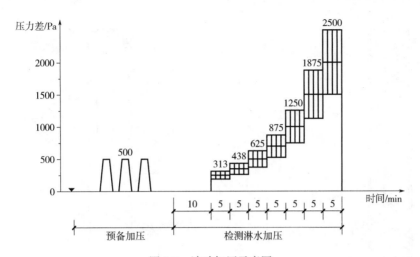

图 3-7　波动加压示意图

图中符号"▼"表示将试件的可开启部分启闭不少于 5 次。

波动加压法检测按以下步骤操作：

1）预备加压：施加三个压力脉冲。压力差值为 500Pa。加载速度约为 100Pa/s，压力稳定作用时间为 3s，泄压时间不少于 1s。

2）淋水：对幕墙试件均匀地淋水，淋水量为 4L/（m²·min）。

3）加压：在稳定淋水的同时施加波动压力。定级检测时，逐级加压至幕墙固定部位出现严重渗漏。工程检测时，首先加压至可开启部分水密性能指标值，波动压力作用时间为 15min 或幕墙可开启部分产生严重渗漏为止，然后加压至幕墙固定部位水密性能指标值，波动压力作用时间为 15min 或幕墙固定部位产生严重渗漏为止；无开启结构的幕墙试件压力作用时间为 30min 或产生严重渗漏为止。

4）观察记录：在逐级升压及持续作用过程中，观察并记录渗漏状态及部位（渗漏状态同稳定加压检测）。

《建筑幕墙、门窗通用技术条件》（GB/T 31433—2015）规定建筑幕墙气密、水密及抗风压性能检测装置由压力箱、安装横架、供压装置（包括供风设备、压力控制装置）、淋水装置及测量装置（包括差压计、空气流量测量装置、水流量计及位移计）组成。检测装置的构成如图 3-8 所示。

3.2.4　建筑幕墙水密性能指标计算

《玻璃幕墙工程技术规范》（JGJ 102）（2022 年送审稿）第 4.2.4 条规定，玻璃幕墙水密性能可按下列方法设计：

1）《建筑气候区划标准》（GB 50178—1993）中ⅢA、ⅣA 地区，即受热带风暴和台风袭击的地区，水密性设计取值可按下式计算，且固定部分取值不宜小于 1000Pa。

$$p = 1000\mu_z\mu_s w_0 \tag{3-8}$$

式中　p——水密性设计取值（Pa）；

w_0——基本风压（kN/m²），按《建筑结构荷载规范》（GB 50009—2012）的有关规定
采用；

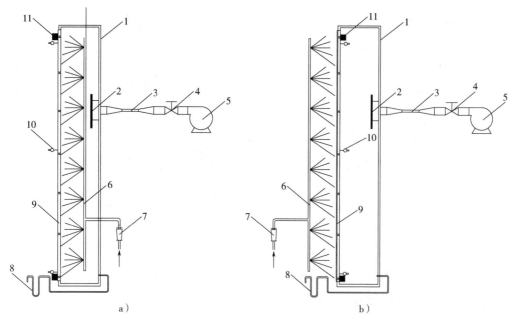

图 3-8 检测装置的构成

a）内喷淋检测装置 b）外喷淋检测装置

1—压力箱 2—进气口挡板 3—空气流量测量装置 4—压力控制装置 5—供风设备 6—淋水装置

7—水流量计 8—差压计 9—试件 10—位移计 11—安装横梁

μ_z——风压高度变化系数，按《建筑结构荷载规范》（GB 50009—2012）的有关规定采用；

μ_s——风载体型系数，可取1.2。

2）其他地区，水密性可按第1）条计算值的75%进行设计，且固定部分取值不宜低于700Pa。

3）可开启部分水密性等级宜与固定部分相同。

因此，水密性能的工程检测一般就取式（3-8）的值作为最大值。

幕墙的水密性能以严重渗漏压力差值的前一级压力差值 Δp 为分级指标。《建筑幕墙》（GB/T 21086—2007）第5.1.2.2条明确规定了水密性能分级指标值，《建筑幕墙、门窗通用技术条件》（GB/T 31433—2015）规定了幕墙水密性能分级应符合表3-8的规定。幕墙淋水试验的淋水量为4L/（$m^2 \cdot min$），有水密性要求的建筑幕墙在现场淋水试验中，不应发生水渗漏现象。开放式建筑幕墙的水密性能可不做要求。

定级检测以未发生严重渗漏时的最高压力差值 Δp 对照表3-8的规定进行定级，可开启部分和固定部分分别定级。工程检测以是否达到水密性能设计指标值 Δp 作为评定依据。

表 3-8 建筑幕墙水密性能分级（GB/T 21086—2007、GB/T 31433—2015）

分级代号		1	2	3	4	5
分级指标值 Δp/Pa	固定部分	$500 \leqslant \Delta p < 700$	$700 \leqslant \Delta p < 1000$	$1000 \leqslant \Delta p < 1500$	$1500 \leqslant \Delta p < 2000$	$\Delta p \geqslant 2000$
	可开启部分	$250 \leqslant \Delta p < 350$	$350 \leqslant \Delta p < 500$	$500 \leqslant \Delta p < 700$	$700 \leqslant \Delta p < 1000$	$\Delta p \geqslant 1000$

注：5级时需同时标注固定部分和开启部分 Δp 的测试值。

【例 3-2】　某建筑幕墙位于深圳地区，地面粗糙度 C 类，基本风压 $w_0 = 0.75\text{kN/m}^2$，计算高度 $z = 22.025\text{m}$，不属于 ⅢA、ⅣA 地区。试确定该幕墙水密性能等级。

【解】

1）计算风压高度变化系数 μ_z。

地面粗糙度 C 类，计算高度 $z = 22.025\text{m}$，风压高度变化系数 μ_z。

$$\mu_z = 0.544 \times \left(\frac{z}{10}\right)^{0.44} = 0.544 \times \left(\frac{22.025}{10}\right)^{0.44} = 0.77$$

或查表 5-9（按线性插入）$\mu_z = 0.74 + \dfrac{22.025 - 20}{30 - 20} \times (0.88 - 0.74) = 0.77$

风载体型系数 $\mu_s = 1.2$

2）固定部分计算。

$$p = 1000\mu_z\mu_s w_0 = 1000 \times 0.77 \times 1.2 \times 0.75 = 693.0 \text{（Pa）}$$

不属于 ⅢA、ⅣA 地区，所以 $\Delta p = 75\% p = 0.75 \times 693.0 = 519.75 \text{（Pa）}$

3）开启部分值计算。

按固定部分 Δp 值分析，该幕墙的水密性能等级为 1 级（见表 3-8）。

可开启部分的 Δp 值：

$$\Delta p = 250 + \frac{350 - 250}{700 - 500} \times (P - 500) = 250 + \frac{350 - 250}{700 - 500} \times (519.75 - 500) = 259.88 \text{（Pa）}$$

3.3　建筑幕墙抗风压性能

抗风压性能是指幕墙可开启部分处于关闭状态，在风压作用下，幕墙主要受力构件变形不超过允许值且不发生结构性损坏（包括裂缝、面板破损、连接破坏、粘结破坏等）及功能障碍（包括五金件松动、启闭困难等）的能力。与幕墙抗风压有关的气候参数主要为风速值和相应的风压值。对于幕墙围护构件既要考虑长期使用过程中，保证其在平均风荷载作用下正常功能不受影响，又要注意到在阵风袭击下不受损坏，保证安全。

3.3.1　建筑幕墙抗风压性能检测

抗风压性能定级检测、工程检测加压程序如图 3-9 所示。

1. 定级检测

（1）检测程序

1）预备加压。在正负压检测前分别施加三个压力脉冲。压力差绝对值为 500Pa，加压速度为 100Pa/s，持续时间为 3s，待压力回零后开始进行检测。

2）变形检测。定级检测时检测压力分级升降。每级升、降压力不超过 250Pa，加压级数不少于 4 级，每级压力持续时间不应少于 10s。压力的升、降直到任一受力构件的相对面法线挠度值达到 $f_0/2.5$ 或最大检测压力达到 2000Pa 时停止检测，记录每级压力差作用下各个测点的面法线位移量，并计算每级压力差面法线挠度值 f_{max}。受力杆件采用线性方法计算出面法线挠度对应于 $f_0/2.5$ 时的压力值 $\pm p_1$。玻璃面板采用实测的方法得出 $\pm p_1$。以正负压检测中所检压力差绝对值的较小值作为 p_1 值。

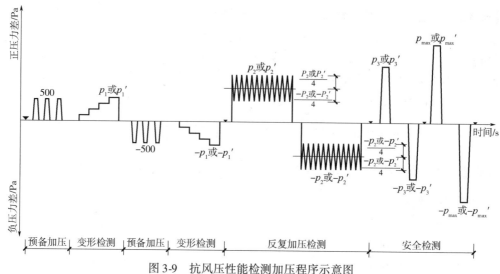

图 3-9　抗风压性能检测加压程序示意图

图中符号"▼"表示将试件的可开启部分启闭不少于 5 次。

3）反复加压检测。变形检测未出现功能障碍或损坏时，应进行反复加压检测。检测前，应将试件可开启部分启闭不少于 5 次，最后关紧。以检测压力 p_2（$p_2 = 1.5p_1$）为平均值，以平均值的 1/4 为波幅，进行波动检测，先后进行正负压检测。波动压力周期为 5～7s，波动次数不少于 10 次。记录反复检测压力值 $\pm p_2$，并记录出现的功能障碍或损坏的状况和部位。

4）定级检测时的安全检测：

①产品设计风荷载标准值 p_3 检测。当反复加压检测未出现功能障碍或损坏时，应进行产品设计风荷载标准值 p_3 检测。使检测压力升至 p_3（$p_3 = 2.5p_1$），随后降至零，再降到 $-p_3$，然后升至零。正压前和负压后将试件可开启部分启闭不少于 5 次，最后关紧。升、降压速度为 300～500Pa/s，压力持续时间不少于 3s。记录面法线位移量、功能障碍或损坏的状况和部位。

如试件未出现功能障碍或损坏，但主要构件相对面法线挠度（角位移值）超过允许挠度，则应降低检测压力，直至主要构件相对面法线挠度（角位移值）在允许挠度范围内，以此压力差作为 $\pm p_3$ 值。

②产品设计风荷载设计值 p_{max} 检测。当 p_3 检测时，试件未出现损坏和功能障碍时，且主要构件相对面法线挠度（角位移值）未超过允许挠度时，应进行 p_{max} 检测。使检测压力升至 p_{max}（$p_{max} = 1.4p_3$），随后降至零，再降到 $-p_{max}$，然后升至零。将试件可开启部分启闭 5 次，最后关紧。升、降压速度为 300～500Pa/s，压力持续时间不少于 3s。记录面法线位移量、功能障碍或损坏的状况和部位。

（2）定级检测的评定

1）变形检测的评定。变形检测的评定应注明相对面法线挠度达到 $f_0/2.5$ 时的压力差值 $\pm p_1$。

2）反复加压检测的评定。反复加压检测试件未出现功能障碍和损坏时，注明 $\pm p_2$ 值；检测中试件出现功能障碍和损坏时，应注明出现的功能障碍、损坏情况以及发生部位，并以变形检测得到的 p_1 值作为安全检测压力 $\pm p_3$ 值进行评定。

3）安全检测的评定。产品设计风荷载标准值 p_3 检测时，试件未出现功能障碍和损坏，且主要构件相对面法线挠度（角位移值）未超过允许挠度，注明 $\pm p_3$ 值；如试件出现功能障碍或损坏，以试件出现功能障碍或损坏所对应的压力差值的前一级压力差值作为 $\pm p_3$ 值，按 $\pm p_3/1.4$ 中绝对值较小者进行定级。

产品设计风荷载设计值 p_{max} 检测时，试件未出现功能障碍或损坏时，注明正、负压力差值，按 $\pm p_3$ 中绝对值较小者定级；如试件出现功能障碍或损坏时，按 $\pm p_3/1.4$ 中绝对值较小者进行定级。

2. 工程检测

（1）加载程序

1）预备加压。在正负压检测前分别施加三个压力脉冲。压力差绝对值为500Pa，加压速度为100Pa/s，持续时间为3s，待压力回零后开始进行检测。

2）变形检测。检测压力分级升降。每级升、降压力不超过风荷载标准值的10%，每级压力作用时间不少于10s。压力的升、降达到检测压力 p_1'（风荷载标准值的40%）时停止检测，记录每级压力差作用下各个测点的面法线位移量，功能障碍或损坏的状况和部位。

3）反复加压检测。变形检测未出现功能障碍或损坏时，应进行反复加压检测。检测前，应将试件可开启部分启闭不少于5次，最后关紧。以检测压力 p_2'（$p_2' = 1.5p_1'$）为平均值，以平均值的1/4为波幅，进行波动检测，先后进行正负压检测。波动压力周期为 5～7s，波动次数不少于10次。记录反复检测压力值 $\pm p_2'$，并记录出现的功能障碍或损坏的状况和部位。

4）工程检测时的安全检测：

①风荷载标准值检测。当反复加压检测未出现功能障碍或损坏时，应进行风荷载标准值 p_3' 检测。检测压力升至 p_3'，随后降至零，再降到 $-p_3'$，然后升至零。正压前和负压后将试件可开启部分启闭不少于5次，最后关紧。升、降压速度为 300～500Pa/s，压力持续时间不少于3s。记录面法线位移量、功能障碍或损坏的状况和部位。

②风荷载设计值检测。当 p_3' 检测时，试件未出现损坏和功能障碍时，且主要构件相对面法线挠度（角位移值）未超过允许挠度时，应进行 p_{max}' 检测。检测压力升至 p_{max}'（取 $p_{max}' = 1.4p_3'$），压力持续时间不少于3s，随后降至零，再降到 $-p_{max}'$，压力持续时间不少于3s，然后升至零。观察并记录试件的损坏情况或功能障碍情况。

（2）工程检测的评定

1）变形检测的评定。试件不应出现功能障碍和损坏，否则应判为不满足工程使用要求。

2）反复加压检测的评定。试件不应出现功能障碍和损坏，否则应判为不满足工程使用要求。

3）风荷载标准值检测的评定。在风荷载标准值作用下对应的相对面法线挠度小于或等于允许相对面法线挠度 f_0，且检测时未出现功能性障碍和损坏，应判为满足工程使用要求；在风荷载标准值作用下对应的相对面法线挠度大于允许相对面法线挠度 f_0 或试件出现功能障碍和损坏，应注明出现功能障碍或损坏的情况及其发生部位，并应判为不满足工程使用要求。

4）风荷载设计值的评定。在风荷载设计值作用下，试件不应出现功能障碍和损坏，否则应注明出现功能障碍或损坏的情况及其发生部位，并判为不满足工程使用要求。

3. 试件测点布置要求

（1）测点布置要求 位移计宜安装在构件的支承处和较大位移处，测点布置应满足下列要求：

1）简支梁形式的杆件测点布置：两端的位移计应靠近支承点，中间的位移计宜布置在两端位移计的中间点，如图 3-10 所示。

2）单元式幕墙采用插接式受力杆件且单元高度为一个层高时，宜同时检测相邻板块的杆件变形，取变形大者为检测结果；当单元板块较大时其内部的受力杆件也应布置测点。

3）全玻璃幕墙玻璃板块应按照支承于玻璃肋的单向简支板检测跨中变形；玻璃肋按照简支梁检测变形。

4）点支承幕墙支承结构应分别测试结构支承点和挠度最大节点的位移，多于一个承受荷载的受力杆件时可分别检测变形取大者为检测结果；支承结构采用双向受力体系时应分别检测两个方向上的变形，点支承幕墙还应检测面板的变形，测点应布置在支点跨距较长方向上。

5）点支承玻璃幕墙支承结构的结构静力试验应取一个完整跨度的支承单元，支承单元的结构应与实际工程相同，张拉索杆体系的预张拉力应与设计值相符；在玻璃支承装置位置同步施加与风荷载方向一致且大小相同的荷载，测试各个玻璃支承点的变形。

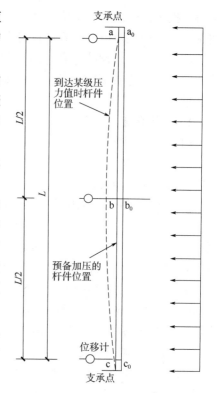

图 3-10　简支梁形式杆件测点分布示意图

6）双层幕墙内外层分别布置测点。

（2）典型幕墙位移计布置　《建筑幕墙气密、水密、抗风压性能检测方法》（GB/T 15227—2019）附录 C 给出了典型幕墙位移计布置示意。其他类型幕墙的受力支承构件根据有关标准、规范的技术要求或设计要求确定。

1）边支承三角形幕墙玻璃面板位移计的布置如图 3-11 所示。

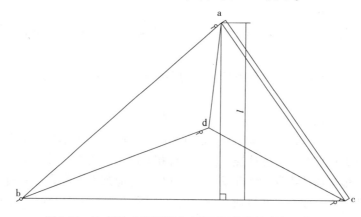

图 3-11　边支承三角形幕墙玻璃面板位移计布置示意图

注：图中"♀"表示安装的位移计；图中位移计安装位置分别为三角形的内心及三个角；
l 为三角形长边对应的高。

2）全玻璃幕墙玻璃面板位移计的布置如图 3-12 所示。

3）点支承幕墙玻璃面板位移计的布置如图 3-13 所示。

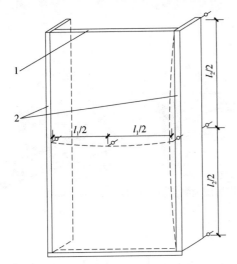

图 3-12　全玻璃幕墙玻璃面板
位移计布置示意图

注：图中"◊"表示安装的位移计；

l_1 取面板短边，l_2 取面板长边。

1—玻璃面板　2—玻璃肋

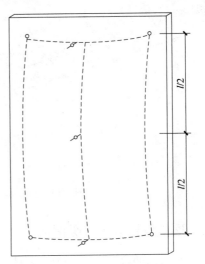

图 3-13　点支承幕墙玻璃面板
位移计布置示意图

注：图中"◊"表示安装的位移计；

四点支承，取玻璃面板的长边为 l。

4）点支承幕墙支承体系位移计的布置如图 3-14 所示。

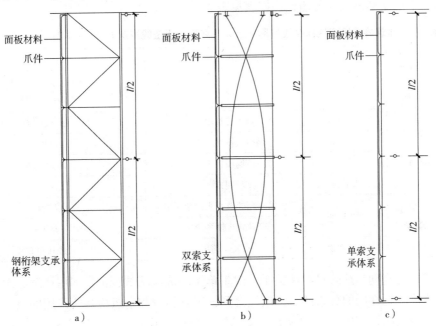

图 3-14　点支承幕墙支承体系位移计布置示意图

a）钢桁架支承体系　b）双索支承体系　c）单索支承体系

注：图中"◊"表示安装的位移计。

5）自平衡索杆结构加载及测点的分布如图 3-15 所示。

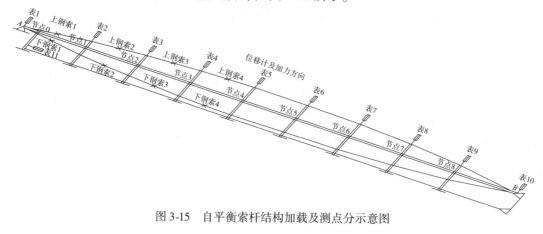

图 3-15　自平衡索杆结构加载及测点分示意图

3.3.2　面法线挠度与分级指标

在建筑幕墙的抗风压试验中，幕墙试件受力构件表面上任意一点沿面法线方向的线位移量称为面法线位移。幕墙试件受力构件表面某一点沿面法线方向的线位移量的最大差值称为面法线挠度。试验中，试件面法线挠度和支承处测点间距 l 的比值称为相对面法线挠度。试件主要受力构件在正常使用极限状态时的相对面法线挠度的限值称为允许相对面法线挠度，用符号 f_0 表示。《建筑幕墙气密、水密、抗风压性能检测方法》（GB/T 15227—2019）是按照试验通过的 $f_0/2.5$ 所对应的风荷载来确定 p_1 值，然后换算到 $p_3 = 2.5p_1$ 来进行幕墙抗风压性能分级。不同支承形式的幕墙允许挠度见表 3-9。

表 3-9　建筑幕墙风荷载标准值作用下最大允许相对面法线挠度 f_0（GB/T 21086—2007）

幕墙类型	材料	最大挠度发生部位	允许挠度 f_0
框支承玻璃幕墙	杆件	跨中	$l/180$（铝合金型材） $l/250$（钢型材）
	玻璃面板	短边边长中点	短边距 $l/60$
全玻玻璃幕墙	支承结构	钢架、钢梁的跨中	$l/250$
	玻璃面板	玻璃面板中心	跨距 $l/60$
	玻璃肋	玻璃肋跨中	$l/200$
点支式玻璃幕墙	支承结构	钢管、桁架及空腹桁架跨中	$l/250$
		张拉索杆体系跨中	$l/200$
	玻璃面板	点支承跨中	长边孔距 $l/60$

弹性结构的挠度与荷载呈线性关系，建筑幕墙的抗风压试验正是利用挠度所对应的荷载来进行幕墙抗风压性能的分级的。但应注意到，工程检测和定级检测所采用的最大风压值是不一样的。在定级检测中，p_3 对应着幕墙结构变形的允许挠度 f_0，这个 p_3 同样对应着幕墙抗风压性能的分级指标。而在工程检测中，采用风荷载标准值 w_k 作为衡量标准，要求"在风荷载标准值作用下对应的相对面法线挠度小于或等于允许挠度 f_0"。由此可得到以下几点：

1）工程检测的 p_3 必须满足 $p_3 \geqslant w_k$，w_k 为风荷载标准值。

2）安全检测的挠度 f 必须满足 $f \leqslant f_0$，才能认为幕墙产品符合安全检测的要求。

3）定级检测的 p_3 对应于 f_0，f_0 是由幕墙的形式、材料来决定的，而由于不同幕墙支承结构设计的差异，通过检测 $f_0/2.5$ 来推算所得到的 p_3 值又会产生差异，因此 p_3 的值对于不同工程采用的幕墙都是不一样的。

工程检测采用的 p_3 就是风荷载标准值 w_k，w_k 是与幕墙的材料及形式无关的，仅由幕墙所在的地域、地貌及幕墙在建筑上的相对位置而定。

4）对于定级试验中定级指标的确定，通常有以下两种方法：

①试验通过 $f_0/2.5$ 所对应的风荷载来确定 p_1 值，然后换算到 $p_3 = 2.5p_1$ 来进行幕墙抗风压性能分级，这种做法的前提是结构为弹性的假定，这也是规范规定的方法。

②通过试验使幕墙构件的挠度达到 f_0，直接测定 p_3 的值。

对于柔性支承点支式玻璃幕墙，建议采用②的方法，否则由于结构非线性性能的影响，通过①的方法得到的定级结果将高于幕墙的实际抗风压性能。

3.3.3 建筑幕墙的抗风压性能分级

《建筑幕墙》（GB/T 21086—2007）幕墙的抗风压性能指标 p_3 应根据幕墙所受的风荷载标准值 w_k 确定，其指标值不应低于 w_k，且不应小于 1.0kPa。《建筑幕墙、门窗通用技术条件》（GB/T 31433—2015）规定幕墙、门窗抗风压性能的分级应符合表 3-10 的规定。

表 3-10　建筑幕墙抗风压性能分级（GB/T 21086—2007、GB/T 31433—2015）

分级	1	2	3	4	5	6	7	8	9
分级指标值 p_3/kPa	$1.0 \leqslant p_3$ <1.5	$1.5 \leqslant p_3$ <2.0	$2.0 \leqslant p_3$ <2.5	$2.5 \leqslant p_3$ <3.0	$3.0 \leqslant p_3$ <3.5	$3.5 \leqslant p_3$ <4.0	$4.0 \leqslant p_3$ <4.5	$4.5 \leqslant p_3$ <5.0	$p_3 \geqslant 5$

注：第9级应在分级后同时注明具体分级指标值。

【例3-3】某建筑幕墙位于北京地区，地面粗糙度 B 类，基本风压 $w_0 = 0.54kN/m^2$，玻璃面板 1200mm×2250mm，试确定标高为 64.0m 处风荷载变形性能设计值。

【解】高度 $z = 64.0m$ 处的阵风系数 β_{gz}：

$$\beta_{gz} = 1 + 2gI_{10}\left(\frac{z}{10}\right)^{-\alpha} = 1 + 2 \times 2.5 \times 0.14 \times \left(\frac{64.0}{10}\right)^{-0.15} = 1.53$$

[取峰值因子 $g = 2.5$，10m 高度名义湍流强度 $I_{10} = 0.14$（B 类），地面粗糙度 $\alpha = 0.15$（B 类）]

高度 $z = 64.0m$ 处风压高度变化系数 μ_z：

$$\mu_z = \psi\left(\frac{z}{10}\right)^{2\alpha} = 1.0 \times \left(\frac{64.0}{10}\right)^{2 \times 0.15} = 1.745$$

局部风压体型系数 μ_{s1}（A），从属面积 $A = 1.2 \times 2.25 = 2.70$（$m^2$）

因为 $1m^2 < A = 2.70m^2 < 25m^2$，墙面局部体型系数 μ_{s1}：

$$\mu_{s1}(A) = \mu_{s1}(1) + [\mu_{s1}(25) - \mu_{s1}(1)]\lg A/1.4$$
$$= 1.0 + (0.8 - 1.0) \times \lg 2.7/1.4 = 0.938$$

建筑物内部压力的局部体型系数 -0.2（即吸力），则

$$\mu_{s1} = \mu_{s1}(A) + 0.2 = 0.938 + 0.2 = 1.138$$

$$w_k = \beta_{gz} \mu_z \mu_{s1} w_0 = 1.53 \times 1.745 \times 1.138 \times 0.54 = 1.641 \quad (kN/m^2)$$

幕墙的抗风压性能指标 $p_3 = w_k = 1.641 kN/m^2$

1.5kPa $\leqslant p_3 <$ 2.0kPa，按表3-10可知，幕墙抗风压性能等级在2~3级，应选择3级进行设计。

3.4 建筑幕墙热工性能

建筑幕墙是建筑外围结构构件中热工性能最薄弱的环节，通过透光建筑构件的耗能，在整个建筑物耗能中占有相当可观的比例。建筑幕墙使建筑物的采暖空调能耗剧增。幕墙保温性能不好，既浪费能源，又可能产生结露，结露将造成室内热环境不佳；幕墙隔热性能差，不但大幅度提高空调能耗，还会影响室内热舒适。幕墙的热工性能达不到建筑热工设计的要求，势必导致 CO_2 排放量增加，造成城市空气污染，建筑用能浪费严重，也不符合国家的节能政策。

幕墙结露是指围护结构表面温度低于附近空气露点温度时，表面出现冷凝水的现象。空气中含有少量的水蒸气，空气中水蒸气的含量可用水蒸气压 E_v 表示。空气中所能含水蒸气的最大量与空气的温度有关，高温空气比低温空气能含有更多的水蒸气。在大气压和空气湿度不变的情况下，未饱和的空气因冷却而达到饱和状态时的温度，称为结露温度。当围护结构表面温度低于附近空气结露点温度时，就会在表面出现冷凝水现象。

幕墙结露现象主要分为两种情况：

1）当室内的湿空气碰到低于露点温度的幕墙时，水蒸气就会附着于表面上形成结露现象。

2）在水蒸气压差作用下，空气通过幕墙时，被阻挡在低温部位产生结露。

在我国北方地区冬季因气候寒冷，使得幕墙结构的内表面温度下降，当室内的湿空气碰到低于露点温度的幕墙时，造成附近空气中的水蒸气饱和，产生冷凝水现象，水蒸气就会附着于表面上形成结露现象。而对于南方地区夏季，多气候炎热潮湿，当室外空气向高温高湿变化，幕墙表面温度不能及时升高时，或者室内温度较低，结构外表面的温度低于室外空气的露点温度时，或者室外高湿度空气流入低温房间中，达到饱和时所产生的结露。

建筑节能标准中确定的建筑节能目标是在确保室内热环境的前提下，降低采暖和空调的能耗。这需要采取两个方面的措施：一方面要提高建筑围护结构的热工性能，另一方面要选用高效率的空调采暖设备及系统。由于我国南北气候差异较大，北方地区以采暖为主，中部地区采暖、空调都是需要的，南方地区则以空调为主。因此，对于北方严寒和寒冷地区及夏热冬冷地区以保温为主，主要衡量指标为传热系数；对于南部夏热冬暖地区，幕墙的隔热十分重要，主要衡量指标为遮阳系数。因此，传热系数和遮阳系数是衡量幕墙热工性能最重要的两个指标。

3.4.1 热工性能指标

（1）热导率（也称导热系数）（符号 λ） 在稳态条件下，两侧表面温差 $(t_1 - t_2)$ 为 1℃，单位时间（1h）里通过单位面积（$A = 1m^2$）、单位厚度（$L = 1m$）的垂直于均匀单一材料表面的热流。

　　假定材料是均质的，热导率不受材料厚度以及尺寸（此尺寸为建筑结构中的常用值）的影响，其计算公式为：

$$\lambda = \frac{q}{A(t_1 - t_2)L} \tag{3-9}$$

式中　q——传递的热流密度（W/m^2）。

　　（2）导温系数（符号 C）　稳态条件下，在两侧面温差为 $10℃$，单位时间里流过物体单位表面积的热量，其计算公式为：

$$C = \frac{q}{A(t_1 - t_2)} \tag{3-10}$$

　　（3）表面换热系数（符号 h）　当围护结构和周围空气之间的温差为 $10℃$ 时，由于辐射、传热、对流的作用，单位时间内流过围护结构单位表面的热量。用来描述在稳态条件下，由于围护结构表面和周围空气之间的温差，在两者之间的热量交换情况。室内、外表面换热系数计算公式为：

室内表面换热系数
$$h_h = \frac{q}{A(t_1 - t_h)} \tag{3-11}$$

室外表面换热系数
$$h_c = \frac{q}{A(t_2 - t_c)} \tag{3-12}$$

式中　t_h——热室空气平均温度（℃）；

　　　　t_c——冷室空气平均温度（℃）。

　　（4）传热系数（符号 K）　在稳态条件下，当围护结构两侧的空气温度为 $1℃$ 时，单位面积里流过围护结构单位表面积的热量，其计算公式为：

$$K = \frac{q}{A(t_h - t_c)} \tag{3-13}$$

　　总传热系数 K 也可利用导温系数（C）和表面换热系数（h_c）按下式计算：

$$K = \frac{1}{h_h} + \frac{1}{C} + \frac{1}{h_c} \tag{3-14}$$

　　需要注意的是，热导率（λ）和传热系数（K）是两个完全不同的概念。①热导率是指材料两边存在温差，通过材料本身传热性能来传导热量，是材料本身的特性，与材料的大小、形状无关。而传热系数实质是总传热系数，它是指围护结构两侧空气存在温差，从高温一侧空气向低温一侧空气传热的性能。它包括高温一侧空气边界层向幕墙表面传热（包括传导、对流、辐射等方式），再通过幕墙传导至另一表面，再由此表面向另一侧空气边界层传热（包括辐射、传导、对流等方式）。②热导率是 $1m$ 厚物体，每 $1m^2$ 在温差 $1℃$ 下的传热能力，而传热系数是指物体实际厚度每 $1m^2$ 在温差 $1℃$ 下的传热能力。

　　（5）传热阻（符号 R_0）　传热阻为传热系数 K 的倒数，即 $R_0 = 1/K$，用来表征围护结构（包括两侧表面空气边界层）阻抗传热能力的物理量。

　　（6）抗结露系数（符号 CRF）　由加权的窗框温度（t_f）或者玻璃的平均温度（t_g）分别按照一定的公式与冷室的空气温度（t_c）和热室的空气温度（t_h）进行计算，所得到的两个数值中最低的一个就是 CRF 的值。其中窗框温度的加权值（t_f）由 14 个规定位置的热电偶读数的平均值（t_{fp}）和 4 个窗框温度最低处（这个位置是非确定的）的热电偶读数的平均值（t_{fr}）计算得到。加权因子 W 为 t_{fp} 和 t_{fr} 之间的比例关系，其计算公式为：

$$W = \frac{t_{fp} - t_{fr}}{t_{fp} - (t_c + 10)} \times 0.4 \tag{3-15}$$

式中　t_c——冷室一侧的空气平均温度（℃）；

　　10——温度修正系数（℃）；

　　0.4——温度修正系数取 10 时的加权因子。

窗框温度的加权值 t_f 的计算如下：

$$t_f = T_{fp}(1 - W) + T_{fr}W \tag{3-16}$$

利用玻璃的 6 个规定位置的热电偶读数的平均值（t_g）和窗框温度加权值 T_f 这两个数值，按照下列公式分别计算玻璃和窗框的 CRF 值：

$$CRF_g = \frac{t_g - t_c}{t_h - t_c} \times 100 \tag{3-17}$$

$$CRF_f = \frac{t_f - t_c}{t_h - t_c} \times 100 \tag{3-18}$$

式中　CRF_g——试件玻璃的抗结露因子；

　　CRF_f——试件框的抗结露因子；

　　t_h——热室空气平均温度（℃）；

　　t_c——冷室空气平均温度（℃）；

　　t_g——试件玻璃热侧表面平均温度（℃）；

　　t_f——试件框热侧表面平均温度的加权值（℃）；

　　100——使 CRF 为整数所乘的倍数。

CRF 就是一个依据四舍五入原则得到的整数，一个试件的 CRF 值取 CRF_g 和 CRF_f 两个值中最小的一个，而另一个数值 CRF_g 或 CRF_f，可以依据试件生产者的意愿，在检测结果对它的含义加以描述，其值越大越好。

（7）遮阳系数（符号 SC）　在给定条件下，玻璃、门窗或玻璃幕墙的太阳光总透射比，与相同条件下相同面积的标准玻璃（3mm 厚透明玻璃）的太阳光总透射比的比值。

综合遮阳系数是考虑窗本身和窗口的建筑外遮阳装置综合遮阳效果的一个系数，其值为建筑遮阳系数和透光围护结构遮阳系数的乘积。这一概念可以完全扩展到建筑幕墙中，作为衡量幕墙热工性能的指标。

（8）太阳得热系数（SHGC）　通过透光围护结构（门窗或透光幕墙）的太阳辐射室内得热量与投射到透光围护结构（门窗或透光幕墙）外表面上的太阳辐射量的比值。太阳辐射室内得热量包括太阳辐射通过辐射透射的得热量和太阳辐射被构件吸收再传入室内的得热量两部分。

根据建筑节能设计标准的要求，幕墙的节能指标中最为重要的是传热系数 K 和遮阳系数 SC，另外还有气密性能、可见光透射比。在北方寒冷地区，幕墙经常容易结露，《公共建筑节能设计标准》（GB 50189—2015）和《民用建筑热工设计规范》（GB 50176—2016）均对结露提出了明确的要求。

3.4.2　建筑幕墙热工性能的要求

1.《公共建筑节能设计标准》（GB 50189—2015）对围护结构的节能要求

《公共建筑节能设计标准》（GB 50189—2015）根据建筑热工设计的气候分区，甲类公共建筑的单一朝向外窗（包括透明幕墙）的热工性能应符合表3-11的相关要求。

表3-11 单一朝向外窗（包括透明幕墙）传热系数和遮阳系数限值（GB 50189—2015）

气候分区	窗墙面积比	体型系数≤0.3 传热系数/[W/(m²·K)]		0.3<体型系数≤0.5 传热系数/[W/(m²·K)]	
严寒地区 A区、B区	窗墙面积比≤0.2	≤2.7		≤2.5	
	0.2<窗墙面积比≤0.3	≤2.5		≤2.3	
	0.3<窗墙面积比≤0.4	≤2.2		≤2.0	
	0.4<窗墙面积比≤0.5	≤1.9		≤1.7	
	0.5<窗墙面积比≤0.6	≤1.6		≤1.4	
	0.6<窗墙面积比≤0.7	≤1.5		≤1.4	
	0.7<窗墙面积比≤0.8	≤1.4		≤1.3	
	窗墙面积比>0.8	≤1.3		≤1.2	
严寒地区 C区	窗墙面积比≤0.2	≤2.9		≤2.7	
	0.2<窗墙面积比≤0.3	≤2.6		≤2.4	
	0.3<窗墙面积比≤0.4	≤2.3		≤2.1	
	0.4<窗墙面积比≤0.5	≤2.0		≤1.7	
	0.5<窗墙面积比≤0.6	≤1.7		≤1.5	
	0.6<窗墙面积比≤0.7	≤1.7		≤1.5	
	0.7<窗墙面积比≤0.8	≤1.5		≤1.4	
	窗墙面积比>0.8	≤1.4		≤1.3	
气候分区	窗墙面积比	传热系数/[W/(m²·K)]	太阳得热系数 HSGC（东、南、西向/北向）	传热系数/[W/(m²·K)]	太阳得热系数 HSGC（东、南、西向/北向）
寒冷地区	窗墙面积比≤0.2	≤3.0	—	≤2.8	—
	0.2<窗墙面积比≤0.3	≤2.7	≤0.52/—	≤2.5	≤0.52/—
	0.3<窗墙面积比≤0.4	≤2.4	≤0.48/—	≤2.2	≤0.48/—
	0.4<窗墙面积比≤0.5	≤2.2	≤0.43/—	≤1.9	≤0.43/—
	0.5<窗墙面积比≤0.6	≤2.0	≤0.40/—	≤1.7	≤0.40/—
	0.6<窗墙面积比≤0.7	≤1.9	≤0.35/0.60	≤1.7	≤0.35/0.60
	0.7<窗墙面积比≤0.8	≤1.6	≤0.35/0.52	≤1.6	≤0.35/0.52
	窗墙面积比>0.8	≤1.5	≤0.30/0.52	≤1.4	≤0.30/0.52
气候分区	窗墙面积比	传热系数/[W/(m²·K)]		太阳得热系数 HSGC（东、南、西向/北向）	
夏热冬冷地区	窗墙面积比≤0.2	≤3.5		—	
	0.2<窗墙面积比≤0.3	≤3.0		≤0.44/0.48	
	0.3<窗墙面积比≤0.4	≤2.6		≤0.40/0.44	
	0.4<窗墙面积比≤0.5	≤2.4		≤0.35/0.40	
	0.5<窗墙面积比≤0.6	≤2.2		≤0.35/0.40	
	0.6<窗墙面积比≤0.7	≤2.2		≤0.30/0.35	
	0.7<窗墙面积比≤0.8	≤2.0		≤0.26/0.35	
	窗墙面积比>0.8	≤1.8		≤0.24/0.30	

（续）

气候分区	窗墙面积比	体型系数≤0.3 传热系数／［W／（m²·K）］	0.3＜体型系数≤0.5 传热系数／［W／（m²·K）］
夏热冬暖地区	窗墙面积比≤0.2	≤5.2	≤0.52／—
	0.2＜窗墙面积比≤0.3	≤4.0	≤0.44／0.52
	0.3＜窗墙面积比≤0.4	≤3.0	≤0.35／0.44
	0.4＜窗墙面积比≤0.5	≤2.7	≤0.35／0.40
	0.5＜窗墙面积比≤0.6	≤2.5	≤0.26／0.35
	0.6＜窗墙面积比≤0.7	≤2.5	≤0.24／0.30
	0.7＜窗墙面积比≤0.8	≤2.5	≤0.22／0.26
	窗墙面积比＞0.8	≤2.0	≤0.18／0.26

注：太阳得热系数（SHGC）是指通过透光围护结构（门窗或透光幕墙）的太阳辐射室内得热量与投射到透光围护结构外表面上的太阳辐射量的比值。

2. 有关节能标准对遮阳的要求

《夏热冬暖地区居住建筑节能设计标准》（JGJ 75—2012）中规定，各朝向的单一朝向窗地面积比，南、北向不应大于0.40；东、西向不应大于0.30。

《夏热冬冷地区居住建筑节能设计标准》（JGJ 134—2010）中规定，不同朝向外窗的窗墙面积比：北向≤0.40，东、西向≤0.35，南向≤0.45。当0.45＜窗墙面积比≤0.60时，东、西、南向设置外遮阳，综合遮阳系数SW，夏季≤0.25，冬季≥0.60。

《公共建筑节能设计标准》（GB 50189—2015）中规定，当单一立面的窗墙面积比≥0.40时，夏热冬冷地区、夏热冬暖地区外窗（包括透光幕墙）的综合太阳得热系数（SHGC）≤0.44。

《民用建筑热工设计规范》（GB 50176—2016）中规定，对遮阳要求高的门窗、玻璃幕墙、采光顶隔热宜采用着色玻璃、遮阳型单片 Low-E 玻璃、着色中空玻璃、热反射中空玻璃、遮阳型 Low-E 中空玻璃等遮阳型的玻璃系统。向阳面的窗、玻璃门、玻璃幕墙、采光顶应设置固定遮阳或活动遮阳。活动遮阳宜设置在室外侧。

3. 幕墙热工性能指标的分级

保温性能是指在幕墙两侧存在空气温差的条件下，幕墙阻抗从高温一侧向低温一侧传热的能力，不包括从缝隙中渗透的传热和太阳辐射传热。幕墙保温性能用传热系数 K 表示。《建筑幕墙保温性能分级及检测方法》（GB／T 29043—2012）、《建筑幕墙、门窗通用技术条件》（GB／T 31433—2015）将幕墙保温性能以传热系数 K 值分为8级（表3-12）。

幕墙遮阳性能以遮阳系数 SC 为分级指标，应符合表3-13的规定。

表3-12　幕墙保温性能分级（GB／T 29043—2012、GB／T 31433—2015）

分级代号	1	2	3	4	5	6	7	8
分级指标值 K／［W／（m²·K）］	$K≥5.0$	$5.0>K≥4.0$	$4.0>K≥3.0$	$3.0>K≥2.5$	$2.5>K≥2.0$	$2.0>K≥1.5$	$1.5>K≥1.0$	$K<1.0$

注：第8级应在分级后同时注明具体分级指标值。

表3-13　幕墙遮阳性能分级（GB／T 31433—2015）

分级	1	2	3	4	5	6	7	8
分级指标值 SC	0.9≥SC>0.8	0.8≥SC>0.7	0.7≥SC>0.6	0.6≥SC>0.5	0.5≥SC>0.4	0.4≥SC>0.3	0.3≥SC>0.2	SC≤0.2

3.5　建筑幕墙隔声性能

随着人们生活水平的提高，对建筑的隔声功能要求也越来越高。建筑幕墙作为建筑物的外围护结构，隔声是必须不断提高的一项主要性能。建筑幕墙主要是隔离室外的噪声，室内的隔声则要分隔不同空间的声音或层间声音。所以，不同位置的建筑幕墙的隔声是有不同要求的。

隔声性能是指通过空气传到幕墙外表面的噪声经过幕墙反射、吸收和其他能量转化后的减少量，称为幕墙的有效隔声量。空气声隔声性能以计权隔声量（R_w）作为分级指标，应满足室内声环境的需要，并符合《民用建筑隔声设计规范》（GB 50118—2010）的规定。

3.5.1　隔声性能指标

（1）声透射系数　透过试件的透射声功率与入射到试件上的入射声功率之比值，用 τ 表示，按式（3-19）计算：

$$\tau = \frac{W_\tau}{W_i} \tag{3-19}$$

式中　W_τ——透过试件的透射声功率（W）；

W_i——入射到试件上的入射声功率（W）。

（2）隔声量　入射到试件上的声功率与透过试件的透射声功率之比值，取以 10 为底的对数乘以 10，用 R 表示，单位为分贝（dB）。

均质密实构件的空气声隔声量取决于构件本身的单位面积质量、刚度、构件的内阻尼以及楼板的边界条件等因素。声波在垂直入射时的隔声量 R：

$$R = 20\lg m + 20\lg f - 43 \tag{3-20a}$$

式中　m——构件的单位面积质量（kg/m²）；

f——入射声波频率（Hz）。

由于声波的入射是无规律的，幕墙隔声量 R 大致比垂直入射时的隔声量低 5dB，即

$$R = 20\lg m + 20\lg f - 48 \tag{3-20b}$$

隔声量 R 与声透射系数 τ 有以下关系：

$$R = 10\lg \frac{1}{\tau} \tag{3-21a}$$

或

$$\tau = 10^{-R/10} \tag{3-21b}$$

（3）计权隔声量　将测得的试件空气声隔声量频率特征曲线与《建筑隔声评价标准》（GB/T 50121—2005）规定的空气声隔声基准曲线按照规定的方法相比较而得出的单值评价量，用 R_w 表示，单位为分贝（dB）。

（4）粉红噪声频谱修正量　将计权隔声量值转换为试件隔绝粉红噪声时试件两侧空间的 A 计权声压级差所需的修正值，用 C 表示，单位为分贝（dB）。

注：根据《建筑隔声评价标准》（GB/T 50121—2005），用评价量 $R_w + C$ 表征试件对类似粉红噪声频谱的噪声（中高频噪声）的隔声性能。

（5）交通噪声频谱修正量　将计权隔声量值转换为试件隔绝交通噪声时试件两侧空间

的 A 计权声压级差所需的修正值，用 C_{tr} 表示，单位为分贝（dB）。

　　注：根据《建筑隔声评价标准》（GB/T 50121—2005），用评价量 $R_w + C_{tr}$ 表征试件对类似交通噪声频谱的噪声（中低频噪声）的隔声性能。

3.5.2　隔声性能分级

　　《建筑幕墙、门窗通用技术条件》（GB/T 31433—2015）中，幕墙、外门窗空气声隔声性能以"计权隔声量和交通噪声频谱修正量之和（$R_w + C_{tr}$）"为分级指标，内门窗空气声隔声性能以"计权隔声量和粉红噪声频谱修正量之和（$R_w + C$）"为分级指标。幕墙、门窗的空气声隔声性能分级应符合表 3-14 的规定。

表 3-14　幕墙、门窗的空气声隔声性能分级（GB/T 31433—2015）　　（单位：dB）

分级	幕墙的分级指标值	外门窗的分级指标值	内门窗的分级指标值
1	$25 \leqslant R_w + C_{tr} < 30$	$20 \leqslant R_w + C_{tr} < 25$	$20 \leqslant R_w + C < 25$
2	$30 \leqslant R_w + C_{tr} < 35$	$25 \leqslant R_w + C_{tr} < 30$	$25 \leqslant R_w + C < 30$
3	$35 \leqslant R_w + C_{tr} < 40$	$30 \leqslant R_w + C_{tr} < 35$	$30 \leqslant R_w + C < 35$
4	$40 \leqslant R_w + C_{tr} < 45$	$35 \leqslant R_w + C_{tr} < 40$	$35 \leqslant R_w + C < 40$
5	$R_w + C_{tr} \geqslant 45$	$40 \leqslant R_w + C_{tr} < 45$	$40 \leqslant R_w + C < 45$
6	—	$R_w + C_{tr} \geqslant 45$	$R_w + C \geqslant 45$

　　注：用于对建筑内机器、设备噪声源隔声的建筑内门窗，对中低频噪声宜用外门窗的指标值进行分级；对中高频噪声仍可采用内门窗的指标值进行分级。

　　为了保证幕墙的隔声性能满足正常使用功能的要求，采取以下保证措施：

　　1）玻璃与骨架支架之间采用弹性接触设计，防止声音传递。

　　2）幕墙的可活动部位设有防噪声胶条，防止产生活动噪声。

　　3）孔洞越深、缝隙越大，隔声效果越差。幕墙结构尽量不采用开放结构，各连接处密封要好，可达到良好隔声。另外，降低噪声可在幕墙外饰面与墙体间增设吸声材料。

　　4）中间空腔使幕墙隔声量增大，若两层幕墙弹性连接，中间空腔 100mm 厚时，其隔声量可提高约 5dB。因此，采用双层热通道幕墙不仅具有节能、环保，还具有隔声降噪的能力。

　　建筑幕墙隔声是一个比较复杂的问题，幕墙设计阶段就要根据材料及幕墙结构的隔声特点进行幕墙设计，并分析隔声量是否达到建筑使用要求。通过试验测点或在幕墙局部完成时现场测定，以进一步确定真实的隔声效果。

3.6　建筑幕墙光热性能

　　近年来，（超）高层建筑大量采用具有强烈的定向反射特性的幕墙材料，如镜面玻璃，当直射日光和天空光照射时，便产生了反射光，反射光导致的眩光会造成道路安全的隐患；沿街两侧的高层建筑同时采用玻璃幕墙时，由于大面积玻璃出现多次镜面反射，从多方面射出，造成光的混乱和干扰，对行人和车辆行驶都有害；当玻璃幕墙采用热反射玻璃时，幕墙玻璃的反射热还会对周围环境造成热污染，干扰附近建筑中居民的正常生活，造成植被枯萎。因此，在建筑幕墙特别是玻璃幕墙设计过程中，要关注幕墙的光热性能，一方面，保证建筑采光的数量和质量要求，营造舒适的室内光环境；另一方面，控制有害的反射光，避免对周围环境造成光污染。

玻璃幕墙光热性能是指与太阳辐射有关的玻璃幕墙光学及热工性能，以可见光透射比、太阳能总透射比、遮阳系数、光热比、色差及颜色透射指数表征。

3.6.1　光热性能指标

波长位于向 X 射线过渡区（$\approx 1\text{nm}$）与向无线电波过渡区（$\approx 1\text{mm}$）之间的电磁辐射，简称光辐射。根据波长范围的不同，光辐射可分为可见辐射（是指可直接引起视感觉的光学辐射，其光谱范围限定在 $380 \sim 780\text{nm}$）、红外辐射（是指波长比可见辐射长的光学辐射，其光谱范围限定在 $780\text{nm} \sim 25\mu\text{m}$）和紫外辐射（是指波长比可见辐射短的光学辐射，其光谱范围限定在 $300 \sim 380\text{nm}$）。

1. 光度测量

光度测量的参数包括可见光反射比、可见光透射比、透光折减系数、太阳能直接反射比、太阳能直接透射比、太阳能直接吸收比、太阳能总透射比、遮蔽系数、紫外线反射比、紫外线透射比、辐射率。

（1）可见光

1）可见光反射比。在可见光谱（$380 \sim 780\text{nm}$）范围内，玻璃或其他材料反射的光通量 $\Phi_{\rho,v}$ 对入射的光通量 $\Phi_{i,v}$ 之比，用符号 ρ_v 表示，其计算公式为：

$$\rho_v = \Phi_{\rho,v}/\Phi_{i,v} \tag{3-22}$$

2）可见光透射比。在可见光谱（$380 \sim 780\text{nm}$）范围内，透过玻璃或其他透光材料的光通量 $\Phi_{\tau,v}$ 与入射的光通量 $\Phi_{i,v}$ 之比，用 τ_v 表示，其计算公式为：

$$\tau_v = \Phi_{\tau,v}/\Phi_{i,v} \tag{3-23}$$

（2）太阳光　是指近紫外线、可见光和近红外线组成的辐射光，波长范围为 $300 \sim 2500\text{nm}$。太阳辐射光照射到幕墙上，入射部分可分为：反射部分 ρ_e + 透射部分 τ_e + 吸收部分 α_e，且满足 $\rho_e + \tau_e + \alpha_e = 1$。

1）太阳能直接反射比。被物体表面直接反射的太阳光辐射 $\Phi_{\rho,e}$ 与入射到物体表面的太阳光辐射 $\Phi_{i,e}$ 之比，用符号 ρ_e 表示，其计算公式为：

$$\rho_e = \Phi_{\rho,e}/\Phi_{i,e} \tag{3-24}$$

2）太阳光直接透射比。在太阳辐射范围内，直接透过玻璃或其他透光材料的能量 $\Phi_{\tau,e}$ 对入射的能量 $\Phi_{i,e}$ 之比，用符号 τ_e 表示，其计算公式为：

$$\tau_e = \Phi_{\tau,e}/\Phi_{i,e} \tag{3-25}$$

3）太阳能直接吸收比。被物体直接吸收的太阳光辐射 $\Phi_{\alpha,e}$ 与入射到物体表面的太阳光辐射 $\Phi_{i,e}$ 之比，用符号 α_e 表示，其计算公式为：

$$\alpha_e = \Phi_{\alpha,e}/\Phi_{i,e} \tag{3-26}$$

4）太阳能总透射比。太阳光直接透射比 τ_e 与被玻璃及构件吸收的太阳辐射再经传热进入室内的得热因子 q_i 之和，用符号 g 表示，其计算公式为：

$$g = \tau_e + q_i \tag{3-27}$$

太阳能总透射比 = 遮阳系数 SC × 0.87。

5）光热比。材料的可见光透射比与太阳能总透射比的比值，用 r 或 LSG 表示。

6）遮阳系数。太阳辐射总能量透过玻璃等透光材料的能量与透光相同面积的 3mm 厚透明玻璃的能量之比，用符号 SC 表示。

（3）紫外辐射　通过玻璃的太阳辐射的紫外部分波长分布为 300 ~ 380nm。

1）紫外线反射比。在紫外线光谱（300 ~ 380nm）范围内，被物体表面反射的紫外辐射能 $\Phi_{\rho,uv}$ 与入射到物体表面的紫外辐射能 $\Phi_{i,uv}$ 之比，用符号 ρ_{uv} 表示，其计算公式为：

$$\rho_{uv} = \Phi_{\rho,uv}/\Phi_{i,uv} \tag{3-28}$$

2）紫外线透射比。在紫外线光谱（300 ~ 380nm）范围内，透过玻璃或其他透光材料的能量 $\Phi_{\tau,uv}$ 与入射的能量 $\Phi_{i,uv}$ 之比，用符号 τ_{uv} 表示，其计算公式为：

$$\tau_{uv} = \Phi_{\tau,uv}/\Phi_{i,uv} \tag{3-29}$$

（4）远红外辐射

1）垂直辐射率。对于垂直入射的热辐射（波长范围为 4.5 ~ 25um），其热辐射吸收率 α_h 定义为垂直辐射率。

2）半球辐射率。半球辐射率等于垂直辐射率乘以相应的材料表面的系数。

2. 色度测量

色度测量的参数包括色品、色差、颜色透视指数。

（1）色品　用 CIE 1931 标准色度系统所表示的颜色性质，由色品坐标定义的色刺激性质。色品用如下三个属性来描述：①色调。色光中占优势的光的波长称为主波长，由主波长的光决定的主观色觉称为色调。②亮度。由色光的能量所决定的主观明亮程度。③饱和度。描述某颜色的组分中纯光谱色所占的比例，即颜色的纯度。

（2）色差　以定量表示的两种不同颜色差异知觉，即色调、明度和彩度这三种颜色属性的综合差异，用符号 ΔE 表示。

（3）颜色透视指数　太阳辐射透过玻璃后的一般显色指数，用符号 R_a^T 表示。

（4）一般显色指数　光源对国际照明委员会（CIE）规定的第 1 号 ~ 第 8 号标准颜色样品显色指数的平均值。

3. 透光折减系数

可见光通过玻璃幕墙后减弱的系数，透射漫射光照度（E_w）与漫射光照度（E_0）之比，称为透光折减系数，用符号 T_r 表示，其计算公式为：$T_r = E_w/E_0$。

3.6.2　建筑幕墙光热性能的要求

建筑幕墙的设置应符合城市规划的要求，应满足采光、保温、隔热的要求，还应符合有关光热性能的要求。

《玻璃幕墙光热性能》（GB/T 18091—2015）对玻璃幕墙的光热性能规定：

1）幕墙玻璃产品应提供可见光透射比、可见光反射比、太阳光直接透射比、太阳能总透射比、遮阳系数、光热比及颜色透射指数。对紫外线有特殊要求的场所（如博物馆、展览馆、图书馆、商厦），使用的幕墙玻璃产品还应提供紫外线透射比。常见幕墙玻璃的光热性能参数见表 3-15。

表 3-15　常见幕墙玻璃的光热性能参数

材料类型	规格	可见光		太阳辐射		遮阳系数	光热比
		透射比	反射比	直接透射比	总透射比		
单层玻璃	6mm 普通白玻璃	0.89	0.08	0.80	0.84	0.97	1.06
	12mm 普通白玻璃	0.86	0.08	0.72	0.78	0.90	1.10
	6mm 超白玻璃	0.91	0.08	0.89	0.90	1.04	1.01
	12mm 超白玻璃	0.91	0.08	0.87	0.89	1.02	1.03
	6mm 浅蓝玻璃	0.75	0.07	0.56	0.67	0.77	1.12
	6mm 水晶灰玻璃	0.64	0.06	0.56	0.67	0.77	0.96
夹层玻璃	夹层玻璃 6C + 1.52PVB + 6C	0.88	0.08	0.72	0.78	0.89	1.14
	夹层玻璃 6C + 0.76PVB + 6C	0.87	0.08	0.72	0.78	0.89	1.14
	夹层玻璃 6C 绿 + 0.38PVB + 6C	0.72	0.07	0.38	0.57	0.65	1.27
Low-E 中空玻璃	6 单银 Low-E + 12A + 6C	0.76	0.11	0.47	0.54	0.62	1.41
	6C + 12A + 6 单银 Low-E	0.67	0.13	0.46	0.61	0.70	1.10
	6 单银 Low-E + 12A + 6C	0.65	0.11	0.44	0.51	0.59	1.27
	6 单银 Low-E + 12A + 6C	0.57	0.18	0.36	0.43	0.49	1.34
	6 双银 Low-E + 12A + 6C	0.66	0.11	0.34	0.40	0.46	1.65
	6 双银 Low-E + 12A + 6C	0.68	0.11	0.37	0.41	0.47	1.66
	6 双银 Low-E + 12A + 6C	0.62	0.11	0.34	0.38	0.44	1.62
	6 三银 Low-E + 12A + 6C	0.48	0.15	0.22	0.26	0.30	1.85
	6 三银 Low-E + 12A + 6C	0.61	0.11	0.28	0.32	0.37	1.91
	6 三银 Low-E + 12A + 6C	0.66	0.11	0.29	0.33	0.38	2.00
热反射镀膜 玻璃	6mm	0.64	0.18	0.59	0.66	0.76	0.97
在线低辐射 镀膜玻璃	6mm	0.82	0.10	0.66	0.74	0.85	1.11
	8mm	0.81	0.10	0.62	0.67	0.77	1.21
	10mm	0.80	0.10	0.59	0.65	0.75	1.23
	12mm	0.80	0.10	0.57	0.64	0.73	1.25
	6mm（金色）	0.41	0.34	0.44	0.55	0.63	0.75
	8mm（金色）	0.39	0.34	0.42	0.53	0.61	0.73

注：1. 遮阳系数——太阳能总透射比/0.87。

2. 光热比——可见光透射比/太阳能总透射比。

3. 测试依据 GB/T 2680 和 ISO 9050 进行。

2）有害光反射是指玻璃幕墙对人引起视觉累积损害或干扰的反射光，包括失能眩光

（降低视觉对象的可见度，但并不一定产生不舒服感觉的眩光）或不舒适眩光（产生不舒适感觉，但并不一定降低视觉对象可见度的眩光）对于不舒适眩光，为了限制玻璃幕墙的有害光反射光，玻璃幕墙应采用反射比不大于 0.30 的玻璃。

3）玻璃幕墙的颜色的均匀性用"CIELAB 系统"色差 ΔE 表示，同一玻璃产品的反射色差 ΔE 应不大于 3CIELAB 色差单位。

4）畸变是指物体经成像后发生扭曲的现象，玻璃幕墙不应产生影像畸变，其平面度应符合《建筑幕墙》（GB/T 21086—2007）的规定。

为了限制玻璃幕墙有害光反射，玻璃幕墙的设计与设置应符合以下规定：

1）在城市快速路、主干道、立交桥、高架桥两侧的建筑物 20m 以下及一般路段 10m 以下的玻璃幕墙，应采用可见光反射比不大于 0.16 的低反射玻璃。若反射玻璃高于此值应控制玻璃幕墙的面积或采取其他材料对建筑立面加以分隔。

2）在 T 形路口的正对直线路段处设置玻璃幕墙时，应采用可见光反射比不大于 0.16 的低反射玻璃。

3）构成玻璃幕墙的金属外表面，不宜使用可见光反射比大于 0.30 的镜面和高光泽材料。

4）道路两侧玻璃幕墙设计成凹形弧面时，应避免反射光进入行人与驾驶员的视场中，凹形弧面玻璃幕墙设计与设置应控制反射光聚焦点的位置，其幕墙弧面的曲率半径 R_ρ，一般应大于幕墙至对面建筑物立面的最大距离 R_s，即 $R_\rho \geqslant R_s$。

5）下列情况应进行玻璃幕墙反射光影响分析：

①在居住建筑、医院、中小学校及幼儿园周边区域设置玻璃幕墙时。

②在主干道路口和交通流量大的区域设置玻璃幕墙时。

玻璃幕墙的反射光分析应选择典型日进行，并应采用通过国家建设主管部门评估的专业分析软件，评估机构应具备国家授权的资质及能力。

6）玻璃幕墙反射光对周边建筑的影响分析应选择日出至日落前太阳高度角不低于 10° 的时段进行。

7）在与水平面夹角 0°~45° 的范围内，玻璃幕墙反射光照射在周边建筑窗台面的连续滞留时间不应超过 30min。

8）在驾驶员前进方向垂直角 20°，水平角 ±30° 内，行车距离 100m 内，玻璃幕墙对机动车驾驶员不应造成连续的有害反射光。

9）当玻璃幕墙反射光对周围建筑和道路影响时间超出范围时，应采取控制玻璃幕墙面积或对建筑立面加以分隔等措施。

《公共建筑节能设计标准》（GB 50189—2015）对幕墙光热性能的规定：甲类公共建筑单一立面窗墙面积比小于 0.4 时，透光材料的可见光透射比不应小于 0.60；甲类公共建筑单一立面窗墙面积比大于等于 0.4 时，透光材料的可见光透射比不应小于 0.40.

3.6.3　光热性能的分级

采用光热比 r 作为光热性能的分级。玻璃幕墙的光热性能分级指标值及分级应按表 3-16 的规定。颜色透射指数应按表 3-17 进行分级，有辨色要求的幕墙的颜色透射指数 R_a^T 应不低于 80。不同地区玻璃幕墙光热性能要求见表 3-18。

表 3-16　光热性能分级（GB/T 18091—2015）

	分级							
	1	2	3	4	5	6	7	8
光热比 r	$r<1.1$	$1.1 \leqslant r$ <1.2	$1.2 \leqslant r$ <1.3	$1.3 \leqslant r$ <1.4	$1.4 \leqslant r$ <1.5	$1.5 \leqslant r$ <1.7	$1.7 \leqslant r$ <1.9	$r \geqslant 1.9$

表 3-17　颜色透射指数分级

显色组别	1		2		3	4
分级	A	B	A	B		
R_a^T	$R_a \geqslant 90$	$80 \leqslant R_a < 90$	$70 \leqslant R_a < 80$	$60 \leqslant R_a < 70$	$40 \leqslant R_a < 60$	$20 \leqslant R_a < 40$

表 3-18　不同地区玻璃幕墙光热性能要求

地区	光热比级别	太阳能总透射比	透光折减系数
严寒地区	2 级及以上	≤0.75	≥0.3
寒冷地区	3 级及以上	≤0.45	≥0.3
夏热冬冷地区	4 级及以上	≤0.40	≥0.3
温和地区	5 级及以上	≤0.35	≥0.3
夏热冬暖地区	5 级及以上	≤0.30	≥0.3

幕墙、门窗的采光性能以透光折减系数 T_r 为分级指标，分级应符合表 3-19 的规定。

表 3-19　幕墙、门窗采光性能分级（GB/T 31433—2015）

分级	1	2	3	4	5
分级指标值 T_r	$0.20 \leqslant T_r < 0.30$	$0.30 \leqslant T_r < 0.40$	$0.40 \leqslant T_r < 0.50$	$0.50 \leqslant T_r < 0.60$	$T_r > 0.60$

3.7　建筑幕墙热循环性能

气候变化对建筑幕墙质量的影响主要体现在节能、舒适性、使用功能及安全卫生等方面。有气密性、水密性能要求的建筑幕墙应通过热循环试验来确定其对建筑幕墙气密性、水密性能的影响。

《建筑幕墙热循环试验方法》（JG/T 397—2012）参考美国标准《Test method for thermal cycling of exterior walls》（AAMA 501.5—2007）、英国标准《Standard test methods for building envelopes Section 18：standard thermal cycling regime》（CWCT—2005），结合我国气候条件和幕墙工程应用情况，在大量试验的基础上，编制模拟气候变化对建筑幕墙作用的一种检测方法，标准具有科学性和可操作性。

3.7.1　热循环性能指标

（1）室内环境　模拟设计确定的室内空气温度、湿度。

（2）室外环境　模拟建筑物室外气候全年变化，空气温度为设计确定的夏季和冬季室外极端设计温度，其中夏季室外空气极端设计温度还包括由太阳辐射引起的外侧表面温度，湿度没有要求。

（3）热循环　模拟建筑物室内外一年以上自然气候条件周期变化的过程，模拟的自然气候条件包括空气干球温度、空气相对湿度、太阳热辐射强度。

（4）最高空气温度　室外侧空气温度的最大值 T_{max}，即设计确定的夏季室外最高温度。

（5）最低空气温度　室外侧空气温度的最低值 T_{min}，即设计确定的冬季室外最低温度。

（6）最大辐射温度　室外侧辐射强度的最大值 I_{max}，即设计确定的夏季室外最大太阳辐射强度。

3.7.2　建筑幕墙热循环性能试验

1. 试验原理

在规定时间内通过模拟室外气候空气干球温度、太阳日照辐射的年周期变化和室内温湿度环境，通过试验前后气密、水密性能检测，评估热循环对气密性能、水密性能的影响，并观察有无热胀冷缩而出现的功能障碍、部件损坏和在低温下是否出现严重结露等情况，来确定热循环试验对建筑幕墙性能的影响。

2. 试验条件

（1）室外试验参数　包括室外空气干球温度 T 和辐射条件 I。辐射照度由标定试验确定，标定试验应符合《建筑幕墙热循环试验方法》（JG/T 397—2012）附录 A 的规定，并宜根据建筑幕墙所在地气候条件由设计确定，也可参见表 3-20 的推荐参数。

表 3-20　推荐试验条件

热工分区名称	有辐射要求			无辐射要求	
	室外空气干球温度最低值 T_{min}/℃	室外空气干球温度最高值 T_{max}/℃	室外辐射照度 I/（W/m²）	室外空气干球温度最低值 T_{min}/℃	室外空气干球温度最高值 T_{max}/℃
严寒地区	−47 ~ −22	40	940 ~ 1040	−47 ~ −22	82
寒冷地区	−10 ~ −22	40	940 ~ 1040	−10 ~ −22	82
夏热冬冷地区	−5 ~ −10	40	940 ~ 1040	−5 ~ −10	82
夏热冬暖地区	0 ~ 5	40	940 ~ 1040	0 ~ 5	82
温和地区	5 ~ 10	40	940 ~ 1040	5 ~ 10	82

（2）室内试验参数　包括室内空气温度 T_{in} 和相对湿度 Φ，宜由设计确定，也可采用下列参数：室内空气温度 T_{in} 为 24℃，室内空气的相对湿度 Φ 为 45%。

3. 试验方法

热循环试验宜采用试验方法一进行，有辐射要求时应按试验方法二进行。

（1）试验方法一（热循环试验）　热循环试验前将室内侧和室外侧空气温度都稳定在室内试验温度 T_{in}，且不少于 1h。然后按下列试验步骤进行：

1）室外空气干球温度在 1h 内升至规定的最高值 T_{max} 后，持续时间不少于 2h。

2）室外空气干球温度在 1h 内降至 T_{in}。

3）室外空气干球温度在 1h 内降至规定的最低值 T_{min} 后，持续时间不少于 2h。

4）室外空气干球温度在 1h 内升至 T_{in}。

5）重复步骤 1）~4）。

室外温度条件变化的一个循环如图 3-16 所示，室内空气温度和相对湿度保持不变，如图 3-17 所示。循环周期数由设计确定，但不应小于 3 次。

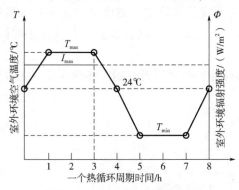 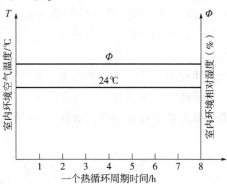

图 3-16 室外环境气候模拟图   图 3-17 室内循环气候模拟图

（T_{min} 为室外空气温度的最低值，单位为℃；T_{max} 为室外空气温度最大值，单位为℃；I_{max} 为室外主要面板日照辐射强度最大值，单位为 W/m²；室内空气温度单位为℃；室内空气相对湿度 Φ 单位为%）

在一个周期的每个控制阶段，室内和室外空气干球温度波动幅度不应大于 3℃；室内空气相对湿度波动幅度不应大于 10%；室外试件表面辐射照度波动幅度不应大于 50W/m²。

（2）试验方法二（有辐射要求时热循环试验）   热循环试验前将室内侧和室外侧空气温度都稳定在室内试验温度 T_{in}，且不少于 1h。然后按下列试验步骤进行：

1）室外空气干球温度在 1h 内升至规定的最高值 T_{max} 后，维持时间不少于 2h，试件表面的辐射照度在升温和维持阶段为 I。

2）室外空气干球温度在 1h 内降至 T_{in}。

3）室外空气干球温度在 1h 内降至规定的最低值 T_{min} 后，维持时间不少于 2h。

4）室外空气干球温度在 1h 内升至 T_{in}。

5）重复步骤 1）~4）。

室外温度条件变化的一个循环如图 3-18 所示，室内空气温度和相对湿度保持不变，如图 3-19 所示。循环周期数由设计确定，但不应小于 3 次。

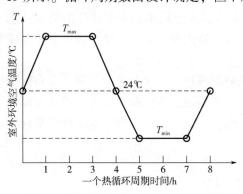 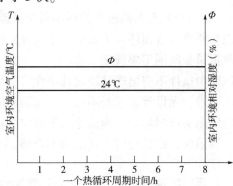

图 3-18 室外环境气候模拟图   图 3-19 室内循环气候模拟图

（T_{min} 为室外空气温度的最低值，单位为℃；T_{max} 为室外空气温度最大值，单位为℃；室内空气温度单位为℃；室内空气相对湿度 Φ 单位为%）

在一个周期的每个控制阶段，室内与室外空气干球温度波动幅度不应大于 3℃；室内空气相对湿度波动幅度不应大于 10%；室外试件表面辐射照度波动幅度不应大于 50W/m²。

建筑幕墙试件及安装应满足《建筑幕墙气密、水密、抗风压性能检测方法》（GB/T 15227—2019）的要求，且试件的高度不应低于一个完整的层高，宽度至少包括三个横向分格，应包含完整的横向、竖向伸缩缝，如试件包含了开启扇，其位置宜设在试件中间区域。保温构造应与实际工程相符。

热循环检测是在幕墙气密性能、水密性能等性能检测之后进行的，热循环检测之后要重复进行气密性能、水密性能等性能检测。

建筑幕墙热循环检测进程如图 3-20 所示。

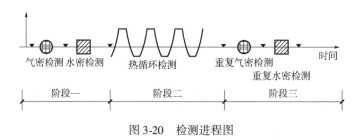

图 3-20 检测进程图

1）建筑幕墙热循环试验检测前后均应按照《建筑幕墙气密、水密、抗风压性能检测方法》（GB/T 15227—2019）进行气密性能、水密性能检测。水密性能检测后应待试件干燥后进行热循环试验。建筑幕墙热循环试验后进行重复气密性能、水密性能检测的间隔试件不应少于 6h。

2）检验试件状态并记录，应将试件可开启部分开关不少于 5 次，最后关紧。

3）检查并使仪器设备处于正常状态，启动试验设备。

4）设定温度使室内温度与室外温度一致，都达到试验条件中的室内温度，保持不少于 1h。

5）设定室内空气温度、相对湿度；设定室外空气最高温度、最低温度、试件表面辐射照度和升温、降温时间及循环试验周期，按照试验方法一或试验方法二进行建筑幕墙热循环试验。

6）在每个低温保持阶段的后半段及试验结束后到室内箱体去观察试件的结露状态，是否出现功能障碍或损坏。采集记录室内外空气温度、室内空气湿度、试件内外表面温度等参数，数据采集间隔不应低于 2min。

试验中试件不应出现幕墙设计不允许的功能障碍或损坏；试验前后气密、水密性能应满足设计要求，无设计要求时不可出现级别下降。也就是说，当试验中试件出现幕墙设计不允许的功能障碍或损坏时，则试验结果判定为不合格。当试验前后气密、水密性能指标值超过设计允许值时，则试验结果判定为不合格。

3.8 建筑幕墙抗风携碎物冲击性能

建筑幕墙抗风携碎物冲击性能是指建筑幕墙在风携碎物冲击及循环风压作用下，不发生超过规定破损的能力。《建筑幕墙和门窗抗风携碎物冲击性能分级及检测方法》（GB/T

29738—2013）的颁布实施，可对我国沿海台风地区的建筑幕墙抗风携碎物冲击性能进行评定，对不同等级台风的风速所要求的建筑幕墙的性能进行清楚地描述，对沿海一带以及其他一些经常受台风影响的地区建筑的建筑幕墙设计具有指导意义。

3.8.1 抗风携碎物性能的分级

1. 分级指标值

幕墙、门窗抗风携碎物冲击性能，以发射物的质量 m 和速度 v 作为分级的指标。分级指标按 m、v 分为五级，见表3-21。

表3-21 幕墙、门窗抗风携碎物冲击性能分级（GB/T 29738—2013、GB/T 31433—2015）

分级	1	2	3	4	5
发射物	钢球	木块	木块	木块	木块
质量 m	2g±0.1g	0.9kg±0.1kg	2.1kg±0.1kg	4.1kg±0.1kg	4.1kg±0.1kg
速度 v	39.6m/s	15.3m/s	12.2m/s	15.3m/s	24.4m/s

2. 发射物选取

冲击级别应根据建筑物工程所在地基本风速、建筑物防护级别和试件安装高度来确定。

（1）风区的划分 基本风速可按《建筑结构荷载设计规范》（GB 50009—2012）确定。根据基本风速大小可划分为五个风区：风区1，32.7m/s≤基本风速＜50.0m/s；风区2，50.0m/s≤基本风速＜55.0m/s；风区3，55.0m/s≤基本风速＜60.0m/s；风区4，60.0m/s≤基本风速＜65.0m/s；风区5，基本风速≥65m/s。

（2）建筑物防护类型划分

1）无防护建筑物是指在风暴中对人类生命具有低危险性的建筑物和结构，包括但不限于以下类别：农业设施、生产用温室、某些暂时性的设施或仓储设施。

2）基本防护建筑物是指1）和3）所列之外的建筑物。

3）加强型防护建筑物是指作为基础设施的建筑物和其他结构，包括但不限于以下类别：医院、其他应急健康医疗中心；监狱和拘留所；消防、急救、警局和急救车库；指定的应急避难所；商业中心和其他要求应急反应场所；电站；其他有应急要求的公共设施；具有国防功能的建筑物和其他设施。

（3）试件的安装高度类型 试件的安装高度可分为两类：安装高度≤10m；安装高度＞10m。

（4）建筑幕墙和门窗抗风携碎物冲击级别的选定 见表3-22。

表3-22 建筑幕墙和门窗抗风携碎物冲击级别的选定（GB/T 29738—2013）

建筑物保护类型	无防护		基本防护		居住建筑 屋顶天窗		加强型防护	
试件的安装高度/m	≤10	＞10	≤10	＞10	≤10	＞10	≤10	＞10
风区1	—	—	3	1	1	1	4	4
风区2	—	—	3	1	1	1	4	4
风区3	—	—	3	1	2	1	4	4
风区4	—	—	4	1	3	1	4	5
风区5	—	—	4	1	4	1	4	5

注：1、2、3、4、5见表3-21的要求，"—"表示不做要求。

3.8.2 建筑幕墙抗风携碎物冲击性能检测

1. 检测装置

检测装置主要包括发射物、发射装置、测速装置和循环静压室。

（1）发射物　发射物分为钢球和木块。

1）钢球。钢球的质量为（2.0±0.1）g，直径为8mm。

2）木块。木块为松木或软木，断面尺寸为38mm×89mm，长度质量为1.61~1.79kg/m，长度为（0.525±0.1）~（2.4±0.1）m。木块冲击试件的一端称为冲击端，另一端称为末端。在距冲击端300mm范围内应无木节、开裂、细裂缝或缺损等缺陷，末端应设置重量不超过200g的圆形底板，木块的质量和长度应包含底板。

（2）发射装置　发射装置包括钢球发射装置、木块发射装置。发射装置具备可按照规定的发射速度和方向向规定的位置发射钢球和木块发射物的能力。

1）钢球发射装置。包括空气压缩装置和压力发射装置。空气压缩装置可采用空气压缩机，为钢球发射提供动力；压力发射装置应能同时发射10个钢球，并可按规定方向冲击到试件的规定位置。

2）木块发射装置。包括空气压缩装置和压力发射装置。空气压缩装置可采用空气压缩机，为木块发射提供动力；压力发射装置宜采用压缩空气炮，可按规定方向将木块冲击到试件的规定位置。

（3）发射要求　发射物的速度误差应该控制在允许范围内：当规定的速度≤23m/s时，误差应该在±2%以内；当规定的速度>23m/s时，误差应该在±1%以内。发射物要垂直撞击试件。

（4）测速装置　发射装置应带有一个测速装置，速度的测量应该在发射物离开发射管后进行。速度测量装置宜采用光电感应测速器或高速摄像机。

1）光电感应测速器。使用同一型号两个光电感应器，通过电子计时器记录发射物通过两个感应器的时间。电子计时器响应频率不少于10kHz，反应时间不超过0.15ms。发射物的速度为两个光电感应器间的距离除以电子计时器所计时间的计算值。

2）高速摄像机。将摄像机置于适当的位置，在发射物上设置一参考线，在背景处设置清晰的长度标记，记录连续相邻两帧静态画面中参考线移动的距离，除以两帧的试件间隔可以计算出发射物的速度。如果采用每秒500帧的高速摄像机，并且所记录的位置变化为27mm，则发射物的速度为500×0.027=13.5（m/s）。

发射速度校准应在每次冲击检测前进行，包括钢球发射速度校准和木块发射速度校准。校准方法如下：将试件用一块预先准备好的木板或其他材质板（以不被穿透为准）替代，设定并调整发射时的压力值进行预发射，当连续3次测得的冲击速度符合相应要求时，即可按校准后的压力值进行冲击检测。

（5）波动压力箱　建筑幕墙循环静压检测的波动压力箱应满足《建筑幕墙气密、水密、抗风压性能检测方法》（GB/T 15227—2019）对压力箱的要求。

2. 钢球冲击检测

钢珠冲击检测装置如图3-21所示。压缩气体源可采用空气压缩机，发射装置采用空气炮方式，钢珠发射管应能同时发射10个钢珠，10个钢珠应位于直径为200mm的圆内，并可按规定方向冲击到试件的规定位置。

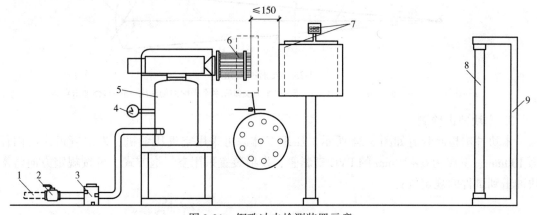

图 3-21　钢珠冲击检测装置示意

1—压缩气体源　2—单向阀　3—电磁阀　4—压力表　5—空气炮　6—钢珠发射管
7—光电感应测速器　8—试件　9—压力箱

（1）冲击位置　应将试件固定在安装框架上，安装框架支撑边的最大变形不得超过 $L/360$，L 为最长的安装框的长度。应固定安装框架，以保证当试件被冲击时安装框不移动。

仅冲击幕墙门窗试件的最大玻璃面板，以 10 个钢球为一组冲击每个试件 3 个不同位置，如图 3-22 所示，10 个钢球应同时冲击在相应范围内。

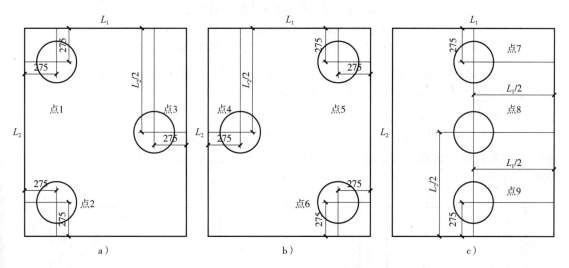

图 3-22　钢球冲击位置（单位：mm）

a）试件 1　b）试件 2　c）试件 3

冲击点 1、2、5、6 分别位于试件的对角线上，距试件两边 275mm 的位置；冲击点 3 和 4 位于距 L_1 边 $L_2/2$、距 L_2 边 275mm 处。冲击点 7 和 9 位于距离 L_1 边 275mm，距 L_2 边 $L_1/2$ 处。冲击点 8 为试件的中心。

（2）发射冲击角度　发射点与冲击点的直线连线，应位于以反射点为顶点，以目标冲击点处试件表面与水平平面交线在水平平面内的法线为轴线，所形成的顶角为 10° 的圆锥的底面上，如图 3-23 所示。

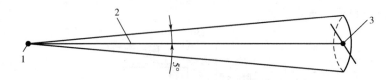

图 3-23　发射冲击角度

1—发射点　2—目标冲击点处试件表面与水平平面交线在水平平面内的法线　3—目标冲击点

3. 木块冲击检测

木块冲击检测装置如图 3-24 所示。压缩气体源可采用空气压缩机，发射管可采用内径为 100mm、壁厚为 6～10mm 的 PVC 塑料管，发射装置采用空气炮方式，可按规定方向将木块冲击到试件的规定位置。

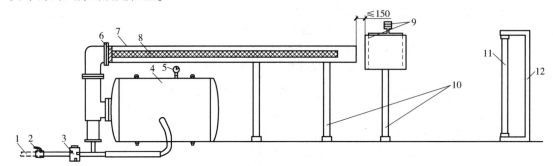

图 3-24　木块冲击检测装置示意（单位：mm）

1—压缩气体源　2—单向阀　3—电磁阀　4—空气炮　5—压力表　6—圆形底板　7—发射管
8—木块　9—光电感应测速器　10—支架　11—试件　12—压力箱

（1）冲击构件选取　选取级别为 2、3、4、5 时，应对玻璃面板进行冲击检测；选取级别为 4、5 时，还应增加对试件杆件的冲击检测。

（2）冲击位置

1）试件为幕墙门窗中的最大面板。门窗需取 3 个相同的试件分别进行检测，3 个试件的冲击位置如图 3-25 所示。幕墙可取一个试件，如图 3-25 所示，对该试件的点 1、2、3 位置进行检测。

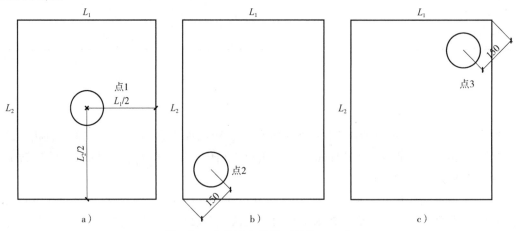

图 3-25　木块冲击位置（单位：mm）

a）试件 1　b）试件 2　c）试件 3

试件 1 的冲击点位置是以冲击点 1 为圆心，半径为 65mm 的圆内。冲击点 1 位于试件的中心点。

试件 2 的冲击点位置是以冲击点 2 为圆心，半径为 65mm 的圆内。冲击点 2 位于试件的左下角对角线上，距离左下角 150mm 处。

试件 3 的冲击点位置是以冲击点 3 为圆心，半径为 65mm 的圆内。冲击点 3 位于试件的右上角对角线上，距离右上角 150mm 处。

2）幕墙试件的杆件冲击位置应选取幕墙试件各典型受力杆件的中心位置检测，明框玻璃幕墙各杆件的冲击位置如图 3-26 所示。

3）特殊情况：

①试件包含多重独立面板或防风暴装置时，应选取最靠近室内者进行冲击检测，且应冲击其室外侧表面。

②试件包含相同材料的固定和活动面板时，应选取活动面板进行冲击检测，且冲击的角部位置应靠近主锁闭点，另一角部冲击点取其相对位置。

③试件检测部位带有支撑物时，应选取附近的无支撑部分检测。

④防风暴装置具有可折叠部分时，则应选取摺间凹槽处检测。

⑤组合防风装置每层应分别冲击三次，冲击位置如图 3-27 所示。

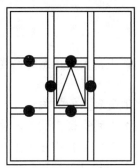
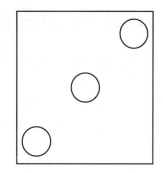

图 3-26　幕墙试件的杆件冲击位置　　图 3-27　组合防风暴装置的冲击位置

4. 波动压力检测

单个试件抗风携碎物冲击检测合格后，可进行波动压力检测。波动压力检测荷载 p 为工程所在地的风荷载标准值 w_k 的 0.6 倍，即 $p = 0.6w_k$。其检测步骤：①设定系统的波动压力差；②执行波动压力差检测程序（表 3-23）；③记录波动压力差检测各阶段中试件的变化情况。

表 3-23　波动压力差检测程序（GB/T 29738—2013）

施压顺序	施压方向	静压差	循环周期数
1	正	$(0.2 \sim 0.5)p$	3500
2	正	$(0.0 \sim 0.6)p$	300
3	正	$(0.5 \sim 0.8)p$	600
4	正	$(0.3 \sim 1.0)p$	100
5	负	$(0.3 \sim 1.0)p$	50

（续）

施压顺序	施压方向	静压差	循环周期数
6	负	$(0.5 \sim 0.8)p$	1050
7	负	$(0.0 \sim 0.6)p$	50
8	负	$(0.2 \sim 0.5)p$	3350
周期	每个空气压循环过程在 $1 \sim 5s$，间隔小于 $1s$		

5. 检测结果评定

（1）单个试件的合格评定　试件在选定级别的冲击荷载作用下，面板未产生损坏或有损坏但未形成穿透性开裂，杆件未变形或有变形但未损坏或脱落，开启部位功能正常，则可进行波动压力荷载检测，否则直接判定为不合格。

经受冲击荷载合格后的试件，在波动压力荷载作用后，不允许出现长度大于 130mm 的裂缝，或出现直径大于 76mm 的穿透性开孔，否则判定为不合格。

（2）3 个试件的综合评定　试件在选定的分级指标下，所有 3 个试件全部达到单个试件的合格条件时，则该试件合格；若 2 个试件达到要求，需追加 2 个试件，所追加的试件全部符合要求时则判定为合格，否则判定为不合格；若 2 个试件未达到要求时，则判定为不合格。

3.9　建筑幕墙抗爆炸冲击性能

建筑幕墙抗爆炸冲击波性能是指建筑幕墙和门窗在正常关闭状态时遭受爆炸空气冲击波作用时，保护室内人和物的能力。

爆炸产生的空气冲击波对建筑物的威胁越来越多地受到人们的关注。作为建筑物的重要围护结构，建筑幕墙和门窗的抗爆炸冲击波性能也逐渐得到重视，欧盟、美国和国际标准化组织先后编制并发布了相应的分级和检测方法标准，目前欧盟标准主要有 BS EN 13123—1：2001、BS EN 13123—2：2004、BS EN 13124—1：2001 和 BS EN 13124—2：2004；美国标准主要有 ASTM F 1642—04（2010）；国际标准主要有 ISO 16933：2007 和 ISO 16934：2007 。

建筑幕墙和门窗的抗空气冲击波的试验方法有激波管法（shock tube method）和距离试验法（range test method），我国《玻璃幕墙和门窗抗爆炸冲击性能分级及检测方法》（GB/T 29908—2013）中试验方法采用了距离试验法，即使炸药空中爆炸产生空气冲击波作用于试件上进行试验。

当玻璃幕墙和门窗具备下列条件之一时，宜进行抗爆炸冲击波性能试验：

1）工程所在地发生过恐怖袭击或存在恐怖袭击的可能。

2）建筑物本身的重要性、建筑功能或建筑物本身有试验要求。

3）工程所在地易于实施爆炸袭击。

4）工程附近存在易受爆炸攻击的目标。

试验要求一般由设计单位或建设单位提出，并对分级指标提出具体要求。

3.9.1　建筑幕墙抗爆炸冲击波性能试验原理

1. 爆炸冲击波

当能量在空气中突然被释放时（如引爆炸药），强烈压缩周围的空气，并以超声速传播，这时即可产生冲击波。在这个过程中，空气分子并不是像正常得到能量那样反应，而是受到激振形成冲击波。空气中任何一固定点的冲击波可以描述为压力瞬间上升，并紧跟着一段时间的衰减，这个阶段称为正压阶段，如图 3-28 所示。

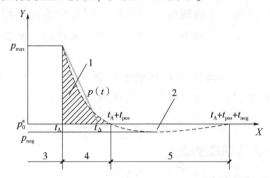

图 3-28　空气冲击波的理想压力-时间变化曲线

X—爆炸后的时间　Y—压力　1—正压冲量，I_{pos}　2—负压冲量，I_{neg}　3—到达时间，t_A

4—正压阶段持续时间，t_{pos}　5—负压阶段持续时间，t_{neg}　a—环境

图 3-28 中，正压阶段冲量是指正压阶段空气冲击波压力-时间曲线所包含的面积，按下式确定：

$$I_{pos} = \int_{t_A}^{t_A + t_{pos}} \left[p(t) - p_0 \right] \mathrm{d}t \tag{3-30}$$

负压阶段冲量是指负压阶段空气冲击波压力-时间曲线所包含的面积，按下式确定：

$$I_{neg} = \int_{t_A + t_{pos}}^{t_A + t_{pos} + t_{neg}} \left[p(t) - p_0 \right] \mathrm{d}t \tag{3-31}$$

爆炸在自由场发生时，产生的冲击波以超声速传播。在碰到试件表面时，冲击波强度增加并发生反射。试件最初承受的空气冲击波反射正压峰值用 p_{max} 表示，是指高于环境压力的超压值。随着自由场中膨胀空气能量的逐渐消散，动量也逐渐下降，气体开始转为收缩，受空气冲击波的影响产生一个稀疏波，并以负压阶段形式表现出来。在负压阶段，试样玻璃面板受到负压作用产生塑性回弹，可能导致窗玻璃凸起破碎并向爆炸源方向脱落。

空气中激波超压随着离开距离的增大而减弱，超压值 p_1 大小取决于炸药当量（W）和测量点离开爆心的距离（r）。研究人员通过大量的试验，根据模型相似理论建立了萨多夫斯基公式［式（3-32）］，表明了空气中激波超压与球形炸药当量和离开距离的关系。

$$p_1 = \frac{0.84}{r/W^{\frac{1}{3}}} + \frac{2.7}{(r/W^{\frac{1}{3}})^2} + \frac{7}{(r/W^{\frac{1}{3}})^3} \tag{3-32}$$

式中　p_1——建筑幕墙位置冲击波的最大超压（入射压力）（kgf/cm^2）[一]，$p_1 = p_{max} - p_0$；

　　　W——产生爆炸冲击波的 TNT 当量（kg）；

　　　r——建筑幕墙离开爆炸中心的距离（m）。

2. 爆炸冲击波对建筑幕墙的破坏机理

爆炸冲击波以超声速向周围扩散，瞬间便可在附近的建筑幕墙上发生正反射或斜反射。

[一]　$1 kgf = 9.80665 N$

建筑幕墙在受到空气冲击波的作用后，受到强大的冲击波作用力，并在极短的时间内发生变形。单元面板或整体面板在力的作用下开始向冲击波的初始方向退后，并把冲击波压力传递到幕墙的横梁与立柱。当冲击波作用在玻璃面板上时，由于玻璃为脆性材料，更易发生破坏。当冲击波压力达到玻璃的承受极限时，玻璃即可能发生破碎，冲击波甚至导致玻璃碎片飞溅现象；如果幕墙横梁与立柱受到的作用超过其承受荷载时，幕墙的结构即可能发生破坏即发生系统破坏。

幕墙的破坏程度与空气冲击波作用在幕墙上的超压大小和作用的时间长短有密切的关系。因此，在对幕墙的抗爆炸冲击波试验中，超压值及其作用时间是幕墙抗爆炸设计应该控制的参数。

3.9.2　抗爆炸冲击波建筑幕墙的设计

1. 抗爆炸玻璃幕墙设计的途径

为了使建筑玻璃幕墙能够抵抗爆炸冲击波的破坏，可以考虑从以下三个方面进行设计：

（1）选择合适的幕墙材料　尽量选择有很高抗爆抗冲击强度的安全玻璃，如钢化玻璃、夹层玻璃或其他新型抗冲击玻璃材料，这些玻璃可以很好地防止冲击波的侵袭，减少对建筑物立面人员的伤害。

（2）采用复合结构系统　可以采用复合结构系统，以达到更好的抗爆炸冲击效果。玻璃幕墙既要能防风挡雨、保温遮阳，又要能防震抗冲击，所以单一的玻璃材料往往很难满足设计的要求，如在 CCTV 新台址幕墙玻璃的选择时，所用的复合系统玻璃配置由外向内顺序装配：透明钢化玻璃→夹层玻璃（SGP 膜），表面丝网印刷彩釉，表面镀 Super Neutral 双银低辐射软镀层→带有内填干燥剂的黑色暖边隔片和聚氯合成橡胶密封胶的 16mm 空气层→夹层玻璃（SGP 膜）→透明钢化玻璃。

（3）合理划分单元玻璃尺寸，选择具有防爆性能的玻璃铝合金框　一定要保证足够的玻璃槽口深度（一般为 25～30mm），以确定在爆炸发生时对玻璃有充分的约束，安装时用密封胶要选择性能优良的结构硅酮胶，从而最大限度地保证玻璃幕墙系统的抗爆炸冲击波性能。

2. 抗爆炸玻璃幕墙荷载计算准则

针对抗爆炸冲击波设计的玻璃幕墙，为了从理论上验证其是否达到设计要求，需要定量的计算来确定。由于爆炸力属于偶然作用，幕墙的支撑结构可以考虑按照弹塑性力学进行分析，对复杂的玻璃幕墙在爆炸冲击时的受力状态用近似的线性方程来处理，框架构件的受力可以采用静荷载简化的方法，对玻璃幕墙进行抗爆炸初步设计。

由前面的炸弹冲击波对建筑幕墙的破坏原理分析可知，冲击波对幕墙的破坏主要来自超压峰值、超压冲量和随之产生的动压作用，即图 3-29 的阴影部分的荷载作用。冲击波的传播衰减过程是非线性的，要完全按照实际的受力来分析，计算过于复杂，因此可以考虑用直线来代替冲击波随时间的变化过程，冲击波荷载就可以简化成一个三角形分布的荷载，如图 3-29 所示。这样在分析玻璃幕墙的冲击波作用时，就可以用峰值超压 p_{max}、超压冲量 I 和冲击波持续时间 t_d 这三个影响参数确立设计准则，这些参数的初始设计值可由经验和爆炸试验来获得。另外，在爆炸荷载下玻璃产生裂纹时在内层生成的薄膜力会给周围框架施加玻璃平面内指向中心的拉力，因此在计算框架构件受力时还要考虑这个拉力的作用，用静荷载

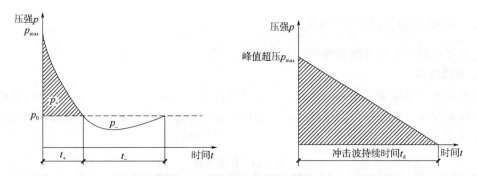

图 3-29　冲击波传播压力变化图

简化的方法在这些构件的计算荷载组合中也应考虑加上这个拉力的等效线荷载，等效线荷载的大小应由经验和试验来确定。

爆炸荷载的大小主要取决于爆炸当量和结构离爆炸源的距离。根据《人民防空地下室设计规范》（GB 50038—2005）中有关常规武器爆炸荷载的计算方法计算。

常规武器爆炸空气冲击波波形可取按等冲量简化的无升压时间的三角形，如图 3-30所示。

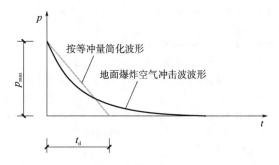

图 3-30　常规武器地面爆炸空气冲击波简化波形

常规武器地面爆炸冲击波最大超压 p_{max}（N/mm^2）可按下式计算：

$$p_{max} = 1.316 \left(\frac{\sqrt[3]{C}}{R}\right)^3 + 0.369 \left(\frac{\sqrt[3]{C}}{R}\right)^{1.5} \tag{3-33}$$

式中　C——等效 TNT 装药量（kg），应按国家现行有关规定取值；

　　　R——爆心至作用点的距离（m），爆心至外墙外侧的水平距离应按国家现行有关规定取值。

地面爆炸空气冲击波按等效冲量简化的等效作用时间 t_d（s），按下式计算：

$$t_d = 4.0 \times 10^{-4} p_{max}^{-0.5} \sqrt[3]{C} \tag{3-34}$$

根据上面提出的抵抗冲击波荷载计算方法可以对玻璃幕墙进行初步的设计，但是由于荷载计算是在近似处理和经验的条件下进行的，所以可能会有一定程度的误差，为了实际验证所设计玻璃幕墙的抗冲击波性能，还需要进一步的开展足尺寸的冲击波试验，通过观察玻璃幕墙在真实的爆炸环境下的表现，进一步改进设计，以弥补理论和经验的不足，提高设计的可靠性。

3.9.3 抗爆炸冲击性能的分级

分级指标包括危险等级和空气冲击波等级。

1. 危险等级

危险等级是指玻璃幕墙和门窗在承受空气冲击波作用时，对室内人或物可能造成伤害或危害的风险程度。危险等级以试验后玻璃的破坏情况、幕墙或门窗构件破坏情况来评定，分为六个等级，详见表3-24。

表 3-24 危险等级

危险等级代号	危险程度	说明	
		玻璃破坏情况	构件破坏情况
A	无损坏	玻璃未发生破碎	构件无明显破坏，开启扇、五金件可正常启闭
B	无危险	玻璃发生破碎，室内表面玻璃仍完整保留在试样框上，试样内表面没有裂口和材料碎片脱落。室外侧玻璃可能破碎后凸出或掉落	构件保持完整，开启扇、五金件未发生脱落，可开启
C	最小危险	见证板上的有效穿孔或凹痕数量不应大于3个；距离玻璃内表面1~3m地面上碎片总体尺寸之和不应大于250mm。 玻璃发生破碎，室外侧玻璃可能破碎后掉落或凸出。室内表面玻璃应完整保留在试样框架上，玻璃裂缝长度与玻璃从框架上脱落的边缘长度之和小于可见玻璃周长的50% 如果由于设计意图，玻璃从框架脱出的边缘长度超出玻璃可见周长的50%，但玻璃仍被特制夹具固定住，如果碎片满足本危险等级要求，也可以被评定为C级，但应在检测报告中说明玻璃破坏情况和夹具固定情况	构件保持完整，开启扇未脱落，开启扇经简单维修后能进行启闭。密封条和五金件可有脱落现象，但不对系统的完整性造成影响
D	低危险	玻璃发生破碎，试验箱体内脱落的玻璃主要位于距离玻璃内表面1m内的地面上，距离玻璃内表面1~3m地面上的碎片总体尺寸之和不超过250mm。见证板上不应有3个以上有效穿孔或凹痕	构件基本完好，开启扇未脱落。部分五金件发生脱落，掉落位置位于后侧玻璃初始位置1m范围之内
E	中等危险	玻璃发生破碎，玻璃散片或者整块玻璃飞落在距离试件内表面1~3m的地面上以及见证板0.5m以下的区域 同时，见证板0.5m以上区域的有效穿孔数量不应大于10个，且有效穿孔深度不应大于12mm	开启扇连接部位脱落，五金件飞落在距离试件内表面1~3m的地面上和竖直见证板不超过0.5m的区域，试件发生系统性破坏
F	高危险	玻璃发生破碎，见证板0.5m以上区域的有效穿孔数量大于10个；或者见证板0.5m以上区域有1个以上深度大于12mm的有效穿孔	开启扇整体发生脱落，但试件骨架不得脱落

2. 空气冲击波等级

空气冲击波等级以空气冲击波正压峰值（p_{max}）和正压冲量（I_{pos}）表示，包括汽车炸弹级和手持炸药包级。汽车炸弹级是指用汽车等交通工具运送的量级的炸药发生爆炸时产生的冲击波等级，以 EXV 表示，分为七个等级，见表 3-25。

手持炸药包级是指以人力方式运送的量级的炸药发生爆炸时产生的冲击波等级，用 SB 表示，分为七个等级，见表 3-26。

表 3-25　空气冲击波等级——汽车炸弹级

等级代号	空气冲击波正压峰值 p_{max}/kPa	正压冲量 I_{pos}/kPa·ms	等级代号	空气冲击波正压峰值 p_{max}/kPa	正压冲量 I_{pos}/kPa·ms
EXV1	30	180	EXV5	250	850
EXV2	50	250	EXV6	450	1200
EXV3	80	380	EXV7	800	1600
EXV4	140	600			

表 3-26　空气冲击波等级——手持炸药包级

等级代号	空气冲击波正压峰值 p_{max}/kPa	正压冲量 I_{pos}/kPa·ms	等级代号	空气冲击波正压峰值 p_{max}/kPa	正压冲量 I_{pos}/kPa·ms
SB1	70	150	SB5	700	700
SB2	110	200	SB6	1600	1000
SB3	250	300	SB7	2800	1500
SB4	800	500			

3. 分级方法

按试件承受空气冲击波作用后评定的危险等级进行分级，其分级代号由空气冲击波等级代号和危险等级代号组成。

抗汽车炸弹级性能分级见表 3-27。在分级代号中，字母"EXV"是指汽车炸弹，分级代号中的数字表示汽车炸弹等级，(X) 代表试验中承受的危险等级。例如分级代号 EXV6 (C) 表示汽车炸弹爆炸作用，空气冲击波正压峰值为 450kPa，正压阶段冲量为 1200kPa·ms，试件危险等级为 C。

表 3-27　抗汽车炸弹级性能分级

汽车炸弹级等级代号	危险等级代号					
	A	B	C	D	E	F
EXV1	EXV1 (A)	EXV1 (B)	EXV1 (C)	EXV1 (D)	EXV1 (E)	EXV1 (F)
EXV2	EXV2 (A)	EXV2 (B)	EXV2 (C)	EXV2 (D)	EXV2 (E)	EXV2 (F)
EXV3	EXV3 (A)	EXV3 (B)	EXV3 (C)	EXV3 (D)	EXV3 (E)	EXV3 (F)
EXV4	EXV4 (A)	EXV4 (B)	EXV4 (C)	EXV4 (D)	EXV4 (E)	EXV4 (F)
EXV5	EXV5 (A)	EXV5 (B)	EXV5 (C)	EXV5 (D)	EXV5 (E)	EXV5 (F)
EXV6	EXV6 (A)	EXV6 (B)	EXV6 (C)	EXV6 (D)	EXV6 (E)	EXV6 (F)
EXV7	EXV7 (A)	EXV7 (B)	EXV7 (C)	EXV7 (D)	EXV7 (E)	EXV7 (F)

抗手持炸药包级性能分级见表 3-28。在分级代号中，字母"SB"是指手持炸药包，数字表示爆炸标准等级，(X) 代表试验过程中承受的危险等级。例如分级代号 SB6 (C) 表示

手持炸药包爆炸作用，空气冲击波正压峰值为 1600kPa，正压阶段冲量为 1000kPa·ms，试件危险等级为 C。

表 3-28　抗手持炸药包级性能分级

手持炸药包级等级代号	危险等级代号					
	A	B	C	D	E	F
SB1	SB1（A）	SB1（B）	SB1（C）	SB1（D）	SB1（E）	SB1（F）
SB2	SB2（A）	SB2（B）	SB2（C）	SB2（D）	SB2（E）	SB2（F）
SB3	SB3（A）	SB3（B）	SB3（C）	SB3（D）	SB3（E）	SB3（F）
SB4	SB4（A）	SB4（B）	SB4（C）	SB4（D）	SB4（E）	SB4（F）
SB5	SB5（A）	SB5（B）	SB5（C）	SB5（D）	SB5（E）	SB5（F）
SB6	SB6（A）	SB6（B）	SB6（C）	SB6（D）	SB6（E）	SB6（F）
SB7	SB7（A）	SB7（B）	SB7（C）	SB7（D）	SB7（E）	SB7（F）

第4章

幕墙结构的选型与设计思维

4.1 幕墙建筑设计

建筑幕墙应根据建筑物的使用功能、立面设计、施工技术及经济分析，确定其形式、材料与构造。建筑幕墙设计应与建筑整体设计相协调，应与周边环境相适应，其分格应不妨碍室内功能，有利于室内空间组合，满足使用需求。

建筑幕墙设计是由建筑设计单位和幕墙设计单位先后完成的专项设计。幕墙概念设计阶段是建筑设计的重要内容。从建筑构思开始，到幕墙立面方案确定，合理选择造型、色调、虚实组合、玻璃品种、线形与分格，具有创意和标识性，并协调建筑幕墙与建筑整体、与周边环境的关系，创造室内外良好的空间氛围和视觉感受，对幕墙的构造类别与用材规格提供概念性的设计要求，符合环境、节能、艺术及造价等方面的可操作性。幕墙技术设计阶段（也称为幕墙深化设计阶段）由承建该项目的幕墙公司完成。在概念设计基础上完成施工图设计后，按序进入加工制作和施工安装阶段，建成外围护体系，满足建筑的使用需求。幕墙设计与建筑设计的关系见表4-1。

表4-1 幕墙设计与建筑设计的关系

序号	项目	设计原则
1	幕墙类型	1）常用幕墙形式：构件式幕墙（明框幕墙、半隐框幕墙、全隐框幕墙、干法隐框玻璃幕墙）、单元式幕墙、全玻璃幕墙、点支式幕墙、双层幕墙、光伏幕墙等 2）建筑高度大于100m时，不宜采用隐框玻璃幕墙，否则应在面板和支承结构之间采取除硅酮结构胶以外的防面板脱落的构造措施 外倾（幕墙与地面夹角小于75°）或倒挂的玻璃幕墙不应采用隐框玻璃幕墙 3）构件式幕墙的幕墙厚度一般在200~250mm，特殊位置（如剪力墙、柱位）可通过增加龙骨支座来减小幕墙厚度；单元式幕墙厚度在250mm以上 4）如无特别说明，幕墙设计面积按可见光面积计算
2	幕墙开窗	1）通常幕墙开窗形式：上悬窗（最常用）、平开窗、平推窗、下悬窗等 2）开启扇宜采用上悬窗，其单扇面积不宜大于1.5m²，开启角度不宜大于30°，最大开启距离不宜大于300mm。当采用上悬挂钩式的开启窗时，应设置防止脱钩的有效措施 3）当开启面积不能满足要求时，应设置通风换气装置 4）高层建筑不宜设置外平开窗（许多地方标准禁止高层建筑设置平开窗），超高层建筑不宜设置开启窗，上悬窗不得作为排烟窗使用 5）隐框式开窗，中空玻璃第二道密封胶应使用硅酮结构密封胶 6）幕墙开启窗在设计时，安装高度不宜过高，应将开启窗设置在成人方便开启的高度。过高时应考虑机械或电动开启

（续）

序号	项目	设计原则
2	幕墙开窗	7）幕墙开启窗构造设计宜符合雨幕原理，窗框型材内外高差不宜小于50mm，对容易渗入雨水或形成冷凝水的部位，在构造上应有导排水措施 8）首层2m高范围以内不应设置外开窗
3	幕墙分格	1）幕墙分格应模式化，便于材料采购及安装施工 2）玻璃幕墙的玻璃板块不宜跨越两个相邻的防火分区 3）确定玻璃面板的分格尺寸，应有效提高玻璃原片规格的利用率，并应适应钢化、镀膜、夹层等生产设备的加工能力。玻璃幕墙水平标准分格为1.2m，超过1.2m时，规范规定幕墙横向龙骨主要受力壁厚不小于2.5mm，小于1.2m时为2.0mm。分格过小时，根据工程经验，每平方米铝材重量会增加，故水平分格以1.2m为宜 4）铝板板材常规尺寸一边边长≤1.2m，如两个边长均大于1.2m，造价增加明显 5）石材幕墙短边长度不超过0.73m为宜，超过时造价增加明显 6）幕墙高度方向宜在结构梁上下同时设计分格，以利于幕墙防火封堵及室内吊顶装修、室内地面踢脚线装修 7）无框玻璃地弹门高度不宜大于3m 8）弧形玻璃幕墙因弧形玻璃造价较高且用户使用体验差，可设计宽度较小的折线玻璃分格（玻璃分格宽度确定时，应避免分格处出现尖角而使平面不够顺滑） 9）平面为弧形造型的石材幕墙同样建议做小段折线分格，且高度方向分格不宜上下错缝
4	面板材料选择	1）使用中容易受到击打和撞击的玻璃幕墙部位（如玻璃栏板、玻璃地板、室内地坪以上1m范围内玻璃等），宜采用夹层玻璃，并应设置明显的警示标志 2）全玻璃幕墙的玻璃肋宜采用夹层玻璃，且夹层玻璃应进行封边处理 3）幕墙玻璃采用夹层玻璃时，应设置消防救援单元，且该单元应设置明显标志 4）点支式幕墙的玻璃在支承处会产生很大的局部应力，普通玻璃强度低，难以承受，因此规定应采用均质钢化玻璃及其合成制品。要特别注意孔边的边缘处理，要精磨磨边，磨孔，倒棱不小于1mm 5）有抗爆设计要求的玻璃幕墙，面板应选用防爆玻璃，其性能应符合现行国家标准《防爆炸透明材料》（GA 667—2020）的规定。防爆炸透明材料是由多层透明材料复合而成的，能够承受不小于110kPa的爆炸冲击波，或50gTNT炸药贴面爆炸的透明材料 6）泄爆口用于泄爆的门窗玻璃不得使用夹胶玻璃，宜采用单片钢化玻璃 7）石材幕墙的石板厚度，花岗岩板材厚度不应小于25mm，其他类型石材：石材面板抗弯强度标准值$f_{rk} \geq 8.0$MPa时，不应小于35mm；8.0MPa$>f_{rk} \geq 4.0$MPa时，不应小于40mm。烧毛板和天然粗糙表面的石板，其最小厚度应增加3mm，单块面积不宜大于1.5m² 8）室外铝板幕墙单层铝板的基板最小厚度3.0mm（铝板屈服强度$\sigma_{0.2} < 100$MPa）、2.5mm（100MPa$\leq \sigma_{0.2} < 150$MPa）、2.0mm（$\sigma_{0.2} \geq 150$MPa） 9）幕墙吊顶不宜选用石材，宜采用铝板等轻质安全材料
5	材料表面处理	1）幕墙型材表面处理方法通常有室外可视面氟碳喷涂，不可视面阳极氧化，室内可视面粉末喷涂，不可视面阳极氧化 2）性能方面：氟碳喷涂比粉末喷涂性能上要优越很多，耐磨、耐气候，抗紫外线，不易褪色。室外多用氟碳涂料，室内多用粉末涂料 3）如无特殊约定，石材应做六面防护处理 4）幕墙隐蔽钢龙骨通常采用热浸镀锌防腐处理；室外钢材可采用氟碳喷涂或聚氨酯喷涂等其他防腐措施

（续）

序号	项目	设计原则
6	幕墙埋件	幕墙支座埋件可预埋或后埋 1) 大型商业裙楼建筑往往结构复杂，预埋埋件费工费时且正确率低，商业建筑在施工过程中往往还在招商，商家通常对原建筑立面有修改要求，立面变更较多，预埋的埋件使用率极低，基于这种情况，建议商业裙楼使用后埋埋件，对于悬挑雨篷或大型钢结构，因支座处受力较大，建议有条件的情况下使用预埋埋件 2) 对于高层建筑，分格一般为标准模数，且分格更改概率极小，预埋施工方便，准确率高，可使用预埋埋件
7	建筑设计	1) 全隐框玻璃面板依靠结构胶固定在幕墙龙骨上，水平荷载完全依赖结构胶约束，应慎用 2) 斜玻璃幕墙（与地面夹角小于 75°的幕墙）禁止采用全隐框玻璃幕墙 3) 结构位置如有遮蔽要求，建筑师应考虑使用石材、铝板幕墙，当为玻璃幕墙时，可采用彩釉玻璃、磨砂玻璃或者透明玻璃后加铝衬板遮蔽结构 4) 首层玻璃幕墙横向隐框时，宜在室外方向设置踢脚 5) 屋顶女儿墙收口宜采用石材、铝板收口。石材、铝板应跨越女儿墙顶面向下翻边收口，石材收口时不易设计朝天缝 6) 当有落水管及消防箱安放于幕墙内部时，须考虑有足够的安放空间 7) 走廊有幕墙吊顶时，建筑师应与供暖、电气、燃气、空调等专业协调确定吊顶标高，确保吊顶高度、吊顶通风口位置等其他细节满足各专业要求
8	建筑红线	幕墙作为建筑外围护结构，不得违规超越建筑红线
9	结构设计	1) 幕墙施工图送审时应有设计院出具的"结构安全性证明" 2) 得到业主及设计院确认的幕墙图，与原建筑设计相比修改幅度过大时，设计院应根据修改后的幕墙图调整相关的建筑、结构、节能图样并出具变更函件，以便幕墙施工图送审 3) 幕墙连接部位主体结构混凝土强度等级不应低于 C30 4) 土建结构梁高度宜不小于 0.8m，便于幕墙立柱设计成双跨简支梁，减少工程造价，同时又有利于防火封堵设置 5) 超出屋顶的幕墙，当高度较高时，应协调结构师设计结构支撑，或预留土建结构作为幕墙结构基础 6) 幕墙装饰线条可由幕墙设计小型钢架支撑，不必特意另设混凝土结构 7) 拉索幕墙锚固点处的结构应考虑拉索预拉力 8) 幕墙宜固定在土建结构上。结构设计不宜使幕墙边线远离土建结构，幕墙远离土建结构而使用转换钢结构支撑时，安全性能下降（①钢结构耐久性比混凝土差；②材料质量、现场施工质量等因素影响；③转换钢结构支座受力大，使用后置埋件时安全性下降）
10	防火设计	1) 防火封堵应在结构梁上下各设置一道，当室内设置有自动喷水灭火设施时，实体裙墙高度不低于 0.8m 2) 与消防车登高操作场地相对应的幕墙外立面应开设消防救援窗，窗口的净高度和净宽度不应小于 0.8m 和 1.0m，下沿距室内地面不宜大于 1.2m，间距不宜大于 20m，每个防火分区不应少于 2 个，窗口玻璃应易碎并设置可在室外易于识别的明显标志 3) 消防登高场地不宜设置在双层幕墙立面一侧 4) 室外出入口上方宜设置宽度不小于 1m 的防护挑檐

（续）

序号	项目	设计原则
11	通风设计	1）建筑设计新风口在外立面时，应考虑设置足够面积的百叶窗用于通风 2）外窗开启面积不满足要求时，建筑物内部应设置机械通风装置 3）幕墙不得附挂燃气管道 4）有散热要求的位置，幕墙宜采用铝通格栅（夏热冬暖地区）
12	节能设计	幕墙选用的玻璃、保温棉，其节能参数应符合建筑节能专篇要求，且各朝向整体热工性能符合建筑节能要求
13	防雷设计	一类防雷建筑物，30m 以上需做防侧击雷；二类防雷建筑物，45m 以上做防侧击雷；三类防雷建筑物，60m 以上需做防侧击雷 2）防直击雷通常是在屋顶设置避雷针和避雷带。幕墙通常在女儿墙上设置避雷带，当女儿墙上有厚度不小于 2.5mm 厚单层铝板时，铝板幕墙可作为接闪器使用，此时不必另设避雷带，只需将铝板与主体防雷体系可靠连接，连接部位应消除非导电保护层，保证导电畅通
14	灯光设计	1）石材幕墙：可考虑在顶部或者底部设置射灯以突出石材的质感和建筑物的气势，或者石材做凹槽线条，在立面上设置隐蔽的灯带 2）铝板幕墙：和石材幕墙一样，铝板幕墙上灯带的走线也较为方便，建筑在考虑立面造型的同时应考虑藏灯要求及藏灯构造的细节，可根据不同的外立面要求设置不同的灯型 3）隐框玻璃幕墙：一般不建议在隐框幕墙上设置灯带，一方面由于灯带外露影响幕墙的美观，另一方面是由于设置灯带，会对隐框幕墙的水密性有较大的影响 4）明框玻璃幕墙：灯带要与幕墙的主受力结构合理连接，灯带的设置不能破坏幕墙的整体效果，设计带灯槽装饰线，可以有效隐蔽灯带 5）室外安装灯具不能破坏幕墙水密性 6）室内安装灯光时，可直接将灯带固定在结构梁底的幕墙横梁上，无防水要求 7）灯光设计单位应就灯光问题与业主、建筑设计单位、幕墙设计单位等其他相关单位沟通协商一致
15	广告、logo	1）广告洞口范围，幕墙应做铝板或复合铝板或其他金属面板衬底，并做好防水措施，预留广告布挂点或灯箱固定点 2）小型 logo 或广告字体，经计算安全可直接从幕墙龙骨伸出转接件固定。大型 logo 应在幕墙外预留 logo 支撑框架，框架需另设支座固定，与幕墙交接处妥善设计防水构造
16	LED 屏	1）LED 屏的制作安装作为非幕墙项，应由专业厂家设计、制作、安装及维护，并有自己独立的结构支撑体系 2）通常 LED 屏安装空间需要 700mm 以上，供维修人员日常检修（此空间数据以 LED 屏厂商提供为准） 3）通常 LED 屏四周做金属边框与幕墙收口，LED 屏设计及施工时，应就 LED 屏的边界范围、安装空间、周边收口等问题与业主、建筑设计单位等其他相关单位沟通协商一致，幕墙承包商和 LED 承包商根据合同约定做好交接收口
17	雨篷	1）大型雨篷支座处受力较大，设计标高时应尽量避免雨篷支座处无土建结构 2）玻璃雨篷或采光顶排水坡度不应小于 3% 3）雨篷应使用夹胶玻璃，倒挂式点玻璃雨篷应选用浮头式点驳爪 4）悬挑雨篷结构悬挑长度与厚度比值 > 1/10 时（具体要计算），如建筑不允许加厚雨篷或支座反力过大，需与建筑师协商增加拉杆 5）雨篷进深大于 2m 时，应设计为内排水，并在外立面合理安排落水管的路径

（续）

序号	项目	设计原则
18	上人马道	上人马道设计应安全可靠，马道设计宽度不宜小于 0.5m，荷载设计取值不宜小于 2.0kN/m，根据实际情况取值应增大，马道两侧应设置栏杆
19	幕墙清洁设备	1）高度超过 50m 的幕墙工程宜设置清洗装置 2）单人操作蜘蛛人清洗系统，应在屋顶女儿墙位置设置安全可靠的蜘蛛人吊点，高度方向分段设置防风锁扣或其他固定清洗吊索的挂点 3）设置擦窗机清洗系统时，应经专业公司设计擦窗机专项方案。专项设计方案应经业主、建筑设计单位、幕墙设计单位等其他相关单位沟通协商一致 4）在幕墙设计阶段，应确定外墙清洗方式及设备类型，设计幕墙骨架时，要考虑设备的固定与连接构造，保障使用安全 无论是简易蜘蛛人清洗设备还是擦窗机系统，建筑师在设计时应考虑预留擦窗机工作时所需的建筑空间，结构师应考虑相关的结构构造及擦窗机荷载
20	幕墙构造	1）铝板分格处需折边 25mm，并加钢龙骨固定。故当"〔"型铝板线条凸出跨度大于 300mm 时，应考虑线条厚度可以满足上下铝板折边及安装铝板龙骨所需空间 2）交圈封闭的幕墙系统水密性能较高，但是幕墙墙块与土建结构之间的防水性能比较薄弱，雨水通常通过毛细渗透，透过土建表层进入幕墙系统内部。故建筑设计时应尽量避免幕墙在迎水面特别是朝天面与土建结构收口 3）石材、铝板等其他非透明幕墙后方，通常需砌筑砖墙或其他室内装修以遮蔽幕墙背面龙骨

4.2 幕墙结构概念设计

幕墙结构概念设计一般是指不经计算，尤其在一些难以做出精确理性分析或在规范中难以规定的问题中，依据幕墙整体结构体系与分体系之间的力学关系、结构破坏机理和工程经验所获得的基本设计原则和设计思想，从整体的角度来确定幕墙结构的总体布置和细部构造措施的宏观控制。运用概念性近似估算方法，可以在幕墙设计的方案阶段迅速、有效地对结构体系进行构思、比较与选择，易于手算。所得结构方案往往概念清晰、定性正确，避免后期设计阶段一些不必要的繁琐运算，具有较好的安全可靠和经济合理性。同时，也是判断计算机内力分析输出数据正确与否的有效方法。

幕墙结构概念设计的主要内容：

1. 合理选择幕墙支承结构方案

常规建筑幕墙的支承结构多采用横梁和立柱组成的金属框架，但随着建筑功能和建筑艺术的多样化，一些建筑幕墙新型的支承结构体系得到更多的应用。

（1）斜交网格结构

1）双层斜交网格体系。早期一些幕墙直接将网架、网壳等屋面常用结构形式旋转 90°，用于支承幕墙面板；许多幕墙是屋面的自然延伸，也同样采用了与屋面相同的双层网壳结构。

2）单层三向斜交网格体系。平面三向斜交系统可以单片使用，也可以组成折面和晶体形幕墙。曲面单层网格结构常为柱面和回转面，但是更多的工程因建筑艺术的要求，会采用更为复杂的自由曲面。

（2）刚架结构

1）平面刚架三角形网格是稳定的结构，所以杆件节点可采用铰接。当采用多边形分格时，必须采用焊接，形成几何不变的刚架结构。六边形是可以填满平面的几何图形之一，因此六边形焊接钢结构也常用于幕墙支承结构。

2）自由分格的刚架体系。由钢筋混凝土或钢构件刚性连接成的任意分格平面刚架或空间刚架可作为幕墙的支承结构体系。由金属构件和金属面板可以构成变形的刚架式幕墙表皮结构。

（3）拉杆桁架支承体系　拉杆桁架由预应力拉杆和拉杆支撑杆组成，拉杆和撑杆常采用不锈钢材料。预应力拉杆的拉力作用在主体结构上，主体结构设计时应予以考虑。拉杆桁架可作为点支式幕墙的支承结构。

（4）索杆桁架支承体系

1）索杆桁架。索杆桁架由受压的钢杆和受拉的钢索组成，有时拉索会固定在主体结构上，这将使主体结构受到附加拉力，主体结构设计时应予以考虑拉索拉力的作用。

2）自平衡体系。自平衡体系由受压的中央杆件和两侧对称的钢索及连接两者的撑杆组成，其压杆的压力与拉索的拉力自相平衡，不会对主体结构施加额外的荷载。

（5）索网结构

1）单向索网结构。单向索网结构应竖向布置拉索（拉索间距≤2.0m）以承受玻璃面板的重量。由于单向索网结构的刚度较小，通常单跨拉索的跨度不超过15m。

2）平面索网结构。两个方向均布置拉索的平面索网结构，索网分格宜接近正方形，网格面积不宜大于3.5m^2。索端部直接连接于主体结构或者通过弹簧连接器连接于主体结构，主体结构设计时应予以考虑索网的拉力。弹簧连接器在温度变化时或地震时可以减少索拉力的突然变化。

3）曲面索网结构。能够自然形成曲面索网只有双曲抛物面（即马鞍形曲面）一种，它由弯曲方向相反的两组拉索叠合而成。要形成其他形式的曲面索网，必须附加其他的辅助拉索。

（6）悬挂结构体系　由吊杆悬挂，吊杆上端固定在主体结构上，形成悬挂幕墙体系。

上述不同的建筑幕墙支承结构的受力特点、适用范围、经济性等是不一样的。一个成功的建筑幕墙设计必须选择一个经济合理的支承结构方案，即要选择一个切实可行的支承结构形式和支承结构体系。支承结构体系应受力明确，传力简捷，同一结构单元不宜混用不同结构体系，力求平面和竖向规则。总之，必须对建筑设计要求、幕墙结构特点、材料供应、施工条件等情况进行综合分析，并与设计单位建筑、结构等专业充分协商，在此基础上进行支承结构多方案比选，择优选用幕墙支承结构方案。

2. 选用合理的计算简图

结构计算是在计算简图的基础上进行的，计算简图选用不当会导致幕墙支承结构安全事故的发生，因此选择合理的计算简图是保证幕墙支承结构安全的重要条件。计算简图还应由相应的构造措施来保证。实际结构的节点不可能是纯粹的刚接或铰接点，对于计算简图的误差应在设计允许范围之内。

框支承玻璃幕墙中立柱自下至上是全长贯通的，每层之间通过滑动接头（芯柱）连接，滑动接头（芯柱）可以承受水平剪力，当芯柱满足下列两个条件时，滑动接头（芯柱）能传递弯矩，立柱方可按连续梁进行计算。

1）芯柱插入上、下柱的长度不少于 $2h_c$（h_c 为立柱截面高度）。

2）芯柱的惯性矩（$I_{芯柱}$）不小于立柱的惯性矩（$I_{立柱}$）。

根据立柱与主体结构的连接构造情况，立柱可简化为按单跨梁（图 4-1a）或多跨静定梁（图 4-1c）计算简图。当立柱与主体结构的连接每层采用两个支承点时，立柱可按双跨连续梁（图 4-1b）计算简图。不同的连接构造，其计算简图不同，截面内力也是不同的。

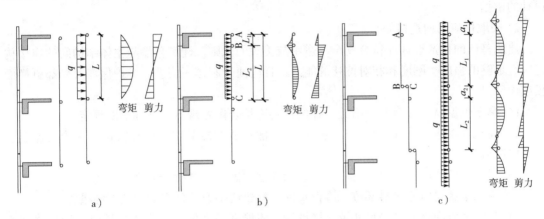

图 4-1　框支承幕墙立柱计算简图

a）简支梁　b）双跨连续梁　c）多跨连续梁

在合理选择幕墙结构构件计算简图的基础上，正确选用幕墙结构承载力设计方法，对于重要建筑幕墙和（超）高层建筑幕墙可以引入"冗余度设计"概念。结构冗余度是指当组成该结构的一个或数个部件发生破坏时，尽管整个结构没有原来设计的最大承载力，但不会发生结构的整体破坏，整体结构仍然具有可以接受的最低安全水平，即结构剩余强度能维持一定的安全度。

《玻璃幕墙工程技术规范》（JGJ 102）（2022 年送审稿）中，玻璃幕墙结构承载力设计采用了允许应力法，即"安全寿命设计"概念，即全部结构（不考虑单个部件的作用）无条件满足安全性要求。而对重要建筑幕墙和（超）高层建筑幕墙的安全度应高于其他幕墙，宜按"冗余度设计"概念。按"冗余度设计"概念，可以将幕墙结构分成不同安全级别的子结构：一级结构（主结构）——结构发生破坏后，将使整个结构产生破坏。对于幕墙一级结构应进行冗余度设计。二级结构（次结构）——结构发生破坏后，只引起结构的局部破坏，不会引起整个结构的破坏。对于幕墙二级结构宜进行冗余度设计。三级结构（其他结构）——结构发生破坏后，不影响整个构件的安全。

3. 分析结果合理性判断

由于建筑幕墙结构的多样性、设计要素的复杂性以及有限元分析方法在工程结构分析、动力问题分析和热工分析等方面的有效性和可靠性，有限元分析技术在建筑幕墙设计中发挥着越来越大的作用。有限元方法的应用，计算机软件是关键。在建筑幕墙设计中应用的有限元分析软件主要是一些大型有限元通用软件，例如德国的 ASKA、英国的 PAFEC、法国的 SYSTUS、美国的 ABAQUS、ANSYS、ADINA、BERFASE、BOSOR 和 SAP 等。目前国内建筑幕墙设计的有限元分析软件主要有 W-SCAS2006 和 3D3S 等。

目前建筑幕墙结构分析和设计基本上都采用计算机软件进行，结构计算机分析的作用一方面为结构方案分析比较提供依据，另一方面为施工图设计提供依据。因此对计算结果的合理性、可靠性进行判断是十分必要的。要从结构整体和局部两个方面对结构分析结果的合理性进行分析判断；在没有验证的情况下，主要应从定性角度出发，运用力学概念、工程经验进行分析判断，如分析结果的数量级是否正确，最大应力与位移出现的区域是否正确等；也可参照同类结构的试验与分析结果。只有在有限元分析结果合理性判断无误后方可作为工程设计的依据。

4. 采取相应的构造措施

建筑幕墙的构造设计应符合安全、适用与美观的原则。建筑幕墙与主体结构间的连接构造应有足够的强度、刚度和相对位移的能力，且应便于制作、安装、维护保养及局部更换面板或构件。

1）幕墙保温材料应有防潮措施。保温材料应符合国家现行标准和消防规定。

2）建筑幕墙应设计导向排水构造，疏导可能形成的冷凝水。应有防止雨水渗入保温层内的构造措施。

3）建筑幕墙的所有连接部位应有防止构件之间因相互摩擦产生噪声的措施。

4）不同金属材料相接触部位，应设置绝缘衬垫或采取其他有效的防腐蚀措施。

5）建筑幕墙面板的分格尺寸及接缝设计，应能在平面内变形产生位移时，板块之间不发生挤压碰撞，且保持其密封性。

6）玻璃幕墙的非结构受力胶缝应采用硅酮建筑密封胶密封。开启扇的密封胶条宜采用氯丁橡胶、硅橡胶密封条或三元乙丙橡胶制品。

4.3 幕墙结构的选型

建筑幕墙由面材系统、支承系统和连接系统等组成，幕墙结构选型包括幕墙面板选型、幕墙支承结构选型等。

4.3.1 幕墙面板选型

1. 幕墙分格

幕墙分格形式有竖向型（给人以高大、挺拔的感觉）、横向型（给人以厚实、稳定的感觉）、自由组合型（活泼自由，给人以动感）等。

（1）玻璃幕墙分格　玻璃幕墙面板的分格尺寸应满足建筑立面效果；不妨碍室内功能和视觉；满足结构强度和刚度要求；满足相邻两层间的封修；满足层间防火封修构造要求；考虑各种不同材料交界、组合的处理方式；考虑面材的利用率及生产设备的加工工艺（钢化、镀膜、夹层等），应综合考虑上述各因素，以有效控制材料成本。

玻璃幕墙分格要求如下：

1）玻璃幕墙的分格与立面效果密不可分，应满足建筑立面效果。

2）幕墙立面分格宜与室内空间组合相适应，不宜妨碍室内功能和视觉。

3）玻璃面板最大分格应满足其强度和刚度要求。

4）分格大小应使玻璃原材料利用率高，一般分格长宽比（b/a）控制在 1∶1.2～1∶1.5，分格不宜采用长宽比（b/a）为 1∶1 或 1∶2 比例。

普通 6mm 镀膜玻璃原片尺寸为 3200mm×2440mm，幕墙玻璃分格宜尽量接近 1600mm×1200mm，水平分格以 1200mm 为宜。

5）幕墙开启窗的设置，应满足使用功能和立面效果要求，启闭方便，避免设置在梁、柱、隔墙等位置。

6）幕墙上设置的开启扇或通风换气装置，应安全可靠、启闭方便，满足建筑立面、节能和使用功能要求。开启扇宜采用上悬方式，其单扇面积不宜大于 1.5m²，开启角度不宜大于 30°，最大开启距离不宜大于 300mm。

7）幕墙高度方向宜在主体结构梁上、下同时设计分格，以利于幕墙防火封堵及室内吊顶装修、室内地面踢脚线装修。

8）幕墙玻璃板块不宜跨越两个相邻的防火分区。

9）在层间为了防火设计不小于 900mm 的防火分格，在有柱及结构房间分开处最好设置分格线。

10）因弧形玻璃造价较高且用户使用体验感差，弧形玻璃幕墙可采用宽度较小的折线玻璃分格，具体玻璃分格水平宽度的确定，应防止分格处出现尖角而使平面不够顺滑。

（2）石材幕墙分格

1）石材幕墙的分格尺寸对造价影响很大，一般石材短边尺寸在 600mm 以内是最经济，短边尺寸在 600～800mm 是比较适中的，当短边尺寸大于 800mm 时，其造价将会大幅上升，尺寸越大价格会以几何级数翻倍。因此，石材幕墙短边长度不超过 0.73m 为宜。

2）幕墙石材面板的厚度和单块面积应符合表 4-2 的规定。

表4-2 石材面板的厚度和单块面积要求

石材种类	花岗石	其他类型石材	
石板抗弯强度标准值 f_{rk}/（N/mm²）	≥8.0	≥8.0	8.0＞f_{rk}≥4.0
厚度 t/mm	≥25	≥35	≥40
单块面积/m²	不宜大于 1.5	不宜大于 1.5	不宜大于 1.5

注：烧毛板和天然粗糙表面的石板，其最小厚度应按表 4-2 中数值增加 3mm 采用。

3）平面为弧形造型的石材幕墙可做小段折线分格，且高度方向分格不宜上下错缝。

（3）金属板幕墙分格 单层铝板短边尺寸有两种规格，1500mm 和 1710mm，长边不受限制。

铝塑板标准尺寸为 1220mm×2400mm，因此铝板板材常规尺寸一边边长≤1.2m，如两个边长均大于 1.2m，造价增加明显。

2. 幕墙面板形状

大多数玻璃幕墙采用四边形板块，其长宽比（b/a）一般在 1∶1.2～1∶1.5，不宜采用长宽比为 1∶1 及 1∶2 的板块。

近年来，随着审美体验的多样化和数字化技术的发展，越来越多的建筑幕墙选择个性化非线性内外几何形态，出现了日趋复杂的幕墙建筑造型，形成异形建筑幕墙。异形建筑幕墙面板的形状有平面板块（四边形板块、三角形板块、菱形板块、蜂窝形板块等）和曲面板块（单曲面板块、双曲面板块等）等形式。

按照面板的形状及组合方式的不同，异形建筑幕墙可分为：

（1）单块面板为平板的异形幕墙　通过不同角度和不同方式的单块平面面板的组合而成大的曲面或双曲面来实现异形建筑幕墙的效果。这种异形幕墙适用于强调有钻石帆面光斑效果的异形建筑，以及大半径和曲面度变化不大的曲面异形幕墙。

单块平面面板可根据建筑设计的不同需要切割成矩形、菱形、三角形、多边形等形状后进行艺术组合。在已有的异形幕墙中常见的组合方式有折线对接式组合，也就是用相邻的两块面板之间转折一个角度来实现整体的艺术造型；鳞片式组合，是将每片板之间采用鱼鳞状的组合方式来实现建筑效果的；叠板式组合，采取上下板之间错位安装的组合方式实现面板与面板之间的梯度层次感，来实现整体的艺术效果。

（2）单块面板为单曲面弧形面板的异形幕墙　通过各种单曲面弧形面板的组合而形成曲面异形建筑幕墙。这种异形幕墙适用于各种弧形幕墙及单曲面的艺术造型，同时也适用于曲面度变化不大的双曲面异形幕墙。

在单曲弧形面板的形状设计上，可根据建筑的要求设计成等半径的弧形板和不等半径的扇形板，以及多边形、圆弧边形的板块，进行整体组合。

常见的单曲面板的幕墙的面板组合方式是：曲面对接的方式，也就是将相邻的两块弧形板块按走向对接成一个整体的弧形曲面幕墙。

（3）单块面板为双曲面板和自由曲面板的异形幕墙　通过双曲面板和自由曲面面板的拼接、组合成的双曲面异形建筑幕墙。在异形幕墙中，双曲面板的成型及加工难度较大，工艺要求较高，板块的精度要求也高，对幕墙的支承结构和节点设计上也有一定的特殊要求。因此，这种异形幕墙适用于双曲面及自由曲面的曲率变化大，曲面半径小、形状复杂，极具视觉冲击力的异形幕墙建筑。

双曲面板的组合方式与单曲面板的拼装方式基本相同，但由于双曲面板的大部分成型是由模具制造成型的，往往在板块的边部有着尺寸和行位的误差，双曲板块大部分都是采用了对接拼装的方式，并在板块之间设置了连接定位装置，使板块之间顺滑过度。双曲面板包括等半径的球冠形板、不等半径的椭圆扣板，以及大量的自由曲面空间造型板。

（4）单块面板为平面面板或单曲面板经现场冷弯成型的异形幕墙　各类幕墙面板材料可采用热弯加工、冷弯加工、铸造成型、模具成型、爆炸成型等加工技术进行曲面成型。

现场冷弯成型曲面板主要是指在曲面幕墙的制作安装过程中用平板或单曲面板通过施加一定的外力使面板产生弹性变形，并永久固定在支承系统上，使之达到双曲面的效果。这样成型方式往往是用在板块曲面变化小，回弹力不大的情况下使用。但即使这样，在使用前也要对其做由于冷弯变形所引起的负面影响进行全面可行性分析后方可使用。

3. 幕墙面板材料

幕墙面板材料可采用玻璃、石材、金属板、陶土板、人造板等。幕墙玻璃可采用浮法玻璃、半钢化玻璃、钢化玻璃、均质钢化玻璃等多种玻璃，以及由这些玻璃制成的夹层玻璃、中空玻璃、真空玻璃等及其制品。幕墙玻璃面板选择时，应注意以下方面：

（1）钢化玻璃　钢化玻璃作为"安全玻璃"用于人流密集的公共建筑中，存在安全隐患。所以在人流密集的公共建筑中，不得不采用单片钢化玻璃时，一定要慎重对待，采取必要的安全措施：

1）钢化玻璃要进行二次热处理（称为引爆处理或均质处理）。

2）幕墙下面设置隔离带。

3）出入口设雨篷。

4）入口上空设置金属安全网。

5）钢化玻璃贴防爆膜。

钢化玻璃表面应力越大，钢化程度越深，越容易发生自爆。控制钢化玻璃表面应力不小于 $90N/mm^2$，其目的在于减小碎玻璃的尺寸大小，从而降低伤害的危险程度。

（2）半钢化玻璃　半钢化玻璃热处理类似于钢化玻璃，其表面应力不大于 $69N/mm^2$。半钢化玻璃表面应力低，所以不存在自爆的危险，不受外界影响时，它绝不会自爆。即使在外力作用下破碎，由于周边有胶缝和槽口，放射形的裂缝所形成的碎块也不会轻易坠落，可以有时间进行拆除、更换。同时，半钢化玻璃表面较为平整，映像畸变小，较为美观。近年来，不少大型幕墙工程采用半钢化玻璃。

广州新电视塔（也称广州塔）（地下 5 层、地上 112 层，主塔体高 530m）的外围空间钢结构由立柱、环梁、斜撑三组构件"编织"而成，而这三组构件的定位则是一个复杂而有规律的体系。玻璃幕墙单元部分采用 8mm（HS）+ 1.52mmSGP + 8mmLow-E（HS）+ 12mmA + 8mm（FT）+ 1.52mmSGP + 8mm（FT）的双层夹胶中空 Low-E 玻璃的玻璃幕墙组合（HS 是指半钢化处理，FT 是指全钢化处理），夹胶胶片采用 SGP 胶片。如果外层采用钢化夹胶玻璃，由于其破碎时颗粒小，胶片粘结作用下易形成"孤岛效应"而散落到地面，因此外层采用半钢化夹胶玻璃，这样即使玻璃发生破裂仍然是较大块，由于边框的约束和胶片粘结作用，不易脱落造成伤害。而内外层均采用夹胶玻璃正是考虑了既有向内倾斜的幕墙、又有向外倾斜的幕墙，充分保证了玻璃幕墙的安全性。双层夹胶中空 Low-E 玻璃的玻璃幕墙组合，也提供了最好的隔热节能性能。

广州国际金融中心（也称广州西塔）（103 层，高 432m）是世界上最高的采用全隐框玻璃幕墙系统的建筑。主塔楼采用双曲面单元式玻璃幕墙，玻璃采用 8mm（HS）+ 1.52PVB + 12AIR + 10mm（HS）的半钢化夹胶中空玻璃，玻璃板块形状为长方形和梯形（调节块）两种，前者约占总量的 90%。长方形玻璃板块规格为 1500mm × 4500mm、1000mm × 4500mm、1500mm × 3375mm 和 1000mm × 3375mm 四种。

试验表明，中空玻璃的内侧玻璃温度可达 95℃，这样的高温能导致低表面应力的半钢化玻璃发生热炸裂。应选择合理的玻璃反射吸收比，降低半钢化玻璃热炸裂风险。

（3）承重玻璃结构采用单片钢化玻璃要慎重　全玻璃幕墙中玻璃肋采用单片钢化玻璃或单片半钢化玻璃时，一旦受到意外撞击或特殊荷载作用，钢化玻璃会迅速破碎，并成颗粒状散落，从而使得玻璃肋支承结构的承载能力丧失为零，进而导致所支承的玻璃面板发生失效，大范围玻璃面板垮塌风险。采用夹层玻璃可以大幅降低钢化玻璃破碎成颗粒状、玻璃面板突然垮塌的风险；而单片浮法玻璃应力超限时，玻璃会出现裂纹，但出现裂纹的玻璃仍具有一定的残余承载力，降低了所支承面板立即发生大面积垮塌的风险。因此，全玻璃幕墙中的玻璃肋不建议采用单片钢化玻璃或者单片半钢化玻璃。

全玻璃幕墙的玻璃肋宜采用夹层玻璃。由于全玻璃幕墙玻璃肋粘接时多采用酸性硅酮结构密封胶，若采用夹层玻璃，会对胶片产生影响，因此在采用夹层玻璃作为玻璃肋时，应进行封边处理。

玻璃楼梯，无论直楼梯还是螺旋楼梯，都以扶手板为承重主梁，楼梯踏步板安装在栏板上。栏板和踏步板都采用夹层玻璃以保证安全。踏板通常采用3片玻璃夹胶，面层玻璃常采用刻花玻璃防滑。

（4）采光顶玻璃　单片钢化玻璃、钢化中空玻璃存在自爆的危险，因此采光顶用钢化玻璃须经过均质处理，即为均质钢化玻璃，以降低玻璃的自爆率，提高采光顶的安全性。

当采光顶玻璃最高点到地面或楼面距离大于3m时，应采用夹层玻璃或夹层中空玻璃，且夹胶层位于下侧。

采光顶玻璃面积过大，在重力荷载作用下玻璃变形可能形成"锅底"导致积水；玻璃面积过大，还会使玻璃的破裂率升高，降低采光顶的安全性。因此，玻璃面板面积不宜大于$2.5m^2$，长边边长不宜大于2.0m。如果确有可靠技术措施，玻璃面积可适当加大。

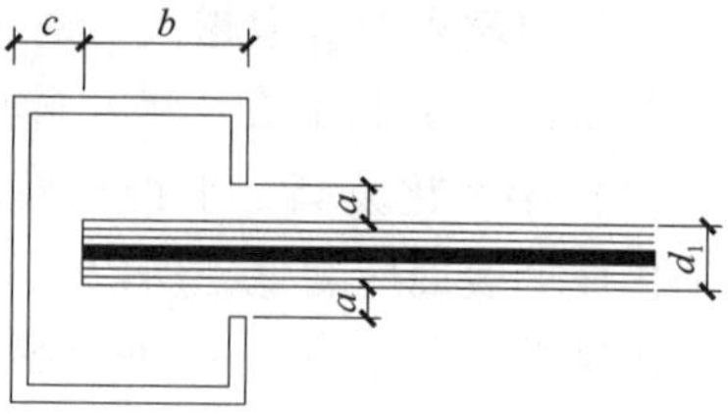

图4-2　夹层玻璃与槽口的配合尺寸
a、c—间隙　b—嵌入深度
d_1—夹层玻璃板厚度

为了防止采光顶夹层玻璃整体落下，夹层玻璃与槽口的配合尺寸（图4-2）应符合表4-3的要求。

表4-3　夹层玻璃与槽口的配合尺寸　　　　　　　　（单位：mm）

总厚度 d_1	a	b	c
10~12	≥4.5	≥22	≥5
>12	≥5.5	≥24	≥5

对于框支承玻璃，宜优先选用浮法玻璃和半钢化玻璃制成的夹层玻璃，因为可以免除自爆更换玻璃的麻烦，而且它们破裂后成大块碎片，具有一定的剩余承载力和剩余刚度，不会轻易下垂、拔出、落下，相对较为安全。

（5）幕墙玻璃采用夹层玻璃　应设置消防救援单元，且该单元应设置明显标志。

一旦需要消防救援时，应能及时击破各层规定部位的幕墙玻璃板块，快速开辟适合人员进出幕墙的洞口。在建设过程中，确定为救援单元的板块的识别标志应非常醒目，强化消防意识。消防救援单元可以选定于幕墙固定板块或者开启扇部位，便于击碎、开启或拆卸。玻璃面板可以选用与大面玻璃同类型玻璃的单层构造形式，既减少影响玻璃幕墙外观效果，又满足应急击碎的特殊需要。

（6）点支式玻璃　由于玻璃面板钻孔后强度明显下降，且在支承点（钢爪支承和夹板支承）处玻璃会产生很大的局部应力，浮法玻璃强度低，难以承受。因此，点支式玻璃幕墙采用的玻璃，必须经过钢化处理（包括全钢化FT、半钢化处理HS）。由于钢化玻璃存在自爆的可能（应力级数越高，概率越大），因此点支式玻璃幕墙采用的钢化玻璃应经过均热处理。优先考虑采用钢化夹层玻璃和钢化中空夹层玻璃。若经过计算，支承点的应力较小，选用半钢化夹层玻璃更为有利。

点支式玻璃幕墙采用夹层玻璃时，应采用聚乙烯醇缩丁醛（PVB）胶片干法加工合成技术，且胶片厚度不得小于0.76mm。

点支式玻璃幕墙采用中空玻璃时，在自重及外荷载作用下中空玻璃粘结用密封胶承受一定的荷载，故应采用硅酮结构胶粘结和丁基密封腻子密封。干燥剂应采用专门设备装填。

中空玻璃中的夹层玻璃宜放在室内侧。

（7）防火玻璃　玻璃幕墙和采光顶所用的防火玻璃应采用单片铯钾玻璃。防火玻璃主要用于：

1）有透光要求的层间的水平防火墙（高度 800mm）和楼层中防火墙左右两侧的透明竖向防火墙（左右各宽 1.0m）。

2）有美观透明要求的层间防烟封堵。

3）楼层中划分两个防火分区的透明防火墙。

4）连层的室内天井周边的防火包封。

防火铯钾玻璃可以有 1.0~2.5h 的耐火极限，而铝型材熔点低，耐火性能差，不能作为防火玻璃的支承结构，防火玻璃通常由钢结构支承，必要时钢结构还附加防火被覆。

（8）防爆玻璃　有防爆设计要求的玻璃幕墙，面板应选用防爆炸复合玻璃。防爆炸复合玻璃是指由多层透明材料复合而成，能够承受不小于 0.11MPa 的爆炸冲击波，或 50gTNT 炸药贴面爆炸的玻璃，其性能应符合《防爆炸透明材料》（GA 667—2020）的规定。

人员流动密度大、青少年或幼儿活动的公共场所以及使用中容易受到撞击的玻璃幕墙部位，宜采用夹层玻璃，并应设置明显的警示标志。公共场所安装的玻璃幕墙，由于玻璃的透明特性，易发生人员或物体冲撞、挤压事故，造成可能的人员伤害和财产损失。因此，此类部位的玻璃幕墙应采用安全玻璃中的夹层玻璃，并应设置明显的警示标志，有效防止此类事故的发生，降低事故危害。

采取适当的设计、施工措施，减少玻璃自爆。

1）设计措施。设计措施包括：

①玻璃支撑点不宜太多。由于建筑要求幕墙玻璃大面积，采用六点、八点或四点、六点再加一对边支承，这样多的支承点受力不均匀，很容易使玻璃开裂。

②支承处约束不要过强。

驳接头或金属夹板应能够满足玻璃面板在支承点处的转动变形等措施：

驳接头应能适应玻璃面板在支承点处的转动变形；驳接头的钢材与玻璃之间宜设置弹性材料的衬垫或衬套，衬垫和衬套的厚度不宜小于 1mm。

金属夹板与玻璃面板之间的间隙应满足风荷载作用下面板转动变形要求，并考虑施工偏差带来的不利影响；夹板与玻璃之间宜设置弹性材料的衬垫。

玻璃入槽后，玻璃面板外（内）边缘至槽口的距离应满足要求，过窄时玻璃会被卡得太紧而对其转动产生约束。

单层玻璃与槽口的配合尺寸（图 4-3a）应符合表 4-4 的要求。中空玻璃与槽口的配合尺寸（图 4-3b）应符合表 4-5 的要求。

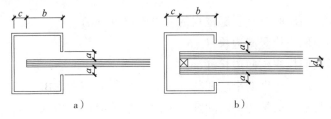

图 4-3　玻璃与槽口的配合尺寸
a）单层玻璃　b）中空玻璃

表 4-4　单层玻璃与槽口的配合尺寸　　　　　　　　　　　　（单位：mm）

玻璃厚度	a	b	c
5~6	≥3.5	≥15	≥5
8~10	≥4.5	≥16	≥5
≥12	≥5.5	≥18	≥5

表 4-5　中空玻璃与槽口的配合尺寸　　　　　　　　　　　　（单位：mm）

中空玻璃厚度	a	b	c		
			下边	上边	侧边
$6 + d_a + 6$	≥5	≥17	≥7	≥5	≥5
$8 + d_a + 8$ 及以上	≥6	≥18	≥7	≥5	≥5

注：d_a 为气体层厚度，不应小于 9mm。

③板缝不宜太小，以免玻璃膨胀后外拱破裂。幕墙玻璃之间的拼接胶缝的宽度应满足玻璃面板和密封胶的变形要求，胶缝宽度不宜小于 10mm。

2）施工措施。施工措施包括：

①边缘处理。全玻幕墙玻璃边缘外露，为了避免应力集中而导致玻璃破裂，也为了满足建筑美观要求，必须进行边缘处理。采用钻孔安装时，孔位处的应力集中明显，必须进行倒角处理并且不得出现崩边。因此，《玻璃幕墙工程技术规范》（JGJ 102）（2022 年送审稿）第 9.4.4 条规定，全玻幕墙的玻璃加工应符合下列要求：

A. 玻璃边缘应倒棱并细磨，外露玻璃的边缘应抛光磨平。

B. 采用钻孔安装时，孔边缘应进行倒角处理，并不应出现崩边。

②不要强迫安装玻璃。玻璃钢化后不平，多点支座也不找平，高高低低，若装不上硬装，会使安装初应力太大，造成玻璃大量自爆或破裂。

③安装玻璃的金属槽太窄，混凝土或花岗石表面紧靠玻璃表面，玻璃变形受限。玻璃幕墙的构件的内侧表面与主体结构的外缘之间应预留空隙，且不宜小于 35mm。

④玻璃垫片不要太薄，以免玻璃一膨胀就顶死槽底。

明框幕墙的玻璃板块下边缘与框料的槽底之间应衬垫硬橡胶垫块，垫块数量不应少于 2 块，厚度不应小于 5mm，每块长度不应小于 100mm，垫块邵氏硬度宜为 85~90。

明框玻璃幕墙的玻璃板块边缘至框料槽底的间隙宽度应满足下式要求：

$$2c_1 \left(1 + \frac{l_1}{l_2} \frac{c_2}{c_1} \right) \geqslant u_{lim} \qquad (4-1)$$

式中　　u_{lim}——主体结构层间位移引起框料的变形限值（mm）；

　　　　l_1——矩形玻璃板块竖向边长（mm）；

　　　　l_2——矩形玻璃板块横向边长（mm）；

　　　　c_1——玻璃与左右边框的平均间隙（mm），取值时应考虑施工偏差值 1.5mm；

　　　　c_2——玻璃与上下边框的平均间隙（mm），取值时应考虑施工偏差值 1.5mm。

注：非抗震设计时，u_{lim} 应根据主体结构弹性层间位移角限值 $[\theta_e]$（见表 4-6）确定；抗震设计时，u_{lim} 应根据主体结构弹性层间位移角的 3 倍确定。

表 4-6　弹性层间位移角限值（JGJ 3—2010）

结构类型	$[\theta_e]$
钢筋混凝土框架	1/550
钢筋混凝土框架-抗震墙、板柱-抗震墙、框架-核心筒	1/800
钢筋混凝土抗震墙、筒中筒	1/1000
钢筋混凝土框支层	1/1000
多、高层钢结构	1/250

4.3.2　幕墙支承结构选型

1. 框支式支承结构

框支式幕墙的支承系统是铰接或刚接的横梁立柱框架系统。常规框支式幕墙的面板由横梁和立柱正交的金属框架支承。采用铝型材时，横梁与立柱采用螺栓连接；采用钢型材时，横梁与立柱可以采用焊接或螺栓连接。根据支承框架横梁、立柱的连接构造情况，确定其计算简图。横梁可简化为简支梁或连续梁；立柱可简化为简支梁、双跨连续梁、多跨静定梁，如图 4-1 所示。随着建筑功能和建筑艺术的多样化，出现了新的支承结构形式。2022 年北京冬奥会速滑馆（冰丝带）由 13 道双曲玻璃环叠成，玻璃面板支承在 S 形钢龙骨（设置斜拉索减小钢龙骨截面尺寸）、弧形梁组成的曲面钢框架上。

隐框幕墙的板块是用结构胶将玻璃面板与背框相粘结而成的。设计与制作时，应选用性能稳定可靠、符合质量规定的结构胶。暴露于大气中的胶料面受风吹雨淋太阳晒，且结构胶材料自身随时间也会有老化现象。对于高层建筑，尤其是建筑高度超过 100m 时，一旦有结构胶发生意外的粘结失效，其脱落产生的危害非常巨大。因此，从提高安全性角度出发，建筑高度大于 100m 时，不宜采用隐框玻璃幕墙，否则应在面板和支承结构之间采取除硅酮结构胶以外的防面板脱落的构造措施。

向室外倾斜（与地面夹角小于 75°）的玻璃幕墙，或者设置于行人头顶上方的倒挂玻璃幕墙，面板脱落会带来更大的风险，因此规定不应采用隐框玻璃幕墙。

2. 点支式玻璃幕墙支承结构形式

点支式玻璃幕墙的支承结构可分为杆件体系和索杆体系两种。杆件体系是由刚性构件组成的结构体系（例如单独型钢或钢管、钢桁架等）。索杆体系是由拉索、拉杆和刚性构件等组成的预拉力结构体系（图 4-4）。

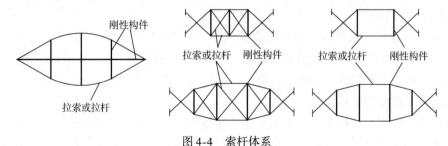

图 4-4　索杆体系

点支式玻璃幕墙的支承结构是保证幕墙性能的最关键部分，它是幕墙的骨架，其强度、变形（刚度）、稳定性、耐久性等都直接决定幕墙的性能。常见的支承结构形式主要有玻璃肋、单型钢柱、钢桁架、单层索网、预应力拉杆桁架、预应力拉索桁架、自平衡桁架等。

（1）玻璃肋支承结构　以玻璃肋作为点支式玻璃幕墙的受力支承结构（图4-5）。玻璃肋支承于主体结构上，在玻璃肋上安装连接板或钢爪，面板玻璃四角开孔，用安装在玻璃肋上的连接板（钢爪）中的螺栓穿入面板玻璃孔中与连接板（钢爪）紧固形成一个完整的受力体系。这种玻璃幕墙主要特点是通透性好，构造简单且结构无腐蚀性问题，适用于大堂、大厅及共享空间等。

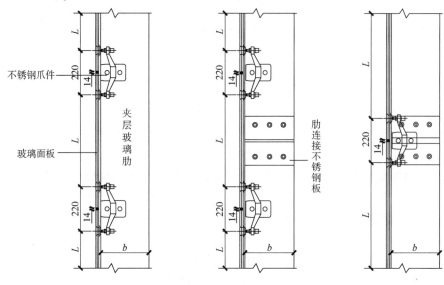

图4-5　玻璃肋支承结构

玻璃肋平面外刚度很小，其平面外的稳定性要引起足够的关注。当玻璃肋的高度大于8m时，应考虑玻璃肋的稳定问题；大于12m时，必须进行平面外稳定性计算。必要时增加平面外的支撑。平面外支撑可以采用水平玻璃梁、水平不锈钢撑杆、水平不锈钢板等。

玻璃肋高度较小（通常高度6m以下）时，可以采用底部支承；多数情况下采用顶部悬挂的支承方式，使玻璃肋处于拉弯的受力状态。当玻璃肋高度很大时，常采用多片玻璃夹胶以增大玻璃的厚度，从而加大玻璃肋的宽度。

玻璃肋高度较高时，可以采用不锈钢板和不锈钢螺栓将几段玻璃肋连接为长柱。

作为受力结构的玻璃肋必须采用夹层玻璃。由于玻璃是脆性材料，多孔固定不能提高玻璃的承载能力。一般截面高度小的玻璃肋一端选择2个螺栓固定；截面高度较大的玻璃肋一端最多选用3个螺栓固定。

（2）单柱或横梁支承结构　以单根立柱或横梁（圆管、方管或异形柱）作为支承结构（图4-6）。由于在外荷载作用下引起的单柱的荷载效应随其跨度（l）或跨度的平方（l^2）增加，因此一般适用于层高不大的层间幕墙。单柱支承点支式玻璃幕墙具有结构简单、视觉效果良好、施工简便等特点。

单型钢或钢管支承结构上、下端的支座处理是关键，最好把单型钢或钢管的上端设计成固定铰支座（图4-6b），其下端设计成滑动铰支座（图4-6c）。因为受压构件存在受压失稳的问题，对于同一个断面，把它设计成受压构件要比受拉构件强度折减20%以上。

（3）钢桁架支承结构　各种形式的钢桁架（鱼腹式钢桁架、三角形钢桁架、单梁翼架、

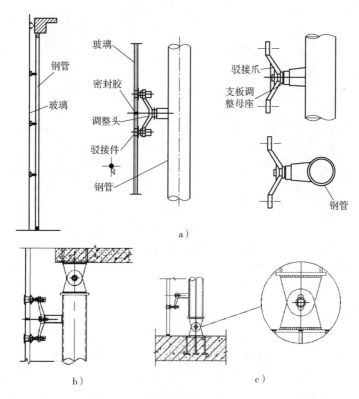

图 4-6　单型钢或钢管支承结构

a）透视图　b）上端固定铰支座　c）下端滑动铰支座

平面桁架翼架、空间桁架翼架等）作为支承结构（图 4-7）。玻璃幕墙与钢桁架形成一个单独的受力支承体系，有效地将钢结构的古典雄浑构造美与现代玻璃的"清""透"完美地结合起来，使整个建筑充满时代艺术气息。由于钢桁架是由杆件组成的格构体系，当外荷载作用于桁架节点时，各杆件只有轴力，截面应力分布均匀，可以充分发挥材料的作用，适用于大跨度的支承结构。

（4）索网支承结构　单层索网玻璃幕墙是悬索结构点支式玻璃幕墙中的一种类型，其幕墙玻璃的支承结构为单层平面索网结构（图 4-8），它可以是一个单索网结构单元组成的，也可以由多个单索网结构组成的玻璃幕墙。索网支承是最为简捷的玻璃面板支承钢结构体系，大大节省了支承结构所用的空间，进一步提高了玻璃幕墙的通透性，对玻璃幕墙支承结构来说，是一种全新的受力体系，适合于中庭入口立面等大跨度洞口部位。

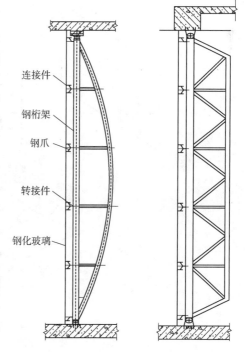

图 4-7　鱼腹式钢桁架支承结构

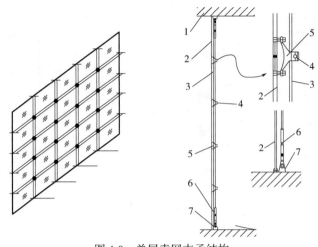

图 4-8 单层索网支承结构

1—边缘支承结构 2—幕墙玻璃板块 3—竖向受力索 4—横向受力索 5—幕墙连接装置

6—端部预应力调节器 7—端部铰支座

索网在大挠度下工作，通常挠度控制在 1/50 ~ 1/40 范围内。曲面单层索网及双层索系玻璃幕墙自初始预应力状态之后的最大挠度与跨度之比不宜大于 1/200。

1）索网的形状。单层索网自然状态只能是平面（高斯曲率 $K_x K_y = 0$），如图 4-9b 所示，或者双曲抛物线面，即马鞍形曲面（高斯曲率 $K_x K_y < 0$），如图 4-9c、d 所示。要形成球面等其他形式的曲面（高斯曲率 $K_x K_y > 0$），必须附加其他辅助拉索。在竖向高度不大于 15m 时，可以采用竖向单向拉索，演变成单向拉索结构（图 4-9a）。

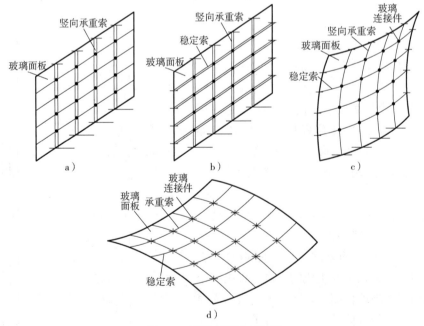

图 4-9 单层索网形式示意

a）单向索 b）平面单层索网 c）曲面单层索网 d）马鞍形曲面单层索网

在自然状态下钢索是柔软的，难以形成稳定的结构，因此必须施加初拉力使其绷紧，才能具有抵抗法向荷载的能力。通常控制钢索初拉力在钢索最小破断力的 15% ~25% 范围内。索网结构属于有初始拉力的柔性大挠度结构体系，设计时要考虑结构的非线性影响。

2）索网的布置。索网是由两个方向钢索所构成的柔性钢结构，竖向索为承重索，幕墙玻璃面板的自重由竖向索承受，水平索为稳定索。多跨索网可以连续布索以减少固定连接件数目。

拉索网格的间距不宜大于 1.5m × 1.5m。双向布索时，索网网格宜接近正方形，网格面积不宜大于 3.5m²。

当索网两个方向尺度接近（$l_x/l_y \approx 1.0$）时，法向荷载（风荷载、地震作用、透光屋面上的重力荷载）由双向拉索共同承受；当索网两个方向尺度之比 $l_x/l_y > 1.5$ 时，法向荷载也可以考虑只由短向索承受，长向索只作为稳定索。因此，当幕墙设置横纵两个方向钢索时，短跨钢索一定为粗索。

3）钢索端部的固定。钢索端部应采用冷挤压锚具连接具有张拉和调节钢索拉力功能的螺栓端杆。钢索端部直接与主体结构连接或者通过弹簧连接器连接在主体结构上。索端部弹簧连接器在温度变化或地震时可以减少索拉力的突然变化。固定钢拉索的主体结构或周边构件应能承受钢索的最大拉力，并且不产生过大的位移或变形。

在两座独立的建筑或在相邻塔楼之间布置索网时，连接两座建筑的钢索端部应有能适应两座建筑相对位移的连接装置。

（5）预应力拉杆桁架支承结构　由预应力拉杆和拉杆支撑杆所组成的拉杆桁架作为点支式幕墙的支承结构（图 4-10）。拉杆桁架所构成的支承桁架的体态简洁轻盈，特别是用不锈钢材料作为拉杆的主材时，经过精心抛光处理或亚光处理后，更能展示出现代金属结构所具备的高雅气质，使建筑整体极富现代感。

（6）预应力拉索桁架支承结构　由合理布设的不锈钢拉索和拉索支撑杆（压杆）所组成的索杆桁架作为点支式幕墙的支承结构（图 4-11），有时拉索会固定于主体结构上，这将使主体结构受到附加的拉力，主体结构设计时应考虑钢索拉力的影响。

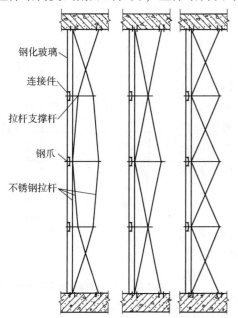

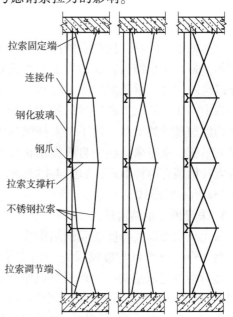

图 4-10　预应力拉杆桁架支承结构　　　　　图 4-11　拉索桁架支承结构

拉索桁架有弧线形、多折线形、三折线形等形式（图 4-12）。不同拉索桁架的抗风能力是不同的，应结合建筑要求、抗风能力要求、支承结构刚度等因素综合确定。

建筑造型不受限时，宜优先选用弧线形拉索桁架（图 4-12a），其抗风能力和材料用量相对最优；设置直线弦索的多折线形拉索桁架抗风能力比不含弦索的多折线形桁架的抗风能力要强很多，因此要求多折线形拉索桁架宜增设直线弦索（图 4-12b）；三折线形拉索桁架（图 4-12c）的抗风能力比弧线形、多折线形要弱，宜在分段数较少时采用。分析表明，常见矢高的弧线形拉索桁架具有几何非线性特征不显著、初始张拉应力增加对抗风能力提高影响较小、拉索桁架跨矢比与挠度近似呈线性关系、拉索桁架拉索截面与跨中变形乘积值相对恒定等特点。在抗风能力不足的情况下，不宜通过增大初始应力来实现，而应增大拉索截面面积、增大拉索桁架矢高来实现。

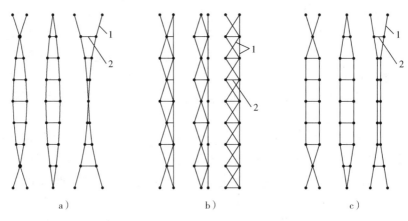

图 4-12　拉索（杆）桁架示意
a）弧线形　b）多折线形　c）三折线形
1—拉索或拉杆　2—撑杆

（7）自平衡索杆桁架支承结构　由受压的中心杆件和两侧对称的钢索以及连接两者的撑杆所组成的自平衡索杆桁架作为幕墙支承结构，这种幕墙的性价比较好，特别适合于结构跨度大、承载力较小的工程。自平衡索杆支承结构中，压杆的压力和拉索的拉力自相平衡，不会对主体结构施加额外的荷载。自平衡索杆结构体系一般为竖向自平衡系统，也有采用横向自平衡结构体系的。常用的自平衡索杆桁架有两种形式，如图 4-13 所示，通常优先选用图 4-13a 所示的形式。

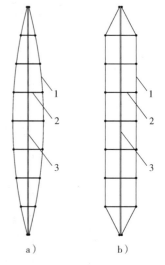

图 4-13　自平衡索杆桁架支承结构
1—拉索或拉杆　2—撑杆
3—中心压杆

3. 采光顶支承结构形式

采光顶主要以大跨度空间钢结构作为支承结构，根据空间钢结构的分类可将玻璃采光顶的支承结构分为三类：第一类为刚性支承结构，如单根梁或组合梁、拱、钢桁架（平行弦桁架、鱼腹式桁架、梭形桁架等）、钢网架或网壳结构；第二类为柔性支承结构，如索网结构、各种索桁架结构、预应力拉索网架、双梭锥网格结构、张拉整体结构；第三类为介于刚性和柔性结构之间的半刚性支承结构，如张弦梁（拱、桁架）结构、弓式预应力钢结构等。

（1）梁系　梁系（包括单梁、主次梁、交叉梁）是采光顶常用的支承结构，具有受力明确、计算方便、加工制造及施工安装比较简单等特点，应用于玻璃雨篷和中小跨度玻璃屋顶。

单梁主要用于跨度较小（小于 6m）的部位，钢质单梁可用型钢（工字钢、槽钢），截面形式有矩形、T 形、Y 形。用于群体系采光顶时，往往在单梁上设排水沟，这时要求上部有一定宽度，T 形截面就较为适用。梁上还要有安装玻璃采光顶杆件的连接件。

井字梁系一般用于跨度较大（大于 6m），且平面长宽比在 2:1 以内。其结构布置形式有十字形、井字形、卌字形等。材料有钢质井字梁。钢质井字梁可用型钢（工字钢、槽钢）焊拼接而成，也可用钢板焊拼接。

钢结构构件应按《钢结构设计标准》（GB 50017—2017）有关规定设计。设计时，应从工程实际情况出发，合理选用材料、结构方案和构造措施，满足结构构件在运输、安装和使用过程中的强度、稳定性和刚度要求，并符合防火、防腐蚀要求。在钢结构设计文件中，应注明建筑结构的使用年限、钢材牌号、连接材料型号（或钢号）和对钢材所要求的力学性能，化学成分及其他的附加保证项目。此外，还应注明所要求的焊缝形式、焊缝质量等级、断面刨平顶紧部位及对施工的要求。

（2）拱和组合拱　拱的结构形式按组成和支承方式可分为三铰拱、二铰拱和无铰拱三种。

1）三铰拱（图 4-14a）。三铰拱为静定结构，当不均匀沉降时，对结构不引起附加内力。但三铰拱由于在跨中存在拱铰，会造成拱本身和屋盖构造比较复杂，因此玻璃采光顶用得不广泛。

2）二铰拱（图 4-14b）。二铰拱应用较多，具有安装制造比较方便，用料较经济，支座比无铰拱要简单，温度变化时由于铰可以转动，降低了温度应力的影响，但二铰拱属于一次超静定结构，对支座沉降、温度差等也比较敏感，必须考虑不均匀沉降和温度变化对结构内力的影响。

3）无铰拱（图 4-14c）。无铰拱属于超静定结构，跨中弯矩

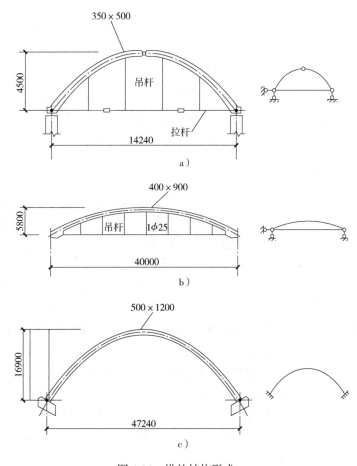

图 4-14　拱的结构形式
a）三铰拱　b）二铰拱　c）无铰拱

分布最不利，但需要强大的支座，总体不一定经济，温度应力也较大。建筑玻璃采光顶中无铰拱应用较少。

4）拱趾。拱的两端支座处称为拱趾（图4-15），两拱趾间的水平距离称为拱的跨度（l），拱轴上距起拱线最远处称为拱顶，拱顶至起拱线之间的垂直距离称为拱高（f），拱高与跨度之比称为高跨比（f/l），f/l 是受力的重要参数。拱的基本特点是在竖向荷载作用下会产生水平推力 H，水平推力的存在与否是区别拱和梁的主要标志。由于水平推力的存在，对拱趾处基础的要求高。在屋架中，为消除水平推力对墙或柱的影响，在两支座间增设一水平拉杆，将两支座改为简支的形式，支座上的水平推力由拉杆来承担。

5）拱的稳定。拱作为一个平面结构主要承受压力。当荷载达到某临界值时，整个拱在平面内发生屈曲（图4-16a）。若拱的侧向刚度较小，跨度较大，则当荷载达到某临界值时，也可能偏离平面受力状态而出现空间弯扭形式的平衡分支，即出现拱的侧倾（图4-16b）。

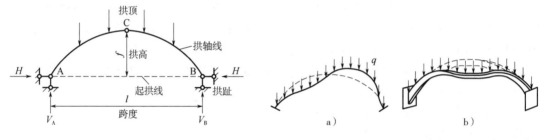

图 4-15　拱趾示意图　　　　　　　　　　　图 4-16　拱的失稳

（3）桁架　当安装玻璃采光顶的空间跨度较大时，单梁就显得不经济，宜采用桁架。桁架按外形来分类，可分为三角形桁架、梯形桁架、多边形桁架、拱形桁架、平行弦桁架等，如图4-17所示。按受力来分类，可分为平面桁架、空腹桁架、空间钢架等。

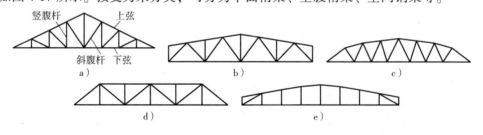

图 4-17　桁架形式示意
a）三角形桁架　b）梯形桁架　c）多边形桁架　d）平行弦桁架　e）空腹桁架

实际桁架受力较复杂，为了简化计算，通常对实际桁架的内力计算采用下列的假设：

1）桁架的节点都是光滑的铰节点。

2）桁架各杆件轴线都是直线并通过铰的中心。

3）荷载和支座反力都作用于节点上。

根据以上假定，桁架的各杆件为二力杆，只承受轴向力。屋盖及各杆件的重量化为集中荷载作用于节点上。在竖向节点荷载作用下，桁架上弦受压，下弦受拉，主要能抵抗弯矩；腹杆则主要抵抗剪力。

（4）张弦结构

1）张弦结构定义和分类。张弦结构（Beam String Structure，BSS）由刚度较大的抗弯构件（又称刚性构件，通常为梁、桁架或拱）和高强度的弦（又称柔性构件，通常为索）以及连接两者的撑杆组成；通过柔性构件施加拉力，使相互连接的构件成为具有整体刚度的结构（图4-18）。张弦结构综合了刚性杆件抗弯刚度高和柔性杆件抗拉强度高的特点，具有结构自重相对较轻，体系的刚度和形状稳定性相对较大，因而可以跨越很大的空间。一般来说，尽管张弦结构的梁、拱或桁架的截面可为空间形状，但结构的整体仍表现为平面受力结构。

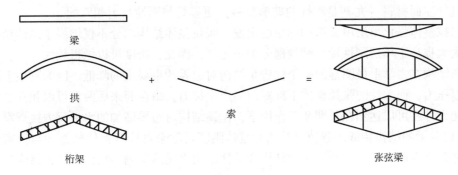

图 4-18　张弦梁结构的基本组成

张弦结构是由刚性构件上弦、柔性拉索下弦和中间刚性撑杆相连的结构体系，可分为张弦梁、张弦桁架、张弦穹顶、组合张弦结构，如图4-19所示。

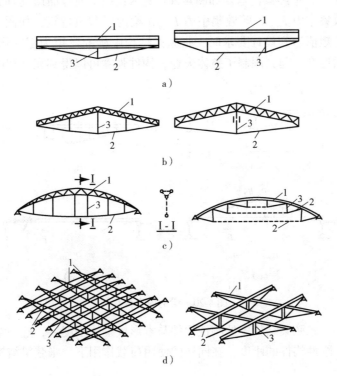

图 4-19　张弦结构形式示意

a）张弦梁　b）张弦桁架　c）张弦穹顶　d）组合张弦结构

1—刚性构件上弦　2—柔性构件下弦　3—刚性撑杆

张弦结构是在刚性屋顶结构与柔性屋顶结构之间，利用张拉整体的概念产生的一种更高效的结构体系。对张弦结构可以有两种理解：①来自柔性屋顶结构，即用刚性的上弦层取代柔性屋顶结构中柔性的上弦层而得到；②用张拉整体的概念来加强单层刚性屋顶结构，以提高单层刚性屋顶结构的刚度及稳定性。

2）张弦结构的特点。从柔性屋顶结构角度出发，由于柔性结构在施加预应力前后刚度的巨大变化，施工有一定的难度，用刚性的上弦层取代柔性的上弦层，不仅使施工大为简化，而且使屋面材料（尤其是刚性的玻璃材料）更容易与刚性材料相匹配。

从张拉整体强化单层屋顶结构的角度出发，张拉整体结构部分不仅增强了总体结构的刚度，还大大提高了单层刚性屋顶结构部分的稳定性，因此，跨度可以做得较大。

张弦结构在力学上最明显的一个优势是结构对边界约束要求的降低。因为刚性上弦层对边界施以压力，而柔性的张拉整体下部对边界产生拉力，组合起来后两者可以相互抵消。适当的优化设计还可以达到在长期荷载作用下，屋顶结构对边界施加的水平反力接近零。

3）张弦梁的结构特征。张弦梁结构的整体刚度贡献来自抗弯构件截面和与拉索构成的几何形体两个方面，是一种介于刚性结构和柔性结构之间的半刚性结构，这种结构具有以下特征：

①承载能力高。张弦梁结构中索内施加的预应力可以控制构件的弯矩大小和分布。当刚性构件为梁时，在跨中设一撑杆，撑杆下端与梁的两端均与索连接，如图 4-20a 所示。在跨中集中荷载 P 作用下，单纯梁内弯矩如图 4-20b 所示；在索内施加预应力 T 后，在跨中撑杆处产生向上的等效集中力 P_{equ}，等效集中力 P_{equ} 在梁内引起负弯矩，如图 4-20c 所示。当预应力使梁的跨中弯矩值达到设计要求时，张弦梁结构中梁的弯矩为零（图 4-20d）。由于刚性构件与绷紧的索连在一起，限制了整体失稳，构件强度可以得到充分利用。

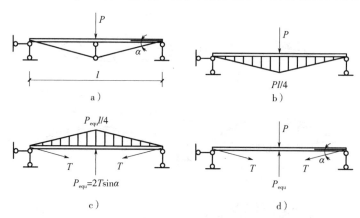

图 4-20　梁的内力变化

②结构变形小。张弦梁结构中的刚性构件与索形成整体刚度后，这一空间受力结构的刚度就远远大于单纯刚性构件的刚度，在同样的使用荷载作用下，张弦梁结构的变形比单纯刚性构件小得多。

③自平衡功能。当刚性构件为拱时，将在支座处产生很大的水平推力。索的引入可以平衡侧向力，从而减少对下部结构侧向位移的要求，并使支座受力明确，易于设计和制作。

④结构稳定性强。张弦梁结构在保证充分发挥索的抗拉性能的同时，由于引进了具有抗

压和抗弯能力的刚性构件而使体系的刚度和稳定性大为增强。同时，若适当调整索、撑杆和刚性构件的相对位置，可保证张弦梁结构整体稳定性。

⑤建筑造型适应性强。张弦梁结构中刚性构件的外形可以根据建筑功能和美观要求进行自由选择，而结构的受力特性不会受到影响。张弦梁结构的建筑造型和结构布置能够完美结合，使之适用于各种功能的大跨度空间结构。

⑥制作、运输、施工方便。与网壳、网架等空间结构相比，张弦梁结构构件和节点的种类、数量大大减少，这将极大地方便该类结构的制作、运输和施工。此外，通过控制钢索的张拉力还可以消除部分施工误差，提高施工质量。

4.4 幕墙设计思维

4.4.1 幕墙设计的哲学思维

建筑幕墙属于主体建筑大系统中的一个子系统。因此，只有在建筑系统内从哲学高度认识建筑幕墙才能把握其本质。人类知识体系本质上是层级化互动认识，所以哲学认识作为认知世界的最高阶概括，对具体认知提高产生强大的推动作用。哲学有三个维度：讨论"实在"的"形而上"，讨论"知识"的"认识论"和讨论"价值"的"价值论"。

以"物质实在"的唯物主义为基础分析幕墙，得出结论：建筑幕墙既是生产力和技术工艺发展的必然物，又被人类"情感冲动事件"所推动而演变，如图 4-21 所示。为英国伦敦第一届工业产品博览会而设计建造的"水晶宫"幕墙就是早期的例子，工业化为其提供了实现的可能，需要展示工业成就的博览会为它提供了应用的契机。以扎哈·哈迪德（Zaha Hadid）建筑师为代表的非线性建筑外皮受到欢迎，数字化技术为其提供了强有力支撑，人们对审美的丰富性需求，为其提供了广阔的实践土壤。因此，非线性元素在建筑设计、建造和营运过程中创造的新感受，一定在多样化的建筑实践中，为建筑提供更多复合而弹性使用机会而成为当今具有活力的"事件"。

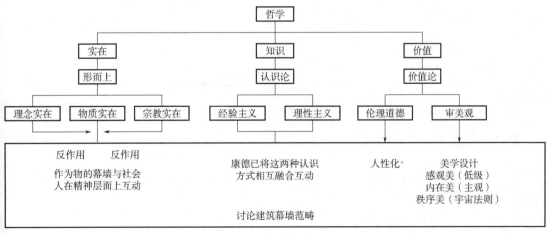

图 4-21 建筑幕墙哲学范畴

讨论幕墙设计理念，就是要思考长期相对稳定的基本原理、原则。要回答：什么是幕墙？即"What?"，这是"基本点"；为什么要做幕墙？即"Why?"，这是"出发点"；在什么地方做幕墙？即"Where？"，这是"地域性"；在什么时候做幕墙？即"When？"，这是"时代性"；为谁做，谁做幕墙？即"Who？"，这是"以人为本"；如何做好幕墙？即"How？"，这是"技术进步"。以玻璃之实，求通透之虚。玻璃幕墙的基本矛盾就是"通透非通透""采光非采光"。玻璃幕墙的功能是"一分为三"的，既有正面效应，也有负面效应，更有正面效应、负面效应都有的混合效应，走的是一条"正—反—合"的发展之路。幕墙设计只不过是平衡这些矛盾。幕墙设计思维如图 4-22 所示。

图 4-23 给出了不同类型玻璃模拟计算建筑物能耗，由图 4-23 可见，玻璃种类不同，对建筑物冬季供热能耗影响不大，对夏季制冷能耗影响较大。

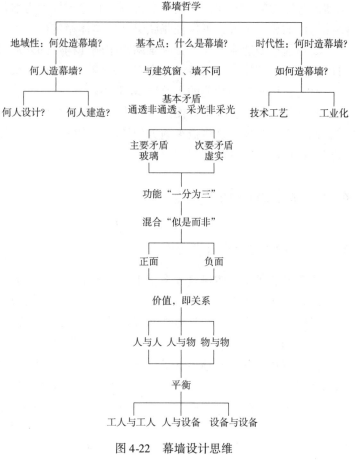

图 4-22　幕墙设计思维

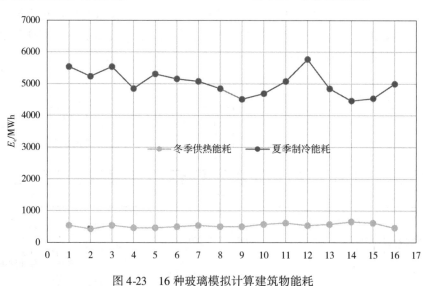

图 4-23　16 种玻璃模拟计算建筑物能耗

图 4-24 给出了上海地区窗地比为 0.4 时，供冷能耗（E_c）与遮阳系数（SC）、可见光透射率（τ_v）关系，由图 4-24 可见，遮阳系数（SC）低，供冷能耗（E_c）低，反之遮阳系数（SC）高，供冷能耗（E_c）也大。同理，可见光透射率（τ_v）低，供冷能耗低，反之可

见光透射率（τ_v）高，供冷能耗也大。

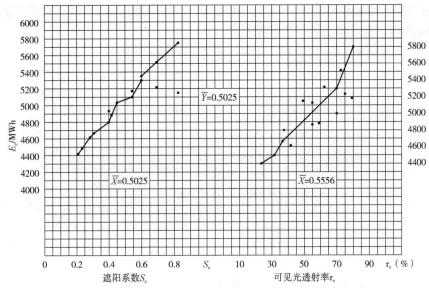

图 4-24　供冷能耗 E_c 与遮阳系数 SC、可见光透射率 τ_v 关系

图 4-25 给出了不同亮度指标时遮阳系数（SC）与可见光透射率（τ_v）的关系，由图 4-25 可见，遮阳系数（SC）与可见光透射率（τ_v）成正比，亮度指标 $D_x = SC/\tau_v$ 增大，遮阳系数（SC）增大，可见光透射率（τ_v）降低。

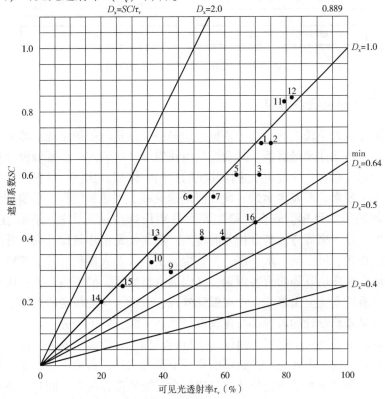

图 4-25　遮阳系数与可见光透射率关系（$SC - \tau_v$）

综上分析可知，遮阳系数（SC）小，热少光也少，增加照明能耗；可见光透射率（τ_v）大，光多热也多，增加供冷能耗。因此，应选择合适的亮度指标 D_x 值，达到节能与采光平衡。图 4-26 给出了幕墙节能的思维线路框图。

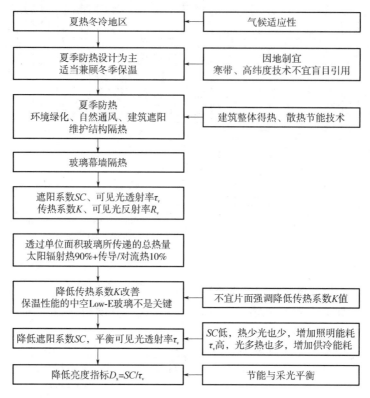

图 4-26　幕墙节能的思维线路框图

4.4.2　幕墙设计的系统性思维

　　幕墙是主体建筑大系统中的一个子系统，即是一个建筑外围护系统。幕墙子系统包括了外观性、安全性、功能性和经济性。外观性是由建筑设计所确定的，幕墙设计只是在建筑设计的框架内做功课。建筑设计规定了主体建筑的空间、体型、比例、材料、颜色、线条、虚实、质感等外观美要素，幕墙美学这一领域应是建筑师的创意和创作。幕墙设计师以其专业技术实现建筑师的美学目标。安全性则主要由幕墙设计按规范实施，保证在力、震、风、火、热、雷、蚀、碎、撞等方面符合相应的规定。功能性是由建筑设计提出外围护功能指标要求，幕墙设计在光、风、热、水、声、电、尘、虫、景及人性化舒适、健康、卫生等方面达标，构成外墙内外环境既隔断有害因素，又沟通有益因素，使室内环境形成建筑设计所规定的舒适性。经济性则完全由幕墙设计在保证外观、安全、功能规定的前提下，落实合理务实的性价比。可见幕墙设计的内容都与建筑设计密切关联、密不可分，是一个局部与整体的关系。此外，幕墙形成有一个过程，由设计、材料、加工、运输、安装、施工、维护、维修所构成，这也是自身的一个系统。建筑幕墙是一个系统工程，幕墙设计首要的是应有系统思维，必须清楚明白幕墙子系统的定位及其与建筑大系统的依存关系。同时，还要控制好幕墙形成全过程的制造系统。幕墙设计与相关专业的模糊边界见表 4-7。

表 4-7　幕墙设计与相关专业的模糊边界

项目	幕墙设计	相关专业	备注
1. 外观性			
1.1 效果图	投标方案	建筑美学规定	力学计算
1.2 立面分格	预埋件位置	建筑设计规定	遮阳系统
1.3 开启窗	施工图设计	建筑设计规定	
1.4 外遮阳设置	施工图设计	建筑设计规定	
2. 安全性			
2.1 风荷载取值	结构计算，围护结构风荷载取值	建筑结构	
2.2 抗震设防	结构计算，地震作用取值	建筑结构，主体层间位移	超高层建筑抗震
2.3 防火	局部处理，防止层间烟囱效应	排烟窗/建筑主体防火设计	结构防侧雷
2.4 避雷	设置避雷金属网连接至主体	建筑主体防雷设计	
2.5 玻璃破碎	结构计算，玻璃力学性能		
2.6 锈蚀脱落	五金件、配件等		
3. 功能性			
3.1 舒适性指标	室内环境影响	建筑设计规定	建筑整体节能
3.2 外围护节能	节能计算、选材、玻璃热学性能	供暖通风空调设计	自然通风
3.3 绿色评估	幕墙局部贡献	建筑整体评估	
3.4 通风	开启窗、智能控制	通风专业、建筑环境	
3.5 采光	玻璃光学性能、反射光	建筑环境、窗墙比	
3.6 隔声	幕墙材料、构造、缝隙	建筑环境、噪声源	
3.7 清洁	自洁，清洗系统	建筑环境、污染源	
3.8 排水	系统内防水、排水	排水专业、建筑防排水	中水利用
3.9 照明	墙面反光、室内透光、广告	照明专业	
4. 经济性			
4.1 建筑造价	外围护系统造价	建筑经济评估	实体实例
4.2 幕墙单价	体系、材料、功能	建筑设计	
4.3 建造工期	施工工艺、组织设计		
4.4 材料选优	高品质、品位材料及其配套		
4.5 检测试验	幕墙材料、部件、局部检测		
4.6 技术创新	新材料、体系、构造、公寓		
5. 关联性		建立建筑设计公司与幕墙	
5.1 建筑设计方案、扩初阶段	幕墙专业介入、沟通	公司的合作实体	
5.2 建筑设计施工图阶段	幕墙专业深入、交流	建立幕墙顾问咨询公司	
5.3 幕墙工程招标阶段	幕墙专业投入、竞优	建立联合创新开发中心	
5.4 幕墙工程建造实施阶段	建筑设计认可、调整	建立重点项目联合投标机制	

4.4.3　幕墙设计的实践性思维

幕墙设计理念的实践性应是第一位的，一个正确的设计是从工程实践中来的，还要回到工程实践中去。一个成功的幕墙设计，经历了"实践—认识—再实践"和"认识—实践—再认识"的反复过程。一位优秀的幕墙设计师，除了自己的设计实践外，应当重视工程实践，善于工程实践，勤于通过工程实践不断学习，不断总结提升到理念高度，止于至善。离开了工程实践的"行",任何设计的理念,蓝图的"知"是毫无意义的空中楼阁。实践是设计的基础、源泉、根本。

"设计—工程—再设计"的实践过程:幕墙工程的核心是设计。幕墙设计充满矛盾,认识这一矛盾运动,认识和处理好一对对矛盾,实在是建筑幕墙设计中的一个本质运动。一个好的幕墙设计,应当是对矛盾的处理较为合理的平衡。例如幕墙安全性是一个相对的概念、综合的概念,依不同建筑功能、不同安全投入、不同使用年限和条件等而不同的。对安全玻璃的认识,早已提出"工作状态强而不破坏,破坏状态碎而不散落,高处散落不论破坏形态都是不安全的"原则,使设计认识提高了一步。对幕墙节能的认识,也很早提出节能是一项系统工程,要以幕墙形成全过程和生命全过程分析,要以外围护系统的全部功能指标体系规定上做出综合系统整体比较。节能建筑幕墙要不断技术进步,要分析性价比,要多做测试与实测等论点。因而对当前幕墙节能设计有着良好的指导意义,防止了片面性。又如对幕墙功能的"一分为三"的认识,也是从多年设计与工程实践中得来的。认为玻璃幕墙是一项新技术、新材料、新工艺,既有正面效应,也有负面效应,更多的是一种正负皆有的混合效应。幕墙设计技术走的是"正—反—合"的发展过程,通过对一般传统窗的否定,对一般传统墙的否定,对一般装饰板的否定,对一般幕墙的自我否定而合成为幕墙的综合系统,抓住玻璃幕墙"采光非采光""通透非通透"这一主要矛盾。这些认识对设计有着极好的引领作用,如果脱离了设计实践,工程实践是形不成自己的独立见解和正确的思想、合适的设计理念的。

"实践—认识—再实践"的认识过程:正确的幕墙设计出于对幕墙的正确认识所构成的设计理念。只有通过"实践—认识—再实践"的多次反复认识,幕墙设计的理念才会产生积累、量积累到一定程度便产生质的飞跃。要学会幕墙的"自我否定",学会分析幕墙的"矛盾运动",掌握幕墙的基本矛盾,学会对幕墙"一分为三"的三元论认识,懂得"肯定—否定—否定之否定"的上升过程,懂得在否定自己的设计中前进,在充实自己的理念中发展。通过对幕墙工学、美学、哲学的学习和实践,通过知与行的反复深化,把幕墙设计做得更好。

4.4.4　幕墙设计的"大批量工艺"思维

"大批量工艺"的设计思维是大体量(超)高层建筑幕墙能够顺利实施的关键因素。现代超高层建筑体量大,幕墙设计、安装往往涉及数量巨大的批量构件,只有"简单才是可靠"的设计美学理念,才有利于最终实现幕墙精品。"大批量工艺"设计思维可以帮助人们以大工业化的思路处理"手工小批量"思维做不到的工艺,以可靠流水工装工艺处理依赖工人个人技能的工艺手段。

上海中心大厦建筑外观呈螺旋状上升,由主楼底部起始做平面旋转的建筑表皮,因建筑平面设计有一处凹口,使得在外幕墙上呈现 V 形凹槽,就此由底部旋转至顶部塔冠。建筑设计将塔楼从下至上划分为 9 个区段,其中一区位于建筑底层(裙房部位)、二～八区为建筑平面旋转和收拢的标准区域,九区位于塔冠位置。塔楼外幕墙类型划分依据所在位置及功能的不同进行,包括了 A1～A5 共 5 种不同的幕墙类型,其所在位置及具体特性如图 4-27 所示,涵盖了塔楼从一～九区的所有幕墙体系。

上海中心大厦在幕墙体系选择、新材料应用、施工工艺选择等方面均秉承了"大批量工艺"的思维。上海中心大厦项目形体形态复杂，由底至顶扭转 120° 螺旋收缩上升。幕墙工程量大，共计 20327 个单元板块。需要从结构体系入手，将更多困难留在工厂内解决，减少现场工作量和实施进度。通过方案阶段多重对比分析，最终选择台阶式挂式整体单元幕墙的技术线路。

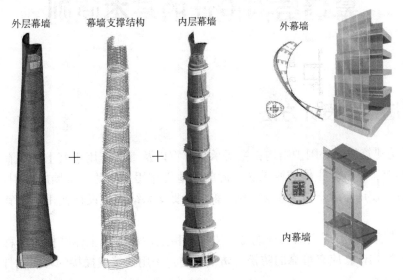

外层幕墙　　幕墙支撑结构　　内层幕墙　　　　外幕墙

内幕墙

图 4-27　塔楼幕墙系统分布

4.4.5　幕墙设计的创新性思维

自 1851 年幕墙诞生以来，在多项要素互动下，幕墙逐渐向智能信息化、绿色环保化、个性化和装配化方向发展。

幕墙个性化：随着数字化技术发展，后现代主义试图满足人们新的自然元素审美等多样化需求，兼顾功能与空间、外观更个性化要求，越来越多的建筑选择个性化非线性内外几何形态。这种建筑往往为承载文化元素、表达某象征符号而采用复杂动感外形，从而构件"大批量定制"工作量大、防水设计难度大、普遍应用新材料、新工艺等。应用新材料风险大，思维要从"小样工艺"思维转换到"批量工艺"思维，以降低工程的安全风险。

幕墙智能化：随着建筑产业工业化、幕墙的个性化和工业 4.0 的实施，幕墙"小批量定制"成为设计、生产、服务的普遍形式。幕墙智能化是幕墙及建筑产业升级转型的必然趋势。实现智能能源供应、智能节能环保、智能环境舒适。

幕墙借助 BIM 技术搭建的平台，从而实现设计、生产和服务过程智能化；通过物联网实现使用过程中的智能化，物联幕墙大有发展。

幕墙智能化包括：①物联网集成能量生产过程控制（例如光伏发电、风电应用）；②采光遮阳控制；③热环境反馈控制；④通风及空气质量控制；⑤防盗及报警；⑥照明控制等。

智能幕墙的控制系统（从信息采集到执行指令传动机构的全过程控制系统）涉及气候、温度、湿度、空气新鲜度、照度的测量，取暖、通风、空调、遮阳等机构运行状态信息采集及控制，电力系统的配置及控制，楼宇计算机控制等多方面因素。

第5章

幕墙结构设计的基本原则

5.1　幕墙结构设计方法

1）幕墙是建筑物的外围护结构，主要承受自重以及直接作用于其上的风荷载、地震作用、温度作用等，不分担主体结构承受的荷载或地震作用。因此，幕墙应按围护结构设计。幕墙的结构设计使用年限不应少于 25 年，幕墙主要支承结构的设计使用年限宜与主体结构相同。

2）玻璃幕墙应具有规定的承载能力、刚度、稳定性和适应主体结构的位移能力。采用螺栓连接的幕墙构件，应有可靠的防松、防滑措施；采用挂接或插接的幕墙构件，应有可靠的防脱、防滑措施。

3）玻璃幕墙结构设计应计算下列作用效应：

①非抗震设计时，应计算重力荷载和风荷载效应。

②抗震设计时，应计算重力荷载、风荷载和地震作用效应。

温度作用下，变形受到约束的支承结构尚应考虑温度作用的影响。温度作用下，变形受到约束的支承结构主要是指隐框幕墙的硅酮结构密封胶、未采用沿纵向滑动连接构造做法释放温度变形的支承结构。

4）幕墙结构的抗震设计标准是小震下保持弹性，基本不产生损坏。在这种情况下，幕墙也应基本处于弹性工作状态。因此，玻璃幕墙结构的内力和变形计算可采用弹性方法进行。对变形较大的场合（如索结构），宜考虑几何非线性的影响。

玻璃幕墙结构可按弹性方法分别计算施工阶段和正常使用阶段的作用效应，并应按《玻璃幕墙工程技术规范》（JGJ 102）（2022 年送审稿）第 3.3 款的规定进行作用效应的组合。

5）玻璃幕墙构件应按各效应组合中的最不利组合进行设计。

6）框支承玻璃幕墙中，当面板相对于横梁有偏心时，面板的重力偏心会使横梁产生扭转变形，在横梁结构设计时应考虑重力荷载偏心产生的不利影响，必要时进行横梁的抗扭承载力验算。

7）在计算斜玻璃幕墙的承载力时，应计入重力荷载及施工荷载在垂直于玻璃平面方向作用所产生的弯曲应力。

8）幕墙结构构件应按下列规定验算承载力和挠度：

①持久设计状态、短暂设计状态：

承载力应符合下式要求：

$$\gamma_0 S \leqslant R \tag{5-1}$$

②地震设计状态：

承载力应符合下式要求：

$$S_E \leqslant R/\gamma_{RE} \tag{5-2}$$

式中 S——荷载按基本组合的效应设计值；

S_E——地震作用效应和其他荷载按基本组合的效应设计值；

R——构件抗力设计值；

γ_0——幕墙结构构件重要性系数，可取不小于 1.0；

γ_{RE}——幕墙结构构件承载力抗震调整系数，可取 1.0。

幕墙构件的结构重要性系数 γ_0 与设计使用年限和安全等级有关。除预埋件外，其余幕墙构件的安全等级不会超过二级，设计使用年限一般为 25 年。同时，幕墙大多用于大型公共建筑，正常使用中不允许发生破坏，因此，结构构件重要性系数取不小于 1.0。

幕墙结构计算中，地震效应相对风荷载效应是比较小的，通常不会超过 20%，若采用小于 1.0 的系数进行放大，对幕墙结构设计是偏于不安全的，所以幕墙结构构件承载力抗震调整系数 γ_{RE} 取 1.0。

幕墙面板玻璃及金属构件（横梁、立柱）不便于采用内力设计表达式，所以《玻璃幕墙工程技术规范》（JGJ 102）（2022 年送审稿）直接采用与钢结构相似的应力表达形式。但对于预埋件设计时，则采用内力表达形式。

③挠度应符合下式要求：

$$d_f \leqslant d_{f,lim} \tag{5-3}$$

式中 d_f——构件在风荷载标准值或永久荷载标准值作用下产生的挠度值；

$d_{f,lim}$——构件挠度限值，见表 5-1。

④双向受弯的杆件，两个方向的挠度应分别符合式（5-3）的规定。

表 5-1 幕墙支承结构、面板相对挠度和绝对挠度要求

（GB/T 21086—2007 表 11）

支承结构类型		相对挠度（L 跨度）	绝对挠度/mm
构件式玻璃幕墙 单元式幕墙	铝合金型材	L/180	20（30）
	钢型材	L/250	20（30）
	玻璃面板	短边距/60	—
石材幕墙 金属板幕墙 人造板幕墙	铝合金型材	L/180	—
	钢型材	L/250	—
点支式玻璃幕墙	钢结构	L/250	—
	索杆结构	L/200	—
	玻璃面板	长边孔距/60	—
全玻璃幕墙	玻璃肋	L/200	—
	玻璃面板	跨距/60	—

注：括号内数据适用于跨距超过 4500mm 的建筑幕墙产品。

5.2 作用（荷载）

5.2.1 重力荷载

对于垂直的玻璃及幕墙结构，重力荷载只有材料本身的重量。材料的自重标准值通常由材料的重力密度（见表5-2）和其体积求得。未做规定时，结构的自重标准值可按表5-3的数值采用。

表5-2 材料的重力密度 γ_g （单位：kN/mm^3）

[JGJ 102（2022 年送审稿），表5.3.1；GB 50429—2007，表4.3.7]

材料	重力密度 γ_g	材料	重力密度 γ_g
钢材	78.5	大理石	28.0
铝合金	28.0	玻璃棉	0.5 ~ 1.0
花岗石	28.0	岩棉	0.5 ~ 2.5
砂石	24.0	矿棉	1.2 ~ 1.5
石灰石	26.0	玻璃	25.6

表5-3 结构自重标准值

项目	面荷载标准值/（N/mm^2）
嵌入物为中空（夹胶）玻璃的幕墙（采光顶）	500
嵌入物为单层玻璃的幕墙（采光顶）	400
嵌入物为花岗石的幕墙	1100

5.2.2 风荷载

《建筑结构荷载规范》（GB 50009—2012）规定，垂直于建筑物表面上的风荷载标准值，应按下列规定确定：

计算主要受力构件时，应按下式计算：

$$w_k = \beta_z \mu_s \mu_z w_0 \tag{5-4}$$

式中 w_k——风荷载标准值（kN/m^2）；

β_z——高度 z 处的风振系数；

μ_z——风压高度变化系数；

μ_s——风载体型系数；

w_0——基本风压（kN/m^2）。

计算围护结构时，应按下式计算：

$$w_k = \beta_{gz} \mu_{s1} \mu_z w_0 \tag{5-5}$$

式中 β_{gz}——高度 z 处的阵风系数；

μ_{s1}——风荷载局部体型系数。

阵风影响和风振影响在幕墙结构中是同时存在的。一般而言，幕墙面板及其横梁、立柱由于跨度较小，刚性较大，阵风的影响比较明显，在结构效应中可不必考虑其共振分量，此时可仅在平均风压的基础上，近似考虑脉动风瞬间的增大因素，采用阵风系数 β_{gz} 的考虑方法。而对于玻璃幕墙中的张拉索杆体系、风荷载方向自振周期大于1s的大跨度支承钢结构，风荷载对结构的作用表现为平均风压的不均匀分布作用和脉动风压的动力作用，风振动的影响较为敏感，宜采用风振系数 β_z 的方法考虑风动力效应的影响。

对于跨越多块玻璃面板的支承结构，应综合风荷载作用方向的结构刚度、跨度以及自振周期等因素，区分为主要承重结构或围护结构后，再按《建筑结构荷载规范》（GB 50009—2012）确定风荷载标准值。

对于玻璃面板、框支承幕墙中的横梁和立柱、全玻璃幕墙中的玻璃肋、跨度不超过6m的支承结构，其刚性相对较大，宜按《建筑结构荷载规范》（GB 50009—2012）中的围护结构确定风荷载标准值 w_k ［式（5-5）］，且玻璃幕墙计算用风荷载标准值不应小于 1.0kN/m^2。

1. 高度 z 处的阵风系数 β_{gz}

β_{gz} 为高度 z 处的阵风系数，按式（5-6）计算，也可按表5-4确定。

$$\beta_{gz} = 1 + 2gI_{10}\left(\frac{z}{10}\right)^{-\alpha} \tag{5-6}$$

式中　g——峰值因子，可取2.5；

$\quad\quad I_{10}$——10m 高度名义湍流强度，对应 A、B、C 和 D 类场地地面粗糙度，可分别取 0.12、0.14、0.23 和 0.39；

$\quad\quad \alpha$——地面粗糙度，对应 A、B、C 和 D 类场地地面粗糙度，可分别取 0.12、0.15、0.22 和 0.30。

表5-4　阵风系数 β_{gz}

离地面高度/m	地面粗糙度类别			
	A	B	C	D
5	1.65	1.70	2.05	2.40
10	1.60	1.70	2.05	2.40
15	1.57	1.66	2.05	2.40
20	1.55	1.63	1.99	2.40
30	1.53	1.59	1.90	2.40
40	1.51	1.57	1.85	2.29
50	1.49	1.55	1.81	2.20
60	1.48	1.54	1.78	2.14
70	1.48	1.52	1.75	2.09
80	1.47	1.51	1.73	2.04
90	1.46	1.50	1.71	2.01
100	1.46	1.50	1.69	1.98
150	1.43	1.47	1.63	1.87
200	1.42	1.45	1.59	1.79
250	1.41	1.43	1.57	1.74
300	1.40	1.42	1.54	1.70

（续）

离地面高度/m	地面粗糙度类别			
	A	B	C	D
350	1.40	1.41	1.53	1.67
400	1.40	1.41	1.51	1.64
450	1.40	1.41	1.50	1.62
500	1.40	1.41	1.50	1.60
≥550	1.40	1.41	1.50	1.59

2. 局部体型系数 μ_{sl}

计算围护构件及其连接的风荷载时，可按下列规定采用局部体型系数 μ_{sl}：

1）封闭式矩形平面房屋的墙面及屋面可分别按表5-5、表5-6的规定采用。

2）檐口、雨篷、遮阳板、边棱处的装饰条等凸出构件，取 -2.0。

3）其他房屋和构筑物可按《建筑结构荷载规范》（GB 50009—2012）第8.3.1条规定体型系数的1.25倍取值。

表5-5　封闭式矩形平面房屋的墙面局部体型系数 μ_{sl}

迎风面		1.0
侧面	S_a	-1.4
	S_b	-1.0
背风面		-0.6

注：E 应取 $2H$ 和迎风面宽度 B 中较小者，如图5-1a所示。

表5-6　封闭式矩形平面房屋的双坡屋面局部体型系数 μ_{sl}

α		≤5°	15°	30°	≥45°
R_a	$H/D<0.5$	-1.8 0.0	-1.5 $+0.2$	-1.5 $+0.7$	0.0 $+0.7$
	$H/D≥1.0$	-2.0 0.0	-2.0 $+0.2$		
R_b		-1.8 0.0	-1.5 $+0.2$	-1.5 $+0.7$	0.0 $+0.7$
R_c		-1.2 0.0	-0.6 $+0.2$	-0.3 $+0.4$	0.0 $+0.6$
R_d		-0.6 $+0.2$	-1.5 0.0	-0.5 0.0	-0.3 0.0
R_e		-0.60 0.0	-0.4 0.0	-0.4 0.0	-0.2 0.0

注：1. E 应取 $2H$ 和迎风面宽度 B 中较小者，如图5-1b所示。

2. 中间值可按线性插值法计算（应对相同符号项插值）。

3. 同时给出了两个值的区域应分别考虑正负风压的作用。

4. 风沿纵轴吹来时，靠近山墙的屋面可参照表中 α≤5°时的 R_a 和 R_b 取值。

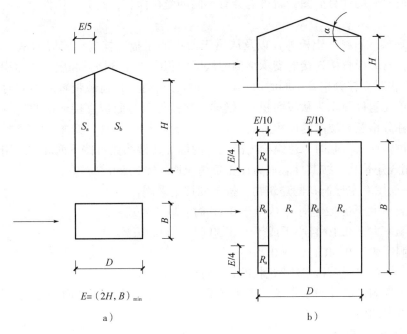

图 5-1　封闭式矩形平面房屋的局部体型系数

a）墙面　b）双坡屋面

计算非直接承受风荷载的围护构件风荷载时，局部体型系数 μ_{s1} 可按构件从属面积折减，折减系数按下列规定采用：

1）当从属面积 $A \leqslant 1\text{m}^2$ 时，折减系数取 1.0。

2）当从属面积 $A \geqslant 25\text{m}^2$ 时，对墙面折减系数取 0.8，对局部体型系数绝对值大于 1.0 的屋面区域折减系数取 0.6，对其他屋面区域折减系数取 1.0。

3）当从属面积 $1\text{m}^2 < A < 25\text{m}^2$ 时，墙面和绝对值大于 1.0 的屋面局部体型系数可采用对数插值（图 5-2），即按下式计算局部体型系数 μ_{s1}：

$$\mu_{s1}(A) = \mu_{s1}(1) + [\mu_{s1}(25) - \mu_{s1}(1)] \lg A / 1.4 \tag{5-7}$$

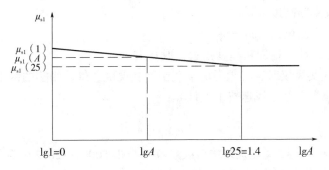

图 5-2　局部体型系数 μ_{s1} 计算

在确定局部风压体型系数 μ_{s1} 时，需要确定从属面积 A。"从属面积"和"受荷面积"是两个不同的术语，从属面积是按构造单元划分的，它主要是由构件实际构造尺寸确定的，是用来确定风荷载标准值时，选取局部风压体型系数 μ_{s1} 用的参数；而受荷面积是按计算简图取值的，选取不同的计算简图，就可能会有不同的受荷面积，是分析构件效应时按荷载分布情况确定的。

面板（玻璃、石材、铝板等）以及从属于面板的压板、挂勾、胶缝的从属面积按面板的面积考虑；与面板直接连接的支承结构的从属面积取立柱分格宽和层高的面积为从属面积（计算从属面积时立柱分格宽不同时取小值，内力分析时立柱荷载带宽度不同时取大值，单元式幕墙取单元组件面积为从属面积），横梁、连接件等与面板直接连接的支承结构，其从属面积取立柱分格宽和层高的面积。

计算围护构件风荷载时，建筑物内部压力的局部体型系数可按下列规定采用：

1）封闭式建筑物，按其外表面风压正负情况取 –0.2 或 0.2。

2）仅一面墙有主导洞口的建筑物，按下列规定采用：

①当开洞率大于 0.02 且小于或等于 0.10 时，取 $0.4\mu_{s1}$。

②当开洞率大于 0.10 且小于或等于 0.30 时，取 $0.6\mu_{s1}$。

③当开洞率大于 0.30 时，取 $0.8\mu_{s1}$。

3）其他情况，应按开放式建筑物的 μ_{s1} 取值。

注：①主导洞口的开洞率是指单个主导洞口面积与该墙面全部面积之比；②μ_{s1} 应取主导洞口对应位置的值。

3. 基本风压 w_0 取值

在确定风压时，观测场地应符合下列要求：

1）观测场地及周围应为空旷平坦的地形。

2）观测场地能反映本地区较大范围内的气象特点，避免局部地形和环境的影响。

风速观测数据资料应符合下列要求：

1）应采用自记录式风速仪记录的 10min 平均风速资料，对于以往非自记的定时观测资料，应通过适当修正后加以采用。

2）风速仪标准高度应为 10m，当观测的风速仪高度与标准高度相差较大时，可按下式换算到标准高度的风速 v：

$$v = v_z \left(\frac{10}{z} \right)^{\alpha} \tag{5-8}$$

式中　　z——风速仪实际高度（m）；

　　　　v_z——风速仪观测风速（m/s）；

　　　　α——空旷平坦地区地面粗糙度指数，取 0.15。

3）使用风杯式测风仪时，必须考虑空气密度受温度、气压影响的修正。

基本风压 w_0 应根据基本风速按下式计算：

$$w_0 = \frac{1}{2} \rho v_0^2 \tag{5-9}$$

式中　　v_0——基本风速，按《建筑结构荷载规范》（GB 50009—2012）附录 E.3 中规定的方法进行统计计算（m/s）；

　　　　ρ——空气密度（t/m³）。

空气密度 ρ 可按下式计算：

$$\rho = \frac{0.001276}{1 + 0.00366t} \left(\frac{p - 0.378 p_{vap}}{100000} \right) \tag{5-10}$$

式中　t——空气温度（℃）；

　　　p——气压（Pa）；

　p_{vap}——水汽压（Pa）。

空气密度 ρ 也可根据所在地的海拔高度按下式近似估算：

$$\rho = 0.00125 e^{-0.0001z} \tag{5-11}$$

式中　z——海拔高度（m）。

《建筑结构荷载规范》（GB 50009—2012）附表 E. 5 给出了全国各地重现期为 $R = 10$ 年、$R = 50$ 年、$R = 100$ 年基本风压 w_0 分布。

《高层建筑混凝土结构技术规程》（JGJ 3—2010）进一步规定风压重现期及其适用情况（见表 5-7）。

表 5-7　基本风压重现期及其适用情况

重现期 R/年	适用情况
10	舒适度控制
50	抗风设计
100	抗风设计

《高层建筑混凝土结构技术规程》（JGJ 3—2010）规定：对风荷载比较敏感的高层建筑（高度 $H > 60\text{m}$ 的高层建筑），承载力设计时应按基本风压的 1.1 倍采用。

4. 风压高度变化系数 μ_z

在大气边界层内，风速随地面高度而增大。当气压场随高度不变时，风速随高度增大的规律主要取决于地面粗糙度和温度垂直梯度。通常认为在离地面高度为 300～500m 时，风速不再受地面粗糙度的影响，也即达到所谓"梯度速度"，该高度称为梯度风高度。

对于平坦或稍有起伏的地形，风压高度变化系数应根据地面粗糙度类别决定。《建筑结构荷载规范》（GB 50009—2012）将地面粗糙度分为 A、B、C 和 D 四类（见表 5-8）。

表 5-8　地面粗糙度分类

地面粗糙度类别	地面特征
A	近海海面、海岸、湖岸及沙漠地区
B	田野、乡村、丛林、丘陵以及房屋比较稀疏的乡镇
C	有密集建筑群的城市市区
D	有密集建筑群且房屋较高的城市市区

不同地面粗糙度时，风压高度变化系数 μ_z 的数值可按表 5-9 确定，也可按下式计算：

$$\mu_z = \psi \left(\frac{z}{10} \right)^{2\alpha} \tag{5-12}$$

式中　z—风压计算点离地面高度（m）；

　　　ψ—地面粗糙度、梯度风高度影响系数，见表 5-10；

　　　α—地面粗糙度指数，见表 5-10。

表 5-9　风压高度变化系数 μ_z

离地面或海平面高度/m	地面粗糙度类别			
	A	B	C	D
5	1.09	1.00	0.65	0.51
10	1.28	1.00	0.65	0.51
15	1.42	1.13	0.65	0.51
20	1.52	1.23	0.74	0.51
30	1.67	1.39	0.88	0.51
40	1.79	1.52	1.00	0.60
50	1.89	1.62	1.10	0.69
60	1.97	1.71	1.20	0.77
70	2.05	1.79	1.28	0.84
80	2.12	1.87	1.36	0.91
90	2.18	1.93	1.43	0.98
100	2.23	2.00	1.50	1.04
150	2.46	2.25	1.79	1.33
200	2.64	2.46	2.03	1.58
250	2.78	2.63	2.24	1.81
300	2.91	2.77	2.43	2.02
350	2.91	2.91	2.60	2.22
400	2.91	2.91	2.76	2.40
450	2.91	2.91	2.91	2.58
500	2.91	2.91	2.91	2.74
≥550	2.91	2.91	2.91	2.91

表 5-10　ψ 和 α 值

	地面粗糙度类别			
	A	B	C	D
ψ	1.284	1.000	0.544	0.262
α	0.12	0.15	0.22	0.30

由表 5-9 可见：

1）A、B、C、D 类的梯度风高度分别为 300m、350m、450m 和 550m，其高度变化系数取值均为 2.91。

2）A、B、C、D 类风压高度变化系数的截断高度分别取为 5m、10m、15m 和 30m，相应的高度变化系数取值分别为 1.09、1.00、0.65 和 0.51。

5. 风载体型系数 μ_s

风载体型系数 μ_s 主要与建筑物的体型和尺度有关，也与周围环境和地面粗糙度有关。一般采用相似原理，在边界层风洞内对拟建的建筑物模型进行测试。

《建筑结构荷载规范》（GB 50009—2012）表 8.3.1 列出 39 项不同类型的建筑物和各类结构的体型系数，当建筑物与表中列出的体型类同时可参考应用。

1）房屋和构筑物与表中的体型类同时，可按表规定取用。

2）房屋和构筑物与表中的体型类不同时，可参考有关资料采用。

3）房屋和构筑物与表中的体型类不同且无参考资料可借鉴时，宜由风洞试验确定。

4）对重要且体型复杂的房屋和构筑物，应由风洞试验确定。

对于高度（H）不超过 45m 的矩形高层建筑背风面的风载体型系数为 -0.5。对于高度（H）超过 45m 的矩形截面高层建筑，应考虑深宽比（D/B）对背风面体型系数的影响，当平面深宽比 $D/B \leqslant 1$ 时，背风面的风载体型系数增加到 -0.6。封闭式矩形截面高层建筑的风载体型系数按表 5-11 取用，如图 5-3 所示。

表 5-11　封闭式矩形截面高层建筑的风载体型系数 μ_s

	$H \leqslant 45m$	$H > 45m$			
		$D/B \leqslant 1$	$D/B = 1.2$	$D/B = 2$	$D/B \geqslant 4$
μ_{s1}	$+0.8$	$+0.8$			
μ_{s2}	-0.5	-0.6	-0.5	-0.4	-0.3
μ_{s3}、μ_{s4}	-0.7	-0.7			

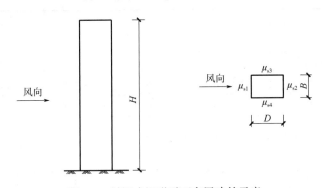

图 5-3　封闭式矩形平面高层建筑示意

《高层建筑混凝土结构技术规程》（JGJ 3—2010）（附录 B）对《建筑结构荷载规范》（GB 50009—2012）表 8.3.1 的简化和整理，给出了 12 种体型的风载体型系数 μ_s：

1）矩形平面（图 5-4）的风载体型系数 μ_s 按表 5-12 取值。

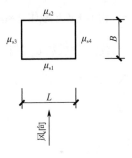

图 5-4　矩形平面

表 5-12　矩形平面风载体型系数 μ_s

μ_{s1}	μ_{s2}	μ_{s3}	μ_{s4}
0.8	$-\left(0.48+0.03\dfrac{H}{L}\right)$	-0.60	-0.60

注：H 为房屋高度。

2）L 形平面（图 5-5）的风载体型系数 μ_s 按表 5-13 取值。

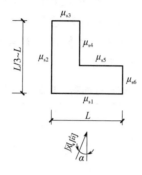

图 5-5　L 形平面

表 5-13　L 形平面风载体型系数 μ_s

α ＼ μ_s	μ_{s1}	μ_{s2}	μ_{s3}	μ_{s4}	μ_{s5}	μ_{s6}
0°	0.80	-0.70	-0.60	-0.50	-0.50	-0.60
45°	0.50	0.50	-0.80	-0.70	-0.70	-0.80
225°	-0.60	-0.60	0.30	0.90	0.90	0.30

3）槽形平面的风载体型系数 μ_s 按图 5-6 取值。

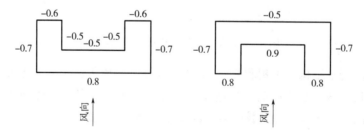

图 5-6　槽形平面风载体型系数 μ_s

4）正多边形平面、圆形平面的风载体型系数 μ_s 按图 5-7 取值。

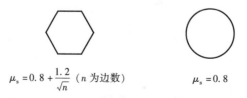

$\mu_s=0.8+\dfrac{1.2}{\sqrt{n}}$（$n$ 为边数）　　　　$\mu_s=0.8$

图 5-7　正多边形平面、圆形平面的风载体型系数 μ_s

5）扇形平面的风载体型系数 μ_s 按图 5-8 取值。

6）棱形平面的风载体型系数 μ_s 按图 5-9 取值。

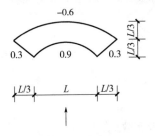

图 5-8　扇形平面风载体型系数 μ_s

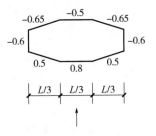

图 5-9　棱形平面风载体型系数 μ_s

7）十字形平面风载体型系数 μ_s 按图 5-10 取值。

8）井字形平面风载体型系数 μ_s 按图 5-11 取值。

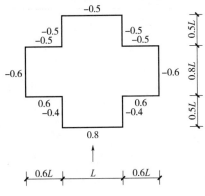

图 5-10　十字形平面风载体型系数 μ_s

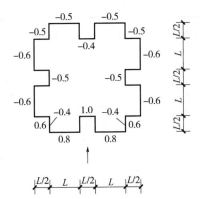

图 5-11　井字形平面风载体型系数 μ_s

9）X 形平面风载体型系数 μ_s 按图 5-12 取值。

10）艹形平面风载体型系数 μ_s 按图 5-13 取值。

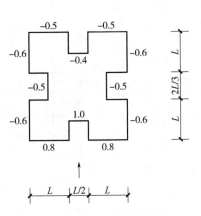

图 5-12　X 形平面风载体型系数 μ_s

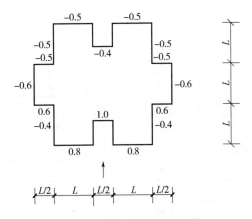

图 5-13　艹形平面风载体型系数 μ_s

11）六角形平面（图 5-14）风载体型系数 μ_s 按表 5-14 取值。

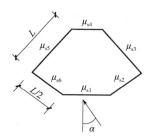

图 5-14　六角形平面

表 5-14　六角形平面风载体型系数 μ_s

α \ μ_s	μ_{s1}	μ_{s2}	μ_{s3}	μ_{s4}	μ_{s5}	μ_{s6}
0°	0.80	−0.45	−0.50	−0.60	−0.50	−0.45
30°	0.70	0.40	−0.55	−0.50	−0.55	−0.55

12）Y 形平面（图 5-15）风载体型系数 μ_s 按表 5-15 取值。

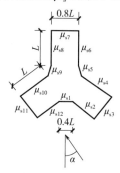

图 5-15　Y 形平面

表 5-15　Y 形平面风载体型系数 μ_s

μ_s \ α	0°	10°	20°	30°	40°	50°	60°
μ_{s1}	1.05	1.05	1.00	0.95	0.90	0.50	−0.15
μ_{s2}	1.00	0.95	0.90	0.85	0.80	0.40	−0.10
μ_{s3}	−0.70	−0.10	0.30	0.50	0.70	0.85	0.95
μ_{s4}	−0.50	−0.50	−0.55	−0.60	−0.75	−0.40	−0.10
μ_{s5}	−0.50	−0.55	−0.60	−0.65	−0.75	−0.45	−0.15
μ_{s6}	−0.55	−0.55	−0.60	−0.70	−0.65	−0.15	−0.35
μ_{s7}	−0.50	−0.50	−0.50	−0.55	−0.55	−0.55	−0.55
μ_{s8}	−0.55	−0.55	−0.55	−0.50	−0.50	−0.50	−0.50
μ_{s9}	−0.50	−0.50	−0.50	−0.50	−0.50	−0.50	−0.50
μ_{s10}	−0.50	−0.50	−0.50	−0.50	−0.50	−0.50	−0.50
μ_{s11}	−0.70	−0.60	−0.55	−0.55	−0.55	−0.55	−0.55
μ_{s12}	1.00	0.95	0.90	0.80	0.75	0.65	0.35

对于一般高层建筑来说，由于建筑层高一般不会太高，在刚性楼（屋）盖约束下，沿建筑物表面竖向分量分布的水平风荷载，通常可被简化为楼层节点水平荷载作用于建筑物。从高层建筑结构整体抗风设计角度来看，楼层高度内迎风背风分布风压产生的局部应力影响较小，可忽略不计，此时的高层建筑整体风载体型系数 μ_s 可取迎风压力体型系数与背风吸力系数绝对值总和计算。各类高层建筑平面体型的整体风载体型系数 μ_s 见表 5-16。

表 5-16　各类高层建筑平面体型的整体风载体型系数 μ_s

序号	建筑平面体型	μ_s
1	矩形、十字形平面，$H/B \leqslant 4$，$L/B \geqslant 1.5$	1.3
2	矩形、十字形平面，$H/B > 4$，$L/B < 1.5$	1.4
3	圆形、椭圆形	0.8
4	正多边形（n – 多边形边数）	$0.8 + 1.2/\sqrt{n}$
5	V形、Y形、弧形、井形、L形、槽形	1.4

房屋高度大于 200mm 或有下列情况之一时，宜进行风动试验判断确定建筑物的风荷载：

1）平面形状或立面形状复杂。

2）立面开洞或连体建筑。

3）周围地形和环境较复杂。

玻璃幕墙的风荷载标准值可按风洞试验结果确定；玻璃幕墙高度大于 200m 或体型、风荷载环境复杂时，宜进行风洞试验确定风荷载。

5.2.3　地震作用

玻璃幕墙构件在抗震设计时应该达到下述要求：

1）在多遇烈度地震作用下，玻璃幕墙不能破坏，应保持完好。

2）在基本烈度地震作用下，玻璃幕墙不应有严重破损，一般只允许部分面板（玻璃、石板等）破碎，经修理后，仍可以使用。

3）在罕遇烈度地震作用下，玻璃幕墙虽严重破坏，但幕墙骨架不得脱落。

多遇地震作用下，玻璃幕墙的地震作用采用简化的等效静力方法计算，地震影响系数最大值（α_{max}）按照《建筑抗震设计规范》（GB 50011—2010）（2016 年版）的规定采用。

由于玻璃幕墙是不容易发展成塑性变形的脆性材料，为使基本烈度下不产生破损伤人，考虑动力放大系数 β_E，且按照《建筑抗震设计规范》（GB 50011—2010）（2016 年版）中有关非结构构件的地震作用计算确定，玻璃幕墙结构的地震作用的动力放大系数可表示为：

$$\beta_E = \gamma \eta \xi_1 \xi_2 \tag{5-13}$$

式中　γ——非结构构件功能系数，可取 $\gamma = 1.4$；

η——非结构构件类别系数，可取 $\eta = 0.9$；

ξ_1——体系或构件的状态系数，可取 $\xi_1 = 2.0$；

ξ_2——位置系数，可取 $\xi_2 = 2.0$。

按式（5-13）计算，可得幕墙结构地震作用动力放大系数 $\beta_E = \gamma \eta \xi_1 \xi_2 = 1.4 \times 0.9 \times 2.0 \times 2.0 = 5.04 \approx 5.0$。

垂直于玻璃幕墙平面的分布水平地震作用标准值可按下式计算：

$$q_{Ek} = \beta_E \alpha_{max} \frac{G_k}{A} \qquad (5\text{-}14)$$

式中　q_{Ek}——垂直于玻璃幕墙平面的分布水平地震作用标准值（kN/m^2）；

　　　β_E——动力放大系数，可取 5.0；

　　　α_{max}——水平地震影响系数最大值，应按表 5-17 采用；

　　　G_k——玻璃幕墙构件（包括玻璃面板和铝框）的重力荷载标准值（kN）；

　　　A——玻璃幕墙平面面积（m^2）。

表 5-17　水平地震影响系数最大值 α_{max}（GB 50011—2010）（2016 年版）

抗震设防烈度	6 度	7 度		8 度	
	0.05g	0.10g	0.15g	0.20g	0.30g
α_{max}	0.05	0.09	0.13	0.17	0.25

需要注意的是：

1）对于竖直玻璃幕墙（与水平面倾角等于 90°），是垂直于幕墙的分布荷载。

2）对于斜玻璃幕墙（与水平面倾角大于 75°、小于 90°），可以将水平荷载直接作用于幕墙；也可将水平向的分解得到垂直于幕墙的地震作用分布荷载，而忽略平行于幕墙的分量。

3）对于与水平面倾角小于等于 75°的斜玻璃幕墙、大跨度的玻璃雨篷、通廊、采光顶等结构设计，应符合国家现行有关标准的规定或进行专门研究，同时应考虑竖向地震作用影响。

平行于玻璃幕墙平面的集中水平地震作用标准值可按下式计算：

$$P_{Ek} = \beta_E \alpha_{max} G_k \qquad (5\text{-}15)$$

式中　P_{Ek}——平行于玻璃幕墙平面的集中水平地震作用标准值（kN）。

玻璃幕墙的支承结构以及连接件、锚固件所承受的地震作用标准值，应包括玻璃幕墙构件传来的地震作用标准值和其自身重力荷载标准值产生的地震作用标准值。

5.2.4　温度作用

当幕墙（采光顶）构件受到温度变化影响时，构件的长度将发生变化，这种变化可按下式计算：

$$\Delta L = \alpha \Delta T_k L \qquad (5\text{-}16)$$

式中　ΔL——材料长度变化值（m）；

　　　L——材料设计长度（m）；

　　　α——材料线膨胀系数（1/℃），见表 5-18；

　　　ΔT_k——温度变化值（℃）。

表 5-18　材料的膨胀系数 α

[JGJ 102（2022 年送审稿），表 5.2.8；JGJ 133（2022 年送审稿），表 5.2.12；GB 50429—2007，表 4.3.7]

（单位：1/℃）

材料	膨胀系数 α	材料	膨胀系数 α
玻璃	$0.80 \times 10^{-5} \sim 1.00 \times 10^{-5}$	花岗石石板	0.80×10^{-5}
铝合金、单层铝板	2.35×10^{-5}	混凝土	1.00×10^{-5}

材料	膨胀系数 α	材料	膨胀系数 α
铝塑复合板	$2.40 \times 10^{-5} \sim 4.00 \times 10^{-5}$	砖砌体	0.50×10^{-5}
蜂窝铝板	2.40×10^{-5}	钢材	1.20×10^{-5}
不锈钢板	1.80×10^{-5}		

幕墙结构所承受的最高（最低）温度 T_{max}（T_{min}）与初始温度 T_0 的差值作为温度作用的取值，即

结构最大温升工况：$\qquad\qquad \Delta T_k = T_{max} - T_0$ （5-17a）

结构最大温降工况：$\qquad\qquad \Delta T_k = T_{min} - T_0$ （5-17b）

式中　T_0——初始温度（℃），根据结构合拢或形成约束的时间确定；

T_{max}、T_{min}——幕墙结构所承受的最高、最低温度（℃），宜根据结构朝向和表面吸热性质考虑太阳辐射的影响。

需要说明的是：

1）因幕墙通常与外界环境直接相邻，幕墙结构温度变化幅度要比主体结构大，温度变化速度要比主体结构快。幕墙结构初始温度、所承受的最高（最低）温度宜由小时平均气温确定。

2）幕墙结构的最高（最低）温度可在《建筑结构荷载规范》（GB 50009—2012）附录 E 中最高（最低）温度的基础上适当增大（降低）后确定。

3）最高气温计算时，尚宜依据结构朝向和表面吸热性质考虑太阳辐射的影响。考虑结构朝向和表面吸热性质后，太阳辐射所引起的温度变化情况可按表 5-19 确定。

当幕墙（采光顶）构件的伸长（缩短）受到限制时，将产生很大的温度应力：

$$\sigma_1 = E(\alpha \Delta T) \qquad\qquad (5\text{-}18)$$

铝型材弹性模量 $E = 0.7 \times 10^5 (\text{N/mm}^2)$，线膨胀系数 $\alpha = 23.5 \times 10^{-6} (1/℃)$，$\Delta T = 80℃$，则温度应力 $\sigma_1 = 0.7 \times 10^5 \times (23.5 \times 10^{-6} \times 80) = 131.6 (\text{N/mm}^2)$，已超过铝型材（6061）的强度设计值 $f = 90\text{N/mm}^2$。在幕墙结构中，温度变化引起的对玻璃面板、胶缝和支承结构的作用效应是存在的。在幕墙设计中，温度作用的影响有一些可以通过建筑或结构措施解决，如对支承结构沿纵向设置滑动连接构造做法、对框式幕墙玻璃面板与支承框之间预留足够的缝隙宽度（玻璃与边框两侧空隙量之和一般不小于 10mm）。

表 5-19　考虑太阳辐射的围护结构表面温度增加

朝向	表面颜色	温度增加值/℃
平屋面	浅亮	6
	灰色	11
	深暗	15
东西、南向和西向的垂直墙面	浅亮	3
	灰色	5
	深暗	7

（续）

朝向	表面颜色	温度增加值/℃
北向、东北和西北向的垂直墙面	浅亮	2
	灰色	4
	深暗	6

对于框支承玻璃面板而言，由于实际工程中，玻璃与铝合金框之间留有空隙（每侧空隙宽度≥5mm），因此玻璃因温度变化膨胀后一般不会与金属边框发生挤压；另一方面，通过计算分析表明，当温差不超过15℃时，温度作用不起主导作用。鉴于以上原因，对于框支承幕墙的玻璃面板可不考虑温度作用的影响。

对于采用螺栓连接的普通横梁和立柱、自平衡索桁架，沿纵向通常可有一定的变形量，可以释放温度作用变形下的约束应力，因此也不考虑温度作用的影响。

对于未采用滑动构造连接做法的幕墙支承结构（如平面索网、大跨度桁架）以及隐框幕墙的硅酮结构密封胶，均会因为温度作用产生附加内力及变形，此时宜考虑温度作用的影响。

《玻璃幕墙工程技术规范》（JGJ 102）（2022 年送审稿）对明框玻璃幕墙的玻璃板块边缘至框料槽底的间隙宽度应满足下式要求：

$$2c_1\left(1 + \frac{l_1\,c_2}{l_2\,c_1}\right) \geq u_{\lim} \tag{5-19}$$

式中　$u_{\lim}$——主体结构层间位移引起框料的变形限值（mm）；

　　　l_1——矩形玻璃板块竖向边长（mm）；

　　　l_2——矩形玻璃板块横向边长（mm）；

　　　c_1——玻璃与左右边框的平均间隙（mm），取值时应考虑施工偏差值1.5mm；

　　　c_2——玻璃与上下边框的平均间隙（mm），取值时应考虑施工偏差值1.5mm；

注：非抗震设计时，$u_{\lim}$应根据主体结构弹性层间位移角限值（表 5-20）确定；抗震设计时，$u_{\lim}$应根据主体结构弹性层间位移角的 3 倍确定。

表 5-20　楼层弹性层间位移角限值

（GB/T 21086—2007，表 20；JGJ 3—2010，表 3.7.3）

结构类型		建筑高度 H/m		
		$H < 150$	$150 < H < 250$	$H \geq 250$
钢筋混凝土结构	框架	1/550	—	—
	板柱-剪力墙	1/800	—	—
	框架-剪力墙、框架-核心筒	1/800	线性插值	1/500
	筒中筒	1/1000	线性插值	1/500
	剪力墙	1/1000	线性插值	1/500
	框支层	1/1000	—	—
多、高层钢结构		1/300		

注：1. 表中弹性层间位移角 = Δ/h，Δ 为最大弹性层间位移量，h 为层高。

　　2. 线性插入是指建筑高度在 150~250m，层间位移角取 1/800（1/1000）与 1/500 线性插入。

5.3　作用（荷载）效应组合

1. 承载力验算

当作用和作用效应可按线性关系考虑时，幕墙结构承载能力极限状态设计的作用效应组合应符合下列规定：

1）持久设计状态、短暂设计状态

$$S = \gamma_G S_{Gk} + \psi_w \gamma_w S_{wk} + \psi_T \gamma_T S_{Tk} \tag{5-20}$$

2）抗震设计状态

$$S = \gamma_G S_{Gk} + \psi_w \gamma_w S_{wk} + \psi_E \gamma_E S_{Ek} \tag{5-21}$$

对张力索杆体系，效应组合的设计值尚应包含预应力产生的效应。《索结构设计规程》（JGJ 257—2012）规定：承载能力极限状态，当预应力效应对结构有利时预应力效应分项系数 γ_P 应取 1.0，对结构不利时 γ_P 应取 1.2（《建筑结构可靠性设计统一标准》GB 50068—2018，对结构不利时 γ_P 应取 1.3）。

式中　S——作用效应组合值；

S_{Gk}——永久荷载效应标准值；

S_{wk}——风荷载效应标准值；

S_{Ek}——地震作用效应标准值；

S_{Tk}——温度作用效应标准值，对变形不受约束的支承结构或构件，可取 0；

γ_G——永久荷载分项系数；

γ_w——风荷载分项系数；

γ_E——地震作用分项系数；

γ_T——温度作用分项系数；

ψ_w——风荷载的组合值系数；

ψ_E——地震作用的组合值系数；

ψ_T——温度作用的组合值系数。

进行幕墙构件的承载力设计时，作用分项系数应按下列规定取值：

（1）持久设计状态、短暂设计状态组合时

1）一般情况下，永久荷载、风荷载和温度作用的分项系数 γ_G、γ_w 和 γ_T 应分别取 1.2、1.4 和 1.4。

2）当永久荷载的效应起控制作用时，其分项系数 γ_G 应取 1.35；此时，参与组合的可变荷载效应仅限于竖向荷载效应。

3）当永久荷载的效应对构件有利时，其分项系数 γ_G 的取值不应大于 1.0。

4）可变作用的组合值系数应按下列规定采用：

①持久设计状态、短暂设计状态且风荷载效应起控制作用时，风荷载的组合值系数 ψ_w 应取 1.0，温度作用的组合值系数 ψ_T 应取 0.6。

②持久设计状态、短暂设计状态且温度荷载效应起控制作用时，风荷载的组合值系数 ψ_w 应取 0.6，温度作用的组合值系数 ψ_T 应取 1.0。

③持久设计状态、短暂设计状态且永久荷载效应起控制作用时，风荷载的组合值系数 ψ_w 和温度作用的组合值系数 ψ_T 均应取0.6。

（2）抗震设计状态组合时

1）一般情况下，永久荷载的分项系数 γ_G 应采用1.3，当重力荷载效应对构件承载力有利时，不应大于1.0。

2）地震作用分项系数 γ_E 应采用1.4。

3）风荷载的组合值系数 ψ_w 应采用0.2。

幕墙结构构件承载力极限状态设计中，理论上可考虑的典型组合工况见表5-21。

表5-21　幕墙结构荷载组合情况

组合号	永久荷载 γ_G	风荷载 $\psi_w \gamma_w$	温度作用 $\psi_T \gamma_T$	地震作用 $\psi_E \gamma_E$	备注
1	1.2	1.0×1.4	0.6×1.4	—	无地震作用组合（风荷载效应起控制作用）
2	1.0	1.0×1.4	0.6×1.4	—	无地震作用组合（风荷载效应起控制作用）
3	1.2	0.6×1.4	1.0×1.4	—	无地震作用组合（温度荷载效应起控制作用）
4	1.0	0.6×1.4	1.0×1.4	—	无地震作用组合（温度荷载效应起控制作用）
5	1.35	0.6×1.4（风荷载向下）	0.6×1.4	—	无地震作用组合（永久荷载效应起控制作用）
6	1.3	0.2×1.4	—	1.0×1.4	有地震作用组合
7	1.0	0.2×1.4（风荷载向上）	—	1.0×1.4（地震作用向上）	有地震作用组合

2. 挠度或变形验算

根据玻璃幕墙构件的受力和变形特征，正常使用状态下，其构件的变形或挠度验算时，一般不考虑作用效应组合。因地震作用效应相对风荷载作用效应较小，一般不必单独进行地震作用下结构的变形验算。幕墙构件的挠度验算时，仅考虑永久荷载、风荷载、温度作用。永久荷载分项系数 γ_G、风荷载分项系数 γ_w、温度作用分项系数 γ_T、张力索杆结构中的预应力分项系数 γ_P 均应取1.0，且可不考虑作用效应的组合。

在永久荷载或风荷载、温度作用的作用下，幕墙构件的挠度应符合式（5-3）的要求。

第6章

玻璃面板设计

建筑幕墙的面板主要包括玻璃面板、石材面板、金属面板等，本章主要介绍玻璃面板设计，石材面板、金属面板设计分别在第 11 章、第 12 章中做介绍。

6.1　玻璃面板计算理论

通常情况下，板的厚度 t 与板面的短边边长 a 的比值满足 $\left(\dfrac{1}{100} \sim \dfrac{1}{80}\right) < \dfrac{t}{a} < \left(\dfrac{1}{8} \sim \dfrac{1}{5}\right)$ 条件，称为薄板。

对于薄板的小变形理论，挠度远小于厚度，薄板中面内各点由挠度引起的纵向位移可以忽略不计，于是薄板的中面没有伸缩和剪切应变，因而也就不会发生中面内力。对于幕墙面板来说，挠度却不一定小于厚度，这样就必须考虑中面内各点由挠度引起的纵向位移，因此也必须考虑中面位移引起的中面应变和中面内力。

对于大面积的玻璃面板，小变形理论所得结果通常比大位移理论的结果要大，这是因为板因弯曲变形会产生中面的拉应力，小变形理论忽略中面拉应力对位移和应力的阻止或抵消效应。

《玻璃幕墙工程技术规范》（JGJ 102）（2022 年送审稿）对四边支承玻璃面板采用了弹性小挠度计算公式，并考虑与大挠度分析方法计算结果的差异，将应力与挠度计算值予以折减的简化计算方法。

玻璃面板的内力和变形采用弹性力学方法计算，也可采用有限元法进行计算。

6.2　单片玻璃面板计算

《玻璃幕墙工程技术规范》（JGJ 102）（2022 年送审稿）采用以概率理论为基础的极限状态设计法。

6.2.1　窗框玻璃面板计算

窗框玻璃的受力状态类同四边支承板，在垂直面板的均布荷载作用下，可按四边简支板计算其跨中最大弯矩和最大应力。

1. 应力校核

单片玻璃在垂直于玻璃幕墙平面的风荷载和地震力作用下，玻璃截面最大应力应符合下列规定：

1）最大应力标准值可按考虑几何非线性的有限元方法计算，也可按下列公式计算：

$$\sigma_{wk} = \frac{6mw_k a^2}{t^2}\eta \qquad (6\text{-}1)$$

$$\sigma_{Ek} = \frac{6mq_{Ek}a^2}{t^2}\eta \tag{6-2}$$

式中 θ——参数，按下式计算

$$\theta = \frac{w_k a^4}{Et^4} \text{ 或} \frac{(q_{Ek} + 0.2w_k)a^4}{Et^4} \tag{6-3}$$

σ_{wk}——风荷载作用下玻璃截面的最大应力标准值（N/mm²）；

σ_{Ek}——地震作用下玻璃截面的最大应力标准值（N/mm²）；

w_k——垂直于玻璃幕墙平面的风荷载标准值（N/mm²）；

q_{Ek}——垂直于玻璃幕墙平面的地震作用标准值（N/mm²）；

a——矩形玻璃板材短边边长（mm）；

t——玻璃的厚度（mm）；

E——玻璃的弹性模量（N/mm²）；

m——弯矩系数，可由玻璃板短边与长边边长之比 a/b 按表6-1采用；

η——折减系数，可由参数 θ 按表6-2采用。

参数 θ 的物理意义：$\theta = \frac{w_k a^4}{Et^4} \sim \frac{w_k a^4}{Et^3}/t \sim \frac{w_k a^4}{D}/t \sim d_f/t$，这表明，$\theta$ 的量纲就是挠度与厚度之比。

表6-1　四边支承玻璃板的弯矩系数 m

a/b	0.00	0.25	0.33	0.40	0.50	0.55	0.60	0.65
m	0.1250	0.1230	0.1180	0.1115	0.1000	0.0934	0.0868	0.0804
a/b	0.70	0.75	0.80	0.85	0.90	0.95	1.00	
m	0.0742	0.0683	0.0628	0.0576	0.0528	0.0483	0.0442	

表6-2　折减系数 η

θ	≤5.0	10.0	20.0	40.0	60.0	80.0	100.0
η	1.00	0.96	0.92	0.84	0.78	0.73	0.68
θ	120.0	150.0	200.0	250.0	300.0	350.0	≥400.0
η	0.65	0.61	0.57	0.54	0.52	0.51	0.50

表6-2的折减系数 η 是根据英国 B. Aalami 和 D. G. Williams 对大量矩形板的计算结果，适当简化、归并以利于实际应用，选择可与挠度直接相关的参数 θ 为主要参数编制的。

由表6-3～表6-4和图6-1、图6-2可见，折减系数 η 数值随 θ 下降很快，即按小挠度公式计算的应力和挠度可以折减较多，为安全稳妥，《玻璃幕墙工程技术规范》（JGJ 102）（2022年送审稿）取了计算结果偏于安全的数值，留有充分的余地。

表6-3　弹性小变形应力 σ 计算结果的折减系数 η

$\theta = \frac{w_k a^4}{Et^4}$	B. Aalami 和 D. G. Williams 的计算结果			折减系数 η（表6-2）
	边长比 b/a			
	1.0	1.5	2.0	
≤1	1.000	1.000	1.000	1.00

（续）

$\theta = \dfrac{w_k a^4}{E t^4}$	B. Aalami 和 D. G. Williams 的计算结果			折减系数 η（表6-2）
	边长比 b/a			
	1.0	1.5	2.0	
10	0.975	0.904	0.910	0.96
20	0.965	0.814	0.820	0.92
40	0.803	0.619	0.643	0.84
120	0.480	0.333	0.363	0.65
200	0.350	0.235	0.260	0.57
300	0.285	0.175	0.195	0.52
≥400	0.241	0.141	0.155	0.50

表6-4　弹性小变形挠度 d_f 计算结果的折减系数 η

$\theta = \dfrac{w_k a^4}{E t^4}$	B. Aalami 和 D. G. Williams 的计算结果			折减系数 η（表6-2）
	边长比 b/a			
	1.0	1.5	2.0	
≤1	1.000	1.000	1.000	1.00
10	0.955	0.906	0.916	0.96
20	0.965	0.814	0.820	0.92
40	0.753	0.647	0.674	0.84
120	0.482	0.394	0.417	0.65
200	0.375	0.304	0.322	0.57
300	0.304	0.245	0.252	0.52
≥400	0.201	0.209	0.221	0.50

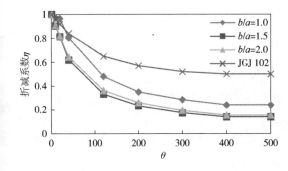 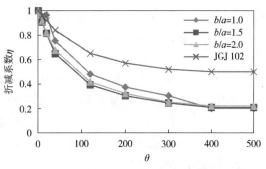

图6-1　弹性小变形应力 σ 计算结果的折减系数 η　　图6-2　弹性小变形挠度 d_f 计算结果的折减系数 η

2）最大应力设计值应进行组合

$$\sigma = \psi_w \gamma_w \sigma_{wk} + \psi_E \gamma_E \sigma_{Ek} \tag{6-4}$$

式中　σ_{wk}——风荷载产生的应力标准值（N/mm²）；

　　　σ_{Ek}——地震作用产生的应力标准值（N/mm²）；

γ_w——风荷载分项系数，取 $\gamma_w = 1.4$；

γ_E——地震作用分项系数，取 $\gamma_E = 1.4$；

ψ_w、ψ_E——风荷载和地震作用的组合值系数，取 $\psi_w = 0.2$，$\psi_E = 1.0$。

3）最大应力设计值不应超过玻璃大面的强度设计值 f_g，即

$$\sigma \leqslant f_g \tag{6-5}$$

式中 f_g——玻璃大面的强度设计值（N/mm²），按表 2-13 或表 2-14 取用。

2. 挠度校核

玻璃面板跨中挠度可按考虑几何非线性的有限元方法计算，也可按下式计算：

$$d_f = \frac{\mu w_k a^4}{D} \eta \tag{6-6}$$

式中 d_f——在风荷载标准值作用下挠度最大值（mm）；

w_k——垂直于玻璃幕墙平面的风荷载标准值（N/mm²）；

μ——挠度系数，可由玻璃板短边与长边边长之比 a/b 按表 6-5 采用；

η——折减系数，可由参数 θ 按表 6-2 采用。

表 6-5　四边支承板的挠度系数 μ

a/b	0.00	0.20	0.25	0.33	0.50
μ	0.01302	0.01297	0.01282	0.01223	0.01013
a/b	0.55	0.60	0.65	0.70	0.75
μ	0.00940	0.00867	0.00796	0.00727	0.00663
a/b	0.80	0.85	0.90	0.95	1.00
μ	0.00603	0.00547	0.00496	0.00449	0.00406

单片玻璃的刚度 D 可按下式计算：

$$D = \frac{Et^3}{12(1 - \nu^2)} \tag{6-7}$$

式中 D——玻璃的刚度（N·mm）；

t——玻璃的厚度（mm）；

ν——玻璃的泊松比，取 $\nu = 0.2$；

E——玻璃的弹性模量，取 $E = 0.72 \times 10^5$（N/mm²）。

单片玻璃在垂直于板面均布荷载作用下的最大挠度应满足下列要求：

$$d_f \leqslant d_{f,lim} \tag{6-8}$$

在风荷载标准值作用下，四边支承玻璃的挠度限值 $d_{f,lim}$ 宜按其短边边长的 1/60 采用。

3. 构造厚度要求

幕墙玻璃面积较大，不仅承受较大的风荷载作用，且运输安装过程的工序较多，其厚度不宜过小，以保证安全。为此，《玻璃幕墙工程技术规范》（JGJ 102）（2022 年送审稿）规定，框支承玻璃幕墙单片玻璃的厚度不应小于 6mm，离子性中间层夹层（SGP）玻璃的单片厚度不应小于 4mm、聚乙烯醇缩丁醛中间层（PVB）夹层玻璃的单片厚度不应小于 5mm。

考虑到夹层玻璃、中空玻璃的两片玻璃是共同工作的，如果厚度相差过大，则两片玻璃的受力大小会过于悬殊，容易因受力不均匀而破裂。因此，《玻璃幕墙工程技术规范》（JGJ

102）（2022 年送审稿）规定，夹层玻璃、中空玻璃的单片玻璃厚度相差不宜大于 3mm。

【例 6-1】 某框支承玻璃幕墙中的浮法玻璃厚度 $t = 8mm$，短边与长边边长之比 $a/b = 1.2m/1.5m = 0.8$。风荷载 $w_0 = 550N/m^2$，$\mu_z = 1.891$，$\beta_{gz} = 1.562$，$\mu_s = 1.20$。不考虑地震作用，试计算该幕墙玻璃的应力和挠度。

【解】

（1）计算风荷载标准值、设计值

风荷载标准值 $w_k = \beta_{gz}\mu_z\mu_s w_0 = 1.562 \times 1.891 \times 1.2 \times 550 = 1949.4$（N/m²）

风荷载设计值 $w = \gamma_w w_k = 1.4 \times 1949.4 = 2729.16$（N/m²）

（2）玻璃类型参数

浮法玻璃 $t = 8mm$，浮法玻璃（厚度 5～12mm）玻璃大面强度设计值 $f_g = 28N/mm^2$，弹性模量 $E = 0.72 \times 10^5 N/mm^2$，泊松比 $\nu = 0.2$。

（3）应力验算

短边与长边边长之比 $a/b = 1.2m/1.5m = 0.8$，查表 6-1 可得，弯矩系数 $m = 0.0628$

折减计算系数 $\theta = \dfrac{w_k a^4}{Et^4} = \dfrac{1.9494 \times 10^{-3} \times 1200^4}{0.72 \times 10^5 \times 8^4} = 13.71$

查表 6-2 可得，折减系数 $\eta = 0.92 + \dfrac{20 - 13.71}{20 - 10} \times (0.96 - 0.92) = 0.945$（按线性插值）

荷载（作用）组合设计值：$q = w = 2.7292 \times 10^{-3} N/mm^2$

截面最大应力验算：$\sigma = \dfrac{6mqa^2}{t^2}\eta = \left(\dfrac{6 \times 0.0628 \times 2.7292 \times 10^{-3} \times 1200^2}{8^2} \times 0.945\right)N/mm^2$

$$= 21.87N/mm^2 < f_g = 28N/mm^2 \text{（满足要求）}$$

（4）挠度验算

$$D = \dfrac{Et^3}{12(1 - \nu^2)} = \dfrac{0.72 \times 10^5 \times 8^3}{12 \times (1 - 0.2^2)} = 3.20 \times 10^6 \text{（N·mm）}$$

$a/b = 0.8$，查表 6-5，可得挠度系数 $\mu = 0.00603$

荷载标准值：$q_k = w_k = 1.9494 \times 10^{-3} N/mm^2$

$$d_f = \dfrac{\mu q_k a^4}{D}\eta = \left(\dfrac{0.00603 \times 1.9494 \times 10^{-3} \times 1200^4}{3.20 \times 10^6} \times 0.945\right)mm$$

$$= 7.20mm < d_{f,lim} = a/60 = (1200/60)mm = 20mm \text{（满足要求）}$$

6.2.2　点支式玻璃面板计算

1. 基本原则

原则上点支式玻璃应采用有限元进行分析。分析时必须考虑孔边周围的应力集中现象以及由此造成的对玻璃面板的偏心荷载。由于点支式玻璃面板中支座构造各不相同，外荷载作用下支座的可转动程度及其与玻璃面板的接触情况十分复杂，很难选取与实际情况完全吻合的数值计算模型。根据圣维南原理，支座处计算模型与实际情况的差别对孔边应力的计算结果影响较大，但对玻璃板材中部应力的影响较小。

鉴于这一现象，《点支式玻璃幕墙工程技术规程》（CECS 127：2001）规定，对点支式板材的中面应力可以采用有限元方法分析计算，或查根据有限元分析结果所归纳整理的计算表格，但支座处的玻璃面板强度应根据试验结果进行确定。

2. 规范方法——《玻璃幕墙工程技术规范》（JGJ 102）（2022 年送审稿）

（1）应力校核　在垂直于幕墙平面的风荷载和地震作用下，四点支承玻璃面板（图 6-3）的应力和挠度应符合下列规定：

1）最大应力标准值可按考虑几何非线性的有限元方法计算，也可按下列公式计算：

$$\sigma_{wk} = \frac{6mw_k b^2}{t^2}\eta \tag{6-9}$$

$$\sigma_{Ek} = \frac{6mq_{Ek} b^2}{t^2}\eta \tag{6-10}$$

$$\theta = \frac{w_k b^4}{Et^4} \text{ 或 } \frac{(q_{Ek}+0.2w_k)\ b^4}{Et^4} \tag{6-11}$$

式中　θ——参数，按式（6-11）计算；

　　　σ_{wk}——风荷载作用下玻璃截面的最大应力标准值（N/mm²）；

　　　σ_{Ek}——地震作用下玻璃截面的最大应力标准值（N/mm²）；

　　　w_k——垂直于玻璃幕墙平面的风荷载作用标准值（N/mm²）；

　　　q_{Ek}——垂直于玻璃幕墙平面的地震作用标准值（N/mm²）；

　　　b——支承点间玻璃面板长边边长（mm）；

　　　t——玻璃的厚度（mm）；

　　　m——弯矩系数，可由支承点间玻璃板短边与长边边长之比 a/b 按表 6-6 采用；

　　　η——折减系数，可由参数 θ 按表 6-2 采用。

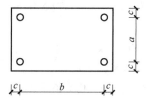

图 6-3　四点支承玻璃面板（$a \leq b$）

表 6-6　四点支承玻璃板的弯矩系数 m

a/b	0.00	0.20	0.33	0.40	0.50	0.55	0.60	0.65
m	0.1250	0.1230	0.1180	0.1115	0.1000	0.0934	0.0868	0.0804
a/b	0.70	0.75	0.80	0.85	0.90	0.95	1.00	—
m	0.0742	0.0683	0.0628	0.0576	0.0528	0.0483	0.04442	—

注：a 为支承点之间的短边边长。

2）最大应力设计值应进行组合：

$$\sigma = \gamma_w \sigma_{wk} + \psi_E \gamma_E \sigma_{Ek} \tag{6-12}$$

式中　σ_{wk}——风荷载产生的应力标准值（N/mm²）；

　　　σ_{Ek}——地震作用产生的应力标准值（N/mm²）；

　　　γ_w——风荷载分项系数，取 $\gamma_w = 1.4$；

　　　γ_E——地震作用分项系数，取 $\gamma_E = 1.4$；

ψ_w、ψ_E——风荷载和地震作用的组合值系数，取 $\psi_w = 0.2$，$\psi_E = 1.0$。

3）最大应力设计值不应超过玻璃大面强度设计值 f_g，即

$$\sigma \leqslant f_g \tag{6-13}$$

式中 f_g——玻璃大面的强度设计值（N/mm²），按表 2-13 或表 2-14 取用。

（2）挠度校核 最大挠度可按考虑几何非线性的有限元方法计算，也可按下列公式计算：

$$d_f = \frac{\mu w_k b^4}{D} \eta \tag{6-14}$$

式中 d_f——在风荷载标准值作用下挠度最大值（mm）；

w_k——垂直于玻璃幕墙平面的风荷载标准值（N/mm²）；

b——支承点间玻璃面板长边边长（mm）；

D——玻璃面板的刚度（N·mm），可按式（6-7）计算；

μ——挠度系数，可由支承点间玻璃板短边与长边边长之比 a/b 按表 6-7 采用；

η——折减系数，可由参数 θ 按表 6-2 采用。

表 6-7 四点支承玻璃板的挠度系数 μ

a/b	0.00	0.20	0.30	0.40	0.50	0.55
μ	0.01302	0.01317	0.01335	0.01367	0.01417	0.01451
a/b	0.60	0.65	0.70	0.75	0.80	0.85
μ	0.01496	0.01555	0.01630	0.01725	0.01842	0.01984
a/b	0.90	0.95	1.00	—	—	—
μ	0.02157	0.02363	0.02603	—	—	—

注：a 为支承点之间的短边边长。

在风荷载标准值作用下，支点式玻璃面板的最大挠度 d_f 不应超过其挠度限值 $d_{f,lim}$（即 $d_f \leqslant d_{f,lim}$）。在风荷载标准值作用下，四点支承玻璃的挠度限值 $d_{f,lim}$ 宜按其支承点间长边边长的 1/60 采用。

（3）构造要求

1）点支式玻璃幕墙采用的玻璃，必须经过钢化处理，且采用的钢化玻璃应经过均热处理。玻璃肋支承的点支承玻璃幕墙，其玻璃肋宜采用钢化夹层玻璃。

2）点支承幕墙一般情况下四边形玻璃面板可采用四点支承，有依据时也可采用六点支承；点支承幕墙一般情况下采用四点支承，相邻两块四点支承板改为一块六点支承板厚，最大弯矩由四点支承板的跨中转移至六点支承板的支座且数值相近，承载力没有显著提高，但跨中挠度可大大减小。所以，一般情况下，四边形玻璃面板宜采用四点支承；当挠度过大，可将相邻两块支承板改为一块六点支承板。三角形玻璃面板可采用三点支承。

3）点支式幕墙面板采用开孔支承装置时，玻璃板在孔边会产生较高的应力集中。为了防止玻璃破坏，孔洞距板边不宜太近，其距离应视面板尺寸、板厚和荷载大小而定，一般情况下玻璃面板支承孔边与板边的距离不宜小于 70mm。也可按板厚的倍数规定，当板厚不大于 12mm 时，取 6 倍板厚；当板厚不小于 15mm 时，取 4 倍板厚。这两种方法的限值是大致相当的。孔边距为 70mm 时可以采用爪长较小的 200 系列钢爪支撑装置。

4）点支式玻璃幕墙一般情况下采用四点支承装置，玻璃在支承部位应力集中明显，受力复杂。因此，点支承玻璃的厚度应具有比一般普通玻璃更为严格的基本要求。《玻璃幕墙工程技术规范》（JGJ 102）（2022年送审稿）规定，点支式玻璃幕墙中，单片玻璃厚度不应小于6mm，与沉头式驳接头直接接触的单片玻璃厚度不应小于8mm。

5）玻璃之间的缝宽要满足幕墙在温度变化和主体结构侧移时玻璃互不相碰的要求；同时在胶缝受拉时，其自身拉伸变形也要满足温度变化和主体结构侧向位移使胶缝变宽的要求。因此，胶缝宽度不宜过小，《玻璃幕墙工程技术规范》（JGJ 102）（2022年送审稿）规定玻璃面板间的接缝宽度不应小于10mm。

有气密性和水密性要求的点支式玻璃幕墙的板缝，应采用硅酮建筑密封胶嵌缝。无密封要求的装饰性点支式玻璃，可以不打密封胶。

6）为了便于装配和安装时调整位置，玻璃板开孔的直径稍大于穿孔而过的金属轴的直径，除轴上加封尼龙套外，还应采用密封胶将空隙密封。因此点支式玻璃支承孔周边应进行可靠的密封。

为了防止中空玻璃的干燥气体层漏气后中空内壁结露，当点支式玻璃为中空玻璃时，其支承孔周边应采取多道密封措施。

硅酮建筑密封胶缝宽度计算值 w_s 按下式确定：

$$w_s = \frac{\alpha \Delta t b}{\delta} + d_c + d_E \qquad (6\text{-}15)$$

式中　α——板块材料的线膨胀系数（/℃）；

　　　Δt——温度变化，取 $\Delta t = 80℃$；

　　　b——板块的长边长度（mm）；

　　　δ——耐候硅酮密封胶的变位承受能力，$\delta = 25\%$；

　　　d_c——施工偏差（mm），取 $d_c = 3mm$；

　　　d_E——考虑其他作用的预留量（mm），取 $d_E = 2mm$。

3. 规范方法——《点支式玻璃幕墙工程技术规程》（CECS 127：2001）

（1）应力校核　玻璃面板在荷载组合作用下的最大应力 σ 不应超过玻璃的弯曲强度设计值 f_g（即 $\sigma \leqslant f_g$）。玻璃的弯曲强度设计值 f_g 按表2-13取用。当 σ 为玻璃面板的最大应力时，f_g 取大面强度；当 σ 为玻璃边缘的挤压应力 σ_t 时，f_g 取边缘强度。

点支式玻璃幕墙的玻璃面板，在垂直于玻璃平面的荷载作用下，其最大应力 σ 可采用有限单元法计算得出。对于四点支承的玻璃面板（图6-4），其最大应力也可采用下式计算：

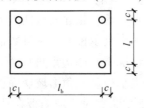

图6-4　四点支承玻璃面板（$l_a \leqslant l_b$）

$$\sigma = \frac{\alpha_1 q l_b^2}{t^2} \qquad (6\text{-}16)$$

式中　σ——四点支承玻璃面板跨中边缘最大弯曲应力设计值（N/mm^2）；

α_1——应力系数，由表6-8查得；

q——均布荷载设计值（N/mm²），按《玻璃幕墙工程技术规范》（JGJ 102）（2022年送审稿）取用；

l_b——四点支承玻璃面板长边跨长（mm）；

t——玻璃厚度（mm），对于中空玻璃和夹层玻璃，按《玻璃幕墙工程技术规范》（JGJ 102）（2022年送审稿）的规定取值。

在年温度变化影响下，玻璃边缘与边框接触时在玻璃面板中产生的挤压应力 σ_t 可按下式计算：

$$\sigma_t = E\left(\alpha\Delta T - \frac{2c - d_c}{b}\right) \tag{6-17}$$

式中　σ_t——玻璃面板的挤压应力设计值（N/mm²），取大于0；

c——玻璃边缘与边框间的空隙（mm）；

d_c——施工误差（mm），可取3mm；

b（或 a）——垂直于边框的玻璃面板边长（mm）；

ΔT——年温度变化设计值（℃），应按实际情况采用，无可靠资料时，可取80℃；

α——玻璃的线膨胀系数，取 $\alpha = 1.0 \times 10^{-5}/℃$；

E——玻璃的弹性模量（N/mm²），取 $E = 0.72 \times 10^5$（N/mm²）。

表 6-8　四点支承玻璃面板的应力系数 α_1 和挠度系数 β_1

	β_1			α_1		
	$\frac{l_b}{c} = 10$	$\frac{l_b}{c} = 15$	$\frac{l_b}{c} = 20$	$\frac{l_b}{c} = 10$	$\frac{l_b}{c} = 15$	$\frac{l_b}{c} = 20$
1.00	0.2547	0.2668	0.2730	0.8194	0.8719	0.8719
0.95	0.2302	0.2414	0.2472	0.8087	0.8430	0.8580
0.90	0.2102	0.2206	0.2259	0.7984	0.8307	0.8447
0.85	0.1934	0.2030	0.2079	0.7886	0.8190	0.8320
0.80	0.1801	0.1890	0.1935	0.7792	0.8079	0.8199
0.75	0.1693	0.1776	0.1816	0.7703	0.7974	0.8085
0.70	0.1611	0.1688	0.1724	0.7620	0.7876	0.7979
0.65	0.1549	0.1619	0.1653	0.7543	0.7786	0.7881
0.60	0.1504	0.1570	0.1601	0.7473	0.7703	0.7792
0.55	0.1513	0.1567	0.1593	0.7410	0.7629	0.7712
0.50	0.1521	0.1565	0.1588	0.7355	0.7564	0.7641

注：1. c 为玻璃面板支承点中心至面板边缘的距离。

　　2. 本表的数值允许线性内插或外推。

（2）挠度校核　点支式玻璃幕墙的玻璃面板，在垂直于玻璃平面的荷载作用下，其最大挠度 d_f 可采用有限单元法计算得出。对于四点支承的玻璃面板，其最大挠度 d_f 也可采用下式计算：

$$d_f = \frac{\beta_1 q_k l_b^4}{E t^3} \tag{6-18}$$

式中 　d_f——四点支承玻璃面板跨内的最大挠度值（mm）；

β_1——挠度系数，由表6-8查得；

q_k——均布荷载标准值（N/mm²），按《玻璃幕墙工程技术规范》（JGJ 102）（2022年送审稿）取用；

l_b——四点支承玻璃面板长边跨长（mm）；

t——玻璃厚度（mm），对于中空玻璃和夹层玻璃，按《玻璃幕墙工程技术规范》（JGJ 102）（2022年送审稿）的规定取值。

玻璃面板在荷载组合作用下的最大挠度 d_f 不应超过其挠度的限值 $d_{f,lim}$（即 $d_f \leqslant d_{f,lim}$）。

点支式玻璃幕墙在风荷载等组合作用下，其支承结构的相对挠度 $d_{f,lim}$ 不应大于 $l/300$（l 为支承结构的跨度）。同一块玻璃面板各支点的位移差值和玻璃面板的挠度值 $d_{f,lim}$ 不应大于 $l_b/100$（l_b 为玻璃面板的长边边长）。

（3）节点承载力校核　玻璃面板在垂直于玻璃平面的荷载作用下，其连接节点的承载力在必要时应按下式校核：

$$F \leqslant R_g \tag{6-19}$$

对于四点支承玻璃面板，点支承处的反力 F，根据荷载由四支承点均匀承担的假定，并考虑受力不均匀系数1.2得到。

$$F = 0.3qab \tag{6-20}$$

式中 　F——单个连接节点上荷载和作用的设计值（kN）；

q——均布荷载和作用的设计值（kN/m²）；

a、b——单块玻璃面板的短边和长边边长（m）；

R_g——玻璃面板连接节点承载力的设计值（kN），$R_g = R_s/\gamma_R$，其中，R_s 为玻璃面板连接节点承载力的测试值，γ_R 取2.5。

承载力测试值 R_s 应采用与实际工程相同的连接节点进行拉伸试验取得。试验时玻璃面板尺寸应采用300mm×300mm，试件数应不少于3件，以试验平均值作为测试值。

【例6-2】某点支式玻璃幕墙（图6-5），地震设防烈度为7度，设计基本加速度0.15g；风荷载 $w_0 = 0.55$kN/m²，$z = 80$m，地面粗糙度 C 类，风载体型系数 $\mu_s = 1.20$；采用钢化玻璃厚度 $t = 10$mm，支承点间玻璃面板 a（l_a）= 1.2m，b（l_b）= 1.5m。试按《玻璃幕墙工程技术规范》（JGJ 102）（2022年送审稿）计算玻璃面板的应力和挠度。

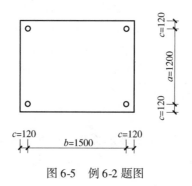

图6-5　例6-2题图

【解】

（1）荷载计算

地面粗糙度 C 类，$z = 80\text{m}$，查表 5-4 可得，$\beta_{gz} = 1.73$；查表 5-9 可得，$\mu_z = 1.36$

风荷载 $w_0 = 0.55\text{kN/m}^2$，风载体型系数 $\mu_s = 1.20$

风荷载标准值 $w_k = \beta_{gz}\mu_z\mu_s w_0 = 1.73 \times 1.2 \times 1.36 \times 0.55 = 1.5529$（$\text{kN/m}^2$）

风荷载设计值 $w = \gamma_G w_k = 1.4 \times 1.5529 = 2.1741$（$\text{N/m}^2$）

地震设防烈度为 7 度，设计基本加速度 $0.15g$，查表 5-17 可得，水平地震影响系数最大值 $\alpha_{max} = 0.13$。

水平地震作用标准值 $q_{Ek} = \beta_E \alpha_{max} \dfrac{G_k}{A} = 5.0 \times 0.13 \times 25.6 \times 0.01 = 0.1664$（$\text{kN/m}^2$）

$$q_k = 0.2w_k + q_{Ek} = 0.2 \times 1.5529 + 0.1664 = 0.4770 \;(\text{kN/m}^2)$$

$$q = 0.2\gamma_w w_k + \gamma_E q_{Ek} = 0.2 \times 1.4 \times 1.5529 + 1.4 \times 0.1664 = 0.6678 \;(\text{kN/m}^2)$$

（2）面板应力计算

钢化玻璃厚度 $t = 10\text{mm}$，$a/b = 1.2\text{m}/1.5\text{m} = 0.8$，查表 6-4 可得，弯矩系数 $m = 0.142$

$$\theta = \frac{q_k b^4}{Et^4} = \frac{0.4770 \times 10^{-3} \times 1500^4}{0.72 \times 10^5 \times 10^4} = 3.354 \leqslant 5.0$$

取折减系数 $\eta = 1.0$

截面最大应力验算：

$$\sigma = \frac{6mqL^2}{t^2}\eta = \frac{6 \times 0.142 \times 0.6678 \times 10^{-3} \times 1500^2}{10^2} \times 1.0 = 12.80 \;(\text{N/mm}^2)$$

（3）面板挠度计算

$$\theta = \frac{w_k b^4}{Et^4} = \frac{1.5529 \times 10^{-3} \times 1500^4}{0.72 \times 10^5 \times 10^4} = 10.92$$

折减系数 $\eta = 0.92 + \dfrac{20 - 10.92}{20 - 10} \times (0.96 - 0.92) = 0.9563$

$$D = \frac{Et^3}{12(1 - \nu^2)} = \frac{0.72 \times 10^5 \times 10^3}{12 \times (1 - 0.20^2)} = 6.25 \times 10^6 \;(\text{N·mm})$$

$a/b = 0.8$，查表 6-5 可得，挠度系数 $\mu = 0.01842$

$$d_f = \frac{\mu w_k b^4}{D}\eta = \left(\frac{0.01842 \times 1.5529 \times 10^{-3} \times 1500^4}{6.25 \times 10^6} \times 0.9563\right)\text{mm}$$

$$= 23.17\text{mm} < d_{f,lim} = b/60 = (1500/60)\text{mm} = 25\text{mm} \;(\text{满足要求})$$

【例 6-3】条件同【例 6-2】，试按《点支式玻璃幕墙工程技术规程》CECS 127：2001 计算玻璃面板的应力和挠度。

【解】

（1）荷载计算

由【例 6-2】可知，风荷载标准值 $w_k = \beta_{gz}\mu_z\mu_s w_0 = 1.73 \times 1.2 \times 1.36 \times 0.55 = 1.5529$（$\text{kN/m}^2$）

风荷载设计值 $w = \gamma_G w_k = 1.4 \times 1.5529 = 2.1741$（$\text{N/m}^2$）

水平地震作用标准值 $q_{Ek} = \beta_E \alpha_{max} \dfrac{G_k}{A} = 5.0 \times 0.13 \times 25.6 \times 0.01 = 0.1664$（$\text{kN/m}^2$）

$$q = 0.2\gamma_w w_k + \gamma_E q_{Ek} = 0.2 \times 1.4 \times 1.5529 + 1.4 \times 0.1664 = 0.6678 \;(\text{kN/m}^2)$$

（2）应力计算

钢化玻璃 $t = 10\text{mm}$，长宽比 $\dfrac{l_a}{l_b} = \dfrac{1.2}{1.5} = 0.8$，$\dfrac{l_b}{c} = \dfrac{1500}{120} = 12.5$

查表 6-8 可得，应力系数 $\alpha_1 = (0.7792 + 0.8079)/2 = 0.7936$

荷载（作用）组合设计值：$q = 0.6678\text{kN/m}^2$

截面最大应力验算：$\sigma = \dfrac{\alpha_1 q l_b^2}{t^2} = \dfrac{0.7936 \times 0.6678 \times 10^{-3} \times 1500^2}{10^2} = 11.92$（$\text{N/mm}^2$）

（3）挠度计算

$$\dfrac{l_a}{l_b} = \dfrac{1.2}{1.5} = 0.8, \quad \dfrac{l_b}{c} = \dfrac{1500}{120} = 12.5$$

查表 6-8 可得，挠度系数 $\beta_1 = (0.1801 + 0.1890)/2 = 0.1846$

风荷载标准值 $q_k = w_k = 1.5529\text{kN/m}^2$

$$d_f = \dfrac{\beta_1 q_k l_b^4}{E t^3} = \left(\dfrac{0.1846 \times 1.5529 \times 10^{-3} \times 1500^4}{0.72 \times 10^5 \times 10^3} \right)\text{mm}$$

$$= 20.16\text{mm} < d_{f,\text{lim}} = l_b/60 = (1500/60)\text{mm} = 25\text{mm}（满足要求）$$

6.3 中空玻璃面板计算

1. 计算原则

中空玻璃面板的设计计算公式是建立在空气不可压缩的假定基础上推导而得出的，即上、下两片玻璃的挠度相等。

2. 规范设计方法

（1）计算理论 《玻璃幕墙工程技术规范》（JGJ 102）（2022 年送审稿）关于中空玻璃的应力和位移计算公式是根据两玻璃片独立承受各自荷载、变形相等的假定推导的，由此得到玻璃应力分布图（图6-6b）。

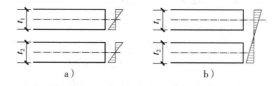

图 6-6 中空玻璃应力分布图

（2）强度计算

1）作用于中空玻璃上的风荷载标准值 w_k 在两片玻璃上的分配：

作用于外侧玻璃上的风荷载标准值为 w_{k1}，内侧玻璃上的风荷载标准值为 w_{k2}，则

$$w_k = w_{k1} + w_{k2} \tag{6-21}$$

在 w_{k1} 作用下，外侧玻璃的挠度 d_{f1}

$$d_{f1} = \dfrac{\mu w_{k1} a^4}{\dfrac{E t_1^3}{12(1 - \nu^2)}} \eta \tag{6-22a}$$

同理，在 w_{k2} 作用下，内侧玻璃的挠度 d_{f2}

$$d_{f2} = \dfrac{\dfrac{\mu w_{k2} a^4}{E t_2^3}}{12(1-\nu^2)}\eta \tag{6-22b}$$

根据内外侧玻璃变形相等的假定，即 $d_{f1} = d_{f2}$，整理得

$$\frac{w_{k1}}{w_{k2}} = \frac{t_1^3}{t_2^3} \tag{6-23}$$

将式（6-23）代入式（6-21）可得

$$w_k = \frac{t_1^3 + t_2^3}{t_1^3} w_{k1} = \frac{t_1^3 + t_2^3}{t_2^3} w_{k2}$$

由此可得

$$w_{k1} = w_k \frac{t_1^3}{t_1^3 + t_2^3} \tag{6-24a}$$

$$w_{k2} = w_k \frac{t_2^3}{t_1^3 + t_2^3} \tag{6-24b}$$

中空玻璃的两片玻璃之间有气体，直接承受荷载的正面玻璃的挠度一般略大于间接承受荷载的背面玻璃的挠度，分配的荷载相应也应该略大一些，为了保证安全和简化计算，将正面玻璃分配的荷载加大 10%。

因此，直接承受风荷载作用的单片玻璃：

$$w_{k1} = 1.1 w_k \frac{t_1^3}{t_1^3 + t_2^3} \tag{6-25a}$$

不直接承受风荷载作用的单片玻璃：

$$w_{k2} = w_k \frac{t_2^3}{t_1^3 + t_2^3} \tag{6-25b}$$

2）作用于中空玻璃上的地震作用标准值 q_{Ek1}、q_{Ek2}，可根据各单片玻璃的自重按下式计算：

$$q_{Ek1} = \beta_E \alpha_{max} \frac{G_{k1}}{A} = \beta_E \alpha_{max} \gamma_g t_1 \tag{6-26a}$$

$$q_{Ek2} = \beta_E \alpha_{max} \frac{G_{k2}}{A} = \beta_E \alpha_{max} \gamma_g t_2 \tag{6-26b}$$

3）分别计算两片玻璃的应力：

$$\sigma_{wk1} = \frac{6m w_{k1} a^2}{t_1^2}\eta; \quad \sigma_{Ek1} = \frac{6m q_{Ek1} a^2}{t_1^2}\eta$$

$$\sigma_{wk2} = \frac{6m w_{k2} a^2}{t_2^2}\eta; \quad \sigma_{Ek2} = \frac{6m q_{Ek2} a^2}{t_2^2}\eta$$

4）计算两片玻璃的应力组合值：

$$\sigma_1 = \psi_w \gamma_w \sigma_{wk1} + \psi_E \gamma_E \sigma_{Ek1}$$

$$\sigma_2 = \psi_w \gamma_w \sigma_{wk2} + \psi_E \gamma_E \sigma_{Ek2}$$

（3）挠度计算　中空玻璃的变形 d_f 采用等效厚度 t_e 按下式计算：

$$d_f = \frac{\mu w_k a^4}{\dfrac{E t_e^3}{12(1-\nu^2)}} \eta \qquad (6\text{-}27)$$

由 $d_{f1} = d_{f2} = d_f$ 可得

$$\frac{w_{k1}}{t_1^3} = \frac{w_{k2}}{t_2^3} = \frac{w_k}{t_e^3} \qquad (6\text{-}28)$$

将式（6-28）代入式（6-21）整理可得，中空玻璃的等效厚度 t_e（mm）：

$$t_e = \sqrt[3]{t_1^3 + t_2^3} \qquad (6\text{-}29)$$

考虑直接承受荷载的玻璃挠度大于按两层玻璃等挠度原则计算的挠度值，所以中空玻璃的等效厚度 t_e 考虑折减系数 0.95，按下式计算：

$$t_e = 0.95 \sqrt[3]{t_1^3 + t_2^3} \qquad (6\text{-}30)$$

式中　t_1——直接承受荷载的玻璃厚度（mm）；

　　　t_2——间接承受荷载的玻璃厚度（mm）。

中空玻璃的挠度 d_f 可按式（6-31）进行计算，但计算玻璃刚度 D 时，应采用等效厚度 t_e。

$$d_f = \frac{\mu w_k a^4}{D} \eta \qquad (6\text{-}31)$$

$$D = \frac{E t_e^3}{12(1-\nu^2)} \qquad (6\text{-}32)$$

【例6-4】某框支承玻璃幕墙中的中空玻璃，规格：12mm + 12A + 10mm。面板尺寸：2160mm × 1535mm，四边支承。风荷载标准值：$w_k = 1.394\text{kN/m}^2$，不考虑地震作用。按《玻璃幕墙工程技术规范》（JGJ 102）（2022 年送审稿）验算中空玻璃面板的应力和挠度。

【解】

（1）风荷载标准值、设计值

风荷载标准值 $q_k = w_k = 1394\text{N/m}^2$

风荷载设计值 $q = 1.4 q_k = 1.4 \times 1394\text{N/m}^2 = 1951.6\text{N/m}^2$

（2）玻璃类型参数

中空玻璃 12mm + 12A + 10mm，即 $t_1 = 12\text{mm}$，$t_2 = 10\text{mm}$；弹性模量 $E = 0.72 \times 10^5 \text{N/mm}^2$，泊松比 $\nu = 0.2$；玻璃大面强度设计值 $f_g = 28\text{N/mm}^2$。

（3）计算截面应力

1）直接承受风荷载作用的单片玻璃应力验算：

$$q_{1k} = 1.1 q_k \frac{t_1^3}{t_1^3 + t_2^3} = 1.1 \times 1.394 \times 10^{-3} \times \frac{12^3}{12^3 + 10^3} = 0.9713 \times 10^{-3} \ (\text{N/mm}^2)$$

$$\theta_1 = \frac{q_{1k} a^4}{E t_1^4} = \frac{0.9713 \times 10^{-3} \times 1535^4}{0.72 \times 10^5 \times 12^4} = 3.612 < 5.0，查表 6\text{-}2 可得，折减系数 \eta = 1.0$$

$a/b = 1535/2160 = 0.7106$，查表 6-4 可得

弯矩系数 $m = 0.0683 + \dfrac{0.75 - 0.7106}{0.75 - 0.70} \times (0.0742 - 0.0683) = 0.0729$

$$\sigma_{1k} = \frac{6mq_{1k}a^2}{t_1^2}\eta = \frac{6 \times 0.0729 \times 0.9713 \times 10^{-3} \times 1535^2}{12^2} \times 1.0 = 6.9516 \text{ （N/mm}^2\text{）}$$

$$\sigma_1 = 1.4\sigma_{1k} = (1.4 \times 6.9516)\text{N/mm}^2 = 9.732\text{N/mm}^2 < f_g = 28\text{N/mm}^2 \text{ （满足要求）}$$

2）不直接承受风荷载作用的单片玻璃应力验算：

$$q_{2k} = q_k\frac{t_2^3}{t_1^3 + t_2^3} = 1.394 \times 10^{-3} \times \frac{10^3}{12^3 + 10^3} = 0.5110 \times 10^{-3} \text{ （N/mm}^2\text{）}$$

$$\theta_2 = \frac{q_{2k}a^4}{Et_2^4} = \frac{0.511 \times 10^{-3} \times 1535^4}{0.72 \times 10^5 \times 10^4} = 2.837 < 5.0，查表6-2得，折减系数\eta = 1.0$$

$a/b = 1535/2160 = 0.7106$，查表6-4可得，弯矩系数 $m = 0.0729$

$$\sigma_{2k} = \frac{6mq_{2k}a^2}{t_2^2}\eta = \frac{6 \times 0.0729 \times 0.511 \times 10^{-3} \times 1535^2}{10^2} \times 1.0 = 5.266 \text{ （N/mm}^2\text{）}$$

$$\sigma_2 = 1.4\sigma_{2k} = (1.4 \times 5.266)\text{N/mm}^2 = 7.372\text{N/mm}^2 < f_g = 28\text{N/mm}^2 \text{ （满足要求）}$$

（4）最大位移验算

等效厚度 $t_e = 0.95\sqrt[3]{t_1^3 + t_2^3} = 0.95 \times \sqrt[3]{12^3 + 10^3} = 13.27 \text{ （mm）}$

$$\theta = \frac{q_k a^4}{Et_e^4} = \frac{1.394 \times 10^{-3} \times 1535^4}{0.72 \times 10^5 \times 13.27^4} = 3.466 < 5.00$$

查表6-2可得，折减系数 $\eta = 1.0$

$$D = \frac{Et_e^3}{12(1-\nu^2)} = \frac{0.72 \times 10^5 \times 13.27^3}{12 \times (1-0.20^2)} = 14.605 \times 10^6 \text{ （N·mm）}$$

由 $a/b = 1535/2160 = 0.7106$ 查表6-7可得

挠度系数 $\mu = 0.00663 + \dfrac{0.75 - 0.7106}{0.75 - 0.70} \times (0.00727 - 0.00663) = 0.007134$

$$d_f = \frac{\mu q_k a^4}{D}\eta = \left(\frac{0.007134 \times 1.394 \times 10^{-3} \times 1535^4}{14.605 \times 10^6} \times 1.0\right)\text{mm}$$

$$= 3.78\text{mm} < d_{f,\text{lim}} = a/60 = (1535/60)\text{mm} = 25.58\text{mm} \text{ （满足要求）}$$

6.4　夹层玻璃面板计算

6.4.1　夹层玻璃的复合状态及其判断

1. 夹层玻璃的复合状态

夹层玻璃受力弯曲变形存在三种状态，

（1）刚性复合状态　夹层玻璃的中间层有极强的粘结强度，内外片玻璃紧密结合如同一整块单层玻璃（图6-7a）。此时可按一整块玻璃进行应力分析和强度计算，等效厚度为两片玻璃厚度之和，即 $t_{eq,1} = t_1 + t_2$。

（2）弹性复合状态　夹层玻璃中间层有足够的粘结强度和剪切强度，保证各层玻璃之间可以变形协调（图6-7b）。考虑夹胶层抗弯贡献，按叠层板复合材料力学进行应力分析和强度计算。

（3）分离复合状态　夹层玻璃中间层的粘结强度不足或失效，各层玻璃之间可以自由滑动，能够依据各自的中性面弯曲变形（图6-7c）。此时忽略夹胶的抗弯作用，可按各片叠置的玻璃板的受弯工作，进行应力分析和强度计算，等效厚度为两片玻璃的简单叠加，即 $t_{eq,3} = \sqrt[3]{t_1^3 + t_2^3}$。

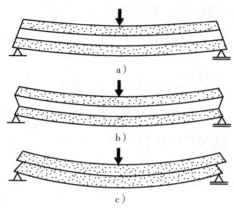

图6-7　夹层玻璃受力弯曲变形状态

a）刚性复合状态　b）弹性复合状态　c）分离复合状态

通常夹层玻璃都处于第二种情况，由于中间层胶片的粘结作用，夹层玻璃各层玻璃之间可以变形协调。这种情况与第三种情况相比，主要是由于中间层胶片的粘结作用，使各层玻璃之间不再能够自由滑动，同时使玻璃和中间层胶片之间产生了层间剪应力。因此，夹层玻璃的等效厚度与层间剪应力有直接关系。

2. 夹层玻璃的复合状态的判别式

夹层玻璃受弯协调工作的必要条件是，使其夹胶的抗剪承载力大于其玻璃的抗弯承载力。如该夹层玻璃为两片厚度相等的玻璃板组成并为矩形板，四边简支矩形玻璃板在垂直板面均布荷载下玻璃板的抗弯强度计算公式为：

$$\sigma_{max} = \frac{6mq_b a^2}{(2t)^2} = \frac{3mq_b a^2}{2t^2} \leqslant f_g$$

可得

$$q_b = \frac{2t^2 f_g}{3ma^2} \tag{6-33}$$

四边简支矩形玻璃板在垂直板面均布荷载下，夹胶的抗剪强度计算表达式为：

$$\tau_{max} = \frac{3}{2}\frac{V}{A} = \frac{3}{2}\frac{q_s a/2}{2t} = \frac{3q_s a}{8t} \leqslant f_p$$

可得

$$q_s = \frac{8t f_p}{3a} \tag{6-34}$$

令 $\psi = \dfrac{q_b}{q_s}$，由式（6-33）和式（6-34）可得

$$\psi = \frac{q_b}{q_s} = \frac{t f_g}{4ma f_p} \tag{6-35}$$

式中　　q_b、q_s——垂直于玻璃板面的抗弯和抗剪均布荷载（N/mm²）；

a——两片夹层玻璃板的短边边长（mm）；

t——单片玻璃板的厚度（mm）；

f_g、f_p——玻璃的抗弯强度设计值和夹胶的抗剪强度设计值（N/mm^2）；

m——板的弯矩系数，根据板的短边与长边的比值（a/b）确定。

式（6-35）可作为该夹层玻璃受弯复合状态的判别式。

当 $\psi \leqslant 1$ 时，即抗弯承载力≤抗剪承载力，则夹层玻璃协调共同工作，处于刚性复合状态，可将它视为厚度为两片厚度之和的单一玻璃板进行计算。

当时 $\psi > 1$，即抗弯承载力 > 抗剪承载力，若能忽略中间夹胶层的抗弯贡献，则可按一块各片叠置的玻璃板的受弯工作，进行应力分析和强度计算；若不能忽略中间夹胶层的抗弯贡献，介于刚性复合状态和分离状态之间，按叠层复合材料力学进行应力分析和强度计算。

3. 弹性复合状态成立的条件

1）剪力作用下不发生结合面的剪切破坏（图 6-8）。

2）拉力作用下不发生结合面的粘结破坏（图 6-8）。

3）作用力垂直于胶接面。

垂直作用于胶接面的均匀应力，理论上能承受很高的荷载。但作用力如果不能保证垂直作用于胶接面，则边缘就产生应力集中，使抗拉能力大大降低，如图 6-9 所示。

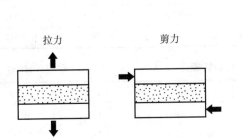

图 6-8　结合面的受拉和剪切示意

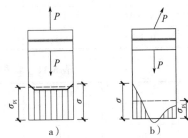

图 6-9　胶接面上应力分布

a）外力垂直于胶接面　b）外力不垂直于胶接面

6.4.2　夹层玻璃面板计算分析

（1）计算理论　《玻璃幕墙工程技术规范》（JGJ 102—2003）对于夹层玻璃偏于安全地取分离截面模型验算强度和刚度。认为在垂直于板面的风荷载和地震作用下，两片玻璃的挠度相等，所以每片玻璃分担的荷载按两片玻璃的弯曲刚度的比例进行分配。按照单片玻璃进行应力和强度验算，按照单片玻璃或具有等效厚度的整片玻璃计算位移。计算中忽略了夹层胶片对玻璃受力性能的影响。

根据中国建筑科学研究院与美国杜邦公司共同开展的夹层玻璃受弯性能试验研究结果以及国外近年的研究资料，夹层胶片自身的性能对夹层玻璃的受力性能影响很大。试验表明，传统的聚乙烯醇缩丁醛（PVB）胶片由于自身刚度较小，粘结性也不高，尤其是温度升高至30℃以上后，胶片的性能衰减较快，因此，可认为传统的聚乙烯醇缩丁醛胶片对夹层玻璃受力性能影响较小，计算时可以不予考虑。但近年来逐渐开始应用的离子性（商品名 SGP）胶片，其粘结性与自身刚度均远高于聚乙烯醇缩丁醛胶片的性能，对夹层玻璃的受力性能影响很大。在进行受弯承载力研究时，相同条件下，应用离子性胶片的夹层玻璃承载力远大于应用聚乙烯醇缩丁醛胶片的夹层玻璃。

《玻璃幕墙工程技术规范》（JGJ 102）（2022 年送审稿），根据美国 ASTM E1300—09a、澳大利亚规范等的最新发展成果以及试验研究复核，将胶片的性能参数纳入夹层玻璃的等效厚度计算中，已考虑夹层胶片对玻璃受力性能的影响。

表6-9～表6-12为美国杜邦公司提供的聚乙烯醇缩丁醛（PVB）中间层和离子型（SGP）中间层的材料性能参数在不同温度条件和持荷时间下的值。

表6-9 聚乙烯醇缩丁醛胶片的剪切模量 G （单位：MPa）

	3s	1min	1h	1天	1月	>1年
20℃	8.06	1.64	0.840	0.508	0.372	0.266
30℃	0.971	0.753	0.441	0.281	0.069	0.052
40℃	0.610	0.455	0.234	0.234	0.052	0.052
50℃	0.440	0.290	0.052	0.052	0.052	0.052

表6-10 聚乙烯醇缩丁醛胶片的泊松比 ν

	3s	1min	1h	1天	1月	>1年
20℃	0.4980	0.4996	0.4998	0.4999	0.4999	0.4999
30℃	0.4998	0.4998	0.4999	0.4999	0.069	0.5000
40℃	0.4998	0.4999	0.4999	0.4999	0.5000	0.5000
50℃	0.4999	0.4999	0.5000	0.5000	0.5000	0.5000

表6-11 离子型胶片的剪切模量 G （单位：MPa）

	3s	1min	1h	1天	1月	>1年
20℃	211	195	169	146	112	86.6
30℃	141	110	59.9	49.7	11.6	5.31
40℃	63.0	30.7	9.28	4.54	3.29	2.95
50℃	26.4	11.3	4.20	2.82	2.18	2.00

表6-12 离子型胶片的泊松比 ν

	3s	1min	1h	1天	1月	>1年
20℃	0.449	0.453	0.459	0.464	0.473	0.479
30℃	0.466	0.473	0.485	0.488	0.497	0.499
40℃	0.484	0.492	0.498	0.499	0.499	0.499
50℃	0.493	0.497	0.499	0.499	0.500	0.500

夹层玻璃受力分析时，中间胶片层材料的剪切模量取值非常关键。《建筑物中玻璃表面荷载作用确定方法》ASTM E1300—09a 中关于剪切模量取值有要求如下：剪切模量值应根据美国标准 ASMT—D4065 中的规定确定，剪切模量值的选取与温度和荷载持续时间是关联的，应通过 ASTM—D4065 中表1和图5要求的恒定振幅且固定频率的拉伸振荡试验来确定。供设计时采用的典型荷载持续时间与温度的组合为：①风荷载：3s 持荷时间、50℃；②雪荷载：30 天/23℃温度。对立面幕墙而言，主要采用风荷载的对应项。

由于离子性胶片在国内尚处于应用初期阶段，在幕墙设计中对其剪切模量取值宜保守些。竖直立面幕墙中查表确定离子性胶片剪切模量时，温度值可取 50℃确定；风荷载起控制作用时，持荷时间可取 1min。

（2）应力计算

1）按各自的等效厚度 $t_{1e,\sigma}$、$t_{2e,\sigma}$ 分别计算两片玻璃的应力：

$$\sigma_{wk1} = \frac{6mw_k a^2}{t_{1e,\sigma}^2}\eta ; \quad \sigma_{Ek1} = \frac{6mq_{Ek}a^2}{t_{1e,\sigma}^2}\eta \tag{6-36}$$

$$\sigma_{wk2} = \frac{6mw_k a^2}{t_{2e,\sigma}^2}\eta ; \quad \sigma_{Ek2} = \frac{6mq_{Ek}a^2}{t_{2e,\sigma}^2}\eta \tag{6-37}$$

其中，

$$t_{1e,\sigma} = \sqrt{\frac{t_{e,w}^3}{t_1 + 2\Gamma t_{s,2}}}$$

$$t_{2e,\sigma} = \sqrt{\frac{t_{e,w}^3}{t_2 + 2\Gamma t_{s,1}}}$$

$$t_{e,w} = \sqrt[3]{t_1^3 + t_2^3 + 12\Gamma I_s}$$

$$I_s = t_1 t_{s,2}^2 + t_2 t_{s,1}^2$$

$$t_{s,1} = \frac{t_s t_1}{t_1 + t_2}$$

$$t_{s,2} = \frac{t_s t_2}{t_1 + t_2}$$

$$t_s = 0.5(t_1 + t_2) + t_v$$

$$\Gamma = \frac{1}{1 + 9.6\frac{EI_s t_v}{Gt_s^2 L^2}}$$

式中　　Γ——夹层玻璃中间层胶片的剪力传递系数，当采用聚乙烯醇缩丁醛（PVB）胶片时可取 0；

　　　　G——与温度相关的夹层玻璃中间层的剪切模量（N/mm²）；

t_1、t_2、t_v——夹层玻璃中第 1 片、第 2 片和中间层胶片的厚度（mm）；

　　　　L——夹层玻璃的短边长度（mm）；

　　　　E——玻璃的弹性模量（N/mm²）。

2）分别计算两片玻璃的应力组合值：

$$\sigma_1 = \psi_w \gamma_w \sigma_{wk1} + \psi_E \gamma_E \sigma_{Ek1} \tag{6-38a}$$

$$\sigma_2 = \psi_w \gamma_w \sigma_{wk2} + \psi_E \gamma_E \sigma_{Ek2} \tag{6-38b}$$

（3）挠度计算　夹胶玻璃的挠度 d_f 可按式（6-39）进行计算，但计算玻璃刚度 D 时，应采用等效厚度 $t_{e,w}$。

$$d_f = \frac{\mu w_k a^4}{D}\eta \tag{6-39}$$

式中　D——玻璃面板的刚度，应采用等效厚度 $t_{e,w}$ 按下式计算。

$$D = \frac{Et_{e,w}^3}{12(1-\nu^2)} \tag{6-40}$$

【例 6-5】某框支承玻璃幕墙中的夹层玻璃，规格：12mm（浮法）+0.38mmPVB+12mm（浮法）。面板尺寸：3000mm×1000mm，四边支承。风荷载标准值：$w_k = 2.5$kN/m²，不考虑地震作用。试验算夹层玻璃面板的应力和挠度。

【解】

（1）荷载计算

风荷载标准值 $q_k = w_k = 2.5 \text{kN/m}^2$

风荷载设计值 $q = \gamma_w q_k = 1.4 \times 2.5 = 3.5$（$\text{kN/m}^2$）

（2）玻璃类型参数

夹层玻璃 12mm（浮法）+0.38+12mm，即 $t_1 = t_2 = 12\text{mm}$；弹性模量 $E = 0.72 \times 10^5 \text{N/mm}^2$，泊松比 $\nu = 0.2$；浮法玻璃（5~12mm）大面强度设计值 $f_g = 28 \text{N/mm}^2$。

PVB 中间层胶片，$t_v = 0.38\text{mm}$，取夹层玻璃中间层胶片的剪力传递系数 $\Gamma = 0$。

（3）计算内外两片玻璃各自的等效厚度 $t_{1e,\sigma}$、$t_{2e,\sigma}$

$$t_s = 0.5(t_1 + t_2) + t_v = 0.5 \times (12 + 12) + 0.38 = 12.38 (\text{mm})$$

$$t_{s,1} = \frac{t_s t_1}{t_1 + t_2} = \frac{12.38 \times 12}{12 + 12} = 6.19 \ (\text{mm})$$

$$t_{s,2} = \frac{t_s t_2}{t_1 + t_2} = \frac{12.38 \times 12}{12 + 12} = 6.19 \ (\text{mm})$$

$$I_s = t_1 t_{s,2}^2 + t_2 t_{s,1}^2 = 12 \times 6.19^2 + 12 \times 6.19^2 = 919.59 \ (\text{mm}^3)$$

$$t_{e,w} = \sqrt[3]{t_1^3 + t_2^3 + 12\Gamma I_s} = \sqrt[3]{12^3 + 12^3 + 12 \times 0 \times 919.59} = 15.12 \ (\text{mm})$$

$$t_{1e,\sigma} = \sqrt{\frac{t_{e,w}^3}{t_1 + 2\Gamma t_{s,2}}} = \sqrt{\frac{15.12^3}{12 + 2 \times 0 \times 6.19}} = 16.97 \ (\text{mm})$$

$$t_{2e,\sigma} = \sqrt{\frac{t_{e,w}^3}{t_2 + 2\Gamma t_{s,1}}} = \sqrt{\frac{15.12^3}{12 + 2 \times 0 \times 6.19}} = 16.97 \ (\text{mm})$$

（4）应力验算

$\theta_1 = \dfrac{q_k a^4}{E t_{1e,\sigma}^4} = \dfrac{2.5 \times 10^{-3} \times 1000^4}{0.72 \times 10^5 \times 16.97^4} = 0.419 < 5.0$，查表 6-2 可得 $\eta = 1.0$

$a/b = 1000/3000 = 0.3333$，查表 6-1 可得弯矩系数 $m = 0.118$

$$\sigma_{1k} = \frac{6 m q_k a^2}{t_{1e,\sigma}^2} \eta = \frac{6 \times 0.118 \times 2.5 \times 10^{-3} \times 1000^2}{16.97^2} \times 1.0 = 6.15 \ (\text{N/mm}^2)$$

$\sigma_1 = \gamma_G \sigma_{1k} = (1.4 \times 6.15) \text{N/mm}^2 = 8.61 \text{N/mm}^2 < f_g = 28 \text{N/mm}^2$（满足要求）

（5）变形验算

夹层玻璃的等效厚度 $t_{e,w} = \sqrt[3]{t_1^3 + t_2^3 + 12\Gamma I_s} = \sqrt[3]{12^3 + 12^3 + 12 \times 0 \times 919.59} = 15.12$（mm）

$$D = \frac{E t_{e,w}^3}{12(1 - \nu^2)} = \frac{0.72 \times 10^5 \times 15.12^3}{12 \times (1 - 0.20^2)} = 21.60 \times 10^6 \ (\text{N·m})$$

$a/b = 1000/3000 = 0.3333$，查表 6-5 可得挠度系数 $\mu = 0.01223$

$$\theta = \frac{q_k a^4}{E t_{e,w}^4} = \frac{2.5 \times 10^{-3} \times 1000^4}{0.72 \times 10^5 \times 15.12^4} = 0.664 < 5.0，查表 6-2 可得 \eta = 1.0$$

$$d_f = \frac{\mu q_k L^4}{D} \eta = \left(\frac{0.01223 \times 2.5 \times 10^{-3} \times 1000^4}{21.60 \times 10^6} \times 1.0 \right) \text{mm}$$

$$= 1.416 \text{mm} < d_{f,\text{lim}} = a/60 = (1000/60) \text{mm} = 16.67 \text{mm}（满足要求）$$

第7章

全玻璃幕墙设计

玻璃面板通过硅酮结构胶或通过驳接爪转接件与玻璃肋连接形成的玻璃幕墙称为全玻璃幕墙。玻璃本身既是饰面构件，又是承受自身重量及风荷载的承重构件。全玻璃幕墙是随着玻璃生产技术的提高和产品的多样化而诞生的，它为建筑师创造一个奇特、透明、晶莹的建筑提供了条件。全玻璃幕墙的特点是全透明、全视野、外观豪华壮观，富丽堂皇，给人明快光亮的感觉，广泛用于大型公共建筑物的入口部位、高层旋转餐厅、大型饭店的天井大廊、大型水族馆及汽车销售中心等。

7.1 全玻璃幕墙分类

全玻璃幕墙根据玻璃肋与玻璃面板的连接方式的不同，可分为玻璃肋胶接全玻璃幕墙和玻璃肋点支式全玻璃幕墙。

1. 玻璃肋胶接全玻璃幕墙

根据构造方式的不同，玻璃肋胶接全玻璃幕墙可分为下端支承式全玻幕墙、吊挂式全玻幕墙。

（1）下端支承式全玻璃幕墙　当幕墙高度较低时，幕墙玻璃面板、玻璃肋上下均用镶嵌槽安装，玻璃固定安装在下部的镶嵌槽内，而在上部的镶嵌槽顶部与玻璃之间留出一定空间，使玻璃有伸缩变形的余地。这种玻璃幕墙主要靠底座承重，构造简单、价格低廉，但是玻璃在自身重量作用下容易产生弯曲变形，造成视觉上的图像失真。下端支承式节点构造如图7-1所示。

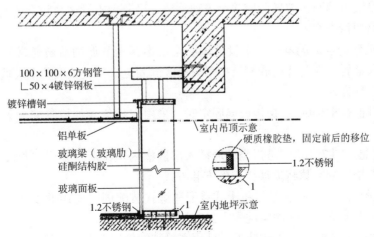

图 7-1　下端支承式节点构造（单位：mm）

（2）**吊挂式全玻璃幕墙**　当幕墙高度较高时，为了防止玻璃自重荷载作用下发生压屈破坏，在幕墙上端设置特殊专用金属夹具，将大块玻璃吊挂起来，构成没有变形的大面积连续玻璃幕墙，玻璃与下部镶嵌槽底之间留有伸缩空间。这种玻璃幕墙主要靠金属夹具承重，可以消除由自重引起的玻璃挠曲，创造出既美观通透又安全可靠的空间效果，但其构造相对复杂，造价较高。吊挂受拉式节点构造如图7-2所示。

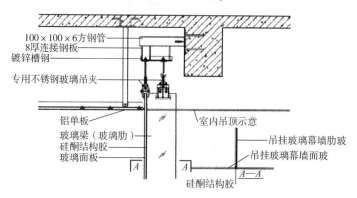

图7-2　吊挂受拉式节点构造（单位：mm）

2. 玻璃肋点支式全玻幕墙

玻璃肋点支式全玻璃幕墙是由玻璃面板、玻璃肋及钢爪组成，钢爪通过夹板固定在玻璃肋上，面板玻璃四角开孔，用安装在玻璃肋上的连接板（钢爪）中的螺栓穿入面板玻璃孔中与连接板（钢爪）紧固。

对于跨度较大的玻璃幕墙，玻璃肋必须分段制作，且需将各段连接成为一整条肋结构，一般做法是在两玻璃肋的连接处开孔，并用螺栓、金属夹板、柔性垫片及胶粘剂共同完成此节点的连接。需要说明的是由于此节点在外荷载作用下承受非常大的力和力矩，靠玻璃孔承压和螺栓受剪是无法完成力和力矩的传递，此时需利用连接部件与玻璃肋板之间的摩擦力来实现力和力矩的传递。由于玻璃和金属的静摩擦系数在正常条件下几乎是相等的，都位于0.16~0.29，所以可以利用金属夹板和玻璃肋板之间的摩擦力来传递力和力矩。玻璃肋点支式玻璃幕墙构造如图7-3所示。

根据是否设置玻璃肋，玻璃肋胶接全玻璃幕墙又可分为不设玻璃肋全玻璃幕墙、设有玻璃肋全玻璃幕墙两种类型。

（1）**不设玻璃肋全玻璃幕墙**　不设玻璃肋全玻璃幕墙节点构造最通常的做法是将大块玻璃的两端嵌入金属框内，并用硅酮结构密封胶嵌缝固定。不设玻璃肋全玻璃幕墙玻璃的固定安装有以下三种方式：

1）干式装配（图7-4a）：是指玻璃固定时，采用密封条（如橡胶密封条）镶嵌固定的安装方式。

2）湿式装配（图7-4b）：是指当玻璃插入镶嵌槽内定位后，采用密封胶（如硅酮密封胶）注入玻璃与槽壁的空隙将玻璃固定的安装方式。

3）混合装配（图7-4c）：是指将干式装配和湿式装配同时使用的安装方式，先在一侧固定密封条，放入玻璃，另一侧用硅酮密封胶最后固定。

湿式装配的密封性能优于干式装配，硅酮密封胶的使用寿命长于橡胶密封条。因此外侧最好采用湿式装配。

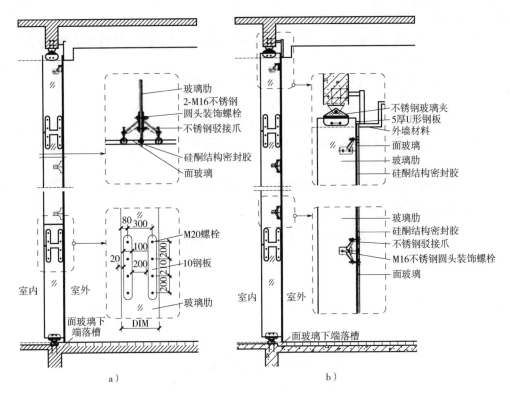

图 7-3　玻璃肋点支式玻璃幕墙构造（单位：mm）

a）构造之一　b）构造之二

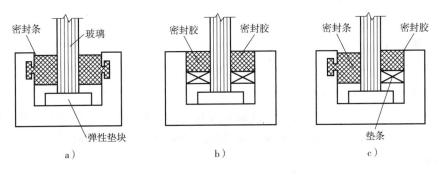

图 7-4　玻璃的固定安装方式

a）干式装配　b）湿式装配　c）混合装配

（2）设有玻璃肋全玻璃幕墙

1）玻璃肋相交面的构造形式、玻璃肋面的方向布置，主要根据建筑物所处的位置、建筑功能及艺术要求而定。玻璃面板与玻璃肋相交部位的处理，通常有三种构造形式：

①双肋：两侧加玻璃肋，适用于中间内墙。

②单肋：单侧加玻璃肋，适用于外墙。

③通肋：玻璃肋穿过玻璃，适用于面幅较大幕墙。

2）设有玻璃肋的玻璃面板与玻璃肋通过透明的硅酮结构密封胶连接，《玻璃幕墙工程技术规范》（JGJ 102）（2022 年送审稿）规定：除全玻璃幕墙外，不应在现场打注硅酮结构密封胶。加肋玻璃相交面的处理形式有以下四种：

①后置式（图7-5a）：玻璃肋位于玻璃面板的后部，用结构胶与玻璃面板粘结成一个整体。

②骑缝式（图7-5b）：玻璃肋位于玻璃面板后部的两块玻璃面板接缝处，用结构胶将三块玻璃连接在一起，并将两块玻璃面板之间的缝隙密封起来。

③平齐式（图7-5c）：玻璃肋位于两块玻璃面板之间，肋的一边与玻璃面板表面平齐，肋与两块玻璃面板间用结构胶粘结并密封起来。这种形式由于玻璃面板与玻璃肋侧面透光厚度不一样，会在视觉上产生色差。

④凸出式（图7-5d）：玻璃肋位于两块玻璃面板之间，两侧均凸出玻璃面板表面，肋与玻璃面板之间用结构胶粘结并密封。

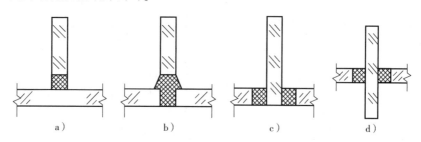

图7-5　加肋玻璃相交面处理形式
a）后置式　b）骑缝式　c）平齐式　d）凸出式

7.2　全玻璃幕墙设计与计算

7.2.1　计算简图

玻璃肋是指每隔一定距离设置的垂直于玻璃面板的条形玻璃加强肋板，其作用是支撑玻璃面板，加强玻璃面板的刚度。

在水平荷载作用下，玻璃肋胶接全玻璃幕墙的工作状态如同竖直的楼盖，玻璃面板如同楼板，玻璃肋如同楼面梁，面板将所承受的风荷载和地震作用传递到玻璃肋上，玻璃肋受力状态类似简支梁。

由于玻璃面板与玻璃肋间通过硅酮结构胶连接，连接材料的抗剪强度有限，可偏于安全地认为玻璃面板搁置于玻璃肋上。设计计算时，面板取对边支承的简支板模型，玻璃肋取简支梁模型，如图7-6所示。

对边支承简支板的弯矩和挠度分别为

$$M = \frac{1}{8}ql^2 \tag{7-1}$$

$$d_f = \frac{5}{384}\frac{ql^4}{EI} \tag{7-2}$$

式中　q、l——作用于玻璃面板的荷载设计值（N/mm^2）和支承跨度（mm）。

由式（7-1）和式（7-2）可知，对边简支板的弯矩系数（m）和挠度系数（μ）分别为0.125（即1/8）和0.01302（即5/384）。

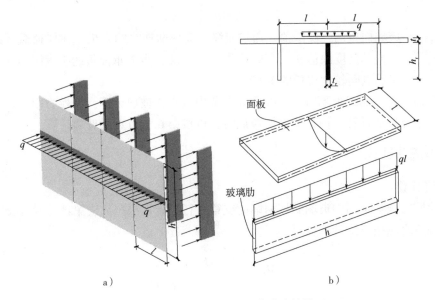

图 7-6　玻璃肋胶接全玻璃幕墙计算模型

7.2.2　玻璃面板计算

1. 玻璃面板应力校核

根据第 6.2 节的内容可知，在垂直于玻璃面板均布荷载作用下，玻璃面板最大应力设计值按下式计算：

$$\sigma = \frac{6mqa^2}{t^2}\eta \qquad (7\text{-}3)$$

式中　m——弯矩系数，玻璃面板通过胶缝与玻璃肋相连接时，面板可作为支承于玻璃肋的单向简支板设计，所以取 m 为定值，0.125（即 1/8）（即表 6-1 中 $a/b = 0$ 时的弯矩系数）；

　　　a——玻璃面板跨度（mm）；

其余计算同第 6.2 节。

2. 挠度验算

根据第 6.2 节的内容可知，在垂直于玻璃面板风荷载标准值作用下，玻璃面板跨中挠度按下式计算：

$$d_\mathrm{f} = \frac{\mu w_\mathrm{k} a^4}{D}\eta \qquad (7\text{-}4)$$

式中　d_f——在风荷载标准值作用下挠度最大值（mm）；

　　　w_k——垂直于玻璃幕墙平面的风荷载标准值（N/mm^2）；

　　　μ——挠度系数，玻璃面板通过胶缝与玻璃肋相连接时，面板可作为支承于玻璃肋的单向简支板设计，所以取 μ 为定值，0.01302（即 5/384）（即表 6-3 中 $a/b = 0$ 时的挠度系数）；

　　　η——折减系数，可由参数 θ 按表 6-2 采用。

玻璃面板在垂直于板面风荷载标准值作用下的最大挠度应满足下列要求：

$$d_{\mathrm{f}} \leqslant d_{\mathrm{f,lim}} \tag{7-5}$$

式中　$d_{\mathrm{f,lim}}$——玻璃面板的挠度限值。通过胶缝与玻璃肋连接的面板，在风荷载标准值作用下，其挠度限值 $d_{\mathrm{f,lim}}$ 宜取其跨度的 $1/60$；点支承面板的挠度限值 $d_{\mathrm{f,lim}}$ 宜取其支承点间较大边长的 $1/60$。

注意：面板为点支式玻璃时，可按第 6.2 节中点支式玻璃计算；面板为中空玻璃时，可按第 6.2 节中空玻璃计算；面板为夹层玻璃时，可按第 6.2 节夹层玻璃计算。

7.2.3　玻璃肋计算

1. 强度计算

玻璃肋胶接全玻幕墙中玻璃肋按两端简支梁进行设计。根据简支梁计算模式，玻璃单肋的最大弯曲应力应按下式计算：

$$\sigma = \frac{M}{W} = \frac{\dfrac{1}{8}(wl)h^{2}}{\dfrac{1}{6}th_{\mathrm{r}}^{2}} = \frac{3}{4}\frac{wlh^{2}}{th_{\mathrm{r}}^{2}} \tag{7-6}$$

式中　h_{r}——玻璃肋截面高度（mm）；

　　　w——风荷载和地震作用的组合设计值（N/mm²）；

　　　l——两肋之间的玻璃面板跨度（mm）；

　　　t——玻璃肋截面厚度（mm）；

　　　h——玻璃肋上、下支点的距离（mm），即计算跨度。

玻璃肋最大应力设计值不应超过玻璃侧面强度设计值 f_{g}，即

$$\sigma \leqslant f_{\mathrm{g}} \tag{7-7}$$

式中　f_{g}——玻璃侧面的强度设计值（N/mm²）。

由式（7-6）、式（7-7）可得，玻璃肋的截面高度应按下式计算：

单肋（图 7-7a）时　　　　　$h_{\mathrm{r}} = \sqrt{\dfrac{3wlh^{2}}{4f_{\mathrm{g}}t_{\mathrm{r}}}}$ $\tag{7-8a}$

双肋（图 7-7b）时　　　　　$h_{\mathrm{r}} = \sqrt{\dfrac{3wlh^{2}}{8f_{\mathrm{g}}t_{\mathrm{r}}}}$ $\tag{7-8b}$

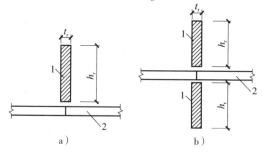

图 7-7　全玻幕墙玻璃肋截面尺寸示意
a）单肋　　b）双肋
1—玻璃肋　2—玻璃面板

2. 刚度计算

根据两端简支梁挠度的计算公式，幕墙肋在风荷载标准值作用下的挠度 d_f 可按下式计算：

单肋时

$$d_f = \frac{5(w_k l) h^4}{384EI} = \frac{5(w_k l) h^4}{384 \times E \times \frac{1}{12} t_r h_r^3} = \frac{5 \, w_k l h^4}{32 E t_r h_r^3} \quad (7\text{-}9a)$$

双肋时

$$d_f = \frac{5(w_k l) h^4}{384EI} = \frac{5(w_k l) h^4}{384 \times E \times 2 \times \frac{1}{12} t_r h_r^3} = \frac{5 \, w_k l h^4}{64 E t_r h_r^3} \quad (7\text{-}9b)$$

式中　w_k——风荷载标准值（N/mm²）；

　　　E——玻璃弹性模量（N/mm²）。

玻璃肋的最大挠度应满足下列要求：

$$d_f \leqslant d_{f,\lim} \quad (7\text{-}10)$$

式中　$d_{f,\lim}$——玻璃面板的挠度限值。在风荷载标准值作用下，玻璃肋的挠度限值 $d_{f,\lim}$ 宜取其计算跨度的 1/200。

3. 稳定性验算

由于玻璃肋平面外的刚度远小于平面内的刚度，当玻璃肋超高时，有发生横向屈曲的可能性。当正向风压作用使玻璃肋产生弯曲时，玻璃肋的受压部位有面板作为平面外的支撑；当反向风压作用时，玻璃肋受压部位位于肋的自由边，就可能发生平面外屈曲。虽然《玻璃幕墙工程技术规范》（JGJ 102）（2022 年送审稿）规定了高度大于 8m 的玻璃肋宜考虑平面外的稳定验算；高度大于 12m 的玻璃肋，应进行平面外稳定验算，但未给出具体的计算方法。这里介绍玻璃肋胶接全玻璃幕墙中玻璃肋稳定性验算的方法。

（1）玻璃肋局部稳定性计算　玻璃肋可以看作一个三边简支一边自由的薄板，如图 7-8 所示。两端承受不均匀压力 $p_x = p_{x0}\left(1 - \alpha \frac{y}{h_r}\right)$（$p_x = \sigma_x t_r$，$t_r$ 为玻璃肋厚度，以受压为正）。显然，当 $\alpha = 0$ 时，$p_x = p_{x0}$，受均布压力作用；当 $\alpha = 2$ 时，受纯弯作用。

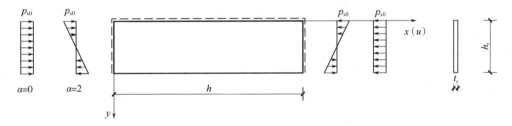

图 7-8　临界压应力的分析模型

1）玻璃肋的总势能 Π

①应变势能 U。设三边简支一边自由的玻璃肋屈曲时的挠度函数 $w = Ay\sin\dfrac{m\pi x}{h}$，很显然挠度函数满足几何边界条件。

$$\frac{\partial^2 w}{\partial x^2} = -\left(\frac{m\pi}{h}\right)^2 Ay\sin\frac{m\pi x}{h}$$

$$\frac{\partial^2 w}{\partial y^2} = 0$$

$$\frac{\partial^2 w}{\partial x \partial y} = \frac{m\pi}{h} A\cos\frac{m\pi x}{h} \tag{7-11}$$

$$\frac{\partial w}{\partial x} = Ay\frac{m\pi}{h}\cos\frac{m\pi x}{h}$$

将式（7-11）代入下式，可得薄板的弯曲应变势能为

$$U = \frac{D}{2}\iint_A\left\{\left(\frac{\partial^2 w}{\partial x^2} + \frac{\partial^2 w}{\partial y^2}\right)^2 - 2(1-\nu)\left[\frac{\partial^2 w}{\partial x^2}\frac{\partial^2 w}{\partial y^2} - \left(\frac{\partial^2 w}{\partial x \partial y}\right)^2\right]\right\}\mathrm{d}x\mathrm{d}y$$

$$U = \frac{D}{2}\int_0^h\int_0^{h_r}\left[\left(\frac{m\pi}{h}\right)^4 A^2 y^2 \sin^2\frac{m\pi x}{h} + 2(1-\nu)\left(\frac{m\pi}{h}A\cos\frac{m\pi x}{h}\right)^2\right]\mathrm{d}x\mathrm{d}y$$

$$= \frac{D}{2}\left(\frac{m\pi}{h}\right)^4 A^2\int_0^h\int_0^{h_r} y^2\sin^2\frac{m\pi x}{h}\mathrm{d}x\mathrm{d}y + D(1-\nu)\left(\frac{m\pi}{h}\right)^2 A^2\int_0^h\int_0^{h_r}\cos^2\frac{m\pi x}{h}\mathrm{d}x\mathrm{d}y$$

$$= \frac{D}{2}\frac{m^2\pi^2}{h^2}\left[\frac{1}{6}h_r^2\frac{m^2\pi^2}{h^2} + (1-\nu)\right]hh_r A^2$$

所以，玻璃肋的应变势能

$$U = \frac{D}{2}\frac{m^2\pi^2}{h^2}\left[\frac{1}{6}h_r^2\frac{m^2\pi^2}{h^2} + (1-\nu)\right]hh_r A^2 \tag{7-12}$$

②外力势能 V。外力势能 V 为：

$$V = \frac{1}{2}\iint_A\left[N_x\left(\frac{\partial w}{\partial x}\right)^2 + N_y\left(\frac{\partial w}{\partial y}\right)^2 + 2N_{xy}\frac{\partial w}{\partial x}\frac{\partial w}{\partial y}\right]\mathrm{d}x\mathrm{d}y \tag{7-13}$$

薄板中面内力为：

$$N_x = -p_x,\quad N_y = 0,\quad N_{xy} = 0$$

将薄板中面内力（N_x, N_y, N_{xy}）代入式（7-13），可得外力势能 V 为：

$$V = -\frac{1}{2}\iint_A N_x\left(\frac{\partial w}{\partial x}\right)^2\mathrm{d}x\mathrm{d}y = -\frac{1}{2}\int_0^h\int_0^{h_r} p_x\left(\frac{\partial w}{\partial x}\right)^2\mathrm{d}x\mathrm{d}y$$

$$= -\frac{1}{2}\int_0^h\int_0^{h_r} p_{x0}\left(1 - \alpha\frac{y}{h_r}\right)\left(Ay\frac{m\pi}{h}\cos\frac{m\pi x}{h}\right)^2\mathrm{d}x\mathrm{d}y$$

$$= -\frac{1}{4}p_{x0}\frac{m^2\pi^2}{h^2}\left(\frac{1}{3} - \frac{\alpha}{4}\right)hh_r^3 A^2$$

所以，玻璃肋外力势能

$$V = -\frac{1}{4}p_{x0}\frac{m^2\pi^2}{h^2}\left(\frac{1}{3} - \frac{\alpha}{4}\right)hh_r^3 A^2 \tag{7-14}$$

③总势能。玻璃肋的总势能 $\Pi =$ 应变势能（U）+ 外力势能（V）：

$$\Pi = \frac{D}{2}\frac{m^2\pi^2}{h^2}\left[\frac{1}{6}h_r^2\frac{m^2\pi^2}{h^2} + (1-\nu)\right]hh_r A^2 - \frac{1}{4}p_{x0}\frac{m^2\pi^2}{h^2}\left(\frac{1}{3} - \frac{\alpha}{4}\right)hh_r^3 A^2 \tag{7-15}$$

2）玻璃肋屈曲临界荷载计算式

①屈曲临界压应力。由势能驻值原理可得：

$$\frac{\mathrm{d}\Pi}{\mathrm{d}A} = \frac{m^2\pi^2}{h}\left\{D\left[\frac{1}{6}h_r^2\frac{m^2\pi^2}{h^2} + (1-\nu)\right]h_r - \frac{1}{2}p_{x0}\left(\frac{1}{3} - \frac{\alpha}{4}\right)h_r^3\right\}A = 0 \tag{7-16}$$

因为 $A \neq 0$，否则挠度 $w = 0$，板的平衡状态是稳定的，所以只有大括号部分等于零，即

$$D\left[\frac{1}{6}h_r^2\frac{m^2\pi^2}{h^2}+(1-\nu)\right]h_r-\frac{1}{2}p_{x0}\left(\frac{1}{3}-\frac{\alpha}{4}\right)h_r^3=0$$

解得

$$p_{x0}=\frac{2D\left[\frac{1}{6}h_r^2\frac{m^2\pi^2}{h^2}+(1-\nu)\right]}{\left(\frac{1}{3}-\frac{\alpha}{4}\right)h_r^2} \tag{7-17}$$

当 $m = 1$ 时，可得最小临界压力

$$(p_{x0})_{cr}=\frac{2D\left[\frac{1}{6}\frac{h_r^2}{h^2}\pi^2+(1-\nu)\right]}{\left(\frac{1}{3}-\frac{\alpha}{4}\right)h_r^2}$$

当 $\alpha = 2$ 时

$$(p_{x0})_{cr}=-2D\left[\frac{\pi^2}{h^2}+\frac{6(1-\nu)}{h_r^2}\right]$$

所以，玻璃肋屈曲临界压应力为：

$$(\sigma_{max})_{cr}=-\frac{2D}{t_r}\left[\frac{\pi^2}{h^2}+\frac{6(1-\nu)}{h_r^2}\right] \tag{7-18}$$

②屈曲临界弯矩。由材料力学可知

$$\sigma_{max}=\frac{M}{W}=\frac{6M}{t_r h_r^2}$$

则梁的临界弯矩 M_{cr}：

$$M_{cr}=\frac{1}{6}(\sigma_{max})_{cr}t_r h_r^2=-\frac{1}{3}D\left[\frac{h_r^2}{h^2}\pi^2+6(1-\nu)\right] \tag{7-19}$$

式 (7-19) 即为受纯弯作用时的临界弯矩。

分析表明，对于同一根梁，大小为 $M_1/1.1$ 的纯弯弯矩产生的屈曲效应与产生跨中弯矩为 M_1 的横向荷载产生的屈曲效应一样，即均会使简支梁发生失稳。由此可得横向荷载作用时玻璃肋跨中最大弯矩，再由 $M_1 = qh^2/8$ 得到横向临界荷载 q_{cr} 的表达式。

$$q_{cr}=-\frac{8}{3}\times1.1\times D\times\left[\frac{h_r^2}{h^4}\pi^2+\frac{6(1-\nu)}{h^2}\right] \tag{7-20}$$

式中　h——玻璃肋的跨长（mm）；

　　　h_r——玻璃肋的截面高度（mm）；

　　　t——玻璃肋的厚度（mm）；

　　　ν——玻璃肋的泊松比，取 $\nu = 0.2$；

　　　D——玻璃肋的弯曲刚度（N·mm），按式 (7-21) 计算；

　　　E——玻璃肋的弹性模量，取 $E = 0.72\times10^5\text{N/mm}^2$。

$$D=\frac{Et_r^3}{12(1-\nu^2)} \tag{7-21}$$

将式 (7-21) 代入式 (7-20) 可得：

$$q_{cr} = -\frac{2.2}{9(1-\nu^2)}\frac{Et_r^3}{h^2} \times \left[\frac{h_r^2}{h^2}\pi^2 + 6(1-\nu)\right] \tag{7-22}$$

式（7-22）即为玻璃肋受风吸力时的失稳临界荷载 q_{cr} 计算公式。

（2）玻璃肋侧向整体稳定性计算　对于常见玻璃肋，认为玻璃肋的一边有连续的约束，根据 Australian Standard《Glass in building—Selection and installation》（AS 1288—2006）推荐的计算公式计算，可求得极限侧向弯曲弯矩：

$$M_{cr} = \frac{\left(\dfrac{\pi}{h}\right)^2 (EI)_y \left[\dfrac{h_r^2}{12} + y_0^2\right] + (GJ)}{(2y_0 + y_h)} \tag{7-23}$$

式中　M_{cr}——极限侧向屈曲弯矩（N·mm）；

　　$(EI)_y$——玻璃肋绕弱轴方向的抗弯刚度（N·mm）；

　　h——玻璃肋的跨长（mm）；

　　h_r——玻璃肋的截面高度（mm）；

　　G——玻璃肋剪切模量（N/mm²），取 $G = 0.28 \times 10^5 \text{N/mm}^2$；

　　J——玻璃肋有效抗扭刚度（mm⁴），按下式计算：

$$J = \frac{h_r t_r^3}{3}\left(1 - 0.63\frac{t_r}{h_r}\right) \tag{7-24}$$

式中　t_r——玻璃肋厚度（mm）；

　　y_0——侧向约束与中性轴的距离（mm）；

　　y_h——荷载作用点与中性轴的距离（mm），如图 7-9 所示。

注意：当承受正风压时（荷载向内），y_0 与 y_h 取异号；当承受负风压时（荷载向外），y_0 与 y_h 取同号。

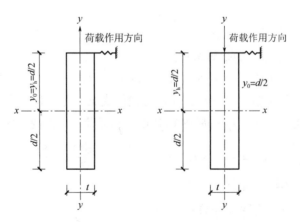

图 7-9　y_0 与 y_h 正负号取值示意

极限侧向屈曲弯矩较受正风压时小，这也反映了弯矩的作用使玻璃肋自由边受压而产生更为不利的影响。由此可知，玻璃肋的极限侧向屈曲弯矩主要与玻璃肋的厚度和高度有关，玻璃肋的宽度对于超高玻璃肋的极限侧向屈曲弯矩的提高作用并不明显。而玻璃肋的自重对于玻璃肋的整体稳定有一定的影响，采用悬挂式玻璃肋要比下端支承式玻璃肋具有更高的抗侧屈曲能力，这是由于悬挂系统中的玻璃肋的自重产生了对于抗侧向屈曲有利的拉力作用。

7.2.4　胶缝计算

玻璃肋与玻璃面板平齐、后置的构造形式，如图 7-10 所示。

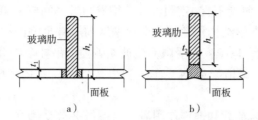

图 7-10　玻璃肋与玻璃面板的连接形式

a）与玻璃面板平齐的玻璃肋　b）与玻璃面板后置的玻璃肋

全玻幕墙胶缝承载力应符合下列要求：

1）当玻璃面板与玻璃面肋平齐或凸出连接时，胶缝承载力按下式计算：

$$\frac{ql}{2t_1} \le f_1 \qquad (7-25)$$

2）当玻璃面板与玻璃面肋后置或骑缝连接时，胶缝承载力按下式计算：

$$\frac{ql}{t_2} \le f_1 \qquad (7-26)$$

式中　q——垂直于玻璃面板的分布荷载设计值（N/mm²），抗震设计时应包含地震作用计算的分布荷载设计值；

l——两肋之间的玻璃面板跨度（mm）；

t_1——胶缝宽度，取玻璃面板截面厚度（mm）；

t_2——胶缝宽度，取玻璃肋截面厚度（mm）；

f_1——硅酮结构密封胶在风荷载或地震作用下的强度设计值，取 0.2N/mm²。

当胶缝宽度不满足式（7-25）或式（7-26）的要求时，可采取附加玻璃板条或不锈钢条等措施，加大胶缝宽度。

7.3　全玻璃幕墙构造要求

1. 一般规定

1）如果全玻璃幕墙的玻璃面板和玻璃肋采用下部支承，在自重作用下，面板和肋都处于偏心受压状态，容易出现平面外的稳定问题，且玻璃容易变形影响美观。因此，较高的全玻璃幕墙应吊挂在上部水平结构上，使全玻璃幕墙的面板和肋所受的轴向力为拉力。《玻璃幕墙工程技术规范》（JGJ 102）（2022 年送审稿）规定，玻璃高度大于表 7-1 限值的全玻璃幕墙应悬挂在主体结构上。

表 7-1　下端支承全玻璃幕墙的最大高度

玻璃厚度/mm	10	12、15	19
最大高度/m	4	5	6

2）全玻璃幕墙的面板和肋均不得直接接触结构面和其他装饰面，以防玻璃挤压破坏。全玻璃幕墙的周边收口槽壁与玻璃面板或玻璃肋的空隙均不宜小于8mm，吊挂玻璃下端与下槽底的空隙尚应满足玻璃伸长变形的要求；玻璃与下槽底应采用弹性垫块支承或填塞，垫块长度不宜小于100mm，厚度不宜小于10mm；槽壁与玻璃间应采用硅酮建筑密封胶密封。

3）全玻璃幕墙悬挂在钢结构构件时，支承钢结构应有足够的抗弯刚度和抗扭刚度，防止幕墙的下垂和转角过大，以免变形受限而使玻璃破损。吊挂全玻幕墙的主体结构或结构构件应有足够的刚度，采用钢桁架或钢梁作为受力构件时，其挠度限值 $d_{f,lim}$ 宜取其跨度的1/250。

4）全玻璃幕墙承受风荷载和地震作用后，上端吊夹会受到水平推力，该水平推力会使幕墙产生水平位移，因此吊挂式全玻璃幕墙的吊夹与主体结构间应设置刚性水平传力结构。

5）吊夹应能承受幕墙的自重，玻璃自重不宜由结构胶缝单独承受。

6）全玻璃幕墙的板面不得与其他刚性材料直接接触。板面与装修面或结构面之间的空隙不应小于8mm，且应采用密封胶密封。

7）吊夹应符合《吊挂式玻璃幕墙用夹具》（JG 139—2017）的有关规定。

吊夹是用来吊挂安装玻璃面板或肋板，将面板或肋板的重力荷载传递到支承结构或主体结构上的组件。按照玻璃规定形式可分为穿孔式和非穿孔式，非穿孔式又可分为调节式和固定式，构造形式参见表7-2。

单吊夹的承载力应不小于2kN，一对双吊夹的承载力应不小于4kN，单个吊夹每侧夹板与玻璃间的接触面积不得小于 20×100（mm^2）。

表7-2 吊夹构造形式 （JG/T 139—2017）

结构形式	单吊夹	双吊夹
调节式		
穿孔式		

（续）

结构形式	单吊夹	双吊夹
固定式	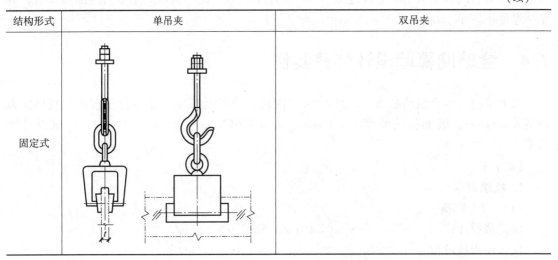	

2. 玻璃面板

全玻璃幕墙面板的面积较大，面板通常是对边简支板，在尺寸相同条件下，风荷载和地震作用下产生的弯矩和挠度都要比框支承四边简支玻璃板要大，所以面板厚度不宜太薄。《玻璃幕墙工程技术规范》（JGJ 102）（2022 年送审稿）规定面板玻璃的厚度不宜小于 10mm；夹层玻璃单片厚度不应小于 8mm。

3. 玻璃肋

1）全玻璃幕墙的玻璃肋类似于楼盖结构中的支承梁，要承受玻璃面板传递的风荷载和地震作用，是全玻璃幕墙的关键结构构件。因此玻璃肋的截面尺寸不应过小，全玻璃幕墙玻璃肋的截面厚度 t_r 不应小于 12mm，截面高度 h_r 不应小于 100mm，以保证玻璃肋具有必要的刚度和承载力。

2）点支承面板的玻璃肋通常由金属件连接，并在金属板上设置支承点。采用金属件连接的玻璃肋，其连接金属件的厚度不应小于 6mm。连接螺栓宜采用不锈钢螺栓，其直径不应小于 8mm。

玻璃肋受力状态如同简支梁，其连接部位承受弯矩和剪力，连接接头应能承受截面的弯矩设计值和剪力设计值。接头应进行螺栓受剪和玻璃孔壁承压计算，由于玻璃肋是在玻璃平面内受弯、受剪和抵抗螺栓的压力，最大应力发生在玻璃的侧面，因此玻璃验算应取侧面强度设计值。

3）玻璃肋面内承载力和变形验算时，夹层玻璃肋的等效截面厚度可取两片玻璃厚度之和，即 $t_{e,w} = t_1 + t_2$（t_1、t_2 为夹层玻璃外侧和内侧玻璃厚度）。

4）由于玻璃肋平面外的刚度远小于平面内的刚度，有发生横向屈曲的可能性，当风吸力作用使受压不稳位于玻璃肋的自由边时，玻璃肋就可能发生平面外屈曲。所以《玻璃幕墙工程技术规范》（JGJ 102）（2022 年送审稿）规定，高度大于 8m 的玻璃肋宜考虑平面外的稳定验算；高度大于 12m 的玻璃肋，应进行平面外稳定验算，必要时应采取设置横向支撑或拉结等措施，以防止玻璃肋侧向失稳。

4. 胶缝

全玻璃幕墙面板承受的风荷载和地震作用要通过胶缝传递到玻璃肋上去，胶缝承受剪力或拉、压力，所以全玻幕墙的胶缝必须采用硅酮结构胶粘结。胶缝的承载力应满足要求，其粘结厚度不应小于6mm。

7.4 全玻璃幕墙设计计算实例

某玻璃肋胶结全玻璃幕墙，层高4.0m，两玻璃肋间距1.5m，采用浮法玻璃，玻璃面板厚度 $t_1 = 12\text{mm}$，玻璃肋的厚度 $t_2 = 15\text{mm}$，$w_k = 3.5\text{kN/m}^2$，$q_{Ek} = 0.135\text{kN/m}^2$。试设计该幕墙。

【解】

1. 玻璃面板

（1）应力校核

风荷载设计值　　　　$w = \gamma_w w_k = 1.4 \times 3.5 = 4.9$（$\text{kN/m}^2$）

地震作用标准值　　　$q_E = \gamma_E q_{Ek} = 1.4 \times 0.135 = 0.189$（$\text{kN/m}^2$）

荷载组合设计值　　$q = \psi_w w + \psi_E q_E = 0.2 \times 4.9 + 1.0 \times 0.189 = 1.169$（$\text{kN/m}^2$）

$$\theta = \frac{(0.2w_k + q_{Ek})a^4}{Et^4} = \frac{(0.2 \times 3.5 + 0.135) \times 10^{-3} \times 1500^4}{0.72 \times 10^5 \times 12^4}$$

$$= 2.83 < 5.0，查表6-2可得，折减系数 \eta = 1.0$$

$a/b = 0$，查表6-1可得，弯矩系数 $m = 0.125$

$$\sigma = \frac{6mqa^2}{t^2}\eta = \left(\frac{6 \times 0.125 \times 1.169 \times 10^{-3} \times 1500^2}{12^2} \times 1.0\right)\text{N/mm}^2$$

$$= 13.70\text{N/mm}^2 < f_g = 28\text{N/mm}^2（满足要求）$$

（注：厚度 $t_1 = 12\text{mm}$，浮法玻璃的大面强度 $f_g = 28\text{N/mm}^2$）

（2）挠度验算

$$\theta = \frac{w_k a^4}{Et^4} = \frac{3.5 \times 10^{-3} \times 1500^4}{0.72 \times 10^5 \times 12^4}$$

$$= 11.868 > 5.0，查表6-2线性插入可得折减系数 \eta$$

$$\eta = 0.92 + \frac{20 - 11.868}{20 - 10} \times (0.96 - 0.92) = 0.9525$$

$a/b = 0$，查表6-5可得，挠度系数 $\mu = 0.01302$

$$D = \frac{Et^3}{12(1 - \nu^2)} = \frac{0.72 \times 10^5 \times 12^3}{12 \times (1 - 0.20^2)} = 10.8 \times 10^6（\text{N·mm}）$$

$$d_f = \frac{\mu w_k l^4}{D}\eta = \left(\frac{0.01302 \times 3.5 \times 10^{-3} \times 1500^4}{10.8 \times 10^6} \times 0.9525\right)\text{mm}$$

$$= 20.35\text{mm} < l/60 = (1500/60)\text{mm} = 25.0\text{mm}（满足要求）$$

2. 玻璃肋

（1）初选肋高度 h_r

$$h_r = \sqrt{\frac{3qlh^2}{4f_g t_r}} = \sqrt{\frac{3 \times 1.169 \times 10^{-3} \times 1500 \times 4000^2}{4 \times 17.0 \times 15}} = 287.26（\text{mm}）$$

（注：厚度 $t_r = 15\text{mm}$，浮法玻璃的侧面强度 $f_g = 17.0\text{N/mm}^2$）

取玻璃肋高度 $h_r = 350\text{mm}$。

（2）强度校核

玻璃单肋的最大弯曲应力：

$$\sigma = \frac{M}{W} = \left(\frac{3}{4} \times \frac{1.169 \times 10^{-3} \times 1500 \times 4000^2}{15 \times 350^2}\right)\text{N/mm}^2$$

$$= 15.27\text{N/mm}^2 < f_g = 17.0\text{N/mm}^2 \quad (满足要求)$$

（3）刚度校核

幕墙肋在风荷载标准值作用下的挠度：

$$d_f = \frac{5(w_k l)h^4}{384EI} = \frac{5}{32}\frac{w_k l h^4}{E t_r h_r^3} = \left(\frac{5}{32} \times \frac{3.5 \times 10^{-3} \times 1500 \times 4000^4}{0.72 \times 10^5 \times 15 \times 350^3}\right)\text{mm}$$

$$= 4.54\text{mm} < d_{f,lim} = h/200 = (4000/200)\text{mm} = 20.0\text{mm} \quad (满足要求)$$

（注：在风荷载标准值作用下，玻璃肋的挠度限值 $d_{f,lim}$ 宜取其计算跨度的 1/200）

（4）稳定性验算

1）局部稳定性验算

$$q_{cr} = -\frac{2.2}{9(1-\nu^2)}\frac{E t_r^3}{h^2} \times \left[\frac{h_r^2}{h^2}\pi^2 + 6(1-\nu)\right]$$

$$= -\frac{2.2}{9 \times (1-0.2^2)}\frac{72000 \times 15^3}{4000^2} \times \left[\frac{350^2}{4000^2} \times \pi^2 + 6(1-0.2)\right] = -18.86(\text{kN/m})$$

（负号表示受压荷载）

$$q_{cr} = 18.86\text{kN/m} > ql = (1.196 \times 1.5)\text{kN/m} = 1.754\text{kN/m}$$

或 $D = \dfrac{E t_r^3}{12(1-\nu^2)} = \dfrac{72000 \times 15^3}{12 \times (1-0.2^2)} = 10.8 \times 10^6(\text{N}\cdot\text{mm})$

$$(\sigma_{max})_{cr} = -\frac{2D}{t}\left[\frac{\pi^2}{h^2} + \frac{6(1-\nu)}{h_r^2}\right]$$

$$= \left\{\frac{2 \times 10.8 \times 10^6}{15}\left[\frac{\pi^2}{4000^2} + \frac{6 \times (1-0.2)}{350^2}\right]\right\}\text{N/mm}^2 = 57.31\text{N/mm}^2 > f_g = 17\text{N/mm}^2$$

（注：厚度 $t = 15\text{mm}$，浮法玻璃的侧面强度 $f_g = 17.0\text{N/mm}^2$）

因此，玻璃肋的局部稳定性满足要求。

2）整体稳定性验算

$$J = \frac{h_r t_r^3}{3}\left(1 - 0.63\frac{t_r}{h_r}\right) = \frac{350 \times 15^3}{3} \times \left(1 - 0.63 \times \frac{15}{350}\right) = 0.383 \times 10^6(\text{N}\cdot\text{mm})$$

$$I = \frac{1}{12}h_r t_r^3 = \frac{1}{12} \times 350 \times 15^3 = 98437.50(\text{mm}^4)$$

$$y_0 = y_h = 350/2 = 175(\text{mm})$$

$$M_{cr} = \frac{\left(\dfrac{\pi}{h}\right)^2 (EI)_y\left[\dfrac{h_r^2}{12} + y_0^2\right] + (GJ)}{(2y_0 + y_h)}$$

$$= \left[\frac{\left(\dfrac{\pi}{4000}\right)^2 \times (72000 \times 98437.50) \times \left(\dfrac{350^2}{12} + 175^2\right) + (2.8 \times 10^4 \times 0.383 \times 10^6)}{(2 \times 175 + 175)}\right]\text{N}\cdot\text{mm}$$

$$= 20.77 \times 10^6\text{N}\cdot\text{mm} = 20.77\text{kN}\cdot\text{m}$$

玻璃肋承受最大弯矩：

$$M = \frac{1}{8}(ql)h^2 = \left[\frac{1}{8} \times (1.169 \times 1.5) \times 4.0^2\right] kN \cdot m$$

$$= 3.51 kN \cdot m < M_{cr} = 20.77 kN \cdot m$$

因此，玻璃肋的整体稳定性满足要求。

3. 胶缝

采用玻璃面板与玻璃肋平齐连接方式，胶缝承载力按式（7-25）计算：

$$\frac{ql}{2t_1} = \left(\frac{1.169 \times 10^{-3} \times 1500}{2 \times 12}\right) N/mm^2$$

$$= 0.073 N/mm^2 < f_1 = 0.2 N/mm^2 \quad （满足要求）。$$

（注：t_1 胶缝宽度，取玻璃面板截面厚度 12mm）

第8章

框支承玻璃幕墙设计

　　框支承玻璃幕墙是指玻璃面板周边由金属框架支承的玻璃幕墙。框支承玻璃幕墙按构件式玻璃幕墙面板支承形式的不同，可分为明框玻璃幕墙、隐框玻璃幕墙、半隐框玻璃幕墙等；按施工方法可分为构件式幕墙、半单元式幕墙和单元式幕墙。

　　构件式幕墙是指在现场依次安装立柱、横梁和玻璃面板的框支承玻璃幕墙。构件式幕墙龙骨的安装顺序为由下至上安装，板块安装程序一般为由上至下安装，每个分格为一个幕墙板块。构件式幕墙安装施工流程：预埋件的埋设→测量放线→埋件的处理→转接件安装→安装竖向、横向龙骨→避雷、封修安装→幕墙板块安装→打密封胶。

　　单元式幕墙是指将面板和金属框架（横梁、立柱）在工厂组装为幕墙单元，以幕墙单元形式在现场完成安装施工的框支承玻璃幕墙。单元式幕墙安装顺序为由下至上安装，高度方向每个层间为一个单元板块。单元式幕墙安装施工流程：预埋件的埋设→测量放线→埋件的处理→安装单元转接件→吊装幕墙单元板块。

　　半单元式幕墙是一种介于构件式幕墙及单元式幕墙之间的幕墙结构。半单元式幕墙安装顺序是先在主体结构上安装竖框或竖框与横梁组成的框架，竖框和相邻竖框对插，通过对插形成组合杆，单元组件（装饰面板）再固定在竖框或横梁上。通常有两种结构形式：

　　1）竖框先安装在主体结构上，竖料上装有挂接板块的装置，横梁与面板材料组成单元板块，板块挂接在竖料上。竖向接缝在竖框上，横向采用上下单元板块对插接缝，进行接缝处理，形成整片幕墙。

　　2）竖框与横梁组成框架，固定于主体结构上，面板组成独立的小板块，挂接于框架上。竖向接缝在竖框上，横向接缝在横梁上，并进行接缝处理，形成整片幕墙。

　　本章主要介绍框支承玻璃幕墙结构构件设计方法。

8.1　框支承玻璃幕墙构件设计与计算

　　框支承玻璃幕墙由玻璃面板、立柱和横梁组成，因此框支承玻璃幕墙构件设计与计算包括四边支承玻璃面板、立柱以及横梁的设计与计算。玻璃面板设计与计算见第6.2.1节，这里仅介绍立柱和横梁设计与计算。立柱、横梁的设计与计算内容包括计算简图确定、内力计算和组合、强度计算及挠度校核、构造要求等。

8.1.1　立柱设计与计算

1. 立柱荷载计算

　　框支承玻璃幕墙中立柱水平向承受风荷载和地震作用，使立柱受弯，竖向承受幕墙的重力荷载，使立柱承受轴力。

对于构件式幕墙，取立柱两侧分格内各一半的荷载；对于单元式幕墙，由于单元式幕墙中立柱为组合框，在设计左、右单元立柱时，可假定立柱左、右构件能够协同变形，可以按左、右型材的刚度来分配荷载，即：

$$q_{左} = q\frac{I_{左}}{I_{左} + I_{右}}, \quad q_{右} = q\frac{I_{右}}{I_{左} + I_{右}} \tag{8-1}$$

式中　q——作用于单元组合立柱上的线荷载设计值（kN/m）；

$q_{左}$、$q_{右}$——分配到左、右立柱上的线荷载设计值（kN/m）；

$I_{左}$、$I_{右}$——左、右立柱沿毛截面方向的惯性矩（m^4）。

（1）水平荷载计算

1）风荷载。计算立柱风荷载时，局部体型系数 μ_{s1} 应按立柱的从属面积 A 折减。构件式幕墙立柱的从属面积 A 取立柱计算间距（B）和层高（H）的乘积。当立柱左、右侧间距不相同时，取立柱间距较小值来计算从属面积 A；单元式幕墙立柱的从属面积 A 取单元组件面积。

立柱风荷载的受荷面积取立柱计算间距（B）和层高（H）的乘积，则作用于立柱风荷载标准值 q_{wk}：

$$q_{wk} = w_k B \tag{8-2}$$

式中　q_{wk}——风荷载线分布最大荷载集度标准值（kN/m）；

B——幕墙立柱计算间距（m）；

w_k——风荷载标准值（kN/m^2）。

2）地震作用。垂直于幕墙平面的分布水平地震作用标准值 q_{EAk}：

$$q_{EAk} = \beta_E \alpha_{max} \frac{G_k}{A} \tag{8-3}$$

式中　β_E——动力放大系数，取 $\beta_E = 5.0$；

α_{max}——水平地震影响系数最大值，按表 5-17 取值；

G_k——幕墙构件的重力荷载标准值（含面板和框架）（kN）；

A——幕墙构件的面积（m^2）。

未做规定时，当嵌入物为中空（夹层）玻璃的幕墙时，面荷载值 G_k/A 取 500N/m^2；当嵌入物为单层玻璃的幕墙时，面荷载值 G_k/A 取 400N/m^2。

作用于立柱上水平地震作用标准值 q_{Ek}：

$$q_{Ek} = q_{EAk} B \tag{8-4}$$

式中　q_{Ek}——作用于立柱上水平地震作用标准值（kN/m）；

B——幕墙立柱计算间距（m）；

q_{EAk}——垂直于幕墙平面的分布水平地震作用标准值（N/m^2）。

用于强度计算时，立柱水平方向均布荷载设计值 q：

$$q = 0.2q_w + q_E = 0.2\gamma_w w_k + \gamma_E q_{EAk}$$

用于挠度校核时，立柱水平风荷载标准值 q_k：

$$q_k = q_{wk}$$

（2）重力荷载计算　一般情况下，幕墙立柱上端为圆孔，下端为长圆孔，因此幕墙（含立柱）重力荷载在立柱中产生轴向拉力，立柱轴向拉力标准值 N_k：

$$N_k = q_{GAk} A \tag{8-5}$$

式中　q_{GAk}——幕墙单位面积的自重标准值（kN/m^2）；

A——立柱计算单元的面积（m^2），取幕墙立柱计算间距（B）与立柱跨度（H）乘积，即 $A = BH$。

立柱竖向轴向拉力设计值：$N = \gamma_G N_k$

2. 立柱内力计算

（1）立柱计算简图　立柱自下至上是全长贯通的，每层之间通过滑动接头（芯柱）连接，滑动接头（芯柱）可以承受水平剪力，当芯柱满足下列两个条件时，滑动接头（芯柱）能传递弯矩，立柱方可按连续梁进行计算。

1）芯柱插入上、下柱的长度不少于 $2h_c$（h_c 为立柱截面高度）。

2）芯柱的惯性矩不小于立柱的惯性矩。

立柱与主体结构的连接支承点可按铰接考虑，立柱间滑动接头也可按铰接考虑。当立柱与主体结构的连接每层采用一个支承点时，立柱可按单跨梁（图 8-1）或多跨静定梁（图 8-3）进行计算。当立柱与主体结构的连接每层采用两个支承点时，立柱可按双跨连续梁（图 8-2）进行计算。

（2）立柱内力计算方法

1）单跨梁（简支梁）。幕墙立柱每层用一处连接件与主体结构连接，每层立柱在连接处向上悬挑一段，上一层立柱下端用插芯连接支承在悬挑端上。立柱计算时，假定立柱是以连接件为支座的单跨梁（单跨梁的计算跨度也可以近似取楼层高度），立柱取单跨梁（简支梁）计算模型（图 8-1）。这种计算模型优点是传力明确，施工方便，缺点是根据简支梁计算得到的内力选配的型材截面过大，浪费材料。

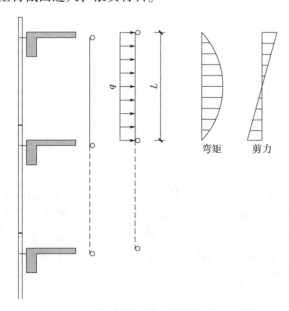

图 8-1　单跨梁计算模型

由于单跨梁（简支梁）弯矩控制截面（跨中）无剪力，剪力控制截面（支座边缘）无弯矩，可分别按弯矩效应和剪力效应进行验算。但在验算立柱与主体结构连接时不能用简支梁两支座中一个反力进行计算而应取两支座反力之和（一跨只有一个连接点）。

立柱跨中最大弯矩

$$M = \frac{1}{8}qL^2 \qquad (8-6)$$

立柱支座边缘最大剪力

$$V = \frac{1}{2}qL \qquad (8-7)$$

立柱跨中最大挠度

$$d_f = \frac{5qL^4}{384EI} \qquad (8-8)$$

式中　q——作用于立柱均布荷载设计值。

2）双跨连续梁。幕墙立柱每层有两处连接件与主体结构连接，每层立柱在楼层处连接点向上悬挑一段，上一跨立柱下端用插芯连接支承此悬挑端上。立柱计算时，假定立柱是以楼层处连接点为端支座，梁底连接点为中间支座的双跨连续梁计算模型（图8-2）。这种计算模型优点是可减小弯矩和挠度，尤其对挠度的影响很大；缺点是中间支座处的支座反力很大，施工不方便。

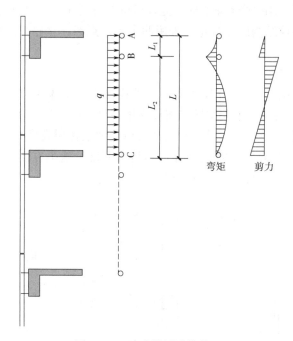

图8-2　双跨连续梁计算模型

双跨连续梁（$L = L_1 + L_2$，$L_1 < L_2$）中间支座（B）负弯矩起控制作用，支座B左或右侧截面剪力中有一个最大，起控制作用，由于B支座同时有剪力和弯矩，除分别验算弯曲效应和剪切效应外，还需验算弯矩和剪力起控制作用的折算应力。由于实际上A支座与C支座的反力都是通过A支座传给主体结构的，如采用A支座水平作用进行连接验算，水平作用效应取A支座与C支座反力之和。

B支座弯矩

$$M_B = -\frac{q(L_1^3 + L_2^3)}{8L} \qquad (8-9)$$

长跨（L_2跨）跨中弯矩

$$M_2 = \frac{1}{8}qL_2^2 + \frac{M_B}{2} \qquad (8-10)$$

A 支座反力
$$R_A = \frac{1}{2}qL_1 + \frac{M_B}{L_1} \tag{8-11a}$$

B 支座反力
$$R_B = \frac{1}{2}qL_1 - \frac{M_B}{L_1} + \frac{1}{2}qL_2 - \frac{M_B}{L_2} = \frac{1}{2}qL - \frac{M_B}{L_1} - \frac{M_B}{L_2} \tag{8-11b}$$

C 支座反力
$$R_C = \frac{1}{2}qL_2 + \frac{M_B}{L_2} \tag{8-11c}$$

B 支座剪力
$$V_{B,右} = -\left(\frac{1}{2}qL_1 - \frac{M_B}{L_1}\right) \tag{8-12a}$$

$$V_{B,左} = \left(\frac{1}{2}qL_2 - \frac{M_B}{L_2}\right) \tag{8-12b}$$

3）多跨静定梁。幕墙立柱每层用一处连接件与主体结构连接，每层立柱在连接处向上悬挑一段，上一层立柱下端用插芯连接支承在此悬挑端上，实际上立柱是一段段带悬挑的简支梁用铰连接成多跨梁，立柱计算时，取多跨静定梁计算模型（图 8-3）。这种计算模型要比单跨梁（简支梁）计算模型更为接近实际支承情况，可减小立柱的挠度；缺点是由于活动接头不完全连续，实际上可采用的弯矩值比简支梁的略小，接头处要进行构造处理。

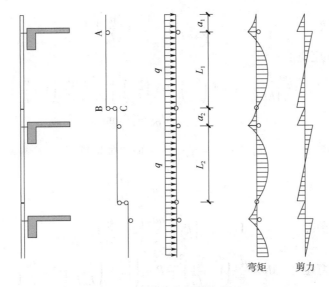

图 8-3　多跨静定梁计算模型

由于上一跨悬挑端（C 点）作支座，上一跨 B 支座反力就是作用于下一跨 C 点的集中力，每层梁处作用有均布荷载外，除第一跨起始梁外，悬挑端（C 点）还作用一集中力，这样在进行内力分析时，要从起始梁（第一跨）开始，才能依次计算。第一跨梁 A 支座有由悬挑段均布荷载产生支座弯矩，简支段的正弯矩最大值不在跨中，第二跨开始还有 C 端第一跨 B 支座反力产生 A 支座负弯矩，由于第一跨 B 支座反力比其他跨（等跨时）大，这样第二跨 A 支座负弯矩比其他跨（等跨时）大。验算立柱与主体结构连接时，水平作用取 q $(a+L)$，即 B 支座与 A 支座反力之和。

①当为等跨时（L、a、q 均相等）

第一跨 B 支座反力
$$R_{1B} = \frac{qL_1}{2}\left[1 - \left(\frac{a_1}{L_1}\right)^2\right] \tag{8-13}$$

第 i 跨 B 支座反力 $\qquad R_{iB}^{i=2,4,6,\cdots} = R_{1B}\left[1 - \dfrac{a_i}{L_i} - \left(\dfrac{a_i}{L_i}\right)^i\right]$ (8-14a)

$$R_{iB}^{i=1,3,5,\cdots} = R_{1B}\left[1 - \dfrac{a_i}{L_i} + \left(\dfrac{a_i}{L_i}\right)^i\right]$$ (8-14b)

$\left(\dfrac{a_i}{L_i}\right)^i$ 项，当 $i \geqslant 4$ 时，R_{iB} 其值很微小，逼近一定值，可近似取：

第 i 跨 B 支座反力 $\qquad R_{iB}^{i=4,5,\cdots} = R_{1B}\left(1 - \dfrac{a_i}{L_i}\right)$ (8-15)

第 i 跨 B 集中力 $\qquad P_i^{i=2,3,4,\cdots} = R_{(i-1)B}$ (8-16)

$P_2 > P_3$、$P_3 > P_4$、$\cdots$。当 $i \geqslant 4$ 时，P_i 逼近一定值，同时 M_i 逼近一定值。
等跨多跨静定梁需验算三个控制截面：

A. 第一跨跨中弯矩 $\qquad M_1 = \dfrac{qL_1^2}{8}\left(1 - \dfrac{a_1}{L_1}\right)^2$ (8-17)

第一跨 B 支座剪力 $\qquad V_{1B} = R_{1B} = \dfrac{qL_1}{2}\left[1 - \left(\dfrac{a_1}{L_1}\right)^2\right]$ (8-18)

第一跨跨中挠度 $\qquad d_{f1\text{中}} = \dfrac{5qL_1^4}{384EI}\left[1 - \dfrac{12}{5} \times \left(\dfrac{a_1}{L_I}\right)^2\right]$ (8-19)

B. 第二跨 C 支座挠度

$$d_{f2C} = \dfrac{qa_2 L_2^3}{24EI}\left[-1 + 4\left(\dfrac{a_2}{L_2}\right)^2 + 3\left(\dfrac{a_2}{L_2}\right)^3\right] + \dfrac{P_2 a_2^2 L_2}{3EI}\left(1 + \dfrac{a_2}{L_2}\right)$$ (8-20)

第一跨总挠度 $\qquad d_{f1} = d_{f1\text{中}} + d_{f2C} \leqslant 20\text{mm}$ (8-21a)

第一跨相对挠度 $\qquad d_{f1} \leqslant d_{f,\lim} = \dfrac{L_1 + a_2}{180}$ （铝合金构件） (8-21b)

第二跨 A 支座弯矩 $\qquad M_{2A} = -\left(P_2 a_2 + \dfrac{qa_2^2}{2}\right)$ (8-22)

第二跨 A 支座剪力 $\qquad V_{2A} = -\left[P_2 + \dfrac{qa_2}{2}\left(2 + \dfrac{a_2}{L_2}\right)\right]$ (8-23)

C. 第 i 跨跨中弯矩 $\qquad M_i = \dfrac{qL_i^2}{8}\left(1 - \dfrac{a_i}{L_i}\right)^2 - P_i a_i \left\{\left[1 + \left(\dfrac{a_i}{L_i}\right)^2\right]/2 + \dfrac{a_i}{L_i}\right\}$ (8-24)

第 i 跨跨中剪力 $\qquad V_{i\text{中}} = +P_i\left(\dfrac{a_i}{L_i}\right)$ (8-25)

第 i 跨跨中挠度 $\qquad d_{fi\text{中}} = \dfrac{5qL_i^4}{384EI} - \dfrac{qa_i^2 L_i^2}{32EI} - \dfrac{P_i a_i L_i^2}{16EI}$ (8-26)

第 $i+1$ 跨 C 支座挠度

$$d_{f(i+1)C} = \dfrac{qa_i L_i^3}{24EI}\left[-1 + 4\left(\dfrac{a_i}{L_i}\right)^2 + 3\left(\dfrac{a_i}{L_i}\right)^3\right] + \dfrac{P_i a_i^2 L_i}{3EI}\left(1 + \dfrac{a_i}{L_i}\right)$$ (8-27)

第 i 跨总挠度 $\qquad d_{fi} = d_{fi\text{中}} + d_{f(i+1)C} \leqslant 20\text{mm}$ (8-28a)

第 i 跨相对挠度 $\qquad d_{fi} \leqslant d_{f,\lim} = \dfrac{L_i + a_{i+1}}{180}$ （铝合金构件） (8-28b)

②当为不等跨时（各跨 L_i、a_i、q_i 三项不等，或 L_i、a_i、q_i 中有一或两项不等时），要

逐跨进行分析。

第一跨 B 支座反力

$$R_{1B} = \frac{qL_1}{2} \left[1 - \left(\frac{a_1}{L_1} \right)^2 \right] \tag{8-29}$$

第 i 跨集中力

$$P_i^{i=2,3,4,\cdots} = R_{(i-1)B} \tag{8-30}$$

第 i 跨 B 支座反力

$$R_{iB}^{i=2,3,4,\cdots} = \frac{q_i L_i}{2} \left[1 - \left(\frac{a_i}{L_i} \right)^2 \right] - P_i \left(\frac{a_i}{L_i} \right) \tag{8-31}$$

第一跨跨中弯矩

$$M_1 = \frac{qL_1^2}{8} \left(1 - \frac{a_1}{L_1} \right)^2 \tag{8-32}$$

第一跨 B 支座剪力

$$V_{1B} = R_{1B} = \frac{qL_1}{2} \left[1 - \left(\frac{a_1}{L_1} \right)^2 \right] \tag{8-33}$$

第一跨跨中剪力

$$V_{1中} = 0 \tag{8-34}$$

第一跨跨中挠度

$$d_{f1中} = \frac{5qL_1^4}{384EI} \left[1 - 2.4 \left(\frac{a_1}{L_1} \right)^2 \right] \tag{8-35}$$

第二跨 C 支座挠度

$$d_{f2C} = \frac{qa_2 L_2^3}{24EI} \left[-1 + 4 \left(\frac{a_2}{L_2} \right)^2 + 3 \left(\frac{a_2}{L_2} \right)^3 \right] + \frac{P_2 a_2^2 L_2}{3EI} \left(1 + \frac{a_2}{L_2} \right) \tag{8-36}$$

第一跨总挠度

$$d_{f1} = d_{f1中} + d_{f2C} \leqslant 20\text{mm} \tag{8-37a}$$

相对挠度

$$d_{f1} \leqslant d_{f,lim} = \frac{L_1 + a_2}{180} \quad （铝合金构件） \tag{8-37b}$$

第 i 跨 A 支座弯矩

$$M_{iA}^{i=2,3,4,\cdots} = - \left(P_i a_i + \frac{q_i a_i^2}{2} \right) \tag{8-38}$$

第 i 跨 A 支座剪力

$$V_{iA} = - \left[P_i + \frac{q_i a_i}{2} \left(2 + \frac{a_i}{L_i} \right) \right] \tag{8-39a}$$

$$V_{iA} = + \left[P_i \left(\frac{a_i}{L_i} \right) + \frac{q_i L_i}{2} \right] \tag{8-39b}$$

3. 立柱设计计算

1）承受轴力和弯矩作用的立柱，其承载力应符合下式要求：

$$\frac{N}{A_n} + \frac{M}{\gamma W_n} \leqslant f \tag{8-40}$$

式中　N——立柱的轴力设计值（N）；

$\quad\quad M$——立柱的弯矩设计值（N·mm）；

$\quad\quad A_n$——立柱的净截面面积（mm²）；

$\quad\quad W_n$——立柱在弯矩作用方向的净截面抵抗矩（mm³）；

$\quad\quad \gamma$——截面塑性发展系数，冷弯薄壁型钢和铝型材可取 1.0，热轧钢型材可取 1.05；

$\quad\quad f$——型材的抗弯强度设计值 f_a 或 f_s（N/mm²）。

2）承受轴压力和弯矩作用的立柱，其在弯矩作用方向的稳定性应符合下式要求：

$$\frac{N}{\varphi A} + \frac{M}{\gamma W (1 - 0.8N/N_E)} \leqslant f \tag{8-41}$$

$$N_E = \frac{\pi^2 EA}{1.1 \lambda^2} \tag{8-42}$$

式中　N——立柱的轴压力设计值（N）；

　　　N_E——临界轴压力（N）；

　　　M——立柱的最大弯矩设计值（N·mm）；

　　　φ——弯矩作用平面内的轴心受压的稳定系数，可按表 8-1 采用；

　　　A——立柱的毛截面面积（mm^2）；

　　　W——在弯矩作用方向上较大受压边的毛截面抵抗矩（mm^3）；

　　　λ——长细比，承受轴压力和弯矩作用的立柱，其长细比 λ 不宜大于 150；

　　　γ——截面塑性发展系数，铝型材可取 1.0，钢型材可取 1.05；

　　　f——型材的抗弯强度设计值 f_a 或 f_s（N/mm^2）。

表 8-1　轴心受压的稳定系数 φ

长细比 λ	热轧钢型材 （GB 50017—2017）		冷成型薄壁型钢 （GB 50018—2002）		铝型材 （GB 50429—2007）			
	Q235	Q345	Q235	Q345	6063-T5 6061-T4	6063A-T5	6063-T6 6063A-T5	6061-T6
20	0.97	0.96	0.95	0.94	0.94	0.93	0.96	0.99
40	0.90	0.88	0.89	0.87	0.85	0.80	0.86	0.82
60	0.81	0.73	0.82	0.78	0.72	0.65	0.69	0.58
80	0.69	0.58	0.72	0.63	0.57	0.48	0.48	0.38
90	0.62	0.50	0.66	0.55	0.50	0.41	0.38	0.31
100	0.56	0.43	0.59	0.48	0.43	0.35	0.33	0.25
110	0.49	0.37	0.52	0.41	0.38	0.30	0.28	0.21
120	0.44	0.32	0.45	0.35	0.33	0.26	0.24	0.18
130	0.39	0.28	0.40	0.30	0.29	0.22	0.20	0.16
140	0.35	0.25	0.35	0.26	0.26	0.20	0.18	0.14
150	0.31	0.21	0.31	0.23	0.23	0.17	0.16	0.12

3）挠度校核。在风荷载标准值 w_k 作用下，立柱的最大挠度 $d_{f,max}$ 应符合下列要求：

$$d_{f,max} \leqslant d_{f,lim} = L/200 \tag{8-43}$$

式中　L——支点间的距离（mm），悬臂构件可取挑出长度的 2 倍。

4）立柱连接伸缩缝计算。为了适应幕墙温度变形以及施工调整的需要，立柱上下段通过芯柱套装，应留有一段空隙—伸缩缝（d），d 值按下式计算：

$$d \geqslant \alpha \Delta t L + d_1 + d_2 \tag{8-44}$$

式中　d——伸缩缝计算值（mm）；

　　　α——立柱材料的线膨胀系数（1/℃）；

　　　Δt——温度变化，取 $\Delta t = 80℃$；

　　　L——立柱跨度（mm）；

　　　d_1——施工误差（mm），取 $d_1 = 3mm$；

　　　d_2——考虑其他作用的预留量（mm），取 $d_2 = 2mm$。

4. 立柱构造要求

1）上、下立柱之间互相连接时，连接方式应与计算简图一致，并应符合下列要求：

①采用铝合金闭口截面型材的立柱，宜设置长度不小于250mm的芯柱连接。芯柱一端与立柱应紧密滑动配合，另一端与立柱宜采用机械连接方式固定。

②采用开口截面型材的立柱，可采用型材或板材连接。连接件一端应与立柱固定连接，另一端的连接方式不应限制立柱的轴向位移。

③采用闭口截面钢型材的立柱，可采用上述①或②的连接方式。

④两立柱接头部位应留空隙，空隙宽度应综合考虑立柱的温度变形、安装施工的误差以及主体结构承受竖向荷载后的轴向压缩变形。综合考虑，上、下柱接头空隙不宜小于15mm。

2）多层或高层建筑中跨层通长布置立柱时，立柱与主体结构的连接支承点每层不宜少于一个。

按铰接多跨梁设计的立柱每层设两个支承点时，上支承点宜采用圆孔，下支撑点宜采用长圆孔。

3）一般情况下，立柱不宜设计成偏心受压构件，宜按偏心受拉构件进行设计。因此，在楼层内单独布置立柱时，其上、下端均宜与主体结构铰接，宜采用上端悬挂方式；当柱支承点可能产生较大位移时，应采用与位移相适应的支承装置。

4）立柱截面主要受力部位的厚度，应符合下列要求：

①铝型材截面开口部位的厚度不应小于3.0mm，闭口部位的厚度不应小于2.5mm。

②型材孔壁与螺钉之间直接采用螺纹受拉、受压连接时，应进行螺纹受力计算。其螺纹连接处的型材局部加厚部位的壁厚不应小于4mm，宽度不应小于13mm。

③热轧钢型材截面主要受力部位的厚度不应小于3.0mm，冷成型薄壁型钢截面主要受力部位的厚度不应小于2.5mm，采用螺纹进行受拉连接时，应进行螺纹受力计算。

5）偏心受压立柱和偏心受拉立柱的杆件，其有效截面宽厚比（b_0/t）（图8-4）应符合《钢结构设计标准》（GB 50017—2017）、《冷弯薄壁型钢结构技术规范》（GB 50018—2002）和《铝合金结构设计规范》（GB 50429—2007）的有关规定。

8.1.2 横梁设计计算

1. 横梁计算简图

框支承玻璃幕墙中，横梁通过横竖插接、角码胀浮、角码插接、通槽螺栓等形式与立柱相连，因此，横梁的支承条件可考虑为两端简支的单跨梁计算简图，其计算跨度取立柱之间的距离。

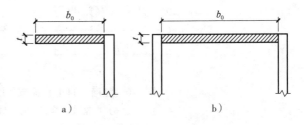

图8-4 横梁的截面部位示意

a）截面的自由挑出部位 b）截面的双侧加劲部位

2. 横梁荷载计算

在水平方向，横梁承担由面板传来的风荷载和地震作用；在竖直方向，横梁承担面板及横梁重力荷载。因此，横梁为双向受弯构件。

（1）水平荷载计算

1）风荷载。计算横梁风荷载时，局部体型系数 μ_{s1} 应按横梁的从属面积 A 折减。横梁的

从属面积 A 取立柱计算间距（B）和层高（H）的乘积。

横梁风荷载的受荷面积按图8-5中阴影面积取用，计算作用于横梁上水平风荷载 q_{wk}。

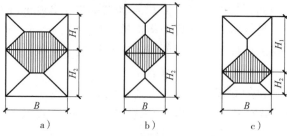

图8-5 横梁受荷面积示意

a）$B > H_1$，$B > H_2$ b）$B \leqslant H_1$，$B \leqslant H_2$ c）$B \leqslant H_1$，$B > H_2$

2）地震作用。垂直于幕墙平面的分布水平地震作用标准值 q_{EAk} 按式（8-3）计算，横梁水平地震作用的受荷面积按图8-5中阴影面积取用，计算作用于横梁上水平地震作用标准值 q_{Ek}。

用于强度计算时，横梁水平方向均布荷载设计值 q：

$$q = 0.2q_w + q_E = 0.2\gamma_w q_{wk} + \gamma_E q_{EAk} \tag{8-45a}$$

用于挠度验算时，横梁水平风荷载标准值 q_k：

$$q_k = q_{wk} \tag{8-45b}$$

（2）竖向荷载计算 作用于横梁上的竖向荷载包括横梁和玻璃面板的重力荷载。

1）横梁自重大小取型材密度和截面面积乘积。

2）框支承玻璃幕墙中玻璃自重作用于横梁所受的荷载分布形式与明框玻璃或隐框玻璃形式有关。

明框玻璃中玻璃自重作用下横梁所受荷载如图8-6a所示，即玻璃的重力荷载通过两个集中力传递到横梁上，这是因为对于明框幕墙来说，通常在横梁距离端部 $1/10 \sim 1/4$ 边长位置之间放置两个支承块。

隐框幕墙中玻璃是通过结构胶与横梁连接，即玻璃的重力荷载通过均布荷载形式传递到横梁上的，如图8-6b所示。

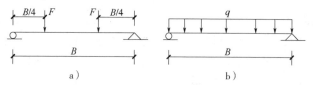

图8-6 竖向（自重）荷载作用下横梁计算简图

a）明框玻璃幕墙 b）隐框玻璃幕墙

3. 横梁内力计算

根据横梁的计算模型，可计算横梁承受的弯矩和剪力。表8-2给出了各种荷载作用下简支梁的跨中挠度（d_f）、跨中弯矩（M）和支座剪力（V）计算公式。当采用大跨度开口截面横梁时，宜考虑约束扭转产生的扭矩作用。

单元式幕墙采用组合横梁时，横梁上、下两部分应按各自承担的荷载和作用分别进行计算。

表 8-2　简支梁挠度、弯矩和剪力计算公式

荷载简图	跨中挠度 d_f	跨中弯矩 M	支座剪力 V
q，跨度 B（均布荷载）	$\dfrac{5qB^4}{384EI}$	$\dfrac{1}{8}qB^2$	$\dfrac{1}{2}qB$
q，a，$B-2a$，a（梯形荷载）	$\dfrac{qB^4}{240EI}\left[\dfrac{25}{8}-5\left(\dfrac{a}{B}\right)^2+2\left(\dfrac{a}{B}\right)^4\right]$	$\dfrac{1}{24}qB^2\left[3-4\left(\dfrac{a}{B}\right)^2\right]$	$\dfrac{1}{2}qB\left(1-\dfrac{a}{B}\right)$
q，$B/2$，$B/2$（三角形荷载）	$\dfrac{qB^4}{120EI}$	$\dfrac{1}{12}qB^2$	$\dfrac{1}{4}qB$
P，$B/2$，$B/2$（集中荷载）	$\dfrac{PB^3}{48EI}$	$\dfrac{1}{4}PB$	$\dfrac{1}{2}P$
P，B_1，B_2（集中荷载）	$\dfrac{PB_1B_2\left(B+B_2\right)\sqrt{3B_1\left(B+B_2\right)}}{27EIB}$	$P\dfrac{B_1B_2}{B}$	$\dfrac{B_1}{B}P$ $\dfrac{B_2}{B}P$

4. 横梁强度计算和挠度校核

（1）横梁强度计算

1）截面弯曲应力应符合下式要求：

$$\frac{M_x}{\gamma_x W_{nx}}+\frac{M_y}{\gamma_y W_{ny}}\leqslant f \tag{8-46}$$

式中　M_x、M_y——横梁绕截面 x 轴（平行于幕墙平面方向）、截面 y 轴（垂直于幕墙平面方向）的弯矩设计值（N·mm）；

$\quad W_{nx}$、W_{ny}——横梁截面绕截面 x 轴（幕墙平面内方向）、截面 y 轴（垂直于幕墙平面方向）的净截面抵抗矩（mm³）；

$\quad \gamma_x$、γ_y——塑性发展系数，铝型材可取 1.0，钢型材可取 1.05；

f——型材抗弯强度设计值 f_a 或 f_s（N/mm²）。

2）截面剪切应力应符合下式要求：

$$\frac{V_y S_x}{I_x t_x} \leq f \tag{8-47a}$$

$$\frac{V_x S_y}{I_y t_y} \leq f \tag{8-47b}$$

式中　V_x、V_y——横梁水平方向（x 轴）、竖直方向（y 轴）的剪力设计值（N）；

　　　S_x、S_y——横梁截面绕 x 轴、绕 y 轴的毛截面面积矩（mm³）；

　　　I_x、I_y——横梁截面绕 x 轴、绕 y 轴的毛截面惯性矩（mm⁴）；

　　　t_x、t_y——横梁截面垂直于 x 轴、y 轴腹板的截面总宽度（mm）；

　　　f——型材抗剪强度设计值 f_v（N/mm²）。

3）当玻璃在横梁上偏置使横梁产生较大的扭转时，应进行横梁抗扭承载力计算，并应采取相应的构造措施。

$$M_t = qe \tag{8-48}$$

（2）横梁挠度校核　横梁在风荷载标准值作用下产生的最大挠度 d_{f1} 应满足：

$$d_{f1} \leq d_{f1,\lim} \tag{8-49}$$

式中　$d_{f1,\lim}$——横梁在风荷载标准值作用下的挠度限值（mm），取 $B/200$，其中 B 为横梁的跨度（mm），悬臂构件可取挑出长度的 2 倍。

《建筑幕墙》（GB/T 21086—2007）第 5.1.1.2 条规定，对于构件式玻璃幕墙或单元式幕墙，钢材横梁的相对挠度不应大于 $B/250$，铝材横梁的相对挠度不应大于 $B/180$。构件式玻璃幕墙或单元式幕墙（其他形式幕墙或外维护结构无绝对挠度限制）绝对挠度：当跨距 ≤4500mm 时，绝对挠度不应该大于 20mm；当跨距 >4500mm 时，绝对挠度不应该大于 30mm。

横梁在自重力标准值作用下的最大挠度 d_{f2} 应满足

$$d_{f2} \leq d_{f2,\lim} \tag{8-50}$$

式中　$d_{f2,\lim}$——横梁在自重力标准值作用下的挠度限值（mm）。

《建筑幕墙》（GB/T 21086—2007）第 5.1.9 条规定，在自重标准值作用下，水平受力构件在单块面板两端跨距内的最大挠度不应超过该面板两端跨距的 1/500，并且不应超过 3mm，即取 $d_{f2,\lim} = B/500 \leq 3$mm。

5. 横梁构造要求

横梁截面主要受力部位的厚度，应符合下列要求：

1）截面自由挑出部位（图 8-4a）和双侧加劲部位（图 8-4b）的宽厚比 b_0/t 应符合《钢结构设计标准》（GB 50017—2017）、《冷弯薄壁型钢结构技术规范》（GB 50018—2002）和《铝合金结构设计规范》（GB 50429—2007）的有关规定。

2）受弯薄壁构件的截面存在局部稳定问题，为了防止压应力区的局部屈曲，可通过增加壁厚的方式来控制。铝合金横梁型材截面有效部位的厚度不应小于 2.0mm。

铝合金型材孔壁与螺钉之间直接采用螺纹受拉、受压连接时，应进行螺纹受力计算。为了保证直接采用螺纹连接的可靠性，防止自攻螺钉拉脱，受力连接时，在螺纹连接处，型材局部加厚部位的壁厚不应小于 4mm，宽度不应小于 13mm。

3）热轧钢型材截面有效受力部位的厚度不应小于 2.5mm。冷成型薄壁型钢截面有效受力部位的厚度不应小于 2.0mm。采用螺纹进行受拉、受压连接时，应进行螺纹受力计算。

8.2　框支承玻璃幕墙的连接设计与计算

幕墙的连接设计包括幕墙横梁与立柱的连接设计、立柱与预埋件的连接设计、预埋件与主体结构的连接设计，它对幕墙的安全使用起着关键的作用。

8.2.1　框支承玻璃幕墙的连接构造

1. 横梁与立柱的连接形式

幕墙横梁与立柱的连接可采用横竖插接式、角码胀浮式、角码插接式、通槽螺栓式、双向锁紧式等形式。

（1）横竖插接式连接　将横梁插入立柱的预留槽内（图 8-7a），横梁所受的正负风荷载均直接传递给了夹持横梁的立柱，而横梁角码和与立柱连接的螺钉连接组合仅承受玻璃面板和横梁的自重（图 8-7b、c）。

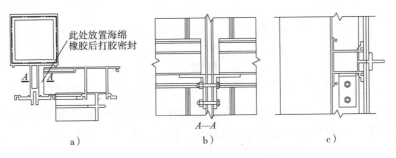

图 8-7　横竖插接式连接

（2）角码胀浮式连接　横梁通过角码将力传递给立柱，角码与立柱采用沉头式自攻钉连接，不宜采用螺钉或穿堂螺栓连接，以保证角码本身的强度和与立柱连接强度，如图 8-8 所示。

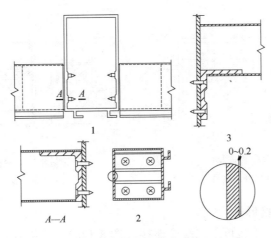

图 8-8　角码胀浮式连接

立柱安装自攻钉的局部厚度不应小于 4mm，角码加工沉孔部位的厚度 7 ~ 8mm。自攻钉应选用 ST4.8，数量 4 个，安装时钉头挂一点密封胶。

横梁角码与横梁之间的前后总间隙应不大于 0.2mm（图 8-8 放大图）。这样横梁两端被整个横梁角码胀住（图 8-8 中 2 所示），限制了横梁扭转。横梁则浮搁在横梁角码上（图 8-8 中 A—A 所示）可以自由伸缩，所以也称为角码胀浮式。

（3）角码插接式连接　角码的一边插入横梁内槽口，并与横梁配合，如图 8-9 所示。由于半闭腔横梁的抗扭截面模量一般仅为角码浮胀式的一半左右，而开腔横梁的抗扭截面模量一般仅为角码胀浮式的 1/20 ~ 1/10，所以不宜将横梁设计成开腔结构。角码横向插接式，角码与横梁配合间隙（图 8-9 放大图）如按扭设计，应该取 0 ~ 0.5mm 为宜。半闭腔横梁因安装空间狭小，一般安装两个螺栓或两个自攻钉。角码插接式如采用半闭腔横梁，且设计合理的情况下，是可以考虑使用的。

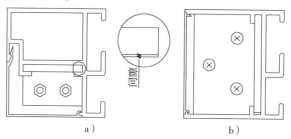

图 8-9　角码插接式连接

a）角码横向插接（半闭腔横梁）　b）角码竖向插接（开腔横梁）

（4）通槽螺栓式连接　通槽螺栓式的横梁上有通长槽口可以让螺母在里面滑动但不能转动。安装角码时，将其螺母与预置在槽口内的螺栓连接牢固（图 8-10）。这种构造可以通过横梁与角码之间的滑动，来吸收温差引起的变形。但是也带来了螺纹连接失效、噪声扰人等问题。因此，应采有效的降低噪声措施：在横梁角码和横梁之间采用线接触、放置摩擦系数很低的垫片（如尼龙）或放置柔性垫等。

（5）双向锁紧式连接　双向锁紧式加工横梁与横梁角码，横梁角码与立柱两处用螺栓、螺钉、自攻钉等螺纹连接或栓钉全部锁死，其典型节点如图 8-11 所示。通槽螺栓式严格定义上也属于双向锁紧式。

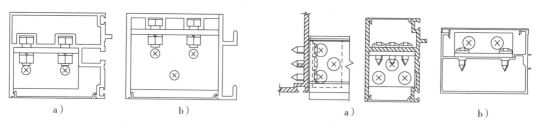

图 8-10　通槽螺栓式连接

a）半闭腔横梁　b）开腔横梁

图 8-11　双向锁紧式连接

a）开腔横梁　b）半开腔横梁

2. 立柱与预埋件连接形式

幕墙立柱与预埋件的连接可采用螺栓连接（图 8-12a）、焊缝连接（图 8-12b）。螺栓连接调节灵活、安装速度快，但费用高；而焊缝连接费用低，但安装定位困难。

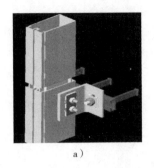
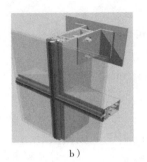

a）　　　　　　　　　　　b）

图 8-12　立柱与预埋件连接

a）螺栓连接　b）焊缝连接

3. 预埋件与主体结构的连接形式

预埋件与主体结构连接可采用板式预埋件（图 8-13a）、槽式预埋件（图 8-13b）、板槽式预埋件（图 8-13c）。

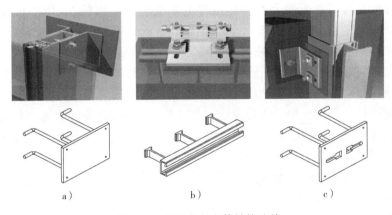

a）　　　　　　　　　　b）　　　　　　　　　　c）

图 8-13　预埋件与主体结构连接

a）板式预埋件（侧埋）　b）槽式预埋件（上埋）　c）板槽式预埋件（侧埋）

8.2.2　立柱与横梁的连接设计计算

为使幕墙在各种荷载作用下能够自由变形而不产生较大的附加应力，横梁与立柱宜设计成柔性连接。对常用的铝合金型材，横梁与立柱常采用螺栓或螺钉用角码进行连接。

在立柱安装横梁的位置上安装铝角码，将横梁搁置在其上并用不锈钢螺栓定位。角码可横向或竖向布置，不同布置方式其受力是不同的，计算中要区分横向和竖向不同的受力情况。当角码横向布置（图 8-14a）时，由于横梁搁在角码上，横向节点只承受水平方向的风荷载和地震作用。当角码竖向布置（图 8-14b）时，竖向节点要承受水平方向的风荷载、地震作用与竖直方向的重力荷载。

角码通过螺栓与横梁、立柱连接，螺栓受剪，立挺壁与角码壁受压。因此，横梁与立柱节点应进行下列验算：

1）角码与横梁连接螺栓计算以及连接部位横梁型材壁抗压承载力计算。

2）角码与立柱连接螺栓计算以及连接部位立柱型材壁抗压承载力计算。

3）角码抗剪、抗弯承载力计算以及连接部位角码壁抗压承载力计算。

1. 构造要求

1）横梁可通过角码、螺钉或螺栓与立柱连接。角码应能承受横梁的剪力，其厚度不应小于 3mm。

2）横梁与立柱之间应留 1.5~2.0mm 伸缩缝，用双面带泡沫体填充，并用密封胶密封以利于克服横梁因热胀冷缩所产生的伸缩。

3）角码和立柱采用不同金属材料时，应采取绝缘垫片分隔或采取其他有效措施防止双金属腐蚀。

《金属和合金的腐蚀 基本术语和定义》（GB/T 10123—2001）第 3.14

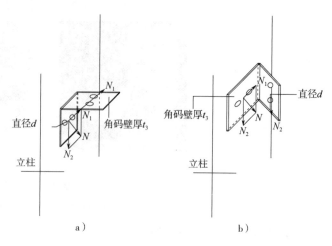

图 8-14 角码受力分析
a）横向布置 b）竖向布置

条，双金属腐蚀定义为"由不同金属构成电极而形成的电偶腐蚀"。铝的标准电位为负数（−1.67V），和正电性金属及其合金（如碳钢、不锈钢）接触时，在侵蚀性介质（在水溶液中或在溶融状态下能导电的化合物称为电解质，能够依靠溶液中的离子定向运动来传导电流）作用下产生电偶腐蚀。为了防止这种腐蚀，首先尽可能不采用异种金属接触，当不能避免异种金属接触时，要采取如下措施：

1）在腐蚀电位序列中，尽量选择接近的金属组合，不能减少轻金属（铝合金）材料的形状尺寸。这是由于重金属/轻金属的面积比与腐蚀电流成正比，即相对重金属面积，轻金属面积越小腐蚀越厉害。

2）采用绝缘垫等使不同种金属间绝缘，若不能完全绝缘，要在各接触面及其周围涂防锈漆（铬酸盐颜料）使回路电阻增加，或使用瓷漆或溶漆涂在接触部位。

3）与水分隔绝。

4）为了使接触电位差降低，对接触金属的一方或双方进行电镀。例如在与铝合金接触的钢铁上镀镉化锌等，或为了保护重要金属，可涂上轻金属粉（锌末等）的混合颜料在接触部位。

不锈钢与铝接触时，在侵蚀介质作用下，也会产生电偶腐蚀。一般不锈钢与铝接触只要有侵蚀性介质作用，对电偶腐蚀也是无能为力的。不要认为在铝合金杆件上使用了不锈钢螺栓就不会产生接触腐蚀，而是要对侵蚀介质存在的部位仍要采取防腐措施。不锈钢是不易腐蚀的金属，但并不是不锈蚀的金属，它往往由于电化学反应而腐蚀，其原因有：①大气中污染物质的附着；②与不同种金属（例如铝）的接触。

2. 螺栓设计计算

（1）角码与横梁连接螺栓计算 风荷载和地震作用在横梁端部产生的剪力设计值 N_1：

$$N_1 = 0.2\gamma_w V_{wk} + \gamma_E V_{Ek} \tag{8-51}$$

式中 V_{wk}——风荷载作用下横梁端部剪力标准值（N）；

V_{Ek}——地震作用下梁端部剪力标准值（N）；

γ_w——风荷载的分项系数，取 $\gamma_w = 1.4$；

γ_E——地震作用的分项系数，取 $\gamma_E = 1.4$。

普通螺栓受剪承载力设计值 N_{v1}^b:

$$N_{v1}^b = \frac{n_{v1} \pi d^2 f_{v1}^b}{4}$$ （8-52）

式中 n_{v1}——受剪面数目，$n_{v1} = 2$;

d——螺栓杆直径（mm）;

f_{v1}^b——螺栓的抗剪强度设计值（N/mm^2），由表 2-42 确定。

则连接螺栓的受剪承载力应满足下式要求:

$$N_1 \leqslant N_{num1} N_{v1}^b$$ （8-53）

式中 N_{num1}——横梁与角码连接螺栓数量。

为了防止偶然因素的影响而使连接破坏，《玻璃幕墙工程技术规范》（JGJ 102）（2022年送审稿）规定，每个连接处的受力螺栓、铆钉或销钉不应少于 2 个，即 $N_{num1} \geqslant 2$。

（2）连接部位横梁型材壁抗压承载力计算 连接部位横梁型材壁抗压承载力应满足下式要求:

$$N_1 \leqslant N_{c1} = N_{num1} d t_1 f_{c1}^b$$ （8-54）

式中 N_{c1}——连接部位幕墙横梁型材壁抗压承载力设计值;

N_{num1}——横梁与角码连接螺栓数量;

d——螺栓杆直径;

t_1——连接部位横梁壁厚;

f_{c1}^b——横梁型材抗压强度设计值，由表 2-42 确定。

《玻璃幕墙工程技术规范》（JGJ 102）（2022 年送审稿）规定，螺纹连接处，铝合金横梁型材局部加厚部位的壁厚不应小于 4mm，宽度不应小于 13mm。

（3）角码与立柱连接螺栓计算

1）螺栓的抗剪计算。在水平风荷载和地震作用（R_w）下，在横梁端部产生的剪力设计值为 N_1。在幕墙面板自重 R_{G1}、幕墙横梁自重 R_{G2} 作用下，在横梁端部产生的剪力设计值为 N_2，如图 8-15 所示。

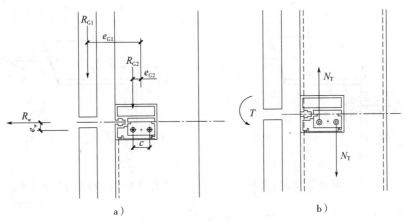

图 8-15 角码螺栓受剪分析简图

a）荷载作用下 b）偏心扭矩作用

螺栓承担逆时针扭矩 T:

$$T = T_1 + T_2 + T_3 \tag{8-55}$$

式中　T_1——水平风荷载和地震作用 R_w 偏心 e_w（e_w 为幕墙横向分格线到螺栓中心的距离）形成逆时针扭矩（N·mm）；

　　　T_2——幕墙玻璃面板自重 R_{G1} 偏心 e_{G1}（e_{Gi} 为玻璃面板重心到螺栓中心的距离）形成逆时针扭矩（N·mm）；

　　　T_3——幕墙横梁自重 R_{G2} 偏心 e_{G2}（e_{G2} 为横梁重心到螺栓中心的距离）形成逆时针扭矩（N·mm）。

扭矩 T 相应的螺栓产生一对大小相等，作用方向相反的抵抗力 $N_T = T/c$（c 为螺栓中心间距）。

则连接处单个螺栓剪力设计值 N 为：

$$N = \sqrt{\left(\frac{N_1}{N_{num2}}\right)^2 + \left(\frac{N_2}{N_{num2}} + N_T\right)^2} \tag{8-56}$$

连接螺栓的受剪承载力应满足下式要求：

$$N \leqslant N_{v1}^b = \frac{n_{v1} \pi d^2 f_{v1}^b}{4} \tag{8-57}$$

螺栓的剪应力　　　　　$$\tau = \frac{N}{(\pi d^2/4) n_{v2}} \tag{8-58}$$

式中　n_{v2}——受剪面数目；

　　　d——螺栓杆直径（mm）。

2）螺栓抗拉计算。图 8-16 为角码螺栓受力示意，其中螺栓受水平作用力下产生的弯矩 $M_1 = R_w e$，相应在螺栓中产生一对大小相等、作用方向相反的抵抗力 $N_w = M_1/c$（c 为螺栓中心间距）；螺栓受竖向作用力下产生的弯矩 $M_2 = R_G e$，相应在螺栓中产生力 $N_G = M_2/d$（d 为螺栓中心到角码边缘的距离）。

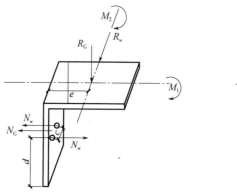
图 8-16　螺栓受力分析简图

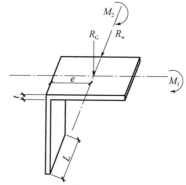
图 8-17　角码受力分析简图

单个螺栓最大拉力为 $N_w + N_G/N_{num2}$，引起螺栓拉应力 σ：

$$\sigma = \frac{N_w + N_G/N_{num2}}{\pi d^2/4} \tag{8-59}$$

3）螺栓承载力验算

螺栓强度校核依据

$$\sqrt{\left(\frac{\tau}{f_{v2}^b}\right)^2 + \left(\frac{\sigma}{f_{t2}^b}\right)^2} \leqslant 1 \tag{8-60}$$

式中　f_{v2}^b、f_{t2}^b——螺栓的抗剪强度、抗拉强度设计值（N/mm²），由表 2-42 确定。

N_{num2} 为所需的螺栓个数。《玻璃幕墙工程技术规范》（JGJ 102）（2022 年送审稿）规定，每个连接处的受力螺栓、铆钉或销钉不应少于 2 个，即 $N_{num2} \geqslant 2$。

（4）连接部位立柱型材壁抗压承载力计算　连接部位立柱型材壁抗压承载力应满足下式要求：

$$N \leqslant N_{c2} = N_{num2} d t_c f_{c2}^b \tag{8-61}$$

式中　N_{c2}——连接部位幕墙立柱型材壁抗压承载力设计值（N）；

　　　N_{num2}——立柱与角码连接螺栓数量；

　　　d——螺栓杆直径（mm）；

　　　t_c——连接部位立柱壁厚（mm）；

　　　f_{c2}^b——立柱型材抗压强度设计值（N/mm²），由表 2-42 确定。

《玻璃幕墙工程技术规范》（JGJ 102）（2022 年送审稿）规定，立柱铝型材孔壁与螺钉之间直接采用螺纹受拉、受压连接时，应进行螺纹受力计算，其螺纹连接处的型材局部的壁厚不应小于 4mm，宽度不应小于 13mm。

3. 角码设计计算

（1）连接角码抗剪强度校核　水平方向所受剪力 $N_{w1} = R_w/2$；竖直方向所受剪力 $N_{w2} = (R_{G1} + R_{G2})/2$，则角码所承受的剪力 $N = \sqrt{N_{w1}^2 + N_{w2}^2}$。

角码抗剪强度校核依据

$$\tau = \frac{N}{tL} \leqslant f_v \tag{8-62}$$

式中　t——角码壁厚（mm）；

　　　L——角码长（mm）；

　　　f_v——角码抗剪强度设计值（N/mm²）。

（2）连接角码抗弯强度校核（图 8-17）　角码在水平风荷载和地震作用下产生的弯矩 $M_1 = R_w e$（e 为角码中心到角码边缘的距离）；角码在幕墙面板自重（R_{G1}）和横梁自重（R_{G2}）作用力下产生的弯矩 $M_2 = R_G e$。

角码弯曲应力校核依据

$$\sigma = \frac{M_1}{W_1} + \frac{M_2}{W_2} \leqslant f \tag{8-63}$$

式中　f——角码抗弯强度设计值（N/mm²）；

　　　W_1——相应水平力截面的抵抗矩（mm³），$W_1 = t_{cor} L^2/6$；

　　　W_2——相应竖向力截面的抵抗矩（mm³），$W_2 = L t_{cor}^2/6$；

　L、t_{cor}——角码宽度和厚度（mm）。

（3）连接部位角码壁抗压承载力计算　连接部位立柱型材壁抗压承载力应满足下式要求：

$$N \leqslant N_{c3} = N_{num2} d t_{cor} f_{c3}^b \tag{8-64}$$

式中　N_{c3}——连接部位角码壁抗压承载力设计值（N）；

　　　N_{num2}——立柱与角码连接螺栓数量；

　　　d——螺栓杆直径（mm）；

t_{cor}——连接部位角码壁厚（mm）；

f_{c3}^b——角码型材抗压强度设计值（N/mm²），由表2-42确定。

《玻璃幕墙工程技术规范》（JGJ 102）（2022年送审稿）规定，横梁可通过角码与立柱连接时，角码应能承受横梁的剪力，其厚度不应小于3mm。

8.2.3　立柱与预埋件的连接设计计算

幕墙是建筑外围护结构，应与主体结构可靠连接。连接件与主体结构的锚固承载力设计值应大于连接件本身的承载力设计值。

1. 连接计算

（1）螺栓连接　立柱与预埋件一般采用不锈钢螺栓（A2）连接，此不锈钢螺栓强度要超过Q235钢螺栓。立柱与主结构连接处风荷载引起的剪力设计值 N_w，地震作用引起的剪力设计值 N_E，则连接处螺栓承担的水平方向的剪力 $N_1 = 0.2N_w + N_E$；连接处自重引起的剪力设计值 N_G。

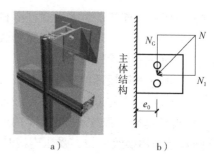

图8-18　立柱与主体结构连接
a）照片　b）螺栓受力图

则连接处螺栓承担的总剪力 N（图8-18b）：

$$N = \sqrt{N_1^2 + N_G^2} \qquad (8-65)$$

螺栓受剪承载能力设计值

$$N_{v3}^b = n_{v3}\frac{\pi d^2}{4}f_{v3}^b \qquad (8-66)$$

式中　n_{v3}——剪切面数；

d——螺栓杆直径（mm）；

f_{v3}^b——螺栓连接的抗剪强度设计值（N/mm²），由表2-42确定。

则连接螺栓的受剪承载力应满足下式要求：

$$N \leqslant N_{num3}N_{v3}^b \qquad (8-67)$$

式中　N_{num3}——立柱与预埋件连接螺栓数量。

《玻璃幕墙工程技术规范》（JGJ 102）（2022年送审稿）规定，立柱与主体结构之间采用螺栓连接时，每个受力连接部位的连接螺栓不应少于2个（即 $N_{num3} \geqslant 2$），且连接螺栓直径不宜小于10mm。

此外，还要进行立柱型材壁抗压承载力计算、角码型材壁抗压承载力计算。

（2）焊接连接　由于连接设计的形式不同，焊接的形式也有所不同，具体的焊接形式应根据具体的设计进行计算，参考《钢结构设计标准》（GB 50017—2017）进行。

2. 构造要求

1）框支承幕墙立柱截面较小，处于受压工作状态时受力不利，因此宜将其设计成轴心受拉或偏心受拉构件。框支承玻璃幕墙的立柱宜采用圆孔铰接接点在上端悬挂在主体结构上，采用长圆孔或椭圆孔与下端连接，形成吊挂受力状态。

2）多层或高层建筑中跨层通长布置立柱时，立柱与主体结构的连接支承点每层不宜少于一个；在混凝土实体墙面上，连接支承点宜加密。

按铰接多跨梁设计的立柱每层设有两个支承点时，上支承点宜采用圆孔，下支承点宜采用长圆孔。

3）在楼层内单独布置立柱时，其上、下端均宜与主体结构铰接，宜采用上端悬挂方式；当柱支承点可能产生较大位移时，应采用与位移相适应的支承装置。

4）幕墙与主体结构连接的固定支座应具有足够的强度，材质宜采用铝合金、不锈钢或表面热镀锌处理的碳钢。固定支座采用长圆孔等措施使得支座有适当的调节范围，其调节范围均不小于 40mm。

当土建施工中未设预埋件、预埋件漏放、预埋件偏离设计位置太远、设计变更、旧建筑加装幕墙时，往往要使用后锚固螺栓进行连接。玻璃幕墙构架与主体结构采用后加锚栓连接时，应符合《混凝土结构后锚固技术规程》（JGJ 145—2013）的有关规定，且应符合下列要求：

1）产品应有出厂合格证。

2）碳素钢锚栓应经过防腐处理。

3）应进行承载力现场试验，必要时应进行极限拉拔试验。

4）每个连接节点不应少于 2 个锚栓。

5）锚栓直径应通过承载力计算确定，且不应小于 10mm。

6）在与化学锚栓接触的连接件上进行焊接操作时，应充分考虑焊接对锚栓承载力和锚固性能的影响。

7）防火玻璃幕墙不宜采用化学锚栓。

8）锚栓在可变荷载作用下的承载力设计值应取其承载力标准值除以系数 2.15；在永久荷载作用下的承载力设计值应取其承载力标准值除以系数 2.5。

砌体结构平面外承载能力低，难以直接进行连接，所以幕墙与砌体结构连接时，宜在连接部位的主体结构上增设混凝土结构或钢结构梁、柱。轻质隔墙承载力和变形能力低，不应作为幕墙的支承结构考虑。

8.2.4　预埋件与主体结构的连接设计计算

预埋件与主体结构连接可采用板式预埋件、槽式预埋件、板槽式预埋件，这里仅介绍平板式埋件的设计计算方法。

对于槽式预埋件及其他连接措施，应按照《钢结构设计标准》（GB 50017—2017）和《混凝土结构设计规范》（GB 50010—2010）（2015 年版）的有关规定进行设计，并宜通过试验确定其承载力。

1. 预埋件受力分析

由图 8-18b 可见，预埋件承受弯矩 M、剪力 V 和轴向拉力 N：

剪力　$V = N_G$

轴力　$N = N_1$

弯矩　$M = Ve_0$（其中 e_0 为剪力作用点到埋件距离，即立柱螺栓连接处到埋件面距离）

2. 预埋件的计算

由锚板和对称配置的直锚筋所组成的受力预埋件，其锚筋的总截面面积 A_s 应符合下列规定：

1）当有剪力、法向拉力和弯矩共同作用（图 8-19）时，应分别按式（8-68）和式（8-69）

计算，并取二者的较大值：

$$A_s \geqslant \frac{V}{a_r a_v f_v} + \frac{N}{0.8 a_b f_y} + \frac{M}{1.3 a_r a_b f_y z} \tag{8-68}$$

$$A_s \geqslant \frac{N}{0.8 a_b f_y} + \frac{M}{0.4 a_r a_b f_y z} \tag{8-69}$$

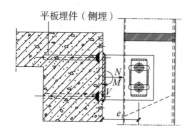

图 8-19　剪力、法向拉力和弯矩共同作用预埋件

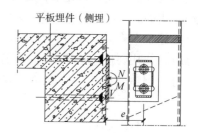

图 8-20　剪力、法向压力和弯矩共同作用预埋件

2）当有剪力、法向压力和弯矩共同作用（图 8-20）时，应分别按式（8-70）和式（8-71）计算，并取二者的较大值：

$$A_s \geqslant \frac{V - 0.3N}{a_r a_v f_y} + \frac{M - 0.4Nz}{1.3 a_r a_b f_y z} \tag{8-70}$$

$$A_s \geqslant \frac{M - 0.4Nz}{0.4 a_r b_b f_y z} \tag{8-71}$$

$$a_v = (4.0 - 0.08d) \sqrt{\frac{f_c}{f_y}} \tag{8-72}$$

$$a_b = 0.6 + 0.25 \frac{t}{d} \tag{8-73}$$

式中　V——剪力设计值（N）；

N——法向拉力或法向压力设计值（N），当为法向压力设计值时，不应大于 $0.5 f_c A$，此处 A 为锚板的面积（mm^2）；

M——弯矩设计值（N·mm），当 M 小于 $0.4Nz$ 时，取 M 等于 $0.4Nz$；

α_r——钢筋层数影响系数，当锚筋等间距配置时，二层取 1.0，三层取 0.9，四层取 0.85；

α_v——锚筋受剪承载力系数，当 α_v 大于 0.7 时，取 α_v 等于 0.7；

d——锚筋直径（mm）；

t——锚板厚度（mm）；

α_b——锚板弯曲变形折减系数，当采取防止锚板弯曲变形的措施时，可取 α_b 等于 1.0；

z——沿剪力作用方向最外层锚筋中心线之间的距离（mm）；

f_c——混凝土轴心抗压强度设计值（N/mm^2），应按《混凝土结构设计规范》（GB 50010—2010）（2015 年版）的规定采用；

f_y——钢筋抗拉强度设计值（N/mm^2），应按《混凝土结构设计规范》（GB 50010—2010）（2015 年版）的规定采用，但不应大于 $300 N/mm^2$。

3. 锚板总面积计算

锚板通过锚筋与混凝土主体结构连接，处于局部受压受力状态，应满足下列条件：

$$N \leqslant 0.5 f_c A \tag{8-74}$$

式中　N——锚板承受的轴向压力设计值（N）；

A——锚板总面积（mm^2），$A = ab$（图 8-21）；

f_c——混凝土轴心抗压强度设计值（N/mm^2），按《混凝土结构设计规范》（GB 50010—2010）（2015 年版）选取。

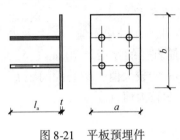

图 8-21　平板预埋件

4. 锚筋长度计算

当计算中充分利用锚筋的抗拉强度时，其锚筋长度按下列公式计算

$$l_a = \alpha \frac{f_y}{f_t} d \tag{8-75}$$

式中　l_a——受拉钢筋的锚固长度（mm）

f_t——混凝土轴心抗拉强度设计值（N/mm^2），按《混凝土结构设计规范》（GB 50010—2010）（2015 年版）取用；当混凝土强度等级高于 C40 时，按 C40 取值；

f_y——锚筋抗拉强度设计值（N/mm^2），按《混凝土结构设计规范》（GB 50010—2010）（2015 年版）选取；

d——锚筋公称直径（mm）；

α——锚筋的外型系数，光圆钢筋取 0.16，带肋钢筋取 0.14。

抗震设计的幕墙，钢筋锚固长度应按式（8-75）计算值的 1.1 倍采用。当锚筋的拉应力设计值小于钢筋抗拉强度设计值 f_y 时，其锚固长度可适当减小，但不应小于 15 倍锚固钢筋直径。

5. 预埋件的构造措施

1）预埋件的锚板宜采用 Q235、Q345 级钢。锚筋应采用 HRB400 或 HPB300 级热轧钢筋，严禁采用冷加工钢筋。

2）预埋件的受力直锚筋不宜少于 4 根，且不宜多于 4 排；其直径不宜小于 8mm，且不宜大于 25mm。受剪预埋件的直锚筋可采用 2 根。预埋件的锚筋应放置在构件的外排主筋的内侧。

3）直锚筋与锚板应采用 T 形焊。当锚筋直径不大于 20mm 时，宜采用压力埋弧焊；当锚筋直径大于 20mm 时，宜采用穿孔塞焊。当采用手工焊时，焊缝高度不宜小于 6mm，且对 300MPa 级钢筋不宜小于 $0.5d$，对其他钢筋不宜小于 $0.6d$（d 为锚筋直径）。

4）受剪和受压直锚筋的锚固长度不应小于 15 倍锚固钢筋直径。除受压直锚筋外，当采用 HPB300 级钢筋时，钢筋末端应做 180°弯钩，弯钩平直段长度不应小于 3 倍的锚筋直径。

5）锚板厚度应根据其受力情况按计算确定，不宜大于锚筋直径的 0.6 倍。锚筋中心至锚板边缘的距离 c 不应小于锚筋直径的 2 倍和 20mm 的较大值（图 8-22）。

对受拉和受弯预埋件，其钢筋的间距 b、b_1 和锚筋至构件边缘的距离 c、c_1 均不应小于锚筋直径的 3 倍和 45mm 的较大值（图 8-22）。

对受剪预埋件，其锚筋的间距 b、b_1 均不应

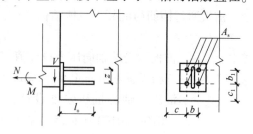

图 8-22　锚板和直锚筋组成的预埋件

大于 300mm，且 b_1 不应小于锚筋直径的 6 倍及 70mm 的较大值；锚筋至构件边缘的距离 c_1 不应小于锚筋直径的 6 倍及 70mm 的较大值，锚筋的间距 b、锚筋至构件边缘的距离 c 均不应小于锚筋直径的 3 倍和 45mm 的较大值（图 8-22）。

8.3　硅酮结构密封胶设计与计算

1. 硅酮结构密封胶计算

硅酮结构密封胶应根据不同的受力情况进行受拉和受剪承载力极限状态验算。在风荷载、水平地震作用下，硅酮结构密封胶的拉应力或剪应力设计值不应大于其强度设计值 f_1，f_1 应取 0.2N/mm²；在永久荷载（重力荷载）作用下，硅酮结构胶的拉应力或剪应力设计值不应大于其强度设计值 f_2，f_2 应取 0.01N/mm²。

《建筑用硅酮结构密封胶》（GB 16776—2005）中规定了硅酮结构密封胶的拉伸强度值不低于 0.6N/mm²。取风荷载分项系数 1.4，地震作用分项系数 1.3，硅酮结构密封胶的总安全系数取不小于 4，则其强度设计值 f_1 为 0.21~0.195N/mm²，规范取为 0.2N/mm²，此时材料分项系数约为 3.0。在永久荷载（重力荷载）作用下，硅酮结构密封胶强度设计值 f_2 取为风荷载作用下强度设计值的 1/20，即 0.01N/mm²。

（1）结构胶宽度 c_s 计算　四边支承的隐框、半隐框玻璃幕墙中玻璃和铝框之间硅酮结构密封胶的粘结宽度 c_s，应根据受力情况分别按下列规定计算。

1）非抗震设计时，可取式（8-78）、式（8-79）计算的较大值。

2）抗震设计时，可取式（8-78）、式（8-79）、式（8-82）计算的最大值。

在风荷载作用下，硅酮结构密封胶的粘结宽度 c_s：

玻璃幕墙在风荷载作用下的受力情况相当于承受均布荷载的双向板（图 8-23），在支承边缘的最大线均布拉力为 $aw/2$，由结构胶的粘结力承受，即

$$f_1 c_s = \frac{aw}{2} \tag{8-76}$$

$$c_s = \frac{aw}{2f_1} \tag{8-77}$$

式中　c_s——硅酮结构密封胶的粘结宽度（mm）；

f_1——结构硅酮密封胶在风荷载或地震作用下的强度设计值，取 0.2N/mm²；

w——作用在计算单元上风荷载设计值（N/mm²）；

a——矩形玻璃板的短边长度（mm）。

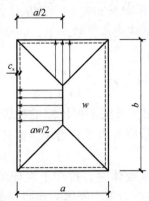

图 8-23　玻璃上的荷载传递示意

在风荷载作用下，硅酮结构密封胶的粘结宽度 c_s：

$$c_s = \frac{aw}{2000f_1} \tag{8-78}$$

式中　w——作用在计算单元上风荷载设计值（kN/m²）。

在风荷载和水平地震作用下，硅酮结构密封胶的粘结宽度 c_s：

在风荷载和水平地震作用下，硅酮结构密封胶的粘接宽度 c_s 只需将式（8-78）中的风载设计值 w 用风荷载和水平地震作用的组合设计值（$0.2w + q_E$）代替即得粘结宽度 c_s 的计算公式：

$$c_s = \frac{(0.2w + q_E)a}{2000f_1} \tag{8-79}$$

式中　q_E——作用在计算单元上的地震作用设计值（kN/m²）。

在玻璃永久荷载作用下，硅酮结构胶的粘结宽度 c_s：

根据竖向力的平衡条件，可得

$$2(a + b)c_s f_2 = q_G ab \tag{8-80}$$

$$c_s = \frac{q_G ab}{2(a + b)f_2} \tag{8-81}$$

式中　q_G——幕墙玻璃单位面积重力荷载设计值（N/mm²），当以 kN/m² 为单位时，应除以 1000；

a、b——矩形玻璃板的短边和长边长度（mm）；

f_2——硅酮结构密封胶在永久荷载作用下的强度设计值，取 0.01N/mm²。

在玻璃永久荷载作用下，粘结宽度 c_s 应按下式计算：

$$c_s = \frac{q_G ab}{2000(a + b)f_2} \tag{8-82}$$

式中　q_G——幕墙玻璃单位面积重力荷载设计值（kN/m²），取分项系数 $\gamma_G = 1.35$。

水平倒挂玻璃的风吸力和自重均使胶缝处于受拉工作状态，此时硅酮结构密封胶的粘结宽度应采用其在风荷载和永久荷载作用下的强度设计值分别计算，并叠加。水平倒挂的隐框、半隐框玻璃和铝框之间硅酮结构密封胶的粘结宽度 c_s 应按下式计算：

$$c_s = \frac{wa}{2000f_1} + \frac{q_G a}{2000f_2} \tag{8-83}$$

（2）结构胶厚度 t_s 计算　在低应力水平状态下，硅酮结构密封胶的拉伸模量 E_{ss} 与其剪切模量 G_{ss} 之间近似存在下列关系：

$$G_{ss} = \frac{E_{ss}}{2(1 + v_{ss})}$$

其中，v_{ss} 为结构胶体的泊松比，可按不可压缩的橡胶类材料的参数 0.5 进行取值，即 $G_{ss} = E_{ss}/3$。也就是说，在相同的低应力水平状态下，胶体的剪切应变值等于 3 倍的胶体拉伸应变。

假设 $0.14N/mm^2$ 拉伸应力下，胶体轴心拉伸下对应的拉伸应变值为 δ，则 $0.14N/mm^2$ 剪切应力下，胶体的剪切应变值 $\gamma = 3\delta$。

由图 8-24 可知，当胶体在主体结构侧移作用下，沿厚度 t_s 方向产生的剪切变形 u_s 时，胶体的剪切变形 $\gamma = u_s/t_s$。为保证安全，胶体剪切变形不应超过剪应力允许值下的剪切应变值，即

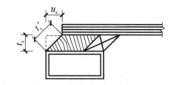

图 8-24　硅酮结构密封胶和双面胶带的拉伸变形示意

$$\gamma = u_s/t_s \leqslant 3\delta$$

则可得到胶体厚度值的计算公式：

$$t_s \geqslant \frac{u_s}{3\delta} \tag{8-84}$$

$$u_s = \eta[\theta]h_g \tag{8-85}$$

式中　t_s——硅酮结构密封胶的粘结厚度（mm）；

　　　　u_s——主体结构侧移影响下，硅酮结构密封胶沿厚度方向产生的剪切位移值（mm），按式（8-85）计算；

　　　　η——硅酮结构胶厚度方向剪切位移影响系数，取 $\eta = 0.6$；

　　　　$[\theta]$——风荷载或多遇烈度地震标准值作用下主体结构的楼层弹性层间位移角限值（rad）；

　　　　h_g——玻璃面板高度（mm），取其边长 a 或 b；

　　　　δ——硅酮结构密封胶拉伸粘结性能试验中受拉应力为 $0.14N/mm^2$ 时的伸长率。

采用硅酮结构胶厚度方向剪切位移影响系数 η 来考虑地震作用下，硅酮结构胶实际发生的剪切位移要小于主体结构层间侧移的实际情况。经过理论公式及有限元模拟，硅酮结构密封胶最大剪切位移与主体结构层间侧移比值通常在 $0.07 \sim 0.43$，《玻璃幕墙工程技术规范》（JGJ 102）（2022 年送审稿）偏安全地取 $\eta = 0.6$。

图 8-25 给出了当 $\eta = 0.6$ 时，新旧规范硅酮结构胶厚度计算公式 $1/\sqrt{\delta(2+\delta)}$、$\eta/3\delta$ 与 δ 之间的关系曲线比较。由图 8-25 可以看出，当 $\delta = 8.5\%$ 左右时，新旧规范计算结果几乎相同。当硅酮结构胶的拉升变位性能指标值大于 8.5% 后，新规范计算公式得到的硅酮结构胶厚度比 JGJ 102—2003 计算厚度要小；当硅酮结构胶的拉伸变位性能指标值 δ 小于 8.5% 后，新规范计算公式得到的硅酮结构胶厚度比《玻璃幕墙工程技术规范》（JGJ 102—2003）计算厚度要大。

当胶体两侧基材承受不同的温度作用时，也会造成硅酮结构胶沿厚度方向产生剪切变形。对于常规的玻璃面板板块，温度作用引起的结构胶剪切变形值比地震或风荷载下主体结构侧移引起的硅酮结构胶剪切变形值要小，通常不起控制作用，因此，硅酮结构胶在温度作用下的剪切变形可不验算。

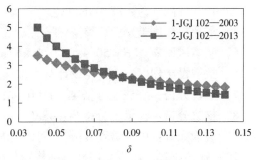

图 8-25　新旧规范硅酮结构胶厚度计算公式部分关系曲线比较

2. 硅酮密封结构胶构造要求

1）硅酮结构密封胶的粘结宽度（c_s）不应小于 7mm；其粘结厚度（t_s）不应小于 6mm，且不宜大于 12mm。硅酮结构密封胶的粘结宽度（c_s）宜大于厚度，当采用单组分硅酮结构密封胶时粘结宽度不宜大于厚度的 2 倍。

2）硅酮结构密封胶承受永久荷载的能力很低，不仅强度设计值仅为 0.01，而且有明显的变形，所以长期受力部位应设金属件支承。隐框或横向半隐框玻璃幕墙，每块玻璃的下端宜设置两个铝合金或不锈钢托条，托条和玻璃面板水平支承构件之间应可靠连接。托条应能承受分格玻璃的重力荷载设计值。为了实现托条承受玻璃重力荷载，减少硅酮结构胶受力的目的，托条宜在打胶前安装完成。托条长度不应小于 100mm、厚度不应小于 2mm。托条上宜设置衬垫。

由于中空玻璃外片与内片依靠中空玻璃二道结构密封胶粘结形成整体，为避免内外片之间的二道硅酮结构胶长期承受外片的重量，要求托条应托住中空玻璃的外片。

3）隐框、半隐框中空玻璃的二道密封硅酮结构胶有效宽度 c_s 的计算原则同四边支承的隐框、半隐框玻璃幕墙中玻璃和铝框之间硅酮结构密封胶的粘结宽度 c_s，且结构胶有效宽度 c_s 不应小于 7mm。在隐框、半隐框中空玻璃二道密封硅酮结构胶计算时，外侧面板传递的荷载主要包括重力、风荷载、地震作用。其中重力仅是指中空玻璃外侧面板的重量；风荷载标准值是指直接承受风荷载作用的单片玻璃的计算公式确定；地震作用仅考虑外侧面板重量计算的地震作用。结构胶有效宽度 c_s 如图 8-26 所示。

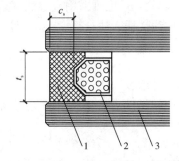

图 8-26　二道结构硅酮密封胶有效宽度示意
1—结构硅酮密封胶　2—间隔条　3—玻璃

8.4　全隐框玻璃幕墙设计计算实例

8.4.1　基本参数

设计基本参数如下：

1）所在地区：北京地区。

2）幕墙类型：全隐框玻璃幕墙。

3）计算标高（z）：88.00m。

4）场地粗糙度类别：C 类。

5）基本风压 w_0（$R=50$ 年）：0.45kN/m²。

6）抗震设防烈度：8 度（设计基本加速度 0.20g）。

7）立柱分格：立柱左分格宽：1100mm；右分格宽：1100mm，计算跨度 $L=3000$mm。

8）横梁分格：横梁上分格高：1380mm；下分格高：1380mm，计算跨度 $B=1100$mm。

9）玻璃配置：中空玻璃 6mm（钢化玻璃）+10A+6mm（浮法玻璃）。

10）连接方式：面板采用硅酮结构胶与横梁和立柱连接，横梁与立柱采用铝角码连接，立柱与主体结构采用钢角码连接。

11）龙骨材质：立柱 6063-T5，横梁 6063-T5，铝合金角码 6063-T5，钢角码 Q235，预埋件 Q235。

8.4.2　荷载计算和荷载组合

1. 风荷载标准值

幕墙属于外围护构件，按《建筑结构荷载规范》（GB 50009—2012）计算：

$$w_k = \beta_{gz} \mu_z \mu_{s1} w_0$$

地面粗糙度为 C 类，峰值因子 $g=2.5$，10m 高度名义湍流强度 $I_{10}=0.23$，地面粗糙度指标 $\alpha=0.22$，计算点标高（$z=88$m）处瞬时风压的阵风系数 β_{gz}：

$$\beta_{gz} = 1 + 2gI_{10}\left(\frac{z}{10}\right)^{-\alpha} = 1 + 2\times 2.5 \times 0.23 \times \left(\frac{88}{10}\right)^{-0.22} = 1.713$$

阵风系数 β_{gz} 也可采用查表法（表 5-4），C 类场地，$z=80$m，$\beta_{gz}=1.73$；$z=90$m，$\beta_{gz}=1.71$，按线性插入法计算 $z=80$m 处阵风系数

$$\beta_{gz} = 1.71 + \frac{1.73-1.71}{90-80}\times(90-88) = 1.714$$

本设计取 $\beta_{gz}=1.714$

地面粗糙度为 C 类，计算点标高（$z=88$m）处的风压高度变化系数 μ_z：

$$\mu_z = 0.544\left(\frac{Z}{10}\right)^{0.44} = 0.544 \times \left(\frac{88}{10}\right)^{0.44} = 1.416$$

风压高度变化系数 μ_z 也可采用查表法（表 5-9），C 类场地，$z=80$m，$\mu_z=1.36$；$Z=90$m，$\mu_z=1.43$，按线性插入法计算 $z=80$m 处风压高度变化系数：

$$\mu_z = 1.36 + \frac{1.43-1.36}{90-80}\times(88-80) = 1.416$$

本设计取 $\mu_z=1.416$

μ_{s1}：局部风压体型系数：

《建筑结构荷载规范》（GB 50009—2012）第 8.3.3 条：计算围护构件及其连接的风荷载时，可按下列规定采用局部体型系数 μ_{s1}：

（1）外表面

1）封闭式矩形平面房屋的墙面及屋面可按表 8.3.3 的规定采用。

2）檐口、雨篷、遮阳板、边棱处的装饰条等凸出构件，取 −2.0。

3）其他房屋和构筑物可按《建筑结构荷载规范》（GB 50009—2012）第 8.3.1 条规定

体型系数的 1.25 倍取值。

（2）内表面 《建筑结构荷载规范》（GB 50009—2012）第 8.3.5 条规定：封闭式建筑物，按其外表面风压的正负情况取 −0.2 或 0.2。

上述的局部体型系数 μ_{s1}（1）是适用于围护构件的从属面积 A 小于或等于 1m^2 的情况；当围护构件的从属面积 A 大于或等于 25m^2 时，局部风压体型系数 μ_{s1}（25）可乘以折减系数 0.8；当构件的从属面积 A 小于 25m^2 而大于 1m^2 时，局部风压体型系数 μ_{s1}（A）可按面积的对数线性插值，即：

$$\mu_{s1}(A) = \mu_{s1}(1) + [\mu_{s1}(25) - \mu_{s1}(1)]\lg A/1.4$$

在上式中：当 $A \geqslant 25\text{m}^2$ 时，取 $A = 25\text{m}^2$；当 $A \leqslant 1\text{m}^2$ 时，取 $A = 1\text{m}^2$。

w_0：基本风压值（MPa），根据《建筑结构荷载规范》（GB 50009—2012）附表 E.5（全国各城市的雪压、风压和基本气温）中数值采用，但不小于 0.3kN/m^2，按重现期 $R = 50$ 年，北京地区取 $w_0 = 0.45\text{kN/m}^2$，即 0.00045MPa。

2. 计算支承结构时的风荷载标准值

计算支承结构时的构件从属面积（图 8-27）：

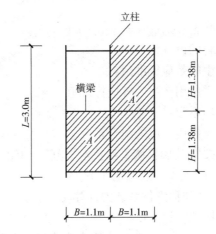

图 8-27 构件从属面积示意

$A = 1.1 \times 3.0 = 3.3(\text{m}^2)$，$\geqslant 1\text{m}^2$，$< 25\text{m}^2$

$\lg A = \lg 3.3 = 0.519$

$\mu_{s1}(A) = \mu_{s1}(1) + [\mu_{s1}(25) - \mu_{s1}(1)]\lg A/1.4$

$\qquad = 1.0 + (0.8 - 1.0) \times 0.519/1.4 = 0.926$

$\mu_{s1} = \mu_{s1}(A) + 0.2 = 0.926 + 0.2 = 1.126$

$w_k = \beta_{gz}\mu_z\mu_{s1}w_0 = 1.714 \times 1.416 \times 1.126 \times 0.00045 = 0.001249(\text{MPa})$

3. 计算面板材料时的风荷载标准值

计算面板材料时的构件从属面积（图 8-27）：

$A = (1.1 \times 1.38)\text{m}^2 = 1.518\text{m}^2 \geqslant 1\text{m}^2$，$< 25\text{m}^2$

$\lg A = \lg 1.518 = 0.181$

$\mu_{s1}(A) = \mu_{s1}(1) + [\mu_{s1}(25) - \mu_{s1}(1)]\lg A/1.4$

$\qquad = 1.0 + (0.8 - 1.0) \times 0.181/1.4 = 0.974$

$$\mu_{s1} = \mu_{s1}(A) + 0.2 = 0.974 + 0.2 = 1.174$$

$$w_k = \beta_{gz} \mu_z \mu_{s1} w_0 = 1.714 \times 1.416 \times 1.174 \times 0.00045 = 0.001282 (\text{MPa})$$

4. 垂直于幕墙平面的分布水平地震作用标准值

由《玻璃幕墙工程技术规范》（JGJ 102）（2022 年送审稿）式（5.3.4）可得

$$q_{Ek} = \beta_E \alpha_{max} G_k / A$$

式中　q_{Ek}——垂直于幕墙平面的分布水平地震作用标准值（MPa）；

　　　β_E——动力放大系数，取 $\beta_E = 5.0$；

　　　α_{max}——水平地震影响系数最大值，根据《建筑抗震设计规范》（GB 50011—2010）（2016 年版），北京地区地震基本烈度为 8 度，地震设计基本加速度为 $0.20g$，水平地震影响系数最大值 $\alpha_{max} = 0.17$；

　　　G_k——幕墙构件的重力荷载标准值（N）；

　　　A——幕墙构件的面积（mm^2）。

5. 作用效应组合

根据《玻璃幕墙工程技术规范》（JGJ 102）（2022 年送审稿）式（5.4.1）可得，作用效应按下式进行组合：

$$S = \gamma_G S_{Gk} + \psi_w \gamma_w S_{wk} + \psi_E \gamma_E S_{Ek}$$

式中　　　S——作用效应组合的设计值；

　　　　　S_{Gk}——重力荷载产生的效应标准值；

　　S_{wk}、S_{Ek}——风荷载、地震作用产生的效应标准值；

　γ_G、γ_w、γ_E——各效应的分项系数；

　　　ψ_w、ψ_E——风荷载、地震作用效应的组合系数。

γ_G、γ_w、γ_E——分项系数，按《玻璃幕墙工程技术规范》（JGJ 102）（2022 年送审稿）第 5.4.2、5.4.3、5.4.4 条规定如下：

进行幕墙构件强度、连接件和预埋件承载力计算时：

重力荷载：$\gamma_G = 1.2$；风荷载：$\gamma_w = 1.4$。

有地震作用组合时，地震作用：$\gamma_E = 1.4$，风荷载的组合系数 $\psi_w = 0.2$。地震作用的组合系数 $\psi_E = 1.0$。

进行挠度计算时：

重力荷载：$\gamma_G = 1.0$；风荷载：$\gamma_w = 1.0$；地震作用：可不做组合考虑。

8.4.3　幕墙立柱计算

1. 基本参数

1）计算点标高：$z = 88m$。

2）力学模型：单跨简支梁。

3）立柱跨度：$L = 3000mm$。

4）立柱左分格宽：1100mm；立柱右分格宽：1100mm。

5）立柱计算间距：$B = 1100mm$。

6）板块配置：中空玻璃 6mm + 10A + 6mm。

7）立柱材质：6063-T5。

8）安装方式：偏心受拉。

幕墙立柱按单跨简支梁力学模型进行设计计算，计算简图如图 8-28 所示。

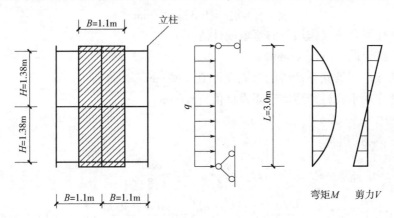

图 8-28 幕墙立柱计算简图

2. 立柱型材选材计算

（1）风荷载作用的线荷载集度（按矩形分布）

q_{wk}：风荷载线分布最大荷载集度标准值（N/mm）。

w_k：风荷载标准值（MPa）。

B：幕墙立柱计算间距（mm）。

$$q_{wk} = w_k B = 0.001249 \times 1100 = 1.3739 \quad (N/mm)$$

q_w：风荷载线分布最大荷载集度设计值（N/mm）。

$$q_w = \gamma_w q_{wk} = 1.4 \times 1.3739 = 1.923 \quad (N/mm)$$

（2）水平地震作用线荷载集度（按矩形分布）

q_{EAk}：垂直于幕墙平面的分布水平地震作用标准值（MPa）。

β_E：动力放大系数，取 $\beta_E = 5.0$。

α_{max}：水平地震影响系数最大值，取 $\alpha_{max} = 0.17$。

G_k：幕墙构件的重力荷载标准值（含面板和横梁、立柱框架）（N）。

A：幕墙构件的面积（mm^2）。

由《玻璃幕墙工程技术规范》（JGJ 102）（2022 年送审稿）式（5.3.4）可得

$$q_{EAk} = \beta_E \alpha_{max} G_k / A = 5.0 \times 0.17 \times 0.0005 = 0.000425 \quad (MPa)$$

［注：嵌入物为中空（夹层）玻璃的幕墙，结构的自重标准值面荷载 G_k / A 取 $500N/m^2$，即 $0.0005MPa$］

q_{Ek}：水平地震作用线荷载集度标准值（N/mm）。

B：幕墙立柱计算间距（mm）。

$$q_{Ek} = q_{EAk} B = 0.000425 \times 1100 = 0.4675 \quad (N/mm)$$

q_E：水平地震作用线荷载集度设计值（N/mm）。

$$q_E = \gamma_E q_{Ek} = 1.4 \times 0.4675 = 0.6545 \quad (N/mm)$$

（3）幕墙受荷载集度组合

用于强度计算时，采用 $0.2S_w + S_E$ 设计值组合［JGJ 102（2022 年送审稿）式（5.4.1）］：

$$q = 0.2q_{\mathrm{w}} + q_{\mathrm{E}} = 0.2 \times 1.923 + 0.6545 = 1.039 \ (\mathrm{N/mm})$$

用于挠度计算时，采用 S_{w} 标准值［JGJ 102（2022 年送审稿）式（5.4.1）］：

$$q_{\mathrm{k}} = q_{\mathrm{wk}} = 1.3739\mathrm{N/mm}$$

（4）立柱在组合荷载作用下的弯矩设计值

M_{x}：弯矩组合设计值（N·mm）。

M_{w}：风荷载作用下立柱产生的弯矩设计值（N·mm）。

M_{E}：地震作用下立柱产生的弯矩设计值（N·mm）。

L：立柱跨度（mm）。

采用 $0.2S_{\mathrm{w}} + S_{\mathrm{E}}$ 组合：

$$M_{\mathrm{w}} = \frac{q_{\mathrm{w}}L^2}{8}; \ \ M_{\mathrm{E}} = \frac{q_{\mathrm{E}}L^2}{8}$$

$$M_{\mathrm{x}} = 0.2M_{\mathrm{w}} + M_{\mathrm{E}} = \frac{(0.2q_{\mathrm{w}} + q_{\mathrm{E}})L^2}{8} = \frac{qL^2}{8} = \frac{1.039 \times 3000^2}{8} = 1168875 \ (\mathrm{N \cdot mm})$$

3. 确定材料的截面参数

（1）立柱抵抗矩预选值计算

W_{nx}：立柱净截面抵抗矩预选值（mm³）。

M_{x}：弯矩组合设计值（N·mm）。

γ：塑性发展系数；

钢材龙骨：按《金属与石材幕墙工程技术规范》JGJ 133（2022 年送审稿）或《玻璃幕墙工程技术规范》（JGJ 102）（2022 年送审稿），取 $\gamma = 1.05$。

铝合金龙骨：按《铝合金结构设计规范》（GB 50429—2007），取 $\gamma = 1.00$。

f_{a}：型材抗弯强度设计值（MPa），对 6063-T5 取 $f_{\mathrm{a}} = 90\mathrm{MPa}$

$$W_{\mathrm{nx}} = \frac{M_{\mathrm{x}}}{\gamma f_{\mathrm{a}}} = \frac{1168875}{1.00 \times 90} = 12987.5 \ (\mathrm{mm}^3)$$

（2）立柱惯性矩预选值计算

q_{k}：风荷载线荷载集度标准值（N/mm）。

E：型材的弹性模量（MPa），对 6063-T5 取 $E = 70000\mathrm{MPa}$。

I_{xmin}：材料需满足的绕 x 轴最小惯性矩（mm⁴）。

L：计算跨度（mm）。

$d_{\mathrm{f,lim}}$：立柱的挠度限值（mm）。

$$d_{\mathrm{f,lim}} = \frac{5q_{\mathrm{k}}L^4}{384EI_{\mathrm{xmin}}}$$

在风荷载标准值作用下，立柱的挠度限值 $d_{\mathrm{f,lim}}$ 宜按下列规定采用：

铝合金型材：$d_{\mathrm{f,lim}} = L/180$；钢型材：$d_{\mathrm{f,lim}} = L/250$

$$d_{\mathrm{f,lim}} = L/180 = 3000/180 = 16.667 \ (\mathrm{mm})$$

按《建筑幕墙》（GB/T 21086—2007）第 5.1.1.2 条规定，对于构件式玻璃幕墙或单元幕墙（其他形式幕墙或外围护结构无绝对挠度限制）：

当跨距 <4500mm 时，绝对挠度不应该大于 20mm。

当跨距 ≥4500mm 时，绝对挠度不应该大于 30mm。

本设计取：$d_{f,lim} = 16.667mm$

$$I_{xmin} = \frac{5q_kL^4}{384Ed_{f,lim}} = \frac{5 \times 1.3739 \times 3000^4}{384 \times 70000 \times 16.667} = 1242005.294 \text{ （mm}^4\text{）}$$

4. 选用立柱型材的截面特性

选用型材号：60/125 系列

型材的抗弯强度设计值：$f_a = 90MPa$

型材的抗剪强度设计值：$\tau_a = 55MPa$

型材弹性模量：$E = 70000MPa$

绕 x 轴惯性矩：$I_x = 2656350mm^4$

绕 y 轴惯性矩：$I_y = 720390mm^4$

绕 x 轴净截面抵抗矩：$W_{nx1} = 40905mm^3$

绕 y 轴净截面抵抗矩：$W_{ny2} = 44216mm^3$

型材净截面面积：$A_n = 1261.5mm^2$

型材线密度：$\gamma_g = 0.03406N/mm$

型材截面垂直于 x 轴腹板的截面总宽度：$t = 6mm$

型材受力面对中性轴的面积矩：$S_x = 26247mm^3$

塑性发展系数：$\gamma = 1.00$

5. 立柱的抗弯强度计算

（1）立柱轴向拉力设计值

N_k：立柱轴向拉力标准值（N）。

$$N_k = q_{GAk}A = q_{GAk}BL = 0.0005 \times 1100 \times 3000 = 1650 \text{ （N）}$$

q_{GAk}：幕墙单位面积的自重标准值（MPa）。

A：立柱单元的面积（mm^2）；

B：幕墙立柱计算间距（mm）；

L：立柱跨度（mm）；

N：立柱轴向拉力设计值（N）

$$N = \gamma_G N_k = 1.2 \times 1650 = 1980 \text{ （N）}$$

（2）抗弯强度校核　立柱按拉弯构件进行受弯强度校核，应满足下列公式的要求：

$$\frac{N}{A_n} + \frac{M_x}{\gamma_x W_{nx}} \leq f_a$$

式中　N——立柱轴力设计值（N）；

M_x——立柱弯矩设计值（N·mm）；

A_n——立柱净截面面积（mm^2）；

W_{nx}——在弯矩作用方向的净截面抵抗矩（mm^3）；

γ_x——塑性发展系数：

钢材龙骨：按《金属与石材幕墙工程技术规范》（JGJ 133）（2022 年送审稿）或《玻璃幕墙工程技术规范》（JGJ 102）（2022 年送审稿），取 $\gamma_x = 1.05$。

铝合金龙骨：按《铝合金结构设计规范》（GB 50429—2007），取 $\gamma_x = 1.00$。

f_a——型材的抗弯强度设计值，取 $f_a = 90MPa$。

则 $\quad \dfrac{N}{A_n} + \dfrac{M_x}{\gamma_x W_{nx}} = \left(\dfrac{1980}{1261.5} + \dfrac{1168875}{1.0 \times 40905} \right) \text{MPa} = 30.15\text{MPa} < f_a = 90\text{MPa}$

立柱抗弯强度满足要求。

6. 立柱的挠度计算

因为预选型材惯性矩（$I_{x\min} = 1276447.685\text{mm}^4$）是根据挠度限值计算的，所以只要选择的立柱惯性矩大于预选值，挠度就满足要求：

实际选用的型材惯性矩：$I_x = 2656350\text{mm}^4$

实际挠度计算值为：

$$d_f = \dfrac{5q_k L^4}{384EI_x} = \left(\dfrac{5 \times 1.3739 \times 3000^4}{384 \times 70000 \times 2656350} \right)\text{mm} = 7.793\text{mm} < d_{f,\lim} = 16.667\text{mm}$$

立柱挠度满足要求。

7. 立柱的抗剪强度验算

校核依据：$\tau_{\max} \leqslant \tau_a = 55\text{MPa}$（立柱的抗剪强度设计值）

1）V_{wk}：风荷载作用下剪力标准值（N）：

$$V_{wk} = \dfrac{w_k BL}{2} = \dfrac{0.001249 \times 1100 \times 3000}{2} = 2060.85 \text{（N）}$$

2）V_w：风荷载作用下剪力设计值（N）：

$$V_w = \gamma_w V_{wk} = 1.4 \times 2060.85 = 2885.19 \text{（N）}$$

3）V_{Ek}：地震作用下剪力标准值（N）：

$$V_{Ek} = \dfrac{q_{EAk} BL}{2} = \dfrac{0.000425 \times 1100 \times 3000}{2} = 701.25 \text{（N）}$$

4）V_E：地震作用下剪力设计值（N）：

$$V_E = \gamma_E V_{Ek} = 1.4 \times 701.25 = 981.75 \text{（N）}$$

5）V：立柱所受剪力设计值组合：

采用 $0.2V_w + V_E$ 组合：

$$V = 0.2V_w + V_E = 0.2 \times 2885.19 + 981.75 = 1558.788 \text{（N）}$$

6）立柱剪应力校核：

$\tau_{\max}$：立柱最大剪应力（MPa）。

V：立柱所受剪力（N）。

S_x：立柱型材受力面对中性轴的面积矩（mm^3）。

I_x：立柱型材截面惯性矩（mm^4）。

t：型材截面垂直于 x 轴腹板的截面总宽度（mm）。

$$\tau_{\max} = \dfrac{VS_x}{I_x t} = \left(\dfrac{1558.788 \times 26247}{2656350 \times 6} \right)\text{MPa} = 2.567\text{MPa} < 55\text{MPa}$$

立柱抗剪强度满足要求。

8.4.4 幕墙横梁计算

1. 基本参数

1）计算点标高：$z = 88\text{m}$

2）横梁跨度：$B = 1100$mm

3）横梁上分格高：1380mm；横梁下分格高：1380mm

4）横梁计算间距：$H = 1380$mm

5）力学模型：双向受弯简支梁

6）板块配置：中空玻璃 6mm + 10A + 6mm

7）横梁材质：6063-T5

因为 $B \leqslant H$，所以玻璃面板上风荷载、地震作用以三角形分布的形式传给横梁，幕墙横梁按三角形荷载分布简支梁力学模型进行设计计算（图 8-29a）。

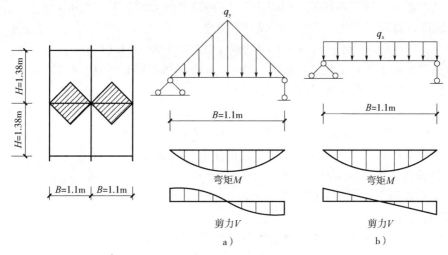

图 8-29　横梁计算简图

a）水平荷载作用　b）竖向荷载作用

2. 横梁型材选材计算

1）横梁在风荷载作用下的线荷载集度（按三角形分布）：

q_{wk}：风荷载线分布最大荷载集度标准值（N/mm）。

w_k：风荷载标准值（MPa）。

B：横梁跨度（mm），$B = 1100$mm。

$$q_{wk} = w_k B = 0.001249 \times 1100 = 1.3739 \ (\text{N/mm})$$

q_w：风荷载线分布最大荷载集度设计值（N/mm）。

$$q_w = \gamma_w q_{wk} = 1.4 \times 1.3739 = 1.924 \ (\text{N/mm})$$

2）垂直于幕墙平面的分布水平地震作用的线荷载集度（按三角形分布）：

q_{EAk}：垂直于幕墙平面的分布水平地震作用（MPa）。

β_E：动力放大系数，取 $\beta_E = 5.0$。

α_{max}：水平地震影响系数最大值，取 $\alpha_{max} = 0.17$。

G_k：幕墙构件的重力荷载标准值（N）（主要是指面板组件）。

A：幕墙平面面积（mm^2）。

由《玻璃幕墙工程技术规范》（JGJ 102）（2022 年送审稿）式（5.3.4）：

$$q_{EAk} = \beta_E \alpha_{max} G_k / A = 5.0 \times 0.17 \times 0.0004 = 0.00034 \ (\text{MPa})$$

［注：嵌入物为中空（夹层）玻璃的幕墙，结构的自重标准值面荷载 G_k/A 取 $400\mathrm{N/m^2}$，即 $0.0004\mathrm{MPa}$］

q_{Ek}：横梁受水平地震作用线荷载集度标准值（N/mm）。

B：横梁跨度（mm），$B = 1100\mathrm{mm}$。

$$q_{Ek} = q_{EAk}B = 0.00034 \times 1100 = 0.374 \ （\mathrm{N/mm}）$$

q_E：横梁受水平地震作用线荷载集度设计值（N/mm）。

$$q_E = \gamma_E q_{Ek} = 1.4 \times 0.374 = 0.5236 \ （\mathrm{N/mm}）$$

3）幕墙横梁受荷载集度组合：

由《玻璃幕墙工程技术规范》（JGJ 102）（2022 年送审稿）式（5.4.1）：

用于强度计算时，采用 $0.2S_w + S_E$ 设计值组合：

$$q_y = 0.2q_w + q_E = 0.2 \times 1.924 + 0.5236 = 0.9084 \ （\mathrm{N/mm}）$$

由《玻璃幕墙工程技术规范》（JGJ 102）（2022 年送审稿）式（5.4.1）：

用于挠度计算时，采用 S_w 标准值：

$$q_{yk} = q_{wk} = 1.3739\mathrm{N/mm}$$

4）横梁在风荷载及地震组合作用下的弯矩值（按三角形分布）：

M_y：横梁受风荷载及地震作用弯矩组合设计值（N·mm）。

M_w：风荷载作用下横梁产生的弯矩（N·mm）。

M_E：地震作用下横梁产生的弯矩（N·mm）。

B：横梁跨度（mm）。

三角形分布荷载作用下，跨中截面的最大弯矩可按下式计算：

$$M_w = \frac{q_w B^2}{12}, \quad M_E = \frac{q_E B^2}{12}$$

采用 $0.2S_w + S_E$ 组合：

$$M_y = 0.2M_w + M_E = \frac{(0.2q_w + q_E)B^2}{12}$$

$$= \frac{q_y B^2}{12} = \frac{0.9084 \times 1100^2}{12} = 91597 \ （\mathrm{N·mm}）$$

5）横梁在自重荷载作用下的弯矩值：

G_k：横梁自重线荷载标准值（N/mm）。

H_1：横梁自重荷载作用高度（mm），对挂式结构取横梁下分格高，对非挂式结构取横梁上分格高。

$$q_{xk} = g_k = 0.0004H_1 = 0.0004 \times 1380 = 0.552 \ （\mathrm{N/mm}）$$

［注：嵌入物为中空（夹层）玻璃的幕墙，结构的自重标准值面荷载 G_k/A 取 $400\mathrm{N/m^2}$，即 $0.0004\mathrm{MPa}$］

G：横梁自重线荷载设计值（N/mm）。

$$q_x = \gamma_G q_{xk} = 1.2 \times 0.552 = 0.662 \ （\mathrm{N/mm}）$$

B：横梁跨度（mm）。

在竖向荷载作用下，横梁的计算简图如图 8-29b 所示。

M_x：横梁在自重荷载作用下的弯矩设计值（N·mm）。

$$M_x = \frac{q_x B^2}{8} = \frac{0.662 \times 1100^2}{8} = 100127.5 \ （\text{N} \cdot \text{mm}）$$

3. 确定材料的截面参数

（1）横梁抵抗矩预选

W_{nx}：绕 x 轴横梁净截面抵抗矩预选值（mm^3）。

W_{ny}：绕 y 轴横梁净截面抵抗矩预选值（mm^3）。

M_x：横梁在自重荷载作用下的弯矩设计值（$\text{N} \cdot \text{mm}$）。

M_y：风荷载及地震作用弯矩组合设计值（$\text{N} \cdot \text{mm}$）。

γ_x，γ_y：塑性发展系数：

钢材龙骨：按《金属与石材幕墙工程技术规范》（JGJ 133）（2022 年送审稿）或《玻璃幕墙工程技术规范》（JGJ 102）（2022 年送审稿）均取 1.05。

铝合金龙骨：按《铝合金结构设计规范》（GB 50429—2007），均取 1.00。

f_a：型材抗弯强度设计值（MPa），对 6063-T5 取 $f_a = 90\text{MPa}$。

横梁抵抗矩分别按下面公式计算：

由 $\dfrac{M_x}{\gamma_x W_{nx}} \leqslant f_a$，可得

$$W_{nx} = \frac{M_x}{\gamma_x f_a} = \frac{100127.5}{1.00 \times 90} = 1112.528 \ （\text{mm}^3）$$

由 $\dfrac{M_y}{\gamma_y W_{ny}} \leqslant f_a$，可得

$$W_{ny} = \frac{M_y}{\gamma_y f_a} = \frac{91597}{1.0 \times 90} = 1017.744 \ （\text{mm}^3）$$

（2）横梁惯性矩预选

$d_{f1,\lim}$：按规范要求，横梁在水平力标准值作用下的挠度限值（mm）。

$d_{f2,\lim}$：按规范要求，横梁在自重力标准值作用下的挠度限值（mm）。

B：横梁跨度（mm）。

《建筑幕墙》（GB/T 21086—2007）第 5.1.1.2 条规定（表 11）：

对于构件式玻璃幕墙或单元式幕墙，钢材横梁的相对挠度不应大于 $L/250$，铝材横梁的相对挠度不应大于 $L/180$。构件式玻璃幕墙或单元式幕墙（其他形式幕墙或外围护结构无绝对挠度限制）绝对挠度：

当跨距 $\leqslant 4500\text{mm}$ 时，绝对挠度不应该大于 20mm。

当跨距 $> 4500\text{mm}$ 时，绝对挠度不应该大于 30mm。

$\qquad B/180 = (1100/180)\text{mm} = 6.111\text{mm} < 20\text{mm}$，取 $d_{f1,\lim} = 6.111\text{mm}$

《建筑幕墙》（GB/T 21086—2007）第 5.1.9 条 b 规定：

在自重标准值作用下，水平受力构件在单块面板两端跨距内的最大挠度不应超过该面板两端跨距的 1/500，并且不应超过 3mm。

$\qquad B/500 = (1100/500)\text{mm} = 2.200\text{mm} < 3\text{mm}$，取 $d_{f2,\lim} = 2.200\text{mm}$

q_k：风荷载作用线荷载集度标准值（N/mm）。

E：型材的弹性模量（MPa），对 6063-T5 取 $E = 70000\text{MPa}$。

I_{ymin}：绕 y 轴最小惯性矩（mm^4）。

B：横梁跨度（mm）。

风荷载标准值作用下的挠度应满足下列条件：

$$d_{f1} = \frac{q_{yk}B^4}{120EI_{ymin}} \leqslant d_{f1,lim}$$

$$I_{ymin} = \frac{q_{yk}B^4}{120Ed_{f1,lim}} = \frac{1.3739 \times 1100^4}{120 \times 70000 \times 6.111} = 39186.303 \quad (mm^4)$$

I_{xmin}：绕 x 轴最小惯性矩（mm^4）。

G_k：横梁自重线荷载标准值（N/mm）。

自重标准值作用下的挠度应满足下列条件：

$$d_{f2} = \frac{5q_{xk}B^4}{384EI_{xmin}} \leqslant d_{f2,lim}$$

$$I_{xmin} = \frac{5q_{xk}B^4}{384Ed_{f2,lim}} = \frac{5 \times 0.552 \times 1100^4}{384 \times 70000 \times 2.2} = 68332.589 \quad (mm^4)$$

4. 选用横梁型材的截面特性

按照上面的预选结果选取型材：

选用型材号：60/60 系列

型材抗弯强度设计值：$f_a = 90MPa$

型材抗剪强度设计值：$f_v = 55MPa$

型材弹性模量：$E = 70000MPa$

绕 x 轴惯性矩：$I_x = 136230mm^4$

绕 y 轴惯性矩：$I_y = 326950mm^4$

绕 x 轴净截面抵抗矩：$W_{nx1} = 5339mm^3$

绕 x 轴净截面抵抗矩：$W_{nx2} = 3935mm^3$

绕 y 轴净截面抵抗矩：$W_{ny1} = 11757mm^3$

绕 y 轴净截面抵抗矩：$W_{ny2} = 10136mm^3$

型材净截面面积：$A_n = 574.7mm^2$

型材线密度：$\gamma_g = 0.015517N/mm$

横梁与立柱连接时角片与横梁连接处横梁壁厚：$t = 3mm$

横梁截面垂直于 x 轴腹板的截面总宽度：$t_x = 5mm$

横梁截面垂直于 y 轴腹板的截面总宽度：$t_y = 3mm$

型材受力面对中性轴的面积矩（绕 x 轴）：$S_x = 3672mm^3$

型材受力面对中性轴的面积矩（绕 y 轴）：$S_y = 6379mm^3$

塑性发展系数：$\gamma_x = \gamma_y = 1.00$（铝合金龙骨）

5. 横梁的抗弯强度计算

横梁属于双向受弯构件，其抗弯强度应满足下列公式的要求：

$$\frac{M_x}{\gamma_x W_{nx}} + \frac{M_y}{\gamma_y W_{ny}} \leqslant f_a$$

式中　M_x——横梁绕 x 轴方向（幕墙平面内方向）的弯矩设计值（N·mm）；

M_y——横梁绕 y 轴方向（垂直于幕墙平面方向）的弯矩设计值（N·mm）；

W_{nx}——横梁绕 x 轴方向（幕墙平面内方向）的净截面抵抗矩（mm³）；

W_{ny}——横梁绕 y 轴方向（垂直于幕墙平面方向）的净截面抵抗矩（mm³）；

γ_x、γ_y——塑性发展系数：

钢材龙骨：按《金属与石材幕墙工程技术规范》（JGJ 133）（2022 年送审稿）或《玻璃幕墙工程技术规范》（JGJ 102）（2022 年送审稿），均取 1.05。

铝合金龙骨：按《铝合金结构设计规范》（GB 50429—2007），均取 1.00。

f_a——型材的抗弯强度设计值，取 $f_a = 90\text{MPa}$。

采用 $S_G + 0.2S_w + S_E$ 组合，则：

$$\frac{M_x}{\gamma_x W_{nx}} + \frac{M_y}{\gamma_y W_{ny}} = \left(\frac{100127.5}{1.00 \times 3935} + \frac{91597}{1.00 \times 10136}\right)\text{MPa} = 34.482\text{MPa} < f_a = 90\text{MPa}$$

横梁的抗弯强度满足要求。

6. 横梁的挠度计算

因为预选型材惯性矩（$I_{x\min} = 68332.589\text{mm}^4$、$I_{y\min} = 40272.989\text{mm}^4$）是根据挠度限值计算的，所以只要选择的横梁惯性矩大于预选值，挠度就满足要求：

实际选用的型材惯性矩为：$I_x = 136230\text{mm}^4$，$I_y = 326950\text{mm}^4$

横梁挠度的实际计算值如下：

$$d_{f1} = \frac{q_k B^4}{120EI_y} = \left(\frac{1.3739 \times 1100^4}{120 \times 70000 \times 326950}\right)\text{mm} = 0.732\text{mm} < d_{f1,\lim} = 6.111\text{mm}$$

$$d_{f2} = \frac{5g_k B^4}{384EI_x} = \left(\frac{5 \times 0.552 \times 1100^4}{384 \times 70000 \times 136230}\right)\text{mm} = 1.104\text{mm} < d_{f2,\lim} = 2.200\text{mm}$$

横梁的挠度满足要求。

7. 横梁的抗剪强度验算（三角荷载作用下）

校核依据：$\tau_{\max} \leq \tau_a = 55\text{MPa}$（型材的抗剪强度设计值）

1）风荷载作用下剪力标准值 V_{wk}（N）：

$$V_{wk} = \frac{q_{wk}B}{4} = \frac{1.3739 \times 1100}{4} = 377.82 \text{（N）}$$

2）风荷载作用下剪力设计值 V_w（N）：

$$V_w = \gamma_w V_{wk} = 1.4 \times 377.82 = 528.95 \text{（N）}$$

3）地震作用下剪力标准值 V_{Ek}（N）：

$$V_{Ek} = \frac{q_{Ek}B}{4} = \frac{0.374 \times 1100}{4} = 102.85 \text{（N）}$$

4）地震作用下剪力设计值 V_E（N）：

$$V_E = \gamma_E V_{Ek} = 1.4 \times 102.85 = 143.99 \text{（N）}$$

5）水平总剪力 V_x（N）：

$$V_x：横梁水平总剪力（N）。$$

采用 $0.2V_w + V_E$ 组合：

$$V_x = 0.2V_w + V_E = 0.2 \times 377.82 + 143.99 = 219.55 \text{（N）}$$

6）垂直总剪力 V_y（N）：

$$V_y = \gamma_G \frac{g_k B}{2} = 1.2 \times \frac{0.552 \times 1100}{2} = 364.32 \ (N)$$

7）横梁剪应力校核：

横梁剪应力分别按下面公式验算横梁 x、y 向截面的剪应力：

$$\tau_x = \frac{V_x S_y}{I_y t_y}$$

τ_x：横梁水平方向剪应力（MPa）。

V_x：横梁水平总剪力（N）。

S_y：横梁型材受力面对中性轴的面积矩（mm^3）（绕 y 轴）。

I_y：横梁型材截面惯性矩（mm^4）。

t_y：横梁截面垂直于 y 轴腹板的截面总宽度（mm）。

$$\tau_x = \frac{V_x S_y}{I_y t_y} = \left(\frac{219.55 \times 6379}{326950 \times 3}\right) MPa = 1.428 MPa < \tau_a = 55 MPa$$

$$\tau_y = \frac{V_y S_x}{I_x t_x}$$

τ_y：横梁垂直方向剪应力（MPa）。

V_y：横梁垂直总剪力（N）。

S_x：横梁型材受力面对中性轴的面积矩（mm^3）（绕 x 轴）。

I_x：横梁型材截面惯性矩（mm^4）。

t_x：横梁截面垂直于 x 轴腹板的截面总宽度（mm）。

$$\tau_y = \frac{V_y S_x}{I_x t_x} = \left(\frac{364.32 \times 3672}{136230 \times 5}\right) MPa = 1.964 MPa < \tau_a = 55 MPa$$

横梁抗剪强度满足要求。

8.4.5 玻璃面板计算

1. 基本参数

1）计算点标高：$z = 88m$

2）玻璃板尺寸：宽 × 高 $= B \times H = 1100mm \times 1380mm$

3）玻璃配置：中空玻璃 6mm（钢化玻璃）+ 10A + 6mm（浮法玻璃）

玻璃面板为四边简支板，其计算简图如图 8-30 所示。

2. 玻璃面板荷载计算

（1）外片玻璃荷载计算

t_1：外片玻璃厚度，$t_1 = 6mm$。

t_2：内片玻璃厚度，$t_2 = 6mm$。

w_k：作用在板块上的风荷载标准值（MPa）。

G_{Ak1}：外片玻璃单位面积自重标准值（仅是指玻璃）（MPa）。

q_{EAk1}：外片玻璃地震作用标准值（MPa）。

γ_{g1}：外片玻璃的体积密度（N/mm^3）。

w_{k1}：分配到外片上的风荷载作用标准值（MPa）。

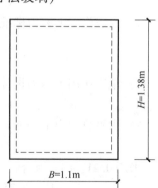

图 8-30　玻璃面板的模型简图

q_{k1}：分配到外片玻璃上的荷载组合标准值（MPa）。

q_1：分配到外片玻璃上的荷载组合设计值（MPa）。

$$G_{Ak1} = \gamma_{g1} t_1 = 0.0000256 \times 6 = 0.000154 \text{（MPa）}$$

$$q_{EAk1} = \beta_E \alpha_{max} G_{Ak1} = 5.0 \times 0.17 \times 0.000154 = 0.000131 \text{（MPa）}$$

$$w_{k1} = 1.1 w_k \frac{t_1^3}{t_1^3 + t_2^3} = 1.1 \times 0.001282 \times \frac{6^3}{6^3 + 6^3} = 0.000705 \text{（MPa）}$$

$$q_{k1} = 0.2 w_{k1} + q_{EAk1} = 0.2 \times 0.000705 + 0.000131 = 0.000272 \text{（MPa）}$$

$$q_1 = 0.2 \gamma_w w_{k1} + \gamma_E q_{EAk1} = 0.2 \times 1.4 \times 0.000705 + 1.4 \times 0.000131 = 0.0003808 \text{（MPa）}$$

（2）内片玻璃荷载计算

t_1：外片玻璃厚度，$t_1 = 6mm$。

t_2：内片玻璃厚度，$t_2 = 6mm$。

w_k：作用在板块上的风荷载标准值（MPa）。

G_{Ak2}：内片玻璃单位面积自重标准值（仅是指玻璃）（MPa）。

q_{EAk2}：内片玻璃地震作用标准值（MPa）。

γ_{g2}：内片玻璃的体积密度（N/mm³）。

w_{k2}：分配到内片上的风荷载作用标准值（MPa）。

q_{k2}：分配到内片玻璃上的荷载组合标准值（MPa）。

q_2：分配到内片玻璃上的荷载组合设计值（MPa）。

$$G_{Ak2} = \gamma_{g2} t_2 = 0.0000256 \times 6 = 0.000154 \text{（MPa）}$$

$$q_{EAk2} = \beta_E \alpha_{max} G_{Ak2} = 5 \times 0.17 \times 0.000154 = 0.000131 \text{（MPa）}$$

$$w_{k2} = w_k \frac{t_2^3}{t_1^3 + t_2^3} = 0.001282 \times \frac{6^3}{6^3 + 6^3} = 0.000641 \text{（MPa）}$$

$$q_{k2} = 0.2 w_{k2} + q_{EAk2} = 0.2 \times 0.000641 + 0.000131 = 0.000259 \text{（MPa）}$$

$$q_2 = 0.2 \gamma_w w_{k2} + \gamma_E q_{EAk2} = 0.2 \times 1.4 \times 0.000641 + 1.4 \times 0.000131 = 0.000311 \text{（MPa）}$$

（3）玻璃面板荷载组合　用于强度计算时，采用 $0.2 S_w + S_E$ 设计值组合：

$$q = 0.2 \gamma_w w_k + \gamma_E (q_{EAk1} + q_{EAk2})$$

$$= 0.2 \times 1.4 \times 0.001282 + 1.4 \times (0.000131 + 0.000131) = 0.000726 (\text{MPa})$$

用于挠度计算时，采用 S_w 标准值：

$$w_k = 0.001282 \text{MPa}$$

3. 玻璃面板强度校核

校核依据：$\sigma \leqslant f_g$

（1）外片校核

θ_1：外片玻璃的计算参数。

η_1：外片玻璃的折减系数。

q_{k1}：作用在外片玻璃上的荷载组合标准值（MPa）。

a：分格短边长度（mm）。

E：玻璃的弹性模量（MPa）。

t_1：外片玻璃厚度（mm）。

由《玻璃幕墙工程技术规范》（JGJ 102）（2022 年送审稿）式（6.2.2-3）：

$$\theta_1 = \frac{q_{k1}a^4}{Et_1^4} = \frac{0.000272 \times 1100^4}{72000 \times 6^4} = 4.2678 < 5.0$$

按系数 θ_1，查《玻璃幕墙工程技术规范》（JGJ 102）（2022 年送审稿）表 6.2.2-2，可得 $\eta_1 = 1.0$

σ_1：外片玻璃在组合荷载作用下的板中最大应力设计值（MPa）。

q_1：作用在板块外片玻璃上的荷载组合设计值（MPa）。

a：玻璃短边边长，$a = 1100$mm。

b：玻璃长边边长，$b = 1380$mm。

t_1：外片玻璃厚度，$t_1 = 6$mm。

m_1：外片玻璃弯矩系数，按边长比 a/b 查《玻璃幕墙工程技术规范》（JGJ 102）（2022 年送审稿）表 6.2.2-1 确定。$a/b = 1100/1380 = 0.7971$

$$m_1 = 0.0628 + \frac{0.80 - 0.7971}{0.80 - 0.75} \times (0.0683 - 0.0628) = 0.0631$$

由《玻璃幕墙工程技术规范》（JGJ 102）（2022 年送审稿）式（6.2.2）：

$$\sigma_1 = \frac{6m_1q_1a^2}{t_1^2}\eta_1$$

$$= \left(\frac{6 \times 0.0631 \times 0.0003808 \times 1100^2}{6^2} \times 1.0\right)\text{MPa} = 4.846\text{MPa} < f_{g1} = 84\text{MPa （钢化玻璃）}$$

外片玻璃的强度满足要求。

（2）内片校核

θ_2：内片玻璃的计算参数。

η_2：内片玻璃的折减系数。

q_{k2}：作用在内片玻璃上的荷载组合标准值（MPa）。

a：分格短边长度，$a = 1100$mm。

E：玻璃的弹性模量（MPa）。

t_2：内片玻璃厚度，$t_2 = 6$mm。

由《玻璃幕墙工程技术规范》（JGJ 102）（2022 年送审稿）式（6.2.2 - 3）：

$$\theta_2 = \frac{q_{k2}a^4}{Et_2^4} = \frac{0.000259 \times 1100^4}{72000 \times 6^4} = 4.064 < 5.0$$

按系数 θ_2，查《玻璃幕墙工程技术规范》（JGJ 102）（2022 年送审稿）表 6.2.2-2，可得 $\eta_2 = 1.0$

σ_2：内片玻璃在组合荷载作用下的板中最大应力设计值（MPa）。

q_2：作用在板块内片玻璃上的荷载组合设计值（MPa）。

a：玻璃短边边长（mm）。

b：玻璃长边边长（mm）。

t_2：内片玻璃厚度（mm）。

m_2：内片玻璃弯矩系数，按边长比 a/b 查《玻璃幕墙工程技术规范》（JGJ 102）（2022 年送审稿）表 6.2.2-1 确定。$a/b = 1100/1380 = 0.7971$

$$m_1 = 0.0628 + \frac{0.80 - 0.7971}{0.80 - 0.75} \times (0.0683 - 0.0628) = 0.0631$$

$$\sigma_2 = \frac{6m_2 q_2 a^2}{t_2^2} \eta_2$$

$$= \left(\frac{6 \times 0.0631 \times 0.000311 \times 1100^2}{6^2} \times 1.0 \right) \text{MPa} = 3.958 \text{MPa} < f_{g2} = 28 \text{MPa}（浮法玻璃）$$

内片玻璃的强度满足要求。

4. 玻璃面板挠度校核

校核依据《玻璃幕墙工程技术规范》（JGJ 102）（2022 年送审稿）式（6.2.3-2）：

$$d_f = \frac{\eta \mu w_k a^4}{D} \leqslant d_{f,\text{lim}}$$

式中　d_f——玻璃板挠度计算值（mm）；

　　　η——玻璃挠度的折减系数；

　　　μ——玻璃挠度系数，按边长比 a/b（$a/b = 1100/1380 = 0.7971$）查《玻璃幕墙工程技术规范》（JGJ 102）（2022 年送审稿）表 6.2.3，$a/b = 0.75$，$\mu = 0.00663$，$a/b = 0.80$，$\mu = 0.00603$，按线性插入法可得

$$\mu = 0.00603 + \frac{0.80 - 0.7971}{0.80 - 0.75} \times (0.00663 - 0.00603) = 0.00606$$

　　　W_k——风荷载标准值（MPa）；

　　　a——玻璃板块短边尺寸（mm）；

　　　D——玻璃的弯曲刚度（N·mm）；

　　　$d_{f,\text{lim}}$——允许挠度，取短边长的 1/60，为 $d_{f,\text{lim}} = a/60 = 1100/60 = 18.333$（mm）。

玻璃弯曲刚度 D 按《玻璃幕墙工程技术规范》（JGJ 102）（2022 年送审稿）式（6.2.3-1）计算：

$$D = \frac{Et_e^3}{12(1 - v^2)}$$

式中　E——玻璃的弹性模量（MPa）；

　　　t_e——玻璃的等效厚度（mm）；

　　　v——玻璃材料泊松比，$v = 0.2$；

玻璃的等效厚度 t_e 按《玻璃幕墙工程技术规范》（JGJ 102）（2022 年送审稿）式（6.2.5-3）计算：

$$t_e = 0.95 \sqrt[3]{t_1^3 + t_2^3} = 0.95 \times \sqrt[3]{6^3 + 6^3} = 7.182（\text{mm}）$$

$$D = \frac{Et_e^3}{12(1 - v^2)} = \frac{72000 \times 7.182^3}{12 \times (1 - 0.2^2)} = 2315347.704（\text{N·mm}）$$

　　　θ——玻璃板块的计算参数，按《玻璃幕墙工程技术规范》（JGJ 102）（2022 年送审稿）式（6.2.2-3）计算：

$$\theta = \frac{w_k a^4}{Et_e^4} = \frac{0.001282 \times 1100^4}{72000 \times 7.182^4} = 9.798 > 5.0$$

按参数 θ 查《玻璃幕墙工程技术规范》（JGJ 102）（2022 年送审稿）表 6.2.2-2，$\theta = 5.0$，$\eta = 1.0$，$\theta = 10.0$，$\eta = 0.96$，按线性插入法可得

$$\eta = 0.96 + \frac{10 - 9.798}{10 - 5} \times (1.0 - 0.96) = 0.962$$

$$d_{\mathrm{f}} = \frac{\eta\mu w_{\mathrm{k}}a^4}{D}$$

$$= \left(\frac{0.962 \times 0.00606 \times 0.001282 \times 1100^4}{2315347.704} \right) \mathrm{mm} = 4.726\mathrm{mm} < d_{\mathrm{f,lim}} = 18.333\mathrm{mm}（中空玻璃）$$

玻璃面板挠度满足要求。

8.4.6 幕墙连接件计算

1. 基本参数

1）计算点标高：$z = 88\mathrm{m}$

2）立柱计算间距：$B = 1100\mathrm{mm}$

3）横梁计算分格尺寸：宽×高 $= B \times H = 1100\mathrm{mm} \times 1380\mathrm{mm}$

4）幕墙立柱跨度：$L = 3000\mathrm{mm}$

5）板块配置：中空玻璃

6）龙骨材质：立柱为：6063-T5；横梁为：6063-T5

7）立柱与主体连接钢角码壁厚：6mm

8）立柱与主体连接螺栓公称直径：12mm

9）立柱与横梁连接处铝角码厚度：5mm

10）横梁与角码连接螺栓公称直径：6mm

11）立柱与角码连接螺栓公称直径：6mm

12）立柱连接形式：单跨简支

2. 横梁与角码间连接（图8-31）

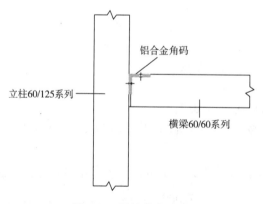

铝合金角码

立柱60/125系列

横梁60/60系列

图8-31 梁柱节点示意

（1）风荷载作用下横梁剪力设计值（按角形分布）　因为 $B \leqslant H$，所以玻璃面板上风荷载、地震作用以三角形分布的形式传给横梁，幕墙横梁按三角形荷载分布简支梁力学模型进行设计计算。

$$V_{\mathrm{w}} = \frac{\gamma_{\mathrm{w}} w_{\mathrm{k}} B^2}{4} = \frac{1.4 \times 0.001282 \times 1100^2}{4} = 542.927（\mathrm{N}）$$

（2）地震作用下横梁剪力标准值（按三角形分布）

$$V_{\mathrm{Ek}} = \beta_{\mathrm{E}} \alpha_{\max} \frac{G_{\mathrm{k}} B^2}{A\ 4} = 5.0 \times 0.17 \times 0.0004 \times \frac{1100^2}{4} = 102.85（\mathrm{N}）$$

（3）地震作用下横梁剪力设计值

$$V_E = \gamma_E V_{Ek} = 1.4 \times 102.85 = 143.99 \text{（N）}$$

（4）连接部位总剪力 N_1　采用 $0.2S_w + S_E$ 组合：

$$N_1 = 0.2V_w + V_E = 0.2 \times 542.927 + 143.99 = 252.575 \text{（N）}$$

（5）连接螺栓计算

N_{v1}^b：螺栓受剪承载能力设计值（N）。

n_{v1}：剪切面数：取 $n_{v1} = 1$。

d：螺栓杆直径：$d = 6\text{mm}$。

f_{v1}^b：螺栓连接的抗剪强度设计值，对奥氏体不锈钢（A50）取 $f_{v1}^b = 190\text{MPa}$。

$$N_{v1}^b = \frac{n_{v1} \pi d^2 f_{v1}^b}{4} = \frac{1.0 \times \pi \times 6^2 \times 190}{4} = 5369.4 \text{（N）}$$

N_{num1}：螺栓个数。

$$N_{num1} = \frac{N_1}{N_{v1}^b} = \frac{252.575}{5369.4} = 0.047 \text{（个）} \qquad \text{实际取 } N_{num1} = 2 \text{ 个}$$

（6）连接部位横梁型材壁抗压承载力计算

N_{c1}：连接部位幕墙横梁型材壁抗压承载力设计值（N）。

N_{num1}：横梁与角码连接螺栓数量，$N_{num1} = 2$ 个。

d：螺栓公称直径，$d = 6\text{mm}$。

t_1：连接部位横梁壁厚，$t_1 = 3\text{mm}$。

f_{c1}：型材抗压强度设计值，对 6063-T5 取 $f_{c1} = 185\text{MPa}$。

$$N_{c1} = N_{num1} d t_1 f_{c1} = (2 \times 6 \times 3 \times 185)\text{N} = 6660\text{N} > N_1 = 252.575\text{N}$$

强度满足要求。

3. 角码与立柱连接（图 8-31）

（1）自重荷载计算

G_k：横梁自重线荷载（N/mm）。

H_g：横梁受自重荷载分格高，$H_g = 1380\text{mm}$。

$$g_k = 0.0004H_g = 0.0004 \times 1380 = 0.552 \text{（N/mm）}$$

G：横梁自重线荷载设计值（N/mm）。

$$g = \gamma_G g_k = 1.2 \times 0.552 = 0.662 \text{（N/mm）}$$

N_2：自重荷载（N）。

B：横梁宽度，$B = 1100\text{mm}$。

$$N_2 = \frac{gB}{2} = \frac{0.662 \times 1100}{2} = 364.1 \text{（N）}$$

（2）连接处组合荷载 N　采用 $S_G + 0.2S_w + S_E$

$$N = \sqrt{N_1^2 + N_2^2} = \sqrt{252.575^2 + 364.1^2} = 443.129 \text{（N）}$$

（3）连接处螺栓强度计算

N_{v2}^b：螺栓受剪承载能力设计值（N）。

n_{v2}：剪切面数：取 $n_{v2} = 1$。

d：螺栓杆直径：$d = 6\text{mm}$。

f_{v2}^b：螺栓连接的抗剪强度设计值，对奥氏体不锈钢（A50）取 $f_{v2}^b = 190MPa$。

$$N_{v2}^b = \frac{n_{v2}\pi d^2 f_{v2}^b}{4} = \frac{1.0 \times \pi \times 6^2 \times 190}{4} = 5369.4（N）$$

N_{num2}：螺栓个数。

$$N_{num2} = \frac{N}{N_{v2}^b} = \frac{443.129}{5369.4} = 0.083（个），实际取 N_{num2} = 2 个$$

（4）连接部位立柱型材壁抗压承载力计算

N_{c2}：连接部位幕墙立柱型材壁抗压承载力设计值（N）。

N_{num2}：连接处螺栓个数，$N_{num2} = 2$ 个。

d：螺栓公称直径，$d = 6mm$。

t_2：连接部位立柱壁厚，$t_2 = 3mm$。

f_{c2}：型材的承压强度设计值，对 6063-T5 取 $f_{c2} = 185MPa$。

$$N_{c2} = N_{num2}dt_2 f_{c2} = (2 \times 6 \times 3 \times 185)N = 6660N > N = 443.129N$$

强度满足要求。

（5）连接部位铝角码壁抗压承载力计算

N_{c3}：连接部位铝角码壁抗压承载力设计值（N）。

N_{num2}：连接处螺栓个数，$N_{num2} = 2$ 个。

d：螺栓公称直径，$d = 6mm$。

t_3：角码壁厚，$t_3 = 5mm$。

f_{c3}：型材的承压强度设计值，对 6063-T5 取 $f_{c3} = 185MPa$。

$$N_{c3} = N_{num2}dt_3 f_{c3} = (2 \times 6 \times 5 \times 185)N = 11100N > N = 443.129N$$

强度满足要求。

4. 立柱与主体结构连接（图 8-32）

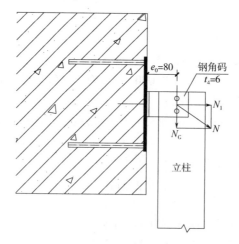

图 8-32　立柱与主体结构连接示意（单位：mm）

（1）连接处风荷载设计值

N_{wk}：连接处风荷载标准值（N）。

B_1：立柱计算间距，$B_1 = 1100mm$。

L：立柱跨度，$L = 3000\text{mm}$。

$$N_{wk} = w_k B_1 L = 0.001284 \times 1100 \times 3000 = 4121.7 \text{（N）}$$

N_w：连接处风荷载设计值（N）。

$$N_w = \gamma_w N_{wk} = 1.4 \times 4121.7 = 5770.38 \text{（N）}$$

（2）连接处地震作用设计值

N_{Ek}：连接处地震作用标准值（N）。

B_1：立柱计算间距，$B_1 = 1100\text{mm}$。

L：立柱跨度，$L = 3000\text{mm}$。

$$N_{Ek} = \left(\beta_E \alpha_{max} \frac{G_k}{A} \right) B_1 L = 5.0 \times 0.17 \times 0.0005 \times 1100 \times 3000 = 1402.5 \text{（N）}$$

N_E：连接处地震作用设计值（N）。

$$N_E = \gamma_E N_{Ek} = 1.4 \times 1402.5 = 1963.5 \text{（N）}$$

（3）连接处水平剪切总力

N_1：连接处水平总力（N）。

采用 $0.2S_w + S_E$ 组合：

$$N_1 = 0.2 N_w + N_E = 0.2 \times 5770.38 + 1963.5 = 3117.576 \text{（N）}$$

（4）连接处重力总力

N_{Gk}：连接处自重总值标准值（N）。

B_1：立柱计算间距，$B_1 = 1100\text{mm}$。

L：立柱跨度，$L = 3000\text{mm}$。

$$N_{Gk} = 0.0005 B_1 L = 0.0005 \times 1100 \times 3000 = 1650 \text{（N）}$$

N_G：连接处自重总值设计（N）。

$$N_G = \gamma_G N_{Gk} = 1.2 \times 1650 = 1980 \text{（N）}$$

（5）连接处总剪力

N：连接处总剪力（N）。

$$N = \sqrt{N_1^2 + N_G^2} = \sqrt{3117.576^2 + 1980^2} = 3693.194 \text{（N）}$$

（6）螺栓承载力计算

N_{v3}^b：螺栓受剪承载能力设计值（N）。

n_{v3}：剪切面数，取 $n_{v3} = 2$。

d：螺栓杆直径，$d = 12\text{mm}$。

f_{v3}^b：螺栓连接的抗剪强度设计值，对奥氏体不锈钢（A50）取 $f_{v3}^b = 175\text{MPa}$。

$$N_{v3}^b = n_{v3} \frac{\pi d^2}{4} f_{v3}^b = 2 \times \frac{\pi \times 12^2}{4} \times 175 = 39564 \text{（N）}$$

N_{num3}：螺栓个数。

$$N_{num3} = \frac{N}{N_{v3}^b} = \frac{3693.194}{39564} = 0.093 \text{（个）}，\text{实际取 } N_{num3} = 2 \text{ 个}$$

（7）立柱型材壁抗压承载力计算

N_{c4}：立柱型材壁抗压承载力（N）。

N_{num3}：连接处螺栓个数，$N_{num3} = 2$ 个。

d：螺栓公称直径，$d = 12\mathrm{mm}$。

t_2：连接部位立柱壁厚，$t_2 = 3\mathrm{mm}$。

f_{c4}：型材的承压强度设计值，对 6063-T5 取 $f_{c4} = 185\mathrm{MPa}$。

$$N_{c4} = 2N_{\mathrm{num3}}dt_2 f_{c4} = (2 \times 2 \times 12 \times 3 \times 185)\mathrm{N} = 26640\mathrm{N} > N = 3693.194\mathrm{N}$$

强度满足要求。

（8）钢角码型材壁抗压承载力计算

N_{c5}：钢角码型材壁抗压承载力（N）。

N_{num3}：连接处螺栓个数，$N_{\mathrm{num3}} = 2$ 个。

d：连接螺栓公称直径，$d = 12\mathrm{mm}$。

t_4：幕墙钢角码壁厚，$t_4 = 6\mathrm{mm}$。

f_{c5}：钢角码的抗压强度设计值，对 Q235 取 $f_{c5} = 305\mathrm{MPa}$。

$$N_{c5} = 2N_{\mathrm{num3}}dt_4 f_{c5} = (2 \times 2 \times 12 \times 6 \times 305)\mathrm{N} = 87840\mathrm{N} > N = 3693.194\mathrm{N}$$

强度满足要求。

8.4.7 幕墙预埋件计算

1. 基本参数

1）计算点标高：$Z = 88\mathrm{m}$

2）立柱跨度：$L = 3000\mathrm{mm}$

3）立柱计算间距：$B = 1100\mathrm{mm}$

4）立柱力学模型：单跨简支

5）埋件位置：侧埋

6）板块配置：中空玻璃

7）混凝土强度等级：C25

2. 荷载标准值计算

（1）垂直于幕墙平面的分布水平地震作用

$$q_{\mathrm{Ek}} = \beta_{\mathrm{E}}\alpha_{\max}\frac{G_{\mathrm{k}}}{A} = 5.0 \times 0.17 \times 0.0005 = 0.000425 \quad (\mathrm{MPa})$$

（2）幕墙受水平荷载设计值组合 采用 $0.2S_{\mathrm{w}} + S_{\mathrm{E}}$ 组合：

按照《玻璃幕墙工程技术规范》（JGJ 102）（2022 年送审稿）式（5.4.1）：

$$q = 0.2\gamma_{\mathrm{w}}w_{\mathrm{k}} + \gamma_{\mathrm{E}}q_{\mathrm{Ek}}$$
$$= 0.2 \times 1.4 \times 0.001249 + 1.4 \times 0.000425 = 0.000945 \quad (\mathrm{MPa})$$

（3）立柱单元自重荷载标准值

$$G_{\mathrm{k}} = 0.0005BL = 0.0005 \times 1100 \times 3000 = 1650 \quad (\mathrm{N})$$

（4）校核处预埋件受力分析（图 8-33）

V：剪力（N）。

N：轴向拉力（N）。

e_0：剪力作用点到埋件距离，即立柱螺栓连接处到埋件面距离，$e_0 = 80\mathrm{mm}$。

$$V = \gamma_{\mathrm{G}}G_{\mathrm{k}} = 1.2 \times 1650 = 1980 \quad (\mathrm{N})$$
$$N = qBL = 0.000945 \times 1100 \times 3000 = 3118.50 \quad (\mathrm{N})$$

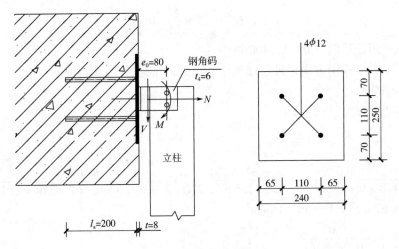

图 8-33　预埋件计算简图

$$M = Ve_0 = 1980 \times 80 = 158400 \quad (\text{N} \cdot \text{mm})$$

［注：$q = 0.2\gamma_G W_k + \gamma_E q_{EAk} = 0.2 \times 1.4 \times 0.001249 + 1.4 \times 0.000425 = 0.0000945 \quad (\text{N/mm}^2)$］

3. 埋件计算

当有剪力、法向拉力和弯矩共同作用时，应分别按《玻璃幕墙工程技术规范》（JGJ 102）（2022 年送审稿）式（A.0.1-1）和式（A.0.1-2）计算，并取二者的较大值：

$$A_s \geqslant \frac{V}{a_r a_v f_v} + \frac{N}{0.8 a_b f_y} + \frac{M}{1.3 a_r a_b f_y z}$$

$$A_s \geqslant \frac{N}{0.8 a_b f_y} + \frac{M}{0.4 a_r a_b f_y z}$$

式中　A_s——锚筋的总截面面积（mm^2）；

$$A_s = n\frac{\pi d^2}{4} = 4 \times \frac{\pi \times 12^2}{4} = 452.16 \quad (\text{mm}^2)$$

V——剪力设计值，$V = 1980\text{N}$；

a_r——钢筋层数影响系数，二层取 1.0，三层取 0.9，四层取 0.85；

a_v——钢筋受剪承载力系数，按下式计算，当 a_v 大于 0.7 时，取 $a_v = 0.7$；

$$a_v = (4.0 - 0.08d)\sqrt{\frac{f_c}{f_y}}$$

$$a_v = (4.0 - 0.08 \times 12) \times \sqrt{\frac{11.9}{270}} = 0.638 < 0.7$$

f_y——锚筋抗拉强度设计值（MPa），按《混凝土结构设计规范》（GB 50010—2010，2015 年版）选取，但不大于 300MPa，HPB300 级钢筋，$f_y = 270\text{MPa}$；

N——法向拉力设计值，$N = 3118.50\text{N}$；

a_b——锚板弯曲变形折减系数，按下式计算，当采取防止锚板弯曲变形的措施时，可取 $a_b = 1.0$；

$$a_b = 0.6 + 0.25\frac{t}{d}$$

$$a_b = 0.6 + 0.25 \times \frac{8}{12} = 0.767$$

M——弯矩设计值，$M = 158400 \text{N} \cdot \text{mm}$；

z——沿剪力作用方向最外层锚筋中心线之间的距离，$z = 110 \text{mm}$；

d——锚筋直径，$d = 12 \text{mm}$；

t——锚板厚度，$t = 8 \text{mm}$。

$$\frac{V}{a_r a_v f_v} + \frac{N}{0.8 a_b f_y} + \frac{M}{1.3 a_r a_b f_y z}$$

$$= \left(\frac{1980}{1.0 \times 0.638 \times 270} + \frac{3118.50}{0.8 \times 0.767 \times 270} + \frac{158400}{1.3 \times 1.0 \times 0.767 \times 270 \times 110} \right) \text{mm}^2$$

$$= 35.67 \text{mm}^2 < A_s = 452.16 \text{mm}^2$$

$$\frac{N}{0.8 a_b f_y} + \frac{M}{0.4 a_r a_b f_y z}$$

$$= \left(\frac{3118.50}{0.8 \times 0.767 \times 270} + \frac{158400}{0.4 \times 1.0 \times 0.767 \times 270 \times 110} \right) \text{mm}^2$$

$$= 36.21 \text{mm}^2 < A_s = 452.16 \text{mm}^2$$

预埋件锚筋总截面面积满足承载力要求。

4. 锚板总面积校核

A：锚板总面积（mm^2）。

f_c：混凝土轴心抗压强度设计值（MPa），按《混凝土结构设计规范》（GB 50010—2010）（2015 年版）选取，C25 混凝土，混凝土轴心抗压强度设计值 $f_c = 11.9 \text{MPa}$。

$$0.5 f_c A = [0.5 \times 11.9 \times (240 \times 250)] \text{N} = 357000 \text{N} > N = 3118.50 \text{N}$$

锚板面积满足要求。

5. 锚筋长度计算

计算依据：锚筋长度按《玻璃幕墙工程技术规范》（JGJ 102）（2022 年送审稿）式（A.0.5）计算：

$$l_a = 1.1 \alpha \frac{f_y}{f_t} d$$

式中 l_a——受拉钢筋的锚固长度（mm）；

f_t——混凝土轴心抗拉强度设计值（MPa），按《混凝土结构设计规范》（GB 50010—2010）（2015 年版）选取，当混凝土强度高于 C40 时，按 C40 取值；

f_y——锚筋抗拉强度设计值（MPa），按《混凝土结构设计规范》（GB 50010—2010）（2015 年版）选取；

d——锚筋公称直径（mm）；

α——锚筋的外型系数，光圆筋取 0.16，带肋筋取 0.14。

$$l_a = 1.1 \alpha \frac{f_y}{f_t} d = 1.1 \times 0.16 \times \frac{270}{1.27} \times 12 = 449.00 \text{（mm）}$$

如果锚筋的拉应力设计值小于钢筋抗拉强度设计值，按《玻璃幕墙工程技术规范》（JGJ 102）（2022 年送审稿）C.0.5 第 3 条规定，锚固长度可适当减小，以不小于 15 倍锚固钢筋直径为宜，即 $15d = 15 \times 12 = 180$（mm），实际选用的锚筋长度为 200mm，可以满足规范要求。

8.4.8 幕墙焊缝计算

1. 基本参数

1）焊缝形式：L形角焊

2）其他参数同埋件部分。

2. 受力分析

根据前述预埋件的计算结果，可得焊缝承担的内力：

剪力，$V = 1980N$

轴向拉力，$N = 3118.50N$

弯矩，$M = 158400N \cdot mm$

3. 焊缝特性参数计算

（1）焊缝有效厚度 h_e

h_f：焊角高度（mm），$h_f = 6mm$。

h_e：焊缝有效厚度（mm）。

$$h_e = 0.707 h_f = 0.707 \times 6 = 4.242 （mm）$$

（2）焊缝总面积 A

L_v：竖向焊缝长度，$L_v = 100mm$。

L_h：横向焊缝长度，$L_h = 50mm$。

h_e：焊缝有效厚度（mm）。

A：焊缝总面积（mm^2）。

$$A = h_e \left[(L_v - 2h_f) + (L_h - 2h_f) \right] = 4.242 \times \left[(100 - 2 \times 6) + (50 - 2 \times 6) \right] = 534.49（mm^2）$$

（3）焊缝截面抵抗矩及惯性矩计算（图8-34）

I：截面惯性矩（mm^4）。

h_e：焊缝有效厚度（mm）。

L_v：竖向焊缝长度（mm）。

L_h：横向焊缝长度（mm）。

W：截面抵抗距（mm^3）。

d：三角焊缝中性轴位置（水平焊缝到中性轴距离）（mm）。

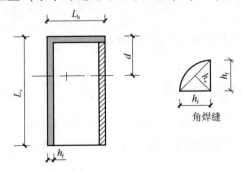

图8-34　焊缝截面参数计算

$$d = \frac{(L_v - 2h_f) h_e \dfrac{L_v - 2h_f}{2} - h_e^2 \dfrac{h_e}{2} + h_e (L_h - 2h_f) \dfrac{h_e}{2}}{(L_h - 2h_f) h_e - h_e^2 + (L_v - 2h_f) h_e}$$

$$= \frac{1}{2} \frac{(L_v - 2h_f)^2 - h_e^2 + h_e (L_h - 2h_f)}{(L_h - 2h_f) - h_e + (L_v - 2h_f)}$$

$$= \frac{1}{2} \times \frac{(100 - 12)^2 - 4.242^2 + 4.242 \times (50 - 12)}{(50 - 12) - 4.242 + (100 - 12)} = 32.39 \ (\text{mm})$$

$$I = \frac{h_e (L_v - 2h_f)^3}{12} + \frac{(L_h - 2h_f) h_e^3}{12} + h_e (L_h - 2h_f) \left(d - \frac{h_e}{2} \right)^2 + h_e (L_v - 2h_f) \left(\frac{L_v - 2h_f}{2} - d \right)^2$$

$$= \frac{4.242 \times (100 - 12)^3}{12} + \frac{(50 - 12) \times 4.242^3}{12} + 4.242 \times (50 - 12) \times \left(32.39 - \frac{4.242}{2} \right)^2 +$$

$$4.242 \times (100 - 12) \times \left(\frac{100 - 12}{2} - 32.39 \right)^2$$

$$= 439149.19 \ (\text{mm}^4)$$

$$W = \frac{I}{\dfrac{L_v - 2h_f}{2} + d} = \frac{439149.19}{\dfrac{100 - 12}{2} + 32.39} = 5748.78 \ (\text{mm}^3)$$

4. 焊缝校核计算

校核依据:《钢结构设计标准》(GB 50017—2017) 式 (7.1.32-3)。

$$\frac{\sqrt{\left(\dfrac{\sigma_f}{\beta_f} \right)^2 + \tau_f^2}}{2} \leqslant f_f^w$$

式中 σ_f ——按焊缝有效截面计算,垂直于焊缝长度方向的应力 (MPa);

β_f ——正面角焊缝的强度设计值增大系数,取 $\beta_f = 1.22$;

τ_f ——按焊缝有效截面计算,沿焊缝长度方向的剪应力 (MPa);

f_f^w ——角焊缝的强度设计值 (MPa),取 $f_f^w = 160\text{MPa}$。

$$\frac{\sqrt{\left(\dfrac{\sigma_f}{\beta_f} \right)^2 + \tau_f^2}}{2} = \frac{\sqrt{\left[\dfrac{1}{\beta_f} \left(\dfrac{N}{A} + \dfrac{M}{W} \right) \right]^2 + \left(\dfrac{V}{A} \right)^2}}{2}$$

$$= \left\{ \frac{\sqrt{\left[\dfrac{1}{1.22} \times \left(\dfrac{3118.50}{534.49} + \dfrac{158400}{5748.78} \right) \right]^2 + \left(\dfrac{1980}{534.49} \right)^2}}{2} \right\} \text{MPa}$$

$$= 15.227\text{MPa} < f_f^w = 160\text{MPa}$$

焊缝满足要求。

8.4.9 隐框玻璃幕墙结构胶的计算

内容包括玻璃与铝框硅酮结构胶 (粘结宽度 c_s、粘结高度 t_s)、玻璃与玻璃之间结构耐候胶宽度 (w_s)、立柱连接伸缩缝宽度 (d) 等,如图 8-35 所示。

1. 基本参数

1) 计算点标高: $z = 88\text{m}$

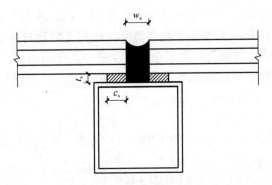

图 8-35　结构胶缝示意

2）玻璃分格尺寸：宽 × 高 = $B × H$ = 1100mm × 1380mm

3）幕墙类型：全隐框玻璃幕墙

4）年温温差：80℃

2. 抗震设计下结构硅酮密封胶的宽度计算

（1）水平力作用下结构胶粘结宽度

c_{s1}：风荷载和地震作用下结构胶粘结宽度最小值（mm），按《玻璃幕墙工程技术规范》（JGJ 102）（2022 年送审稿）式（5.6.3-2）计算：

$$c_{s1} = \frac{(0.2w + q_E)a}{2f_1}$$

w_k：作用于计算单元上的风荷载标准值（MPa）。

q_{EAk}：作用于计算单元上的地震作用标准值（MPa）。

a：矩形分格短边长度（mm）。

f_1：结构胶的短期强度允许值，取 f_1 = 0.2MPa。

在风荷载和水平地震作用下，粘结宽度 c_s 应按下式计算：

$$c_{s1} = \frac{(0.2w + q_E)a}{2f_1} = \frac{(0.2\gamma_w w_k + \gamma_E q_{EAk})a}{2f_1}$$
$$= \frac{(0.2 × 1.4 × 0.001282 + 1.4 × 0.000262) × 1100}{2 × 0.2} = 1.996 \text{（mm）}$$

（2）自重效应（永久荷载）作用下胶缝宽度的计算（玻璃与铝框间）

c_{s2}：自重效应下玻璃与铝框间结构胶粘结宽度最小值（mm），按《玻璃幕墙工程技术规范》（JGJ 102）（2022 年送审稿）式（5.6.3-3）计算：

$$c_{s2} = \frac{q_{G1}ab}{2(a+b)f_2}$$

q_{G1}：结构胶承担的玻璃单位面积重力荷载设计值（MPa），分项系数取 γ_G = 1.35。

a：分格短边长，a = 1100mm。

b：分格长边长，b = 1380mm。

f_2：硅酮结构密封胶在永久荷载作用下的强度设计值，取 f_2 = 0.01N/mm²。

在玻璃永久荷载作用下，粘结宽度 c_s：

$$c_{s2} = \frac{q_{G1}ab}{2(a+b)f_2} = \frac{0.000415 × 1100 × 1380}{2 × (1100 + 1380) × 0.01} = 12.701 \text{（mm）}$$

注：$q_{G1} = \gamma_G \gamma_g (t_1 + t_2) = 1.35 \times 0.0000256 \times (6 + 6) = 0.000415$ （MPa）

（3）自重效应（永久荷载）作用下胶缝宽度的计算（玻璃与玻璃间）

c_{s3}：自重效应下玻璃与玻璃间结构胶粘结宽度最小值（mm）。

q_{G2}：结构胶承担的玻璃单位面积重力荷载设计值（MPa），分项系数取 $\gamma_G = 1.35$。

a：分格短边长，$a = 1100\text{mm}$。

b：分格长边长，$b = 1380\text{mm}$。

f_2：硅酮结构密封胶在永久荷载作用下的强度设计值，取 $f_2 = 0.01\text{N/mm}^2$。

$$c_{s3} = \frac{q_{G2} ab}{2(a+b)f_2} = \frac{0.000207 \times 1100 \times 1380}{2 \times (1100 + 1380) \times 0.01} = 6.335 \text{ （mm）}$$

注：$q_{G2} = \gamma_G \gamma_g t_1 = 1.35 \times 0.0000256 \times 6 = 0.000207$ （MPa）

玻璃与铝框间胶缝宽度取 13mm；玻璃与玻璃间胶缝宽度取 8mm。

3. 结构硅酮密封胶粘结厚度的计算

（1）玻璃与铝框间温度作用下结构胶粘结厚度

μ_{s1}：在年温差作用下玻璃与玻璃附框型材相对位移量（mm）。

b：玻璃板块最大边（mm）。

Δt：年温温差：80℃。

α_1：铝型材线膨胀系数，$\alpha_1 = 2.3 \times 10^{-5}/℃$。

α_2：玻璃线膨胀系数，$\alpha_2 = 1 \times 10^{-5}/℃$。

$$\mu_{s1} = b \Delta t (\alpha_1 - \alpha_2) = 1380 \times 80 \times (2.3 - 1) \times 10^{-5} = 1.435 \text{ （mm）}$$

δ_1：温度作用下结构硅酮密封胶的变位承受能力，$\delta_1 = 10\%$。

t_{s1}：温度作用下结构胶粘结厚度计算值（mm），按《玻璃幕墙工程技术规范》（JGJ 102）（2022 年送审稿）式（5.6.5-1）计算：

$$t_{s1} \geqslant \frac{u_{s1}}{3\delta_1} = \frac{1.435}{3 \times 0.10} = 4.78 \text{ （mm）}$$

（2）地震作用下结构胶粘结厚度

μ_{s2}：在地震作用下玻璃与玻璃附框型材相对位移量（mm）。

η：硅酮结构胶厚度方向剪切位移影响系数，取 $\eta = 0.6$。

θ：风荷载标准值作用下主体结构层间位移角限值（rad），按《建筑幕墙》（GB/T 21086—2007）表 20 取值，对钢筋混凝土框架结构，建筑高度 $H \leqslant 150\text{m}$ 时，$\theta \leqslant 1/550$。

h_g：幕墙玻璃面板高度（mm）。

在地震作用下玻璃与玻璃附框型材相对位移量 μ_{s2} 按《玻璃幕墙工程技术规范》（JGJ 102）（2022 年送审稿）式（5.6.5-2）计算：

$$\mu_{s2} = \eta \theta h_g = 0.6 \times \frac{1}{550} \times 1380 = 1.506 \text{ （mm）}$$

t_{s2}：地震作用下结构胶粘结厚度计算值（mm）。

δ_2：地震作用下结构硅酮密封胶的变位承受能力，12.5%。

地震作用下结构胶粘结厚度 t_{s2} 按《玻璃幕墙工程技术规范》（JGJ 102）（2022 年送审稿）式（5.6.5-1）计算：

$$t_{s2} \geqslant \frac{u_{s2}}{3\delta_2} = \frac{1.506}{3 \times 0.125} = 4.016 \text{ （mm）}$$

玻璃与铝框间胶缝厚度取 6mm；玻璃与玻璃间胶缝厚度取 6mm。

按《玻璃幕墙工程技术规范》（JGJ 102）（2022 年送审稿）第 5.6.1 条的规定，硅酮结构胶还需要满足下面要求：

1）粘结宽度 ≥7mm。

2）12mm ≥ 粘结厚度 ≥6mm。

3）粘结宽度宜大于厚度，当采用单组分硅酮结构密封胶时粘结宽度不宜大于厚度的 2 倍。

综上计算，本工程设计中玻璃与铝框间结构胶宽度 $c_s = 13mm$，厚度 $t_s = 6mm$；玻璃与玻璃间胶缝宽度 $c_s = 8mm$，厚度 $t_s = 6mm$。

8.4.10　隐框玻璃幕墙伸缩缝计算

1. 立柱连接伸缩缝计算

为了适应幕墙温度变形以及施工调整的需要，立柱上下段通过插芯套装，留有一段空隙——伸缩缝（d），d 值按下式计算：

$$d \geq \alpha \Delta t L + d_1 + d_2$$

式中　d——伸缩缝计算值（mm）；

α——立柱材料的线膨胀系数，取 $\alpha = 2.3 \times 10^{-5}$（1/℃）；

Δt——年温温差，取 $\Delta t = 80℃$；

L——立柱跨度，$L = 3000mm$；

d_1——施工误差，取 $d_1 = 3mm$；

d_2——考虑其他作用的预留量，取 $d_2 = 2mm$。

$$d = \alpha \Delta t L + d_1 + d_2 = 0.000023 \times 80 \times 3000 + 3 + 2 = 10.52 （mm）$$

取立柱连接伸缩空隙 $d = 20mm$。

2. 耐候胶胶缝计算

w_s：胶缝宽度计算值（mm）。

α：板块材料的线膨胀系数，取 $\alpha = 1 \times 10^{-5}$（1/℃）。

Δt：年温温差，取 $\Delta t = 80℃$。

b：板块的长边长度，$b = 1380mm$。

δ：耐候硅酮密封胶的变位承受能力，$\delta = 25\%$。

d_c：施工偏差，取 $d_c = 3mm$。

d_E：考虑其他作用的预留量，取 $d_E = 2mm$。

$$w_s = \frac{\alpha \Delta t b}{\delta} + d_c + d_E = \frac{1 \times 10^{-5} \times 80 \times 1380}{25\%} + 3 + 2 = 9.416 （mm）$$

取耐候胶胶缝宽度 $w_s = 16mm$。

8.4.11　幕墙板块压板计算

1. 基本参数

1）计算点标高：$z = 88m$

2）板块分格尺寸：1100mm × 1380mm

3）压板宽度 B_{yb}：45mm

4）压板长度 L_{yb}：50mm

5）压板厚度 t_{yb}：6mm

6）压板间距 S_{yb}：350mm

2. 压板的弯矩设计值计算

M_{yb}：压板单侧所受的弯矩设计值（N·mm）。

q_{yb}：板块所受的水平荷载设计值（MPa）。

P_{yb}：压板单侧所受的水平集中力（N）。

S_{yb}：压板间距，$S_{yb} = 350$mm。

B_{yb}：压板横截面宽度，$B_{yb} = 45$mm。

a：板块短边长，$a = 1100$mm。

$$q_{yb} = 0.2\gamma_w w_k + \gamma_E q_{EAk} = 0.2 \times 1.4 \times 0.001249 + 1.4 \times 0.000262 = 0.0007165 \ (\text{MPa})$$

$$P_{yb} = 1.5 \frac{q_{yb}a}{2}S_{yb} = 1.5 \times \frac{0.0007165 \times 1100}{2} \times 350 = 206.89(\text{N})$$

$$M_{yb} = P_{yb}(0.5B_{yb}) = 206.89 \times (0.5 \times 45) = 4655.025 \ (\text{N·mm})$$

3. 压板的应力计算

σ：压板所受的最大弯曲应力（MPa）。

L_{yb}：压板长度，$L_{yb} = 50$mm。

t_{yb}：压板厚度，$t_{yb} = 6$mm。

d：压板上螺栓孔径，$d = 7$mm。

W_{yb}：压板的截面抵抗矩（mm³）。

γ：塑性发展系数，取 $\gamma = 1.00$。

压板材质为 6063-T5，抗弯强度设计值 $f = 90$MPa，抗剪强度设计值 $f_y = 55$MPa。

压板所受的最大弯曲应力 σ：

$$\sigma = \frac{M_{yb}}{\gamma W_{yb}} = \frac{6M_{yb}}{\gamma(L_{yb} - d)t_{yb}^2} = \left[\frac{6 \times 4655.025}{1.00 \times (50 - 7) \times 6^2}\right]\text{MPa} = 18.043\text{MPa} < f = 90\text{MPa}$$

压板的抗弯强度满足要求。

τ：压板所受的最大剪应力。

$$\tau = 1.5 \frac{P_{yb}}{(L_{yb} - d)t_{yb}} = \left[1.5 \times \frac{206.89}{(50 - 6) \times 6}\right]\text{MPa} = 1.176\text{MPa} < f_y = 55\text{MPa}$$

压板的抗剪强度满足要求。

4. 螺栓抗拉强度验算

f_t^b：螺栓连接的抗拉强度设计值，对奥氏体不锈钢（A50）取 $f_t^b = 200$MPa。

d_e：螺栓有效直径，$d_e = 5.061833$mm。

N_t^b：螺栓抗拉承载能力设计值（N）。

$$N_t^b = \frac{\pi d_e^2}{4}f_t^b = \left(\frac{\pi \times 5.061833^2}{4} \times 200\right)\text{N}$$

$$= 4022.678\text{N} > 2P_{yb} = (2 \times 206.89)\text{N} = 413.78\text{N}$$

螺栓的抗拉强度满足要求。

第9章

点支式玻璃幕墙设计

  点支式玻璃幕墙是指由玻璃面板、支承结构、连接玻璃面板与支承结构的支承装置组成的幕墙，也称接驳式全玻璃幕墙。外荷载由玻璃面板承受，并通过支承装置将荷载传递给支承结构。支承结构承受支承装置传来的外荷载，并将外荷载与其他荷载传递给主体结构。点支式玻璃幕墙采用的玻璃面板，必须经过钢化处理，且采用的钢化玻璃应经过均热处理。点支式玻璃幕墙的支承结构可分为杆件体系和索杆（网）体系两种。杆件体系是由刚性构件组成的结构体系（例如玻璃肋、单型钢柱、钢桁架等）。索杆体系是由拉索、拉杆和刚性构件等组成的预拉力结构体系（例如预应力拉索桁架、预应力拉杆桁架、单层索网、自平衡桁架等）。本章主要介绍点支式玻璃幕墙设计和计算方法。

9.1 点支式玻璃幕墙设计与计算

9.1.1 玻璃面板

  点支式玻璃幕墙中的玻璃面板的支承形式有四点支承、六点支承、多点支承、托板支承、夹板支承等，如图9-1所示。

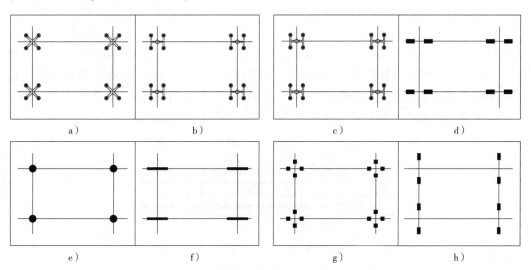

图9-1 不同形式的点支式玻璃幕墙面板固定形式示意图

a）浮头式四点支承（X形） b）浮头式四点支承（H形） c）沉头式四点支承（H形）

d）、h）对边夹持式 e）四角夹持式（圆形夹或梅花形夹） f）四角夹持式（矩形夹）

g）四边夹持式

1. 玻璃面板尺寸要求

1）点支式玻璃幕墙采用四点支承装置，玻璃在支承部位应力集中明显，受力复杂，因此，点支式玻璃的厚度应具有比普通幕墙更严格的基本要求。点支式玻璃幕墙采用浮头式连接件的幕墙玻璃厚度不应小于6mm；采用沉头式连接件的幕墙玻璃厚度不应小于8mm。安装连接件的夹层玻璃和中空玻璃，其单片厚度也应符合上述要求。

2）玻璃厚度允许偏差应符合表9-1的规定。

表9-1　玻璃厚度允许偏差　　　　　　　　　　（单位：mm）

玻璃厚度	允许偏差		
	单片玻璃	中空玻璃	夹层玻璃
5	±0.2	$\delta < 17$ 时，±1.0 $\delta = 17 \sim 22$ 时，±1.5 $\delta > 22$ 时，±2.0	厚度偏差不大于玻璃原片允许偏差和中间层允许偏差之和。中间层总厚度小于2mm时，允许偏差±0mm；中间层总厚度大于或等于2mm时，允许偏差±0.2mm
6			
8	±0.3		
10			
12	±0.4		
15	±0.6		
19	±1.0		

注：δ 是中空玻璃的公称厚度，表示两片玻璃厚度与间隔厚度之和。

3）玻璃面板应采用钢化玻璃或钢化夹层玻璃，玻璃块形状以方形受力最合理，但面积不宜大于$4m^2$。

夹层玻璃（PVB）内层玻璃厚 $6 \sim 12$mm，外层玻璃厚 $8 \sim 15$mm，且外层夹层玻璃厚度最小为8mm（当风力很小且幕墙高度较低时酌情使用），夹层玻璃最大单片尺寸不宜超过 $2m \times 3m$，如经特殊处理或有特殊要求，在采取相应安全措施后可以适当放宽。

4）点支式玻璃幕墙的夹层玻璃应采用聚乙烯醇缩丁醛（PVB）胶片干法加工合成技术，且胶片厚度不得小于0.76mm。采用的中空玻璃支承孔周边应采取多道密封措施。中空玻璃打孔后，为防止（惰性）气体外泄，在玻璃开孔周围垫入一环状垫圈，并在垫圈与玻璃交接处采用硅酮结构胶粘结和聚异丁烯橡胶片密封，干燥剂应采用专门设备装填，如图9-2所示。

点支式玻璃幕墙有非隔热性的防火要求时，宜采用单片防火玻璃。

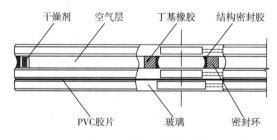

图9-2　中空玻璃开孔处采取多道密封措施

5）点支式幕墙玻璃面板采用开孔支承装置时，玻璃面板在孔边会产生较高的应力集中，为防止破坏，孔洞距板边不宜太近，此距离应视面板尺寸、板厚和荷载大小而定，一般情况下孔边到板边的距离有两种限制方法（图9-3a）：一种孔边距不小于70mm；另一种是按板厚的倍数规定，当板厚（t）不大于 12mm 时，取 6 倍板厚；当板厚（t）不小于 15mm 时，取 4 倍板厚。这两种方法的限值大致是相当的。《玻璃幕墙工程技术规范》（JGJ 102）（2022 年送审稿）第 8.1.1 条规定，玻璃面板支承孔边与板边的距离不宜小于 70mm。

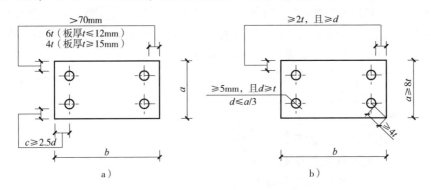

图 9-3 孔边至板边的距离构造

6)《点支式玻璃幕墙工程技术规程》（CECS 127：2001）规定，钢化钻孔玻璃的孔径、孔位、孔距宜符合下列规定（图 9-3b）：

①孔径（d）不小于 5mm，且不小于玻璃厚度（t）。

②孔径（d）不大于玻璃面板短边长度（a）的 1/3。

③孔边缘至玻璃面板边缘的距离不小于 $2t$；且不小于孔径（d）。

④位于玻璃面板角部的钻孔，孔边缘至玻璃面板角部顶点的距离不小于 $4t$。

⑤玻璃面板短边长度（a）不小于 $8t$。

7) 玻璃之间的空隙宽度不应小于 10mm，且应采用硅酮建筑密封胶嵌缝，单索支承部位宜采用大变位硅酮耐候胶嵌缝。玻璃之间的缝宽要满足幕墙在温度变化和主体结构侧移时玻璃互不相碰的要求；同时，在胶缝受拉时，其自身拉伸变形也要满足温度变化和主体结构侧向位移使胶缝变宽的要求，因此胶缝宽度不宜过小。有气密和水密要求的点支式幕墙的板缝，应采用硅酮建筑密封胶。

8) 点支承玻璃支承孔周边应进行可靠的密封处理，保证幕墙的雨水渗漏、空气渗透性能符合现行国家标准的规定。

为便于装配和安装时调整位置，玻璃板开孔的直径稍大于穿孔而过的金属轴，除轴上加封尼龙套外，还应采用密封胶将空隙密封。

2. 玻璃面板设计

1) 点支式玻璃幕墙中，四边形玻璃面板可采用四点支承，有依据时也可采用六点支承；三角形玻璃面板可采用三点支承。

《玻璃幕墙工程技术规范》（JGJ 102）（2022 年送审稿）中给出了四点支承玻璃面板应力、挠度的计算公式，但对于六点支承玻璃面板，《玻璃幕墙工程技术规范》（JGJ 102）（2022 年送审稿）中仅以"有依据时也可采用六点支承"而一笔带过，没有给出相应的计算公式。这主要是因为六点支承时玻璃面板中的最大应力位于支承点处，而玻璃面板在支承点处的开孔使得此处的受力变得异常复杂，这种复杂的受力是不易通过简单的计算公式来表示的。

2) 点支式玻璃幕墙面板的应力和挠度可采用有限元方法分析计算，或采用根据有限元分析结果所归纳整理的计算表格，详见第 6.2.2 节。

但需注意：

①点支式斜玻璃幕墙是指玻璃板块与水平面成大于 75°、小于 90°角度的点支式玻璃幕墙。在进行点支式斜玻璃幕墙承载力计算时，应计入恒荷载、雪荷载、雨水荷载等重力以及施工荷载在垂直于玻璃平面方向所产生的弯曲应力。施工荷载应根据施工情况，但不应小于每块玻璃面板上 2.0kN 的集中荷载，其作用点按最不利位置考虑。

②玻璃面板在垂直于玻璃平面的荷载作用下连接节点的承载力可按以下规定计算：

A. 承载力 F 可按下式计算：

$$F = 0.3ql_x l_y \tag{9-1}$$

式中　F——单个连接节点上的荷载和作用的设计值（kN）；

　　　　q——均布荷载和作用设计值（kN/m²）；

　　　l_x、l_y——单块玻璃面板的长边和短边边长（m）。

B. 承载力应符合下列要求：

$$F \leqslant R_g \tag{9-2}$$

式中　R_g——玻璃面板连接处节点承载力设计值（kN），取 $R_g = R_s/\gamma_R$，其中 R_s 为玻璃面板连接节点承载力的测试值，γ_R 取 2.5。

3. 玻璃加工要求

点支式玻璃幕墙上使用的玻璃在深加工的过程中要求严格，其尺寸误差和加工精度好坏对幕墙的使用性能有很大的影响。

1）玻璃幕墙的单片玻璃、中空玻璃、夹层玻璃的加工精度应符合《玻璃幕墙工程技术规程》（JGJ 102）（2022 年送审稿）第 9.4.2 条的规定。

2）点支承玻璃板块在钢化处理前，应完成玻璃的切裁、磨边、钻孔等加工工序。玻璃板块的周边必须按设计要求进行机械磨边、倒棱、倒角等精加工处理。玻璃板块边缘不应出现爆边、缺角等缺陷。磨边后的玻璃板块的尺寸应符合表 9-2 的要求。

表 9-2　玻璃板块尺寸允许偏差　　　　　　　　　　　　　　　（单位：mm）

项目	$a \leqslant 2500$	$2500 < a \leqslant 5000$
边长偏差	±2.0	±3.0
对角线偏差	±3.0	±4.0

注：a 是指玻璃板块的边长。

3）点支承玻璃加工的允许偏差应符合表 9-3 的规定。孔洞边缘距板边间距大于板厚的 4 倍以上时，玻璃的边缘和孔洞边缘的精加工至少用 200 目以上的细磨轮。

表 9-3　点支承玻璃加工的允许偏差

项目	边长尺寸	对角线差	钻孔位置	孔距	孔轴与玻璃平面垂直度
允许偏差	±1.0mm	≤2.0mm	±0.8mm	±1.0mm	±12′

4）玻璃钻孔要求。玻璃的钻孔尺寸精度和加工精度对幕墙安装性能和使用性能影响极大，玻璃孔位的确定，应采用计算机自动定位，确保孔位精度。玻璃钻孔的允许偏差为：直孔孔径 0 ~ +0.5mm，锤孔口径 +0.2 ~ +0.5mm，锥孔斜度为 45°。孔轴线垂直度不应超过

0.5mm，孔同轴度不应超过0.5mm。采用锥度钻孔时必须随时检查钻头的磨损情况，如有磨损必须及时更换，确保孔斜边的直线度和斜孔深度尺寸公差，如图9-4所示。

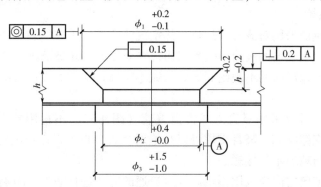

图9-4　玻璃钻孔尺寸公差图

5）点支式玻璃幕墙中，夹层玻璃、中空玻璃的钻孔可采用大、小孔相对的方式，此时，单层玻璃钻孔的位置偏差不应大于大、小孔径之差的一半。

6）玻璃板块钻孔后必须进行倒角处理，倒角尺寸不应少于1.0mm。与沉头连接件配合的孔，孔周围不得出现崩边；与浮头连接件配合的孔，当孔出现崩边时必须经修磨处理，修磨区域的宽度不得大于6mm，深度不得超过玻璃公称厚度的1/12，长度不得超过孔周长的1/4。

7）点支式玻璃幕墙对玻璃的要求高，采用的玻璃必须经过钢化处理，为降低钢化玻璃的自爆，钢化玻璃应经过均热处理，形成均质钢化玻璃（Heat Soaked Thermally tempered glass），简称"HST"。

浮法玻璃在生产过程中，玻璃主料石英砂或砂岩带入镍（Ni），燃烧及辅料带入硫（S），在1400～1500℃高温熔室燃烧融化会形成硫化镍（NiS）。

当温度超过1000℃时，硫化镍（NiS）以液滴形式随机分布于熔融玻璃中。当温度降至797℃时，这些液滴结晶固化，硫化镍处于高温态的α-NiS晶相（六方晶体）；当温度继续降至379℃时，发生晶相转变成为低温状态的β-NiS（三方晶体），同时伴随着2.38%的体积膨胀。当NiS晶体在张应力层时，极易由于NiS的存在使其应力超过玻璃的强度发生破碎，即"自爆"。引起自爆的硫化镍粒径在0.04～0.65mm，平均粒径为0.2mm。

均质玻璃的生产即将钢化玻璃放进热冲击炉中，通过快速升温伪造成一个比使用环境更为恶劣的环境，产生热冲击力，首先使由于应力不均匀、结石、微裂缝等产生自爆的玻璃提前破碎，然后再将温度控制在280～295℃，促使其α-NiS向β-NiS转变，从而达到消除"自爆"的效果。通过热冲击测试炉生产出的钢化玻璃即为均质钢化玻璃。

1）均质处理过程

①升温阶段。升温阶段开始于所有玻璃所处的环境温度，终止于最后一片玻璃表面温度达到280℃的时刻。炉内温度有可能超过320℃，但玻璃表面的温度不能超过320℃，应尽量缩短玻璃表面温度超过300℃的时间。

②保温阶段。保温阶段开始于所有玻璃表面温度达到280℃的时刻，保温时间至少2h。在整个保温阶段中，应确保玻璃表面的温度保持在290℃±10℃范围内。

③冷却阶段。当最后达到280℃的玻璃完成2h保温后，开始冷却阶段，在此阶段玻璃

温度降至环境温度。当炉内温度降至70℃时，可认为冷却阶段终止。这个阶段应对降温速度进行控制，以最大限度地减少玻璃由于热应力而引起的破坏。

2）均质处理系统

①均质炉。均质炉采用对流方式加热。热空气流应平行于玻璃表面并通畅地流通于每片玻璃之间，且不应由于玻璃的破碎而受到阻碍。在对曲面钢化玻璃进行均质处理过程中，应采取措施防止由于玻璃形状的不规则而导致气流不畅通。空气的进口与出口也不得由于玻璃的破碎而受到阻碍。

②玻璃的支撑。可以采用竖直方式支撑玻璃（图9-5）。不得用外力固定或夹紧玻璃，应使玻璃处于自由支撑状态。竖直支撑可以是绝对竖直，也可以以与绝对竖直夹角小于15°的角度支撑。玻璃与玻璃不得接触。

③玻璃间隔。玻璃之间应该用不阻碍气流流通的方式进行间隔，间隔体也不应阻碍气流流通。一般情况下建议玻璃之间的最小间隔尺寸20mm（图9-6）。当玻璃尺寸差异较大，或有孔及/或凹槽的玻璃放在同一支架上时，为了防止玻璃破碎，玻璃间隔应加大。

图9-5　玻璃竖直支撑示意图（单位：mm）　　图9-6　玻璃的竖直支撑及间隔体（单位：mm）

3）校准。玻璃间隔距离、间隔体的布置、材料和形状、玻璃装载架类型和布置，生产过程中所用操作条件的校准参见《建筑用安全玻璃 第4部分：均质钢化玻璃》（GB 15763.4—2009）附录C。

4. 受力分析

（1）点支式玻璃幕墙上的荷载（作用）

平面内：竖向重力荷载（起控制作用）、竖向地震作用、温度作用。

平面外：风荷载（起控制作用）、水平地震作用。

荷载传递途径：（平面内、平面外）荷载→玻璃面板→支承装置（驳接爪或夹板）→支承结构→主体结构。

（2）玻璃受力分析　穿孔连接式支承玻璃面板自重是吊挂在上部支承点上的。玻璃上部爪件在安装时爪件的下部应为两个水平长孔，由水平长孔和连接件固定玻璃，使玻璃吊挂在上部支点上；玻璃下部的爪件在安装时应为两个大圆孔，通过连接件紧固后只约束玻璃平面外的位置变形，不约束玻璃面板平面内的尺寸变量。当面板受到风荷载等水平荷载的冲击时，由于驳接头的球铰构造允许玻璃平面处自由弯曲，不易在孔边产生过大的应力，如图9-7所示。

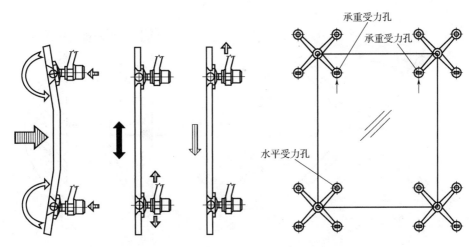

图 9-7　穿孔连接式点支承玻璃的受力分析图

夹板连接式点支承玻璃的面板自重是坐落在玻璃底部夹板支承槽内的，而玻璃顶部夹板只约束玻璃平面外的变形，不约束玻璃平面内的尺寸变形，如图 9-8 所示。

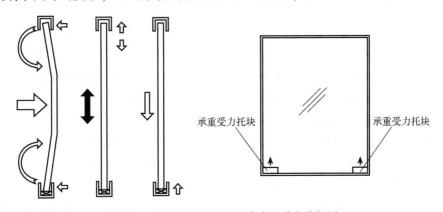

图 9-8　夹板连接式点支承玻璃的受力分析图

点支式玻璃幕墙为多点支承，玻璃在风荷载作用下出现弯曲，支承点玻璃应力值与支承点结构有关，也与玻璃孔洞加工工艺有关。孔洞加工工艺高，研磨仔细，残留微缺陷（如崩边、V 形缺口等）少，则应力集中程度低，应力较均匀；反之，应力集中程度高，容易局部开裂。此外，板弯曲后边缘翘曲，板面转动，如果支承头可以随之转动，则板受约束少，应力集中程度小；反之，如果支承头固定不动，则板边转角受限，板的应力迅速增高。

如果采用固定支承头，则孔洞边缘最大应力高达 141MPa，远大于其强度标准值。球铰支承头的板面应力稍大（因角部约束减少），但仍在玻璃强度标准值以内。

（3）钢爪受力分析　点支式玻璃幕墙 X 形钢爪，每个钢爪点承受风载 P_w，重力 P，钢爪臂长 L，玻璃中心到钢爪端的偏心距为 a，如图 9-9 所示。

钢爪端部 1-1 截面（截面尺寸 $b_1 \times h_1$）荷载引起效应：P_1 产生的弯矩 $M_{1z1} = 0$；P_1 产生的扭矩 $M_{n1} = P_1 a$；P_2 产生的弯矩 $M_{1z1} = P_2 a$；P_2 产生的拉力 $N_1 = P_2$；沿 z_1 方向的风荷载 P_w 产生的弯矩 $M_{1x1} = 0$。

钢爪根部 2-2 截面（截面尺寸 $b_2 \times h_2$）荷载引起效应：P_1 产生的弯矩 $M_{2z1} = P_1 L$；P_1 产

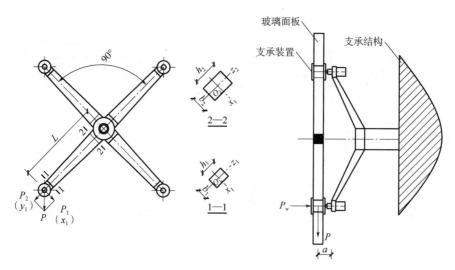

图 9-9　钢爪受力图

生的扭矩 $M_{n1} = P_1 a$；P_2 产生的弯矩 $M_{1x1} = P_2 a$；P_2 产生的拉力 $N_2 = P_2$；沿 z_1 方向的风荷载 P_w 产生的弯矩 $M_{2x2} = P_w L$。

9.1.2　点支承装置

点支承装置是指以点连接方式直接承托和固定玻璃面板，并传递玻璃面板所承受的荷载或作用的组件。点支承装置由驳接头和爪件，或玻璃夹具组成。

点支承装置的构造要求如下：

1）支承装置应符合《建筑玻璃点支承装置》（JG/T 138—2010）的规定，该规范给出了钢爪式支承装置的技术条件，但点支承玻璃幕墙并不局限于钢爪式支承装置，还可以采用夹板式或其他形式的支承装置。

点支式玻璃幕墙除开孔驳接外，还有无孔式驳接形式。与开孔驳接相比，无孔式驳接形式最主要的特点是玻璃无须开孔，固定件通过玻璃与玻璃间的缝夹持住玻璃面板，玻璃面板与固定件之间放置有柔性垫片，使玻璃板块在受力状态弯曲变形时，能够有一定的位移，从而避免在玻璃的固定点处产生较大的弯曲应力。无孔驳接式玻璃幕墙根据驳接件安装的位置和驳接件的类型大致可分为对边夹持式、四边夹持式、四角夹持式。

①对边夹持式是指驳接件安装在两对边的胶缝中，夹持住相邻的两片玻璃边，上下每个边用两个驳接件（图 9-1d、h）。

②四边夹持式是指驳接件安装在玻璃四周的胶缝中，夹持住相邻的两片玻璃边，每个边用两个驳接件（图 9-1g）。

③四角夹持式是指驳接件安装在玻璃板块四个角相交的胶缝中，夹持住四块（或更多）的玻璃角，在每个交汇点均有一个驳接件（图 9-1e、f）。

无孔式驳接头一般没有球铰装置，玻璃板在较大的风荷载作用下弯曲时，就会在玻璃的夹持区域产生较大的弯曲应力，虽然可以通过在驳接件与玻璃之间设置柔性垫片来改善其受力，但性能上仍不如球铰式驳接头。另外，由于玻璃的自重是依靠玻璃下边的驳接头托住的，是一个压弯板。因此，在相同条件下，采用无孔式玻璃驳接件安装的玻璃规格相对较小。另外，对玻璃的承载能力起控制因素的还有夹持点距玻璃边的距离及夹持的宽度与深度，设计时应注意。在受力计算时，应注意其最薄弱的受力部位是夹持点区域，而非大面。在目前的应用中，采用单层玻璃时，推荐采用开孔的球铰式驳接件；中空玻璃推荐采用无孔式驳接件为佳。

2）点支承面板受弯后，板的角部产生转动，如果转动被约束，则会在支承处产生较大的弯矩。因此驳接头应能适应玻璃面板在支承点处的转动变形。当面板尺寸较小，荷载较小、角部转动较小时，可以采用夹板式和固定式支承装置；当面板尺寸较大、荷载较大、面板转动变形较大时，则宜采用转动球铰的活动式支承装置，见表 9-4。

表 9-4　连接件结构形式

结构形式	浮头式（F）	沉头式（C）
活动式（H）	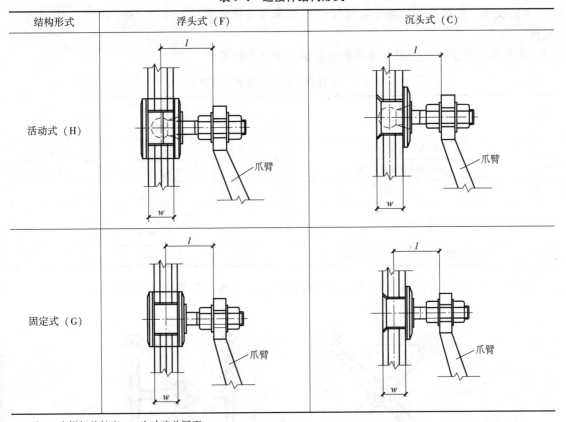	
固定式（G）		

注：l 为螺杆的长度；w 为玻璃总厚度。

《点支式玻璃幕墙工程技术规程》（CECS 127：2001）规定，钻孔点支式幕墙玻璃面板的点连接处宜采用活动铰连接。

沉头式驳接头支承座沉头锥角 α 角应满足 $90° \pm 0.5°$，且厚度 d 不宜小于 4mm，如图 9-10 所示。驳接头球头支承螺杆绕中心线的活动锥角 β 不应小于 5°，如图 9-10 所示。

3）驳接头的钢材与玻璃之间设置弹性材料的衬垫或衬套，衬垫或衬套的耐久性应满足玻璃幕墙的设计使用年限要求，当耐久性不能满足时，应明确更换时间。

根据清华大学的试验资料，垫片厚度超过 1mm 后，加厚垫片并不能明显减少支承头处玻璃的应力集中；而垫片厚度小于 1mm 时，垫片厚度减薄会使支承处玻璃应力迅速增大。所以《玻璃幕墙工程技术规范》（JGJ 102）（2022 年送审稿）规定，衬垫和衬套的厚度不宜

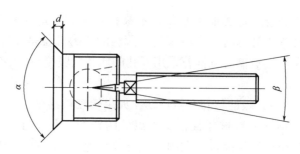

图 9-10　支承座沉头尺寸示意

小于 1mm。

4）支承爪件的设计与加工应按《建筑玻璃点支承装置》（JG/T 138—2010）中有关规定执行。

①支承爪件主要几何尺寸允许偏差应满足表 9-5 的要求。

表9-5　爪件尺寸和形状位置允许偏差　　　　　　　　（单位：mm）

序号	项目	允许偏差		
		孔距 < 220	220 ≤ 孔距 < 300	300 ≤ 孔距 ≤ 600
1	相邻爪孔孔心距	± 1.0	± 1.5	± 2.5
2	爪孔相对支座孔位置	± 1.0	± 1.5	± 2.5
3	爪孔直径	± 0.5		
4	爪臂截面尺寸	0 −0.5		
5	爪件基底面与爪孔支承端面的允许偏差	2.0		

②在支承爪件的四个安装孔中应有高度定位孔和二维可调节孔（图 9-11）。

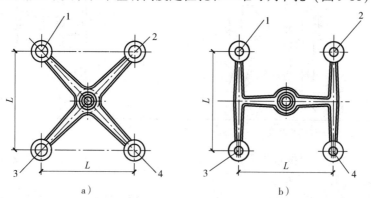

a)　　　　　　　　　　　　　　　　b)

图 9-11　支承钢爪示意图
a）X 形爪件　b）H 形爪件
1、2—可调孔　3、4—高度定位孔

③由于爪件在幕墙上使用的位置不同，其爪件的固定孔数量有所变化。爪件按固定点数和外形可分为单点爪：V/2 形和 I/2 形；二点爪：U 形、V 形和 I 形；三点爪：Y 形；四点爪：X 形和 H 形；多点爪，见表 9-6。

表9-6 常用爪件的结构形式

结构形式	外形	结构形式	外形
四点 X形	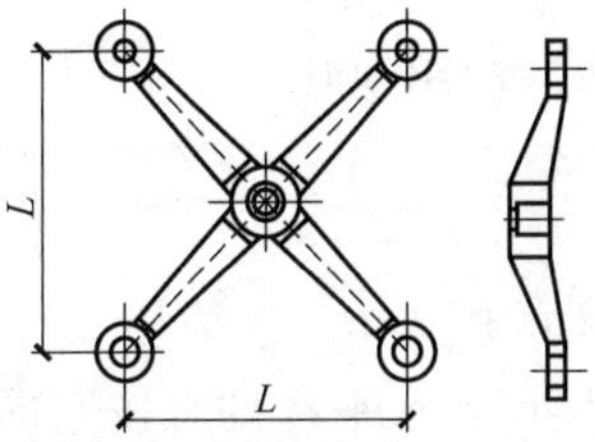	三点 Y形	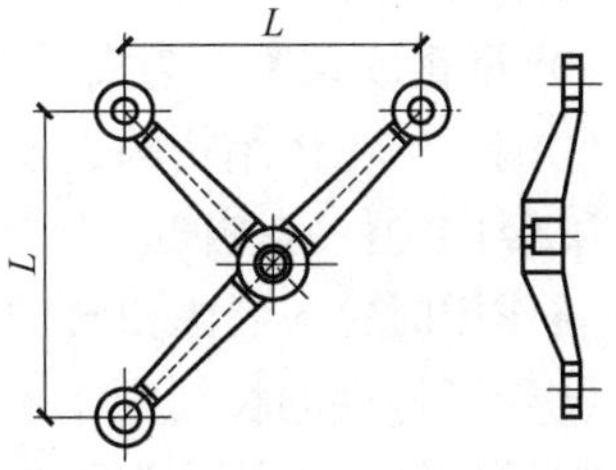
四点 H形		三点 Y形	
二点 V形	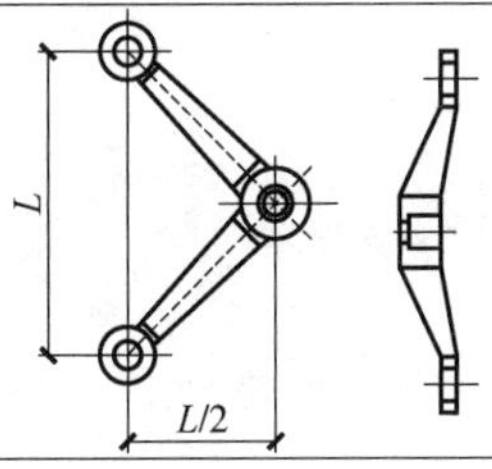	单点 V/2形	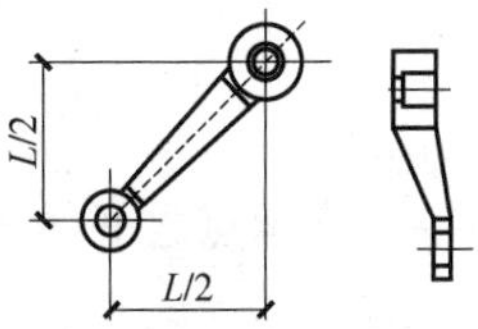
二点 I形		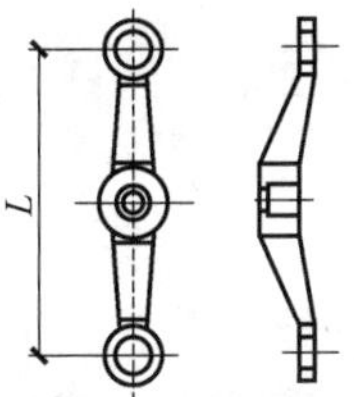 单点 I/2形	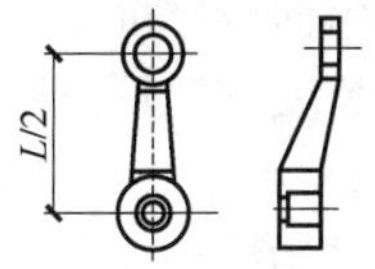

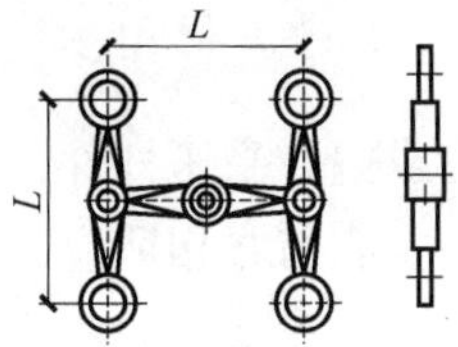

注：L 为爪件的孔距，常用孔距有 204mm、224mm、250mm。

5）除承受玻璃面板所传递的荷载或作用外，支承装置不宜兼做其他用途。点支式玻璃幕墙的支承装置只用来支承幕墙玻璃和玻璃承受的风荷载或地震作用，不应在支承装置上附加其他设备和重物。

6）玻璃面板采用夹板点支承方式连接时，应符合下列规定：

①金属夹板与玻璃面板之间的间隙应满足风荷载作用下面板转动的变形要求，并考虑施工偏差带来的不利影响。

②夹板与玻璃之间宜设置弹性材料的衬垫。

9.1.3 支承结构

1）计算支承结构时，玻璃面板不宜兼做支承结构的一部分；复杂的支承结构宜采用有限元方法进行分析。

点支式幕墙的支承结构有玻璃肋和各种钢结构。面板承受直接作用于其上的荷载或作用，并通过支承装置传递给支承结构。幕墙设计时，支承结构单独进行结构分析，一般不考虑玻璃面板作为支承结构的一部分共同工作。这是因为玻璃面板带有胶缝，其平面内受力的结构性能还缺乏足够的研究成果和工程经验。

2）玻璃肋可按《玻璃幕墙工程技术规范》（JGJ 102）（2022 年送审稿）第 7.3 节的规定进行设计。

3）支承钢结构的设计应符合《钢结构设计标准》（GB 50017—2017）、《冷弯薄壁型钢结构技术规范》（GB 50018—2002）的有关规定。

4）型钢或钢管作为支承结构时，应符合下列规定：

①端部与主体结构的连接构造应能适应主体结构的位移。

②竖向构件宜按偏心受压构件或偏心受拉构件设计；水平构件宜按双向受弯构件设计，有扭转作用时，应考虑扭转的不利影响。

③受压杆件的长细比 λ 不宜大于 150。

单根型钢或钢管作为竖向支承结构时，是偏心受拉或偏心受压杆件，上、下端宜铰支承于主体结构上。当屋盖或楼盖有较大位移时，支承结构应能与之相适应，如采用长圆孔、设置双铰摆臂连接机构等。

构件的长细比 λ 按下式计算：

$$\lambda = \frac{l}{i} \tag{9-3}$$

式中　l——支承点之间的距离（mm）；

i——截面回转半径（mm），$i = \sqrt{I/A}$，其中，I 为截面惯性矩（mm^4）；A 为截面面积（mm^2）。

④在风荷载标准值作用下，挠度不宜大于其跨度的 1/200。计算时，悬臂结构的跨度应取其悬挑长度的 2 倍。

5）桁架或空腹桁架设计应满足下列要求：

①可采用型钢或钢管作为杆件。钢管桁架可采用圆管或方管，目前以圆管为多。采用钢管桁架时，在节点处主管应直接焊接，主管不宜开孔，支管端部应按相贯线加工成形后直接焊在主管的外壁上，支管不应穿入支管内。

②钢管外直径（d）不宜大于壁厚（t）的 50 倍，支管外直径不宜小于主管外直径的 0.3 倍。钢管壁厚不宜小于 4mm，主管薄厚不应小于支管壁厚。

③桁架杆件不宜偏心连接。钢管的连接应尽量对中，避免偏心。当管径较大时，如果偏心距不大于主管直径的 1/4，可不考虑偏心的影响。

为了保证施焊条件和焊接质量，弦杆与腹杆、腹杆与腹杆之间的夹角不宜小于 30°。

④钢管桁架由于采用直接焊接接头，实际上杆端都是刚性连续的。焊接钢管桁架宜按刚接体系计算，焊接钢管空腹桁架应按刚接体系计算。在采用计算机软件进行内力分析时，均可直接采用刚接杆件单元。

⑤轴心受压或偏心受压的桁架杆件，长细比不应大于 150；轴心受拉或偏心受拉的桁架杆件，长细比不应大于 350。

⑥当桁架或空腹桁架平面外的不动支承点相距较远时，应设置平面外的稳定支撑。

⑦桁架或空腹桁架在风荷载标准值作用下的挠度不宜大于其跨度的 1/250，悬臂桁架的跨度可取为其悬挑长度的 2 倍。

6）张拉索杆体系设计应符合下列规定：

①张拉索杆体系的拉杆和拉索只承受拉力，不承受压力，而风荷载和地震作用是正反两个不同方向。所以，张拉索杆体系应在正、反两个方向上形成承受风荷载或地震作用的稳定结构体系。在平面外方向也应布置平衡或稳定拉索或拉杆，或者采用双向受力体系等措施以保证结构体系的稳定。

②连接件、受压杆和拉杆宜采用不锈钢绞线，拉杆直径不宜小于10mm；自平衡体系的受压杆件可采用碳素结构钢。拉索宜采用不锈钢绞线、锌-5%铝-混合稀土合金镀层高强钢绞线，也可采用铝包钢绞线或其他具有防腐性能的钢绞线。不锈钢绞线的钢丝直径不宜小于1.2mm，钢绞线直径不宜小于8mm。

③张拉索杆体系只有施加预应力后，才能形成形状不变的受力体系。因此，一般张拉索杆体系都会使主体结构承受附加的作用力，在主体结构设计时必须加以考虑。主体结构应能承受拉杆体系或拉索体系的预应力和荷载作用。

索杆体系与主体结构的楼（屋）盖连接时，既要保证索杆体系承受的荷载能可靠地传递到主体结构上，也要考虑主体结构变形时不会使幕墙产生破损。张拉索杆体系与主体结构的连接部位要视主体结构的位移方向和变形量，设置单向（通常为竖向）或多向（竖向和一个或两个水平方向）的可动铰支座，以适应主体结构的位移。

④自平衡体系、索杆体系的受压杆件的长细比（λ）不应大于150。

⑤拉索和拉杆都通过端部螺纹连接件与节点相连，螺纹连接件也用于施加预应力。螺纹连接件通常在拉杆端部直接制作，或通过冷挤压锚具、热铸锚与钢绞线拉索连接。考虑到焊接会破坏拉杆和拉索的受力性能，而且焊接质量也难以保证，故不宜采用。片式锚具主要适用于多根高强度钢丝组合而成的预应力钢绞线张拉。

7）张拉索杆体系结构分析时应符合下列规定：

①结构力学分析时宜考虑非线性的影响。

②分析模型及边界支承的计算假定应与实际构造相符，并应计入索端支承结构变形的影响。

③张拉索杆体系的荷载状态分析应在初始预应力状态的基础上进行。

④用于幕墙的索杆体系常常对称布置，施加预应力主要是为了形成稳定不变的结构体系。为避免索体松弛导致的结构失效和玻璃面板破损，要求张拉索杆体系中的拉杆或拉索在荷载作用下，应保持一定的预拉力储备。

⑤张拉索杆体系挠度控制应以初始预拉力状态作为挠度计算的初始状态，采用永久荷载、风荷载、温度作用的标准组合。

索结构张拉力容易引起支承结构的变形，因此，分析模型中应计入索端支承结构变形的影响。可采用对张拉索杆结构的支座增设线弹簧的方法进行考虑，也可采用对支座施加强制约束位移的方法在有限元分析模型中加以考虑。必要时，应建立玻璃幕墙张拉索杆支承结构与相连主体结构的整体模型进行协调分析。

8）索桁架设计应符合下列规定：

①索桁架的形式应根据建筑造型、抗风能力、支承部位等因素确定。

②索桁架满足索中预拉力储备时，索初始张拉应力不宜过大。

③索桁架矢高宜取跨度的1/10～1/20。

④索桁架的挠度不应大于其跨度的1/200。

9）自平衡索桁架设计应符合下列规定：

①自平衡索桁架矢高宜取跨度的1/10～1/20。

②中心压杆应按压弯构件进行设计。

③自平衡索桁架一端应设置可沿纵向滑动的铰支座。

④索桁架满足索中预拉力储备时，索初始张拉应力不宜过大。

⑤自平衡索桁架挠度不应大于其跨度的1/200。

10）单层索网支承结构

①单层平面索网是目前国内常见的一种支承结构形式，平面索网设计时索网挠度控制是关键点，单层平面索网挠度不宜大于其短向跨度的1/45。

②单层曲面索网国内应用相对较少，由于其曲面特性，会造成索网张拉时出现不同索力相互干扰、同一根索不同索段之间存在索力偏差等情况，因此对于单层曲面必须进行找形、施工张拉模拟分析。同时，应尽量通过合理找形方法提高索力分布的均匀性，减小同一节点相连纵横索的索力偏差，降低对索夹设计要求过高以及索夹预紧力过大对索损伤的不利影响。

单层曲面索网设计应符合下列规定：

A. 曲面形状及初始预拉力状态应综合建筑造型、边界支承条件、抗风能力及施工可行性等要求，通过解析方法或有限元分析方法确定。

B. 应进行张拉及加载过程的施工过程模拟分析工作。

C. 索网纵横两个方向的索中应力分布宜分别相对均匀。

D. 应考虑纵横索相交节点处索体不平衡力对索夹设计的影响。

E. 单层曲面索网的挠度不宜大于其短向跨度的1/200。

③单向竖索设计应符合下列要求：

A. 玻璃面板采用单向竖索支承时，竖索跨度不宜大于15m。

B. 玻璃面板宜采用夹层玻璃。

C. 边端索支承的边跨玻璃面板与主体结构之间的连接构造应能适应风荷载作用下索及玻璃的变形要求。

D. 单向竖索的挠度不应大于其跨度的1/45。

单向竖索支承结构是单层平面索网支承结构的一种简化形式，在国内也有一些工程在加以应用，玻璃表面的风荷载和重力荷载均通过索夹以点荷载的形式作用于竖索上。单向竖索的变形限值和索端设置弹簧缓冲装置的设计要求均与单层平面索网相同。但由于单索无侧向约束，其体系相对单层平面索网而言要弱，因此，对其玻璃面板的最大适用高度提出了限制。

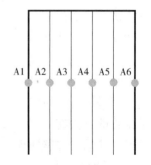

图9-12　单索幕墙与周边支承结构立面示意图

单索幕墙中竖索挠度限值按跨度的1/45控制，而竖向支承框的挠度限值通常按跨度的1/250～1/200进行控制。风荷载作用下，单向竖索幕墙（图9-12中A1、A6及上方横粗线为主体支承结构，A2～A5为单竖索示意）中边跨索（A2和A5索）与刚性良好的竖向支承框之间存在较大的变形差。为保证玻璃面板的安全性以及避免面板与支承框交界部位的雨水渗漏情况，规范对其连接构造提出了要求。当有特殊要求需在竖索中串联弹簧装置时，弹簧刚度宜取索线刚度的 $1/4 \sim 1/8$。

9.2　点支式玻璃幕墙支承结构设计与计算

9.2.1　单独型钢支承结构设计计算

1. 计算简图

单根型钢或（方）圆钢管作为竖向支承结构时，上、下端铰支承于主体结构上。在单根型钢或钢管上安装钢爪，通过连接件中的螺栓穿入面板玻璃四角的孔中固定玻璃。因此单独型钢或钢管支承结构的计算模型可简化为承受多个集中荷载作用的简支梁（图9-13）。

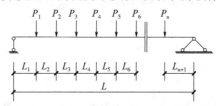

图 9-13　型钢或钢管支承结构计算简图

2. 荷载计算

玻璃面板水平荷载（包括风荷载或地震作用）通过钢爪以集中荷载的形式传给单根型钢或钢管，引起支承结构弯矩（M）和剪力（V）。

玻璃面板自重（包括单根型钢或钢管的自重）通过钢爪传递给单根型钢或钢管，产生轴向力（N）。

因此，单根型钢或钢管支承点支式玻璃幕墙中，支承结构属于压弯构件或拉弯构件。

3. 内力分析

简支梁在多个集中荷载作用下的梁内某点弯矩等于各作用力单独作用下在该点产生的弯矩矢量和，而梁内最大弯矩将在某个集中力作用点出现，这样，计算时需要分区段分别计算不同力作用下的不同作用点的弯矩，然后矢量相加，求得截面的最大弯矩。

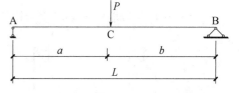

图 9-14　单个集中作用简支梁计算简图

单个集中荷载 P 作用下简支梁（图9-14）的力学分析如下：

AC 段任一点弯矩：
$$M(x) = Pb\frac{x}{L} = Pb\xi \tag{9-4}$$

CB 段任一点弯矩：
$$M(x) = Pa\frac{L-x}{L} = Pa\left(1 - \frac{x}{L}\right) = Pa(1 - \xi) \tag{9-5}$$

C 点弯矩：
$$M_C = \frac{Pab}{L} \tag{9-6}$$

AC 段任一点挠度：
$$f(x) = \frac{PbL^2(\omega_{D\xi} - \beta^2\xi)}{6EI} \tag{9-7}$$

CB 段任一点挠度：

$$f(x) = \frac{PaL^2(\omega_{D\zeta} - \alpha^2\zeta)}{6EI}$$ (9-8)

式中 $\alpha = \dfrac{a}{L}$；$\beta = \dfrac{b}{L}$；$\xi = \dfrac{x}{L}$；$\zeta = \dfrac{L-x}{L}$；$\omega_{D\xi} = \xi - \xi^3$；$\omega_{D\zeta} = \zeta - \zeta^3$。

4. 强度校核

单根型钢或钢管作为点支式玻璃幕墙的支承结构时，属于偏心受拉或偏心受压杆件，应按偏心受力构件进行强度验算。

型钢或钢管的抗弯强度应满足下式要求：

$$\frac{N}{A} + \frac{M}{\gamma W_{nx}} \leqslant f$$ (9-9)

式中 M——型钢或钢管承受的最大弯矩设计值（N·mm）；

N——型钢或钢管承受的最大轴向力设计值（N）；

f——型钢或钢管材料的抗弯强度设计值（N/mm²）；

γ——塑性发展系数，取 $\gamma = 1.05$；

A——型钢或钢管截面的面积（mm²）；

W_{nx}——型钢或钢管截面抵抗矩（mm³）。

5. 挠度校核

计算原理与弯矩计算是相同的，但是最大挠度处不一定是某个力的作用点，需要分区段逐点计算，一般采用有限元算法计算风荷载标准值作用下支承梁内最大挠度值 f_{max}。

《玻璃幕墙工程技术规范》（JGJ 102）（2022 年送审稿）规定，在风荷载标准值作用下，挠度不宜大于其跨度的 1/200。计算时，悬臂结构的跨度应取其悬挑长度的 2 倍。

$$f_{max} \leqslant f_{lim} = L/200$$ (9-10)

式中 L——型钢或钢管支承结构的跨度。

9.2.2 钢桁架支承结构设计计算

点支式玻璃幕墙钢桁架支承结构如图 9-15 所示。

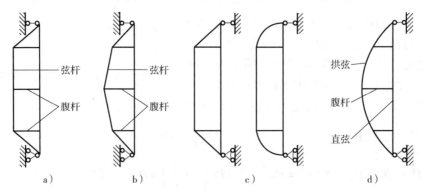

图 9-15　桁架支承结构示意

a）平行弦空腹桁架　b）折弦空腹桁架　c）组合梁式桁架　d）拱式桁架

1. 钢桁架支承结构计算

作用于桁架或空腹钢架支承点支式玻璃幕墙上的荷载（包括结构自重、风荷载、地震作用）通过驳接件以集中荷载的形式传递到支承桁架的下弦。作用于点支式幕墙支承结构上的荷载，按《点支式玻璃幕墙工程技术规程》（CECS 127：2001）的规定计算。

（1）永久荷载作用下桁架的内力分析　一般假定永久荷载仅由近玻璃侧弦杆单独承担，且不计构造偏心所产生的弯矩。永久荷载对于按水平承力布置的构件产生垂直弯矩，对于按垂直承力布置的构件产生轴力。

（2）水平荷载作用下桁架的内力

1）平行弦空腹桁架。在横向力作用下，首先将平行弦空腹桁架视为一等代的简支梁，计算其整体弯矩 M_d，再将其视为一相当的多层刚架近似计算由剪力产生的附加弯矩，如图9-16所示。

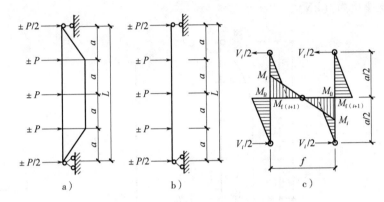

图9-16　平行弦空腹桁架计算简图

a）计算简图　b）等代梁　c）腹杆内力及附加弯矩

最大整体弯矩：

$$M_d = \frac{(n^2 - 1)}{8n}PL \quad （当玻璃分格数 n 为奇数时）\tag{9-11a}$$

$$M_d = \frac{n}{8}PL \quad （当玻璃分格数 n 为偶数时）\tag{9-11b}$$

式中　P——集中力设计值（kN）；

　　　L——平行弦空腹桁架的跨度（m）。

各节间弦杆轴力：

$$N_{di} = \pm \frac{(M_{di} - 2M_{fi})}{f}\tag{9-12}$$

式中　M_{di}——各节间的整体弯矩（kN·m）；

　　　M_{fi}——各节间的附加弯矩（kN·m），按下式计算：

$$M_{fi} = \frac{V_i a}{2}\tag{9-13}$$

式中　V_i——第 i 节间处等代梁的剪力（kN）；

　　　a——第 i 节间处的节距（m）。

腹杆轴力　　　　　　　　　　　$N_i = V_i$ 　　　　　　　　　　　　(9-14a)

腹杆弯矩　　　　　　　　　$M_i = M_{fi} + M_{f(i+1)}$ 　　　　　　　(9-14b)

腹杆剪力
$$V_{fi} = \frac{2M_{fi}}{h_0}$$
(9-14c)

2）拱式桁架（折弦空腹桁架）。在横向力作用下，拱式桁架（折弦空腹桁架，也称折弦拱）可近似按如图9-17所示计算简图进行计算。与平行弦空腹桁架情况类似，首先按等代梁计算整体弯矩 M_d，此弯矩由拱弦轴力的水平分力和直弦的轴力所产生的力偶平衡，在跨中：

拱弦轴力
$$N = \pm \frac{M_d}{f}$$
(9-15)

最大腹杆轴力
$$N_d = R - P$$
(9-16)

式中 R——支座反力（kN）。

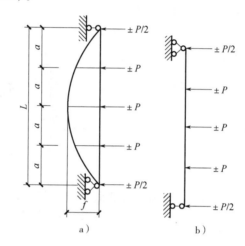

图 9-17　拱式桁架的计算简图

a）计算简图　b）等代梁

2. 桁架各杆件的截面验算

（1）强度验算　各类钢桁架中的所有杆件，均属于偏心受力构件，且当采用水平承力布置时，近玻璃侧的弦杆尚属于双向弯曲的偏心受力构件，因此应进行下列强度验算：

1）正应力验算。弯矩作用在两个主平面内的拉弯构件或压弯构件（圆管截面除外），其截面强度应按下列规定计算：

$$\sigma = \frac{N}{A_n} + \frac{M_x}{\gamma_x W_{nx}} + \frac{M_y}{\gamma_y W_{ny}} \leqslant f$$
(9-17)

式中 N——所计算杆件段的轴力，或拉或压（N）；

A_n——杆件净截面面积（mm^2）；

M_x、M_y——所计算杆件段的对截面 x、y 轴的弯矩（$N \cdot mm$）；

γ_x、γ_y——与截面模量相应的截面塑性发展系数；

W_{nx}、W_{ny}——净截面对 x、y 轴的抵抗矩（mm^3）；

f——材料抗拉强度设计值（N/mm^2）。

弯矩作用在两个主平面内的圆形截面拉弯构件或压弯构件，其截面强度应按下列规定计算：

$$\sigma = \frac{N}{A_n} + \frac{\sqrt{M_x^2 + M_y^2}}{\gamma W_n} \leqslant f \qquad (9\text{-}18)$$

式中　A_n——圆管净截面面积（mm^2）；

　　　γ——截面塑性发展系数，取 1.15；

　　　W_n——与合成弯矩矢量方向对应的圆管净截面模量（mm^3）。

2）剪应力验算。截面的抗剪强度应按下式验算：

非圆形截面 $\qquad\qquad\qquad\qquad \tau = \frac{3V}{2A_w} \leqslant f_v \qquad (9\text{-}19)$

圆形截面 $\qquad\qquad\qquad\qquad\quad \tau = \frac{2V}{A_g} \leqslant f_v \qquad (9\text{-}20)$

式中　V——所计算杆件段的剪力（N）；

　　　A_w——杆件截面腹板的净面积（mm^2）；

　　　A_g——杆件截面的净面积（mm^2），$A_g = \frac{\pi(D^2 - d^2)}{4}$，$D$ 为钢管截面的外径（mm），d

　　　　　为钢管截面的内径（mm）；

　　　f——材料抗剪强度设计值（N/mm^2）。

3）折算应力

$$\sqrt{\sigma^2 + 3\tau^2} \leqslant f \qquad (9\text{-}21)$$

式中　σ、τ——同一截面的正应力和剪应力（N/mm^2）。

（2）稳定验算　由于作用在幕墙上的风荷载等水平荷载可正可负，因此，各类钢桁架中的所有杆件，均应按压弯杆件验算平面内及平面外的整体稳定和局部稳定。对于平行弦空腹桁架的杆件，可参照多层刚架的梁、柱进行计算。拱式桁架（折弦空腹桁架）杆件的整体稳定的验算方法如下：

图 9-18 为拱式桁架，一般是将玻璃通过接驳件安装在直弦的外侧。当拱式桁架间距跨越两个以上玻璃分格时，在拱架的直弦间尚需架设与其垂直的承力构件，这一方面与拱式桁架的直弦形成刚强的平面体系，同时也为直弦提供了可靠的侧向支撑。

在正风压作用下，拱式桁架的直弦，可按一般压弯杆验算其平面内及平面外的整体稳定性，假设拱式桁架的撑杆两端为铰接，可近似看成直弦平面内的支撑点。而撑杆的计算长度，即可近似取其支撑点之间的几何长度。至于拱式桁架的拱弦，在负风压作用下是压弯杆，其工作状态与"有系杆的下承式拱桥"很相像。一般建筑师都希望点支式玻璃幕墙的支承结构，尽量少设支撑，最好不设支撑，因此，可采用"有系杆的下承式拱桥"的稳定理论来分析拱式钢桁架的稳定问题。

简单拱在均布荷载作用下，其平面内失稳时的临界轴压力 N_{crx}（N），写成轴压直杆的欧拉公式的标准形式为：

$$N_{crx} = \frac{\pi^2 E I_x}{S_{ox}^2} \qquad (9\text{-}22)$$

式中　E——弹性模量（N/mm^2）；

　　　I_x——截面对 x 轴的惯性矩（mm^4）；

　　　S_{ox}——平面内的计算长度（mm），按下式计算：

$$S_{ox} = \frac{\zeta_x S}{2} \tag{9-23}$$

式中　ζ_x——平面内拱度影响系数，$\zeta_x = \dfrac{1}{\sqrt{1-(\alpha/\pi)^2}}$，当矢跨比 $\rho = f/L \leqslant 0.1$ 时，$\zeta_x \approx 1.0$；

　　　S——拱弧展开长度（mm）。

其平面外失稳时的临界轴压力 N_{cry}（N），写成轴压直杆的欧拉公式的标准形式为：

$$N_{cry} = \frac{\pi^2 EI_y}{S_{oy}^2} \tag{9-24}$$

式中　I_y——截面对 y 轴的惯性矩（mm^4）；

　　　S_{oy}——平面外的计算长度（mm），$S_{oy} = \zeta_y S$；

　　　ζ_y——平面外拱度影响系数，$\zeta_y = \sqrt{\dfrac{1+\lambda(\alpha/\pi)^2}{[1-(\alpha/\pi)^2]^2}}$；

　　　S——拱弧展开长度（mm）；

　　　λ——弯扭刚度比例系数，$\lambda = \dfrac{EI_y}{GI_t}$，$G$ 为剪切模量（N/mm^2），I_t 为截面扭转惯性矩（mm^4）。

对于圆钢管，当矢跨比 $\rho = f/L \leqslant 0.1$ 时，$\zeta_y = 1.057 \approx 1.0$。

图 9-18 为由拱弦、直弦和铰接于其间的撑杆组成的拱式钢桁架，在均布荷载作用下，其拱弦平面内失稳时的临界轴压力 N_{crx}^G，受直弦刚度的影响，将有所提高。

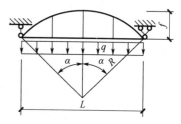

$$N_{crx}^G = k N_{crx} \tag{9-25}$$

$$k = 1 + \frac{(0.95 + 0.7\rho + \rho^2)I_b}{I_x} \tag{9-26}$$

图 9-18　拱式钢桁架

式中　N_{crx}——简单拱平面内失稳的临界轴压力，按式（9-22）计算。

　　　I_b——直弦截面对 x 轴的惯性矩（mm^4）。

当矢跨比 $\rho = f/L = 0.1$ 且拱弦和直弦截面相同时，$k = 2.03$，此时若将其平面内失稳时的临界轴压力 N_{crx}^G，写成轴压直杆的欧拉公式的标准形式，则为：

$$N_{crx}^G = \frac{\pi^2 EI_x}{(S_{ox}^G)^2} \tag{9-27}$$

式中　S_{ox}^G——平面内的计算长度（mm），$S_{ox}^G = \dfrac{\zeta_x^G S}{2}$，$\zeta_x^G = \dfrac{1}{k[1-(\alpha/\pi)^2]^2}$。

其平面外失稳时的临界轴压力，受"非保向力效应"的影响，也将有所提高。所谓"非保向力效应"如图 9-19 所示，由玻璃面、直弦侧向连接构件和直弦所组成的拱，拱式桁架直弦平面的刚度较拱弦的侧向刚度要大得多，当拱弦发生侧倾时，可认为直弦仍维持在原来的位置而仅仅是拱弦带动撑杆绕直弦发生了一个转角，同时伴随撑杆的转动，由撑杆传至拱弦的力 T 也随之改变方向，由此产生了指向原来的平衡位置的分力 H，撑杆转角越大，

图 9-19　非保向力示意图

分力 H 越大，使拱弦侧倾受到了阻碍，因此提高了拱弦平面外失稳时的临界轴压力 $N_{\text{cry}}^{\text{B}}$，若将其写成轴压直杆的欧拉公式的标准形式，则为：

$$N_{\text{cry}}^{\text{B}} = \eta N_{\text{cry}} = \eta \frac{\pi^2 EI_{\text{y}}}{(S_{\text{oy}}^{\text{B}})^2} \tag{9-28}$$

式中　S_{oy}^{B}——平面外计算长度（mm），$S_{\text{oy}}^{\text{B}} = \zeta_{\text{y}}^{\text{B}} S$，$\zeta_{\text{y}}^{\text{B}} = \sqrt{\dfrac{1 + \lambda (\alpha/\pi)^2}{\eta [1 - (\alpha/\pi)^2]^2}}$；

　　　　η——非保向力效应系数，$\eta = \dfrac{1}{1-C}$，$C = 3\left(\dfrac{\alpha}{\pi}\right)^2 \dfrac{1 + 4\rho^2}{8\rho^2}$。

当矢跨比 $\rho = f/L = 0.1$ 时，可偏安全地取 $\eta = 2.5$，计算长度 $S_{\text{oy}}^{\text{B}} = \zeta_{\text{y}}^{\text{B}} S = 0.62S$，比不计"非保向力效应"时约减小 40%。求得计算长度后，便可进一步按压弯构件验算其稳定性。

（3）刚度验算　《玻璃幕墙工程技术规范》（JGJ 102）（2022 年送审稿）规定：

1）桁架或空腹桁架在风荷载标准值作用下的挠度不宜大于其跨度的 $1/250$，即 $f_{\text{lim}} = L/250$（L 为桁架的跨度）。

2）轴心受压或偏心受压的桁架杆件，长细比不应大于 150，即容许长细比 $[\lambda] = 150$。

3）轴心受拉或偏心受拉的桁架杆件，长细比不应大于 350，即容许长细比 $[\lambda] = 350$。

9.2.3　自平衡索杆桁架支承结构设计计算

1. 单横杆预应力自平衡索杆桁架结构内力分析

采用弹性小挠度理论分析图 9-20 所示的单横杆预应力自平衡索杆桁架，在跨中横向集中荷载作用下的力学行为。

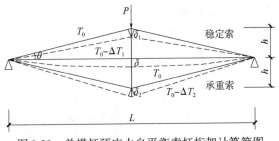

图 9-20　单横杆预应力自平衡索杆桁架计算简图

图 9-20 中主压杆长度为 L，抗弯刚度为 EI_{b}（E 为钢材弹性模量）；横向撑杆高度为 h，轴向刚度为 EA_{s}；拉索的截面面积 A_{c}，弹性模量为 E_{c}，拉索与主压杆的夹角为 θ。上索定义为稳定索，下索定义为承重索，二者的长度均为 l，$l = L/\cos\theta$。

设自平衡索杆桁架在初始状态下索的预拉力为 T_0，上、下撑杆的轴向压力为 $N_{\text{s0}} = 2T_0\sin\theta$，主压杆的轴向压力为 $N_{\text{s0}} = 2T_0\cos\theta$。忽略主压杆因轴向变形引起的挠度贡献，假设索杆桁架在横向集中荷载 P 作用下的竖向位移为 δ，即主压杆的跨中挠度。横向撑杆上、下顶点的挠度分别为 δ_1 和 δ_2，此时对应的上、下两撑杆的压力分别为 N_{s1} 和 N_{s2}，则由图 9-20 的几何关系可得：

$$\delta_1 = \delta + \frac{N_{\text{s1}} - N_{\text{s0}}}{EA_{\text{s}}} h \tag{9-29a}$$

$$\delta_2 = \delta - \frac{N_{\text{s2}} - N_{\text{s0}}}{EA_{\text{s}}} h \tag{9-29b}$$

从而可推出稳定索的长度收缩量和承重索的长度伸长量分别为：

$$\Delta l_1 = 2\delta_1 \sin\theta, \quad \Delta l_2 = 2\delta_2 \sin\theta \tag{9-30}$$

对应的上、下两索轴向拉力的变化分别为：

$$\Delta T_1 = E_c A_c \frac{\Delta l_1}{l} = E_c A_c \frac{2\delta_1 \sin\theta \cos\vartheta}{L} = E_c A_c \frac{\delta_1 \sin2\theta}{L} \tag{9-31a}$$

$$\Delta T_2 = E_c A_c \frac{\Delta l_2}{l} = E_c A_c \frac{2\delta_2 \sin\theta \cos\vartheta}{L} = E_c A_c \frac{\delta_2 \sin2\theta}{L} \tag{9-31b}$$

上、下两索的轴向拉力为：

$$T_1 = T_0 - \Delta T_1 = T_0 - E_c A_c \frac{\delta_1 \sin2\theta}{L} \tag{9-32a}$$

$$T_2 = T_0 - \Delta T_2 = T_0 - E_c A_c \frac{\delta_2 \sin2\theta}{L} \tag{9-32b}$$

上、下横向撑杆的轴向压力分别为：

$$N_{s1} = 2T_1 \sin\theta + P = 2\left(T_0 - E_c A_c \frac{\delta_1 \sin2\theta}{L}\right)\sin\theta + P \tag{9-33a}$$

$$N_{s2} = 2T_2 \sin\theta = 2\left(T_0 - E_c A_c \frac{\delta_2 \sin2\theta}{L}\right)\sin\theta \tag{9-33b}$$

则主压杆承受的跨中侧向力为：

$$P_b = N_{s1} - N_{s2} = P - 2E_c A_c \frac{(\delta_1 + \delta_2)\sin2\theta}{L}\sin\theta \tag{9-34}$$

将式（9-33）代入式（9-29），则有：

$$\delta_1 = \delta + \frac{P - 2E_c A_c \dfrac{\delta_1 \sin2\theta}{L}\sin\theta}{EA_s}h \tag{9-35a}$$

$$\delta_2 = \delta - \frac{2E_c A_c \dfrac{\delta_2 \sin2\theta}{L}\sin\theta}{EA_s}h \tag{9-35b}$$

从而推得：

$$\delta_1 = \frac{EA_s \delta + Ph}{EA_s + 2E_c A_c \dfrac{\sin\theta \sin2\theta}{L}h} \tag{9-36a}$$

$$\delta_2 = \frac{EA_s \delta}{EA_s + 2E_c A_c \dfrac{\sin\theta \sin2\theta}{L}h} \tag{9-36b}$$

将式（9-36）代入式（9-34），得：

$$P_b = N_{s1} - N_{s2} = P - 2E_c A_c \frac{(\delta_1 + \delta_2)\sin2\theta}{L}\sin\theta$$

$$= P - 2E_c A_c \frac{(2EA_s \delta + Ph)\sin\theta \sin2\theta}{EA_s L + 2E_c A_c h \sin\theta \sin2\theta} \tag{9-37}$$

由弹性小挠度理论可知，主压杆在跨中荷载 P_b 作用下的跨中挠度为：

$$\delta = \frac{1}{48} \frac{P_{\mathrm{b}} L^3}{EI_{\mathrm{b}}}$$

$$= \frac{L^3}{48EI_{\mathrm{b}}} \left[P - 2E_{\mathrm{c}} A_{\mathrm{c}} \frac{(2EA_{\mathrm{s}}\delta + Ph)\sin\theta\sin2\theta}{EA_{\mathrm{s}}L + 2E_{\mathrm{c}}A_{\mathrm{c}}h\sin\theta\sin2\theta} \right] \tag{9-38}$$

由此推得单横杆预应力自平衡索杆桁架的挠度计算公式为：

$$\delta = \frac{PL^3}{48EI_{\mathrm{b}} + 4\left(1 + \dfrac{24I_{\mathrm{b}}h}{A_{\mathrm{s}}L^3}\right)E_{\mathrm{c}}A_{\mathrm{c}}L^2\sin\theta\sin2\theta} \tag{9-39}$$

一般情况下，分母中的 $24I_{\mathrm{b}}h/A_{\mathrm{s}}L^3$ 一项要比 1 小很多。假设压杆截面为 $D_{\mathrm{b}} \times t_{\mathrm{b}}$ 的圆管，撑杆截面为 $D_{\mathrm{s}} \times t_{\mathrm{s}}$ 的圆管，取 $D_{\mathrm{s}}/D_{\mathrm{b}} = 1/2$，$t_{\mathrm{s}}/t_{\mathrm{b}} = 1/2$，$h/L = 1/10$，则 $24I_{\mathrm{b}}h/A_{\mathrm{s}}L^3 = \dfrac{3}{5}$（1 + α^2）$\left(\dfrac{D_{\mathrm{b}}}{L}\right)^2 < \dfrac{6}{5}\left(\dfrac{D_{\mathrm{b}}}{L}\right)^2$，其中 $\alpha = 1 - 2\dfrac{t_{\mathrm{b}}}{D_{\mathrm{b}}}$。$\dfrac{D_{\mathrm{b}}}{L}$ 的量级一般为 10^{-2}，所以 $24I_{\mathrm{b}}h/A_{\mathrm{s}}L^3$ 的量级为 10^{-4}。因此可以忽略不计，从而得到不考虑横撑杆轴向变形的索杆桁架挠度公式：

$$\delta = \frac{PL^3}{48EI_{\mathrm{b}} + 4E_{\mathrm{c}}A_{\mathrm{c}}L^2\sin\theta\sin2\theta} \tag{9-40}$$

定义索杆桁架的初始刚度 $K_0 = P/\delta$，则有：

$$K_0 = \frac{48EI_{\mathrm{b}}}{L^3} + \frac{4E_{\mathrm{c}}A_{\mathrm{c}}\sin\theta\sin2\theta}{L}$$

当索杆桁架加载至稳定索松弛后，定义索杆桁架的松弛刚度 $K_1 = \mathrm{d}P/\mathrm{d}\delta$，采用和上述类似的分析方法，可得：

$$K_1 = \frac{48EI_{\mathrm{b}}}{L^3} + \frac{2E_{\mathrm{c}}A_{\mathrm{c}}\sin\theta\sin2\theta}{L} \tag{9-41}$$

另外，由式（9-33）可以推得稳定索的临界松弛荷载 P_{cs} 为：

$$P_{\mathrm{cs}} = T_0 \frac{48EI_{\mathrm{b}}}{E_{\mathrm{c}}A_{\mathrm{c}}L^2\sin2\theta} + 4\sin\theta \tag{9-42}$$

2. 双横杆预应力自平衡索杆桁架结构内力分析

两相同横向集中荷载作用下的双横杆预应力自平衡索杆桁架结构，索杆桁架的几何参数及承载状况如图 9-21 所示，其中两撑杆分别位于主压杆的 $L/3$、$2L/3$ 处。

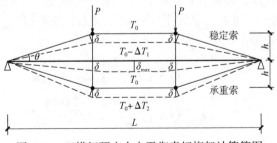

图 9-21　双横杆预应力自平衡索杆桁架计算简图

假设拉索与撑杆的接触为完全光滑，即认为撑杆顶点两侧的拉索在初始状态及变形过程中的轴向拉力相同。忽略主压杆因轴向变形引起的挠度贡献，同时忽略横向撑杆轴向变形以及侧向变形对索杆桁架整体挠度的贡献。可以证明，这些因素引起的挠度贡献均为二阶小量。假设索杆桁架在两个集中荷载 P 作用下的节点竖向位移为 δ，此处的 δ 也即两撑杆位置处的主压杆的挠度，而主压杆的跨中挠度为 $\delta_{\max}$。

采用和单横杆预应力自平衡索杆桁架相同的分析方法，推得双横杆预应力自平衡索杆桁架的挠度公式为：

$$\delta = \frac{5PL^3}{162EI_{\mathrm{b}} + \dfrac{30E_{\mathrm{c}}A_{\mathrm{c}}L^2\sin\theta\sin2\theta}{2+\cos\theta}} \tag{9-43}$$

定义索杆桁架的初始刚度 $K_0 = P/\delta$，则有：

$$K_0 = \frac{162EI_{\mathrm{b}}}{5L^3} + \frac{6E_{\mathrm{c}}A_{\mathrm{c}}\sin\theta\sin2\theta}{(2+\cos\theta)L} \tag{9-44}$$

同样，当索杆桁架加载至稳定索松弛后，定义索杆桁架的松弛刚度 $K_1 = \mathrm{d}P/\mathrm{d}\delta$，有：

$$K_1 = \frac{162EI_{\mathrm{b}}}{5L^3} + \frac{3E_{\mathrm{c}}A_{\mathrm{c}}\sin\theta\sin2\theta}{(2+\cos\theta)L} \tag{9-45}$$

稳定索的临界松弛荷载 P_{cs} 为：

$$P_{\mathrm{cs}} = T_0\frac{162EI_{\mathrm{b}}(2+\cos\theta)}{15E_{\mathrm{c}}A_{\mathrm{c}}L^2\sin2\theta} + 2\sin\theta \tag{9-46}$$

3. 三横杆预应力自平衡索杆桁架结构内力分析

竖向集中荷载作用下三横杆预应力自平衡索杆桁架结构，索杆桁架的几何参数及承载状态如图 9-22 所示，其中三横撑杆分别位于主压杆的 $L/4$、$L/2$ 和 $3L/4$ 处，撑杆高度分别为 h_1 和 h_2，从索杆桁架的整体受力合理性分析，应满足关系 $h_1 < h_2 < 2h_1$ 或 $0 < \theta_2 < \theta_1$。

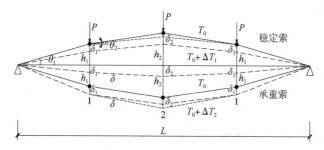

图 9-22　三横杆预应力自平衡索杆桁架计算简图

采用与前述相同的假设条件和分析方法，并记索杆桁架在三个相同集中荷载 P 作用下 1 和 2 处的竖向位移分别为 δ_1 和 δ_2，也即主压杆 $L/4$ 和 $L/2$ 处的挠度。推得三横杆预应力自平衡索杆桁架的挠度公式为：

$$\delta_1 = \frac{PL^3}{48EI_{\mathrm{b}}} + \frac{1}{32}\frac{108 + 14\alpha\gamma^2 - 7\alpha\beta\gamma}{2+4\alpha\beta^2+8\alpha\gamma^2+11\alpha\beta\gamma} \tag{9-47a}$$

$$\delta_2 = \frac{PL^3}{48EI_{\mathrm{b}}} + \frac{1}{32}\frac{152 + 7\alpha\beta^2 - 14\alpha\beta\gamma}{2+4\alpha\beta^2+8\alpha\gamma^2+11\alpha\beta\gamma} \tag{9-47b}$$

式中　$\alpha = \dfrac{E_{\mathrm{c}}A_{\mathrm{c}}L^2\cos\theta_1\cos\theta_2}{12EI_{\mathrm{b}}(\cos\theta_1+\cos\theta_2)}$；$\beta = \sin\theta_1 - \sin\theta_2$；$\gamma = \sin\theta_2$。

定义索杆桁架的初始刚度 $K_0 = P/\delta$，则有：

$$K_0 = \frac{48EI_{\mathrm{b}}}{L^3} + 32 \times \frac{2+4\alpha\beta^2+8\alpha\gamma^2+11\alpha\beta\gamma}{152+7\alpha\beta^2-14\alpha\beta\gamma} \tag{9-48}$$

同样，当索杆桁架加载至稳定索松弛后，定义索杆桁架的松弛刚度 $K_1 = \mathrm{d}P/\mathrm{d}\delta$，有：

$$K_1 = \frac{48EI_\mathrm{b}}{L^3} + 32 \times \frac{4 + 4\alpha\beta^2 + 8\alpha\gamma^2 + 11\alpha\beta\gamma}{304 + 7\alpha\beta^2 - 14\alpha\beta\gamma} \tag{9-49}$$

稳定索的临界松弛荷载 P_cs 为：

$$P_\mathrm{cs} = \frac{32T_0}{\alpha} \cdot \frac{2 + 4\alpha\beta^2 + 8\alpha\gamma^2 + 11\alpha\beta\gamma}{108\beta + 152\gamma} \tag{9-50}$$

通过弹性小挠度理论推导的单横杆、双横杆和三横杆预应力自平衡索杆桁架的计算公式结果表明，拉索的预应力 T_0 对自平衡索杆桁架的初始刚度 K_0 和松弛刚度 K_1 均没有影响，而稳定索的临界松弛荷载 P_cs 则与拉索的预拉力 T_0 呈线性关系。

9.2.4　张拉索杆桁架支承结构设计计算

1. 张拉索杆结构体系的组成及其布置

（1）张拉索杆结构的定义　张拉索杆桁架是指由受张拉力的柔性索和刚性撑杆组成的结构。在设计、施工和使用过程中柔性索必须具有足够和适当的张拉力。

柔性索仅具有抗拉刚度（EA），当无张拉时其抗压刚度很小，在结构承受荷载中无贡献或可忽略。必须对它们进行张拉，使之具有足够的张力，才能组成结构和可靠地承受荷载作用。刚性撑杆应具有各种需要的拉、压、弯等刚度，以及承受相应拉、压、弯等作用而不丧失其承载力的能力。

（2）张拉索杆结构体系的组成　张拉索杆结构体系通常由张拉索杆基本结构组件和支座（结构）组成，必要时需设置平衡重力性索和保证结构体系的稳定性索。其张拉索杆基本结构组件可以分为自平衡的或非自平衡的，后者的张拉索端部分的张力需由其支座（结构）平衡。

（3）张拉索杆结构体系的分类与布置　张拉索杆结构的体系按其受力工作状况，可分为单向受力体系和双向受力体系。单向受力体系是由单一方向布置的若干张拉索杆基本结构组件和必要的重力与稳定性索（或杆件）组成。双向受力体系是由相互交叉的张拉索杆基本结构组件和必要的一些重力与稳定性索（或杆件）组成。可根据建筑及结构设计的要求，采用正交正放、正交斜放或斜交放置等交叉布置形式。

（4）主受力索、重力性索与稳定性索的作用和张力要求　主受力索是张拉索杆结构体系中基本结构组件的主受拉力元件，应始终具有足够而适当的初张拉力，使之不退出工作和被拉断。

重力性索是为改善张拉索基本结构组件的受力，用以平衡重力性荷载而设置的拉索。一般平行于玻璃板面的重力方向布置，可不需要太大的初张力，但应张紧，并足以承受其重力荷载。

稳定性索是为保证张拉索杆结构体系中的基本结构组件及某些撑杆平面外的稳定性和减少可能的风振而设置的索，也常用它保证玻璃幕墙结构体系中某些刚性构件的平面外稳定性。这种索的初张力虽不需很大，但索的张力设计必须给上述被稳定构件以足够的侧向支承力，以保证其不发生侧向失稳。

2. 张拉索杆桁架支承结构设计计算

张拉索杆桁架宜采用有限元方法进行计算分析，也可采用考虑几何非线性影响的一种近似计算方法。这种近似计算方法对抛物线形张拉索杆结构的计算结果与用其他方法计算的结果比较接近，而对折线形张拉索杆结构的计算结果比用其他方法计算的结果内力偏大，这是由于对折线形张拉索杆结构的某一索段对某节点集中荷载为承力索，而对相邻的节点集中荷载为稳定索且交叉出现，在用这种近似计算分析时，用"等代梁"求反推力后预估钢索截面面积比较简便（但不是唯一途径）。

（1）"等代梁"计算　所谓"等代梁"就是与张拉索杆桁架具有同样跨度、同样荷载分布的简支梁，称为张拉索杆桁架的"等代梁"，如图9-23所示。

张拉索杆结构的水平反推力 $H_{(x)}$：

$$H_{(x)} = \frac{M^0_{(L/2)}}{f_0} \tag{9-51}$$

式中　$M^0_{(L/2)}$——"等代梁"跨中截面弯矩（N·m）；

f_0——张拉索杆结构始态矢高（m）。

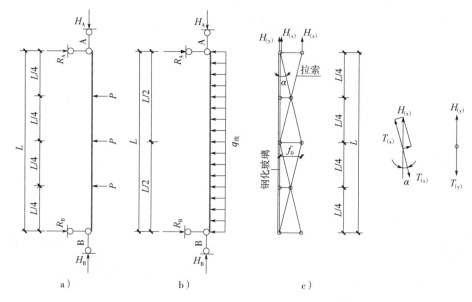

图9-23　张拉索杆桁架的等代梁示意

a）等代梁1　b）等代梁2　c）张拉索杆桁架

当为均布荷载 $q_{线}$ 作用（图9-23b）时

$$M^0_{(L/2)} = \frac{q_{线} L^2}{8} \tag{9-52}$$

当为多个集荷载 P 作用（图9-23a）时

$$P = abq_{面} \tag{9-53}$$

$$M^0_{(L/2)} = \frac{n}{8}PL \text{（当 } n \text{ 为偶数）} \tag{9-54a}$$

$$M^0_{(L/2)} = \frac{n^2-1}{8n}PL \text{（当 } n \text{ 为奇数）} \tag{9-54b}$$

式中　$q_{线}$——水平作用均布线荷载（N/m）；

$q_{面}$——水平作用均布面荷载（N/m²）；

n——梁的分段数；

a、b——四点支承玻璃面板短边、长边长度（m）；

L——跨度（m）。

（2）张拉索杆结构强度验算 对于自重由竖向索承担的张拉索杆结构，钢索（棒）的有效预应力（σ_{pe}）产生的反推力 $H_{0(x)}$ 可按式（9-55）计算。

钢索（棒）有效预应力（σ_{pe}）产生的反推力（折线形）：

$$H_{0(x)} = \sigma_{pe} A \cos\alpha \tag{9-55a}$$

钢索（棒）有效预应力（σ_{pe}）产生的反推力（抛物线形）：

$$H_{0(x)} = \sigma_{pe} A / \sqrt{\left(1 + 16\frac{f_0^2}{L^2}\right)} \tag{9-55b}$$

式中 σ_{pe}——有效预应力值（N/mm²），取 $\sigma_{pe} = \sigma_{con} - \sigma_l$，其中 σ_{con} 为钢索预应力张拉控制应力，σ_l 为钢索在施工阶段和使用阶段产生的预应力总损失；

A——钢索（棒）截面面积（mm²）；

f_0——始态矢高（mm）；

L——跨度（mm）。

张拉索杆体系在施加预应力过程中和在使用阶段，预拉力会因为产生可能的损失而下降。由于索杆体系的杆件全部外露，便于调整，所以，锚具滑动损失（σ_{l1}）可通过在张拉过程中控制张拉力得到补偿；由支承结构的弹性位移造成的预拉力损失（σ_{l5}）可以通过分批、多次张拉而抵消；由于预应力水平较低，钢材的松弛影响可以不考虑，即 $\sigma_{l4} = 0$。因此，只要在施工过程中做到分批、多次、对称张拉，并随时检查、调整预拉力数值，预拉力的损失是可以补偿的，从而最终达到控制拉力的数值。因此，幕墙结构中一般不专门计算预拉力的损失（σ_l）。

反推力 [$H_{0(x)}$] 折算的均布线荷载：

$$q_{\text{线}} = \frac{8H_{0(x)} f_0}{L^2} \tag{9-56}$$

式中 $H_{0(x)}$——钢索（棒）有效预应力产生的反推力（N）。

由水平作用（q）产生的最终反推力设计值 $H_{L(x)}$：

$$H_{L(x)} - H_{0(x)} = \frac{EAL^2}{24}\left(\frac{q^2}{H_{L(x)}^2} - \frac{q_{0(x)}^2}{H_{0(x)}^2}\right)$$

$$H_{L(x)} = \sqrt{\frac{EAL^2}{24} \frac{q^2}{H_{L(x)} + \frac{EAL^2}{24}\frac{q_{0(x)}^2}{H_{0(x)}^2} - H_{0(x)}}} \tag{9-57}$$

式中 E——钢索（棒）弹性模量（N/mm²）；

A——钢索（棒）截面面积（mm²）。

钢索拉力设计值（折线形） $$T_{(x)} = \frac{H_{L(x)}}{\cos\alpha} \tag{9-58a}$$

钢索拉力设计值（抛物线形） $$T_{(x)} = H_{L(x)}\sqrt{1 + 16\frac{f_0^2}{L^2}} \tag{9-58b}$$

式中 $H_{L(x)}$——由水平作用产生的最终计算反推力设计值（N）。

竖向荷载（自重）产生的反推力设计值 $H_{(y)}$：

$$H_{(y)} = \gamma_G \frac{G_k}{A}(BL) \tag{9-59}$$

式中　G_k/A——玻璃面板和连接件自重标准值（N/m²），可取 $\gamma_g t_g$（γ_g 为玻璃的密度，t_g 为玻璃厚度），也可近似取 400N/m²；

　　　　B——每榀张拉索杆结构的间距（m）；

　　　　L——跨度（m）。

自重承力索拉力设计值　　　　　$T_{(y)} = H_{(y)}$ \hspace{3em} (9-60)

式中　$H_{(y)}$——竖向荷载（自重）产生的反推力设计值（N）。

竖向荷载（自重）承力索截面最大应力设计值：

$$\sigma_{(y)} = \frac{T_{(y)}}{A_{(y)}} \leqslant f_s \tag{9-61}$$

式中　$T_{(y)}$——自重承力索拉力设计值（N）；

　　　　$A_{(y)}$——竖向作用（自重）承力索截面面积（mm²）；

　　　　f_s——钢索（棒）强度设计值（N/mm²）。

张拉索杆结构钢索截面最大应力设计值 $\sigma_{(x)}$：

$$\sigma_{(x)} = \frac{T_{(x)}}{A_{(x)}} \leqslant f_s \tag{9-62}$$

式中　$T_{(x)}$——张拉索杆结构钢索拉力设计值（N）；

　　　　$A_{(x)}$——张拉索杆结构钢索截面面积（mm²）；

　　　　f_s——钢索（棒）强度设计值（N/mm²）。

联系杆压力设计值 N：

$$N = H_{L(x)} \tan\alpha \tag{9-63}$$

式中　$H_{L(x)}$——由水平力产生的最终计算反推力设计值。

联系杆截面最大应力设计值：

$$\sigma_1 = \frac{N}{A} \leqslant f_s \tag{9-64}$$

式中　N——连系杆压力设计值（N）；

　　　　A——钢棒截面面积（mm²）；

　　　　f_s——钢棒强度设计值（N/mm²）。

（3）张拉索杆结构挠度　张拉索杆结构的挠度应从预应力状态算起。由水平作用标准值（q_k）产生的最终反推力标准值 $H_{Lk(x)}$：

$$H_{Lk(x)} - H_{0(x)} = \frac{EAL^2}{24}\left[\frac{q_k^2}{H_{Lk(x)}^2} - \frac{q_{0(x)}^2}{H_{0(x)}^2}\right]$$

$$H_{Lk(x)} = \sqrt{\frac{EAL^2}{24} \frac{q_k^2}{H_{Lk(x)} + \frac{EAL^2}{24}\frac{q_{0(x)}^2}{H_{0(x)}^2} - H_{0(x)}}} \tag{9-65}$$

式中　$H_{0(x)}$——由钢索（棒）有效预应力产生的反推力（N）；

　　　　A——钢索（棒）截面面积（mm²）；

E——钢索（棒）弹性模量（N/mm^2）；

q_k——水平作用均布线荷载标准值（N/m）；

q_0——由反推力折算的均布线荷载（N/m）；

L——跨度（m）。

承力索矢高：

$$f = \frac{q_k L^2}{8} / H_{Lk(x)} \tag{9-66}$$

式中　q_k——水平作用均布线荷载标准值（N/m）；

　　　L——跨度（m）；

$H_{Lk(x)}$——由水平力产生的最终计算反推力标准值（N）。

张拉索杆结构挠度值 Δf：

$$\Delta f = f - f_0 \tag{9-67}$$

式中　f——承力索终态矢高（mm）；

　　　f_0——张拉索杆结构始态矢高（mm）。

张拉索杆结构相对挠度：

$$\frac{\Delta f}{L} \leqslant \frac{1}{250} \tag{9-68}$$

（4）稳定索截面终态应力保有值

钢索理论长度（折线形）

$$L_0 = L / \cos\alpha \tag{9-69a}$$

钢索理论长度（抛物线形）

$$L_0 = L\left(1 + \frac{8f_0^2}{3L^2}\right) \tag{9-69b}$$

式中　L——跨度（m）；

　　　f_0——张拉索杆结构始态矢高（m）。

钢索由预应力产生的预计伸长值：

$$\Delta L = \frac{\sigma_{con}}{E} L_0 \tag{9-70}$$

式中　σ_{con}——预应力张拉控制应力值（N/mm^2），钢索 $\sigma_{con} = (0.10 \sim 0.20) f_{ptk}$，钢棒 $\sigma_{con} = (0.20 \sim 0.55) f_{pyk}$；

　　　L_0——钢索理论索长（mm）；

　　　E——钢索（棒）弹性模量（N/mm^2）。

钢索下料长度 L_1：

$$L_1 = L_0 - \Delta L \tag{9-71}$$

式中　L_0——钢索理论索长（mm）；

　　　ΔL——钢索由预应力产生的预计伸长值（mm）。

稳定索终态矢高 f_1：

$$f_1 = f_0 - \Delta f \tag{9-72}$$

式中　f_0——张拉索杆结构始态矢高（mm）；

　　　Δf——矢高增量（mm）。

稳态索终态索长（折线形）

$$L_2 = \sqrt{f_1^2 + L^2} \geqslant L_1 \tag{9-73a}$$

稳定索终态索长（抛物线形）

$$L_2 = L\left(1 + \frac{8f_1^2}{3L^2}\right) \geqslant L_1 \tag{9-73b}$$

式中　f_1——稳定索终态矢高（mm）；

L——跨度（mm）。

稳定索截面终态应力保有值：
$$\sigma_2 = E\frac{L_2 - L_1}{L_0} \tag{9-74}$$

式中　L_2——稳定索终态索长（mm）；

　　　L_1——钢索下料长度（mm）。

3. 张拉索杆连接验算

张拉索杆结构的索（杆）的接头构造如图9-24所示。张拉索杆结构的索（杆）要和压制接头、丝杆、套筒组合成受力体系，丝杆、销子使用热轧钢材，而套筒、耳板为铸钢件，它们的材料牌号和力学性能不一样，受力情况不同，因此应对钢质拉索（杆）的传力、传力过程中的每个部位进行设计、验算。

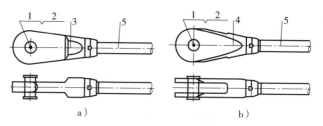

图9-24　拉索锚具接头构造

a）单耳板连接钢拉杆接头　b）双耳板连接钢拉杆接头

1—销轴　2—端盖　3—单耳接头　4—双耳接头　5—杆体

在拉索（杆）幕墙体系中，拉索（杆）受的力通过销子传给钢质拉杆构件的耳板，由于耳板属同一构件的套筒通过螺纹传给杆体，再由杆体传给另一段套筒（耳板），通过销子传给锚锭结构。因此要进行钢索（杆）抗拉承载力、螺纹抗拉（抗剪）承载力、套筒抗拉承载力、套筒螺纹抗拉（抗剪）承载力、耳板抗拉（抗承压）承载力、销子的抗剪承载力验算。对压制接头通过试验证明其连接强度大于索强度。

4. 张拉索杆支承梁设计

张拉索杆桁架支承点式玻璃幕墙受力时，并不是每一榀索杆桁架同时达到最大值，取其最大值的0.7倍。

支承梁承受的每榀张拉索杆结构反推力设计值：
$$P = 0.7H_{L(x)} + A\sigma_2\cos\alpha + H_{(y)} \tag{9-75}$$

支承梁承受的每榀张拉索杆结构反推力标准值：
$$P_k = 0.7H_{Lk(x)} + A\sigma_2\cos\alpha + H_{(y)} \tag{9-76}$$

式中　$H_{L(x)}$——由水平作用产生的最终计算反推力设计值（N）；

　　　$H_{Lk(x)}$——由水平作用产生的最终计算反推力标准值（N）；

　　　$H_{(y)}$——竖向索由自重产生的反推力（N）；

　　　A——钢索截面面积（mm²）；

　　　σ_2——稳定索截面应力保有值（N/mm²）。

5. 张拉索杆施加预应力

钢索（杆）总预应力值（千斤顶显示值）：
$$N_c = A\sigma_{con} \tag{9-77}$$

式中　A——钢索（杆）截面面积（mm²）；

　　　σ_{con}——预应力张拉控制应力值（N/mm²）。

预应力施加（侧力扳手力矩）：
$$T = 1.25kN_c d \tag{9-78}$$

式中　N_c——钢索（杆）总预应力值（N）；

　　　k——扭矩系数，取 $k = 0.15$；

　　　d——钢索（杆）直径（mm）。

9.2.5　单层索网支承结构设计计算

单层索网支承点式玻璃幕墙是一种全新的幕墙支承结构体系，它的受力索工作状态是双向受力，与双层索杆体系的单向受力相比，构造简单，索的工作效率大大提高，幕墙的体形更加薄、透、轻盈。

1. 单层索网支承点支式幕墙工作原理

分析单层索支承结构的工作原理，也就是要了解单层索网平面抵抗风荷载作用时的工作状态，了解单层索网结构作为玻璃幕墙的支承结构使索网的变形与预应力的关系，索内力的大小、索网平面在抵抗风荷载时各节点的适应能力。

如图 9-25 所示，在玻璃幕墙平面受外部荷载后通过玻璃的连接机构将外部荷载转化为节点荷载 P，节点荷载 P 作用在索网结构上，只要在索网中有足够的预应力 N_0 和挠度 f，就可以满足力学的平衡条件。当 P 为某一确定值时，挠度 f 和预应力 N_0 成反比，即预应力 N_0 值越大，挠度 f 就越小（$f = P/N_0$）。因此，挠度 f 和预应力 N_0 是单层平面索网的两个关键参数，必须经过试验和计算分析后才能确定。

2. 单层索网玻璃幕墙各设计参数的确定

作用于玻璃幕墙上的平面外荷载通过玻璃的连接机构转化成节点荷载 P，节点荷载 P 作用在索网结构上，当 P 为某一确定值时，索的预应力（预拉力 N_0）越大，索的相对挠度 f 就越小，

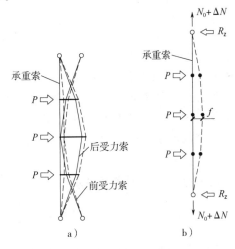

图 9-25　索结构受力变形简图

a）索杆桁架工作示意图　b）单索工作示意图

但索在终态时所受的内力会越大，需要选择更强的索材料、更大的索截面，索两端的支反力也越大，对应的主支承结构也需要相应增强，会造成极大的浪费。因此，设计索结构时应综合考虑，将索的相对挠度 f 及索的预应力（预拉力 N_0）都控制在合理的范围内，以选择合理的索直径。

（1）索相对挠度容许值 $f_{\lim}$ 的确定　玻璃幕墙的受力变形是幕墙性能的一个重要指标，对其确定是否合理，对幕墙的使用性能有很大的影响。为确保玻璃幕墙的使用性能，应根据力学原理用 ANSYS 计算软件进行力学分析，同时进行单索幕墙单元的实体受力试验（图 9-26），分析玻

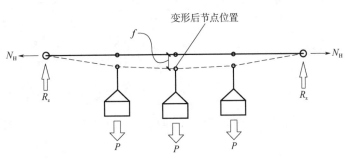

图 9-26　单索受力试验简图

璃节点适应变形的能力、结构支座中心对节点的影响以及预应力对边缘支承结构的要求。

单层索网必须在变形之后才能承受平面外荷载作用，为减小承力索终态时所受的内力，单索网幕墙必然有很大的变形，一般可将相对挠度 f_{lim}（即达到最大变形后的矢跨比）设定在 $1/50 \sim 1/80$，参照国外的工程实例，确定在幕墙受最大荷载时的变形按 $L/45$ 计算较为合理。此时对应的绝对位移 $[\delta]$ 较大，在初步确定时需考虑人的心理承受能力、建筑的视觉效果等。同时，在幕墙设计时还必须考虑幕墙各节点承受变形的能力，如玻璃和玻璃之间的胶缝宽度、玻璃和网索之间的连接装置（玻璃平面内驳接爪和玻璃孔之间的缝隙或其他形式的夹具与玻璃面之间的可用间隙等）来吸收和承受这样大的变形。当结构受平面外荷载作用变形后，幕墙必须安全、可靠。

（2）索所受面外荷载的确定 单层索网玻璃幕墙中，当横、纵（或纵、横）两个方向索的跨度比小于 $3:1$ 时，应考虑两个方向的索同时受力，此时，可以根据两个方向索的实际跨度和已确定的单层索网绝对位移 $[\delta]$，初步将荷载按线性、静力学方式分配到两个方向的索上。具体分配如下：

1）单向索的外荷载分配。如图 9-27 所示，单层索结构的 AC 和 BC 拉索，在未承受外力时，相交于 C。令拉索的有效截面面积为 A，拉索的弹性模量为 E，拉索预拉力为 N_0。当承受点连接装置传来的外力 P 之后，C 移动到 C_1，$\delta = CC_1$，与此同时，拉索内产生拉力增加值 ΔN，由于 δ 与 m 相比非常小，则有：

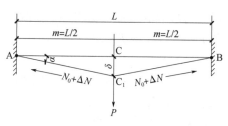

图 9-27 单层索受力示意图

由节点 C_1 力的平衡条件可得：

$$2(N_0 + \Delta N)\cos\left(\frac{\pi}{2} - \alpha\right) = 2(N_0 + \Delta N)\sin\alpha = P \tag{9-79}$$

当 α 很小时，$\sin\alpha \approx \alpha$，$\tan\alpha = \dfrac{\delta}{m} \approx \alpha$，$\alpha$ 以弧度计，则上式可简化为：

$$N_0 + \Delta N = \frac{P}{2\sin\alpha} = \frac{P}{2\alpha}$$

则有：

$$\Delta N = \frac{P}{2\alpha} - N_0 \tag{9-80}$$

拉索的应变增量 $\Delta\varepsilon$ 为：

$$\Delta\varepsilon = \frac{AC_1 - AC}{AC} = \frac{\sqrt{m^2 + \delta^2} - m}{m} = \sqrt{1 + \left(\frac{\delta}{m}\right)^2} - 1$$

由于 δ 与 m 相比非常小，$\sqrt{1 + \left(\dfrac{\delta}{m}\right)^2} \approx 1 + \dfrac{1}{2}\left(\dfrac{\delta}{m}\right)^2$，则上式可简化为：

$$\Delta\varepsilon = \frac{\delta^2}{2m^2} \text{或} \Delta\varepsilon = \frac{2\delta^2}{L^2} \tag{9-81}$$

由于拉索受轴线方向拉力时，其应力与应变符合虎克定律，则有：

$$\Delta\varepsilon = \frac{\Delta\sigma}{E} = \frac{\Delta N}{EA} \tag{9-82}$$

由式（9-81）和式（9-82）可得：

$$\frac{\delta^2}{2m^2} = \frac{\Delta N}{EA} \tag{9-83}$$

将式（9-80）代入式（9-83）得：

$$\frac{P}{2\alpha} = \frac{EA\delta^2}{2m^2} + N_0 \tag{9-84}$$

将式（9-79）代入式（9-84）得：

$$\frac{P}{2\delta m} = \frac{EA\delta^2}{2m^2} + N_0 \tag{9-85}$$

由式（9-85）得：

$$P = \frac{EA\delta^3}{m^3} + 2\delta\frac{N_0}{m} \text{或} P = \frac{8EA\delta^3}{L^3} + 4\delta\frac{N_0}{L} \tag{9-86}$$

令 $K_1 = \frac{EA}{m^3}$、$K_2 = \frac{2N_0}{m}$，则有：

$$P = K_1\delta^3 + K_2\delta \tag{9-87}$$

2）双向索的外荷载分配。图 9-28 中，分别由 1 条横向索和 1 条竖向索在中点处相交组成索网，横向索的跨度 L_1，竖向索的跨度 L_2；令拉索的有效截面面积为 A，拉索的弹性模量为 E，拉索预拉力为 N_0。设在面外荷载 P 的作用下，两条索的交点由 C 点移动到 C_1 点，挠度为 δ；此时，横向索的内力 F_1，夹角 α，分到的节点外力为 P_1；竖向索的内力 F_2，夹角 β，分到的节点外力为 P_2。

由式（9-86）可得：

$$P_1 = \frac{8EA\delta^3}{L_1^3} + 4\delta\frac{N_0}{L_1} \tag{9-88}$$

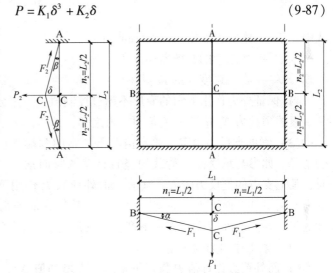

图 9-28 单层双向索的受力示意图

$$P_2 = \frac{8EA\delta^3}{L_2^3} + 4\delta\frac{N_0}{L_2} \tag{9-89}$$

由 $P = P_1 + P_2$ 可得：

$$\frac{8EA\delta^3}{L_1^3} + 4\delta\frac{N_0}{L_1} + P_2 = P \tag{9-90}$$

由式（9-90）可得：

$$P_2 = P - \frac{8EA\delta^3}{L_1^3} - 4\delta\frac{N_0}{L_1} \tag{9-91}$$

同理可得：

$$P_1 = P - \frac{8EA\delta^3}{L_2^3} - 4\delta\frac{N_0}{L_2} \tag{9-92}$$

3. 单层索网玻璃幕墙结构设计

（1）单向索受力情况　当横、纵（或纵、横）两个方向索的跨度比大于等于 3∶1 时，可以忽略长向索的作用，认为荷载全部由短向索承受，可按单向索受力进行单向索计算。必要时，可以通过改变索直径、索预拉力等来实现单向索受力或改变受力索的方向。

（2）索的预拉力 N_0 确定　索的预拉力 N_0 的设定，应满足以下条件：

1）能够抵抗面内荷载而不会松弛：如参与承受面外荷载的竖直幕墙的竖向索，常常也需要承受面内的重力荷载，设此值为 N_{01}。

2）能够抵抗热胀温差效应而不会松弛：设定合拢温度和施工时的预拉力调节值，考虑年最高使用温度与合拢温度的差值 ΔT 时的热胀，设此值为 N_{02}，则

$$N_{02} = E(\alpha_s \Delta T)A \tag{9-93}$$

式中　E——索的弹性模量（N/mm^2）；

A——初选索的有效截面面积（mm^2）；

α_s——索的热胀系数（$1/℃$）。

3）根据实际情况考虑索的支撑结构在索的预拉力施加完成后沿索轴线方向的微量变形导致的预拉力损失：设微量变形为 ΔL，则

$$N_{03} = E\frac{\Delta L}{L}A \tag{9-94}$$

式中　E——索的弹性模量（N/mm^2）；

A——初选索的有效截面面积（mm^2）；

L——索的跨度（mm）。

4）保证外力作用下索的变形不超过控制值：可用分析软件计算并调整，设此值为 N_{04}。索的预拉力 N_0 应取上述各预拉力之和，即 $N_0 = N_{01} + N_{02} + N_{03} + N_{04}$。

（3）索的支反力确定　通常情况下，索的两端支反力相同，但也有两端支反力不相等的情况。如参与承受面外荷载的竖直幕墙的竖向索，一般也用来承受面内的重力荷载，此时，其上支点的支反力较大，其值为面外荷载 P 作用下产生的支反力与重力荷载产生的支反力的矢量和；而下支点的支反力较小，其值为面外荷载 P 作用下产生的支反力与重力荷载的矢量差。面外荷载 P 作用下产生的支反力，可直接从软件计算中得到。

（4）索工作内力的确定

1）面外荷载设计值 P 作用下索的内力增加值 ΔN_1。ΔN_1 可直接从软件计算中得到，也可以按线性、静力学方式，采用手工计算方法初步求出。采用手工计算时，应加入两个条件：①平衡条件，即同一节点力（索力、作用力等）的代数和为零；②变形协调条件，即同一点位移相同。

2）温差效应作用下索的内力增加值 ΔN_2。由于温差产生的冷缩效应：设定合拢温度和施工时的预拉力调节值，考虑年最低使用温度与合拢温度的差值 ΔT 时的冷缩，则

$$\Delta N_2 = E(\alpha_s \Delta T)A \tag{9-95}$$

式中　E——索的弹性模量（N/mm^2）；

A——初选索的有效截面面积（mm^2）；

α_s——索的热胀系数（$1/℃$）。

3）面内荷载（如自重）设计值作用下索的内力增加值 ΔN_3。如参与承受面外荷载的竖直幕墙的竖向索，常常也需要承受面内的重力荷载，设此值为 ΔN_3。

因此，索的最大工作内力 $N_{max} = N_0 + \Delta N_1 + \Delta N_2 + \Delta N_3$。

（5）索的直径和强度等级的确定　根据索的最大工作内力 N_{max}，按《玻璃幕墙工程技

术规范》（JGJ 102）（2022 年送审稿）第 5.2.5 条第 2 款的规定，考虑索本身的安全系数 2.0，按索的最小破断力 $P = 2.0N_{max}$ 选择相应索的直径和索的强度等级。

4. 单层索网支承点式玻璃幕墙节点设计

由于单层索网结构是靠跨中弯曲变形来支承风荷载的，所以对钢索的要求和节点的适应变形能力要求极高。理论上只要有风荷载作用，钢索就要产生变形，每个索上节点就必须承担相应的工作来达到整体幕墙的性能。

（1）中部节点　中部节点是指在一个单索幕墙单元中部起固定支承和连接作用的节点，如图 9-29 所示。

中部节点主要由锁紧机构和连接玻璃机构两部分组成。在水平索和竖向索的交叉处设置锁紧机构，起锁紧定位连接作用。由于单索结构的索内预应力较大，其断面直径在受力过程中会有一定程度的减少。节点设计中要留有足够的

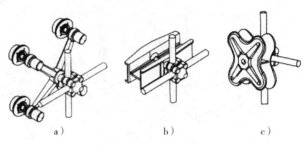

图 9-29　中部节点形式
a）爪式　b）矩形夹　c）梅花夹

预紧量 ΔT（可以取 $1 \sim 2.5mm$），防止索在受力时产生滑移。为减小在索受力变形过程中夹紧仓两端出现过大的压应力宜设置导向角（可以取 $1° \sim 30°$），避免钢索外径在受力变形过程中被压伤（图 9-30）。

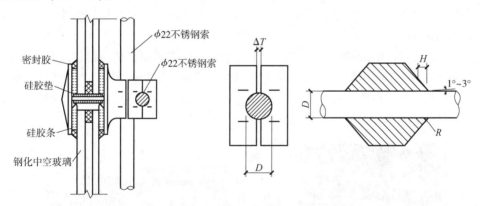

图 9-30　中部节点设计简图

玻璃连接机构是保证单索幕墙使用性能的关键点，其形状和连接方式有多种，但都必须满足以下条件：

1）有足够的强度支承玻璃自重和受荷载产生的压力。

2）有足够的适应变形能力，不至于在玻璃受荷载变形时产生过大的应力点或面。

3）直接有效地将玻璃板面上的荷载传递到支承结构上。

（2）边部节点　边部节点是指在一个单索幕墙单元的上、下、左、右与边缘支承结构连接的节点。

钢索内的预应力和受荷载所产生的应力都要通过边部节点传递到边缘支承结构上，边部节点起着重要的定位、连接、传力的作用。

幕墙的玻璃面板在受风荷载产生变形时，节点部相对变形角度大的在边部，所以对边部

节点的变形适应能力要求高，此外，节点的处理好坏直接影响着幕墙的安全性和使用性能。边部固定端可以采用活动铰连接方法（图9-31）。

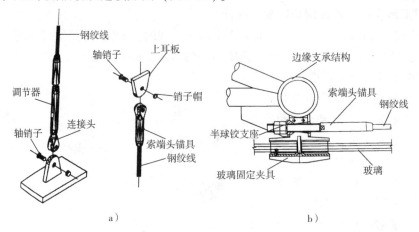

a)   b)

图9-31　边部节点设计简图

a）销轴铰支座节点　b）半球铰支座节点

设计时应考虑调节轴端固定对变形的适应能力，防止在钢索与索压头结合处产生弯曲，调节端的作用是调节索内应力。施工过程中一般是调节端施加预应力，进行索内应力的调整，在使用维修维护过程中用调节端来调节各条索的内力平衡，这就要求此节点不但在安装过程中可调节索内应力，使用过程中也必须可调整，才能满足幕墙的使用性能。

5. 索网的应力补偿装置

在索网支承点式玻璃幕墙的设计中，由于每个项目的支承结构体系都有所不同，在设计时为了使索结构玻璃幕墙中的每一根索的内力能够按设计给定的值实现，减少索结构中每根索之间的内力差，可以在索的端部设置索内应力补偿装置，还能通过弹簧组的弹性变形，减小钢索因蠕变而产生的应力损失，如图9-32所示。

图9-32　索结构玻璃幕墙应力补偿装置

索内应力补偿装置是安装在每根索的端部，索内应力的大小是由在端部弹簧系统所产生的内力所决定的，弹簧中弹力是可以预先设定的，是可控、易控的，所以应力补偿装置能使每根索的内力控制在一定范围内。

6. 索网的过载保护设计

在索网支承点式玻璃幕墙的设计中，由于每片幕墙的边缘结构支承体系的条件不同，在一定极限状态下可能多索结构体系产生影响。如在考虑地震作用和变形时如索结构的边缘支撑结构不在一个基础上，或在两栋建筑之间设置索结构幕墙时，当地震变形索结构自身的弹性变形量已经无法适应总变形量时，索结构将产生破坏。为了避免此类问题的发生，使玻璃幕墙实现"小震不坏、中震可修、大震不到"的原则，可在索结构的端部设置过载保护装置（图 9-32）。

过载保护器的作用是为了避免结构及钢索在拉力过大的情况下发生破断或将过大的拉力传给索端的锚固结构。假设保险丝的破断拉力为 F_0，且低于钢索的破断拉力，在正常工作状态下钢索中的拉力低于 F_0，此时拉索头与结构件的连接为直拉连接，连接杆称为保险丝，应力保持装置不起作用，如图 9-33a 所示。

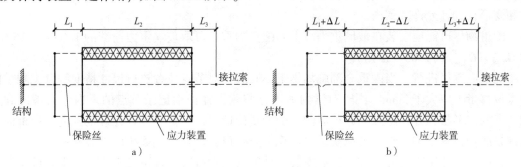

图 9-33　过载保护器原理图
a）正常工作状态　b）过载保护状态

当地震造成索端锚固结构发生相离位移时，拉索的拉力增大。当达到 F_0 时，保险丝被拉断，启动应力保护装置，从而释放作用在结构上的拉力，索的内力降至小于初始预拉力状态，如图 9-33b 所示。假设 ΔL 为经过计算的拉索极限变形量，以保险丝拉断为分界点，把应力保持装置工作状态分为两个阶段。第一阶段即拉力达到 F_0 时，保险丝拉断的瞬间，应力保持装置启动，拉索总长度延长，索拉力开始释放，并与应力保持装置内力平衡。第二阶段，主体结构继续移位，当达到大震时的位移值时（设计要求为 $H/1300$，H 为玻璃幕墙的高度）应力保持装置合力不应超过 F_0。在这一阶段中，应力保持装置被继续工作，但水平索的绝对长度增长不大，横向索内力增长较为缓慢。横向索作用于主体结构的拉力被控制在主体结构设计的允许范围内。这样既不会发生水平索被拉断，也不会对主体结构产生更大作用，避免发生整体破坏。

单层平面正交索网点支式玻璃幕墙是一项全新的技术，由于安装了过载保护器，极大地增加了其安全性。这种保护装置为推广索网结构提供了可靠的保障系统。

7. 预拉力的施加

为获得足够的刚度，单层索网体系必须施加较大的预拉力。预拉力越大施加难度就越大。因此，设计时就应考虑到施加顺序和预拉力施加方案。单层索网预拉力施加一般分三个阶段进行，如图 9-34 所示，必要时可以适当增加分级数。

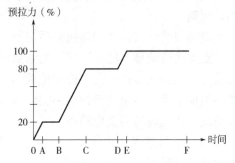

图 9-34　索预拉力分三个阶段进行施加

1）施加方案中，应明确施加分级，过程控制及稳定时间。并将所有的索进行分类或编号，标明各级施加时各类（或各条）索的张拉顺序。

2）各条索在每一级张拉中，并不一定是直接张拉到该级的终值，很多情况下，下一条索张拉后，会改变前面已张拉的索的内力。应通过反张拉顺序的计算，确定每条索在每一级中的预拉力值。

3）施工时预拉力的确定要按施工过程中的气温变化调整预拉力，设计人员要给施工人员提供合拢温度与预拉力值对照表确保索内拉力在温度变化过程中的均衡状态和安全性。

8. 现场配重检测与玻璃安装

在玻璃幕墙的拉索张拉施工完成后，玻璃安装之前应取一个单元对索网结构进行配重检测，用配重的方法类似在玻璃安装后玻璃的自重对索网结构的影响，确保玻璃安装后节点尺寸和变形在设计允许范围内。

配重物尽可能地安装在玻璃重力线上，配重的重量可取玻璃重力荷载的 1.05~1.15 倍，即 $G_{配重} = G_{玻璃} \times (1.05 \sim 1.15)$。

配重应逐级进行，当配重全部施加结束 24h 后，对节点位置进行尺寸精度测量，配重的节点位移量不应大于 2mm，同时对索内力进行监测，并详细记录节点的索内应力情况和边缘节点的变形量，并在配重物卸载后测量变形复位情况，确保在设计允许范围内。配重监测目的是防止拉索结构安装后玻璃安装时出现节点变位，影响玻璃面板的安装和使用。

在配重检测结束后方可进行玻璃安装，玻璃安装和打胶处理可按常规的点支式玻璃幕墙安装方案进行。

9.3 点支式玻璃幕墙施工工艺

9.3.1 安装施工工艺

钢结构安装到位后对钢结构的基准进行测量，同时详细记录每榀钢结构的变位情况。根据变位情况确定驳接头的点位和拉索耳板的焊接位置，然后进行受力索的安装。经调整后再进行承重索和稳定索的安装，校正后确定受力索、承重索及稳定索竖向桁架上的驳接座的位置并进行焊接。

驳接系统的安装是在全部结构校正结束后经报验合格进行安装。先按驳接爪分布图安装定位驳接爪，之后再次复核每个控制单元和每块玻璃的定位尺寸，根据测量结果校正驳接爪定位尺寸。驳接爪的安装是与玻璃安装同时进行的，在玻璃安装前先将驳接头安装在玻璃孔上并锁紧定位，然后将玻璃提升到安装位置与驳接爪连接固定，玻璃安装是从上到下，先中间后两侧。

玻璃安装结束，经调整报验后进行打胶处理。

点支式玻璃幕墙施工顺序：测量放线→预埋件校准→桁架的安装、焊接→校准检验→连接受力拉索→施加预应力→校准检验→连接竖向承重拉索→施加预应力→整体调整→校准检验→施加配重物→报监理核准→安装驳接系统→安装玻璃→调整检验→打胶→修补检验→玻璃清洗→清理现场→交检验收。

（1）测量放线　测量放线是确保施工质量的最关键的工序，必须严格按施工工艺进行。为保证测量精度，按施工图样采用激光经纬仪、激光指向仪、水平仪、铅垂仪、光电测距仪、电子计算机等仪器设备进行测量放线。

（2）主控点的确定　为了测量准确、方便、直观，根据点支式玻璃幕墙在建筑图中的平面分布情况确定尺寸精度及主控点的位置，应在主控点位置设立标志牌，以便再次测量时基准点不变。

（3）施工精度单元控制法　为减少安装尺寸误差积累，有利于安装精度的控制及检测，可人为地将幕墙分为多个控制单元，每个控制单元可根据实际工程面玻璃分割情况来确定。一般可按九分格的形式来确定（图9-35）。

当控制单元确定之后，就应从测量放线到结构安装、钢丝索安装、玻璃安装，每次测量、核对、调整都以同一个单元尺寸来控制安装精度。

（4）空间工作定位　由于钢丝索桁架在施加预应力之前其体形是不确定的，没有支承刚度，为确保安装精度，在有必要的情况下可采取工装空间定位。采用支承架、支承杆等辅助，将索桁架主要支承点在施加预应力前定位，并以此为基准进行张拉。

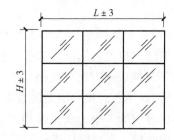

图 9-35　尺寸控制单元（单位：mm）

（5）钢丝索无摩擦张拉　在索桁架中钢丝索的布置一般是采取多点折线来实现垂度体形的，一般索桁架与索桁架之间应有固定支承点，特别是采用水平索桁架支承时更为明显（图9-36）。

所谓无摩擦也就是要求在钢丝索通过支承桁架或支承体时，索张拉的过程中不得有摩擦力的阻挡而使索内力产生不均匀现象。

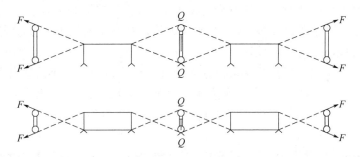

图 9-36　水平索桁架布置图

9.3.2　悬索预应力的实现与检测

用于固定悬空杆的横向和竖向拉索在安装和调整过程中必须提前设置合理的内应力值，才能保证在玻璃安装后受自重荷载的作用其结构变形在允许的范围内。

1）横向受力拉索内力值的设定主要考虑以下几个方面：

①玻璃与驳接系统的自重。

②拉索调整器的螺纹的粗糙度与摩擦阻力。

③连接拉索、锁头、销钉调整杆所允许承受的拉力范围。

④支承结构所允许承受的拉力范围以及施工安装时的温度等。

2）竖向拉索内应力值的设定主要考虑如下几个方面：

①校正横向索偏位所需的力。

②校正水平桁架偏差所需的力。

③螺纹粗糙度与摩擦阻力。

④拉索、锁头、销钉、耳板所允许承受的拉力。

⑤支承结构所允许承受的力。

⑥玻璃与支承杆的自重及施工安装时的温度应力。

3）拉索的内力设置是采用扭矩通过螺纹产生力，用设置扭矩来控制拉杆内应力的大小（图 9-37）。

4）在安装调整拉索结束后用扭力扳手进行扭力设定和检测，通过对扭力表的读数来校核扭矩值，最后使用"索内力测定仪"来检查内力值的大小。

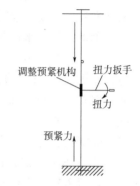

图 9-37　扭矩转换内力示意图

5）拉索在施加预应力时宜采用分级多次张拉方案，根据索形和内力值的大小，在张拉前确定分级指标，根据分级指标进行逐级张拉，必要时应进行张拉过程各阶段拉力值和结构形状参数的计算以指导施工和质量控制。

6）在拉索张拉过程中必须按张拉力、拉索理论伸长量、油缸伸出量、液压缸压力表值或扭力扳手的力矩值进行张拉力复核，控制张拉速度。

7）在施加预应力的过程中应随时检查索体及连接部位的状态，并对拉力值做施工过程记录。

8）在张拉前应做好"预应力值与合拢温度对应表"，按每 10° 对应一个预应力值，当拉索直径大于 28mm 时宜采用每 5° 对应一个预应力值。在施工时根据气候状态、环境、温度，按对应表确定拉力值施工，并做好记录。

9）拉索安装时使用的张拉器具可根据索的直径和预拉力的大小及边部节点的设计方案选用。张拉器具不得对索体、接头、连接件、紧固件及边缘支座产生损坏。当采用液压器具时必须施工前进行标定，测量器具使用时应按温度、精度进行修正，落实安装及验收的测量精度。

10）拉索张拉时应做详细的施工记录，对重要部位的拉索宜进行索内力和位移的双控。

11）在预应力施工完成后应对索系中各节点进行全面检查，对索桁架或索网体系的中部连接节点和边部锚固节点的固定度及形状进行检测、调整达到设计要求。

12）拉索施工完成后应采取保护措施，防止对拉索产生损坏。在拉索的周边严禁进行焊接、切割等热工作业。

9.3.3　配重检测法

拉索结构与驳接座安装结束之后要进行配置测试。由于玻璃幕墙的自重荷载和所受的其他荷载都是通过悬空杆结构传递到主支承结构上的，为确保结构安装后在玻璃安装时拉杆系统的变形在允许范围内，必须对悬空点进行配重检测（图 9-38）。

1）配重检测应按控制单元设置，配重的位置取幕墙中部 1~5 个控制单元进行。

2）配重的重量为玻璃在悬空杆上所产生重力荷载的 1.05~

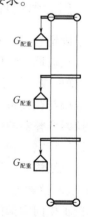

图 9-38　配重简图

1. 15 倍，即 $G_{配重} = G_{玻璃} \times (1.05 \sim 1.15)$，配重后结构的变形量应小于 2mm。

3）配重检测记录。配重物的施加应逐级进行，每加一级要对悬空杆的变形量进行一次检测，一直到全部配重物施加在悬空杆上测量出其变形情况，并在配重物卸载后测量变形复位情况并详细记录。

9.4 型钢支承点支式玻璃幕墙设计计算实例

9.4.1 基本参数

1）幕墙类型：单钢管支承点支式玻璃幕墙

2）主楼标高 (z)：14.00m

3）场地粗糙度类别：B 类

4）基本风压 w_0（$R = 50$ 年）：0.45kN/m²

5）设防烈度：6 度（设计基本加速度 $0.05g$）

6）分格尺寸：宽×高 $= B \times H = 2000\text{mm} \times 1980\text{mm}$

7）支撑点间距：宽度方向×高度方向 $= B_1 \times H_1 = 1750\text{mm} \times 1730\text{mm}$

8）玻璃配置：单片钢化玻璃，厚度 $t = 15\text{mm}$

9）驳接方式：四点驳接

10）支承结构：Q235 钢管，计算跨度 $L = 4280\text{mm}$

9.4.2 荷载计算和荷载组合

1. 风荷载标准值计算方法

幕墙属于外围护构件，按《建筑结构荷载规范》（GB 50009—2012）计算，作用于幕墙上的风荷载标准值：

$$w_k = \beta_{gz} \mu_z \mu_{s1} w_0$$

地面粗糙度为 B 类，查表 5-4，$z = 10\text{m}$，$\beta_{gz} = 1.70$；$z = 15\text{m}$，$\beta_{gz} = 1.66$，按插入法计算 $z = 14\text{m}$ 高度处的阵风系数 β_{gz}：

$$\beta_{gz} = 1.66 + \frac{15 - 14}{15 - 10} \times (1.70 - 1.66) = 1.668$$

地面粗糙度为 B 类，查表 5-9，$z = 10\text{m}$，$\mu_z = 1.00$；$z = 15\text{m}$，$\mu_z = 1.13$，按插入法计算 $z = 14\text{m}$ 高度处的风压高度变化系数 μ_z：

$$\mu_z = 1.000 + \frac{14 - 10}{15 - 10} \times (1.13 - 1.00) = 1.104$$

或地面粗糙度为 B 类，地面粗糙度、梯度风高度影响系数 $\psi = 1.0$，地面粗糙度指数 $\alpha = 0.15$，则

$$\mu_z = \psi \left(\frac{z}{10}\right)^{2\alpha} = 1.0 \times \left(\frac{14}{10}\right)^{2 \times 0.15} = 1.106$$

本设计取 $\mu_z = 1.104$。

按《建筑结构荷载规范》（GB 50009—2012）第 8.3.3 条：计算围护构件及其连接的风

荷载时，可按下列规定采用局部体型系数 μ_{s1}：

（1）外表面

1）封闭式矩形平面房屋的墙面及屋面可按规范表 8.3.3 的规定采用。

2）檐口、雨篷、遮阳板、边棱处的装饰条等凸出构件，取 -2.0。

3）其他房屋和构筑物可按《建筑结构荷载规范》（GB 50009—2012）第 8.3.1 条规定体型系数的 1.25 倍取值。

（2）内表面　《建筑结构荷载规范》（GB 50009—2012）第 8.3.5 条规定：封闭式建筑物，按其外表面风压的正负情况取 -0.2 或 0.2。

本计算点为大面位置。

上述的局部体型系数 μ_{s1}（1）是适用于围护构件的从属面积 A 小于或等于 $1m^2$ 的情况；当围护构件的从属面积 A 大于或等于 $25m^2$ 时，局部风压体型系数 μ_{s1}（25）可乘以折减系数 0.8；当构件的从属面积 A 小于 $25m^2$ 而大于 $1m^2$ 时，局部风压体型系数 μ_{s1}（A）可按面积的对数线性插值，即：

$$\mu_{s1}(A) = \mu_{s1}(1) + [\mu_{s1}(25) - \mu_{s1}(1)]\lg A/1.4$$

在上式中：当 $A \geqslant 25m^2$ 时，取 $A = 25m^2$；当 $A \leqslant 1m^2$ 时，取 $A = 1m^2$。

w_0 为基本风压值（MPa），可根据《建筑结构荷载规范》（GB 50009—2012）附表 E.5（全国各城市的雪压、风压和基本气温）中数值采用，但不小于 $0.3kN/m^2$，按重现期 $R = 50$ 年，本实例取 $w_0 = 0.45kN/m^2$，即 0.00045MPa。

2. 计算支承结构时的风荷载标准值

计算支承结构时的构件从属面积：

$$A = 2.0 \times 4.28 = 8.56(m^2), \geqslant 1m^2, < 25m^2$$
$$\lg A = \lg 8.56 = 0.932$$
$$\mu_{s1}(A) = \mu_{s1}(1) + [\mu_{s1}(25) - \mu_{s1}(1)]\lg A/1.4$$
$$= 1.0 + (0.8 - 1.0) \times 0.932/1.4 = 0.867$$
$$\mu_{s1} = \mu_{s1}(A) + 0.2 = 0.867 + 0.2 = 1.067$$
$$w_k = \beta_{gz}\mu_z\mu_{s1}w_0 = 1.668 \times 1.104 \times 1.067 \times 0.00045 = 0.000884 \text{（MPa）}$$

因为 $w_k = 0.000884MPa < 0.001MPa$（即 $1.0kN/m^2$），所以按《玻璃幕墙工程技术规范》（JGJ 102）（2022 年送审稿）取 $w_k = 0.001MPa$。

3. 计算面板材料时的风荷载标准值

计算面板材料时的构件从属面积：

$$A = 2.0 \times 1.98 = 3.96(m^2), \geqslant 1m^2, < 25m^2$$
$$\lg A = \lg 3.96 = 0.598$$
$$\mu_{s1}(A) = \mu_{s1}(1) + [\mu_{s1}(25) - \mu_{s1}(1)]\lg A/1.4$$
$$= 1.0 + (0.8 - 1.0) \times 0.598/1.4 = 0.915$$
$$\mu_{s1} = \mu_{s1}(A) + 0.2 = 0.915 + 0.2 = 1.115$$
$$w_k = \beta_{gz}\mu_z\mu_{s1}w_0 = 1.668 \times 1.104 \times 1.115 \times 0.00045 = 0.000924 \text{（MPa）}$$

因为 $w_k = 0.000924MPa < 0.001MPa$（即 $1.0kN/m^2$），所以按《玻璃幕墙工程技术规范》（JGJ 102）（2022 年送审稿）取 $w_k = 0.001MPa$。

4. 垂直于幕墙平面的分布水平地震作用标准值

由《玻璃幕墙工程技术规范》（JGJ 102）（2022 年送审稿）式（5.3.4）可得

$$q_{EAk} = \beta_E \alpha_{max} G_k / A$$

式中　q_{Ek}——垂直于幕墙平面的分布水平地震作用标准值（MPa）；

β_E——动力放大系数，取 $\beta_E = 5.0$；

α_{max}——水平地震影响系数最大值，根据《建筑抗震设计规范》（GB 50011—2010）（2016 年版），设防烈度为 6 度，地震设计基本加速度为 0.05g，水平地震影响系数最大值 $\alpha_{max} = 0.05$；

G_k——幕墙构件的重力荷载标准值（N）；

A——幕墙构件的面积（mm^2）。

5. 作用效应组合

根据《玻璃幕墙工程技术规范》（JGJ 102）（2022 年送审稿）式（5.4.1）可得，荷载和作用效应按下式进行组合：

$$S = \gamma_G S_{Gk} + \psi_w \gamma_w S_{wk} + \psi_E \gamma_E S_{Ek}$$

式中　　　S——作用效应组合的设计值；

S_{Gk}——重力荷载作为永久荷载产生的效应标准值；

S_{wk}、S_{Ek}——风荷载、地震作用作为可变荷载产生的效应标准值；

γ_G、γ_w、γ_E——各效应的分项系数；

ψ_w、ψ_E——风荷载、地震作用效应的组合系数。

γ_G、γ_w、γ_E 为分项系数，按《玻璃幕墙工程技术规范》JGJ102（2022 年送审稿）第 5.4.2、5.4.3、5.4.4 条规定如下：

进行幕墙构件强度、连接件和预埋件承载力计算时：

重力荷载：$\gamma_G = 1.2$；风荷载：$\gamma_w = 1.4$。

有地震作用组合时，地震作用：$\gamma_E = 1.4$，风荷载的组合系数 $\psi_w = 0.2$；地震作用的组合系数 $\psi_E = 1.0$。

进行挠度计算时：

重力荷载：$\gamma_G = 1.0$；风荷载：$\gamma_w = 1.0$；地震作用：可不做组合考虑。

9.4.3　点支式玻璃面板计算

1. 基本参数

1）计算点标高（z）：14.00m

2）分格尺寸：宽×高 = $B \times H$ = 2000mm × 1980mm

3）支承点间距：宽度（b）×高度（a）= 1750mm × 1730mm

4）玻璃配置：单片玻璃，钢化玻璃，厚度 $t = 15mm$

5）驳接方式：四点驳接

2. 玻璃面板荷载计算

点支式玻璃面板计算简图如图 9-39 所示。

（1）玻璃板块自重　玻璃板块自重标准值 G_{Ak}：

$$\frac{G_{Ak}}{A} = \gamma_g t = (25.6 \times 0.015) kN/m^2 = 0.384 kN/m^2 = 0.000384 MPa$$

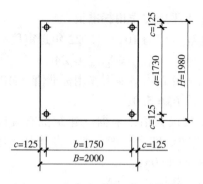

图 9-39　点支式玻璃面板计算简图

（2）垂直于幕墙平面的分布水平地震作用

$$q_{EAk} = \beta_E \alpha_{max} G_k / A$$
$$= 5.0 \times 0.05 \times 0.000384 = 0.000096 \text{（MPa）}$$

（3）作用于玻璃上的风荷载及地震作用荷载组合　用于强度计算时，采用 $0.2 S_w + S_E$ 设计值组合［JGJ 102（2022 年送审稿）式（5.4.1）］

$$q = 0.2 \gamma_w w_k + \gamma_E q_{EAk}$$
$$= 0.2 \times 1.4 \times 0.001 + 1.4 \times 0.000096 = 0.0004144 \text{（MPa）}$$

$$q_k = 0.2 w_k + q_{EAk}$$
$$= 0.2 \times 0.001 + 0.000096 = 0.000296 \text{（MPa）}$$

用于挠度计算时，采用 S_w 标准值［JGJ 102（2022 年送审稿）式（5.4.1）］

$$w_k = 0.001 \text{MPa}$$

3. 玻璃的强度计算

校核依据：$\sigma \leqslant f_g$

θ：玻璃的计算参数。

η：玻璃的折减系数。

q_k：作用在玻璃上的荷载组合标准值（MPa）。

b：支撑点间玻璃板长边边长，$b = 1750 \text{mm}$。

E：玻璃的弹性模量，$E = 0.72 \times 10^5 \text{MPa}$。

t：玻璃厚度，$t = 15 \text{mm}$。

由《玻璃幕墙工程技术规范》（JGJ 102）（2022 年送审稿）式（8.1.5-4）：

$$\theta = \frac{q_k b^4}{E t^4} = \frac{0.000296 \times 1750^4}{72000 \times 15^4} = 0.762$$

根据系数 θ，查表 6.1.2-2［JGJ 102（2022 年送审稿）］，因为 $\theta = 0.762 < 5$，取 $\eta = 1.0$

σ：玻璃在组合荷载作用下的板中最大应力设计值（MPa）。

q：作用在玻璃上的荷载组合设计值（MPa）。

a：支撑点间玻璃面板短边边长，$a = 1730 \text{mm}$。

b：支撑点间玻璃面板长边边长，$b = 1750 \text{mm}$。

t：玻璃厚度，$t = 15 \text{mm}$。

m：玻璃弯矩系数，按边长比 a/b 查《玻璃幕墙工程技术规范》（JGJ 102）（2022 年送审稿）表 8. 1. 5-1 确定，$a/b = 1730/1750 = 0.9886$

$$m = 0.154 + \frac{1.0 - 0.9886}{1.0 - 0.95} \times (0.155 - 0.154) = 0.154$$

由《玻璃幕墙工程技术规范》（JGJ 102）（2022 年送审稿）式（8.1.5）：

$$\sigma = \frac{6mqb^2}{t^2}\eta$$

$$= \left(\frac{6 \times 0.154 \times 0.0004144 \times 1750^2}{15^2} \times 1.0\right)\text{MPa} = 5.218\text{MPa} < f_g = 72\text{MPa}（钢化玻璃）$$

玻璃的强度满足要求。

4. 玻璃挠度校核

校核依据《玻璃幕墙工程技术规范》（JGJ 102）（2022 年送审稿）式（8.1.5-3）：

$$d_f = \frac{\eta \mu w_k b^4}{D} \leqslant d_{f,\text{lim}}$$

式中　d_f——玻璃板挠度计算值（mm）；

　　　η——玻璃挠度的折减系数；

　　　μ——玻璃挠度系数，按边长比 a/b（$a/b = 1730/1750 = 0.9886$）查《玻璃幕墙工程技术规范》（JGJ 102）（2022 年送审稿）表 8.1.5-2，按线性插入法可得：

$$\mu = 0.02363 + \frac{0.9886 - 0.95}{1.0 - 0.95} \times (0.02603 - 0.02363) = 0.02548$$

　　　w_k——风荷载标准值（MPa）；

　　　b——支撑点间玻璃面板长边边长，$b = 1750\text{mm}$；

　　　D——玻璃的弯曲刚度（N·mm）；

　　　$d_{f,\text{lim}}$——允许挠度值，取长边长的 1/60，即 $d_{f,\text{lim}} = b/60 = 1750/60 = 29.167$（mm）。

玻璃弯曲刚度 D 按《玻璃幕墙工程技术规范》（JGJ 102）（2022 年送审稿）式（6.2.3-1）计算：

$$D = \frac{Et^3}{12(1-v^2)}$$

式中　E——玻璃的弹性模量，$E = 0.72 \times 10^5\text{MPa}$；

　　　t——玻璃的厚度，$t = 15\text{mm}$；

　　　v——玻璃材料泊松比，$v = 0.2$。

$$D = \frac{Et^3}{12(1-v^2)} = \frac{72000 \times 15^3}{12 \times (1-0.2^2)} = 21093750（\text{N·mm}）$$

θ：玻璃板块的计算参数，按《玻璃幕墙工程技术规范》（JGJ 102）（2022 年送审稿）式（8.1.5-4）计算：

$$\theta = \frac{w_k b^4}{Et^4} = \frac{0.001 \times 1750^4}{72000 \times 15^4} = 2.573 < 5.0$$

按参数 θ 查《玻璃幕墙工程技术规范》（JGJ 102）（2022 年送审稿）表 6.1.2-2，可得 $\eta = 1.0$

$$d_f = \frac{\mu w_k b^4}{D}\eta$$

$$= \left(\frac{0.02548 \times 0.001 \times 1750^4}{21093750} \times 1.0\right)\text{mm} = 11.329\text{mm} \leqslant d_{f,\text{lim}} = 29.167\text{mm}（钢化玻璃）$$

玻璃的挠度满足要求。

9.4.4 型钢支承结构计算

1. 基本参数

1）计算标高点：14.00m

2）型钢计算跨度：$L = 4280$mm

3）分格平均宽度（计算跨度）：$B = 2000$mm

4）力学模型：多点集中力作用简支梁（图9-40）

5）型钢材质：Q235

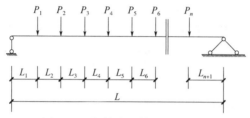

图9-40 钢管支承结构计算简图

2. 型钢的截面特性

选用截面：圆钢管 $\phi 121 \times 6.0$（外径 $D = 121$mm，内径 $d = 109$mm，壁厚 $t = 6.0$mm）

材料的抗弯强度设计值：$f = 215$MPa

材料的截面面积：$A = \dfrac{\pi}{4}(D^2 - d^2) = \dfrac{\pi}{4} \times \left[121^2 - (121 - 2 \times 6.0)^2 \right] = 2167.7$（mm^2）

结构的单位面积自重标准值：$G_k = 0.0005$MPa

材料的弹性模量：$E = 2.06 \times 10^5$MPa

主力方向惯性矩：$I = \dfrac{\pi}{64}(D^4 - d^4) = \dfrac{\pi}{64} \times (121^4 - 109^4) = 3593231.94$（mm^4）

主力方向截面抵抗矩：$W = \dfrac{I}{D/2} = \dfrac{3593231.94}{121/2} = 59391.97$（mm^3）

回转半径 $i = \sqrt{\dfrac{I}{A}} = \sqrt{\dfrac{3593231.94}{2167.7}} = 40.71$（mm）

长细比 $\lambda = l_0/i = 4280/40.71 = 105.13 < 150$（满足要求）

塑性发展系数：钢材龙骨按《金属与石材幕墙工程技术规范》（JGJ 133）（2022 年送审稿）或《玻璃幕墙工程技术规范》（JGJ 102）（2022 年送审稿），均取 1.05。

3. 型钢型材受力分析（图9-41）

（1）垂直于幕墙平面的分布水平地震作用 垂直于幕墙平面的分布水平地震作用 q_{EAk}：

$$q_{EAk} = \beta_E \alpha_{max} \dfrac{G_k}{A} = 5.0 \times 0.05 \times 0.0005 = 0.000125 \text{（MPa）}$$

（2）型钢结构承受水平分布荷载及其组合 用于强度计算时，采用 $0.2S_w + S_E$ 设计值组合：

$$S = 0.2\gamma_w S_{wk} + \gamma_E S_{Ek}$$
$$= 0.2 \times 1.4 \times 0.001 + 1.4 \times 0.000125 = 0.000455 \text{（MPa）}$$

用于挠度计算时，采用 S_{wk} 标准值：

$$S_k = w_k = 0.001\text{MPa}$$

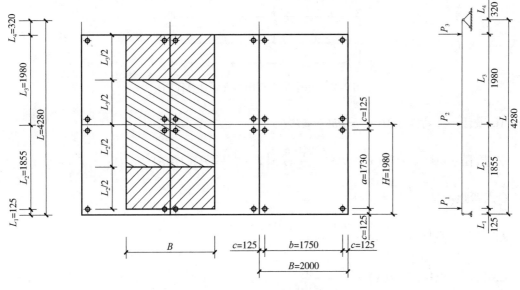

图 9-41　型钢柱计算简图

（3）集中荷载值计算　型钢柱上，共作用 $i=3$ 个集中作用点，下面对这些力分别求值：

P_{ki}：每个集中力的标准值（N）。

P_i：每个集中力的设计值（N）。

L_i：每个分格的沿型钢柱方向的长度（mm）。

S_k：组合荷载标准值（MPa）。

S：组合荷载设计值（MPa）。

B：分格宽度（mm）。

每个分格沿悬臂梁方向的长度 L_i 分别为：

$$L_1 = 125\text{mm}、L_2 = 1855\text{mm}、L_3 = 1980\text{mm}、L_4 = 320\text{mm}$$

$$P_{k1} = S_k B \frac{L_2}{2} = 0.001 \times 2000 \times \frac{1855}{2} = 1855 \ (\text{N})$$

$$P_1 = SB \frac{L_2}{2} = 0.000455 \times 2000 \times \frac{1855}{2} = 844.025 \ (\text{N})$$

$$P_{k3} = S_k B \frac{L_3}{2} = 0.001 \times 2000 \times \frac{1980}{2} = 1980 \ (\text{N})$$

$$P_3 = SB \frac{L_3}{2} = 0.000455 \times 2000 \times \frac{1980}{2} = 900.90 \ (\text{N})$$

$$P_{k2} = S_k B \frac{L_2 + L_3}{2} = 0.001 \times 2000 \times \frac{1855 + 1980}{2} = 3835 \ (\text{N})$$

$$P_2 = SB \frac{L_2 + L_3}{2} = 0.000455 \times 2000 \times \frac{1855 + 1980}{2} = 1745.38 \ (\text{N})$$

4. 强度分析与校核

（1）单个集中力作用下简支梁的力学分析（图 9-42）

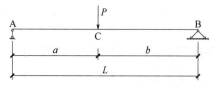

图 9-42　单个集中作用简支梁计算简图

AC 段任一点弯矩：$M(x) = Pb\dfrac{x}{L} = Pb\xi$

CB 段任一点弯矩：$M(x) = Pa\dfrac{L-x}{L} = Pa\left(1 - \dfrac{x}{L}\right) = Pa(1-\xi)$

C 点弯矩：$M_c = \dfrac{Pab}{L}$

AC 段任一点挠度：$f(x) = \dfrac{PbL^2(\omega_{D\xi} - \beta^2\xi)}{6EI}$

CB 段任一点挠度：$f(x) = \dfrac{PaL^2(\omega_{D\zeta} - \alpha^2\zeta)}{6EI}$

式中，$\alpha = \dfrac{a}{L}$；$\beta = \dfrac{b}{L}$；$\xi = \dfrac{x}{L}$；$\zeta = \dfrac{L-x}{L}$；$\omega_{D\xi} = \xi - \xi^3$；$\omega_{D\zeta} = \zeta - \zeta^3$。

（2）强度校核　简支梁在多集中荷载作用下的梁内某点弯矩等于各作用力单独作用下在该点产生的弯矩矢量和，而梁内最大弯矩将在某个集中力作用点出现，这样，计算时需要分区段分别计算不同力作用下的不同作用点弯矩，然后矢量相加，求得的最大弯矩截面就是需要校核的强度截面。型钢柱弯矩图如图 9-43 所示。由图 9-43 可见：

最大弯矩作用点到 A 支座的距离：$x = 1980\text{mm}$

最大弯矩计算值：$M = 2065179.417\text{N·mm}$

型钢柱的轴向力设计值：

$$N = gBL = \gamma_G g_k BL = 1.2 \times 0.0005 \times 2000 \times 4280 = 5136 \ (\text{N})$$

型钢柱抗弯强度应满足：

$$\frac{N}{A} + \frac{M}{\gamma W_{nx}} \leqslant f$$

型钢截面面积 $A = 2167.7\text{mm}^2$，型钢绕 x 方向（幕墙平面内方向）的净截面抵抗矩 $W_{nx} = 59391.97\text{mm}^3$，塑性发展系数 $\gamma = 1.05$ 代入上式：

$$\frac{N}{A} + \frac{M}{\gamma W_{nx}} = \left(\frac{5136}{2167.7} + \frac{2065179.417}{1.05 \times 59391.97}\right)\text{MPa} = 35.486\text{MPa} < f = 215\text{MPa}$$

型钢柱抗弯强度满足要求。

5. 挠度分析与校核

可以判断最大挠度发生在 P_2 与 P_3 之间，设最大挠度处离 A 支座的距离为 x，则离 B 点的距离为 $(L-x)$。

P_1 在 x 处的挠度 $f(P_1) = \dfrac{P_1 a_1 L^2(\omega_{D\zeta 1} - \alpha_1^2\zeta_1)}{6EI}$

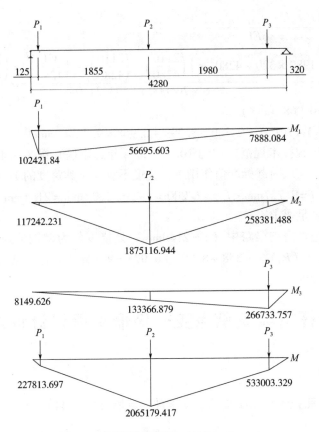

图 9-43　型钢柱弯矩图（单位：N·mm）

P_2 在 x 处的挠度 $f(P_2) = \dfrac{P_2 a_2 L^2(\omega_{D\zeta2} - \alpha_2^2 \zeta_2)}{6EI}$

P_3 在 x 处的挠度 $f(P_3) = \dfrac{P_3 b_3 L^2(\omega_{D\xi3} - \beta_3^2 \xi_3)}{6EI}$

x 处挠度 $f = f(P_1) + f(P_2) + f(P_3)$

由 $\dfrac{\mathrm{d}f}{\mathrm{d}x} = 0$，可得 $x = 2110\text{mm}$

则 $f(P_1) = \dfrac{P_1 a_1 L^2(\omega_{D\zeta1} - \alpha_1^2 \zeta_1)}{6EI}$

$$= \frac{1855 \times 125 \times 4280^2 \times \left[\left(\dfrac{4280-2110}{4280}\right) - \left(\dfrac{4280-2110}{4280}\right)^3 - \left(\dfrac{125}{4280}\right)^2 \times \left(\dfrac{4280-2110}{4280}\right)\right]}{6 \times 206000 \times 3593231.94}$$

$= 0.360\ (\text{mm})$

$f(P_2) = \dfrac{P_2 a_2 L^2(\omega_{D\zeta2} - \alpha_2^2 \zeta_2)}{6EI}$

$$= \frac{3835 \times 1980 \times 4280^2 \times \left[\left(\dfrac{4280-2110}{4280}\right) - \left(\dfrac{4280-2110}{4280}\right)^3 - \left(\dfrac{1980}{4280}\right)^2 \times \left(\dfrac{4280-2110}{4280}\right)\right]}{6 \times 206000 \times 3593231.94}$$

$= 8.399\ (\text{mm})$

$$f(P_3) = \frac{P_3 b_3 L^2 (\omega_{D\xi3} - \beta_3^2 \xi_3)}{6EI}$$

$$= \frac{1980 \times 320 \times 4280^2 \times \left[\left(\frac{2110}{4280} \right) - \left(\frac{2110}{4280} \right)^3 - \left(\frac{320}{4280} \right)^2 \times \left(\frac{2110}{4280} \right) \right]}{6 \times 206000 \times 3593231.94}$$

$$= 0.968 \ (\text{mm})$$

$f = f(P_1) + f(P_2) + f(P_3) = 0.360 + 8.399 + 0.968 = 9.727 \ (\text{mm})$

按《玻璃幕墙工程技术规范》（JGJ 102）（2022 年送审稿）第 8.3.4 条规定，型钢或钢管作为支承结构时，在风荷载标准值作用下，挠度不宜大于其跨度的 1/200。

$$f = 9.727\text{mm} < f_{\text{lim}} = L/200 = (4280/200) \text{mm} = 21.4\text{mm}$$

型钢柱的挠度满足要求。

同理，可近似地将简支梁跨中（$x = 2140\text{mm}$）处挠度作为型钢的最大挠度，经计算可得 $f = f(P_1) + f(P_2) + f(P_3) = 0.358 + 8.393 + 0.973 = 9.724 \ (\text{mm})$。也可采用有限元法计算简支梁的跨中最大挠度。

9.5 张拉索杆桁架支承点支式玻璃幕墙设计计算实例

9.5.1 基本参数

1）幕墙类型：张拉索杆桁架支承点支承玻璃幕墙（图 9-44）

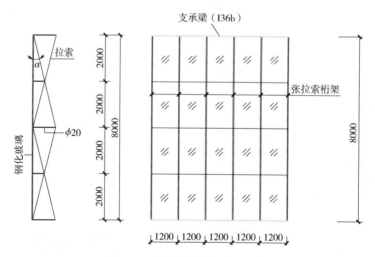

图 9-44 张拉索杆桁架布置示意

2）计算标高（z）：10.00m

3）场地粗糙度类别：B 类

4）基本风压 w_0（$R = 50$ 年）：0.45kN/m²

5）设防烈度：7 度（地震设计基本加速度 0.10g）

6）分格尺寸：宽（B）× 高（H）= 1200mm × 2000mm

7）玻璃配置：单片钢化玻璃，厚度 $t = 10$mm

8）驳接方式：四点驳接

9）支承结构：索桁架采用可调索头，索桁架高度 $H = 8\text{m}$，初始矢高 $f_0 = 1.0\text{m}$，联系杆 $\phi 20$，横向分格 $B = 1.2\text{m}$，自重由竖向索承担

10）支承梁：索桁架支承梁采用 I36b 型钢，跨度 6.0m（柱距），开间 6m

9.5.2 荷载计算和荷载组合

1. 风荷载

场地粗糙度类别为 B 类，峰值因子 $g = 2.5$；10m 高度名义湍流强度 $I_{10} = 0.14$，地面粗糙度指标 $\alpha = 0.15$。

高度 $z = 10\text{m}$ 处的阵风系数 β_{gz}：

$$\beta_{gz} = 1 + 2gI_{10}\left(\frac{z}{10}\right)^{-\alpha} = 1 + 2 \times 2.5 \times 0.14 \times \left(\frac{10}{10}\right)^{-0.15} = 1.700$$

$z = 10\text{m}$ 高度处，地面粗糙度 B 类，风压高度变化系数 $\mu_z^B = 1.0$。

局部风压体型系数 μ_{s1}：

《建筑结构荷载规范》（GB 50009—2012）第 8.3.3 条：计算围护构件及其连接的风荷载时，可按下列规定采用局部体型系数 μ_{s1}：

（1）外表面

1）封闭式矩形平面房屋的墙面及屋面可按规范表 8.3.3 的规定采用。

2）檐口、雨篷、遮阳板、边棱处的装饰条等凸出构件，取 -2.0；

3）其他房屋和构筑物可按《建筑结构荷载规范》（GB 50009—2012）第 8.3.1 条规定体型系数的 1.25 倍取值。

根据表 3-3 可查得，局部体型系数 $\mu_{s1} = 1.0$。

（2）内表面 《建筑结构荷载规范》（GB 50009—2012）第 8.3.5 条规定：封闭式建筑物按其外表面风压的正负情况取 -0.2 或 0.2。

局部风载体型系数 $\mu_{s1} = 1.0 + 0.2 = 1.2$

基本风压（$R = 50$ 年）$w_0 = 0.45\text{kN/m}^2$

作用于幕墙风荷载标准值：

$$w_k = \beta_{gz}\mu_z^B\mu_{s1}w_0 = (1.700 \times 1.0 \times 1.2 \times 0.45)\text{kN/m}^2 = 0.918\text{kN/m}^2 < 1.0\text{kN/m}^2$$

取风荷载标准值 $w_k = 1.0\text{kN/m}^2 = 1000\text{N/m}^2$

风荷载设计值 $w_k = \gamma_w w_k = 1.4 \times 1000 = 1400$（N/m^2）

2. 地震作用

根据《建筑抗震设计规范》（GB 50011—2010）（2016 年版），设防烈度为 7 度，地震设计基本加速度为 $0.10g$，水平地震影响系数最大值 $\alpha_{max} = 0.09$；地震作用分项系数 $\gamma_w = 1.4$。

取 $G_k/A = 400\text{N/m}^2$，垂直于玻璃幕墙平面的分布水平地震作用标准值：

$$q_{Ek} = \beta_E\alpha_{max}\frac{G_k}{A} = 5.0 \times 0.09 \times 400 = 180 \text{（N/m}^2）$$

地震作用设计值 $q_E = \gamma_w q_{Ek} = 1.4 \times 180 = 252$（N/m^2）

3. 荷载（作用）组合

用于强度计算时，采用 $0.2S_w + S_E$ 设计值组合：

面荷载（作用）组合标准值　　　$q_{k面} = 0.2w_k + q_{Ek} = 0.2 \times 1000 + 180 = 380$（N/m²）

面荷载（作用）组合设计值　　　$q_{面} = 0.2w + q_E = 0.2 \times 1400 + 252 = 532$（N/m²）

线荷载（作用）组合标准值　　　$q_{k线} = q_{k面}B = 380 \times 1.2 = 456$（N/m）

线荷载（作用）组合设计值　　　$q_{线} = q_{面}B = 532 \times 1.2 = 638.4$（N/m）

9.5.3　玻璃面板设计计算

1. 玻璃面板的强度计算

玻璃厚度 $t = 10\text{mm}$（钢化），玻璃宽度 $B = 1200\text{mm}$，高度 $H = 2000\text{mm}$，玻璃孔边距 $c = 100\text{mm}$。

$a = B - 2c = 1.200 - 2 \times 100 = 1000$（mm），$b = H - 2c = 2000 - 2 \times 100 = 1800$（mm），如图 9-45 所示。

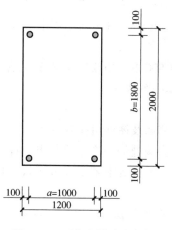

图 9-45　四点支承玻璃面板

根据 $a/b = 1.0/1.8 = 0.556$，查表 6-6，$a/b = 0.55$，$m = 0.132$，$a/b = 0.60$，$m = 0.134$，按线性插入可得弯矩系数 m：

$$m = 0.132 + \frac{0.556 - 0.55}{0.6 - 0.55} \times (0.134 - 0.132) = 0.1322$$

$$\theta = \frac{(0.2w_k + q_{Ek})b^4}{Et^4} = \frac{0.380 \times 10^{-3} \times 1800^4}{0.72 \times 10^5 \times 10^4} = 5.540 > 5.0$$

根据 θ 值查表 6-2，$\theta = 5.0$，$\eta = 1.0$，$\theta = 10$，$\eta = 0.96$，按线性插入法可得折减系数 η：

$$\eta = 0.96 + \frac{10 - 5.54}{10 - 5} \times (1.0 - 0.96) = 0.996$$

四点支承玻璃面板抗弯截面最大应力设计值：

$$\sigma = \frac{6mq_{面}b^2}{t^2}\eta = \left(\frac{6 \times 0.1322 \times 532 \times 10^{-6} \times 1800^2}{10^2} \times 0.996 \right) \text{N/mm}^2$$

$$= 13.125 \text{N/mm}^2 < f_g = 84.0 \text{N/mm}^2 \text{（玻璃大面强度）}$$

2. 玻璃面板的挠度校核

《玻璃幕墙工程技术规范》（JGJ 102）（2022 年送审稿）第 8.1.5 条规定，在风荷载标准值作用下，点支承玻璃面板的最大挠度 d_f 不宜大于其支承点间长边边长的 1/60。

玻璃弯曲刚度 D：

$$D = \frac{Et^3}{12(1-v^2)} = \frac{0.72 \times 10^5 \times 10^3}{12 \times (1-0.2^2)} = 6.25 \times 10^6 \quad (\text{N} \cdot \text{mm})$$

根据 $a/b = 1.0/1.8 = 0.556$，查表 6-7，$a/b = 0.55$，$\mu = 0.01451$，$a/b = 0.60$，$\mu = 0.01496$，按线性插入可得挠度系数 μ：

$$\mu = 0.01451 + \frac{0.556 - 0.55}{0.6 - 0.55} \times (0.01496 - 0.01451) = 0.01456$$

$$\theta = \frac{w_k b^4}{Et^4} = \frac{1.00 \times 10^{-3} \times 1800^4}{0.72 \times 10^5 \times 10^4} = 14.58 > 5.0$$

根据 θ 值查表 6-2，按线性插入，$\theta = 10$，$\eta = 0.96$，$\theta = 20$，$\eta = 0.92$，可得折减系数 η：

$$\eta = 0.92 + \frac{20 - 14.58}{20 - 10} \times (0.96 - 0.92) = 0.9417$$

在风荷载标准值作用下四点支承玻璃面板挠度最大值：

$$d_f = \frac{\mu w_k b^4}{D} \eta = \left(\frac{0.01456 \times 1.0 \times 10^{-3} \times 1800^4}{6.25 \times 10^6} \times 0.9417 \right) \text{mm}$$

$$= 23.03 \text{mm} < d_{f,\text{lim}} = \frac{b}{60} = \left(\frac{1800}{60} \right) \text{mm} = 30 \text{mm}$$

9.5.4　张拉索杆桁架结构计算

点支式玻璃幕墙采用张拉索杆桁架结构（图 9-46），水平荷载由竖向索桁架承受，自重荷载由竖向索承受，索桁架高度 $H = 8.0\text{m}$，矢高 $f_0 = 1.0\text{m}$，横向分格 $B = 1.2\text{m}$。

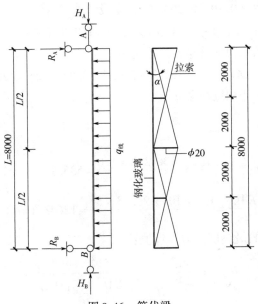

图 9-46　等代梁

1. 钢索选择

等代梁跨中弯矩　$M^0_{(L/2)} = \frac{q_{\text{线}} L^2}{8} = \frac{638.40 \times 8^2}{8} = 5107.20 \quad (\text{N} \cdot \text{m})$

水平作用产生的反推力 $H_{(x)} = \dfrac{M^0_{(L/2)}}{f_0} = \dfrac{5107.20}{1.0} = 5107.20$（N）

自重产生的反推力 $H_{(y)} = \gamma_G \dfrac{G_k}{A}(BL) = 1.2 \times 400 \times 1.2 \times 8 = 4608$（N）

竖向索（自重）拉力设计值 $T_{(y)} = H_{(y)} = 4608$N

张拉索杆结构钢索由水平作用产生的张拉钢索拉力设计值（折线形）：

$$T_{(x)} = \frac{H_{(x)}}{\cos\alpha} = 5107.20/0.9701425 = 5264.38 \text{（N）}$$

（注：$\cos\alpha = \dfrac{4}{\sqrt{1^2 + 4^2}} = 0.9701425$）

张拉索杆结构钢索截面面积 $A_{0(x)} = \dfrac{T_{(x)}}{f_s} = \dfrac{5264.38}{700} = 7.52$（mm²）

选择张拉索杆结构钢索 $\phi 7$，$A_{(x)} = 26.35$mm²

竖向索截面面积 $\qquad A_{0(y)} = \dfrac{T_{(y)}}{f_s} = \dfrac{4608}{600} = 7.68$（mm²）

选择竖向钢索 $\phi 4$，$A_{(x)} = 7.86$mm²

钢索强度标准值 $f_{ptk} = 1290$N/mm²，钢索强度设计值 $f_s = 717$N/mm²，弹性模量 $E_s = 1.8 \times 10^5$MPa。

2. 张拉索杆结构强度验算

预估有效预应力值 σ_{pe}（采用可调索头）：

一般拉索的预应力取（$0.10 \sim 0.20$）f_{ptk}，本设计取：

$$\sigma_{pe} = 0.13 f_{ptk} = 0.13 \times 1290 = 167.7 \text{（N/mm}^2\text{）}$$

由有效预应力产生的张拉索杆结构反推力 $H_{0(x)}$：

$$H_{0(x)} = \sigma_{pe} A_{(x)} \cos\alpha = 167.7 \times 26.35 \times 0.9701425 = 4287 \text{（N）}$$

由反推力折算的水平作用线荷载 q_0：

由 $H_{0(x)} f_0 = \dfrac{q_0 L^2}{8}$ 可得：

$$q_0 = \frac{8 H_{0(x)} f_0}{L^2} = \frac{8 \times 4287 \times 1.0}{8^2} = 535.9 \text{（N/m）}$$

钢索线刚度 $\dfrac{EAL^2}{24} = \dfrac{1.8 \times 10^5 \times 26.35 \times 8^2}{24} = 12648$（kN）

由水平作用 $q_{线}$ 产生的最终反推力设计值：

$$H^2_{L(x)} = \frac{EAL^2}{24} \cdot \frac{q^2_{线}}{H_{L(x)} + \dfrac{EAL^2}{24} \dfrac{q^2_{0(x)}}{H^2_{0(x)}} - H_{0(x)}}$$

$$H^2_{(x)} = 12648 \times \frac{0.6384^2}{H_{L(x)} + 12648 \times \dfrac{0.5359^2}{4.287^2} - 4.287}$$

解此一元三次方程，可得 $H_{L(x)} = 5.0965$kN

钢索拉力
$$T_{L(x)} = \frac{H_{L(x)}}{\cos\alpha} = \frac{5096.5}{0.9701425} = 5253.35 \ (N)$$

钢索截面最大应力设计值：
$$\sigma_{(x)} = \left(\frac{5253.35}{26.35}\right) N/mm^2 = 199.368 N/mm^2 < f_s = 717 N/mm^2$$

3. 张拉索杆结构挠度

《玻璃幕墙工程技术规范》（JGJ 102）（2022 年送审稿）第 8.3.9 条规定，索桁架的挠度不应大于其跨度的 1/200。

由水平作用 $q_{k线}$ 产生的最终反推力标准值：
$$H_{(x)}^2 = \frac{EAL^2}{24} \cdot \frac{q_{k线}^2}{H_{Lk(x)} + \frac{EAL^2}{24} \cdot \frac{q_{0(x)}^2}{H_{0(x)}^2} - H_{0(x)}}$$

$$H_{Lk(x)}^2 = 12648 \times \frac{0.456^2}{H_{Lk(x)} + 12648 \times \frac{0.5359^2}{4.287^2} - 4.287}$$

解此一元三次方程，可得 $H_{Lk(x)} = 3.6537 kN$

承力钢索终态矢高 f：
$$f = \frac{q_k L^2}{8} \bigg/ H_{Lk(x)} = \frac{0.456 \times 8^2}{8} \bigg/ 3.6537 = 0.9984 \ (m)$$

张拉索杆结构挠度 $\Delta f = f - f_0 = 0.9984 - 1.0 = -0.0016$ （m）（负号表示矢高减小）

张拉索杆结构相对挠度 $\dfrac{\Delta f}{L} = \dfrac{0.0016}{8} = \dfrac{1}{5000} < \dfrac{1}{200}$

稳定索终态矢高 f_1：
$$f_1 = f_0 - \Delta f = 1.0 - 0.0016 = 0.9984 \ (m)$$

4. 稳定索截面终态应力保有值

稳态索终态索长（折线形）：
$$L_2 = 2\sqrt{f_1^2 + (L/2)^2} = 2 \times \sqrt{0.9984^2 + 4^2} = 8.2454 \ (m)$$

钢索理论长度（折线形）：
$$L_0 = 2(L/2)/\cos\alpha = 2 \times (8/2)/0.9701425 = 8.2462 \ (m)$$

活荷载使锚定结构变形产生的预应力损失：
$$\sigma_{L5} = 1.8 \times 10^5 \times \frac{0.5}{8000} = 11.3 \ (N/mm^2)$$

预应力张拉应力控制值：
$$\sigma_{con} = \sigma_{p0} + \sigma_{L5} = 167.7 + 11.3 = 179.0 \ (N/mm^2)$$

联系杆压力设计值：
$$N = H_{L(x)} \tan\alpha = 5096.5 \times 0.25 = 1274.125 \ (N)$$

（注：$\tan\alpha = 1/4 = 0.25$）

联系杆（$\phi 20$，$A_s = 314.1 mm^2$）截面最大应力设计值：
$$\sigma_1 = \frac{N}{A_s} = \left(\frac{1274.125}{314.1}\right) N/mm^2 = 4.056 N/mm^2 < f_s = 147 N/mm^2$$

钢索由预应力产生的预计伸长值：

$$\Delta L = \frac{\sigma_{con}}{E_s} L_0 = \frac{179}{1.8 \times 10^5} \times 8246.2 = 8.6 \text{ （mm）}$$

钢索下料长度：　　　$L_1 = L_0 - \Delta L = 8246.2 - 8.6 = 8237.6 \text{ （mm）}$

稳定索截面终态应力保有值：

$$\sigma_2 = E_s \frac{L_2 - L_1}{L_0} = 1.8 \times 10^5 \times \frac{8245.4 - 8237.6}{8246.2} = 170.26 \text{ （N/mm}^2\text{）}$$

表9-7 给出了拉索杆钢索预应力张拉顺序。

表 9-7　预应力张拉顺序

顺序	时间	百分比（%）	$\sigma_{con}/(\text{N/mm}^2)$	计算伸长值/mm
第1次	锚固后	50	90	4.3
第2次	锚固后	100	179	8.6
第3次	同一跨内索-杆体系全部张拉完毕	100	179	8.6
第4次	竣工前	100	179	8.6
	竣工后定期或必要时	100	179	8.6

注：预应力张拉应力控制值允许偏差：0，+2%。

9.5.5　张拉索杆桁架的连接验算

1. 丝杆强度验算

选取丝杆直径 $d = 12\text{mm}$，螺距 $P = 1.75\text{mm}$

内径 $d_1 = d - 1.0825P = 12 - 1.0825 \times 1.75 = 10.106 \text{ （mm）}$

$$A_0 = \frac{\pi d_1^2}{4} = \frac{\pi \times 10.106^2}{4} = 80.21 \text{ （mm}^2\text{）}$$

丝杆净截面抗拉强度：

$$A_0 f = (80.21 \times 147.1)\text{N} = 11799\text{N} > T_{L(x)} = 5253.35\text{N}$$

外螺纹抗剪强度，取旋合圈数 $Z = 4$：

$$f_v \pi d_1 b Z = (85 \times \pi \times 10.106 \times 1.732 \times 4)\text{N} = 18696.31\text{N} > T_{L(x)} = 5253.35\text{N}$$

2. 套筒强度验算

套筒净截面抗拉强度：

$$A_0 = \frac{\pi(D_1^2 - d^2)}{4} = \frac{\pi \times (16^2 - 12^2)}{4} = 87.96 \text{ （mm}^2\text{）}$$

$$A_0 f = (87.96 \times 147.1)\text{N} = 12938.9\text{N} > T_{L(x)} = 5253.35\text{N}$$

内螺纹抗剪强度，取旋合圈数 $Z = 3$：

$$f_v \pi D b Z = (85 \times \pi \times 14 \times 1.732 \times 3)\text{N} = 19425.2\text{N} > T_{L(x)} = 5253.35\text{N}$$

3. 耳板强度验算

耳板抗拉强度：

$$Af = [12 \times (18 - 10.5) \times 179]\text{N} = 16110\text{N} > T_{L(x)} = 5253.35\text{N}$$

耳板截面抗承压承载力（$D = 10.5\text{mm}$）：

$$Dtf_{ce} = (10.5 \times 10 \times 390)\text{N} = 40950\text{N} > T_{L(x)} = 5253.35\text{N}$$

耳子焊缝抗拉强度：

$$h_e L_w f_f^w = (2 \times 4 \times 35 \times 160)\text{N} = 44800\text{N} > T_{L(x)} = 5253.35\text{N}$$

4. 销子强度验算

销子抗剪强度（$d = 10\text{mm}$，$A_s = 78.54\text{mm}^2$，$N_v = 2$）：

$$N_v A_s f_v = (2 \times 78.54 \times 103.8)\text{N} = 16305\text{N} > T_{L(x)} = 5253.35\text{N}$$

5. 预埋件

有竖向索处　　　$P_1 = H_{L(x)} + H_{(y)} = 5096.5 + 4608 = 9704.5$（N）

无竖向索处　　　　　　　$P_1 = H_{L(x)} = 5096.5\text{N}$

9.5.6　支承梁验算

支承梁采用 I36b 的型钢（$I = 16574\text{cm}^4$，$W = 920.8\text{cm}^3$，单位重力 656.6N/m，弹性模量 $E_s = 2.06 \times 10^5 \text{MPa}$），跨度 $L = 6.0\text{m}$（柱距），开间 6m。计算简图如图 9-47 所示。

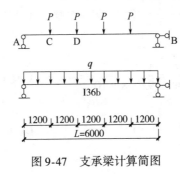

图 9-47　支承梁计算简图

1. 荷载计算

张拉索杆结构施加给锚定结构的集中荷载设计值：

$$P = 0.7 H_{L(x)} + A\sigma_2 \cos\alpha + H_{(y)}$$
$$= 0.7 \times 5096.5 + 26.35 \times 170.26 \times 0.9701425 + 4608 = 12527.95\text{（N）}$$

张拉索杆结构施加给锚定结构的集中荷载标准值：

$$P_k = 0.7 H_{Lk(x)} + A\sigma_2 \cos\alpha + H_{(y)}$$
$$= 0.7 \times 3653.7 + 26.35 \times 170.26 \times 0.9701425 + 4608 = 11517.99\text{（N）}$$

楼板永久荷载标准值：

20mm 厚水泥砂浆面层	$20 \times 0.02 = 0.4$（kN/m^2）
200mm 厚钢筋混凝土楼板	$25 \times 0.20 = 5.0$（kN/m^2）
20m 厚水泥砂浆粉刷	$20 \times 0.02 = 0.8$（kN/m^2）
其他	0.7kN/m^2
合计	6.5kN/m^2
楼板传来永久荷载标准值（线荷载）	$6500\text{N/m}^2 \times 3\text{m} = 19500\text{N/m}$
钢梁自重（I36b）	656.6N/m

$$g_k = 20156.6\text{N/m}$$

楼面可变荷载标准值	$q_k = 1.5\text{kN/m}^2$
楼板传来可变荷载标准值（线荷载）	$q_k = 1500\text{N/m}^2 \times 3\text{m} = 4500\text{N/m}$

验算挠度用使用均布荷载标准值：

$$q_{k(线)} = g_k + \psi_f q_k = 20156.6 + 0.4 \times 4500 = 21956.6 \ （N/m）$$

验算强度用使用均布荷载设计值：

$$q_{(线)} = \gamma_G g_k + \gamma_Q q_k = 1.2 \times 20156.6 + 1.4 \times 4500 = 30487.92 \ （N/m）$$

2. 支承梁强度验算

由使用均布荷载设计值 $[q_{(线)}]$ 产生的弯矩：

$$M_1 = \frac{1}{8} q_{(线)} L^2 = \frac{1}{8} \times 30487.92 \times 6^2 = 137195.64 \ （N \cdot m）$$

由使用均布荷载 $[q_{(线)}]$ 产生的应力：

$$\sigma_1 = \frac{M_1}{W} = \frac{137195.64 \times 10^3}{920.8 \times 10^3} = 149.0 \ （N/mm^2）$$

由张拉索杆结构反推力产生的弯矩 $（n=5）$：

$$M_2 = \frac{n^2 - 1}{8n} PL = \frac{5^2 - 1}{8 \times 5} \times 12527.95 \times 6000 = 43221427.5 \ （N \cdot mm）$$

由张拉索杆结构反推力产生的应力：

$$\sigma_2 = \frac{M_2}{W} = \frac{43221427.5}{920.8 \times 10^3} = 46.94 \ （N/mm^2）$$

梁截面最大应力设计值：

$$\sigma = \sigma_1 + \sigma_2 = (149.0 + 46.94) N/mm^2 = 195.94 N/mm^2 < f_s = 215 N/mm^2$$

支承梁的抗弯强度满足要求。

3. 支承梁挠度验算

由使用均布荷载标准值 $[q_{k(线)}]$ 产生的挠度：

$$f_1 = \frac{5 q_{k(线)} L^4}{384 EI} = \frac{5 \times 21.9566 \times 6000^4}{384 \times 2.06 \times 10^5 \times 16574 \times 10^4} = 10.85 \ （mm）$$

由反推力 P_k 产生的挠度：

$$f_2 = \frac{P_k L^3}{EI} \frac{5n^4 - 4n^2 - 1}{384 n^3}$$

$$= \frac{11517.99 \times 6000^3}{2.06 \times 10^5 \times 16574 \times 10^4} \times \frac{5 \times 5^4 - 4 \times 5^2 - 1}{384 \times 5^3} = 4.59 \ （mm）$$

梁的总挠度 $\quad f = f_1 + f_2 = 10.85 + 4.59 = 15.44 \ （mm）$

梁的相对挠度 $\quad \dfrac{f}{L} = \dfrac{15.44}{6000} = \dfrac{1}{388.6} < \dfrac{1}{200}$

支承梁的挠度满足要求。

9.5.7　反变形预调

可变荷载标值（线荷载） $q_k = 0.4 \times 4500 = 1800 \ （N/m）$

C 点由可变荷载产生的挠度：

$$f_{C1} = 0.1856 \times \frac{q_k L^4}{24 EI} = 0.1856 \times \frac{1.8 \times 6000^4}{24 \times 2.06 \times 10^5 \times 16574 \times 10^4} = 0.53 \ （mm）$$

D 点由可变荷载产生的挠度：

$$f_{D1} = 0.2976 \times \frac{q_k L^4}{24EI} = 0.2976 \times \frac{1.8 \times 6000^4}{24 \times 2.06 \times 10^5 \times 16574 \times 10^4} = 0.85 \ (\text{mm})$$

张拉索杆结构反推力标准值：

$$P_k = 2\sigma_{p0} A_{(x)} \cos\alpha + \sigma_{p0} A_{(y)}$$
$$= 2 \times 167.7 \times 26.35 \times 0.9701425 + 167.7 \times 7.86 = 9892 \ (\text{N})$$

C 点由 C 张拉索杆结构反推力产生的挠度（图 9-48a）

$$f_{CC} = \frac{P_k L_{2C} L^2}{6EI} \left[0.1920 - \left(\frac{L_{2C}}{L} \right)^2 \frac{L_{1C}}{L} \right]$$
$$= \frac{9892 \times 4800 \times 6000^2}{6 \times 2.06 \times 10^5 \times 16574 \times 10^4} \times \left[0.1920 - (0.8)^2 \times 0.2 \right] = 0.534 (\text{mm})$$

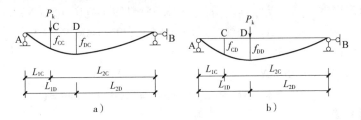

图 9-48 挠度计算简图

D 点由 C 张拉索杆结构反推力产生的挠度（图 9-48a）：

$$f_{DC} = \frac{P_k L_{2C} L^2}{6EI} \left[0.3360 - \left(\frac{L_{2C}}{L} \right)^2 \frac{L_{1D}}{L} \right]$$
$$= \frac{9892 \times 4800 \times 6000^2}{6 \times 2.06 \times 10^5 \times 16574 \times 10^4} \times \left[0.3360 - (0.8)^2 \times 0.4 \right] = 0.667 \ (\text{mm})$$

C 点由 D 张拉索杆结构反推力产生的挠度（图 9-48b）：

$$f_{CD} = \frac{P_k L_{2C} L^2}{6EI} \left[0.1920 - \left(\frac{L_{2D}}{L} \right)^2 \frac{L_{1C}}{L} \right]$$
$$= \frac{9892 \times 3600 \times 6000^2}{6 \times 2.06 \times 10^5 \times 16574 \times 10^4} \times \left[0.1920 - (0.6)^2 \times 0.2 \right] = 0.751 \ (\text{mm})$$

D 点由 D 张拉索杆结构反推力产生的挠度（图 9-48b）：

$$f_{DD} = \frac{P_k L_{2C} L^2}{6EI} \left[0.3360 - \left(\frac{L_{2D}}{L} \right)^2 \frac{L_{1D}}{L} \right]$$
$$= \frac{9892 \times 3600 \times 6000^2}{6 \times 2.06 \times 10^5 \times 16574 \times 10^4} \times \left[0.3360 - (0.6)^2 \times 0.4 \right] = 1.20 \ (\text{mm})$$

C 点总挠度 $f_C = f_{C1} + f_{CC} + f_{CD} = 0.53 + 0.534 + 0.751 = 1.815 \ (\text{mm})$

D 点总挠度 $f_D = f_{D1} + f_{DC} + f_{DD} = 0.85 + 0.667 + 1.20 = 2.717 \ (\text{mm})$

钢索理论长度（折线形）：

$$L_0 = 2(L/2)/\cos\alpha = \left[2 \times (8/2)/0.9701425 \right] \text{m} = 8.2462\text{m} = 8246.2\text{mm}$$

由预应力产生的钢索预计伸长：

$$\Delta L = \frac{\sigma_{con}}{E_s} L_0 = \frac{179.0}{1.8 \times 10^5} \times 8246.2 = 8.20 \ (\text{mm})$$

下料长度 $\qquad L_1 = L_0 - \Delta L = 8246.2 - 8.5 = 8237.7$ （mm）

联系杆位置定位理论尺寸：

$$L_{01} = L_{02} = L_{03} = L_{04} = (L/4)/\cos\alpha = 2000/0.9701524 = 2061.53 \text{（mm）}$$

钢索每跨由预应力产生的预计长度：

$$\Delta L = \frac{\sigma_{con}}{E_s} L_{0i} = \frac{179.0}{1.8 \times 10^5} \times 2061.53 = 2.05 \text{（mm）}$$

钢索每跨实际尺寸：

$$L_{11} = L_{12} = L_{13} = L_{14} = 2061.53 - 2.05 = 2059.48 \text{（mm）}$$

9.5.8 预应力施加

施加预应力（千斤顶显示值）：

张拉索杆结构钢索 $\qquad N_{c(x)} = A_{(x)}\sigma_{con} = 26.35 \times 179 = 4716.65$ （N）

竖向（自重）索 $\qquad N_{c(y)} = A_{(y)}\sigma_{con} = 7.86 \times 179 = 1406.94$ （N）

张拉索杆结构钢索：

$$T_{(x)} = 1.25 \times 0.15 \times N_{c(x)} \times d$$
$$= (1.25 \times 0.15 \times 4716.65 \times 7) \text{N} \cdot \text{mm} = 6190.6 \text{N} \cdot \text{mm} = 6.19 \text{N} \cdot \text{m}$$

竖向（重力）索：

$$T_{(y)} = 1.25 \times 0.15 \times N_{c(y)} \times d$$
$$= (1.25 \times 0.15 \times 1406.94 \times 4) \text{N} \cdot \text{mm} = 1055.2 \text{N} \cdot \text{mm} = 1.055 \text{N} \cdot \text{m}$$

图 9-49 给出了单榀张拉索杆结构最大效应，图 9-50 给出了张拉索杆结构受力分析图。

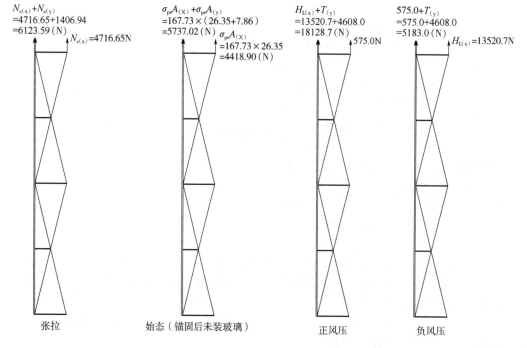

图 9-49　单榀张拉索杆结构最大效应(单位：N)

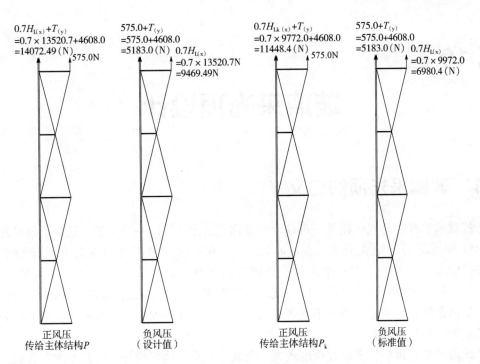

图 9-50　张拉索杆结构受力分析图（单位：N）

第 10 章

玻璃采光顶设计

10.1　玻璃采光顶的定义

建筑玻璃采光顶是现代建筑不可缺少的装饰和采光并重的一种屋盖。最早是以采光为目的，1851 年约瑟夫·帕克斯顿（Joseph Paxton）在英国伦敦工业博览会上设计的水晶宫（Crystal Palace）是历史上第一个大型的玻璃幕墙建筑，全部采用玻璃预制件和钢铁材料，给世界各国建筑大师以新的启迪。随着建筑设计发展的需要，人们不断追求阳光下绿色空间的舒适生活条件，于是造型各异丰富多彩的玻璃采光顶应运而生，建筑采光顶成为以装饰和采光并重的一种建筑形式。

建筑玻璃采光顶的技术设计难度较大，荷载除自重、风荷载外，还要考虑雪荷载、积灰荷载和冰荷载等。不仅要考虑正压力，而且要考虑负压力；不仅要考虑防漏水，而且要防止采光顶玻璃破碎造成的不安全因素。

根据《采光顶与金属屋面技术规程》（JGJ 255—2012）中的定义，采光顶是指由透光板与支承体系组成，不分担主体结构所受作用且与水平方向夹角小于 75° 的建筑围护结构。《建筑玻璃采光顶》（JGT 231—2007）中的定义，建筑玻璃采光顶是指面板为玻璃的屋盖。

若以面板与地面的倾角来分：幕墙是指面板与地面的倾角在 75°~105°（90°±15°）范围内的墙体，竖直的为一般幕墙，其他为斜幕墙（内倾为 75°~90°，外倾为 90°~105°）。玻璃采光顶是指面板与地面的倾角在 90°±15° 范围外的屋盖。

玻璃雨篷是非封闭式建筑玻璃采光顶；玻璃屋顶是封闭式建筑玻璃采光顶。

采光顶主要以大跨度空间钢结构作为支承结构，根据空间钢结构的分类、划分，也可以将玻璃采光顶的支承结构分为三类：第一类为刚性支承结构，如单根梁或组合梁、拱、钢桁架（平行弦桁架、鱼腹式桁架、梭形桁架等）、钢网架或网壳结构；第二类为柔性支承结构，如索网结构、各种索桁架结构、预应力拉索网架、双梭锥网格结构、张拉整体结构；第三类为介于刚性和柔性结构之间的半刚性支承结构，如张弦梁（拱、桁架）结构、弓式预应力钢结构等。

10.2　玻璃采光顶的荷载和荷载组合

10.2.1　玻璃采光顶的荷载

玻璃采光顶承受的荷载包括自重、风荷载、雪荷载、积灰荷载。还应考虑非对称荷载的作用和效应；必要时还需考虑积雪荷载、积水荷载、冰荷载的作用和效应。此外还需考虑地震作用、温度作用、地基变形等作用。

　　风荷载垂直作用于采光顶表面；重力荷载是沿采光顶表面均匀分布且方向垂直向下的荷载；活荷载、雪荷载及积灰荷载是沿采光顶水平投影面的均布荷载。因此，作用于采光顶上的荷载作用方向和分布是不同的，不能简单地将计算结果相加，而必须转换成同一作用方向与同一种分布的计算值后相加。

　　当屋面平行地面或坡度较小时，风荷载往往不是主要的，重力荷载是主要的；而在其他工况下，风荷载与重力荷载大多数都是同一量级，而建筑玻璃幕墙的风荷载往往是主要的，这是建筑玻璃采光顶和建筑玻璃幕墙的重大区别，这就决定了两者结构的区别，一般来说，建筑玻璃采光顶结构比建筑幕墙结构更为复杂、种类更多，建筑玻璃采光顶结构应归属建筑屋面系统，不宜归属建筑幕墙系统。

1. 重力荷载

　　重力荷载是沿采光顶表面均匀分布且方向垂直向下的荷载，包括玻璃、连接件、附件等的自重。材料的自重标准值通常由材料的密度和其体积求得。当缺乏资料时，玻璃采光顶的自重标准值 G_k 可按照下列数值采用：

　　1）当采用单层玻璃时：$G_k = 400 \text{N/m}^2$。

　　2）当采用中空、夹层玻璃时：$G_k = 500 \text{N/m}^2$。

2. 风荷载

采光顶风荷载应按下列规定确定：

　　1）面板、直接连接面板的屋面支承构件的风荷载标准值应按《建筑结构荷载规范》（GB 50009—2012）的有关规定计算确定。

　　①当重力荷载为控制荷载，风荷载标准值 w_k 宜按下式计算：

$$w_k = \beta_z \mu_s \mu_z w_0 \tag{10-1}$$

式中　w_k——风荷载标准值（kN/m^2）；

　　　β_z——高度 z 处的风振系数；

　　　μ_s——风载体型系数，常用玻璃采光顶风荷载体型系数见表 10-1；

　　　μ_z——风压高度变化系数；

　　　w_0——基本风压（kN/m^2）。

　　②当风荷载为控制荷载，风荷载标准值 w_k 宜按下式计算：

$$w_k = \beta_{gz} \mu_s \mu_z w_0 \tag{10-2}$$

式中　β_{gz}——高度 z 处的阵风系数，按下式确定。

$$\beta_{gz} = 1 + 2g I_{10} \left(\frac{z}{10}\right)^{-\alpha} \tag{10-3}$$

　　　g——峰值因子，可取 2.5；

　　　I_{10}——10m 高度名义湍流强度，对应 A、B、C 和 D 类场地地面粗糙度，可分别取 0.12、0.14、0.23 和 0.39；

　　　α——地面粗糙度，对应 A、B、C 和 D 类场地地面粗糙度，可分别取 0.12、0.15、0.22 和 0.30。

　　其余符号同前。

　　2）跨度大、形状或风荷载环境复杂的采光顶宜通过风洞试验确定风荷载。

3）建筑玻璃采光顶应考虑正风压、负风压荷载的作用和效应，必要时尚应考虑非对称荷载的作用和效应（图 10-1）。风荷载负压标准值不应小于 1.0kN/m^2，正压标准值不应小于 0.5kN/m^2。

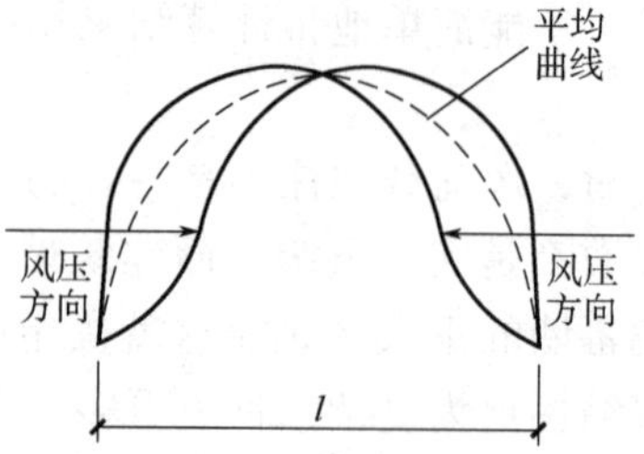

图 10-1　不对称风荷载示意

表 10-1　常用玻璃采光顶风荷载体型系数

<table>
<tr><th>项次</th><th>类别</th><th>风荷载体型系数 μ_s</th><th>备注</th></tr>
<tr><td>1</td><td>封闭式
落地
拱形屋面</td><td>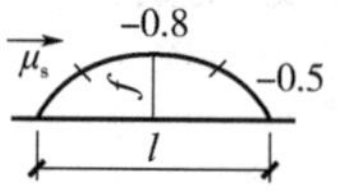
<table>
<tr><td>f/l</td><td>0.1</td><td>0.2</td><td>0.5</td></tr>
<tr><td>μ_s</td><td>+0.1</td><td>+0.2</td><td>+0.6</td></tr>
</table></td><td>中间值按线性插值计算</td></tr>
<tr><td>2</td><td>封闭式
拱形屋面</td><td>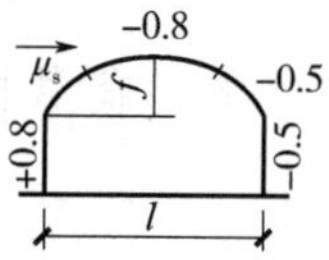
<table>
<tr><td>f/l</td><td>μ_s</td></tr>
<tr><td>0.1</td><td>+0.1</td></tr>
<tr><td>0.2</td><td>+0.2</td></tr>
<tr><td>0.5</td><td>+0.6</td></tr>
</table></td><td>（1）中间值按线性插入法计算
（2）μ_s 的绝对值不小于 0.1</td></tr>
<tr><td>3</td><td>单坡
顶盖</td><td>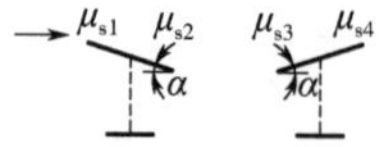
<table>
<tr><td>α</td><td>μ_{s1}</td><td>μ_{s2}</td><td>μ_{s3}</td><td>μ_{s4}</td></tr>
<tr><td>≤10°</td><td>−1.3</td><td>−0.5</td><td>+1.3</td><td>+0.5</td></tr>
<tr><td>30°</td><td>−1.4</td><td>−0.6</td><td>+1.4</td><td>+0.6</td></tr>
</table></td><td>中间值按线性插值计算</td></tr>
<tr><td>4</td><td>双坡
顶盖</td><td>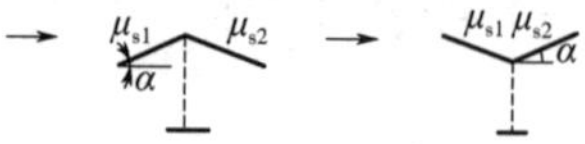
a）　　b）
<table>
<tr><td></td><td colspan="2">图a</td><td colspan="2">图b</td></tr>
<tr><td>α</td><td>μ_{s1}</td><td>μ_{s2}</td><td>μ_{s1}</td><td>μ_{s2}</td></tr>
<tr><td>≤10°</td><td>−1.3</td><td>−0.7</td><td>+1.0</td><td>+0.7</td></tr>
<tr><td>30°</td><td>+1.6</td><td>+0.4</td><td>−1.6</td><td>−0.4</td></tr>
</table></td><td>中间值按线性插值计算</td></tr>
</table>

注：其他情况参见《建筑结构荷载规范》（GB 50009—2012）表 8.3.1。

3. 雪荷载

采光顶水平投影面上的雪荷载标准值应按下式计算：

$$s_k = \mu_r s_0 \tag{10-4}$$

式中 s_k——雪荷载标准值（kN/m^2）；

μ_r——屋面积雪分布系数，常用玻璃采光顶屋面积雪分布系数见表 10-2；

s_0——基本雪压（kN/m^2）。

屋面积雪分布系数根据《建筑结构荷载规范》（GB 50009—2012）第 7.2.1 条规定确定。设计屋面的承重构件时，可按下列规定采用积雪分布情况：

1）屋面板和檩条按积雪不均匀分布的最不利情况采用。

2）屋架和拱壳可分别按积雪全跨均匀分布情况、不均匀分布情况和半跨的均匀分布的情况采用。

3）规范典型屋面图形以外的其他屋面形式情况，设计人员可根据上述说明推断酌定。

表 10-2 屋面积雪分布系数

项次	类别	屋面形式及积雪分布系数 μ_r	备注
1	单跨单坡屋面	 单坡屋面 α 图示 <table><tr><td>α</td><td>≤25°</td><td>30°</td><td>35°</td><td>40°</td><td>45°</td><td>50°</td><td>55°</td><td>≥60°</td></tr><tr><td>μ_r</td><td>1.0</td><td>0.85</td><td>0.70</td><td>0.55</td><td>0.40</td><td>0.25</td><td>0.10</td><td>0</td></tr></table>	
2	单跨双坡屋面	均匀分布的情况 μ_r；不均匀分布的情况 $0.75\mu_r$、$1.25\mu_r$	μ_r 按第 1 项规定采用；当单跨双坡屋面仅当坡度 α 在 20°~30° 范围内时，可采用不均匀分布情况
3	拱形屋面	均匀分布的情况 μ_r；不均匀分布的情况 $0.5\mu_{r,m}$、$\mu_{r,m}$；$l_e/4$ $l_e/4$ $l_e/4$ $l_e/4$；l_e；$\mu_r = l/(8f)$ $(0.4 \leqslant \mu_r \leqslant 1.0)$；60° f；$\mu_{r,m} = 0.2 + 10f/l$ $(\mu_{r,m} \leqslant 2.0)$；$l$	$\mu_r = \dfrac{l}{8f}$ $(0.4 \leqslant \mu_r \leqslant 1.0)$ $\mu_{r,m} = 0.2 + 10\dfrac{f}{l}$ $(\mu_{r,m} \leqslant 2.0)$
4	双跨双坡或拱形屋面	均匀分布的情况 1.0；不均匀分布的情况1 μ_r 1.4 μ_r；不均匀分布的情况2 μ_r 2.0 μ_r；α f；l l	μ_r 按第 1 或 3 项规定采用

4. 活荷载

上人屋面玻璃应按地板玻璃进行设计。地板玻璃承受的活荷载应符合《建筑结构荷载规范》（GB 50009—2012）的规定。

不上人屋面的活荷载标准值除应符合《建筑结构荷载规范》（GB 50009—2012）的规定外，尚应符合下列规定：

1）与水平面夹角小于30°屋面玻璃，在玻璃板中心点直径为150mm的区域内，应能承受垂直于玻璃为1.1kN的活荷载标准值。

2）与水平面夹角大于或等于30°的屋面玻璃，在玻璃板中心直径为150mm的区域内，应能承受垂直玻璃为0.5kN的活荷载标准值。

《建筑结构荷载规范》（GB 50009—2012）规定，上人屋面活荷载标准值2.0kN/m²，不上人屋面活荷载标准值0.5kN/m²。

这里应注意：①当屋面玻璃采用中空玻璃时，集中活荷载应只作用中空玻璃的上片玻璃。②屋面均布活荷载不应与雪荷载同时组合。

5. 地震作用

在地震作用下，玻璃采光顶震害破坏有两种类型：

1）平面结构形式的单坡、双坡、半圆采光顶，在横向水平地震作用下，玻璃采光顶与柱头连接破坏；在纵向水平地震作用下，玻璃错动而掉落，杆件倾倒，支撑破坏，采光顶倾覆。

2）空间结构形式的锥体采光顶，在地震作用下玻璃采光顶与主支承体系的连接破坏，或主支承体系水平变形过大而使玻璃顶挤压变形过大而破坏。

也就是说，有地震作用时，玻璃采光顶尚需考虑水平地震和竖向地震作用。

面板及与其直接相连接的支承结构构件，作用于水平方向的水平地震作用标准值可按下式计算：

$$P_{Ek} = \beta_E \alpha_{max} G_k \tag{10-5}$$

式中　P_{Ek}——水平地震作用标准值（kN）；

　　　β_E——地震作用动力放大系数，可取不小于5.0；

　　　α_{max}——水平地震影响系数最大值，应按表5-17确定；

　　　G_k——构件（包括面板和框架）的重力荷载标准值。

计算竖向地震作用时，地震影响系数最大值可按水平地震作用的65%采用。

10.2.2　玻璃采光顶的荷载组合

面板及与其直接相连接的结构构件按极限状态设计时，当作用和作用效应按线性关系考虑时，其作用效应组合的设计值应符合下列规定：

1）无地震作用组合效应时，应按下式进行计算：

$$S = \gamma_G S_{Gk} + \psi_Q \gamma_Q S_{Qk} + \psi_w \gamma_w S_{wk} \tag{10-6}$$

2）有地震作用效应组合时，应按下式进行计算：

$$S = \gamma_G S_{GE} + \psi_E S_{Ek} + \psi_w \gamma_w S_{wk} \tag{10-7}$$

式中　S——作用效应组合设计值；

　　　S_{Gk}——永久重力荷载效应标准值；

S_{GE}——重力荷载代表值的效应，重力荷载代表值的取值应符合《建筑抗震设计规范》（GB 50011—2010，2016 年版）的规定；

S_{Qk}——可变重力荷载效应标准值；

S_{wk}——风荷载效应标准值；

S_{Ek}——地震作用效应标准值；

γ_G——永久重力荷载分项系数；

γ_Q——可变重力荷载分项系数；

γ_w——风荷载分项系数；

ψ_E——地震作用分项系数；

ψ_w——风荷载作用效应的组合值系数；

ψ_Q——可变重力荷载的组合值系数。

进行采光顶构件的承载力设计时，作用分项系数应按下列规定取值：

1）一般情况下，永久重力荷载、可变重力荷载、风荷载和地震作用的分项系数 γ_G、γ_Q、γ_w 和 γ_E 应分别取 1.2、1.4、1.4 和 1.4。

2）当永久重力荷载的效应起控制作用时，其分项系数 γ_G 应取 1.35；此时，参与组合的可变荷载效应仅限于竖向荷载效应。

3）当永久重力荷载的效应对构件有利时，其分项系数 γ_G 的取值不应大于 1.0。

可变作用的组合值系数应按下列规定采用：

1）无地震作用组合时，当风荷载为第一可变作用时，其组合值系数 ψ_w 应取 1.0，此时可变重力荷载组合系数 ψ_Q 应取 0.7；当可变重力荷载为第一可变作用时，其组合值系数 ψ_Q 应取 1.0，此时风荷载组合值系数 ψ_w 应取 0.6；当永久重力荷载起控制作用时，风荷载组合值系数 ψ_w 和可变重力荷载组合值系数 ψ_Q 应分别取 0.6 或 0.7。

2）有地震作用组合时，一般情况下风荷载组合值系数 ψ_w 可取 0；当风荷载起控制作用时，风荷载组合值系数 ψ_w 应取为 0.2。

3）进行构件的挠度验算时应采取荷载标准组合，各项作用的分项系数均应取 1.0。

作用于倾斜面板上的作用，应分解成垂直于面板和平行于面板的分量，并应按分量方向分别进行作用或作用效应组合。

10.3　玻璃采光顶的性能要求

建筑玻璃采光顶的性能包括结构性能、气密性能、水密性能、热工性能、隔声性能、采光性能等指标，其性能分级应符合《建筑幕墙》（GB/T 21086—2007）的规定，其性能试验应符合《建筑幕墙气密、水密、抗风压性能检测方法》（GB/T 15227—2019）的规定。采光顶的物理性能检测应包括抗风压性能、气密性能和水密性能，对于有建筑节能要求的建筑，尚应进行热工性能检测。

1. 结构性能

采光顶的结构性能指标应按《建筑结构荷载规范》（GB 50009—2012）和《建筑抗震设计规范》（GB 50011—2010）（2016 年版）规定方法计算确定。承载性能分级指标 S 应符合表 10-3 的规定。

表 10-3　承载性能分级

分级代号	1	2	3	4	5	6	7	8	9
分级指标值 S/kPa	$1.0 \leqslant S$ <1.5	$1.5 \leqslant S$ <2.0	$2.0 \leqslant S$ <2.5	$2.5 \leqslant S$ <3.0	$3.0 \leqslant S$ <3.5	$3.5 \leqslant S$ <4.0	$4.0 \leqslant S$ <4.5	$4.5 \leqslant S$ <5.0	$S \geqslant 5.0$

注：1. 9 级时须同时标注 S 的实测值。

2. S 值为按 GB/T 15227—2007 进行试验时的安全检测压力差。

3. S 值为最不利荷载效应组合值。

4. 分级指标值 S 为绝对值。

2. 气密性能

1）采光顶开启部分采用压力差为 10Pa 时的开启缝长空气渗透量 q_L 作为分级指标，分级指标应符合表 10-4 的规定。

表 10-4　采光顶开启部分气密性能分级

分级代号	1	2	3	4
分级指标值 q_L /[m³/(m·h)]	$4.0 \geqslant q_L > 2.5$	$2.5 \geqslant q_L > 1.5$	$1.5 \geqslant q_L > 0.5$	$q_L \leqslant 0.5$

2）采光顶整体（含开启部分）采用压力差为 10Pa 时的单位面积空气渗透量 q_A 作为分级指标，分级指标应符合表 10-5 的规定。

表 10-5　采光顶整体气密性能分级

分级代号	1	2	3	4
分级指标值 q_A /[m³/(m²·h)]	$4.0 \geqslant q_A > 2.0$	$2.0 \geqslant q_A > 1.2$	$1.2 \geqslant q_A > 0.5$	$q_A \leqslant 0.5$

3. 水密性能

《采光顶与金属屋面技术规程》（JGJ 255—2012）第 4.2.5 条规定，采光顶的水密性能可按下列方法设计：

1）易受热带风暴和台风袭击的地区，水密性能设计取值可按下式计算，且取值不宜小于 200Pa。

$$p = 1000\mu_z \mu_s w_0 \tag{10-8}$$

式中　p——水密性能设计取值（Pa）；

w_0——基本风压（kN/m²）；

μ_z——风压高度变化系数，按《建筑结构荷载规范》（GB 50009—2012）的有关规定采用；

μ_s——风载体型系数，按《建筑结构荷载规范》（GB 50009—2012）的有关规定采用。

2）其他地区，水密性能可按第 1）款计算值的 75% 进行设计，且取值不宜低于 150Pa。

3）开启部分水密性按与固定部分相同等级采用。

当采光顶所受风压取正值时，水密性能分级指标 Δp 应符合表 10-6 的规定。

表 10-6　采光顶水密性能分级

分级代号		3	4	5
分级指标 Δp/Pa	固定部分	$1000 \leqslant \Delta p < 1500$	$1500 \leqslant \Delta p < 2000$	$\Delta p \geqslant 2000$
	可开启部分	$500 \leqslant \Delta p < 700$	$700 \leqslant \Delta p < 1000$	$\Delta p \geqslant 1000$

注：1. Δp——水密性能试验中，严重渗漏压力差的前一级压力差。

　　2. 5 级时需同时标注 Δp 的实测值。

4. 热工性能

1）采光顶的保温性能以传热系数 K 进行分级，其分级指标值应符合表 10-7 的规定。

表 10-7　采光顶的保温性能分级

分级代号	1	2	3	4	5
分级指标值 K/[W/(m²·K)]	$K > 4.0$	$4.0 \geqslant K > 3.0$	$3.0 \geqslant K > 2.0$	$2.0 \geqslant K > 1.5$	$K \leqslant 1.5$

注：需同时标注 K 的实测值。

2）遮阳系数分级指标值 SC 应符合表 10-8 的规定。

表 10-8　采光顶的遮阳系数分级

分级代号	1	2	3	4	5	6
分级指标值 SC	$0.9 \geqslant SC > 0.7$	$0.7 \geqslant SC > 0.6$	$0.6 \geqslant SC > 0.5$	$0.5 \geqslant SC > 0.4$	$0.4 \geqslant SC > 0.3$	$0.3 \geqslant SC > 0.2$

5. 隔声性能

隔声性能以空气计权声量 R_w 进行分级，其分级指标应符合表 10-9 的规定。

表 10-9　采光顶的空气计权隔声性能分级

分级代号	2	3	4
分级指标值 R_w/dB	$30 \leqslant R_w < 35$	$35 \leqslant R_w < 40$	$R_w \geqslant 40$

注：4 级时需同时标注 R_w 的实测值。

6. 采光性能

采光性能采用透光系数 T_r 作为分级指标，其分级指标应符合表 10-10 的规定。

表 10-10　采光顶采光性能分级

分级代号	1	2	3	4	5
分级指标值 T_r	$0.2 \leqslant T_r < 0.3$	$0.3 \leqslant T_r < 0.4$	$0.4 \leqslant T_r < 0.5$	$0.5 \leqslant T_r < 0.6$	$T_r \geqslant 0.6$

注：T_r——透射漫射光照度与慢射光照度之比。5 级时需同时标注 T_r 的实测值。

10.4　采光顶玻璃面板设计与计算

10.4.1　采光顶玻璃的构造要求

采光顶玻璃应采用安全玻璃，安全玻璃包括钢化玻璃和夹层玻璃以及由其组合而成的玻璃。《建筑玻璃采光顶》（JG/T 231—2007）规定：采光顶的玻璃应采用安全玻璃，宜采用夹层玻璃、夹层中空玻璃。《建筑玻璃应用技术规程》（JGJ 113—2015）规定，屋面玻璃或雨篷玻璃必须使用夹层玻璃或夹层中空玻璃，其胶片厚度不应小于0.76mm。这是由于一旦钢化玻璃发生破碎，玻璃小颗粒的高处坠落对人及物体也会造成一定的伤害。采光顶用钢化玻璃仅限于玻璃面板的最高点距离地面不超过5m的情况。

玻璃采光顶的玻璃原片可根据设计要求选用，且单片玻璃厚度不宜小于6mm，夹层玻璃的玻璃原片不宜小于5mm。

采光顶采用钢化玻璃应满足《建筑用安全玻璃 第2部：钢化玻璃》（GB 15763.2—2005）的要求，半钢化玻璃应满足《半钢化玻璃》（GB/T 17841—2008）的要求。单片钢化玻璃、钢化中空玻璃存在自爆的危险，因此采光顶用钢化玻璃宜经过二次均质处理，即为均质钢化玻璃，降低玻璃的自爆率，提高采光顶的安全性。

采光顶所用夹层玻璃宜由半钢化玻璃构成，若采用钢化玻璃，当两片钢化玻璃同时发生破碎时，夹层玻璃失去其应有的刚度，可能导致整体脱落，尤其是当采用框支承结构时。采光顶采用夹层玻璃除应满足《建筑用安全玻璃 第3部：夹层玻璃》（GB 15763.3—2009）的要求外，还应符合下列要求：

1）夹层玻璃宜为干法加工合成，夹层玻璃的两片玻璃厚度相差不宜大于2mm。

2）夹层玻璃的胶片宜采用聚乙烯醇缩丁醛（PVB）胶片，PVB胶片的厚度不应小于0.76mm。

3）暴露在空气中的夹层玻璃边缘应进行密封处理。

采光顶采用夹层中空玻璃除应符合上述夹层玻璃要求和《中空玻璃》（GB/T 11944—2012）的有关规定外，还应符合下列要求：

1）中空玻璃气体层的厚度应根据节能要求计算确定，且不宜小于12mm。

2）中空玻璃应采用双道密封。一道密封胶宜采用丁基热熔密封胶。隐框、半隐框及点支承采光顶用中空玻璃二道密封胶应采用硅酮结构密封胶。

3）中空玻璃的夹层面应在中空玻璃的下表面。

4）中空玻璃产地与使用地或与运输途径地的海拔高度相差超过1000m时，宜加装毛细管或呼吸管平衡内外气压差。

所有采光顶玻璃应进行磨边倒角处理。

采光顶玻璃面积过大，在重力作用下玻璃变形可能形成"锅底"导致积水。另一方面，玻璃面积过大，还会使玻璃的破裂率升高，降低了采光顶的安全性。因此，《采光顶与金属屋面技术规程》（JGJ 255—2012）规定，玻璃面板面积不宜大于2.5m²，长边边长不宜大于2m。

10.4.2 采光顶玻璃面板计算

1. 框支承玻璃面板

（1）单片玻璃面板 板边支承的单片玻璃，在垂直于面板方向的均布荷载（q）作用下，最大应力（σ）可按考虑几何非线性的有限元法计算。规则面板可按下列公式计算：

$$\sigma = \frac{6mqa^2}{t^2}\eta \tag{10-9a}$$

$$\theta = \frac{qa^4}{Et^4} \tag{10-9b}$$

式中　σ——均布荷载作用下面板最大应力（N/mm²）；

q——垂直于面板的均布荷载（N/mm^2）；

a——面板的特征长度，矩形面板四边支承时为短边边长，对边支承时为其跨度，三角形面板为长边（mm）；

t——面板厚度（mm）；

θ——参数，按式（10-9b）计算；

E——面板弹性模量（N/mm^2）；

m——弯矩系数，按表 10-11 查取；

η——折减系数，可由参数 θ 按表 10-12 采用。

玻璃面板荷载基本组合最大应力设计值（σ）不应超过玻璃中部强度设计值（f_a），即 $\sigma \leqslant f_a$。

表 10-11　四边简支板挠度系数 μ 和弯矩系数 m 表

	ν	0.125	0.200	0.250	0.300	0.333
l_x/l_y	μ			m		
0.50	0.01013	0.09868	0.09998	0.10085	0.10172	0.10224
0.55	0.00940	0.09183	0.09340	0.09445	0.09550	0.09613
0.60	0.00867	0.08503	0.08684	0.08805	0.08926	0.08999
0.65	0.00796	0.07839	0.08042	0.08178	0.08313	0.08394
0.70	0.00727	0.07200	0.07422	0.07570	0.07718	0.07807
0.75	0.00663	0.06596	0.06834	0.06993	0.07151	0.07246
0.80	0.00603	0.06028	0.06278	0.06445	0.06612	0.06712
0.85	0.00547	0.05495	0.05756	0.05930	0.06104	0.06208
0.90	0.00496	0.05008	0.05276	0.05455	0.05634	0.05741
0.95	0.00449	0.04555	0.04828	0.05010	0.05192	0.05301
1.00	0.00406	0.04140	0.04416	0.04600	0.04784	0.04894

注：四边简支面板计算简图如图 10-2a 所示。

表 10-12　折减系数 η

θ	5.0	10.0	20.0	40.0	60.0	80.0	100.0
η	1.00	0.95	0.90	0.82	0.71	0.68	0.62
θ	120.0	150.0	200.0	250.0	300.0	350.0	400.0
η	0.57	0.50	0.44	0.40	0.38	0.36	0.35

板边支承的单片玻璃，在垂直于面板的均布荷载作用下，其跨中最大挠度（d_f）宜采用考虑几何非线性的有限元法计算。规则面板可按下式计算：

$$d_f = \frac{\mu q_k a^4}{D}\eta \tag{10-10}$$

式中　d_f——荷载标准组合值作用下的最大挠度值（mm）；

q_k——垂直于面板的荷载标准组合值（N/mm^2）；

a——面板特征长度（mm），矩形面板为短边的长度，三角形面板为长边；

μ——挠度系数，由表 10-11 查取；

η——折减系数，可按表 10-12 采用，q 值采用 q_k 计算；

D——面板的弯曲刚度（N·mm），按式（10-11）计算。

面板的弯曲刚度 D 可按下式计算：

$$D = \frac{Et^3}{12(1-\nu^2)} \qquad (10\text{-}11)$$

式中　E——玻璃弹性模量，取 $E = 0.72 \times 10^5 \text{N/mm}^2$；

　　　t——面板厚度（mm）；

　　　ν——玻璃泊松比，取 $\nu = 0.2$。

荷载标准组合作用下的最大挠度值（d_f）不应超过其限值（$d_{f,\text{lim}}$），即 $d_f \leqslant d_{f,\text{lim}}$。简支矩形玻璃面板（包括光伏玻璃）的最大相对挠度 $d_{f,\text{lim}}$ 宜取短边/60。

（2）PVB 夹层玻璃面板　采用 PVB 的夹层玻璃可按下列规定进行计算：

1）作用于夹层玻璃上的均布荷载可按下式分配到各片玻璃上：

$$q_i = q\,\frac{t_i^3}{t_e^3} \qquad (10\text{-}12)$$

式中　q——作用于夹层玻璃上的均布荷载（N/mm^2）；

　　　q_i——分配到第 i 片玻璃的均布荷载（N/mm^2）；

　　　t_i——第 i 片玻璃的厚度（mm）；

　　　t_e——夹层玻璃的等效厚度（mm），可按式（10-13）计算。

$$t_e = \sqrt[3]{t_1^3 + t_2^3 + \cdots + t_n^3} \qquad (10\text{-}13)$$

式中　t_1，t_2，$\cdots$，t_n——各片玻璃的厚度（mm）；

　　　　　　　　n——夹层玻璃的玻璃层数。

2）各片玻璃可分别按上述单片玻璃的规定进行应力计算，满足 $\sigma \leqslant f_a$。

3）PVB 夹层玻璃可按上述单片玻璃的规定进行挠度计算，在计算玻璃刚度 D 时应采用等效厚度 t_e。

（3）中空玻璃面板

1）作用于中空玻璃上均布荷载可按下列公式分配到各片玻璃上：

直接承受荷载的单片玻璃：
$$q_1 = 1.1q\,\frac{t_1^3}{t_e^3} \qquad (10\text{-}14a)$$

不直接承受荷载的单片玻璃：
$$q_i = q\,\frac{t_i^3}{t_e^3} \qquad (10\text{-}14b)$$

中空玻璃的等效厚度可按下式计算：

$$t_e = 0.95\sqrt[3]{t_1^3 + t_2^3 + \cdots + t_n^3} \qquad (10\text{-}15)$$

2）各片玻璃可分别按上述单片玻璃的规定进行应力计算，满足 $\sigma \leqslant f_a$。

3）中空玻璃可按上述单片玻璃的规定进行挠度计算，在计算玻璃刚度 D 时应采用等效厚度 t_e。

2. 点支承玻璃面板

在垂直于玻璃面板的均布荷载作用下，点支承面板的应力和挠度应符合下列规定：

1）单片玻璃面板最大应力和最大挠度可按考虑非线性的有限元方法进行计算。规则形状面板可按下列公式计算：

$$\sigma = \frac{6mqb^2}{t^2}\eta \qquad (10\text{-}16a)$$

$$d_f = \frac{\mu q_k b^4}{D}\eta \qquad (10\text{-}16b)$$

$$\theta = \frac{qb^4}{Et^4} \text{ 或 } \theta = \frac{q_k b^4}{Et^4} \qquad (10\text{-}16c)$$

式中　σ——均布荷载作用下面板的最大应力（N/mm²）；

　　　　d_f——荷载标准组合值作用下的最大挠度值（mm）；

　q、q_k——垂直于面板的均布荷载、荷载标准组合值（N/mm²）；

　　　　D——面板弯曲刚度（N·mm）；

　　　　b——点支承面板特征长度（mm），矩形面板为长边边长；

　　　　t——面板厚度（mm）；

　　　　θ——参数，按式（10-16c）计算；

　　　　m——弯矩系数，四角点支承板跨中弯矩系数 m_x、m_y 和自由边中点弯矩系数 m_{0x}、m_{0y} 分别按表 10-13 采用；

　　　　μ——挠度系数，可按表 10-13 采用；

　　　　η——折减系数，可按表 10-12 采用，q 值采用 q_k 计算。

　　2）夹层玻璃和中空玻璃点支承面板的均布荷载的分配，可按框支承面板的相关规定计算。

表 10-13　四角点支承板的挠度系数 μ、跨中弯矩系数 m_x、m_y 和自由边中点弯矩系数 m_{0x}、m_{0y}（$\nu = 0.20$）

l_x/l_y	μ	m_x	m_y	m_{0x}	m_{0y}
0.50	0.01417	0.0196	0.1221	0.0580	0.1304
0.55	0.01451	0.0252	0.1213	0.0654	0.1318
0.60	0.01496	0.0317	0.1204	0.0732	0.1336
0.65	0.01555	0.0389	0.1193	0.0814	0.1356
0.70	0.01630	0.0469	0.1181	0.0901	0.1377
0.75	0.01725	0.0556	0.1169	0.0994	0.1399
0.80	0.01842	0.0650	0.1156	0.1091	0.1424
0.85	0.01984	0.0752	0.1142	0.1195	0.1450
0.90	0.02157	0.0861	0.1128	0.1303	0.1477
0.95	0.02363	0.0976	0.1113	0.1416	0.1506
1.00	0.02603	0.1098	0.1098	0.1537	0.1537

注：四角点支承面板计算简图如图 10-2b 所示。

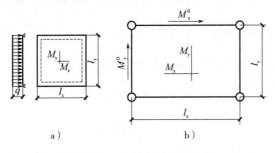

图 10-2　玻璃面板计算简图

a）四边简支板　b）四角点支承板

3）玻璃面板荷载基本组合最大应力设计值（σ）不应超过玻璃中部强度设计值（f_a）。

4）荷载标准组合作用下的最大挠度值（d_f）不应超过其限值（$d_{f,lim}$），即 $d_f \leqslant d_{f,lim}$。点支承玻璃面板的最大相对挠度 $d_{f,lim}$ 宜取长边支承点跨距/60。

10.5 采光顶支承结构设计与计算

采光顶支承结构的形式有刚性支承结构、柔性支承结构，以及介于两者之间的半刚性支承结构。这里仅介绍刚性支承结构杆件设计计算方法。

玻璃采光顶的杆件为压弯构件，其截面强度应按压弯构件进行验算，满足下列要求：

$$\frac{N}{A} + \frac{M}{W} \leqslant f_a \tag{10-17}$$

式中　W、A——杆件型材的截面抵抗矩（mm^3）和截面面积（mm^2）；

$\quad\quad$ f_a——铝合金杆件型材的抗拉强度设计值（N/mm^2），按表 2-24 采用；

$\quad\quad$ N、M——杆件控制截面承受轴力（N）和弯矩设计值（$N \cdot mm$）。

1. 单坡采光顶杆件设计计算

单坡玻璃采光顶杆件的设计计算时，受力单元的杆件用斜梁计算简图（图 10-3a）分析内力，并按压弯构件验算截面的强度。

斜梁承受的荷载包括：

1）重力荷载 g_k，沿杆件平面均匀分布，方向垂直水平面，化作沿水平面均布荷载为 $g_k/\cos\alpha$。

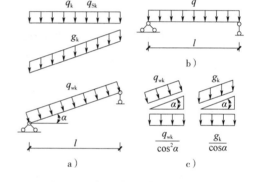

2）风荷载 w_k，沿杆件平面均匀分布，方向垂直于杆件平面，化作沿水平面均布荷载为 $w_k/\cos^2\alpha$。

图 10-3　单坡采光顶斜杆计算简图

3）可变荷载 q_k，沿水平面均匀分布。

4）雪荷载 S_k，沿水平面均匀分布。

转换为水平面均布荷载设计值 q（kN/m^2）：

当风荷载为第一可变作用时，$q = \gamma_G \dfrac{g_k}{\cos\alpha} + 0.7\gamma_Q(q_k, S_k)_{max} + \gamma_w \dfrac{w_k}{\cos^2\alpha}$

当可变重力荷载为第一可变作用时，$q = \gamma_G \dfrac{g_k}{\cos\alpha} + \gamma_Q(q_k, S_k)_{max} + 0.6\gamma_w \dfrac{w_k}{\cos^2\alpha}$

当永久重力荷载起控制作用时，$q = \gamma_G \dfrac{g_k}{\cos\alpha} + 0.7\gamma_Q(q_k, S_k)_{max} + 0.6\gamma_w \dfrac{w_k}{\cos^2\alpha}$

作用于玻璃采光顶杆件上的荷载 qB（B 为斜杆的间距）：

斜杆跨中弯矩 $M_{l/2}$：$\quad\quad\quad\quad M_{l/2} = \dfrac{1}{8}qBl^2$

斜杆跨中轴向力 $N_{l/2}$：$\quad\quad\quad\quad N_{l/2} = \dfrac{1}{2}qBl\sin\alpha$

求得斜杆跨中截面内力（$M_{l/2}$、$N_{l/2}$）后，按式（10-17）进行强度验算。

【例 10-1】 某敞开式单坡铝合金玻璃采光顶（图 10-4），采光顶标高 +5.0m，斜面与水平

夹角 $\alpha = 27°$，水平跨度 $l = 3.0\text{m}$，斜杆间距 $B = 1.5\text{m}$，6063T5 铝合金型材，$f_a = 85.5\text{N/mm}^2$，$W = 99.5\text{cm}^3$，$A = 20\text{cm}^2$。基本风压 $w_0 = 0.8\text{kN/m}^2$，地面粗糙度 A 类，活荷载标准值 $q_k = 0.5\text{kN/m}^2$，不考虑雪荷载和积灰荷载。试验算斜杆的强度。

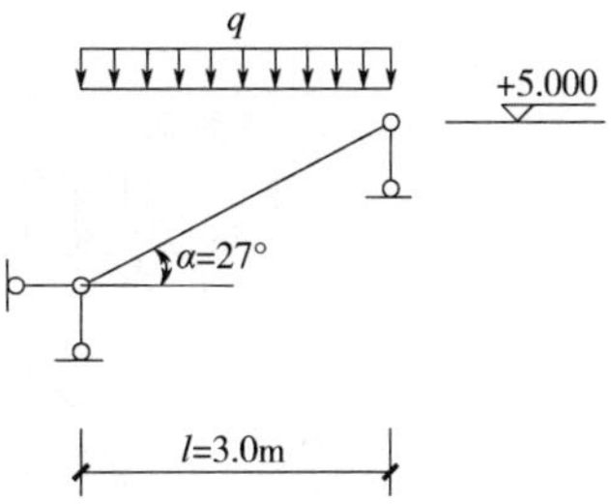

图 10-4　【例 10-1】计算简图

【解】

（1）荷载计算

查表 10-1 单坡屋面风载体型系数 $\mu_{s1} = 1.3 + \dfrac{27 - 10}{30 - 10} \times$

$(1.4 - 1.3) = 1.385$（线性插入）。

A 类，高度 $z = 5.0\text{m}$，查表 5-9 可得风压高度变化系数 $\mu_z = 1.09$。

峰值因子 $g = 2.5$，10m 高度名义湍流强度 $I_{10} = 0.12$（A 类），地面粗糙度 $\alpha = 0.12$。

高度 z 处的阵风系数 β_{gz}：

$$\beta_{gz} = 1 + 2gI_{10}\left(\frac{z}{10}\right)^{-\alpha} = 1 + 2 \times 2.5 \times 0.12 \times \left(\frac{5}{10}\right)^{-0.12} = 1.552$$

作用于玻璃采光顶的风荷载标准值：

$$w_k = \beta_{gz}\mu_{s1}\mu_z w_0 = 1.552 \times 1.385 \times 1.09 \times 800 = 1874.38 \ (\text{N/m}^2)$$

玻璃采光顶自重标准值 $g_k = 400\text{N/m}^2$（沿斜杆平面均匀分布，方向垂直向下）

玻璃采光顶活荷载标准值 $q_k = 500\text{N/m}^2$（沿水平面均匀分布）

（2）荷载组合

风荷载为第一可变荷载，其荷载组合（化作水平面内均布荷载）：

$$q = \gamma_G \frac{g_k}{\cos\alpha} + 0.7\gamma_Q(q_k, S_k)_{max} + \gamma_w \frac{w_k}{\cos^2\alpha}$$

$$= 1.2 \times 400/\cos27° + 0.7 \times 1.4 \times 500 + 1.4 \times 1874.38/\cos^2 27° = 4334.12 \ (\text{N/m}^2)$$

作用于斜杆上的线荷载（水平平面内均布荷载）：

$$q_l = qB = 4334.12 \times 1.5 = 6501.18 \ (\text{N/m})$$

（3）计算内力

最大弯矩在跨中，即 $0.5 \times 3.0/\cos27° = 1.683$（m）

$$M_{l/2} = \frac{1}{8}q_l l^2 = \frac{1}{8} \times 6501.18 \times 3.0^2 = 7313.83 \ (\text{N·m})$$

$$N_{l/2} = \frac{1}{2}q_l l\sin\alpha = \frac{1}{2} \times 6501.18 \times 3.0 \times \sin27° = 4427.21 \ (\text{N})$$

（4）验算斜杆的强度

$$\frac{N_{l/2}}{A} + \frac{M_{l/2}}{W} = \left(\frac{4427.21}{2000} + \frac{7313.82 \times 10^3}{99.5 \times 10^3}\right)\text{N/mm}^2 = 75.72\text{N/mm}^2 < f_a = 85.5\text{N/mm}^2$$

斜杆强度满足要求。

2. 三铰拱形采光顶杆件设计计算

（1）三铰拱形杆件的内力计算　图 10-5a 的三铰拱支座反力：

水平推力 $\qquad\qquad\qquad\qquad H = H_A = H_B = \dfrac{M_C^0}{f} = \dfrac{qL^2}{8f}$ $\qquad\qquad$ (10-18)

竖向反力
$$V_A = V_B = V_A^0 = V_B^0 = \frac{qL}{2} \qquad (10\text{-}19)$$

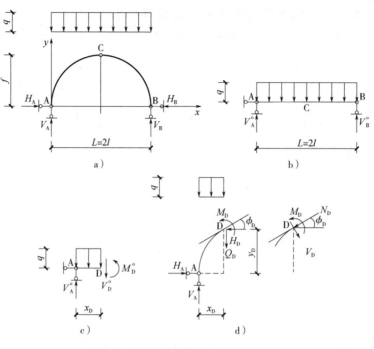

图 10-5　半圆弧采光顶杆件计算简图

取三铰拱和等代梁中，任意截面 D 的左侧部分为隔离体（图 10-5c）截面 D 的内力：水平力 H_D、竖向力 Q_D 和弯矩 M_D 表示，等代梁截面 D 的内力：剪力 V_D^0 和弯矩 M_D^0 表示。根据平衡条件，可得三铰拱 D 截面的内力为：

$$M_D = M_D^0 - Hy_D \qquad (10\text{-}20a)$$

$$H_D = H \qquad (10\text{-}20b)$$

$$Q_D = V_D^0 \qquad (10\text{-}20c)$$

将 H_D、Q_D 分别投影到截面方向和垂直于截面的法线方向，即得到截面 D 的剪力 V_D 和轴力 N_D：

$$V_D = V_D^0 \cos\phi_D - H\sin\phi_D \qquad (10\text{-}21)$$

$$N_D = V_D^0 \sin\phi_D + H\cos\phi_D \qquad (10\text{-}22)$$

讨论：

1）当采光顶支承结构为双坡三铰拱时，杆件弯矩最大值（验算截面 D）在距支座水平投影长度 $x_D = L/4 = l/2$ 处，等代梁 D 截面弯矩 M_D^0 和剪力 V_D^0 分别为：

$$M_D^0 = \frac{3}{8}ql^2 \qquad (10\text{-}23a)$$

$$V_D^0 = \frac{1}{2}ql \qquad (10\text{-}23b)$$

$$y_D = \frac{l}{2}\tan\alpha \qquad (10\text{-}23c)$$

$$\phi_D = \alpha \text{（斜杆与水平面的夹角）} \qquad (10\text{-}23d)$$

2）当采光顶支承结构为圆形三铰拱时，杆件弯矩最大值（验算截面 D）在距支座水平

投影长度 $x_D = L/20 = 0.05L$ 处，等代梁 D 截面弯矩 M_D^0 和剪力 V_D^0 分别为：

$$M_D^0 = \frac{1}{40}qL^2 \times 0.95 \tag{10-24a}$$

$$V_D^0 = \frac{1}{2}qL \times 0.90 \tag{10-24b}$$

$$y_D = \sqrt{R^2 - (x_D - R)^2} \tag{10-24c}$$

$$\phi_D = 90° - \arctan\left(\frac{y_D}{R - x_D}\right) \tag{10-24d}$$

3）当采光顶支承结构为抛物线形三铰拱时，杆件弯矩最大值（验算截面 D）在支座处，即 $x_D = 0$，$y_D = 0$，等代梁 D 截面弯矩 M_D^0 和剪力 V_D^0 分别为：

$$M_D^0 = 0 \tag{10-25a}$$

$$V_D^0 = \frac{1}{2}qL \tag{10-25b}$$

根据抛物线形三铰拱的边界条件（$x = 0$，$y = 0$；$x = L$，$y = 0$；$x = L/2$，$y = f$），可确定抛物线形的方程为：$y = -\frac{4f}{L^2}x^2 + \frac{4f}{L}x$。

抛物线支座处（$x_D = 0$，$y_D = 0$）斜率：$\tan\phi_D = \dfrac{\mathrm{d}y}{\mathrm{d}x}\bigg|_{x=0, y=0} = \dfrac{4f}{L}$，可得

$$\phi_D = \arctan\left(\frac{4f}{L}\right) \tag{10-25c}$$

（2）三铰拱形采光顶杆件设计计算

1）双坡采光顶。双坡铝合金玻璃采光顶的杆件是直线三铰拱计算简图（图 10-6a）分析内力，并按压弯构件验算截面的强度。

因作用于双坡玻璃采光顶杆件上的荷载对称，结构对称，可简化为单坡玻璃采光顶杆件计算，如图 10-6b 所示。斜杆内力计算方法同单坡玻璃采光顶杆件，但应注意当单跨双坡屋面仅当坡度 α 在 20°～30°范围内时，可采用雪荷载不均匀分布情况。

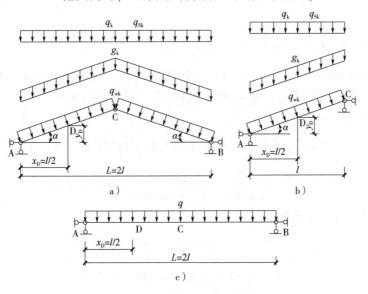

图 10-6　双坡玻璃采光顶斜杆计算简图

【例10-2】 某敞开式双坡铝合金玻璃采光顶（图10-7），采光顶标高 +5.0m，坡面与水平面夹角 $\alpha = 30°$，水平跨度 $L = 2l = 5.0$m，杆件间距 $B = 1.2$m，6063T5 铝合金杆件，$f_a = 85.5$N/mm²，$W = 40$cm³，$A = 13$cm²，基本风压 $w_0 = 0.35$kN/m²，地面粗糙度 B 类；基本雪压 $s_0 = 0.550$kN/m²；活荷载标准值 $q_k = 0.5$kN/m²。试验算斜杆强度。

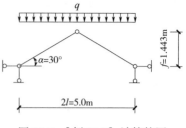

图 10-7 【例10-2】计算简图

【解】

（1）荷载计算

查表 10-1 双坡屋面风载体型系数，当 $\alpha = 30°$时，$\mu_{s1} = +1.6$。

B 类，高度 $z = 5.0$m，查表 5-9 可得风压高度变化系数 $\mu_z = 1.00$。

峰值因子 $g = 2.5$，10m 高度名义湍流强度 $I_{10} = 0.14$（B 类），地面粗糙度 $\alpha = 0.15$。

高度 z 处的阵风系数 β_{gz}：

$$\beta_{gz} = 1 + 2gI_{10}\left(\frac{z}{10}\right)^{-\alpha} = 1 + 2 \times 2.5 \times 0.14 \times \left(\frac{5}{10}\right)^{-0.15} = 1.7767$$

作用于玻璃采光顶的风荷载标准值：

$$w_k = \beta_{gz}\mu_{s1}\mu_z w_0 = 1.7767 \times 1.60 \times 1.00 \times 350 = 995.0 \text{（N/m²）}$$

玻璃采光顶自重标准值 $g_k = 400$N/m²（沿斜杆平面均匀分布，方向垂直向下）。

玻璃采光顶活荷载标准值 $q_k = 500$N/m²（沿水平面均匀分布）。

查表 10-2 单跨双坡屋面，因为 $\alpha = 30°$，考虑屋面积雪不均匀分布情况，屋面积雪分布系数取 $1.25\mu_r = 1.25 \times 0.85 = 1.0625$。

玻璃采光顶雪荷载标准值 $s_k = \mu_r s_0 = (1.0625 \times 550)$N/m² $= 584.38$N/m² $> q_k = 500$N/m²

（2）荷载组合

取自重、风荷载、雪荷载的组合，风荷载为第一可变荷载，其荷载组合（化作水平面内均布荷载）：

$$q = \gamma_G\frac{g_k}{\cos\alpha} + 0.7\gamma_Q(q_k, s_k)_{max} + \gamma_w\frac{w_k}{\cos^2\alpha}$$

$$= 1.2 \times 400/\cos30° + 0.7 \times 1.4 \times 584.38 + 1.4 \times 995.0/\cos^2 30° = 2984.28 \text{（N/m²）}$$

作用于斜杆上的线荷载 $q_l = qB = 2984.28 \times 1.2 = 3581.14$（N/m）

（3）计算内力

$$M_C^0 = \frac{1}{8}q_l L^2 = \frac{1}{8} \times 3581.14 \times 5.0^2 = 11191.06 \text{（N·m）}$$

$$H = \frac{M_C^0}{f} = \frac{M_C^0}{l\tan30°} = \frac{11191.06}{2.5 \times \tan30°} = 7753.39 \text{（N）}$$

验算截面为距支座水平投影长度 $x_{1.25} = 1.25$m 处：

$$M_{1.25}^0 = \frac{3}{8}q_l l^2 = \frac{3}{8} \times 3581.14 \times 2.5^2 = 8393.30 \text{（N·m）}$$

$$y_{1.25} = x_{1.25}\tan30° = 1.25 \times \tan30° = 0.7217 \text{（m）}$$

$$M_{1.25} = M_{1.25}^0 - Hy_{1.25} = 8393.30 - 7753.39 \times 0.7217 = 2797.68 \text{（N·m）}$$

$$V_{1.25}^0 = \frac{1}{2}q_l(2l) - q_l\left(\frac{l}{2}\right) = \frac{1}{2} \times q_l \times l = \frac{1}{2} \times 3581.14 \times 2.5 = 4476.43 \ (\text{N})$$

$$N_{1.25} = V_{1.25}^0 \sin\phi_D + H\cos\phi_D = 4476.43 \times \sin30° + 7753.39 \times \cos30°$$

$$= 8952.85 \ (\text{N})$$

（4）验算斜杆的强度

$$\frac{N_{1.25}}{A} + \frac{M_{1.25}}{W} = \left(\frac{8952.85}{1300} + \frac{2797.68 \times 10^3}{40 \times 10^3}\right)\text{N/mm}^2 = 76.83\text{N/mm}^2 < f_a = 85.5\text{N/mm}^2$$

斜杆强度满足要求。

2）偶角锥采光顶。四角锥采光顶杆件，可将受力杆件简化成承受两个三角形荷载的直线三铰拱（图 10-8）分析内力，并按压弯构件验算截面的强度。

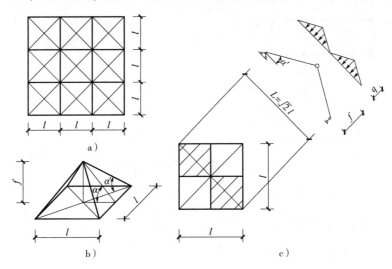

图 10-8　四角锥采光顶斜杆计算简图

由图 10-8 几何关系可得：三铰拱矢高 $f = \frac{l}{2}\tan\alpha$；跨度 $L = \sqrt{2}l$；$\tan\alpha' = \frac{f}{\sqrt{2}l/2} = \frac{\tan\alpha}{\sqrt{2}}$，则

斜杆与水平夹角 $\alpha' = \arctan\left(\frac{\tan\alpha}{\sqrt{2}}\right)$。

六角锥采光顶杆件，可将受力杆件简化成承受两个直角三角形荷载的直线三铰拱（图 10-9b）分析内力，并按压弯构件验算截面的强度。

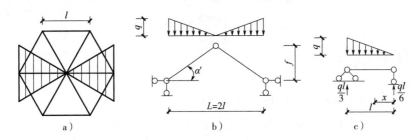

图 10-9　六角锥采光顶斜杆计算简图

在直角三角形分布荷载（q）作用下，简支梁的弯矩 $M(x)$：

$$M(x) = \frac{1}{6}qlx - \frac{1}{6}\frac{qx^3}{l}$$

$$\frac{M(x)}{\mathrm{d}x} = \frac{1}{6}ql - \frac{1}{2}\frac{qx^2}{l} = 0, \ \text{可得} \ x = \frac{\sqrt{3}}{3}l$$

最大弯矩 $M(x) = \frac{1}{6}qlx - \frac{1}{6}\frac{qx^3}{l} = \frac{\sqrt{3}}{18}ql^2 - \frac{1}{6}\frac{q}{l}\left(\frac{\sqrt{3}}{3}\right)^3 = \frac{\sqrt{3}}{27}ql^2$

【例 10-3】 某一敞开 3×3 四角锥群（图 10-10a），单锥边长 $l = 3\mathrm{m}$，采光顶标高 3.2m，坡面与水平面夹角 $\alpha = 30°$，6063AT5 铝合金杆件，$f_a = 124.4\mathrm{N/mm^2}$，$W = 35\mathrm{cm^3}$，$A = 10\mathrm{cm^2}$，基本风压 $w_0 = 0.55\mathrm{kN/m^2}$，地面粗糙度 B 类；基本雪压 $s_0 = 0.20\mathrm{kN/m^2}$；活荷载标准值 $q_k = 0.5\mathrm{kN/m^2}$。试验算斜杆强度。

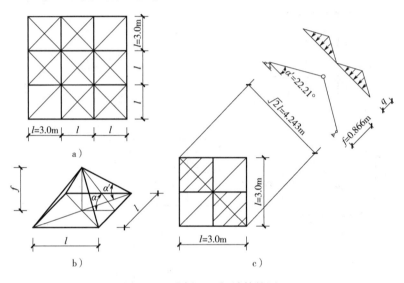

图 10-10 【例 10-3】计算简图

【解】

（1）计算杆件与水平夹角 α'

$$f = \frac{l}{2}\tan\alpha = \frac{3.0}{2} \times \tan30° = 0.866 \ （\mathrm{m}）$$

斜杆与水平夹角 $\tan\alpha' = \dfrac{f}{\sqrt{2}l/2} = \dfrac{\tan\alpha}{\sqrt{2}} = \dfrac{\tan30°}{\sqrt{2}} = 0.40825$

$$\alpha' = \arctan\left(\frac{\tan\alpha}{\sqrt{2}}\right) = 22.21°$$

单跨双坡斜杆的水平跨度 $\sqrt{2}l = 4.243\mathrm{m}$。

（2）荷载计算

查表 10-1 双坡屋面风载体型系数，当 $\alpha = 30°$ 时，$\mu_{s1} = +1.6$。

B 类，高度 $z = 3.2\mathrm{m} < 5.0\mathrm{m}$，查表 5-9 可得风压高度变化系数 $\mu_z = 1.00$。

B 类，高度 $z = 3.2\mathrm{m} < 5.0\mathrm{m}$，查表 5-4 可得高度 z 处的阵风系数 $\beta_{gz} = 1.70$。

作用于玻璃采光顶的风荷载标准值：

$$w_k = \beta_{gz}\mu_{s1}\mu_z w_0 = 1.70 \times 1.60 \times 1.00 \times 550 = 1496 \ （\mathrm{N/m^2}）$$

玻璃采光顶自重标准值 $g_k = 400\text{N/m}^2$（沿斜杆平面均匀分布，方向垂直向下）。

玻璃采光顶活荷载标准值 $q_k = 500\text{N/m}^2$（沿水平面均匀分布）。

查表 10-2 双跨双坡屋面，因为 $\alpha = 30°$，考虑屋面积雪不均匀分布情况，屋面积雪分布系数最大值取 1.40。

玻璃采光顶雪荷载标准值 $s_k = \mu_r s_0 = (1.40 \times 200)\text{N/m}^2 = 280\text{N/m}^2 < q_k = 500\text{N/m}^2$

（3）荷载组合

取自重、风荷载、活荷载的组合，风荷载为第一可变荷载，其荷载组合（化作水平面内均布荷载）：

$$q = \gamma_G \frac{g_k}{\cos\alpha} + 0.7\gamma_Q q_k + \gamma_w \frac{w_k}{\cos^2\alpha}$$

$$= 1.2 \times 400/\cos30° + 0.7 \times 1.4 \times 500 + 1.4 \times 1496/\cos^2 30° = 3836.79 \ (\text{N/m}^2)$$

作用于斜杆上的三角形线荷载：

$$q_l = q \frac{1}{2}\left(\frac{\sqrt{2}l}{2}\right) \times 2 = 3836.79 \times \frac{1}{2} \times \left(\frac{\sqrt{2} \times 3.0}{2}\right) \times 2 = 8139.06 \ (\text{N/m})$$

（4）计算内力

$$M_c^0 = \frac{1}{16}q_l(\sqrt{2}l)^2 = \frac{1}{16} \times 8139.06 \times (\sqrt{2} \times 3.0)^2 = 9156.44 \ (\text{N}\cdot\text{m})$$

$$H = \frac{M_c^0}{f} = \frac{9156.44}{0.866} = 10573.26 \ (\text{N})$$

验算截面为斜杆最大弯矩处，距支座水平投影长度 $x_{1.061} = \frac{\sqrt{2}}{4}l = 1.061$（m）

$$M_{1.061}^0 = \frac{1}{2}q_l\left(\frac{\sqrt{2}}{2}l\right) \times \frac{\sqrt{2}}{4}l - \frac{1}{2}q_l\left(\frac{\sqrt{2}}{4}l\right) \times \frac{1}{3} \times \frac{\sqrt{2}}{4}l$$

$$= \frac{5}{48}q_l l^2 = \frac{5}{48} \times 8139.06 \times 3^2 = 7630.37 \ (\text{N}\cdot\text{m})$$

$$y_{1.061} = x_{1.061}\tan\alpha_1 = 1.061 \times \tan22.21° = 0.433 \ (\text{m})$$

$$M_{1.061} = M_{1.061}^0 - Hy_{1.061} = 7630.37 - 10573.26 \times 0.433 = 3052.15 \ (\text{N}\cdot\text{m})$$

$$V_{1.061}^0 = \frac{1}{2}q_l\left(\frac{\sqrt{2}}{2}l\right) - \frac{1}{2}q_l\left(\frac{\sqrt{2}}{4}l\right) = \frac{\sqrt{2}}{8}q_l l = \frac{\sqrt{2}}{8} \times 8139.06 \times 3.0 = 4316.39 \ (\text{N})$$

$$N_{1.061} = V_{1.061}^0 \sin\phi_D + H\cos\phi_D = 4316.39 \times \sin22.21° + 10573.26 \times \cos22.21°$$
$$= 11420.38 \ (\text{N})$$

（5）验算斜杆的强度

$$\frac{N_{1.061}}{A} + \frac{M_{1.061}}{W} = \left(\frac{11420.38}{1000} + \frac{3052.15 \times 10^3}{35 \times 10^3}\right)\text{N/mm}^2$$

$$= 98.62\text{N/mm}^2 < f_a = 124.4\text{N/mm}^2$$

斜杆强度满足要求。

【例 10-4】某一中庭六角锥采光顶（图 10-11），边长 $l = 2.0\text{m}$，顶底高 20.0m，坡面与水平面夹角 $\alpha = 30°$，6063T5 铝合金杆件，$f_a = 85.5\text{N/mm}^2$，$W = 15\text{cm}^3$，$A = 3\text{cm}^2$，基本风压 $w_0 = 0.30\text{kN/m}^2$，地面粗糙度 B 类；活荷载标准值 $q_k = 0.5\text{kN/m}^2$。试验算斜杆强度。

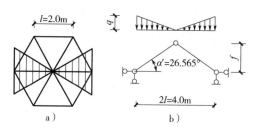

图 10-11 【例 10-3】计算简图

【解】

（1）求杆件与水平夹角 α_1

$$f = \frac{\sqrt{3}l}{2}\tan\alpha = \frac{2.0 \times \sqrt{3}}{2} \times \tan30° = 1.0 \quad (\text{m})$$

斜杆与水平夹角 $\tan\alpha' = \dfrac{f}{l} = \dfrac{1.0}{2} = 0.5$，$\alpha' = \arctan\left(\dfrac{f}{l}\right) = 26.565°$

单跨双坡斜杆的跨度 $2l = 4.0\text{m}$。

（2）荷载计算

查表 10-1 单坡屋面风载体型系数，当 $\alpha = 30°$ 时，$\mu_{\text{s1}} = +0.2$。

B 类，高度 $z = 20.0\text{m}$，$\mu_z = 1.0\left(\dfrac{z}{10}\right)^{2\alpha} = 1.0 \times \left(\dfrac{20}{10}\right)^{2 \times 0.15} = 1.231$

（注：B 类，高度 $z = 20.0\text{m}$，查表 5-9 可得风压高度变化系数 $\mu_z = 1.230$）

峰值因子 $g = 2.5$，10m 高度名义湍流强度 $I_{10} = 0.14$（B 类），地面粗糙度 $\alpha = 0.15$。

高度 z 处的阵风系数 β_{gz}：

$$\beta_{\text{gz}} = 1 + 2gI_{10}\left(\frac{z}{10}\right)^{-\alpha} = 1 + 2 \times 2.5 \times 0.14 \times \left(\frac{20}{10}\right)^{-0.15} = 1.631$$

（注：B 类，高度 $z = 20.0\text{m}$，查表 5-4 可得高度 z 处的阵风系数 $\beta_{\text{gz}} = 1.630$）

作用于玻璃采光顶的风荷载标准值：

$$w_k = \beta_{\text{gz}}\mu_{\text{s1}}\mu_z w_0 = (1.631 \times 0.2 \times 1.231 \times 300)\text{N/m}^2 = 120.47\text{N/m}^2 < q_k = 500\text{N/m}^2$$

玻璃采光顶自重标准值 $g_k = 400\text{N/m}^2$（沿斜杆平面均匀分布，方向垂直向下）。

玻璃采光顶活荷载标准值 $q_k = 500\text{N/m}^2$（沿水平面均匀分布）。

（3）荷载组合

取自重、风荷载、活荷载的组合，活荷载为第一可变荷载，其荷载组合（化作水平面内均布荷载）：

$$q = \gamma_G\frac{g_k}{\cos\alpha} + \gamma_Q q_k + 0.6\gamma_w\frac{w_k}{\cos^2\alpha}$$

$$= 1.2 \times 400/\cos30° + 1.4 \times 500 + 0.6 \times 1.4 \times 120.47/\cos^230° = 1389.18 \quad (\text{N/m}^2)$$

作用于斜杆上的三角形线荷载：

$$q_l = ql \times 2 = 1389.18 \times 2.0 = 2778.36 \quad (\text{N/m})$$

（4）计算内力

$$M_c^0 = \frac{1}{6}q_l l^2 = \frac{1}{6} \times 2778.36 \times 2.0^2 = 1852.24 \quad (\text{N·m})$$

$$H = \frac{M_c^0}{f} = \frac{1852.24}{1.0} = 1852.24 \ (\text{N})$$

验算截面为斜杆最大弯矩处，距支座水平投影长度 $x_{0.845} = \left(1 - \frac{\sqrt{3}}{3}\right)l = 0.845 \ (\text{m})$

$$
\begin{aligned}
M_{0.845}^0 &= \frac{1}{2}q_l l\left(1 - \frac{\sqrt{3}}{3}\right)l - \frac{1}{2}q_l\left(1 - \frac{\sqrt{3}}{3}\right)l \times \frac{2}{3}\left(1 - \frac{\sqrt{3}}{3}\right)l - \frac{1}{2}\frac{\sqrt{3}}{3}q_l\left(1 - \frac{\sqrt{3}}{3}\right)l \times \frac{1}{3}\left(1 - \frac{\sqrt{3}}{3}\right)l \\
&= \frac{1}{2}q_l l^2\left(1 - \frac{\sqrt{3}}{3}\right)\left[1 - \frac{2}{3}\left(1 - \frac{\sqrt{3}}{3}\right) - \frac{\sqrt{3}}{9}\left(1 - \frac{\sqrt{3}}{3}\right)\right] \\
&= \frac{1}{2}q_l l^2\left(1 - \frac{\sqrt{3}}{3}\right)\left(\frac{4 + \sqrt{3}}{9}\right) = \frac{1}{2} \times 2778.36 \times 2.0^2 \times \left(1 - \frac{\sqrt{3}}{3}\right)\left(\frac{4 + \sqrt{3}}{9}\right) = 1495.78 \ (\text{N/m})
\end{aligned}
$$

$$y_{0.845} = x_{0.845}\tan\alpha_1 = 0.845 \times \tan 26.565° = 0.4225 \ (\text{m})$$

$$M_{0.845} = M_{0.845}^0 - Hy_{0.845} = 1495.78 - 1852.24 \times 0.4225 = 713.21 \ (\text{N/m})$$

$$
\begin{aligned}
V_{0.845}^0 &= \frac{1}{2}q_l l - \frac{1}{2}q_l\left(1 - \frac{\sqrt{3}}{3}\right)l - \frac{1}{2}\frac{\sqrt{3}}{3}q_l\left(1 - \frac{\sqrt{3}}{3}\right)l \\
&= \frac{1}{6}q_l l = \frac{1}{6} \times 2778.36 \times 2.0 = 926.12 \ (\text{N})
\end{aligned}
$$

$$
\begin{aligned}
N_{0.845} &= V_{0.845}^0\sin\phi_D + H\cos\phi_D = 926.12 \times \sin 26.565° + 1852.24 \times \cos 26.565° \\
&= 2070.87 \ (\text{N})
\end{aligned}
$$

（5）验算斜杆的强度

$$\frac{N_{0.845}}{A} + \frac{M_{0.845}}{W} = \left(\frac{2070.87}{300} + \frac{713.21 \times 10^3}{15 \times 10^3}\right)\text{N/mm}^2 = 54.45\text{N/mm}^2 < f_a = 85.5\text{N/mm}^2$$

斜杆强度满足要求。

（3）奇角锥采光顶　奇角锥（如五角锥等）采光顶杆件，可采用虚拟直线三铰拱（图 10-12b）分析内力并按压弯构件验算截面强度，斜杆上的荷载可简化为两个直角三角形分布。

由图 10-12a 几何关系可得：

三铰拱矢高 $f = \left(\frac{l}{2}\tan 54°\right)\tan\alpha$。

三铰拱跨度 $2L = 2 \times \dfrac{l/2}{\cos 54°} = \dfrac{l}{\cos 54°}$。

$\tan\alpha' = \dfrac{f}{L} = \sin 54° \times \tan\alpha$，斜杆与水平夹角 $\alpha' = \arctan(\sin 54° \times \tan\alpha)$。

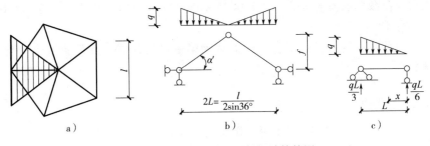

图 10-12　五角锥采光顶斜杆计算简图

【例10-5】 某一封闭的五角锥采光顶（图10-13），边长 $l = 2.7\mathrm{m}$，顶高5.0m，坡面与水平面夹角 $\alpha = 30°$，6063T5铝合金杆件，$f_a = 85.5\mathrm{N/mm^2}$，$W = 28\mathrm{cm^3}$，$A = 8\mathrm{cm^2}$，基本风压 $w_0 = 0.35\mathrm{kN/m^2}$，地面粗糙度B类；基本雪压 $s_0 = 0.55\mathrm{kN/m^2}$；活荷载标准值 $q_k = 0.5\mathrm{kN/m^2}$。试验算斜杆强度。

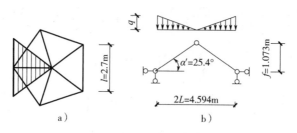

图10-13 【例10-5】计算简图

【解】

（1）计算杆件与水平夹角 α'

$$f = \left(\frac{l}{2}\tan 54°\right)\tan\alpha = \left(\frac{2.7}{2} \times \tan 54°\right) \times \tan 30° = 1.073 \ (\mathrm{m})$$

单跨双坡斜杆的跨度 $2L = 2 \times \dfrac{l/2}{\cos 54°} = \dfrac{2.7}{\cos 54°} = 4.594 \ (\mathrm{m})$，$L = 2.297\mathrm{m}$。

斜杆与水平夹角 $\tan\alpha' = \dfrac{f}{L} = \dfrac{1.073}{2.297} = 0.4671$，$\alpha' = \arctan(0.4671) = 25.04°$。

（2）荷载计算

查表10-1单坡屋面风载体型系数，当 $\alpha = 30°$ 时，$\mu_{s1} = +0.2$。

B类，高度 $z = 5.0\mathrm{m}$，查表5-9可得风压高度变化系数 $\mu_z = 1.00$。

峰值因子 $g = 2.5$，10m高度名义湍流强度 $I_{10} = 0.14$（B类），地面粗糙 $\alpha = 0.15$。

B类，高度 $z = 5.0\mathrm{m}$，查表5-4可得高度 z 处的阵风系数 $\beta_{gz} = 1.70$。

作用于玻璃采光顶的风荷载标准值：

$$w_k = \beta_{gz}\mu_{s1}\mu_z w_0 = (1.70 \times 0.2 \times 1.00 \times 350)\mathrm{N/m^2} = 119.07\mathrm{N/m^2} < q_k = 500\mathrm{N/m^2}$$

玻璃采光顶自重标准值 $g_k = 400\mathrm{N/m^2}$（沿斜杆平面均匀分布，方向垂直向下）。

玻璃采光顶活荷载标准值 $q_k = 500\mathrm{N/m^2}$（沿水平面均匀分布）。

查表10-2单跨双坡屋面，因为 $\alpha = 30°$，考虑屋面积雪不均匀分布情况，屋面积雪分布系数取 $1.25\mu_r = 1.25 \times 0.85 = 1.0625$。

玻璃屋顶雪荷载标准值 $s_k = \mu_r s_0 = (1.0625 \times 550)\mathrm{N/m^2} = 584.38\mathrm{N/m^2} > q_k = 500\mathrm{N/m^2}$

（3）荷载组合

取自重、风荷载、雪荷载的组合，雪荷载为第一可变荷载，其荷载组合（化作水平面内均布荷载）：

$$q = \gamma_G \frac{g_k}{\cos\alpha} + \gamma_Q s_k + 0.6\gamma_w \frac{w_k}{\cos^2\alpha}$$

$$= 1.2 \times 400/\cos 30° + 1.4 \times 584.38 + 0.6 \times 1.4 \times 119.07/\cos^2 30° = 1505.75 \ (\mathrm{N/m^2})$$

作用于斜杆上的三角形线荷载：

$$q_l = ql = 1505.75 \times 2.7 = 4065.53 \ (\mathrm{N/m})$$

（4）计算内力

$$M_c^0 = \frac{1}{6}q_l L^2 = \frac{1}{6} \times 4065.53 \times 2.297^2 = 3575.10 \text{（N·m）}$$

$$H = \frac{M_c^0}{f} = \frac{3575.10}{1.073} = 3331.87 \text{（N）}$$

验算截面为斜杆最大弯矩处，距支座水平投影长度 $x_{0.971} = \left(1 - \frac{\sqrt{3}}{3}\right)L = 0.971\text{m}$。

$$M_{0.971}^0 = \frac{1}{2}q_l L\left(1 - \frac{\sqrt{3}}{3}\right)L - \frac{1}{2}q_l\left(1 - \frac{\sqrt{3}}{3}\right)L \times \frac{2}{3}\left(1 - \frac{\sqrt{3}}{3}\right)L - \frac{1}{2}\frac{\sqrt{3}}{3}q_l\left(1 - \frac{\sqrt{3}}{3}\right)L \times \frac{1}{3}\left(1 - \frac{\sqrt{3}}{3}\right)L$$

$$= \frac{1}{2}q_l L^2\left(1 - \frac{\sqrt{3}}{3}\right)\left[1 - \frac{2}{3}\left(1 - \frac{\sqrt{3}}{3}\right) - \frac{\sqrt{3}}{9}\left(1 - \frac{\sqrt{3}}{3}\right)\right]$$

$$= \frac{1}{2}q_l L^2\left(1 - \frac{\sqrt{3}}{3}\right)\left(\frac{4 + \sqrt{3}}{9}\right)$$

$$= \frac{1}{2} \times 4065.53 \times 2.297^2 \times \left(1 - \frac{\sqrt{3}}{3}\right) \times \left(\frac{4 + \sqrt{3}}{9}\right)$$

$$= 2887.07 \text{（N·m）}$$

$$y_{0.971} = x_{0.971}\tan\alpha_1 = 0.971 \times \tan 25.04° = 0.4536 \text{（m）}$$

$$M_{0.971} = M_{0.971}^0 - Hy_{0.971} = 2887.07 - 3331.87 \times 0.4536 = 1375.73 \text{（N·m）}$$

$$V_{0.971}^0 = \frac{1}{2}q_l L - \frac{1}{2}q_l\left(1 - \frac{\sqrt{3}}{3}\right)L - \frac{1}{2}\frac{\sqrt{3}}{3}q_l\left(1 - \frac{\sqrt{3}}{3}\right)L$$

$$= \frac{1}{6}q_l L = \frac{1}{6} \times 4065.53 \times 2.297 = 1556.42 \text{（N）}$$

$$N_{0.971} = V_{0.971}^0 \sin\phi_D + H\cos\phi_D = 1556.42 \times \sin 25.04° + 3331.87 \times \cos 25.04°$$

$$= 3677.47 \text{（N）}$$

（5）验算斜杆的强度

$$\frac{N_{0.971}}{A} + \frac{M_{0.971}}{W} = \left(\frac{3677.47}{800} + \frac{1375.73 \times 10^3}{28 \times 10^3}\right)\text{N/mm}^2 = 53.73\text{N/mm}^2 < f_a = 85.5\text{N/mm}^2$$

斜杆强度满足要求。

（4）半圆采光顶　半圆形（由两个 1/4 圆铰接成的半圆）采光顶杆件按曲线三铰拱分析内力，并按压弯构件验算截面的强度。

半圆形杆件承受的荷载包括：

1）重力荷载 g_k，沿圆形杆件曲面均匀分布，方向垂直水平面，化作水平平面内荷载为 $g_k\frac{\pi}{2}$。

2）风荷载 w_k，沿圆形杆件曲面均匀分布，方向垂直于圆形杆件切线平面，化作水平平面内荷载为 $w_k\frac{\pi}{2}$。

3）可变荷载 q_k，沿水平面均匀分布。

4）雪荷载 s_k，沿水平面均匀分布。

【例 10-6】某一中庭半圆形铝合金采光顶（图 10-14），底部标高 3.0m，杆件间距 $B =$

1.5m，$L = 4.0\text{m}$，$f/L = 0.5$，6360AT5 铝合金杆件，$f_a = 124.4\text{N/mm}^2$，$W = 20\text{cm}^3$，$A = 5\text{cm}^2$，基本风压 $w_0 = 0.30\text{kN/m}^2$，地面粗糙度 C 类；基本雪压 $s_0 = 0.10\text{kN/m}^2$；活荷载标准值 $q_k = 0.5\text{kN/m}^2$。试验算半圆形杆件强度。

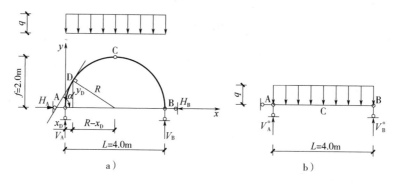

图 10-14 【例 10-6】计算简图

【解】

（1）荷载计算

查表 10-1 封闭式拱形屋面风载体型系数 $\mu_{s1} = +0.6$（当 $f/L = 0.5$ 时）。

C 类，高度 $z = 3.0\text{m}$，查表 5-9 可得风压高度变化系数 $\mu_z = 0.65$。

C 类，高度 $z = 5.0\text{m}$，查表 5-4 可得高度 z 处的阵风系数 $\beta_{gz} = 2.05$。

作用于玻璃采光顶的风荷载标准值：

$$w_k = \beta_{gz}\mu_{s1}\mu_z w_0 = (2.05 \times 0.6 \times 0.65 \times 300)\text{N/m}^2 = 239.85\text{N/m}^2 < q_k = 500\text{N/m}^2$$

玻璃采光顶自重标准值 $g_k = 400\text{N/m}^2$（沿斜杆平面均匀分布，方向垂直向下）。

玻璃采光顶活荷载标准值 $q_k = 500\text{N/m}^2$（沿水平面均匀分布）。

查表 10-2 拱形屋面，考虑屋面积雪均匀分布情况，屋面积雪分布系数 μ_r：

$$\mu_r = \frac{L}{8f} = \frac{4.0}{8 \times 2.0} = 0.25，\text{取 } 0.4 \text{（因为 } 0.4 \leqslant \mu_r \leqslant 1.0\text{）}$$

玻璃采光顶雪荷载标准值 $s_k = \mu_r s_0 = (0.4 \times 100)\text{N/m}^2 = 40.0\text{N/m}^2 < w_k = 239.85\text{N/m}^2$

（2）荷载组合

取自重、风荷载、活荷载的组合，活荷载为第一可变荷载，其荷载组合（化作水平面内均布荷载）：

$$q = \gamma_G g_k (0.5\pi) + \gamma_Q q_k + 0.6\gamma_w w_k (0.5\pi)$$
$$= 1.2 \times 400 \times 1.57 + 1.4 \times 500 + 0.6 \times 1.4 \times 239.85 \times 1.57 = 1769.91 \ (\text{N/m}^2)$$

作用于杆件上的均布荷载：

$$q_l = qB = 1769.91 \times 1.5 = 2654.87 \ (\text{N/m})$$

（3）计算内力

$$M_c^0 = \frac{1}{8}q_l L^2 = \frac{1}{8} \times 2654.87 \times 4.0^2 = 5309.74 \ (\text{N·m})$$

$$H = \frac{M_c^0}{f} = \frac{5309.74}{2.0} = 2654.87 \ (\text{N})$$

$$\phi_D = 90° - \arctan\left(\frac{y_D}{R - x_D}\right) = 90° - \arctan\left(\frac{0.872}{2.0 - 0.05 \times 4.0}\right) = 64.15°$$

验算截面为圆弧形杆件最大弯矩处，距支座水平投影长度 $x_{0.05L} = 0.05L = 0.20\text{m}$，$y_{0.05L} = \sqrt{4 - (0.05L - 2.0)^2} = 0.872$（m）。

$$M^0_{0.05L} = \frac{1}{40}q_l L^2(1 - 0.05) = \frac{1}{40} \times 2654.87 \times 4^2 \times 0.95 = 1009.99 \text{（N·m）}$$

$$M_{0.05L} = M^0_{0.05L} - Hy_{0.05L} = 1009.99 - 2654.87 \times 0.872 = -1305.06 \text{（N·m）}$$

$$V^0_{0.05L} = \frac{1}{2}q_l L - q_l \times 0.05L$$

$$= \frac{1}{2}q_l L(1 - 2 \times 0.05) = \frac{1}{2} \times 2654.87 \times 4 \times 0.9 = 4778.77 \text{（N）}$$

$$N_{0.05L} = V^o_{0.05L}\sin\phi_D + H\cos\phi_D = 4778.77 \times \sin 64.15° + 2654.87 \times \cos 64.15°$$
$$= 5458.17 \text{（N）}$$

（4）验算斜杆的强度

$$\frac{N_{0.05L}}{A} + \frac{M_{0.05L}}{W} = \left(\frac{5458.17}{500} + \frac{1305.06 \times 10^3}{20 \times 10^3}\right)\text{N/mm}^2 = 76.17\text{N/mm}^2 < f_a = 124.4\text{N/mm}^2$$

半圆形杆件强度满足要求。

（5）1/4 圆采光顶　1/4 圆采光顶杆件可按虚拟曲线三铰拱（图 10-15）分析内力，并按压弯构件验算强度。1/4 圆采光顶内力分析同半圆形采光顶。

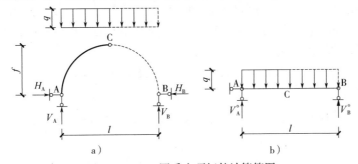

图 10-15　1/4 圆采光顶杆件计算简图

【例 10-7】某一 1/4 圆形铝合金采光顶（图 10-16），高度和宽度均为 2.5m，底部标高 2.5m，杆件间距 $B = 1.0\text{m}$，6360AT6 铝合金杆件，$f_a = 147.7\text{N/mm}^2$，$W = 15\text{cm}^3$，$A = 3\text{cm}^2$，基本风压 $w_0 = 0.30\text{kN/m}^2$，地面粗糙度 C 类；基本雪压 $s_0 = 0.10\text{kN/m}^2$；活荷载标准值 $q_k = 0.5\text{kN/m}^2$。试验算半圆形杆件强度。

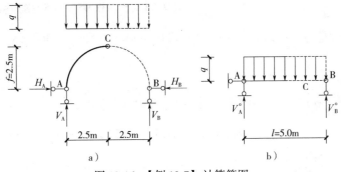

图 10-16　【例 10-7】计算简图

【解】

（1）荷载计算

查表 10-1 封闭式拱形屋面风载体型系数 $\mu_{s1} = +0.6$（当 $f/L = 0.5$ 时）。

C 类，高度 $z = 3.0\text{m}$，查表 5-9 可得风压高度变化系数 $\mu_z = 0.65$。

C 类，高度 $z = 5.0\text{m}$，查表 5-4 可得高度 z 处的阵风系数 $\beta_{gz} = 2.05$。

作用于玻璃采光顶的风荷载标准值：

$$w_k = \beta_{gz}\mu_{s1}\mu_z w_0 = (2.05 \times 0.6 \times 0.65 \times 300)\text{N/m}^2 = 239.85\text{N/m}^2 < q_k = 500\text{N/m}^2$$

玻璃采光顶自重标准值 $g_k = 400\text{N/m}^2$（沿斜杆平面均匀分布，方向垂直向下）。

玻璃采光顶活荷载标准值 $q_k = 500\text{N/m}^2$（沿水平面均匀分布）。

查表 10-2 拱形屋面，考虑屋面积雪均匀分布情况，屋面积雪分布系数 μ_r：

$$\mu_r = \frac{L}{8f} = \frac{5.0}{8 \times 2.5} = 0.25，取 0.4（因为 0.4 \leqslant \mu_r \leqslant 1.0）$$

玻璃采光顶雪荷载标准值 $s_k = \mu_r s_0 = (0.4 \times 100)\text{N/m}^2 = 40.0\text{N/m}^2 < w_k = 239.85\text{N/m}^2$

（2）荷载组合

取自重、风荷载、活荷载的组合，活荷载为第一可变荷载，其荷载组合（化作水平面内均布荷载）：

$$q = \gamma_G g_k(0.5\pi) + \gamma_Q q_k + 0.6\gamma_w w_k(0.5\pi)$$

$$= 1.2 \times 400 \times 1.57 + 1.4 \times 500 + 0.6 \times 1.4 \times 239.85 \times 1.57 = 1769.91（\text{N/m}^2）$$

作用于杆件上的均布荷载：

$$q_l = qB = 1769.91 \times 1.0 = 1769.91（\text{N/m}）$$

（3）计算内力

$$M_c^0 = \frac{1}{8}q_l L^2 = \frac{1}{8} \times 1769.91 \times 5.0^2 = 5530.97（\text{N·m}）$$

$$H = \frac{M_c^0}{f} = \frac{5530.97}{2.5} = 2212.39（\text{N}）$$

$$\phi_D = 90° - \arctan\left(\frac{y_D}{R - x_D}\right) = 90° - \arctan\left(\frac{1.0897}{2.5 - 0.05 \times 5.0}\right) = 64.15°$$

验算截面为圆弧形杆件最大弯矩处，距支座水平投影长度 $x_{0.05L} = 0.05L = 0.25\text{m}$，$y_{0.05L} = \sqrt{2.5^2 - (0.05L - 2.5)^2} = 1.090（\text{m}）$。

$$M_{0.05L}^0 = \frac{1}{40}q_l L^2(1 - 0.05) = \frac{1}{40} \times 1769.91 \times 5^2 \times 0.95 = 1050.88（\text{N·m}）$$

$$M_{0.05L} = M_{0.05L}^0 - Hy_{0.05L} = 1050.88 - 2212.39 \times 1.090 = -1360.63（\text{N·m}）$$

$$V_{0.05L}^0 = \frac{1}{2}q_l L - q_l \times 0.05L$$

$$= \frac{1}{2}q_l L(1 - 2 \times 0.05) = \frac{1}{2} \times 1769.91 \times 5.0 \times 0.9 = 3982.30（\text{N}）$$

$$N_{0.05L} = V_{0.05L}^0 \sin\phi_D + H\cos\phi_D = 3982.30 \times \sin 64.15° + 2212.39 \times \cos 64.15° = 4548.46（\text{N}）$$

（4）验算斜杆的强度

$$\frac{N_{0.05L}}{A} + \frac{M_{0.05L}}{W} = \left(\frac{4548.46}{300} + \frac{1360.63 \times 10^3}{15 \times 10^3}\right)\text{N/mm}^2 = 105.87\text{N/mm}^2 < f_a = 124.4\text{N/mm}^2$$

半圆形杆件强度满足要求。

3. 抛物线形采光顶杆件设计计算

用一根杆弯曲成抛物线形（中间无铰），其杆件应采用双铰拱（图 10-17a）分析内力，但也可近似采用三铰拱（图 10-17b）分析，并按压弯构件验算强度。

抛物线形杆件承受的荷载包括：

1）重力荷载 g_k，沿抛物线杆件曲面均匀分布，方向垂直水平面，化作水平平面内荷载

为 $g_k \times \dfrac{曲线长度\ s}{L} = g_k \times \dfrac{\sqrt{L^2 + 3f^2}}{L}$。

2）风荷载 w_k，沿抛物线杆件曲面均匀分布，方向垂直于抛物线切线平面，化作水平平

面内荷载为 $w_k \times \dfrac{\sqrt{L^2 + 3f^2}}{L}$。

3）可变荷载 q_k，沿水平面均匀分布。

4）雪荷载 S_k，沿水平面均匀分布。

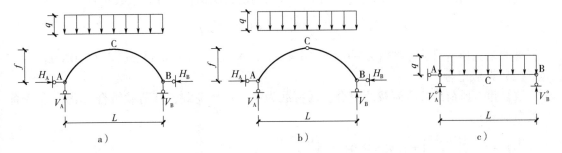

图 10-17　抛物线采光顶杆件计算简图

【例 10-8】某一抛物线形铝合金采光顶（图 10-18），跨度为 5.0m，矢高 2.0m，底高 3.0m，杆件间距 $B = 1.2\mathrm{m}$，6360-T5 铝合金杆件，$f_a = 85.5\mathrm{N/mm^2}$，$W = 15\mathrm{cm^3}$，$A = 4\mathrm{cm^2}$，基本风压 $w_0 = 0.30\mathrm{kN/m^2}$，地面粗糙度 C 类；基本雪压 $s_0 = 0.10\mathrm{kN/m^2}$；活荷载标准值 $q_k = 0.5\mathrm{kN/m^2}$。试验算抛物线杆件强度。

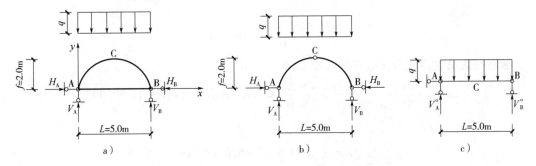

图 10-18　【例 10-8】计算简图

【解】

$$曲线长\ s = 2\sqrt{\left(\frac{L}{2}\right)^2 + 3\left(\frac{f}{2}\right)^2} = 2 \times \sqrt{\left(\frac{5}{2}\right)^2 + 3 \times \left(\frac{2}{2}\right)^2} = 6.08\,(\mathrm{m})$$

$$\frac{s}{L} = 6.08/5 = 1.216$$

（1）荷载计算

$f/L = 2/5 = 0.4$，查表 10-1 封闭式落地拱形屋面风载体型系数 μ_{s1}：

$$\mu_{s1} = 0.2 + \frac{0.4 - 0.2}{0.5 - 0.2} \times (0.6 - 0.2) = 0.47 \quad (\text{按线性插入法求得})$$

C 类，高度 $z = 3.0\text{m}$，查表 5-9 可得风压高度变化系数 $\mu_z = 0.65$。

C 类，高度 $z = 3.0\text{m}$，查表 5-4 可得高度 z 处的阵风系数 $\beta_{gz} = 2.05$。

作用于玻璃采光顶的风荷载标准值：

$$w_k = \beta_{gz}\mu_{s1}\mu_z w_0 = (2.05 \times 0.47 \times 0.65 \times 300)\text{N/m}^2 = 187.88\text{N/m}^2 < 300\text{N/m}^2$$

取 $w_k = 300\text{N/m}^2$

玻璃采光顶自重标准值 $g_k = 400\text{N/m}^2$（沿斜杆平面均匀分布，方向垂直向下）。

玻璃采光顶活荷载标准值 $q_k = 500\text{N/m}^2$（沿水平面均匀分布）。

查表 10-2 拱形屋面，考虑屋面积雪均匀分布情况，屋面积雪分布系数 μ_r：

$$\mu_r = \frac{L}{8f} = \frac{5.0}{8 \times 2.0} = 0.313 < 0.4, \quad \text{取} \ \mu_r = 0.4$$

玻璃采光顶雪荷载标准值 $s_k = \mu_r s_0 = (0.4 \times 100)\text{N/m}^2 = 40.0\text{N/m}^2 < q_k = 500.0\text{N/m}^2$

（2）荷载组合

取自重、风荷载、活荷载的组合，活荷载为第一可变荷载，其荷载组合（化作水平面内均布荷载）：

$$q = \gamma_G g_k \left(\frac{6.08}{5}\right) + \gamma_Q q_k + 0.6\gamma_w w_k \left(\frac{6.08}{5}\right)$$

$$= 1.2 \times 400 \times 1.216 + 1.4 \times 500 + 0.6 \times 1.4 \times 300.0 \times 1.216 = 1590.11 \ (\text{N/m}^2)$$

作用于杆件上的均布荷载：

$$q_l = qB = 1590.11 \times 1.2 = 1908.13 \ (\text{N/m})$$

（3）计算内力

$$M_c^0 = \frac{1}{8}q_l L^2 = \frac{1}{8} \times 1908.12 \times 5.0^2 = 5962.91 \ (\text{N·m})$$

$$H = \frac{M_c^0}{f} = \frac{5962.91}{2.0} = 2981.46 \ (\text{N})$$

抛物线的最大压应力在底座处，即 $x = 0$，$y = 0$

$$\tan\phi_D = \frac{dy}{dx}\bigg|_{x=0, y=0} = \frac{4f}{L} = \frac{4 \times 2.0}{5.0} = 1.6; \quad \phi_D = \arctan\left(\frac{4f}{L}\right) = 57.995°$$

$$M_0 = 0.0\text{N·m}$$

$$V_0^0 = \frac{1}{2}q_l L = \frac{1}{2} \times 1908.12 \times 5.0 = 4770.3 \ (\text{N})$$

$$N_0 = V_0^0 \sin\phi_D + H\cos\phi_D = 4770.3 \times \sin57.995° + 2981.46 \times \cos57.995° = 5625.38 \ (\text{N})$$

（4）验算斜杆的强度

$$\frac{N_0}{A} + \frac{M_0}{W} = \left(\frac{5625.38}{400} + \frac{0.0}{15 \times 10^3}\right)\text{N/mm}^2 = 14.06\text{N/mm}^2 < f_a = 85.5\text{N/mm}^2$$

抛物线杆件强度满足要求。

10.6　隐框玻璃采光顶胶缝设计与计算

铝合金隐框玻璃采光顶胶缝计算公式和隐框玻璃幕墙基本一致，只是在计算自重效应时要和雪荷载组合并考虑玻璃的角度。

硅酮结构密封胶应根据不同的受力情况进行承载力极限状态验算。在风荷载、活荷载、地震作用下，硅酮结构密封胶的拉应力不应大于其强度设计值 f_1；在重力荷载作用下，硅酮结构胶的拉应力设计值不应大于其强度设计值 f_2。《采光顶与金属屋面技术规程》（JGJ 225—2012）规定，硅酮结构密封胶 f_1 可取 0.2N/mm^2，f_2 可取 0.01N/mm^2。

1. 结构胶宽度计算

隐框玻璃面板与副框间硅酮结构密封胶的粘结宽度 c_s 应满足下列要求：

1）在玻璃面板较小或厚度较厚，玻璃发生弯曲变形很小时，可以近似认为玻璃面板为刚性板，则胶缝受力比较均匀，共同受力，可以直接用周长进行计算。由平衡条件 $q_k A = f_1 S c_s$ 可得：

$$c_s = \frac{q_k A}{S f_1} \tag{10-26}$$

式中　c_s——硅酮结构胶粘结宽度（mm）；

$\quad\quad q_k$——作用于面板的均布荷载标准值（N/mm^2）；

$\quad\quad S$——玻璃面板周长，即硅酮结构密封胶缝的总长度（mm），$S = 2(a+b)$，其中 a、b 为玻璃面板短边长度、长边长度；

$\quad\quad A$——板面面积（mm^2），$A = ab$；

$\quad\quad a$——板面特征长度（mm）；矩形板面为短边长，狭长梯形为高，圆形为半径，三角形为内心到边的距离的 2 倍；

$\quad\quad f_1$——硅酮结构密封胶短期强度设计值（N/mm^2），$f_1 = 0.2\text{N/mm}^2$。

当玻璃面板为刚性板时，c_s 应按下式计算：

$$c_s = \frac{q_k A}{1000 S f_1} \tag{10-27}$$

式中　q_k——作用于面板的均布荷载标准值（kN/m^2）。

2）当玻璃有较大变形时，可以认为玻璃面板为柔性板，则胶缝的受力不均匀，可采用梯形荷载分配理论。

以矩形玻璃面板为例，a、b 为矩形玻璃面板的短边、长边长度，以四个顶点作角平分线，如图 10-19 所示。则 A、B 和 C 处的胶缝所承受的荷载基本相等，如果取较小的长度 y，则荷载可表示为 $\dfrac{q_k y a}{2}$，此处胶缝的承载力为 $f_1 y c_s$。由平衡条件

$f_1 y c_s = \dfrac{q_k y a}{2}$ 可得：

$$c_s = \frac{q_k a}{2 f_1} \tag{10-28}$$

式中　c_s——硅酮结构胶粘结宽度（mm）；

$\quad\quad q_k$——作用于面板的均布荷载标准值（N/mm^2）；

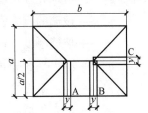

图 10-19　矩形面板胶缝宽度计算简图

a——板面特征长度（mm）；矩形板面为短边长，狭长梯形为高，圆形为半径，三角形为内心到边的距离的 2 倍；

f_1——硅酮结构密封胶短期强度设计值（N/mm²），$f_1 = 0.2$N/mm²。

当玻璃面板为柔性板时，c_s 应按下式计算：

$$c_s = \frac{q_k a}{2000 f_1} \tag{10-29}$$

式中　q_k——作用于面板的均布荷载标准值（kN/m²）。

采用类似的理论，分别可以导出圆形、梯形和三角形胶缝宽度计算式（图 10-20）。任意四边形可补足成三角形，按三角形的方法进行计算。

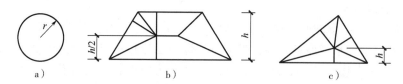

图 10-20　圆形、梯形和三角形面板胶缝宽度计算简图

a）圆形：$c_s = \dfrac{qr}{2000 f_1}$　b）梯形：$c_s = \dfrac{qh}{2000 f_1}$　c）三角形：$c_s = \dfrac{2qh}{2000 f_1}$

沿玻璃板面内方向，重力荷载会产生切向分力，应进行胶缝宽度验算。隐框玻璃面板硅酮结构密封胶的粘结宽度 c_s 尚应符合下式要求：

$$c_s \geqslant \frac{G_2}{S f_2} \tag{10-30}$$

式中　G_2——平行于玻璃面板的重力荷载设计值（N），$G_2 = q_G (ab) \sin\alpha$；

f_2——硅酮结构密封胶长期强度设计值（N/mm²），$f_2 = 0.01$N/mm²；

q_G——沿采光顶玻璃板面分布的单位面积重力荷载设计值（N/mm²），按式（10-32）计算。

隐框玻璃面板硅酮结构密封胶的粘结宽度 c_s 尚应符合下式要求：

$$c_s \geqslant \frac{G_2}{1000 S f_2} \tag{10-31}$$

式中　G_2——平行于玻璃面板的重力荷载设计值（kN）；

沿采光顶玻璃面分布的单位面积重力荷载设计值 q_G 按下式计算：

$$q_G = \gamma_G g_k + \gamma_Q (s_k,\ q_k)_{\max} \cos\alpha \tag{10-32}$$

式中　g_k——沿采光顶玻璃面分布的单位面积自重载标准值（kN/m²），$g_k = \gamma_g t_g$；

γ_g——玻璃的重力密度，取 $\gamma_g = 25.6$kN/m³；

t_g——玻璃厚度（m）；

q_k——沿水平面分布的可变荷载标准值（kN/m²），按（GB 50009—2012）确定；

s_k——沿水平面分布的雪荷载标准值（kN/m²），按（GB 50009—2012）确定；

α——采光顶坡面与水平面的夹角（°）；

γ_G——玻璃自重荷载分项系数，$\gamma_G = 1.35$；

γ_Q——可变荷载分项系数，取 $\gamma_Q = 1.4$；

2. 结构胶厚度计算

隐框玻璃板硅酮结构密封胶的粘结厚度 t_s 应符合下式要求：

$$t_s \geqslant \frac{\mu_s}{\sqrt{\delta(2+\delta)}} \tag{10-33}$$

式中 μ_s——玻璃相对于铝合金框的位移（mm），主要考虑玻璃与铝合金框之间因温度变形产生的相对位移，必要时还须考虑结构变形产生的相对位移；

   δ——硅酮结构密封胶在拉应力为 $0.7f_1$ 时的伸长率（N/mm^2）。

在年温差（$\Delta t = 80℃$）作用下，玻璃相对于铝合金框的位移 μ_s 按下式计算：

$$\mu_s = b\Delta t(\alpha_1 - \alpha_2) \tag{10-34}$$

式中 b——采光顶玻璃板块最大边长（mm）；

   Δt——年温差，取 $\Delta t = 80℃$；

   α_1——铝合金框的线膨胀系数，取 $\alpha_1 = 2.35 \times 10^{-5}$（$1/℃$）；

   α_2——玻璃线膨胀系数，取 $\alpha_2 = 1.0 \times 10^{-5}$（$1/℃$）。

在风荷载标准值 w_k 作用下，玻璃相对于铝合金框的位移 μ_s 按下式计算：

$$\mu_s = \theta b \tag{10-35}$$

式中 θ——风荷载标准值作用下采光顶玻璃支承结构的相对位移角限值（rad），按表 10-14 取值；

   b——采光顶玻璃板块的最大边长（mm）。

表 10-14 采光顶与金属屋面支承构件、面板最大相对挠度

（JGJ 255—2012，表 4.2.2）

支承构件或面板			最大相对挠度（L 为跨距）
支承构件	单根金属构件	铝合金型材	L/180
		钢型材	L/250
玻璃面板 （包括光伏玻璃）	简支矩形		短边/60
	简支三角形		长边对应的高/60
	点支承矩形		长边支承点跨距/60
	点支承三角形		长边对应的高/60
独立安装的光伏玻璃	简支矩形		短边/40
	点支承矩形		长边/40
金属面板	金属压型板	铝合金板	L/180
		钢板，坡度≤1/20	L/250
		钢板，坡度>1/20	L/200
	金属平板		L/60
	金属平板中肋		L/120

注：悬臂构件的跨距 L 可取其悬挑长度的 2 倍。

在风荷载标准值 w_k 作用下，采光顶支承结构的相对挠度不宜超过 $L/250$（刚性支承）、$L/200$（柔性支承）、$L/60$（索网）的规定值，并不应发生损坏。

隐框、半隐框采光顶用中空玻璃二道密封胶应采用符合《建筑用硅酮结构密封胶》

（GB 16776—2005）的结构密封胶，其粘结宽度 c_{s1} 应按下式计算，且不应小于 6mm：

$$c_{s1} \geqslant \beta c_s \tag{10-36}$$

式中 c_{s1}——中空玻璃二道密封胶粘结宽度（mm）；

c_s——玻璃面板与副框间硅酮结构密封胶的粘结宽度（mm）；

β——外层玻璃荷载系数，当外层玻璃厚度大于内层玻璃厚度时，$\beta = 1.0$，否则 $\beta = 0.5$。

【例 10-9】 某一单面敞开双坡铝合金隐框玻璃采光顶杆件间距 1.2m，顶底杆高 23.5m，跨度 5.196m，玻璃尺寸 1.2m×1.5m，厚度 8mm，坡面与水平夹角 $\alpha = 30°$，用硅酮结构胶 SS621，地面粗糙度 B 类，基本风压 $w_0 = 0.55\text{kN/m}^2$，基本雪压 $s_0 = 0.50\text{kN/m}^2$。试确定胶缝的宽度 c_s 和厚度 t_s。

【解】

（1）荷载计算

查《建筑结构荷载规范》（GB 50009—2012）表 8.3.1 单面开敞式双坡屋面（26 项次）最不利风载体型系数 $\mu_s = -1.3$。

B 类，高度 $z = 23.5\text{m}$，查表 5-9 可得风压高度变化系数 μ_z（线性插入）：

$$\mu_z = 1.23 + \frac{23.5 - 20}{30 - 20} \times (1.39 - 1.23) = 1.29$$

B 类，高度 $z = 23.5\text{m}$，查表 5-4 可得高度 z 处的阵风系数 β_{gz}（线性插入）：

$$\beta_{gz} = 1.59 + \frac{30 - 23.5}{30 - 20} \times (1.63 - 1.59) = 1.62$$

作用于玻璃采光顶的风荷载标准值：

$$w_k = \beta_{gz}\mu_{s1}\mu_z w_0 = 1.62 \times 1.3 \times 1.29 \times 0.550 = 1.494 \ (\text{kN/m}^2)$$

玻璃采光顶自重标准值 $g_k = \gamma_g t_g = 25.6 \times 0.008 = 0.205 \ (\text{kN/m}^2)$（沿玻璃面均匀分布，方向垂直向下）。

玻璃采光顶活荷载标准值 $q_k = 0.50\text{N/m}^2$（沿水平面均匀分布）。

查表 10-2 单跨双坡屋面，因为 $\alpha = 30°$，考虑屋面积雪不均匀分布情况，屋面积雪分布系数取 $1.25\mu_r = 1.25 \times 0.85 = 1.063$。

玻璃采光顶雪荷载标准值 $s_k = \mu_r s_0 = (1.063 \times 0.50)\text{kN/m}^2 = 0.532\text{kN/m}^2 > q_k = 0.50\text{kN/m}^2$

（2）结构胶宽度 c_s 计算

玻璃采光顶在风荷载标准值 w_k 作用下，硅酮结构密封胶的粘结宽度 c_{s1}：

$$c_{s1} = \frac{aw_k}{2000f_1} = \left(\frac{1200 \times 1.494}{2000 \times 0.2}\right)\text{mm} = 4.5\text{mm} < 7.0\text{mm}, \ 取 \ c_{s1} = 7.0\text{mm}$$

沿采光顶玻璃板面分布的重力荷载：

$$q_G = \gamma_G g_k + \gamma_Q (s_k, \ q_k)_{\max} \cos\alpha = \gamma_G (\gamma_g t_g) + \gamma_Q (s_k, \ q_k)_{\max} \cos\alpha$$
$$= 1.35 \times 0.205 + 1.4 \times 0.532 \times \cos 30° = 0.9218 \ (\text{kN/m}^2)$$

玻璃采光顶在重力荷载作用下，硅酮结构胶的粘结宽度 c_{s2}：

$$c_{s2} \geqslant 1000 \frac{G_2}{Sf_2} = \frac{q_G ab\sin\alpha}{2000(a+b)f_2}$$

$$= \frac{0.9218 \times 1200 \times 1500 \times \sin 30°}{2000 \times (1200 + 1500) \times 0.01} = 15.36 \ (\text{mm}), \ 取 \ c_{s2} = 16\text{mm}$$

综上，结构胶缝宽度 $c_s = 16\text{mm}$。

（3）结构胶厚度 t_s 计算

在年温差（$\Delta t = 80^\circ\text{C}$）作用下，玻璃相对于铝合金框的位移 μ_{s1}：

$$\mu_{s1} = b\Delta t(\alpha_1 - \alpha_2) = 1500 \times 80 \times (2.35 - 1.0) \times 10^{-5} = 1.62 \quad (\text{mm})$$

温度作用下结构胶粘结厚度计算值 t_{s1}：

$$t_{s1} = \frac{u_{s1}}{\sqrt{\delta_1(2 + \delta_1)}} = \left[\frac{1.62}{\sqrt{0.14 \times (2 + 0.14)}}\right]\text{mm} = 2.96\text{mm} < 6\text{mm}, \ \text{取 } t_{s1} = 6\text{mm}$$

风荷载标准值作用下，玻璃相对于铝合金框的位移 μ_{s2}：

$$\mu_{s2} = \theta b = 1500 \times 1/200 = 7.50 \quad (\text{mm})$$

风荷载标准值作用下，结构胶粘结厚度计算值 t_{s2}：

$$t_{s2} = \frac{u_{s2}}{\sqrt{\delta_2(2 + \delta_2)}} = \left[\frac{7.50}{\sqrt{0.4 \times (2 + 0.4)}}\right]\text{mm} = 7.65\text{mm} > 6\text{mm}, \ \text{取 } t_{s2} = 8.0\text{mm}$$

综上，结构胶缝厚度 $t_s = 8.0\text{mm}$。

10.7 玻璃采光顶设计计算实例

10.7.1 基本参数

1）采光顶形式：四角锥玻璃采光顶。

2）采光顶所在地区：西安地区。

3）地面粗糙度分类等级：C 类（《建筑结构荷载规范》GB 50009—2012）。

10.7.2 采光顶荷载计算

1. 玻璃采光顶的荷载作用说明

玻璃采光顶承受的荷载包括自重、风荷载、雪荷载以及活荷载。

1）自重标准值 G_k：包括玻璃、杆件、连接件、附件等的自重，可以按照以下值估算：

当采用单层玻璃时，取 $G_k = 400\text{N/m}^2$。

当采用中空及夹层玻璃时，取 $G_k = 500\text{N/m}^2$。

当采用中空夹层玻璃时，取 $G_k = 600\text{N/m}^2$。

当玻璃较厚或龙骨较重，按上述估算不适合时，应根据构造要求计算自重标准值 G_k。

本例计算取：$G_k = 600\text{N/m}^2 = 0.0006\text{MPa}$（按假设）。

2）风荷载 w_k：是垂直作用于采光顶表面的荷载，按 GB 50009—2012 采用。

对于采光顶结构，荷载作用复杂，并且可能有时风压是正，而有时是负，一定范围内的负压对结构是有利的，因此实际计算的时候要分别考虑并采用其参与组合后的最大值。

3）雪荷载 s_k：是指采光顶水平投影面上的雪荷载，按 GB 50009—2012 采用。

4）活荷载 Q_k：是指采光顶水平投影面上的活荷载，按 GB 50009—2012 采用。

在实际工程中，对上面的几种荷载，考虑最不利组合，且雪荷载与活荷载不同时考虑。

分项系数按以下参数取值：

永久荷载分项系数取：$\gamma_G = 1.2$

风荷载的分项系数取：$\gamma_w = 1.4$

雪荷载的分项系数取：$\gamma_s = 1.4$

活荷载的分项系数取：$\gamma_Q = 1.4$

组合值系数为：

永久荷载组合值系数取：$\psi_G = 1.0$

风荷载的组合值系数取：$\psi_w = 0.6$

雪荷载的组合值系数取：$\psi_s = 0.7$

活荷载的组合值系数取：$\psi_Q = 0.7$

2. 风荷载标准值计算

按《建筑结构荷载规范》（GB 50009—2012）计算：

$$w_k = \beta_{gz}\mu_s\mu_z w_0$$

式中　w_k——风荷载标准值（kN/m^2）；

　　　z——计算点标高，取 $z = 30m$；

　　　β_{gz}——高度 z 处的阵风系数，按下式确定：

$$\beta_{gz} = 1 + 2gI_{10}\left(\frac{z}{10}\right)^{-\alpha}$$

　　　g——峰值因子，可取 2.5；

　　　I_{10}——10m 高度名义湍流强度，对应 A、B、C 和 D 类场地地面粗糙度，可分别取 0.12、0.14、0.23 和 0.39；

　　　α——地面粗糙度，对应 A、B、C 和 D 类场地地面粗糙度，可分别取 0.12、0.15、0.22 和 0.30。

其余符号同前。

对于 C 类地形，$z = 30m$ 高度处瞬时风压的阵风系数：

$$\beta_{gz} = 1 + 2gI_{10}\left(\frac{z}{10}\right)^{-\alpha} = 1 + 2 \times 2.5 \times 0.23 \times \left(\frac{30}{10}\right)^{-0.22} = 1.9031$$

　　　μ_z——风压高度变化系数。

不同地面粗糙度时，风压高度变化系数 μ_z 的数值可按下式计算：

$$\mu_z = \psi\left(\frac{z}{10}\right)^{2\alpha}$$

式中　z——风压计算点离地面高度（m）；

　　　ψ——地面粗糙度、梯度风高度影响系数，地面粗糙度 C 类，$\psi = 0.544$（见表 5-10）；

　　　α——地面粗糙度指数，地面粗糙度 C 类，$\alpha = 0.22$（见表 5-10）。

对于 C 类地形，$z = 30m$ 高度处风压高度变化系数 μ_z：

$$\mu_z = \psi\left(\frac{z}{10}\right)^{2\alpha} = 0.544 \times \left(\frac{30}{10}\right)^{2 \times 0.22} = 0.8821$$

（注：查表 5-9，地面粗糙度 C 类场地，$z = 30m$，$\mu_z = 0.88$）

　　　μ_{s1}——风荷载局部体型系数。根据计算点体型位置选取，并依据实际结构分别考虑其最大和最小两种情况，对本例，分别取 0.2、-0.5。

计算围护构件及其连接的风荷载时，可按下列规定采用局部体型系数 μ_{sl}：

1）封闭式矩形平面房屋的墙面及屋面可分别按表 5-5、表 5-6 的规定采用。

2）檐口、雨篷、遮阳板、边棱处的装饰条等凸出构件，取 -2.0。

3）其他房屋和构筑物可按《建筑结构荷载规范》（GB 50009—2012）第 8.3.1 条规定体型系数的 1.25 倍取值。

计算非直接承受风荷载的围护构件风荷载时，局部体型系数 μ_{sl} 可按构件从属面积折减，折减系数按下列规定采用：

1）当从属面积 $A \leqslant 1\text{m}^2$ 时，折减系数取 1.0。

2）从属面积 $A \geqslant 25\text{m}^2$ 时，对墙面折减系数取 0.8，对局部体型系数绝对值大于 1.0 的屋面区折减系数取 0.6，对其他屋面区域折减系数取 1.0。

3）当从属面积 $1\text{m}^2 < A < 25\text{m}^2$ 时，墙面和绝对值大于 1.0 的屋面局部体型系数可采用对数插值，即按下式计算局部体型系数 μ_{sl}：

$$\mu_{sl}(A) = \mu_{sl}(1) + [\mu_{sl}(25) - \mu_{sl}(1)]\lg A/1.4$$

在确定局部风压体型系数 μ_{sl} 时，需要确定从属面积 A。"从属面积"和"受荷面积"是两个不同的术语，从属面积是按构造单元划分的，它主要是由构件实际构造尺寸确定的，是用来确定风荷载标准值时，选取局部风压体型系数 μ_{sl} 用的参数；而受荷面积是按计算简图取值的，选取不同的计算简图，就可能会有不同的受荷面积，是分析构件效应时按荷载分布情况确定的。

考虑到采光顶的特殊性质：该处的建筑结构比较复杂，作为屋面结构又与人们的生命安全密切相关，很难每个工程都做风洞实验，而常规采光结构的风载本身就不大，所以在计算中没有按从属面积进行插值折减，而采用了 $\mu_{sl}(1)$ 值。

计算围护构件风荷载时，建筑物内部压力的局部体型系数可按下列规定采用：

1）封闭式建筑物，按其外表面风压正负情况取 -0.2 或 0.2。

2）仅一面墙有主导洞口的建筑物，按下列规定采用：

①当开洞率大于 0.02 且小于或等于 0.10 时，取 $0.4\mu_{sl}$。

②当开洞率大于 0.10 且小于或等于 0.30 时，取 $0.6\mu_{sl}$。

③当开洞率大于 0.30 时，取 $0.8\mu_{sl}$。

3）其他情况，应按开放式建筑物的 μ_{sl} 取值。

注：①主导洞口的开洞率是指单个主导洞口面积与该墙面全部面积之比；②μ_{sl} 应取主导洞口对应位置的值。

w_0：基本风压（kN/m^2）。

根据《建筑结构荷载规范》（GB 50009—2012）附录 E.5（全国各城市的雪压、风压和基本气温）中数值采用，按重现期 $R = 50$ 年，西安地区 $w_0 = 0.35\text{kN/m}^2$。

$w_k +$：比较大的风荷载体型系数情况下的风荷载标准值。

$w_k -$：比较小的风荷载体型系数情况下的风荷载标准值。

$$w_k + = \beta_{gz}\mu_s\mu_z w_0$$
$$= 1.9031 \times 0.2 \times 0.8821 \times 0.35 = 0.1175（\text{kN/m}^2）$$

$$w_k - = \beta_{gz}\mu_s\mu_z w_0$$
$$= 1.9031 \times (-0.5) \times 0.8821 \times 0.35 = -0.2938（\text{kN/m}^2）$$

3. 风荷载设计值计算

$w+$：比较大的风荷载体型系数情况下的风荷载设计值。

$w-$：比较小的风荷载体型系数情况下的风荷载设计值。

$$w+ = \gamma_w w_k+ = 1.4 \times 0.1175 = 0.1645 \ （kN/m^2）（风压力）$$

$$w- = \gamma_w w_k- = 1.4 \times （-0.2938） = -0.4113 \ （kN/m^2）（风吸力）$$

4. 雪荷载标准值计算

采光顶水平投影面上的雪荷载标准值应按下式计算：

$$s_k = \mu_r s_0$$

式中　s_k——雪荷载标准值（kN/m^2）；

　　　s_0——基本雪压（kN/m^2）；

根据《建筑结构荷载规范》（GB 50009—2012）附录 E.5（全国各城市的雪压、风压和基本气温）中数值采用，西安地区 50 年一遇最大积雪的自重：$s_0 = 0.25 kN/m^2$；

　　　μ_r——屋面积雪分布系数，查表 10-2 双跨双坡屋面，因为 $\alpha = 30°$，考虑屋面积雪不均匀分布情况，屋面积雪分布系数最大值取 1.40。

玻璃采光顶雪荷载标准值：

$$s_k = \mu_r s_0 = 1.40 \times 0.25 = 0.35 \ （kN/m^2）$$

5. 雪荷载设计值计算

s：雪荷载设计值（kN/m^2）。

$$s = \gamma_s s_k = 1.4 \times 0.35 = 0.49 \ （kN/m^2）$$

6. 采光顶构件自重荷载设计值

G：采光顶构件自重荷载设计值（kN/m^2）；

G_k：采光顶结构平均自重，取 $G_k = 0.6 kN/m^2$。

$$G = \gamma_G G_k = 1.2 \times 0.6 = 0.72 \ （kN/m^2）$$

7. 采光顶坡面活荷载设计值

Q：采光顶坡面活荷载设计值（kN/m^2）；

Q_k：采光顶坡面活荷载标准值，取 $Q_k = 0.5 kN/m^2$。

$$Q = \gamma_Q Q_k = 1.4 \times 0.5 = 0.7 \ （kN/m^2）$$

10.7.3　采光顶荷载组合

雪荷载与活荷载不同时考虑，根据计算点体型位置，风载可能为正、负或 0。因为负风压在某些情况下对结构反而是有利的，所以如果绝对值最大的情况是负数状态下产生的，还要计算风载为正（或零）时的情况，需要分别计算两种状态，并以其最危险状态来设计结构及选取材料。

1. 风荷载标准值为 w_k+ 情况下的荷载组合

即取自重、活荷载和风荷载组合：

第一可变荷载为：活荷载

第二可变荷载为：风荷载

所以，组合值系数依次为：

永久荷载组合值系数取：$\psi_G = 1.0$

风荷载的组合值系数取：$\psi_w = 0.6$

雪荷载的组合值系数取：$\psi_s = 0$

活荷载的组合值系数取：$\psi_Q = 1.0$

q_{A1}：该情况下作用在采光顶表面的荷载设计值组合（kN/m^2）。

q_1：该情况下作用在采光顶表面的荷载设计值组合（kN/m^2）。

先取自重和风荷载组合：

$$G + \psi_w w = 0.72 + 0.6 \times 0.1645 = 0.8187 \ （kN/m^2）$$

转化为垂直于水平面的荷载：

$$G + \psi_w w / \cos\alpha = 0.8187 / \cos30° = 0.9454 \ （kN/m^2）$$

再与活荷载组合，可得：

$$q_{A1} = G + \psi_w w / \cos\alpha + \psi_Q Q = 0.9454 + 1.0 \times 0.7 = 1.6454 \ （kN/m^2）$$

2. 风荷载标准值为 $w_k -$ 情况下的荷载组合

即取自重、活荷载和风荷载组合：

第一可变荷载为：活荷载

第二可变荷载为：风荷载

所以，组合值系数依次为：

永久荷载组合值系数取：$\psi_G = 1.0$

风荷载的组合值系数取：$\psi_w = 0.6$

雪荷载的组合值系数取：$\psi_s = 0$

活荷载的组合值系数取：$\psi_Q = 1.0$

q_{A2}：该情况下作用在采光顶表面的荷载设计值组合（kN/m^2）。

q_2：该情况下作用在采光顶表面的荷载设计值组合（kN/m^2）。

先取自重和风荷载组合：

$$G + \psi_w w = 0.72 + 0.6 \times (-0.4113) = 0.4732 \ （kN/m^2）$$

转化为垂直于水平面的荷载：

$$(G + \psi_w w) / \cos\alpha = 0.4732 / \cos30° = 0.5464 \ （kN/m^2）$$

再与活荷载组合，可得：

$$q_{A2} = (G + \psi_w w) / \cos\alpha + \psi_Q Q = 0.5464 + 1.0 \times 0.7 = 1.2464 \ （kN/m^2）$$

3. 最不利荷载组合确定

由上述计算可见，$q_{A1} = 1.6454 kN/m^2 > q_{A2} = 1.2464 kN/m^2$，$w_k +$ 情况下是结构的最不利情况，结构计算应该以此进行。

10.7.4　四角锥采光顶杆件设计计算

基本参数：

1）单锥边长：$l = 5000mm$。

2）坡面与水平面的夹角：$\alpha = 30°$。

3）型材选择：钢管 $120 \times 60 \times 4$，Q235。

截面面积：$A = 120 \times 60 - (120 - 8) \times (60 - 8) = 1376$（$mm^2$）

截面抵抗矩：$W = \dfrac{1}{6} \times 60 \times 120^2 - \dfrac{1}{6} \times (60 - 8) \times (120 - 8)^2 = 35285.33$（$mm^3$）

四角锥采光顶的杆件设计计算，可将受力杆件简化为承受两个三角荷载的直线三铰拱分析内力，并按压弯构件验算截面强度。

计算模型如图 10-21 所示。

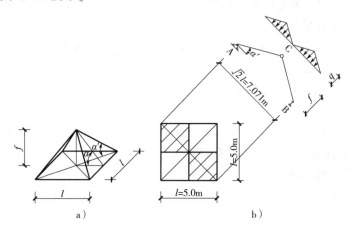

图 10-21　四角锥采光顶受力模型

1. 杆件荷载计算

（1）基本几何尺寸的确定

α'：杆件与水平面的夹角（°）。

f：锥体高度（mm）。

l：单锥边长（mm）。

L：计算模型中的总跨度（mm）。

$$\tan\alpha' = \frac{f}{\sqrt{2}l/2} = \frac{\tan30° \times l/2}{\sqrt{2}l/2} = \tan30°/\sqrt{2} = 0.4082$$

$$\alpha' = \tan^{-1}0.4082 = 22.205°$$

$$f = l/2\tan30° = 5000/2 \times \tan30° = 1443.376 \text{（mm）}$$

$$L = \sqrt{2}l = 1.414 \times 5000 = 7071 \text{（mm）}$$

（2）荷载的计算　计算取自重、活荷载和风荷载设计值组合。

q_A：作用在采光顶表面的荷载设计值组合（kN/m^2）。

q：作用在采光顶杆件上的线荷载设计值组合（kN/m^2）。

先取自重和风荷载组合：

$$G + \psi_w w = 0.72 + 0.6 \times 0.1645 = 0.8187 \text{（kN/m}^2\text{）}$$

转化为垂直于水平面的荷载：

$$(G + \psi_w w)/\cos\alpha = 0.8187/\cos30° = 0.9454 \text{（kN/m}^2\text{）}$$

再与活荷载组合，可得：

$$q_A = (G + \psi_w w)/\cos\alpha + \psi_Q Q = 0.9454 + 1.0 \times 0.7 = 1.6454 \text{（kN/m}^2\text{）}$$

$$q = q_A \left(\frac{\sqrt{2}l}{2} \right) = 1.6454 \times \frac{\sqrt{2} \times 5.0}{2} = 5.817 \ (kN/m^2)$$

2. 杆件的强度计算

校核依据：
$$\sigma = \frac{N}{A} + \frac{M}{\gamma W} \leqslant f$$

σ：计算截面的强度计算值（MPa）。

f：选择的龙骨材料的强度设计值（MPa）。

A：选取材料的截面面积（mm^2）。

W：选取材料的截面抗弯矩（mm^3）。

γ：塑性发展系数：

对于冷弯薄壁型钢龙骨，按《冷弯薄壁型钢结构技术规范》（GB 50018—2002），取 1.00。

对于热轧型钢龙骨，按《玻璃幕墙工程技术规程》（JGJ 102）（2022 年送审稿），取 1.05。

对于铝合金龙骨，按《铝合金结构设计规范》（GB 50429—2007），取 1.00。

$$M_c^0 = \frac{1}{16}q(\sqrt{2}l)^2 = \frac{1}{16} \times 5.817 \times (\sqrt{2} \times 5.0)^2 = 18.178 \ (kN \cdot m)$$

$$H = \frac{M_c^0}{f} = \frac{18.178}{1.443376} = 12.5941 \ (kN)$$

验算截面为斜杆最大弯矩处，距支座水平投影长度 $x_{L/4} = \frac{\sqrt{2}}{4}l = 1.7678m$。

$$M_{L/4}^0 = \frac{1}{2}q\left(\frac{\sqrt{2}}{2}l\right) \times \frac{\sqrt{2}}{4}l - \frac{1}{2}q\left(\frac{\sqrt{2}}{4}l\right) \times \frac{1}{3} \times \frac{\sqrt{2}}{4}l$$

$$= \frac{5}{48}ql^2 = \frac{5}{48} \times 5.817 \times 5^2 = 15.1484 \ (kN \cdot m)$$

$$y_{L/4} = x_{L/4}\tan\alpha' = 1.7678 \times \tan 22.205° = 0.7216 \ (m)$$

$$M_{L/4} = M_{L/4}^0 - Hy_{L/4} = 15.1484 - 12.5941 \times 0.7216 = 6.0605 \ (kN \cdot m)$$

$$V_{L/4}^0 = \frac{1}{2}q\left(\frac{\sqrt{2}}{2}l\right) - \frac{1}{2}q\left(\frac{\sqrt{2}}{4}l\right) = \frac{\sqrt{2}}{8}ql = \frac{\sqrt{2}}{8} \times 5.871 \times 5.0 = 5.1893 \ (kN)$$

$$N_{L/4} = V_{L/4}^0 \sin\phi_D + H\cos\phi_D$$

$$= 5.1893 \times \sin 22.205° + 12.5941 \times \cos 22.205° = 13.6212 \ (kN)$$

$$\sigma = \frac{N_{L/4}}{A} + \frac{M_{L/4}}{\gamma W} = \left(\frac{13.6212 \times 10^3}{1376} + \frac{6.0605 \times 10^6}{1.05 \times 35285.33} \right) MPa = 173.48 MPa < f = 215 MPa$$

斜杆的强度满足要求。

10.7.5 采光顶玻璃的计算

模型简图如图 10-22 所示。

基本参数：

1）计算点标高：30m。

2）板面尺寸：宽（B）×高（H）= 1500mm × 1800mm。

3）玻璃形式：中空 + 内夹层玻璃。

4）玻璃配置：6 + 12A + 6 + 0.76PVB + 6mm。

1. 玻璃板块荷载计算

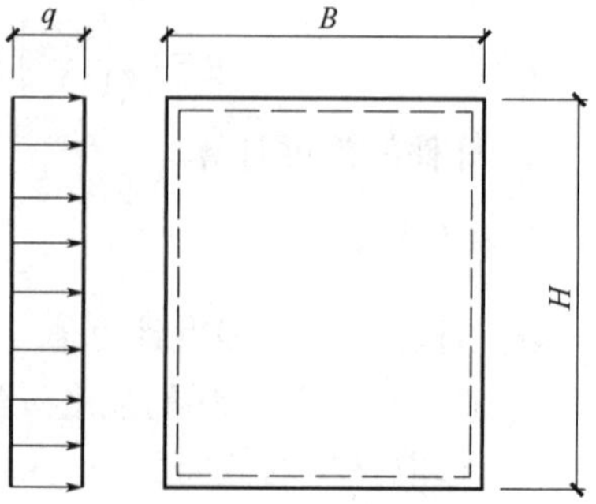

1) 外片玻璃自重荷载标准值：

G_{Ak1}：外片玻璃自重标准值（仅是指玻璃）（MPa）。

t_1：外片玻璃厚度，$t_1 = 6mm$。

γ_g：玻璃的体积密度，$\gamma_g = 25.6kN/m^3$。

$$G_{Ak1} = \gamma_g t_1 = 25.6 \times 10^{-6} \times 6 = 0.000154 \ （MPa）$$

2) 外片玻璃自重荷载设计值：

G_{A1}：外片玻璃自重设计值（仅是指玻璃）（MPa）。

G_{Ak1}：外片玻璃自重标准值（仅是指玻璃）（MPa）。

$$G_{A1} = \gamma_G G_{Ak1} = 1.2 \times 0.000154 = 0.000185 \ （MPa）$$

3) 内片玻璃自重荷载标准值：

G_{Ak2}：内片玻璃自重标准值（仅是指玻璃）（MPa）。

t_2：内片玻璃厚度，$t_2 = 6mm$。

γ_g：玻璃的体积密度，$\gamma_g = 25.6kN/m^2$。

$$G_{Ak2} = \gamma_g t_2 = 25.6 \times 10^{-6} \times 6 = 0.000154 \ （MPa）$$

4) 内片玻璃自重荷载设计值：

G_{A2}：外片玻璃自重设计值（仅是指玻璃）（MPa）。

G_{Ak2}：外片玻璃自重标准值（仅是指玻璃）（MPa）。

$$G_{A2} = \gamma_G G_{Ak2} = 1.2 \times 0.000154 = 0.000185 \ （MPa）$$

5) 中片玻璃自重荷载标准值：

G_{Ak3}：内片玻璃自重标准值（仅是指玻璃）（MPa）。

t_3：内片玻璃厚度，$t_3 = 6mm$。

γ_g：玻璃的体积密度，$\gamma_g = 25.6kN/m^3$。

$$G_{Ak3} = \gamma_g t_3 = 25.6 \times 10^{-6} \times 6 = 0.000154 \ （MPa）$$

6) 中片玻璃自重荷载设计值：

G_{A3}：外片玻璃自重设计值（仅是指玻璃）（MPa）。

G_{Ak3}：外片玻璃自重标准值（仅是指玻璃）（MPa）。

$$G_{A3} = \gamma_G G_{Ak3} = 1.2 \times 0.000154 = 0.000185 \ （MPa）$$

7) 分配到内、外、中三片玻璃上的风荷载标准值：

w_{k1}：分配到外片玻璃上的风荷载标准值（MPa）。

w_{k2}：分配到内片玻璃上的风荷载标准值（MPa）。

w_{k3}：分配到中片玻璃上的风荷载标准值（MPa）。

w_k 风荷载标准值，$w_k = 0.1175kN/m^2 = 0.0001175MPa$

t_1：外片玻璃厚度，$t_1 = 6mm$。

t_2：内片玻璃厚度，$t_2 = 6mm$。

t_3：中片玻璃厚度，$t_3 = 6mm$。

$$w_{k1} = 1.1 w_k \frac{t_1^3}{t_1^3 + t_2^3 + t_3^3}$$

$$= 1.1 \times 0.0001175 \times \frac{6^3}{6^3 + 6^3 + 6^3} = 0.000043 \ （MPa）$$

图 10-22　四边简支板

$$w_{k2} = w_k \frac{t_2^3}{t_1^3 + t_2^3 + t_3^3}$$

$$= 0.0001175 \times \frac{6^3}{6^3 + 6^3 + 6^3} = 0.000039 \ （MPa）$$

$$w_{k3} = w_k \frac{t_3^3}{t_1^3 + t_2^3 + t_3^3}$$

$$= 0.0001175 \times \frac{6^3}{6^3 + 6^3 + 6^3} = 0.000039 \ （MPa）$$

8）分配到内、外、中三片玻璃上的风荷载设计值：

w_1：分配到外片玻璃上的风荷载设计值（MPa）。

w_2：分配到内片玻璃上的风荷载设计值（MPa）。

w_3：分配到中片玻璃上的风荷载设计值（MPa）。

w：风荷载设计值，$w = 0.1645 \text{kN/m}^2 = 0.0001645 \text{MPa}$。

t_1：外片玻璃厚度，$t_1 = 6 \text{mm}$。

t_2：内片玻璃厚度，$t_2 = 6 \text{mm}$。

t_3：中片玻璃厚度，$t_3 = 6 \text{mm}$。

$$w_1 = 1.1 w \frac{t_1^3}{t_1^3 + t_2^3 + t_3^3}$$

$$= 1.1 \times 0.0001645 \times \frac{6^3}{6^3 + 6^3 + 6^3} = 0.000060 \ （MPa）$$

$$w_2 = w \frac{t_2^3}{t_1^3 + t_2^3 + t_3^3}$$

$$= 0.0001645 \times \frac{6^3}{6^3 + 6^3 + 6^3} = 0.000055 \ （MPa）$$

$$w_3 = w \frac{t_3^3}{t_1^3 + t_2^3 + t_3^3}$$

$$= 0.0001645 \times \frac{6^3}{6^3 + 6^3 + 6^3} = 0.000055 \ （MPa）$$

9）分配到内、外、中片玻璃上的雪荷载标准值：

s_{k1}：分配到外片玻璃上的雪荷载标准值（MPa）。

s_{k2}：分配到内片玻璃上的雪荷载标准值（MPa）。

s_{k3}：分配到中片玻璃上的雪荷载标准值（MPa）。

s_k：雪荷载标准值，$s_k = 0.35 \text{kN/m}^2 = 0.00035 \text{MPa}$。

t_1：外片玻璃厚度，$t_1 = 6 \text{mm}$。

t_2：内片玻璃厚度，$t_2 = 6 \text{mm}$。

t_3：中片玻璃厚度，$t_3 = 6 \text{mm}$。

$$s_{k1} = 1.1 s_k \frac{t_1^3}{t_1^3 + t_2^3 + t_3^3}$$

$$= 1.1 \times 0.00035 \times \frac{6^3}{6^3 + 6^3 + 6^3} = 0.000128 \ （MPa）$$

$$s_{k2} = s_k \frac{t_2^3}{t_1^3 + t_2^3 + t_3^3}$$

$$= 0.00035 \times \frac{6^3}{6^3 + 6^3 + 6^3} = 0.000117 \quad (\text{MPa})$$

$$s_{k3} = s_k \frac{t_3^3}{t_1^3 + t_2^3 + t_3^3}$$

$$= 0.00035 \times \frac{6^3}{6^3 + 6^3 + 6^3} = 0.000117 \quad (\text{MPa})$$

10）分配到内、外、中片玻璃上的雪荷载设计值：

s_1：分配到外片玻璃上的雪荷载设计值（MPa）。

s_2：分配到内片玻璃上的雪荷载设计值（MPa）。

s_3：分配到中片玻璃上的雪荷载设计值（MPa）。

s：雪荷载设计值，$s = 0.49\text{kN/m}^2 = 0.00049\text{MPa}$。

t_1：外片玻璃厚度，$t_1 = 6\text{mm}$。

t_2：内片玻璃厚度，$t_2 = 6\text{mm}$。

t_3：中片玻璃厚度，$t_3 = 6\text{mm}$。

$$s_1 = 1.1s \frac{t_1^3}{t_1^3 + t_2^3 + t_3^3}$$

$$= 1.1 \times 0.00049 \times \frac{6^3}{6^3 + 6^3 + 6^3} = 0.000018 \quad (\text{MPa})$$

$$s_2 = s \frac{t_2^3}{t_1^3 + t_2^3 + t_3^3}$$

$$= 0.00049 \times \frac{6^3}{6^3 + 6^3 + 6^3} = 0.000163 \quad (\text{MPa})$$

$$s_3 = s \frac{t_3^3}{t_1^3 + t_2^3 + t_3^3}$$

$$= 0.00049 \times \frac{6^3}{6^3 + 6^3 + 6^3} = 0.000163 \quad (\text{MPa})$$

11）分配到内、外、中片玻璃上的活荷载标准值：

Q_{k1}：分配到外片玻璃上的活荷载标准值（MPa）。

Q_{k2}：分配到内片玻璃上的活荷载标准值（MPa）。

Q_{k3}：分配到中片玻璃上的活荷载标准值（MPa）。

Q_k：活荷载标准值，$Q_k = 0.5\text{kN/m}^2 = 0.0005\text{MPa}$。

t_1：外片玻璃厚度，$t_1 = 6\text{mm}$。

t_2：内片玻璃厚度，$t_2 = 6\text{mm}$。

t_3：中片玻璃厚度，$t_3 = 6\text{mm}$。

$$Q_{k1} = 1.1Q_k \frac{t_1^3}{t_1^3 + t_2^3 + t_3^3}$$

$$= 1.1 \times 0.0005 \times \frac{6^3}{6^3 + 6^3 + 6^3} = 0.000183 \quad (\text{MPa})$$

$$Q_{k2} = Q_k \frac{t_2^3}{t_1^3 + t_2^3 + t_3^3}$$

$$= 0.0005 \times \frac{6^3}{6^3 + 6^3 + 6^3} = 0.000167 \ (\text{MPa})$$

$$Q_{k3} = Q_k \frac{t_3^3}{t_1^3 + t_2^3 + t_3^3}$$

$$= 0.0005 \times \frac{6^3}{6^3 + 6^3 + 6^3} = 0.000167 \ (\text{MPa})$$

12）分配到内、外、中片玻璃上的活荷载设计值：

Q_1：分配到外片玻璃上的活荷载设计值（MPa）。

Q_2：分配到内片玻璃上的活荷载设计值（MPa）。

Q_3：分配到中片玻璃上的活荷载设计值（MPa）。

Q：活荷载设计值，$Q = 0.7\text{kN/m}^2 = 0.0007\text{MPa}$。

t_1：外片玻璃厚度，$t_1 = 6\text{mm}$。

t_2：内片玻璃厚度，$t_2 = 6\text{mm}$。

t_3：中片玻璃厚度，$t_3 = 6\text{mm}$。

$$Q_1 = 1.1Q \frac{t_1^3}{t_1^3 + t_2^3 + t_3^3}$$

$$= 1.1 \times 0.0007 \times \frac{6^3}{6^3 + 6^3 + 6^3} = 0.000257 \ (\text{MPa})$$

$$Q_2 = Q \frac{t_2^3}{t_1^3 + t_2^3 + t_3^3}$$

$$= 0.0007 \times \frac{6^3}{6^3 + 6^3 + 6^3} = 0.000233 \ (\text{MPa})$$

$$Q_3 = Q \frac{t_3^3}{t_1^3 + t_2^3 + t_3^3}$$

$$= 0.0007 \times \frac{6^3}{6^3 + 6^3 + 6^3} = 0.000233 \ (\text{MPa})$$

2. 玻璃板块荷载组合

玻璃板块的荷载组合采用自重、风荷载和活荷载组合。

1）外片玻璃荷载标准值组合：

q_{k1}：分配到外片上的荷载标准值组合（MPa）。

w_{k1}：分配到外片上的风荷载标准值（MPa）。

G_{Ak1}：外片玻璃自重标准值（仅是指玻璃）（MPa）。

先取自重和风荷载组合：

$$G_{Ak1} + \psi_w w_{k1} = 0.000154 + 0.6 \times 0.000043 = 0.00018 \ (\text{MPa})$$

再与活荷载组合，可得：

$$q_{k1} = G_{Ak1} + \psi_w w_{k1} + \psi_Q Q_{k1}\cos\alpha$$

$$= 0.00018 + 1.0 \times 0.000183 \times \cos 30° = 0.000339 \ (\text{MPa})$$

2）外片玻璃荷载设计值组合：

q_1：分配到外片上的荷载设计值组合（MPa）。

w_1：分配到外片上的风荷载设计值（MPa）。

G_{A1}：外片玻璃自重标准值（仅是指玻璃）（MPa）。

先取自重和风荷载组合：

$$G_{A1} + \psi_w w_1 = 0.000185 + 0.6 \times 0.000060 = 0.000221 \text{（MPa）}$$

再与活荷载组合，可得：

$$\begin{aligned} q_1 &= G_{A1} + \psi_w w_1 + \psi_Q Q_1 \cos\alpha \\ &= 0.000221 + 1.0 \times 0.000257 \times \cos 30° = 0.000444 \text{（MPa）} \end{aligned}$$

3）内片玻璃荷载标准值组合：

q_{k2}：分配到内片上的荷载标准值组合（MPa）。

w_{k2}：分配到内片上的风荷载标准值（MPa）。

G_{Ak2}：内片玻璃自重标准值（仅是指玻璃）（MPa）。

先取自重和风荷载组合：

$$G_{Ak2} + \psi_w w_{k2} = 0.000154 + 0.6 \times 0.000039 = 0.000177 \text{（MPa）}$$

再与活荷载组合，可得：

$$\begin{aligned} q_{k2} &= G_{Ak2} + \psi_w w_{k2} + \psi_Q Q_{k2} \cos\alpha \\ &= 0.000177 + 1.0 \times 0.000167 \times \cos 30° = 0.000322 \text{（MPa）} \end{aligned}$$

4）内片玻璃荷载设计值组合：

q_2：分配到内片上的荷载设计值组合（MPa）。

w_2：分配到内片上的风荷载设计值（MPa）。

G_{A2}：内片玻璃自重标准值（仅是指玻璃）（MPa）。

先取自重和风荷载组合：

$$G_{A2} + \psi_w w_2 = 0.000185 + 0.6 \times 0.000055 = 0.000218 \text{（MPa）}$$

再与活荷载组合，可得：

$$\begin{aligned} q_2 &= G_{A2} + \psi_w w_2 + \psi_Q Q_2 \cos\alpha \\ &= 0.000218 + 1.0 \times 0.000233 \times \cos 30° = 0.000420 \text{（MPa）} \end{aligned}$$

5）中片玻璃荷载标准值组合：

q_{k3}：分配到中片上的荷载标准值组合（MPa）。

w_{k3}：分配到中片上的风荷载标准值（MPa）。

G_{Ak3}：中片玻璃自重标准值（仅是指玻璃）（MPa）。

先取自重和风荷载组合：

$$G_{Ak3} + \psi_w w_{k3} = 0.000154 + 0.6 \times 0.000039 = 0.000177 \text{（MPa）}$$

再与活荷载组合，可得：

$$\begin{aligned} q_{k3} &= G_{Ak3} + \psi_w w_{k3} + \psi_Q Q_{k3} \cos\alpha \\ &= 0.000177 + 1.0 \times 0.000167 \times \cos 30° = 0.000322 \text{（MPa）} \end{aligned}$$

6）中片玻璃荷载设计值组合：

q_3：分配到中片上的荷载设计值组合（MPa）。

w_3：分配到中片上的风荷载设计值（MPa）。

G_{A3}：中片玻璃自重标准值（仅是指玻璃）（MPa）。

先取自重和风荷载组合：

$$G_{A3} + \psi_w w_3 = 0.000185 + 0.6 \times 0.000055 = 0.000218 \text{（MPa）}$$

再与活荷载组合，可得：

$$\begin{aligned} q_3 &= G_{A3} + \psi_w w_3 + \psi_Q Q_3 \cos\alpha \\ &= 0.000218 + 1.0 \times 0.000233 \times \cos 30° = 0.000420 \text{（MPa）} \end{aligned}$$

3. 玻璃的强度计算

校核依据：$\hspace{4cm} \sigma \leqslant f_g$

1）外片校核：

θ_1：外片玻璃的计算参数。

η_1：外片玻璃的折减系数。

q_{k1}：作用在外片玻璃上的荷载组合标准值，$q_{k1} = 0.000339\text{MPa}$。

a：玻璃板块短边边长，$a = 1500\text{mm}$。

E：玻璃的弹性模量，$E = 0.72 \times 10^5 \text{MPa}$。

t_1：外片玻璃厚度，$t_1 = 6\text{mm}$。

$$\theta_1 = \frac{q_{k1} a^4}{E t_1^4} = \frac{0.000339 \times 1500^4}{0.72 \times 10^5 \times 6^4} = 18.39$$

查表 10-12，按内插法可得：

$$\eta_1 = 0.90 + \frac{20 - 18.39}{20 - 10} \times (0.95 - 0.90) = 0.908$$

σ_1：外片玻璃在组合荷载作用下的板中最大应力设计值（MPa）。

q_1：作用在采光顶外片玻璃上的荷载组合设计值（MPa）。

a：玻璃板块短边边长，$a = 1500\text{mm}$。

t_1：外片玻璃厚度，$t_1 = 6\text{mm}$。

m_1：外片玻璃弯矩系数，由 $a/b = 1.5/1.8 = 0.833$，查表 10-11 并线性插入可得：

$$m_1 = 0.05756 + \frac{0.85 - 0.833}{0.85 - 0.80} \times (0.06278 - 0.05756) = 0.0593$$

$$\begin{aligned} \sigma_1 &= \frac{6 m_1 q_1 a^2}{t_1^2} \eta_1 = \left(\frac{6 \times 0.0593 \times 0.000444 \times 1500^2}{6^2} \times 0.908 \right) \text{MPa} \\ &= 8.965\text{MPa} < f_{g1} = 42\text{MPa}（钢化玻璃） \end{aligned}$$

外片玻璃的强度满足要求。

2）内片校核：

θ_2：内片玻璃的计算参数。

η_2：内片玻璃的折减系数。

q_{k2}：作用在内片玻璃上的荷载组合标准值，$q_{k2} = 0.000322\text{MPa}$。

a：玻璃板块短边边长，$a = 1500\text{mm}$。

E：玻璃的弹性模量，$E = 0.72 \times 10^5 \text{MPa}$。

t_2：内片玻璃厚度，$t_2 = 6\text{mm}$。

$$\theta_2 = \frac{q_{k2} a^4}{E t_2^4} = \frac{0.000322 \times 1500^4}{0.72 \times 10^5 \times 6^4} = 17.47$$

查表10-12，按内插法可得：

$$\eta_2 = 0.90 + \frac{20 - 17.47}{20 - 10} \times (0.95 - 0.90) = 0.913$$

σ_2：内片玻璃在组合荷载作用下的板中最大应力设计值（MPa）。

q_2：作用在采光顶内片玻璃上的荷载组合设计值，$q_2 = 0.00042\text{MPa}$。

a：玻璃板块短边边长，$a = 1500\text{mm}$。

t_2：内片玻璃厚度，$t_2 = 6\text{mm}$。

m_2：内片玻璃弯矩系数，由 $a/b = 1.5/1.8 = 0.833$，查表10-11并线性插入可得：

$$m_2 = 0.05756 + \frac{0.85 - 0.833}{0.85 - 0.80} \times (0.06278 - 0.05756) = 0.0593$$

$$\sigma_2 = \frac{6m_2 q_2 a^2}{t_2^2} \eta_1 = \left(\frac{6 \times 0.0593 \times 0.00042 \times 1500^2}{6^2} \times 0.913 \right)\text{MPa}$$

$$= 8.527\text{MPa} < f_{g2} = 42\text{MPa} \ (\text{钢化玻璃})$$

内片玻璃的强度满足要求。

3）中片校核：

θ_3：中片玻璃的计算参数。

η_3：中片玻璃的折减系数。

q_{k3}：作用在中片玻璃上的荷载组合标准值，$q_{k3} = 0.000322\text{MPa}$。

a：玻璃板块短边边长，$a = 1500\text{mm}$。

E：玻璃的弹性模量，$E = 0.72 \times 10^5 \text{MPa}$。

t_3：中片玻璃厚度，$t_3 = 6\text{mm}$。

$$\theta_3 = \frac{q_{k3} a^4}{E t_3^4} = \frac{0.000322 \times 1500^4}{0.72 \times 10^5 \times 6^4} = 17.47$$

查表10-12，按内插法可得：

$$\eta_3 = 0.90 + \frac{20 - 17.47}{20 - 10} \times (0.95 - 0.90) = 0.913$$

σ_3：中片玻璃在组合荷载作用下的板中最大应力设计值（MPa）。

q_3：作用在采光顶中片玻璃上的荷载组合设计值，$q_3 = 0.00042\text{MPa}$。

a：玻璃板块短边边长，$a = 1500\text{mm}$。

t_3：中片玻璃厚度，$t_3 = 6\text{mm}$。

m_3：中片玻璃弯矩系数，由 $a/b = 1.5/1.8 = 0.833$，查表10-11并线性插入可得：

$$m_2 = 0.05756 + \frac{0.85 - 0.833}{0.85 - 0.80} \times (0.06278 - 0.05756) = 0.0593$$

$$\sigma_3 = \frac{6m_3 q_3 a^2}{t_3^2} \eta_1 = \left(\frac{6 \times 0.0593 \times 0.00042 \times 1500^2}{6^2} \times 0.913 \right)\text{MPa}$$

$$= 8.527\text{MPa} < f_{g3} = 42\text{MPa} \ (\text{钢化玻璃})$$

中片玻璃的强度满足要求。

4. 玻璃的挠度计算

1）玻璃板块整体荷载标准值组合：玻璃板块的荷载组合采用自重、风荷载和活荷载组合。

q_k：荷载标准值组合（MPa）。

w_k：风荷载标准值，$w_k = 0.1175 \mathrm{kN/m}^2 = 0.0001175 \mathrm{MPa}$。

G_{Ak1}：外片玻璃自重标准值（仅是指玻璃），$G_{Ak1} = 0.000154 \mathrm{MPa}$。

G_{Ak2}：内片玻璃自重标准值（仅是指玻璃），$G_{Ak2} = 0.000154 \mathrm{MPa}$。

G_{Ak3}：中片玻璃自重标准值（仅是指玻璃），$G_{Ak3} = 0.000154 \mathrm{MPa}$。

先取自重和风荷载组合：

$$G_{Ak1} + G_{Ak2} + G_{Ak3} + \psi_w w_k = 0.000154 + 0.000154 + 0.000154 + 0.6 \times 0.0001175$$
$$= 0.0005544$$

再与活荷载组合，可得：

$$q_k = G_{Ak1} + G_{Ak2} + G_{Ak3} + \psi_w w_k + \psi_Q Q_k \cos\alpha$$
$$= 0.0005544 + 1.0 \times 0.0005 \times \cos 30° = 0.000987 \ （\mathrm{MPa}）$$

2）玻璃最大挠度校核：

校核依据：
$$d_f = \frac{\mu q_k a^4}{D} \eta \leqslant d_{f,\lim}$$

上面公式中：

d_f：玻璃板挠度计算值（mm）。

η：玻璃挠度的折减系数。

μ：玻璃挠度系数，根据 $a/b = 1.5/1.8 = 0.833$，查表 10-11 并线性插入可得：

$$\mu = 0.00547 + \frac{0.85 - 0.833}{0.85 - 0.80} \times (0.00603 - 0.00547) = 0.00566$$

q_k：荷载标准值组合，$q_k = 0.000987 \mathrm{MPa}$。

a：玻璃板块短边边长，$a = 1500 \mathrm{mm}$。

D：玻璃的弯曲刚度（N·mm）。

$d_{f,\lim}$：许用挠度，取玻璃板块短边边长的 $1/60$，即 $d_{f,\lim} = 1500/60 = 25 \ （\mathrm{mm}）$。

其中：
$$D = \frac{E t_e^3}{12(1 - \nu^2)}$$

上式中：

ν：玻璃的泊松比，取 $v = 0.2$。

E：玻璃的弹性模量，取 $E = 0.72 \times 10^5 \mathrm{N/mm}^2$。

t_e：玻璃的等效厚度（mm）。

$$t_e = 0.95 \sqrt[3]{t_1^3 + t_2^3 + t_3^3} = 0.95 \times \sqrt[3]{6^3 + 6^3 + 6^3} = 8.221 \ （\mathrm{mm}）$$

$$D = \frac{E t_e^3}{12(1 - \nu^2)} = \frac{0.72 \times 10^5 \times 8.221^3}{12 \times (1 - 0.2^2)} = 3472593.612 \ （\mathrm{N \cdot mm}）$$

θ：玻璃板块的计算参数。

$$\theta = \frac{q_k a^4}{E t_e^4} = \frac{0.000987 \times 1500^4}{0.72 \times 10^5 \times 8.221^4} = 15.193$$

查表 10-11，按内插法可得：

$$\eta = 0.90 + \frac{20 - 15.193}{20 - 10} \times (0.95 - 0.90) = 0.924$$

$$d_f = \frac{\mu q_k a^4}{D}\eta = \left(\frac{0.00566 \times 0.000987 \times 1500^4}{3472593.612} \times 0.924\right)\text{mm} = 7.525\text{mm} < d_{f,\text{lim}} = 25\text{mm}$$

玻璃挠度满足要求。

10.7.6　全隐框采光顶结构胶计算

基本参数：

1）计算点标高：30m。

2）玻璃分格尺寸：宽（B）×高（H）＝1500mm×1800mm。

3）玻璃总厚度：$t = 18$mm。

4）坡面夹角：$\alpha = 30°$。

1. 结构硅酮密封胶的宽度计算

1）水平荷载作用下结构胶粘结宽度

c_{s1}：风荷载作用下结构胶粘结宽度最小值（mm）。

w：风荷载设计值，$w = 0.4113\text{kN/m}^2 = 0.0004113\text{MPa}$。

a：玻璃板块短边边长，$a = 1500$mm。

f_1：结构胶的短期强度允许值，取$f_1 = 0.2$MPa。

$$c_{s1} = \frac{wa}{2f_1} = \frac{0.0004113 \times 1500}{2 \times 0.2} = 1.542 \text{（mm）}$$

2）自重效应（永久荷载）作用下胶缝宽度的计算

c_{s2}：自重效应下结构胶粘结宽度最小值（mm）。

q_G：结构胶承担的玻璃单位面积重力荷载设计值，分项系数取1.35。

$$q_G = \gamma_G G_k = 1.35 \times 0.000154 \times 3 = 0.000624 \text{（MPa）}$$

a：玻璃板块短边边长，$a = 1500$mm。

b：玻璃板块长边边长，$b = 1800$mm。

s：雪荷载设计值，$s = 0.49\text{kN/m}^2 = 0.00049\text{MPa}$。

f_2：结构胶的长期强度允许值，取$f_2 = 0.01$MPa。

$$c_{s2} = \frac{(q_G + \psi_s s)ab\sin\alpha}{2(a+b)f_2}$$

$$= \frac{(0.000624 + 0.7 \times 0.00049) \times 1500 \times 1800 \times \sin30°}{2 \times (1500 + 1800) \times 0.01} = 19.780 \text{（mm）}$$

实际胶缝宽度取20mm。

2. 结构硅酮密封胶粘结厚度的计算

μ_s：在风荷载作用下玻璃与玻璃附框型材相对位移量（mm）。

θ：风荷载标准值作用下主体结构层间位移角限值（rad），取值见表5-20，框架结构$\theta = 1/550$（建筑物高度$H < 150$m）。

b：采光顶玻璃板块的最大边长（mm），$b = 1800$mm。

$$\mu_s = \theta b = 1800/550 = 3.273 \text{（mm）}$$

t_s：风荷载作用下结构胶粘结厚度计算值（mm）。

δ：风荷载作用下结构硅酮密封胶的变位承受能力，$\delta = 10\%$。

胶体厚度值 t_s 的计算公式：

$$t_s \geqslant \frac{\mu_s}{\sqrt{\delta(2+\delta)}} = \frac{3.273}{\sqrt{10\% \times (2+10\%)}} = 7.142 \quad (\text{mm})$$

实际胶缝厚度取 10mm。

《玻璃幕墙工程技术规范》（JGJ 102）（2022 年送审稿）规定，硅酮结构密封胶的粘结宽度（c_s）不应小于 7mm；其粘结厚度（t_s）不应小于 6mm，且不宜大于 12mm。硅酮结构密封胶的粘结宽度（c_s）宜大于厚度，当采用单组分硅酮结构密封胶时粘结宽度不宜大于厚度的 2 倍。

本工程设计的结构胶满足规范要求。

第 11 章

石材幕墙设计

11.1 石材幕墙定义及分类

1. 石材幕墙定义

面板材料为天然建筑石材的建筑幕墙称为石材幕墙。石材幕墙面板宜采用功能用途的花岗石石板材。岩浆岩和变质岩中的片麻岩商业上统称为花岗石（granite），比较适用于幕墙的面板。岩浆岩由岩浆在地表或在地层中冷凝结晶后生成，质地密实、强度高、硬度大，其主要成分为 SiO_2，化学性质稳定。因此，岩浆岩承载力高，不易腐蚀，耐用年限长。主要的岩浆岩有花岗石、玄武石等，SiO_2 含量在 50% 以上。

石材是天然材料，材质上有微孔、微裂纹存在，表面容易被污染，水和污物可渗入其内部。因此，幕墙石材面板宜进行表面防护处理。石材面板的吸水率大于 1% 时，应进行表面防护处理，处理后的含水率不应大于 1%。采用石材表面防护处理后，可保证建筑设计效果，便于表面处理；对大理石、板石类石材，还可隔绝大气、雨水的侵蚀，防止或减缓表面风化、剥落。

在严寒地区和寒冷地区，石材的冻融系数不宜小于 0.8。石材的放射性核素应符合《建筑材料放射性核素限量》（GB 6566—2010）的要求。

幕墙石材面板的厚度一般由结构计算确定。由于天然石材本身非均质、力学性能离散很大的特点，应综合考虑其承载能力、加工制造和安装施工的要求规定其用于幕墙工程时的最小厚度要求（表 11-1）。

表 11-1 石材面板的弯曲强度、厚度、吸水率和单块面积要求

石材种类	花岗石	其他类型石材	
弯曲强度试验平均值 $f_{rm}/(N/mm^2)$	≥10.0	≥10.0	$10.0 > f_{tk} ≥ 5.0$
弯曲强度标准值 $f_{rk}/(N/mm^2)$	≥8.0	≥8.0	$8.0 > f_{tk} ≥ 4.0$
厚度 t/mm	≥25	≥35	≥40
吸水率（%）	≤0.6	≤5	≤5
单块面积/m^2	不宜大于 1.5	不宜大于 1.0	不宜大于 1.0

注：1. 当石材面板的两个方向具有不同力学性能时，对双向受力板，每个方向的强度指标应符合本表的规定；对单向受力板，其主要受力方向的强度应符合本表的规定。

2. 烧毛板和天然粗糙表面的石板，其最小厚度应按表中的数值增加 3mm 采用。

幕墙立面分格是立面设计的重要内容，设计时除了考虑立面效果外，必须综合考虑室内空间组合、功能、视觉要求以及加工条件等因素，同时还要满足防火的相关规定。石材幕墙立面划分时，单块花岗石石材面板的面积不宜大于 1.5m^2；其他石材面板的面积不宜大于

$1.0m^2$。由于石材是天然材料,可能存在微小的裂纹或其他缺陷,单块板面积越大出现缺陷的可能性越高,而且板块面积过大也增加了连接构造的难度,影响安全性和提高造价。

幕墙高度超过 100m 时,花岗石面板的弯曲强度试验平均值 f_{rm} 不应小于 $12.0N/mm^2$,标准值 f_{rk} 不应小于 $10.0N/mm^2$,厚度 t 不应小于 30mm。

石材幕墙适用于非抗震设计和抗震设防烈度为 6 度、7 度、8 度的民用建筑天然石材幕墙工程;当幕墙高度超过 100m 时,应采用花岗石。石材幕墙是建筑的外围护结构,应具有建筑艺术性、安全耐久性、稳定性、结构先进性、经济合理性。

2. 石材幕墙分类

石材幕墙中的石材可分为天然石材和人造板材。因此,石材幕墙按照面板材料可分为天然石材幕墙和人造板材幕墙。人造板材有瓷板、陶板、微晶玻璃板等,瓷板幕墙是指以建筑幕墙用瓷板(吸水率平均值 $E<0.5\%$ 干压陶瓷板)为面板的人造板材幕墙。陶板幕墙是指以建筑幕墙用陶板(吸水率平均值 $3\%<E<6\%$ 和 $6\%<E<10\%$ 挤压陶瓷板)为面板的人造板材幕墙。微晶玻璃板幕墙是指以建筑装饰用微晶玻璃板(通体板材)为面板的人造板材幕墙。

11.2 石材面板的连接构造

石材幕墙中面板连接方式有钢销式、短槽式、通槽式、小单元式、背栓式等。

1. 钢销式

钢销式连接是国内最早广泛采用的一种连接方式,它是在石材板上、下边钻圆孔,插入不锈钢钢销,钢销与不锈钢托板焊接,不锈钢托板再与横梁连接。一个连接件连接上、下两块石材,使石材板安装、拆卸困难,容易使上面石材自重传递到下面石材上,形成累加,而且钢销与石材之间接触受力集中容易破损,现在已不采用(图 11-1),《金属和石材幕墙工程技术规程》(JGJ 133)(2022 年送审稿)中已取消了钢销式石材幕墙的相关内容。

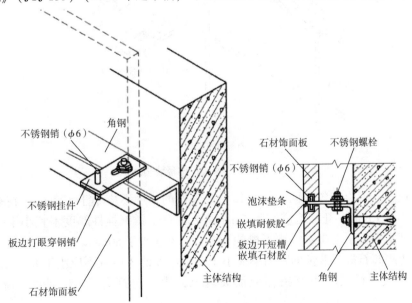

图 11-1 钢销式石材幕墙构造

钢销的孔位应根据石板的大小而确定。孔位距离边端不得小于石板厚度的 3 倍，也不得大于 180mm。钢销间距不应大于 600mm。边长不大于 1.0m 时，每边应设两个钢销，边长大于 1.0m 时应采用复合连接。

石板销孔的深度宜为 22 ~ 33mm，孔的直径宜为 7mm 或 8mm，钢销直径宜为 5mm 或 6mm，钢销长度宜为 20 ~ 30mm。

石板的销孔处不得有损坏或崩裂现象，孔径内应光滑、洁净。

钢销式石材幕墙可在非抗震设计或 6 度、7 度抗震设计的幕墙中应用，幕墙高度不宜大于 20m，石板面积不宜大于 1.0m²。钢销和连接板应采用不锈钢。连接板截面尺寸不宜小于 40mm × 4mm。

2. 短槽式

在石材板上、下边开有效长度的沟槽，宽板金属挂件连接，与石材接触面积大，受力较钢销式更为均匀，如图 11-2 所示。前期使用的 T 形和蝶形不锈钢金属挂件连接上、下两块石材，由于拆卸不便以及加工工艺影响，目前已很少使用。L 形金属挂件是一个金属挂件连接一块石材，目前还有使用，弊端是内侧空间有限、不易施工。连接挂件宜采用只固定一块石材面板的 L 形挂件，其长度不宜小于 40mm。挂件入槽深度不宜小于 10mm，也不宜大于 20mm。不宜采用同一方向的上斜式挂件。目前基本是采用结构性铝合金金属挂件配合短槽式施工，如用 SE 组合挂件安装，使用效果较好。

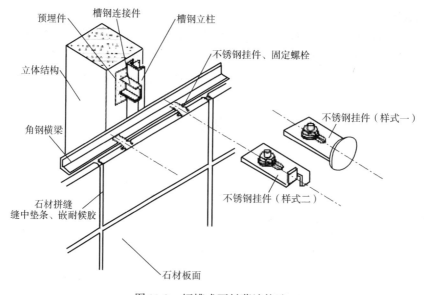

图 11-2　短槽式石材幕墙构造

每块石板上、下边应各开两个短平槽，短平槽的长度不应小于 100mm，在有效长度内槽深度不宜小于 15mm；开槽宽度宜为 6mm 或 7mm。不锈钢挂件厚度不宜小于 3.0mm，铝合金挂件厚度不宜小于 4.0mm。弧形槽的有效长度不应小于 80mm。

两短槽边距离石板两端部的距离不应小于石板厚度的 3 倍且不应小于 85mm，也不应大于 180mm。石板开槽后不得有损坏或崩裂现象，槽口应打磨成 45°倒角，槽内应光滑、洁净。

目前我国花岗石幕墙中最广泛使用的是弧形短槽连接。弧形短槽都采用砂轮开槽，而不同直径砂轮开出槽的几何参数是不一样的。一般石材加工企业常用的砂轮直径有 350mm（14in）、300mm（12in）、250mm（10in）等。

《金属与石材幕墙工程技术规范》（JGJ 133）（2022 年送审稿）第 6.3.1 条规定："短槽连接的石材面板，槽口深度大于 20mm 的有效长度不宜大于 80mm，也不宜比挂件长度长 10mm 以上，槽口深度宜比挂件入槽深度大 5mm；槽口宽度不宜大于 8mm，也不宜小于 5mm。"有效长度是指相对于锚入槽内挂件底处弧形短槽的弦长。它是按 40mm 宽挂件考虑的，即 40mm 宽挂件且挂件中心

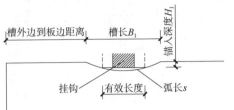

图 11-3　弧形槽的有效长度

线与槽长中心线吻合时挂件两侧各可移动 20mm（理论值，实际值应不小于 15mm），如果挂件宽度尺寸大于 40mm，应该按挂件实际宽度加两侧活动量调整有效长度。它还与挂件锚入的深度有关，一般挂件锚入 10～20mm 为宜，如图 11-3 所示。

根据砂轮直径 d 与挂件锚入短槽深度 H_1，按有效长度为 80mm 计算的弧形短槽几何参数见表 11-2。

表 11-2　弧形短槽几何参数　　　　　　　　（单位：mm）

砂轮直径 d	挂件锚入深度 H_1	槽宽 B_1	弧长 s
350	10	140	144
	12	149	154
300	10	132.5	137
	12	140.4	146
250	10	124.4	130.2
	13	130.4	137.1

《金属与石材幕墙工程技术规范》（JGJ 133）（2022 年送审稿）第 6.3.1 条还对槽口端部与石板对应端部的距离做了规定，它不宜小于板厚的 3 倍，也不宜大于 180mm。根据以上规定即可得出短槽长度中心线到板边的距离。

花岗岩石材幕墙中，石板的自重不能由挂件角直接顶住来支承的。可采用下列两种方案：

1）将花岗石支承在挂件托板上，在石板与挂件托板间设柔性垫块，此时花岗石板的自重由花岗石板槽边的局部面积承担，必须校核其局部压力（图 11-4a）。

2）将挂件用环氧树脂胶粘结在槽内，花岗石板的自重通过环氧树脂胶缝传给挂件，将花岗石板支承起来，此时花岗石板下部弧形短槽与挂件粘结成一个整体，固定在主体结构上不能位移，当建筑物平面内变形时完全靠上部挂件在槽内移动调节，此时要对环氧树脂胶缝构造做出规定，并对粘结强度进行验算（图 11-4b）。

建筑幕墙面板构造设计的基本要求是可以随时单独更换任何一块需要更换的面板，因此对石材挂件应选用每块石材能单独更换的挂件形式，T 形钩、蝶形钩都是上下连续挂件，不能随时单独更换任何一块需要更换的石材面板，要选用 L 形钩，每块板上、下都采用 L 形钩固定时才能实现单独更换任何一块面板的目的。在使用 L 形钩时，下部挂件是与槽梁整体连接，上部挂件是活动的，在上部挂件安装定位后要采用限位装置，保证其在振动时不脱落（图 11-5）。

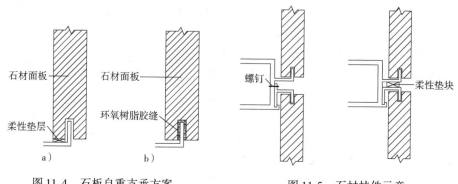

图 11-4　石板自重支承方案　　　图 11-5　石材挂件示意

3. 通槽式

与短槽式相比，通槽式连接是石材上、下边开通长的沟槽，采用通长的连接件与横梁连接固定，受力较短槽式分散，不产生应力集中现象，相应石材沟槽受力较好，安全性能比短槽式要强，但加工不便、运输中易损坏。

通槽连接的石材面板，其槽口深度可为 20～25mm，槽口宽度可为 6～12mm。挂件入槽深度不宜小于 15mm，长度宜小于槽长 5mm。承托石板处宜设置弹性垫块，垫块厚度不宜小于 3mm。

通过通槽和挂件与支承结构体系连接的石材面板，挂件应符合下列要求：①不应采用 T 形挂件；②不锈钢挂件的截面厚度不宜小于 3.0mm；③铝合金挂件截面厚度不宜小于 4.0mm；④在石材面板重力荷载作用下，挂件挠度不宜大于 1.0mm。

石板开槽后不得有损坏或崩裂现象，槽口应打磨成 45°倒角，槽内应光滑、洁净。

4. 小单元式

将石材面板和挂件中的 S、E 副件在工厂加工好，组装成小单元式组合件，运往工地直接固定在主件上，最终完成整幅幕墙。采用这种小单元式组件安装石材幕墙，石材面板厚度可以减薄，在工厂加工，加快了施工进度，从而缩短工期，结构受力合理，抗震性能好。单块石材损坏卸下重装不影响相邻其他板块，需采用石材专用结构胶粘结，如图 11-6 所示。

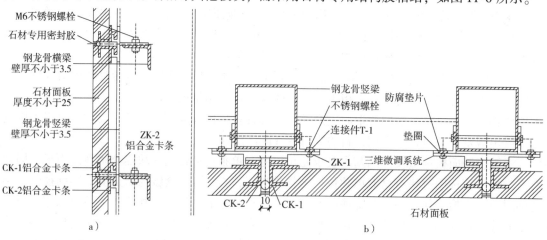

图 11-6　小单元式连接示意（单位：mm）

a）纵剖面节点　b）横剖面节点

幕墙单元内石板之间可采用铝合金 T 形连接件连接；T 形连接件的厚度应根据石板的尺寸和重量经计算确定，且其最小厚度不应小于 4.0mm。

幕墙单元内，边部石板与金属框的连接，可采用铝合金 L 形连接件，其厚度根据石板的尺寸和重量经计算确定，且其最小厚度不应小于 4.0mm。

5. 背栓式

背栓式石材幕墙是对石材锥孔实现无膨胀应力加工，利用不锈钢背栓连接锚固，实现无侧向应力，连接强度好，石材受力好，不用环氧胶粘结。此种连接方式对石材强度的要求降低 1/3 左右，若采用通常连接方式，石材板面无法满足强度要求，此连接方式可成功解决，故适用于高层和大板块石材幕墙。尾部连接结构采用挂式可实现三维调节，安装方便，石材板块抗变位能力强，满足抗震性能要求，可随时更换破损石材，维修性能好，可实现复杂造型，可均化石材板块的厚度偏差。采用专用设备加工，精度高、速度快，石材安装后不需过多调整，即可实现非常高的板面平整度，外观效果优美，线条平直流畅，如图 11-7 所示。

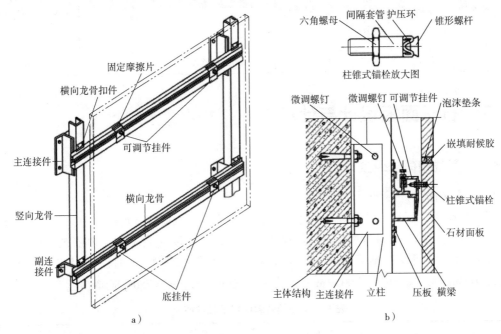

图 11-7　背栓干挂石材幕墙节点示意

a) 立体图　b) 竖向节点详图

6. 组合式

短槽式、通槽式、小单元式、背栓式的两种及以上组合，常用短槽式和背栓式的组合。石材挂件的胶粘剂一般要注入孔、槽、缝内，硅酮结构胶在厚度较小时粘结性较弱，且可能污染石材；普通环氧树脂具有脆性，缺乏弹性变形性能。石材挂件可采用性能较好的环氧树脂胶粘剂粘结，不得采用不饱和聚酯树脂胶。石材是多孔性材料，与面板接触的密封胶对石材的污染要符合检测要求；石材幕墙的面板应采用便于各板块独立安装和拆卸的支承固定系统；横梁和立柱之间应采用有一定相对位移能力的体系。

石材幕墙面板常用连接方式性能比较见表 11-3。

表 11-3　石材幕墙面板常用连接方式性能比较

性能	钢销式	短槽式	通槽式	小单元式	背栓式
可拆卸性	较差	一般	一般	可拆卸	可拆卸
抗震性能	较差	一般	一般	良好	良好
加工性能	工艺简单，无需特殊工具	工艺简单，无需特殊工具，承载力较钢销大	工艺简单，无需特殊工具，承载力较大	工厂加工，现场作业量少，精度高，承载力大	工厂加工，现场作业量小，精度高，承载力大
保温、隔热、防潮性	一般	一般	一般	较好	较好
建筑艺术性	较差	一般	一般	一般	较好
气密、水密性	较差	较差	较差	一般	较好
安装、安全性	现场作业量大，精度低，安全度低	现场作业量大，精度低，安全度低	开槽复杂，精度低，安全度低	安装方便，便于调整，安全度高，需要结构胶粘结	安装方便，便于调整，安全度高，板块可较大
经济性	最低	一般	一般，较短槽式高	造价高	造价较高

11.3　石材面板设计与计算

11.3.1　荷载和荷载组合

1. 荷载（作用）

石材幕墙中，石材承受荷载（作用）包括重力荷载、风荷载、地震作用、温度作用等。

（1）重力荷载　石材自重标准值可根据石材的标准密度（表 11-4）和石材厚度计算确定。石材单位面积重力标准值 $q_k = G_k/A$（N/m^2）：石板厚度 20.00mm 时，$q_k = 500 \sim 560N/m^2$；厚度 25.00mm 时，$q_k = 625 \sim 700N/m^2$；厚度为 30.00mm 时，$q_k = 750 \sim 800N/m^2$。

表 11-4　幕墙材料的自重标准值 γ_{gk}

材料	$\gamma_{gk}/(kN/m^3)$	材料	$\gamma_{gk}/(kN/m^3)$
钢材	78.5	大理石	28.0
铝合金	28.0	玻璃棉	0.5 ~ 1.0
花岗石	28.0	岩棉	0.5 ~ 2.5
砂岩	24.0	矿棉	1.2 ~ 1.5
石灰石	26.0	玻璃	25.6

（2）风荷载　石材幕墙的风荷载标准值按《建筑结构荷载规范》（GB 50009—2012）计算，且不小于 $1.0kN/m^2$，详见第 5.2.2 节。但应注意，在计算局部风压体型系数 μ_{sl} 时，从属面积 A 取值：压板、面板（玻璃、石材、铝板等）、挂钩、胶缝按面板的面积考虑；立柱、横梁及其连接件按一个框格单元，即立柱高度与分格宽度计算从属面积。

（3）地震作用　垂直于玻璃幕墙平面的分布水平地震作用标准值 q_{Ek}、平行于玻璃幕墙平面的集中水平地震作用标准值 P_{Ek} 可按《金属与石材幕墙工程技术规范》（JGJ 133）（2022 年送审稿）有关规定计算，详见第 5.2.3 节。

但应注意：

1）不直接连接面板、通过其他支承结构间接承受面板地震作用的幕墙支承结构，宜采用结构动力学方法计算其承受的地震作用。

2）幕墙的横梁、立柱、其他支承结构构件以及连接件、锚固件所承受的地震作用，应包括依附于其上的幕墙构件传递的地震作用和其自身重力荷载产生的地震作用。

（4）温度作用　幕墙进行温度作用效应计算时，所采用的幕墙温度年变化值 ΔT 可取 80℃。计算时应采用材料的线膨胀系数 α_T，幕墙材料的线膨胀系数可按表 11-5 采用。

表 11-5　幕墙材料的线膨胀系数 α_T

材料	线膨胀系数 $\alpha_T/(1/℃)$	材料	线膨胀系数 $\alpha_T/(1/℃)$
混凝土	1.00×10^{-5}	铝型复合板	$2.40 \times 10^{-5} \sim 4.00 \times 10^{-5}$
钢材	1.20×10^{-5}	不锈钢板	1.80×10^{-5}
铝合金	2.35×10^{-5}	蜂窝铝板	2.40×10^{-5}
单层铝板	2.35×10^{-5}	花岗石石板	0.80×10^{-5}

2. 荷载组合

（1）承载力计算　非抗震设计的石材幕墙，应计算重力荷载、风荷载。

$$S = \gamma_G S_{Gk} + \psi_w \gamma_w S_{wk} + \psi_T \gamma_T S_{Tk} \tag{11-1}$$

抗震设计的石材幕墙，应考虑重力荷载、风荷载和地震作用效应。

$$S = \gamma_G S_{Gk} + \psi_w \gamma_w S_{wk} + \psi_E \gamma_E S_{Ek} \tag{11-2}$$

式中　　　　　　S——作用组合的效应设计值；

S_{Gk}、S_{wk}、S_{Ek}、S_{Tk}——永久荷载、风荷载、地震作用、温度作用效应标准值，对于变形不受约束的支承结构及构件，可取 $S_{Tk} = 0$；

γ_G、γ_w、γ_E、γ_T——永久荷载、风荷载、地震作用、温度作用分项系数；

ψ_w、ψ_E、ψ_T——风荷载、地震作用、温度作用的组合值系数。

进行幕墙构件的承载力设计时，作用分项系数应按下列规定取值：

1）一般情况下，永久荷载、风荷载、地震作用和温度作用的分项系数 γ_G、γ_w、γ_E、γ_T 应分别取 1.2、1.4、1.4 和 1.2。

2）当永久荷载的效应起控制作用时，其分项系数 γ_G 应取 1.35；此时，参与组合的可变荷载效应仅限于竖向荷载效应。

3）当永久荷载的效应对构件有利时，其分项系数 γ_G 的取值不应大于 1.0。

可变荷载的组合系数应按下列规定采用：

1）无地震作用组合且风荷载效应起控制作用时，风荷载组合值系数 ψ_w 应取 1.0，温度作用组合值系数 ψ_T 应取 0.6。

2）无地震作用组合且温度作用效应取控制作用时，风荷载组合值系数 ψ_w 应取 0.6，温度作用组合值系数 ψ_T 应取 1.0。

3）无地震作用组合且永久荷载效应起控制作用时，风荷载组合值系数 ψ_w 和温度作用组合值系数 ψ_T 均应取 0.6。

4）由地震作用组合且风荷载效应起控制作用时，风荷载组合系数 ψ_w 应取 0.2；否则应取 0。

幕墙构件的挠度验算时，仅考虑永久荷载、风荷载和温度作用。风荷载分项系数 γ_w、永久荷载分项系数 γ_G 和温度作用分项系数 γ_T 均应取 1.0，且可不考虑作用效应的组合。

（2）挠度或变形验算　根据幕墙构件的受力和变形特征，正常使用状态下，其构件的变形或挠度验算时，一般不考虑作用效应组合。因地震作用效应相对风荷载作用效应较小，一般不必单独进行地震作用下结构的变形验算。在风荷载或永久荷载作用下，幕墙构件的挠度应符合挠度限值要求，且计算挠度时，取荷载作用的标准值，即取荷载分项系数为 1.0。

《金属与石材幕墙工程技术规范》（JGJ 133）（2022 年送审稿）规定，幕墙构件立柱或横梁在风荷载标准值作用下，其挠度限值 $d_{f,lim}$ 宜取 $l/200$（l 为立柱和横梁两支承点间的跨度，悬臂构件可取挑出长度的 2 倍）。

11.3.2　销钉连接石材面板设计计算

1. 钢销连接石材面板抗弯强度设计计算

每边两个销钉连接的石材面板，应按计算边长为 a_0、b_0 的四角支承板计算其应力。计算边长 a_0、b_0 按下列确定：

1）当为两侧连接时（图 11-8a），支承边的计算边长可取为钢销的间距，非支承边的计算长度取为边长。

即
$$a_0 = a - 2a_1；\quad b_0 = b$$

2）当四侧连接时（图 11-8b），计算长度可取为边长减去钢销至板边的距离。

即
$$a_0 = a - a_1；\quad b_0 = b - b_1$$

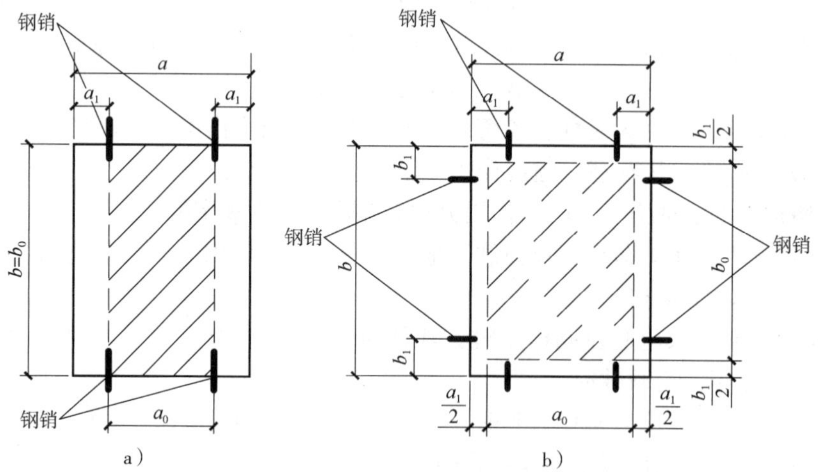

图 11-8　钢销连接石板的计算长度 a_0、b_0

a）两侧连接　b）四侧连接

边长为 a_0、b_0 的四角支承板最大弯曲应力标准值分别按下式计算：

$$\sigma_{wk} = \frac{6mw_k b_0^2}{t^2} \tag{11-3}$$

$$\sigma_{Ek} = \frac{6mq_{Ek}b_0^2}{t^2} \qquad (11\text{-}4)$$

式中　σ_{wk}、σ_{Ek}——垂直于板面的风荷载或地震作用在板中产生的最大弯曲应力标准值（N/mm^2）；

　　　　w_k、q_{Ek}——垂直于板面的风荷载或地震作用标准值（N/mm^2）；

　　　　　　b_0——四角支承板的长边计算边长（mm）；

　　　　　　t——石板厚度（mm）；

　　　　　　m——四角支承板最大弯矩系数，按表11-6确定。

风荷载和地震作用组合最大弯曲应力设计值按下式计算：

$$\sigma = 0.2\gamma_w\sigma_{wk} + \gamma_E\sigma_{Ek} \qquad (11\text{-}5)$$

四角支承板计算简图可按图11-9采用，其计算跨度应取长边边长。四角支承板的跨中弯矩系数 m_x、m_y 以及自由边中点弯矩系数 m_x^0、m_y^0，可依据其泊松比 ν 按照表11-6采用。花岗石石板的泊松比 $\nu = 0.125$，即 $1/8$。

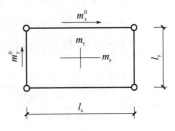

图 11-9　四角支承板计算简图

表 11-6　四角支承板的弯矩系数

$\dfrac{l_x}{l_y}$	m_x					m_y				
	$\nu=0$	$\nu=1/8$	$\nu=1/6$	$\nu=1/5$	$\nu=0.3$	$\nu=0$	$\nu=1/8$	$\nu=1/6$	$\nu=1/5$	$\nu=0.3$
0.50	0.0153	0.0180	0.0189	0.0190	0.0214	0.1221	0.1221	0.1221	0.1221	0.1223
0.55	0.0209	0.0236	0.0245	0.0252	0.0271	0.1210	0.1211	0.1212	0.1213	0.1216
0.60	0.0272	0.0301	0.0310	0.0317	0.0337	0.01198	0.1202	0.1203	0.1204	0.1208
0.65	0.0344	0.0373	0.0382	0.0389	0.0410	0.1184	0.1189	0.1191	0.1193	0.1199
0.70	0.0424	0.0453	0.0462	0.0469	0.0490	0.1169	0.1176	0.1179	0.1181	0.1189
0.75	0.0512	0.0540	0.0549	0.0556	0.0577	0.1153	0.1163	0.1166	0.1169	0.1178
0.80	0.0607	0.0634	0.0643	0.0650	0.0671	0.1136	0.1149	0.1153	0.1156	0.1167
0.85	0.0709	0.0736	0.0745	0.0752	0.0772	0.1118	0.1133	0.1138	0.1142	0.1155
0.90	0.0818	0.0845	0.0880	0.0861	0.0881	0.1099	0.1117	0.1123	0.1128	0.1143
0.95	0.0935	0.0961	0.0969	0.0976	0.0996	0.1079	0.1100	0.1107	0.1113	0.1130
1.00	0.1058	0.1083	0.1091	0.1098	0.1117	0.1058	0.1083	0.1091	0.1098	0.1117
$\dfrac{l_x}{l_y}$	m_x^0					m_y^0				
	$\nu=0$	$\nu=1/8$	$\nu=1/6$	$\nu=1/5$	$\nu=0.3$	$\nu=0$	$\nu=1/8$	$\nu=1/6$	$\nu=1/5$	$\nu=0.3$
0.50	0.0654	0.0607	0.0592	0.0580	0.0544	0.1302	0.1304	0.1304	0.1304	0.1301
0.55	0.0728	0.0681	0.0666	0.0654	0.0618	0.1321	0.1320	0.1319	0.1318	0.1314
0.60	0.0805	0.0759	0.0744	0.0732	0.0695	0.1342	0.1339	0.1337	0.1336	0.1330
0.65	0.0887	0.0841	0.0826	0.0814	0.0778	0.1366	0.1361	0.1358	0.1356	0.1347
0.70	0.0973	0.0928	0.0913	0.0901	0.0865	0.1393	0.1384	0.1380	0.1377	0.1365
0.75	0.1063	0.1021	0.1006	0.0994	0.0958	0.1421	0.1408	0.1403	0.1399	0.1358
0.80	0.1159	0.1117	0.1103	0.1091	0.1056	0.1452	0.1435	0.1429	0.1424	0.1407
0.85	0.1260	0.1220	0.1206	0.1195	0.1160	0.1485	0.1464	0.1456	0.1450	0.1429
0.90	0.1366	0.1327	0.1314	0.1303	0.1269	0.1520	0.1494	0.1485	0.1477	0.1453
0.95	0.1478	0.1440	0.1427	0.1416	0.1384	0.1557	0.1526	0.1515	0.1506	0.1479
1.00	0.1595	0.1559	0.1547	0.1537	0.1505	0.1595	0.1559	0.1547	0.1537	0.1505

要求式（11-5）满足下式要求：

$$\sigma \leqslant f_r^b \tag{11-6}$$

式中　f_r^b——天然石板抗弯强度设计值（N/mm^2），按式（11-7）确定。

$$f_r^b = f_{rk}/\gamma_r \tag{11-7}$$

式中　f_{rk}——石材面板抗弯强度标准值（N/mm^2），按下式计算：

$$f_{rk} = f_{rm} - 2.0f_0 \tag{11-8}$$

f_{rm}——石材面板抗弯强度试验平均值（N/mm^2）；

f_0——石材面板抗弯强度试验的标准差（N/mm^2）；

γ_r——石材面板材料性能分项系数，应符合表 11-7 的规定。

表 11-7　石材面板材料性能分项系数 γ_r

石材面板类型	花岗石	大理石或砂石	
石板抗弯强度标准值f_{rk}/（N/mm^2）	$f_{rk} \geqslant 8.0$	$f_{rk} \geqslant 8.0$	$8.0 > f_{rk} \geqslant 4.0$
γ_r	2.15	2.85	3.57

2. 钢销设计计算

在垂直于面板的风荷载或地震作用 q_k 下，钢销承受的剪应力标准值按下列规定计算：

1）对边钢销连接时，钢销受到的剪力可平均分配到钢销上，即各个钢销承受的剪力标准值 V_{pk}：

$$V_{pk} = \frac{q_k ab}{2n}\beta$$

钢销承受的剪应力标准值 τ_{pk}：

$$\tau_{pk} = \frac{V_{pk}}{A_p} = \frac{q_k ab}{2nA_p}\beta \tag{11-9}$$

2）四边钢销连接时，短边按三角形荷载面积分配，长边按梯形荷载面积分配。长边方向各个钢销承受的剪力标准值 V_{pk}：

$$V_{pk} = \frac{q_k(2b-a)a}{4n}\beta$$

钢销承受的剪应力标准值 τ_{pk}：

$$\tau_{pk} = \frac{V_{pk}}{A_p} = \frac{q_k(2b-a)a}{4nA_p}\beta \tag{11-10}$$

式中　τ_{pk}——钢销剪应力标准值（N/mm^2）；

q_k——垂直于面板的风荷载标准值（w_k）或地震作用标准值（q_{Ek}）（N/mm^2）；

a、b——石板短边、长边长度（mm）；

A_p——钢销截面面积（mm^2）；

n——一个连接边上钢销数量；四侧连接时，一个长边上的钢销数量；

β——应力调整系数，按表 11-8 采用。

系数 β 为考虑各钢销受力不均匀，有些钢销的剪力可能超过理论数值而设的一个放大系数。

表 11-8　应力调整系数 β

每块板材钢销（挂件）个数	4	6	8
β	1.25	1.30	1.35

在风荷载和地震作用下，钢销承受剪力设计值 τ_p 按 $0.2S_w + S_E$ 组合计算，并应符合下列条件：

$$\tau_p \leqslant f_s^v \tag{11-11}$$

式中　τ_p——钢销剪应力设计值（N/mm^2）；

$\qquad f_s^v$——钢销抗剪强度设计值（N/mm^2）。

3. 钢销连接石材面板的抗剪强度设计计算

在垂直于面板的风荷载或地震作用下，钢销的剪力 V_{pk} 作用于石材面板，石材面板的受剪面有两个，每个受剪面的截面面积为 $\dfrac{(t-d)}{2}h$。

1）对边钢销连接时，钢销在石板中产生的剪应力标准值 τ_k：

$$\tau_k = \frac{V_{pk}}{(t-d)h} = \frac{q_k ab}{2n(t-d)h}\beta \tag{11-12}$$

2）四边钢销连接时，长边方向钢销在石板中产生的剪应力标准值 τ_k：

$$V_{pk} = \frac{q_k(2b-a)a}{4n}\beta$$

$$\tau_k = \frac{V_{pk}}{(t-d)h} = \frac{q_k(2b-a)a}{4n(t-d)h}\beta \tag{11-13}$$

式中　τ_k——钢销在石材面板中产生的剪应力标准值（N/mm^2）；

$\qquad q_k$——垂直于面板的风荷载标准值（w_k）或地震作用标准值（q_{Ek}）（N/mm^2）；

$\qquad a$、b——石材面板的短边、长边长度（mm）；

$\qquad t$——面板厚度（mm）；

$\qquad d$——钢销孔直径（mm）；

$\qquad h$——钢销入孔长度（mm）；

$\qquad n$——一个连接边上钢销数量；四侧连接时，一个长边上的钢销数量；

$\qquad \beta$——应力调整系数，按表 11-8 确定。

在风荷载和地震作用下，钢销在石材面板中产生的剪应力设计值 τ 按 $0.2S_w + S_E$ 组合计算，并应符合下列条件：

$$\tau \leqslant f_r^v \tag{11-14}$$

式中　τ——钢销在石材面板中产生的剪应力设计值（N/mm^2）；

$\qquad f_r^v$——石材面板抗剪强度设计值（N/mm^2）。

石材面板抗剪强度设计值 f_r^v（N/mm^2）按下式确定

$$f_r^v = 0.5 f_r^b \tag{11-15}$$

式中　f_r^b——石材面板抗弯强度设计值（N/mm^2）。

11.3.3 短槽连接石材面板设计计算

1. 短槽连接石材面板强度设计计算

在计算石材面板抗弯强度时，当对边开槽连接时，支承边的计算边长可取为两槽槽长中心线的距离，非支承边的计算长度取其边长；当四边开槽连接时计算长度可取为边长减去槽长度中心线至板边的距离（图 11-10）。

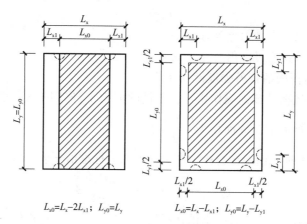

$$L_{x0}=L_x-2L_{x1}; \quad L_{y0}=L_y \qquad\qquad L_{x0}=L_x-L_{x1}; \quad L_{y0}=L_y-L_{y1}$$

图 11-10 短槽支承石板计算简图

短槽连接的矩形石材面板的最大弯曲应力标准值可采用有限元方法分析，也可按下列公式计算：

$$\sigma_{wk} = \frac{6mw_k l^2}{t^2} \qquad\qquad (11\text{-}16a)$$

$$\sigma_{Ek} = \frac{6mq_{Ek} l^2}{t^2} \qquad\qquad (11\text{-}16b)$$

式中　w_k、q_{Ek}——垂直于面板的风荷载、水平地震作用标准值（N/mm²）；

　　　　l——四角点支承板的长边计算边长（mm），可取长边挂件中心线距离；

　　　　t——面板厚度（mm）；

　　　　m——四角支承板在均布荷载作用下的最大弯矩系数，按表 11-6 确定。

石材面板组合弯曲应力设计值 $\sigma = 0.2\gamma_w\sigma_{wk} + \gamma_E\sigma_{Ek}$，不应超过石材面板的抗弯强度设计值 f_r^b，即

$$\sigma \leqslant f_r^b \qquad\qquad (11\text{-}17)$$

式中　σ——石材面板组合弯曲应力设计值（N/mm²）；

　　　　f_r^b——石材面板的抗弯强度设计值（N/mm²）。

2. 挂件设计计算

短槽连接石板不锈钢挂件的截面厚度不宜小于 3.0mm，铝合金挂件截面的厚度不宜小于 4.0mm，在石材面板重力荷载作用下，挂件挠度不宜大于 1.0mm。

在垂直于面板的风荷载或地震作用 q_k 下，挂件承受的剪应力标准值按下列规定计算：

1）两对边短槽连接时，挂件受到的剪力可平均分配到挂件上，即各个挂件承受的剪力标准值 V_{pk}：

$$V_{pk} = \frac{q_k ab}{2n}\beta$$

挂件承受的剪应力标准值 τ_{pk}：

$$\tau_{pk} = \frac{V_{pk}}{A_p} = \frac{q_k ab}{2nA_p}\beta \tag{11-18}$$

2）四边短槽连接时，短边按三角形荷载面积分配，长边按梯形荷载面积分配。长边方向各个挂件承受的剪力标准值 V_{pk}：

$$V_{pk} = \frac{q_k(2b-a)a}{4n}\beta$$

挂件承受的剪应力标准值 τ_{pk}：

$$\tau_{pk} = \frac{V_{pk}}{A_p} = \frac{q_k(2b-a)a}{4nA_p}\beta \tag{11-19}$$

式中　τ_{pk}——挂件剪应力标准值（N/mm^2）；

q_k——垂直于面板的风荷载标准值（w_k）或地震作用标准值（q_{Ek}）（N/mm^2）；

a、b——面板的短边、长边边长（mm）；

A_p——挂件截面面积（mm^2）；

n——一个连接边上的挂件数量；四侧连接时，为一个长边上的挂件数量；

β——应力调整系数，可按表11-8采用。

在风荷载和地震作用下，挂件承受剪力设计值 τ_p 按 $0.2S_w + S_E$ 组合计算，并应符合下列条件：

$$\tau_p \leqslant f_s^v \tag{11-20}$$

式中　τ_p——挂件剪应力设计值（N/mm^2）；

f_s^v——挂件抗剪强度设计值（N/mm^2）。

3. 短槽连接石板抗剪强度设计计算

在垂直于面板的风荷载或地震作用下，挂件的剪力 V_{pk} 作用于石材，石材的受剪面为槽底长度 s 乘以剩余厚度的一半，即槽口的受剪截面面积为 $\frac{(t-c)}{2}s$，如图11-11所示。

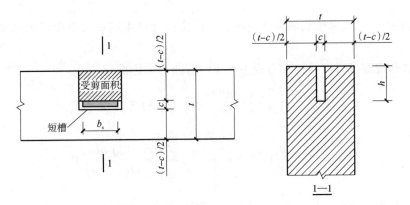

图 11-11　槽口受剪面积示意

1）对边开槽连接时，挂件在石板中产生的剪应力标准值 τ_k：

$$V_{pk} = \frac{q_k ab}{2n}\beta$$

$$\tau_k = \frac{V_{pk}}{(t-c)s/2} = \frac{q_k ab}{n(t-c)s}\beta \tag{11-21}$$

2）四边开槽连接时，长边方向挂件在石板中产生的剪应力标准值 τ_k：

$$V_{pk} = \frac{q_k(2b-a)a}{4n}\beta$$

$$\tau_k = \frac{V_{pk}}{(t-c)s/2} = \frac{q_k(2b-a)a}{2n(t-c)s}\beta \tag{11-22}$$

式中　τ_k——挂件在石板中产生的剪应力标准值（N/mm²）；

　　　q_k——垂直于面板的风荷载标准值（w_k）或地震作用标准值（q_{Ek}）（N/mm²）；

　a、b——石板短边、长边长度（mm）；

　　　t——面板厚度（mm）；

　　　c——槽口宽度（mm）；

　　　s——槽口剪切面总边长（mm），可取挂件长度（b_s）加上入槽深度（h）的 2 倍，即 $b_s + 2h$；

　　　n——一个连接边上挂件件数量；四侧连接时，一个长边上的挂件数量；

　　　β——应力调整系数，可按表 11-8 采用。

由风荷载和地震作用下挂件在石板中产生的剪应力设计值 τ 按 $0.2S_w + S_E$ 组合计算，并应符合下列条件：

$$\tau \leqslant f_r^v \tag{11-23}$$

式中　τ——挂件在石板中产生的剪应力设计值（N/mm²）；

　　　f_r^v——石材面板抗剪强度设计值（N/mm²）。

4. 短槽连接石板抗弯强度设计计算

石材面板槽口的局部抗弯设计计算时，槽口在支承反力作用下如同悬臂梁，反力作用点可取为 2/3 槽深处。考虑到槽口石材的弯曲应力可能不均匀，理论计算值考虑 1.5 的放大系数。

在垂直于面板的风荷载或地震作用时，石板槽口处产生的最大弯曲应力标准值 σ_k 可按下列规定计算：

1）对边开槽连接时，挂件在石板中产生的弯曲应力标准值 σ_k：

$$M_{pk} = V_{pk}\left(\frac{2}{3}h\right) = \frac{q_k ab}{2n} \times \beta \times \left(\frac{2}{3}h\right) = \frac{q_k abh}{3n} \times \beta$$

$$\sigma_k = 1.5\frac{M_{pk}}{W} = 1.5 \times \frac{\frac{q_k abh}{3n} \times \beta}{\frac{1}{6}b_s\left(\frac{t-c}{2}\right)^2} = \frac{12q_k abh}{nb_s(t-c)^2}\beta \tag{11-24}$$

2）四边开槽连接时，长边方向挂件在石板中产生的弯曲应力标准值 σ_k：

$$M_{pk} = V_{pk}\left(\frac{2}{3}h\right) = \frac{q_k(2b-a)a}{4n} \times \beta \times \left(\frac{2}{3}h\right) = \frac{q_k(2b-a)ah}{6n} \times \beta$$

$$\sigma_{\mathrm{k}} = 1.5 \frac{M_{\mathrm{pk}}}{W} = 1.5 \times \frac{\dfrac{q_{\mathrm{k}}(2b-a)ah}{6n} \times \beta}{\dfrac{1}{6} b_{\mathrm{s}} \left(\dfrac{t-c}{2}\right)^{2}} = \frac{6q_{\mathrm{k}}(2b-a)ah}{nb_{\mathrm{s}}(t-c)^{2}} \beta \qquad (11\text{-}25)$$

式中　σ_{k}——挂件在石板中产生的弯曲应力标准值（N/mm²）；

　　　q_{k}——垂直于面板的风荷载标准值（w_{k}）或地震作用标准值（q_{Ek}）（N/mm²）；

　　a、b——石材面板短边、长边长度（mm）；

　　　t——面板厚度（mm）；

　　　c——槽口宽度（mm）；

　　　h——槽口受力一侧的深度（mm）；

　　　b_{s}——挂件的长度（mm）；

　　　n——一个连接边上挂件数量；四侧连接时，一个长边上的挂件数量；

　　　β——应力调整系数，可按表 11-8 采用。

由风荷载和地震作用下挂件在石板中产生的弯曲应力设计值 σ 按 $0.2S_{\mathrm{w}} + S_{\mathrm{E}}$ 组合计算，并应符合下列条件：

$$\sigma \leqslant f_{\mathrm{r}}^{\mathrm{b}} \qquad (11\text{-}26)$$

式中　σ——挂件在石板中产生的弯曲应力设计值（N/mm²）；

　　　$f_{\mathrm{r}}^{\mathrm{b}}$——石材面板抗弯强度设计值（N/mm²）。

11.3.4　通槽连接石材面板设计计算

1. 通槽连接石板抗弯强度设计计算

对边通槽的石板如同对边简支板，其在均布荷载作用下的最大弯矩系数 $m = 0.125$。所以，通槽支承石板的最大弯曲应力标准值分别按下式计算：

$$\sigma_{\mathrm{wk}} = 0.75 \frac{w_{\mathrm{k}} l^{2}}{t^{2}} \qquad (11\text{-}27\mathrm{a})$$

$$\sigma_{\mathrm{Ek}} = 0.75 \frac{q_{\mathrm{Ek}} l^{2}}{t^{2}} \qquad (11\text{-}27\mathrm{b})$$

式中　σ_{wk}、σ_{Ek}——垂直于板面的风荷载或地震作用下产生的最大弯曲应力标准值（N/mm²）；

　　　w_{k}、q_{Ek}——垂直于板面风荷载或地震作用标准值（N/mm²）；

　　　l——面板的跨度（mm），即支承边的距离；

　　　t——面板厚度（mm）。

风荷载和地震作用在石材面板中产生的最大弯曲应力设计值按 $\sigma = 0.2\gamma_{\mathrm{w}}\sigma_{\mathrm{wk}} + \gamma_{\mathrm{E}}\sigma_{\mathrm{Ek}}$ 组合，且符合下列要求：

$$\sigma \leqslant f_{\mathrm{r}}^{\mathrm{b}} \qquad (11\text{-}28)$$

式中　$f_{\mathrm{r}}^{\mathrm{b}}$——石材面板的抗弯强度设计值（N/mm²）。

2. 通槽连接石板的挂件设计计算

通槽连接石板不锈钢挂件的截面厚度不宜小于 3.0mm，铝合金挂件截面的厚度不宜小于 4.0mm，在石材面板重力荷载作用下，挂件挠度不宜大于 1.0mm。

在垂直于面板的风荷载或地震作用 q_{k} 下，挂件承受的剪力标准值 V_{k}：

$$V_k = \frac{q_k l \times 1}{2}$$

挂件承受的剪应力标准值 τ_k：

$$\tau_k = \frac{V_k}{t_p \times 1} = \frac{q_k l}{2 t_p} \tag{11-29}$$

式中　τ_k——挂件的剪应力标准值（N/mm²）；

q_k——垂直于面板的风荷载标准值（w_k）或地震作用标准值（q_{Ek}）（N/mm²）；

l——面板的跨度（mm），即支承边的距离；

t_p——挂件厚度（mm）。

由风荷载和地震作用下挂件承受剪应力设计值 τ 按 $0.2 S_w + S_E$ 组合计算，并应符合下列条件：

$$\tau \leqslant f_s^v \tag{11-30}$$

式中　τ——挂件剪应力设计值（N/mm²）；

f_s^v——挂件抗剪强度设计值（N/mm²）。

3. 通槽连接石板的抗剪强度设计计算

在垂直于面板的风荷载或地震作用下，挂件的剪力 V_k 作用于石材，石材的受剪面为槽底单位长度乘以剩余厚度的一半，即槽口的受剪截面面积为 $(t-c)/2$。

对边通槽连接时，挂件在板中产生的剪应力标准值 τ_k：

$$V_k = \frac{q_k l}{2}$$

$$\tau_k = \frac{V_k}{(t-c)/2} = \frac{q_k l}{t-c} \tag{11-31}$$

式中　τ_k——挂件在石板中产生的剪应力标准值（N/mm²）；

q_k——垂直于面板的风荷载标准值（w_k）或地震作用标准值（q_{Ek}）（N/mm²）；

l——面板的跨度（mm），即支承边的距离；

t——面板厚度（mm）；

c——槽口宽度（mm）。

风荷载和地震作用在石板中产生的剪应力设计值按 $\tau = 0.2 \gamma_w \tau_{wk} + \gamma_E \tau_{Ek}$ 组合，且符合下列要求：

$$\tau \leqslant f_r^v \tag{11-32}$$

式中　f_r^v——石材面板的抗剪强度设计值（N/mm²）。

4. 通槽连接石板槽口处抗弯强度设计计算

石材面板槽口的局部抗弯设计计算时，槽口在支承反力作用下如同悬臂梁，反力作用点可取为 2/3 槽深处。考虑到沿槽全长应力分布不均匀，实际的最大弯曲应力近似取为计算平均应力的 1.5 倍。

由垂直于面板的风荷载或地震作用 q_k 在槽口处产生的最大弯矩标准值 M_k：

$$M_k = V_k \left(\frac{2}{3} h \right) = \frac{q_k l h}{3}$$

由最大弯矩标准值 M_k 在槽口底产生的最大弯曲应力标准值 σ_k：

$$\sigma_{k} = 1.5 \frac{M_{k}}{W} = 1.5 \times \frac{q_{k}lh/3}{\frac{1}{6} \times 1 \times \left(\frac{t-c}{2}\right)^{2}} = \frac{12q_{k}lh}{(t-c)^{2}} \tag{11-33}$$

式中　q_{k}——垂直于面板的风荷载标准值（w_{k}）或地震作用标准值（q_{Ek}）（N/mm^{2}）；

t——面板厚度（mm）；

c——槽口宽度（mm）；

h——槽口受力一侧深度（mm）；

l——面板的跨度（mm），即支承边的距离。

风荷载和地震作用下，通槽支承的石板槽口处最大弯曲应力设计值按 $\sigma = 0.2\gamma_{w}\sigma_{wk} + \gamma_{E}\sigma_{Ek}$ 组合，且组合的应力设计值不应超过石材面板的抗弯强度设计值 f_{r}^{b}，即

$$\sigma \leqslant f_{r}^{b} \tag{11-34}$$

式中　f_{r}^{b}——石材面板的抗弯强度设计值（N/mm^{2}）。

石材面板开通槽而采用短挂件连接时，面板承载力和挂件承载力计算应采用短槽连接石材面板的规定，其槽口尺寸要求按通槽连接石材面板的规定进行设计。

11.3.5　四边金属框隐框式石板面板设计计算

在风荷载和地震作用下，四边金属框隐框石材面板按四边简支板计算板中最大弯曲应力标准值

$$\sigma_{wk} = \frac{6mw_{k}a^{2}}{t^{2}} \tag{11-35a}$$

$$\sigma_{Ek} = \frac{6mq_{Ek}a^{2}}{t^{2}} \tag{11-35b}$$

式中　σ_{wk}、σ_{Ek}——垂直于板面的风荷载或地震作用产生的最大弯曲应力标准值（N/mm^{2}）；

w_{k}、q_{Ek}——垂直于板面的风荷载、地震作用标准值（N/mm^{2}）；

a——石材面板的短边边长（mm）；

t——面板厚度（mm）；

m——四边支承板在均布荷载作用下的最大弯矩系数，按表 11-9 确定。

表 11-9　四边支承石板跨中弯矩系数 m（$\nu = 0.125$）

a/b	0.50	0.55	0.60	0.65	0.70	0.75
m	0.0987	0.0918	0.0850	0.0784	0.0720	0.0660
a/b	0.80	0.85	0.90	0.95	1.00	
m	0.0603	0.0550	0.0501	0.0456	0.0414	

框式石板构件的金属框，其上、下边框应带有挂件，不锈钢挂件的厚度不应小于 3.0mm，铝合金挂件的厚度不应小于 4.0mm。

11.4　背栓连接石材幕墙设计与计算

石材幕墙背栓式连接是在石材背面通过机械设备开背栓孔，将背栓植入背栓孔后在背栓上

安装转接件，用转接件与幕墙结构体系连接，如图11-12所示。

11.4.1 背栓锚固原理

背栓式幕墙安装系统是基于结构锚固技术中的"机械锚固原理"，在后切底钻孔技术基础上开发研究而成。锚固技术中普遍采用三种锚固原理（图11-13）：

1）膨胀型锚栓是指利用膨胀件挤压锚孔孔壁形成锚固作用的锚栓（图11-13a），采用摩擦结合原理。

2）化学锚栓是由化学药剂与金属杆体组成的一种新型的紧固材料（图11-13b），采用化学结合原理。

3）后扩底锚栓是在钻好的锚孔中，用专用的扩孔钻头，在锚孔底部进行扩孔，然后再安装锚栓（图11-13c），采用机械锁定结合原理。

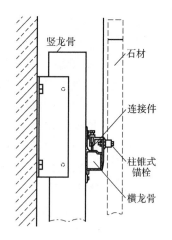

图 11-12　背栓石材系统构造图

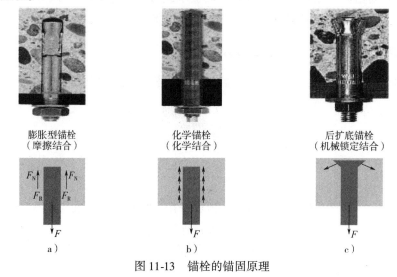

图 11-13　锚栓的锚固原理

后扩底锚栓技术具有如下特点：

1）即使在开裂基材中也具有高而稳定的承载性能。

2）通过底部扩孔（凹凸结合）可以为设计者提供最大的安全保证。

3）采用无膨胀力安装，可达到最小的边距和间距承载影响效应。

4）可立即承受荷载，不需要时间等待。

5）在保证同等承载性能的基础上，锚固深度可有效降低，从而提高安装效率。

背栓式干挂体系不仅适用于天然石材、人造石材（如微晶玻璃、瓷板、陶板）、各类瓷制品、人造纤维板、高压层压板、玻化砖，还可以用于单层、夹胶和中空玻璃及光电电池板的挂装。

11.4.2 背栓连接石材幕墙的构造要求

1. 石材背栓

按安装方式的不同，石材背栓可分为敲击式背栓（图11-14a）和旋进式背栓（图11-14b），目前应用较为普遍的是敲击式，旋进式主要用在脆性、薄型面材上。

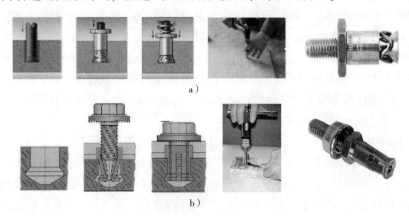

图 11-14　石材背栓分类

a）敲击式背栓　b）旋进式背栓

扩压环式背栓有间距式、齐平式、锁扣式和内螺纹式四种类型，如图 11-15 所示。它们由锥形螺杆、扩压环和间隔套管组成。其中间距式背栓固定时，还需要一个六角螺母，材质为铝合金或不锈钢。背栓被无膨胀力地植入底部为锥形的螺栓孔内，通过机械结合保障达到最佳的受力状态，从而获得更好的安全性能。

图 11-15　各类石材背栓示意图

a）间距式背栓　b）齐平式背栓　c）锁扣式背栓　d）内螺纹式背栓

间距式和齐平式背栓是石材幕墙最常用的两种背栓，它们的主要区别为：①齐平式背栓的锚固深度是定值，不能消除石材加工厚度误差，如图 11-16a所示；使用齐平式锚栓时如果石材存在厚度误差，其支承龙骨体系需允许在水平方向有一定的调节量；②间距式背栓安装时调整钻孔机器使每块石材的保留厚度为定值，可消除一定石材的厚度误差，但最大为 4mm，如图 11-16b 所示。

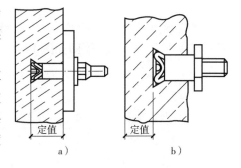

图 11-16　背栓安装示意图

a）齐平式背栓　b）间距式背栓

2. 构造要求

背栓是一个紧固件，它把石材通过背栓点接式连接件连接在幕墙框架上，它属于可以自由拆卸的紧固件，连接件可按照每幅幕墙中与石材幕墙相组合的玻璃（金属）幕墙的构造要匹配的要求来设计。例如和外插式隐框幕墙（小单元幕墙）相组合时可采用与外插式相匹配的连接件，用背栓将石材固定在外插式副框上。

石材与连接件的连接，视石板材尺寸和构造要求可采用一个背栓、两个背栓、四个背栓等。连接石材面板的背栓应符合下列规定：

1）背栓作为幕墙的紧固件，应采用不锈钢材料，并比一般不锈钢有更高的要求。《紧固件机械性能　不锈钢螺栓、螺钉和螺柱》（GB/T 3098.6—2014）中指出，A2 组钢不适用于非氧化酸类和带氯成分的介质，而 A4 组钢是耐酸钢，含有钼（Mo）元素，具有相当好的耐腐蚀性。因此，幕墙背栓，尤其是应用于沿海地区、氯离子含量较多的环境时，宜采用 A4 或更高组别的奥氏体型不锈钢。《金属与石材幕墙工程技术规范》（JGJ 133）（2022 年送审稿）规定，背栓材质不宜低于组别为 A4 的奥氏体型不锈钢。背栓直径不宜小于 6mm，不应小于 4mm，通过结构计算确定。

2）背栓的连接件厚度不宜小于 3mm，可采用《金属与石材幕墙工程技术规范》（JGJ 133）（2022 年送审稿）表 5.2.8-1 所列的不锈钢材或表 5.2.1 所列的铝合金型材。

背栓连接时，连接同一块石材的连接点数量通常不少于 3 个，以保证可靠性和平整度。当石材面板面积较小时，有时仅采用单点或两点背部连接，此时，应采取附加的固定措施，确保连接的安全性。当采用一个背栓时，板与连接件还应采用 4 个尼龙螺栓顶住板内侧，保持板的稳定。当采用两个背栓时，在背栓两侧用尼龙螺栓顶住板内侧，保持板的稳定。

3. 石材背栓孔的加工工艺

石材在打孔之前要对板块的规格、种类、表面处理方式等进行复验，合格的石材才可以打孔。石材钻孔选用先进金刚石钻孔技术，采用柱锥式钻头，用压力冲水作为冷却系统，在背栓安装位置钻取与背栓型号相对应的锥形孔。锥形孔深度以及底部钻孔由孔深挡块和底部拓孔程序实现。图 11-17 和图 11-18 给出了打孔的原理。

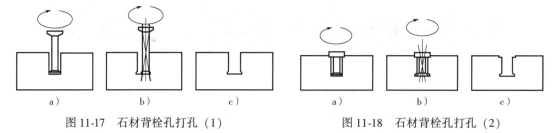

图 11-17　石材背栓孔打孔（1）　　　　图 11-18　石材背栓孔打孔（2）

背栓支承点最佳位置应使石材强度特性得以充分发挥，即要求 $M_{正} = M_{负} = M_{u}$，在均布荷载 q 作用下，板材计算简图如图 11-19 所示。

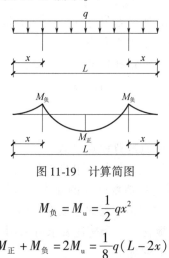

图 11-19　计算简图

$$M_{负} = M_{u} = \frac{1}{2}qx^{2}$$

$$M_{正} + M_{负} = 2M_{u} = \frac{1}{8}q(L - 2x)^{2}$$

求解上述方程组，可得 $x = \dfrac{\sqrt{2}-1}{2}L \approx L/5$，也就是说，背栓孔距板边的最佳距离为边长的 $1/5$。

因此，《金属与石材幕墙工程技术规范》（JGJ 133）（2022年送审稿）规定，背栓的中心线与石材面板边缘的距离不宜大于 300mm，也不宜小于 50mm；背栓与背栓孔间宜采用尼龙等间隔材料，防止硬性接触；背栓之间的距离不宜大于 1200mm，且宜符合下列（图 11-20）要求。

$$l_x/5 \leqslant b_x \text{ 且 } b_x \leqslant l_x/4 \qquad (11\text{-}36\text{a})$$

$$l_y/5 \leqslant b_y \text{ 且 } b_y \leqslant l_y/4 \qquad (11\text{-}36\text{b})$$

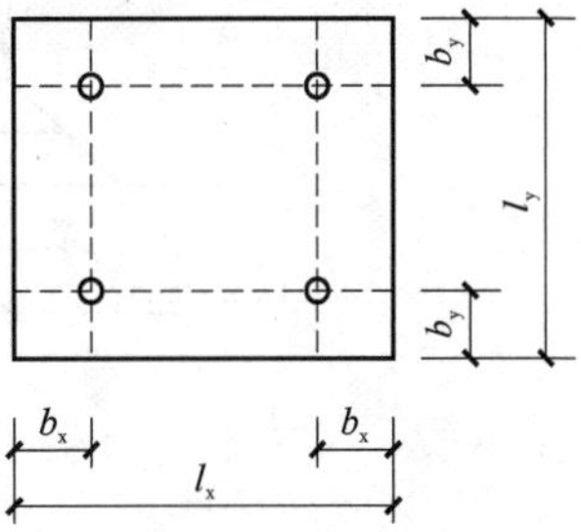

图 11-20　背栓边距

背栓与石材锚固部位的施工质量的重要一环是极限（公差）配合的确定和检验，背栓连接式石板的加工，应符合下列要求：

1）背栓直径允许偏差 ± 0.4mm，长度允许偏差 ± 1.0mm，直线度公差为 1mm。

2）背栓的螺杆直径不小于 6.0mm。锚固深度不宜小于石材厚度的 $1/2$，也不宜大于石材厚度的 $2/3$。

3）背栓孔宜采用钻孔机械成孔及专用测孔器检查，背栓孔加工允许偏差应符合表 11-10 的要求。

表 11-10　背栓孔加工允许偏差　　　　（单位：mm）

项目	直孔		扩孔		孔位	孔距	孔位到短边的距离
	直径	孔深	直径	孔深			
允许偏差	$+0.4$ -0.2	± 0.3	± 0.3	± 0.2	± 0.5	± 1.0	最小 50

4）幕墙石材用背栓与面板的连接应牢固可靠。背栓的安装方法和紧固力矩应符合背栓生产厂家的要求。

11.4.3　背栓连接石材面板设计计算

1. 背栓连接石材面板设计

在垂直于面板的风荷载、地震作用下，面板的弯曲应力标准值宜按多点支承弹性板，采用有限元法进行分析计算。

（1）单背栓支承石材面板　石材面板抗弯截面最大正应力设计值：

$$\sigma = \frac{P}{t^2}\left[0.5456\ln\left(0.64\,\frac{l}{t}\right)+1.062\right] \leqslant f_r^b \qquad (11\text{-}37\text{a})$$

或

$$\sigma = \frac{P}{t^2}\left[1.2563\lg\left(0.64\,\frac{l}{t}\right)+1.062\right] \leqslant f_r^b \qquad (11\text{-}37\text{b})$$

石材面板在风荷载或垂直于板面方向的地震作用下，剪应力应取以下两者计算结果的较大值（图 11-21）：

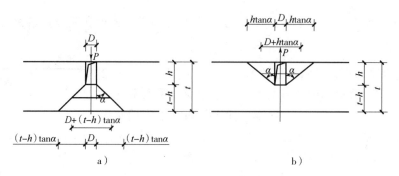

图 11-21　石板冲切计算简图

a）正风压作用　b）负风压作用

$$\tau = \frac{P}{\pi \dfrac{h}{\cos\alpha}(D + h\tan\alpha)} \quad （负风压） \tag{11-38a}$$

$$\tau = \frac{P}{\pi \dfrac{t-h}{\cos\alpha}[D + (t-h)\tan\alpha]} \quad （正风压） \tag{11-38b}$$

石材面板的最大挠度：

$$U = \frac{CPl^2}{Et^3} \tag{11-39}$$

式中　P——背栓处的集中力设计值（N），$P = q\,(l_x l_y)$；

　　　q——由垂直于面板的风荷载和地震作用产生的均布荷载设计值（N/mm²）；

　l_x、l_y——x、y 向矩形板的边长（mm）；

　　　l——l_x 和 l_y 中较小值（mm）；

　　　t——板厚度（mm）；

　　　D——锚孔直径（mm）；

　　　h——锚孔深度（mm）；

　　　α——石材面板破坏锥面的夹角（°）。

（2）两个背栓支承石材面板　当一块石材面板用两个背栓锚固时，可简化为两端带悬臂的简支板计算（图 11-22）。

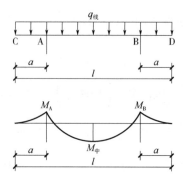

图 11-22　两个背栓支承石板计算简图

背栓处的弯矩 $M_A = M_B$：

$$M_A = M_B = -\frac{q_{线}a^2}{2} \tag{11-40}$$

背栓处集中反力 R：

$$R = \frac{q_{线}l}{2} \tag{11-41}$$

石材面板跨中截面最大弯矩 $M_{中}$：

$$M_{中} = \frac{q_{线}(l-2a)^2}{8} - \frac{q_{线}a^2}{2} = \frac{q_{线}l^2}{8}\left[1 - 4\left(\frac{a}{l}\right)\right] \tag{11-42}$$

石材面板跨中截面最大弯曲应力：

$$\sigma = \frac{M_{中}}{W} \tag{11-43}$$

石材面板抗剪截面最大剪应力：

$$\tau = \frac{R}{\pi \dfrac{h}{\cos\alpha}(D + h\tan\alpha)} \tag{11-44}$$

石材面板的挠度：

$$U_C = U_D = \frac{q_{线}al^2}{24EI}\left[-1 + 6\left(\frac{a}{l}\right)^2 + 3\left(\frac{a}{l}\right)^3\right] \tag{11-45}$$

$$U_{中} = \frac{q_{线}l^3}{384EI}\left[5 - 24\left(\frac{a}{l}\right)^2\right] \tag{11-46}$$

式中　$q_{线}$——作用于面板上的均布线荷载，且 $q_{线} = q_{面}b$；

　　　l——面板长边边长（mm）；

　　　b——另一方向的面板边长（mm）；

　　　W——面板截面抵抗矩，$W = \dfrac{bt^2}{6}$；

其余符号同前。

（3）四个背栓支承石材面板　当一块石板用四个背栓锚固时，通常为带单向或双向悬挑的四角支承板。由于支承条件和悬挑情况比较复杂，局部应力集中现象明显，所以应优先采用适合的有限元方法进行分析计算。四角支承矩形石材面板也可按下列公式近似计算：

$$\sigma_{wk} = \frac{6mw_k l^2}{t^2} \tag{11-47a}$$

$$\sigma_{Ek} = \frac{6mq_{Ek}l^2}{t^2} \tag{11-47b}$$

式中　w_k、q_{Ek}——垂直于面板的风荷载、水平地震作用标准值（N/mm²）；

　　　　l——四角点支承板的长边计算边长（mm），可取两个方向上背栓中心距离的较大值；

　　　　t——面板厚度（mm）；

　　　　m——四角支承面板的弯矩系数，按表 11-6 取值。

石材面板组合弯曲应力设计值 $\sigma = 0.2\gamma_w\sigma_{wk} + \gamma_E\sigma_{Ek}$，不应超过石材面板的抗弯强度设

计值 f_r^b，即

$$\sigma \leqslant f_r^b \tag{11-48}$$

式中　σ——石材面板组合弯曲应力设计值（N/mm²）；

　　　f_r^b——石材面板的抗弯强度设计值（N/mm²）。

石材面板抗剪截面最大剪应力 τ：

$$\tau = \frac{qab}{4} \times 1.25 \times \frac{1}{\pi \dfrac{h}{\cos\alpha}(D + h\tan\alpha)} \tag{11-49}$$

石材面板组合剪应力设计值 $\tau = 0.2\gamma_w\tau_{wk} + \gamma_E\tau_{Ek}$，不应超过石材面板的抗剪强度设计值 f_r^v，即 $\tau \leqslant f_r^v$。

2. 背栓设计

在垂直于面板的风荷载、地震荷载作用下，拉力标准值可按下式计算：

$$N_{wk} = \frac{1.25w_kl^2}{n} \tag{11-50a}$$

$$N_{Ek} = \frac{1.25q_{Ek}l^2}{n} \tag{11-50b}$$

式中　N_{wk}、N_{Ek}——垂直于面板的风荷载、水平地震作用下产生的单个背栓的拉力标准值（N）；

　　　w_k、q_{Ek}——垂直于面板的风荷载、水平地震作用标准值（N/mm²）；

　　　l——四角点支承板的长边计算边长（mm），可取两个方向上背栓中心距离的较大值；

　　　n——背栓的个数；

　　　1.25——系数，考虑各个背栓受力不均匀等因素不利影响的增大系数。

背栓组合拉力的设计值 $N = 0.2\gamma_wN_{wk} + \gamma_EN_{Ek}$，组合的拉力设计值不应超过背栓的受拉承载力设计值。

3. 例题

【例 11-1】 MU110 级花岗石，$500\text{mm} \times 500\text{mm} \times 30\text{mm}$，用一个 11×15M6 背栓，$w_k = 4000\text{N/m}^2$，$q_{Ek} = 336\text{N/m}^2$。验算花岗石抗弯强度、抗剪强度。

【解】

板边长 $l_x = l_y = 500\text{mm}$，厚度 $t = 30\text{mm}$。

MU110 级花岗石，抗弯强度标准值 $f_{rk}^b = 8\text{N/mm}^2$，抗弯强度设计值 $f_r^b = f_{rk}^b/2.15 = 3.7\text{N/mm}^2$，抗剪强度设计值 $f_r^v = 0.5f_r^b = 1.90\text{N/mm}^2$。

风荷载设计值 $w = 1.4w_k = 1.4 \times 4000 = 5600$（N/m²）

地震（作用）设计值 $q_E = 1.4q_{Ek} = 1.4 \times 336 = 470.4$（N/m²）

荷载（作用）组合设计值 $q = 0.2w + q_E = 0.2 \times 5600 + 470.4 = 1590.4$（N/m²）

背栓处集中力 $P = q(l_xl_y) = 1590.4 \times 0.500 \times 0.500 = 397.6$（N）

背栓型号：11×15M6，钻孔直径 11mm，扩孔直径 $D = 13.5\text{mm}$，锚固深度 $h = 15\text{mm}$，螺杆公称直径 6mm。

石板抗弯截面最大设计正应力值

$$\sigma = \frac{P}{t^2}\left[0.5456\ln\left(0.64\frac{a}{t}\right) + 1.062\right]$$

$$= \frac{397.6}{30^2} \times \left[0.5456 \times \ln\left(0.64 \times \frac{500}{30}\right) + 1.062\right]$$

$$= 1.040 \ (\text{N/mm}^2) < f_r^b = 3.7 \ (\text{N/mm}^2)$$

或
$$\sigma = \frac{P}{t^2}\left[1.2563\lg\left(0.64\frac{a}{t}\right) + 1.062\right]$$

$$= \frac{397.6}{30^2} \times \left[1.2563 \times \lg\left(0.64 \times \frac{500}{30}\right) + 1.062\right]$$

$$= 1.040 \ (\text{N/mm}^2) < f_r^b = 3.7 \ (\text{N/mm}^2)$$

石板抗剪截面最大设计剪应力值：

$$\tau = \frac{P}{\pi\dfrac{h}{\cos\alpha}(D + h\tan\alpha)}$$

$$= \frac{387.6}{\pi \times \dfrac{15}{\cos25°} \times (13.5 + 15 \times \tan25°)}$$

$$= 1.066 \ (\text{N/mm}^2) < f_r^v = 1.900 \ (\text{N/mm}^2)$$

【例 11-2】 条件同例 11-1，$1000\text{mm} \times 1000\text{mm} \times 30\text{mm}$ 花岗石，采用四个 $11 \times 15\text{M6}$ 背栓，验算花岗石抗弯强度、抗剪强度。

【解】

MU110 级花岗石，抗弯强度标准值 $f_{rk}^b = 8\text{N/mm}^2$，抗弯强度设计值 $f_r^b = f_{rk}^b/2.15 = 3.7\text{N/mm}^2$，抗剪强度设计值 $f_r^v = 0.5f_r^b = 1.90\text{N/mm}^2$。

板边长 $a = b = 1000\text{mm}$，厚度 $t = 30\text{mm}$，取背栓的中心线与石材面板边缘的距离 $b_x = b_y = 150\text{mm}$，则 $l_x = a - 2b_x = 700\text{mm}$，$l_y = b - 2b_y = 700\text{mm}$。

板长宽比 $\dfrac{l_x}{l_y} = \dfrac{700}{700} = 1$，查表 11-6（$\nu = 0.125$）可得，四点支承板弯矩系数 $m_x = m_y = 0.1083$、$m_x^0 = m_y^0 = 0.1559$，取 $m = 0.1559$。

石板抗弯截面最大设计正应力值：

$$\sigma = \frac{6mql^2}{t^2} = \frac{6 \times 0.1559 \times 1.5904 \times 10^{-3} \times 700^2}{30^2}$$

$$= 0.8099 \ (\text{N/mm}^2) < f_r^b = 3.700 \ (\text{N/mm}^2)$$

石板抗剪截面最大设计剪应力值：

$$\tau = \frac{qab}{4} \times 1.25 \times \frac{1}{\pi\dfrac{h}{\cos\alpha}(D + h\tan\alpha)}$$

$$= \frac{1590.4 \times 1.0 \times 1.0}{4} \times 1.25 \times \frac{1}{\pi \times \dfrac{15}{\cos25°} \times (13.5 + 15 \times \tan25°)}$$

$$= 0.466 \ (\text{N/mm}^2) < f_r^v = 1.900 \ (\text{N/mm}^2)$$

11.4.4 背栓连接石材幕墙转接件结构形式

背栓式石材幕墙转接件常采用纯铝合金转接件和钢铝结合转接件两种结构形式。

1. 纯铝合金转接形式

石材板块通过背栓与铝合金转接件 1 相连，铝合金转接件 1 与另一个铝合金转接件 2 相互扣接后再与石材横龙骨相连，横龙骨再与竖龙骨相连，如图 11-23 所示。

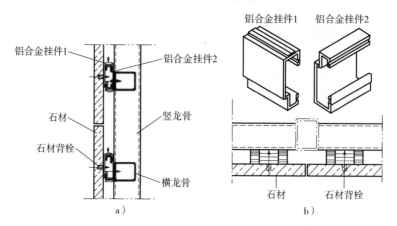

图 11-23 纯铝合金转接形式背栓石材系统
a）竖剖节点 b）横剖节点

纯铝合金转接结构形式具有如下的优点：

1）结构受力合理，安全性高。

2）由于挂件均为铝合金型材，因此抗腐蚀性强，使用年限长。

3）挂件之间通过胶条隔开，避免了构件之间的噪声产生，构造合理。

4）由于连接件是扣接，有一定的搭接量，因此竖直方向调整方便，易于安装。

但也具有如下一些不足之处：

1）进出方向只能通过隔离垫片进行微调，因此在进出方向调整不够灵活。

2）由于采用了大量的铝合金挂件，因此造价较高，经济性不好。

3）铝合金挂件 2 的连接比较关键，一旦施工不当，铝合金挂件 1 有可能无法安装，因此对安装精度要求较高。

2. 钢铝结合转接形式

石材板块通过背栓与铝合金转接件 1 相连，铝合金转接件 1 与钢转接角码 1 通过绝缘胶垫相连，钢转接角码 1 再与石材横龙骨相连，横龙骨再与竖龙骨相连，如图 11-24 所示。

钢铝结合转接结构形式具有如下优点：

1）石材安装能实现三维调

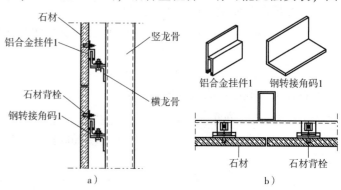

图 11-24 钢铝结合转接形式背栓石材系统
a）竖剖节点 b）横剖节点

整，安装方便。

2）与横龙骨相连的转接件为钢质转接件，强度高，适用于大板块石材幕墙系统。

3）挂件之间通过胶条隔开，避免了构件之间的噪声产生，构造合理。

4）由于钢质转接件的价格较低，因此整个系统的造价较低。

但也具有如下一些不足之处：

1）钢转接角码 1 的防腐性能较差，因此该构件在使用前，必须做好防腐处理。

2）由于铝合金挂件 1 与钢转接角码插接连接，稳定性不如扣接的方式可靠，当石材只能设置两个背栓时，这个结构不够安全，不建议使用。

11.5　后切旋进式背栓连接石材幕墙设计

后切旋进式背栓石材幕墙系统（图 11-25）克服了不锈钢扩压环式背栓与石板安装锚固后，不可拆卸，只能一次性使用的不足，采用可拆装的后切旋进式背栓与石板安装锚固，具有通用性及经济性，也可用于天然大理石、人造板材（瓷板、陶板、微晶玻璃、纤维板、单层和中空玻璃、光电电池板等）幕墙中。

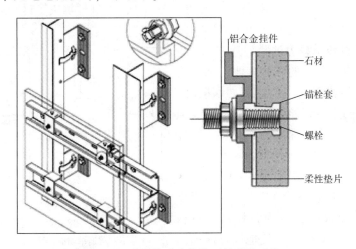

图 11-25　后切旋进式背栓石材幕墙系统

11.5.1　后切旋进式背栓性能分析

1. 热胀冷缩及压胀应力对比分析

花岗石属脆性材料，在与不锈钢硬性扩胀抵触时，易造成胀应力，致使花岗石直线进裂破坏，或因此留下安全隐患导致石材在温差、地震作用时进裂。旋转背式连接背栓通过旋转式安装的方法并对背栓进行顶进限位设计，背栓套将膨胀到设定大小后，便不再膨胀，避免了敲击所带来的突变荷载造成的胀应力，消除了膨胀环未到位的隐患，有效地解决了由于热胀冷缩及压胀应力带来的不利影响，确保了脆性板材的安全可靠性，如图 11-26 所示。

2. 受正风压对比分析

由于石材自身的厚度不一，为控制装饰面的平整度，锚固深度难以控制，当背栓植入深度较深时，在正风压的影响下，可能会出现顶裂石材问题。旋转式连接背栓利用背栓套根部螺栓形成的切面与石材紧密相连，避免了背栓底部受正风压的影响，从而背栓深度可以加深，大大提高了安全系数，可适用于各种高度，最大风压地区使用，如图 11-27 所示。

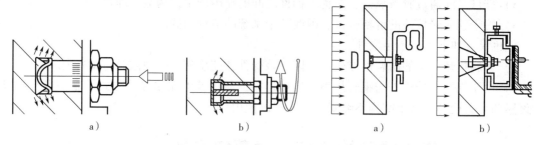

图 11-26　安装后板材内部应力对比
a）普通敲击式背栓　b）旋进式背栓

图 11-27　背栓受正风压分析
a）普通单切面背栓　b）旋进式背栓

3. 抗扭剪分析

普通背栓由于间隙与公差，使背栓系统与石材不能形成整体，在外力作用下而产生扭力与剪力，在此综合应力作用下，板材会造成下垂等缺陷。旋转式连接背栓由于最大限度克服了间隙与公差，形成了一个整体抗扭、抗剪的状态，从而较好地解决了这个问题，如图 11-28 所示。

4. 锚固件抗拉拔承载力试验

锚固件抗拉拔承载力的试验表明，旋转式连接背栓对石材的锚固处产生锥度冲切破坏。影响破坏的主要因素有背栓锚深、石材本身强度、背栓直径等，其中锚深影响最直接。统计表明，6mm 背栓连接抗拉拔承载力 4.5～8kN，8mm 背栓连接抗拉拔承载力为 5～10kN，而6mm 背栓的极限拉伸强度为 14kN，8mm 背栓的极限拉伸强度 25.6kN，约为背栓锚固石材拉拔承载力的 2.5～10 倍，也就是说背栓锚固石材只会发生石材被冲切破坏。背栓的直径并

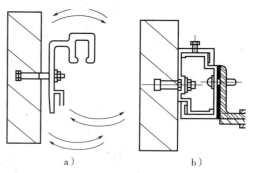

图 11-28　背栓抗扭剪分析
a）普通单切面背栓　b）旋进式背栓

不能显著提高背栓的连接抗拉拔承载力，在石材冲切破坏时并不起决定性作用。而通常都是因为石材本身的强度不够而被破坏的。

5. 抗震性能分析

旋转式连接背栓具有限位扩张无胀应力、无压应力，形成了抗地震作用、抗风荷载较理想的悬挂小单元。

6. 成孔质量的可预见性

成孔的质量是背栓与板材是否能牢固连接的很关键的一环，所以板材在挂好之前的每一步检测都非常重要。敲击式背栓是通过强力敲击进入板材内部，再通过异形螺杆带动背栓套的扩张达到固定的效果。因而它对孔尺寸要求不高，也就是说孔大小不是很重要。这正是其带来安全隐患弊端的不可预见性。旋进式背栓可以消除敲击式背栓的安全隐患。这种通过独特的设计不仅避免了应力集中过大，而且它可以在背栓安装时就能检测出孔的合格与否并及

时纠正，并有良好的可更换性。

旋进式背栓与敲击式背栓特性比较见表 11-11。

表 11-11　旋进式背栓与敲击式背栓特性比较

性能	旋进式背栓干挂系统	敲击式背栓干挂系统
成孔要求	螺纹旋进式设计，成孔要求高	手工敲击扩张到位，成孔要求低
安装方式	旋转式进入，跟进限位设计	敲击式进入，应力扩张设计
受力方式	无内应力	内应力较大，易产生应力疲劳
对板材的破坏	安装成功率高，板材完好率高	安装成功率不可控，板材损耗大
使用寿命	50 年质保	一般 10 ~ 15 年
材质	A4 不锈钢	一般 A2 不锈钢或回收不锈钢
面材适用性	适用于各种质地、各种厚度的面材	适用于较厚的硬质面材，慎用于软质面材和薄型面材
可拆卸性	背栓可拆卸反复使用	背栓不可拆卸
施工质量控制	施工质量预见性与可控性强，有效保证项目质量	施工质量可控性差，无法精确控制由于拓孔误差和安装不到位所引起的安全隐患

11.5.2　后切旋进式背栓幕墙的安装工艺

1. 石材板后切背栓安装孔及拓底锥孔加工

在后切旋进式背栓专用自动控制设备上，采用金刚石制造的钻头并通过纳米处理提高钻孔数量。一个钻头可钻孔 150 ~ 300 个，用水压为 3 ~ 6kg/cm² 的自来水冷却。在高压冷却水作用下形成无粉尘、无噪声、无损板材的切割（图 11-29）。

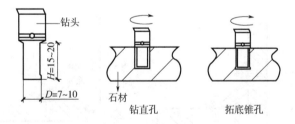

图 11-29　安装孔及拓底锥孔加工（单位：mm）

2. 后切旋进式背栓的安装程序

后切旋进式背栓由膨胀管、六方头螺栓、止动弹簧垫圈、垫片组成（图 11-30）。

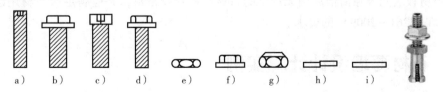

图 11-30　后切旋进式背栓构件

a）全螺纹内六角螺栓　b）六角带垫螺栓　c）内六角螺栓　d）六角法兰螺栓
e）平螺母　f）法兰螺母　g）止动螺母　h）弹簧垫片　i）垫片

1）先将膨胀套插入已形成的石板孔内（图 11-31a），再将铝合金挂件套在膨胀套端部的六方帽上（图 11-31b），将螺栓拧入膨胀套内螺纹孔中直至膨胀套与石板孔胀紧（图 11-31c）。

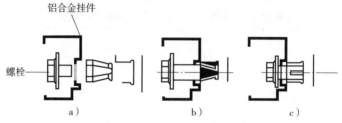

图 11-31　后切旋进式背栓安装图

2）将铝合金挂件座加柔性绝缘垫后固定在支撑结构的横梁上，进行三坐标调整放线定位；将安装在石材板块上的铝合金挂件插在铝合金挂件座上；用调整螺钉进行微量调整，确保石材板水平及垂直的位置，确保石材板块间缝隙宽度相同（图 11-32、图 11-33）。

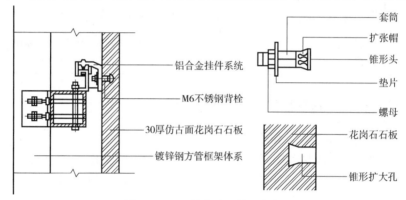

图 11-32　石材背栓连接示意图

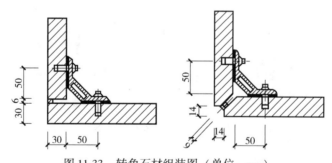

图 11-33　转角石材组装图（单位：mm）

3）石材板块间缝隙清洁后用无污染的石材用密封胶密封，并应满足《石材用建筑密封胶》（GB/T 23261—2009）的要求。

11.6　石材幕墙设计计算实例

11.6.1　基本参数

1）幕墙类型：石材幕墙。

2）计算标高：$z = 14.000\text{m}$。

3）地面粗糙度类别：C 类。

4）基本风压 w_0（$R = 50$ 年）：0.35kN/m^2。

5）抗震设防烈度：7 度（设计基本加速度 $0.10g$）。

6）幕墙分格宽度：$B = 1.200\text{m}$。

7）石材规格：短边（a）×长边（b）$= 0.700\text{m} \times 1.200\text{m}$。

8）长边方向采用两个钢销支承石板，钢销间距 1.000m，即计算石板抗弯所用的短边长度 $a_0 = 0.700\text{m}$，长边长度 $b_0 = 1.000\text{m}$。

9）横梁、立柱采用 Q235 钢，抗压、抗拉、抗弯强度设计值 $f_s = 215.0\text{N/mm}^2$，抗剪强度设计值 $f_s^v = 125.0\text{N/mm}^2$。

10）横梁与立柱连接件（角码）采用 Q235 钢。

11）石材厚度 25.0mm，石灰石石材，抗弯强度标准值 $f_{rk}^b = 7.0\text{N/mm}^2$，抗弯强度设计值 $f_r^b = 3.90\text{N/mm}^2$，抗剪强度设计值 $f_r^v = 1.90\text{N/mm}^2$。

11.6.2　荷载计算和荷载组合

1. 风荷载计算

幕墙属于围护构件，根据《建筑结构荷载规范》（GB 50009—2012）采用下式计算：

$$w_k = \beta_{gz} \mu_z \mu_{s1} w_0$$

式中　w_k——作用在幕墙上的风荷载标准值（kN/m^2）；

β_{gz}——瞬时风压的阵风系数，可根据地面粗糙度类型和计算点标高 z，按《建筑结构荷载规范》（GB 50009—2012）表 8.6.1，采用查表法确定阵风系数 β_{gz}；

μ_z——风压高度变化系数，根据《建筑结构荷载规范》（GB 50009—2012）表 8.2.1，风压高度变化系数 μ_z 采用查表法，也可根据下列公式计算（C 类场地）：

$$\mu_z = 0.544 \left(\frac{z}{10}\right)^{0.44}$$

当 $z > 450\text{m}$ 时，取 $z = 450\text{m}$，当 $z < 15\text{m}$ 时，取 $z = 15\text{m}$。

μ_{s1}——局部风载体型系数，按《建筑结构荷载规范》（GB 50009—2012）第 8.3.3 条：计算围护构件及其连接的风荷载时，可按下列规定采用局部体型系数 μ_{s1}。

（1）外表面

1）封闭式矩形平面房屋的墙面及屋面可按规范表 8.3.3 的规定采用。

2）檐口、雨篷、遮阳板、边棱处的装饰条等凸出构件，取 -2.0。

3）其他房屋和构筑物可按《建筑结构荷载规范》（GB 50009—2012）第 8.3.1 条规定体型系数的 1.25 倍取值。

（2）内表面　《建筑结构荷载规范》（GB 50009—2012）第 8.3.5 条规定：封闭式建筑物，按其外表面风压的正负情况取 -0.2 或 0.2。

《金属与石材幕墙工程技术规范》（JGJ 133）（2022 年送审稿）第 5.3.2 条规定，幕墙面板以及直接连接面板的幕墙支承结构，其风荷载标准值应按下式计算，并且不应小于 1.0kN/m^2。

1）风荷载标准值计算：

β_{gz}：$z = 14.000\text{m}$ 处阵风系数。

根据《建筑结构荷载规范》（GB 50009—2012）表 8.6.1，阵风系数 β_{gz} 采用查表法，C 类场地，$z = 10.00\text{m}$，$\beta_{gz} = 2.05$；$z = 15\text{m}$，$\beta_{gz} = 2.05$，则 $z = 14\text{m}$，$\beta_{gz} = 2.05$。

μ_z：$z = 14.000\text{m}$ 处风压高度变化系数。

根据《建筑结构荷载规范》（GB 50009—2012）表 8.2.1，风压高度变化系数 μ_z 采用查表法，C 类场地，$z = 10\text{m}$，$\mu_z = 0.65$；$z = 15\text{m}$，$\mu_z = 0.65$，则 $z = 14\text{m}$，$\mu_z = 0.65$。

或 C 类场地：$\mu_z = 0.544 \left(\dfrac{z}{10}\right)^{0.44} = 0.544 \times \left(\dfrac{15}{10}\right)^{0.44} = 0.65$。

（注 $z = 14.00\text{m} < 15\text{m}$ 时，取 $z = 15\text{m}$）

μ_{s1}：局部风压体型系数，取 $\mu_{s1} = 1.0 + 0.2 = 1.2$。

w_0：基本风压值，取 $w_0 = 0.35\text{kN/m}^2$。

作用于幕墙上的风荷载标准值 w_k（kN/m^2）：

$$w_k = \beta_{gz}\mu_z\mu_{s1}w_0$$
$$= (2.05 \times 0.65 \times 1.2 \times 0.35)\text{kN/m}^2 = 0.560\text{kN/m}^2 < 1.0\text{kN/m}^2$$

取 $w_k = 1.0\text{kN/m}^2$。

2）风荷载设计值 w（kN/m^2）：

风荷载效应分项系数 $\gamma_w = 1.4$

风荷载设计值 $w = \gamma_w w_k = 1.4 \times 1.0 = 1.4$（$\text{kN/m}^2$）

2. 地震作用计算

由《金属与石材幕墙工程技术规范》（JGJ 133）（2022 年送审稿）式（5.3.5）可得：

$$q_{Ek} = \beta_E \alpha_{max} G_k / A$$

q_{Ek}：垂直于幕墙平面的分布水平地震作用标准值（N/mm^2）。

β_E：动力放大系数，取 $\beta_E = 5.0$。

α_{max}：水平地震影响系数最大值。

根据《建筑抗震设计规范》（GB 50011—2010）（2016 年版），设防烈度为 7 度，地震设计基本加速度为 $0.10g$，水平地震影响系数最大值 $\alpha_{max} = 0.09$。

G_k：幕墙构件的重力荷载标准值（N）。

A：幕墙构件的面积（mm^2）。

垂直于平面的分布水平地震作用 q_{Ek}：

$$q_{Ek} = \beta_E \alpha_{max} G_k / A = 5.0 \times 0.09 \times 750/1000 = 0.3375\ (\text{kN/m}^2)$$

（注：取石板单位面积重力标准值 $G_k / A = 750\text{N/m}^2$）

3. 荷载组合

根据《金属与石材幕墙工程技术规范》（JGJ 133）（2022 年送审稿）式（5.4.1）可得，荷载和作用效应按下式进行组合：

$$S = \gamma_G S_{Gk} + \psi_w \gamma_w S_{wk} + \psi_E \gamma_E S_{Ek} + \psi_T \gamma_T S_{Tk}$$

式中　　　　　　S——作用效应组合的设计值；

　　　　　　　　S_{Gk}——重力荷载作为永久荷载产生的效应标准值；

S_{wk}、S_{Ek}、S_{Tk}——风荷载、地震作用、温度作用作为可变荷载产生的效应标准值；

γ_G、γ_w、γ_E、γ_T——各效应的分项系数；

ψ_w、ψ_E、ψ_T——风荷载、地震作用、温度作用效应的组合系数。

进行幕墙构件强度、连接件和预埋件承载力计算时：

重力荷载：$\gamma_G = 1.2$；风荷载：$\gamma_w = 1.4$。

有地震作用组合时，地震作用：$\gamma_E = 1.4$，风荷载的组合系数 $\psi_w = 0.2$；地震作用的组合系数 $\psi_E = 1.0$。

进行挠度计算时：

重力荷载：$\gamma_G = 1.0$；风荷载：$\gamma_w = 1.0$；地震作用：可不做组合考虑。

水平荷载组合标准值：$q_k = 0.2 w_k + q_{Ek}$

水平荷载组合设计值：$q = 0.2 \times 1.4 \times w_k + 1.4 q_{Ek}$

水平荷载组合标准值：$q_k = 0.2 w_k + q_{Ek} = 0.2 \times 1.000 + 0.3375 = 0.5375$（$kN/m^2$）

水平荷载组合设计值：$q = 0.2 \times 1.4 \times w_k + 1.4 q_{Ek}$
$$= 0.2 \times 1.4 \times 1.000 + 1.4 \times 0.3375 = 0.7525（kN/m^2）$$

11.6.3 石板面板计算

1. 石材强度校核

a：石板短边边长，$a = 0.700 m$。

b：石板长边边长，$b = 1.200 m$。

a_0：计算石板抗弯所用短边边长，$a_0 = a = 0.700 m$。

b：计算石板抗弯所用长边边长，$b_0 = b - 2 b_1 = 1.200 - 2 \times 0.100 = 1.000$（m）。

t：石板厚度，$t = 25.0 mm$。

石板计算简图如图11-34所示。

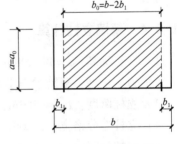

图11-34 石板计算简图

m：四点支承矩形石板弯矩系数，根据短边与长边比
$a_0/b_0 = 0.700/1.000 = 0.7$，泊松比 $\nu = 1/8$，查表11-6可得：

$m_x = 0.0453$，$m_y = 0.1176$，$m_x^0 = 0.0928$，$m_y^0 = 0.1384$，取 $m = 0.1384$

由风荷载和水平地震作用产生的应力 σ：

$$\sigma = \frac{6 m q b_0^2}{t^2} = \left(\frac{6 \times 0.1384 \times 0.7525 \times 1.0^2 \times 10^3}{25.0^2} \right) N/mm^2$$
$$= 1.000 N/mm^2 < f_r^b = 3.90 N/mm^2$$

石材抗弯强度满足要求。

2. 石材剪应力校核（图11-35）

a：石板短边边长，$a = 0.700 m$。

b：石板长边边长，$b = 1.200 m$。

n：一个连接边上的挂钩数量，$n = 2$。

t：石板厚度，$t = 25.0 mm$。

d：槽宽，$d = 7.00 mm$。

s：单个槽底总长度，$s = 60.0 mm$。

β：应力调整系数，每块板材钢销数4个，由《金属与石材幕墙工程技术规范》（JGJ

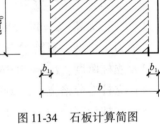

图11-35 槽尺寸示意

425

133）（2022 年送审稿）表 6.3.4 查得 $\beta = 1.25$。

对边开槽，由挂钩在石板中产生的剪应力设计值 τ：

$$\tau = \frac{qab\beta \times 1000}{n(t-d)s} = \left[\frac{0.7525 \times 0.700 \times 1.200 \times 1.25 \times 1000}{2 \times (25.0 - 7.0) \times 60.0}\right] \text{N/mm}^2$$
$$= 0.3658 \text{N/mm}^2 < f_r^v = 1.90 \text{N/mm}^2$$

石材抗剪强度满足要求。

3. 挂钩抗剪强度校核

A_p：挂钩截面面积，直径 5mm，$A_p = \dfrac{\pi d^2}{4} = \dfrac{\pi \times 5^2}{4} = 19.600$（$\text{mm}^2$）。

n：一个连接边上的挂钩数量，$n = 2$。

挂钩剪力设计值 τ_p（N/mm^2）：

对边开槽：

$$\tau_p = \frac{qab \times 1000}{2nA_p}\beta = \left(\frac{0.7525 \times 0.700 \times 1.200 \times 1000}{2 \times 2 \times 19.600} \times 1.25\right) \text{N/mm}^2$$
$$= 10.078 \text{N/mm}^2 < f_s^v = 125.0 \text{N/mm}^2$$

挂钩的抗剪强度满足要求。

11.6.4　幕墙立柱计算

1）计算标高：$z = 14.000 \text{m}$。

2）力学模型：双跨梁力学模型。

3）立柱跨度：$L = 4.500 \text{m}$，长跨 $L_1 = 3.000 \text{m}$，短跨 $L_2 = 1.500 \text{m}$。

4）立柱左分格宽：1.200m，立柱右分格宽：1.200m。

5）立柱计算间距：$B = 1.200 \text{m}$。

6）立柱材质：Q235。

7）安装方式：偏心受拉。

本工程立柱按双跨梁模型进行设计计算，计算简图如图 11-36 所示。

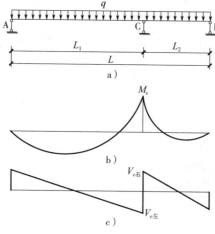

图 11-36　立柱计算简图

a）计算简图　b）弯矩图　c）剪力图

由双跨梁弯矩图（图 11-36b）可见，两端支座 A、B 处弯矩为零，中间支座 C 弯矩 M_c 最大，而均布荷载作用下，最大挠度在长跨内出现。

中间支座弯矩 $M_c = \dfrac{1}{8}q\dfrac{L_1^3 + L_2^3}{L_1 + L_2}$（支座上部受拉）

双跨梁长跨端支座反力 $R_A = q\left[\dfrac{L_1^2}{2} - \dfrac{L_1^3 + L_2^3}{8(L_1 + L_2)}\right]/L_1$

双跨梁中间支座反力 $R_C = q\left(\dfrac{L_1 + L_2}{2} + \dfrac{L_1^3 + L_2^3}{8L_1 L_2}\right)$

双跨梁短跨端支座反力 $R_B = q(L_1 + L_2) - R_A - R_C$

1. 选材

（1）风荷载分布最大荷载集度设计值（矩形分布）

γ_w：风荷载作用效应分项系数，$\gamma_w = 1.4$。

w_k：风荷载标准值，$w_k = 1.000\text{kN/m}^2$。

B：幕墙分隔宽度，$B = 1.200\text{m}$。

风荷载分布最大荷载集度设计值 q_w：

$$q_w = \gamma_w w_k B = 1.4 \times 1.000 \times 1.200 = 1.680 \ (\text{kN/m})$$

（2）立柱弯矩

q_w：风荷载线分布最大荷载集度设计值，$q_w = 1.680\text{kN/m}$。

L：立柱计算跨度，$L = 4.500\text{m}$，其中长跨 $L_1 = 3.000\text{m}$，短跨 $L_2 = 1.500\text{m}$。

风荷载作用下支座弯矩 M_{cw}：

$$M_{cw} = \frac{1}{8}q_w\frac{L_1^3 + L_2^3}{L_1 + L_2} = \frac{1}{8} \times 1.680 \times \frac{3.000^3 + 1.500^3}{3.000 + 1.500} = 1.418 \ (\text{kN·m})$$

$\dfrac{G_k}{A}$：幕墙构件（包括板块、铝框）的平均自重，$\dfrac{G_k}{A} = 800\text{N/m}^2$。

垂直于幕墙平面的分布水平地震作用 q_{EAk}：

$$q_{EAk} = \beta_E \alpha_{max}\frac{G_k}{A} = 5.0 \times 0.09 \times 800/1000 = 0.360 \ (\text{kN/m}^2)$$

γ_E：地震作用分项系数，$\gamma_E = 1.4$。

垂直于幕墙平面的分布水平地震作用设计值：

$$q_{EA} = \gamma_w q_{EAk} = 1.4 \times 0.360 = 0.504 \ (\text{kN/m}^2)$$

水平地震作用线分布最大荷载集度设计值（矩形分布）：

$$q_E = q_{EA}B = 0.504 \times 1.200 = 0.6048 \ (\text{kN/m})$$

地震作用下支座弯矩 M_{cE}：

$$M_{cE} = \frac{1}{8}q_E\frac{L_1^3 + L_2^3}{L_1 + L_2}$$

$$= \frac{1}{8} \times 0.6048 \times \frac{3.000^3 + 1.500^3}{3.000 + 1.500} = 0.5103 \ (\text{kN·m})$$

幕墙立柱在风荷载和地震作用下产生的弯矩设计值 M_c，按 $0.2S_w + S_E$ 组合：

$$M_c = 0.2M_{cw} + M_{cE} = 0.2 \times 1.418 + 0.5103 = 0.7939 \text{（kN·m）}$$

（3）立柱抗弯矩 W 预选值（cm^3）

$$W \geqslant \frac{M_c}{\gamma f_s^t} = \frac{0.7939 \times 10^3}{1.05 \times 215.0} = 3.517 \text{（} cm^3 \text{）}$$

（4）立柱惯性矩 I_1、I_2 预选值（cm^4）

风荷载线分布最大荷载集度标准值 $q_{wk} = w_k B = 1.000 \times 1.200 = 1.200$（kN/m）

地震作用线分布最大荷载集度标准值 $q_{Ek} = q_{EAk}B = 0.360 \times 1.200 = 0.432$（kN/m）

风荷载和地震作用线分布最大荷载集度标准值 q_k：

$$q_k = 0.2q_{wk} + q_{Ek} = 0.2 \times 1.200 + 0.432 = 0.672 \text{（kN/m）}$$

双跨梁长跨端支座反力 R_A：

$$R_A = q_k \left[\frac{L_1^2}{2} - \frac{L_1^3 + L_2^3}{8(L_1 + L_2)} \right] \bigg/ L_1$$

$$= 0.672 \times \left[\frac{3.000^2}{2} - \frac{3.000^3 + 1.500^3}{8 \times (3.000 + 1.500)} \right] \bigg/ 3.000 = 0.819 \text{（kN）}$$

$$U = \frac{(1.4355R_A - 0.409q_k L_1)L_1^3}{24EI_x}$$

$$I_x = \frac{(1.4355R_A - 0.409q_k L_1)L_1^3}{24EU}$$

《金属与石材幕墙工程技术规范》（JGJ 133）（2022 年送审稿）第 7.2.9 条规定，在风荷载标准值作用下，立柱的挠度限值 $d_{f,lim} = l/200$，即取 $U = d_{f,lim} \leqslant L_1/200 = 3000/200 = 15$（mm）。

$$I_{x1} = \frac{(1.4355R_A - 0.409q_k L_1)L_1^3}{24EU}$$

$$= \frac{1000 \times (1.4355 \times 0.819 - 0.409 \times 0.672 \times 3.000) \times 3.000^3}{24 \times 2.1 \times 15}$$

$$= 12.540 \text{（} cm^4 \text{）}$$

选用立柱的惯性矩应大于 $12.540 cm^4$。

2. 选用立柱型材的截面特性

型材强度设计值：$f_a = 215.0 N/mm^2$

型材弹性模量：$E = 2.1 \times 10^5 N/mm^2$

x 轴惯性矩：$I_x = 99.471 cm^4$

y 轴惯性矩：$I_y = 16.214 cm^4$

x 轴抵抗矩：$W_x = 24.892 cm^3$

y 轴抵抗矩：$W_y = 24.844 cm^3$

型材截面面积矩：$S_x = 14.877 cm^3$

型材截面面积：$A = 10.058 cm^2$

型材计算校核处壁厚：$t = 6.000 mm$

塑性发展系数：$\gamma = 1.05$

3. 幕墙立柱强度计算

B：幕墙分格宽，$B = 1.200 m$。

G_{Ak}：幕墙自重标准值，$G_{Ak} = 800 N/m^2$。

L：立柱计算宽度，$L = 4.500 m$。

幕墙自重线荷载标准值 G_k：

$$G_k = G_{Ak}B = 800 \times 1.200/1000 = 0.960 \ （kN/m^2）$$

立柱轴向拉力标准值 N_k：

$$N_k = G_k L = 0.960 \times 4.500 = 4.320 \ （kN）$$

立柱轴向拉力设计值 N：

$$N = \gamma_G N_k = 1.2 \times 4.320 = 5.184 \ （kN）$$

N：立柱轴向力设计值，$N = 5.185 kN$。

A_n：立柱型材截面面积，$A_n = 10.058 cm^2$。

M：立柱弯矩设计值，$M = 0.7939 kN \cdot m$。

W_y：立柱截面抵抗矩，$W_y = 24.844 cm^3$。

γ：塑性发展系数，$\gamma = 1.05$。

立柱为拉弯构件，其计算强度 σ：

$$\sigma = \frac{N}{A_n} + \frac{M}{\gamma W}$$

$$= \left(\frac{5.184 \times 10}{10.058} + \frac{0.7939 \times 10^3}{1.05 \times 24.844} \right) N/mm^2 = 35.588 N/mm^2 < f_a^t = 215.0 N/mm^2$$

立柱强度满足要求。

4. 立柱挠度计算

立柱最大挠度 U：

$$U = \frac{(1.4355 R_A - 0.409 q_k L_1) L_1^3}{24 E I_x}$$

$$= \left[\frac{1000 \times (1.4355 \times 0.819 - 0.409 \times 0.672 \times 3.000) \times 3.000^3}{24 \times 2.1 \times 99.471} \right] mm$$

$$= 1.891 mm < d_{f,lim} = L_1/200 = 15.0 mm$$

立柱挠度满足要求。

5. 立柱抗剪强度计算

（1）风荷载作用下剪力标准值 Q_{wk}（kN）

双跨梁长跨端支座反力 R_A：

$$R_A = q_{wk} \left[\frac{L_1^2}{2} - \frac{L_1^3 + L_2^3}{8(L_1 + L_2)} \right] \Big/ L_1$$

$$= 1.200 \times \left[\frac{3.000^2}{2} - \frac{3.000^3 + 1.500^3}{8 \times (3.000 + 1.500)} \right] \Big/ 3.000 = 1.463（kN）$$

双跨梁中间支座反力 R_C：

$$R_C = q_{wk} \left(\frac{L_1 + L_2}{2} + \frac{L_1^3 + L_2^3}{8 L_1 L_2} \right)$$

$$= 1.200 \times \left(\frac{3.000 + 1.500}{2} + \frac{3.000^3 + 1.500^3}{8 \times 3.000 \times 1.500} \right) = 3.713 \ （kN）$$

双跨梁短跨端支座反力 R_B：

$$R_\mathrm{B} = q_\mathrm{wk}(L_1 + L_2) - R_\mathrm{A} - R_\mathrm{C}$$
$$= 1.200 \times (3.000 + 1.500) - 1.463 - 3.713 = 0.224 \ (\mathrm{kN})$$

立柱中间支座左侧截面处剪力 Q_CL：

$$Q_\mathrm{CL} = \frac{q_\mathrm{wk}L_1}{2} + \frac{M_\mathrm{cwk}}{L_1}$$
$$= \frac{1.200 \times 3.000}{2} + \frac{1.0125}{3.000} = 2.138 \ (\mathrm{kN})$$

注：$M_\mathrm{cwk} = \dfrac{1}{8}q_\mathrm{wk}\dfrac{L_1^3 + L_2^3}{L_1 + L_2} = \dfrac{1}{8} \times 1.200 \times \dfrac{3.000^3 + 1.500^3}{3.000 + 1.500} = 1.0125 \ (\mathrm{kN \cdot m})$

立柱中间支座右侧截面处剪力 Q_CR：

$$Q_\mathrm{CR} = R_\mathrm{C} - Q_\mathrm{CL} = 3.713 - 2.138 = 1.575 \ (\mathrm{kN})$$

风荷载作用在中间支座截面引起最大剪力标准值 $Q_\mathrm{wk} = 2.138\mathrm{kN}$。

（2）风荷载作用下剪力设计值

$$Q_\mathrm{w} = \gamma_\mathrm{w}Q_\mathrm{wk} = 1.4 \times 2.138 = 2.993 \ (\mathrm{kN})$$

（3）地震作用剪力标准值 Q_Ek（kN）

垂直于幕墙平面的分布水平地震作用 $q_\mathrm{EAk} = 0.360 \ (\mathrm{kN/m^2})$

垂直于幕墙平面的分布水平地震作用标准值：

$$q_\mathrm{Ek} = q_\mathrm{EAk}B = 0.360 \times 1.2 = 0.432\mathrm{kN/m}$$

双跨梁长跨端支座反力 R_A：

$$R_\mathrm{A} = q_\mathrm{Ek}\left[\frac{L_1^2}{2} - \frac{L_1^3 + L_2^3}{8(L_1 + L_2)}\right]\Big/ L_1$$
$$= 0.432 \times \left[\frac{3.000^2}{2} - \frac{3.000^3 + 1.500^3}{8 \times (3.000 + 1.500)}\right]\Big/ 3.000 = 0.5265 \ (\mathrm{kN})$$

双跨梁中间支座反力 R_C：

$$R_\mathrm{C} = q_\mathrm{Ek}\left(\frac{L_1 + L_2}{2} + \frac{L_1^3 + L_2^3}{8L_1L_2}\right)$$
$$= 0.432 \times \left(\frac{3.000 + 1.500}{2} + \frac{3.000^3 + 1.500^3}{8 \times 3.000 \times 1.500}\right) = 1.3365 \ (\mathrm{kN})$$

双跨梁短跨端支座反力 R_B：

$$R_\mathrm{B} = q_\mathrm{Ek}(L_1 + L_2) - R_\mathrm{A} - R_\mathrm{C}$$
$$= 0.432 \times (3.000 + 1.500) - 0.5265 - 1.3365 = 0.081 \ (\mathrm{kN})$$

立柱中间支座左侧截面处剪力 Q_CL：

$$Q_\mathrm{CL} = \frac{q_\mathrm{Ek}L_1}{2} + \frac{M_\mathrm{cEk}}{L_1} = \frac{0.432 \times 3.000}{2} + \frac{0.3645}{3.000} = 0.7695 \ (\mathrm{kN})$$

注：$M_\mathrm{cEk} = \dfrac{1}{8}q_\mathrm{Ek}\dfrac{L_1^3 + L_2^3}{L_1 + L_2} = \dfrac{1}{8} \times 0.432 \times \dfrac{3.000^3 + 1.500^3}{3.000 + 1.500} = 0.3645 \ (\mathrm{kN \cdot m})$

立柱中间支座右侧截面处剪力 Q_CR：

$$Q_\mathrm{CR} = R_\mathrm{C} - Q_\mathrm{CL} = 1.3365 - 0.7695 = 0.567 \ (\mathrm{kN})$$

地震作用在中间支座截面引起最大剪力标准值 $Q_\mathrm{Ek} = 0.7695\mathrm{kN}$。

（4）地震作用下剪力设计值 Q_E

$$Q_E = \gamma_E Q_{Ek} = 1.4 \times 0.7695 = 1.0773 \ （kN）$$

（5）立柱所受的剪力设计值 Q，采用 $Q = 0.2Q_w + Q_E$ 组合

$$Q = 0.2Q_w + Q_E = 0.2 \times 2.993 + 1.0773 = 1.6759 \ （kN）$$

（6）立柱剪应力验算

S_x：立柱型材面积矩，$S_x = 14.877 \mathrm{cm}^3$。

I_x：立柱型材截面惯性矩，$I_x = 99.471 \mathrm{cm}^4$。

t：立柱计算处截面壁厚，$t = 6.000 \mathrm{mm}$。

立柱剪应力 τ：

$$\tau = \frac{QS_x}{I_x t} = \left(\frac{1.6759 \times 14.877 \times 100}{99.471 \times 6.000} \right) \mathrm{N/mm}^2 = 4.178 \mathrm{N/mm}^2 < f_a^v = 125.0 \mathrm{N/mm}^2$$

立柱抗剪强度满足要求。

11.6.5　立柱与主体结构连接

L_{ct2}：连接处钢角码壁厚，$L_{ct2} = 8.000 \mathrm{mm}$。

D_2：连接螺栓公称直径，$D_2 = 12.000 \mathrm{mm}$。

D_0：连接螺栓有效直径，$D_0 = 10.360 \mathrm{mm}$。

选择立柱与主体结构连接螺栓为：普通螺栓 Q235 钢，C 组。

连接螺栓抗拉强度设计值 $f_t^b = 170.0 \mathrm{N/mm}^2$

连接螺栓抗剪强度设计值 $f_v^b = 130.0 \mathrm{N/mm}^2$

采用 $S_G + 0.2S_w + S_E$ 组合：

连接处风荷载标准值 N_{1wk}：

$$N_{1wk} = w_k B H_{sjcg} = 1.000 \times 1.200 \times 4.500 \times 1000 = 5400.00 \ （N）$$

连接处风荷载设计值 N_{1w}：

$$N_{1w} = \gamma_w N_{1wk} = 1.4 \times 5400.00 = 7560.00 \ （N）$$

连接处地震作用标准值 N_{1Ek}：

$$N_{1Ek} = q_{EAk} B H_{sjcg} = 0.360 \times 1.200 \times 4.500 \times 1000 = 1944.00 \ （N）$$

连接处地震作用设计值 N_{1E}：

$$N_{1E} = \gamma_E N_{1Ek} = 1.4 \times 1944.00 = 2721.60 \ （N）$$

连接处总水平力设计值 N_1：

$$N_1 = 0.2N_{1w} + N_{1E} = 0.2 \times 7560.00 + 2721.60 = 4233.60 \ （N）$$

连接处自重总值标准值 N_{2k}：

$$N_{2k} = \frac{G_k}{A} B H_{sjcg} = 800.0 \times 1.200 \times 4.500 = 4320.00 \ （N）$$

连接处自重总值设计值 N_2：

$$N_2 = \gamma_G N_{2k} = 1.2 \times 4320.00 = 5184.00 \ （N）$$

连接处总合力设计值 N：

$$N = \sqrt{N_1^2 + N_2^2} = \sqrt{4233.60^2 + 5184.00^2} = 6693.07 \ （N）$$

N_v：连接处剪切面数，$N_v = 2$。

螺栓的受剪承载力 N_{vb}：

$$N_{vb} = N_v \frac{\pi D_0^2}{4} f_v^b = 2.0 \times \frac{\pi \times 10.360^2}{4} \times 130.0 = 21917.08 \ （N）$$

立柱与主体结构连接的螺栓个数 N_{um1}：

$$N_{um1} = \frac{N}{N_{vb}} = \frac{6693.07}{21917.08} = 0.4305 \ （个），取 N_{um1} = 2 \ （个）$$

D_2：连接螺栓公称直径，$D_2 = 12.00\text{mm}$。

N_{um1}：连接处螺栓个数，$N_{um1} = 2$。

t：立梃壁厚，$t = 6.000\text{mm}$。

f_{ce}：立柱局部受压强度设计值，$f_{ce} = 320.0\text{N/mm}^2$。

立梃型材壁抗压承载力 N_{cbg}：

$$N_{cbg} = 2N_{um1} D_2 t f_{ce} = (2 \times 2 \times 12.00 \times 6.000 \times 320.0)\text{N}$$
$$= 92160.00\text{N} > N = 6693.07\text{N}$$

抗压承载力满足要求。

L_{ct2}：连接处钢角码壁厚，$L_{ct2} = 8.000\text{mm}$。

f_{ce}：钢角码局部受压强度设计值，$f_{ce} = 320.0\text{N/mm}^2$。

钢角码型材壁抗压承载力 N_{cbg}：

$$N_{cbg} = 2N_{um1} D_2 L_{ct2} f_{ce} = (2 \times 2 \times 12.00 \times 8.000 \times 320.0)\text{N}$$
$$= 122880.00\text{N} > N = 6693.07\text{N}$$

抗压承载力满足要求。

11.6.6 幕墙预埋件计算

1. 幕墙预埋件总截面面积计算

本工程预埋件受拉力和剪力。

剪力设计值 $V = N_2 = 5184.00\text{N}$

法向力设计值 $N = N_1 = 4233.60\text{N}$

弯矩设计值 $M = Ve_2 = 5184.00 \times 60.00 = 311040.00 \ （N \cdot mm）$

（注：螺栓中心与端板边缘的距离 $e_2 = 60.000\text{mm}$）

N_{um1}：锚筋根数，$N_{um1} = 4$。

α_γ：锚筋层数影响系数，$\alpha_\gamma = 1.0$。

f_c：混凝土轴心抗压强度设计值，$f_c = 14.3\text{N/mm}^2$。

（与幕墙立柱相连主体结构构件的混凝土强度等级不宜低于 C30，本设计取 C30）

f_s：锚筋抗拉强度设计值，$f_s = 210\text{N/mm}^2$。

d：锚筋直径，$d = 14.00\text{mm}$。

α_v：锚筋受剪承载力系数，按下式计算：

$$\alpha_v = (4.0 - 0.08d) \sqrt{\frac{f_c}{f_s}}$$

$$= (4.0 - 0.08 \times 14.00) \times \sqrt{\frac{14.300}{210.00}} = 0.752 > 0.7，取 \alpha_v = 0.7$$

t：锚板（Q235B）厚度，$t = 8.000\text{mm}$。

α_b：锚板弯曲变形折减系数，按下式计算：

$$\alpha_b = 0.6 + 0.25\,\frac{t}{d} = 0.6 + 0.25 \times \frac{8.000}{14.000} = 0.743$$

z：外层钢筋中心线距离，$z = 210.00\text{mm}$。

A_s：端部锚筋实际总截面面积。

$$A_s = N_{um1}\frac{\pi d^2}{4} = 4.0 \times \frac{\pi \times 14.000^2}{4} = 615.75 \ (\text{mm}^2)$$

$$\begin{aligned}
A_{s1} &\geqslant \frac{V}{\alpha_\gamma \alpha_v f_s} + \frac{N}{0.8\alpha_b f_s} + \frac{M}{1.3\alpha_\gamma \alpha_b f_s z} \\
&= \frac{5184.00}{1.0 \times 0.7 \times 210} + \frac{4233.60}{0.8 \times 0.743 \times 210} + \frac{311040.00}{1.3 \times 1.0 \times 0.743 \times 210 \times 210.0} \\
&= 35.265 + 33.917 + 7.302 = 76.484 \ (\text{mm}^2) \quad < A_s = 615.75 \ (\text{mm}^2)
\end{aligned}$$

$$\begin{aligned}
A_{s2} &\geqslant \frac{N}{0.8\alpha_b f_s} + \frac{M}{0.4\alpha_\gamma \alpha_b f_s z} \\
&= \frac{4233.60}{0.8 \times 0.743 \times 210} + \frac{311040.00}{0.4 \times 1.0 \times 0.743 \times 210 \times 210.0} \\
&= 33.917 + 23.732 = 57.649 \ (\text{mm}^2) \quad < A_s = 615.75 \ (\text{mm}^2)
\end{aligned}$$

所以，4 根直径 14.000mm 锚筋（Ⅰ级钢）能够满足要求。

锚板面积 A 应满足：

$$A \geqslant \frac{N}{0.5f_c} = \frac{4233.60}{0.5 \times 14.3} = 592.11 \ (\text{mm}^2)$$

取锚板尺寸 200mm $\times$ 250mm，即锚板面积 $A = 50000.00\text{mm}^2$，满足要求。

2. 幕墙预埋件焊缝计算

h_f：角焊缝焊脚尺寸，$h_f = 8.000\text{mm}$。

L：角焊缝实际长度，$L = 120.00\text{mm}$。

h_e：角焊缝的计算厚度，$h_e = 0.7h_f = 0.7 \times 8.000 = 5.600 \ (\text{mm})$。

L_w：角焊缝的计算长度，$L_w = L - 2h_f = 120.00 - 2 \times 8.000 = 104.000 \ (\text{mm})$。

f_f^w：角焊缝的强度设计值，$f_f^w = 160.0\text{N/mm}^2$。

β_f：角焊缝的强度设计值增大系数，$\beta_f = 1.22$。

σ_m：弯矩引起的应力，按下式计算：

$$\sigma_m = \frac{6M}{2h_e L_w^2 \beta_f} = \frac{6 \times 311040.00}{2 \times 5.600 \times 104.00^2 \times 1.22} = 12.63 \ (\text{N/mm}^2)$$

σ_n：法向力引起的应力，按下式计算：

$$\sigma_n = \frac{N}{2h_e L_w \beta_f} = \frac{4233.60}{2 \times 5.600 \times 104.00 \times 1.22} = 2.98 \ (\text{N/mm}^2)$$

τ：剪应力，按下式计算：

$$\tau = \frac{V}{2h_f L_w} = \frac{5184.00}{2 \times 8.000 \times 104.00} = 3.12 \ (\text{N/mm}^2)$$

σ：总应力，按下式计算：

$$\sigma = \sqrt{(\sigma_m + \sigma_n)^2 + \tau^2}$$

$$= \sqrt{(12.63 + 2.98)^2 + 3.12^2} = 15.92 \; (\text{N/mm}^2) \quad < f_f^w = 160.00 \; (\text{N/mm}^2)$$

焊缝强度满足要求。

11.6.7 幕墙横梁计算

1. 选用横梁型材的截面特性

选用型材号: XC8 \ 8J。

型材强度设计值: $f_a = 215.0\text{N/mm}^2$。

型材弹性模量: $E = 2.1 \times 10^5\text{N/mm}^2$。

x 轴惯性矩: $I_x = 11.177\text{cm}^4$。

y 轴惯性矩: $I_y = 11.236\text{cm}^4$。

x 轴抵抗矩: $W_x = 7.880\text{cm}^3$。

y 轴抵抗矩: $W_y = 7.910\text{cm}^3$。

型材截面面积矩: $S_x = 14.877\text{cm}^3$。

型材截面面积: $A = 4.804\text{cm}^2$。

型材计算校核处壁厚: $t = 6.000\text{mm}$。

塑性发展系数: $\gamma = 1.05$。

2. 横梁的强度计算

横梁的计算简图如图 11-37 所示。

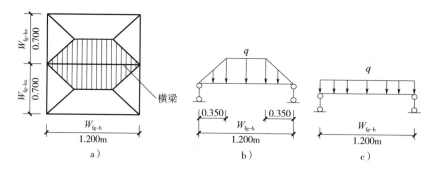

图 11-37 横梁的计算简图

a) 荷载受荷范围 b) 水平荷载作用下 c) 竖向荷载作用下

(1) 横梁自重作用下弯矩 (kN·m)

石板上分格高度, $H_{\text{fg-hs}} = 0.700\text{m}$。

石板下分格高度, $H_{\text{fg-hx}} = 0.700\text{m}$。

H: 横梁受荷高度 (上下单元分格高度之和的一半), $H = 0.700\text{m}$。

L: 横梁计算跨度, $L = 1.200\text{m}$。

G_k: 横梁自重标准值, $G_k = 980.0\text{N/m}^2$。

横梁自重荷载线荷载分布荷载集度标准值 q_{Gk}:

$$q_{\text{Gk}} = G_k H = 980.0 \times 0.700/1000 = 0.686 \; (\text{kN/m})$$

横梁自重荷载线荷载分布荷载集度标准值 q_G:

$$q_G = \gamma_G q_{\text{Gk}} = 1.2 \times 0.686 = 0.823 \; (\text{kN/m})$$

横梁在自重荷载作用下的弯矩设计值 M_x：

$$M_x = \frac{q_G L^2}{8} = \frac{0.823 \times 1.200^2}{8} = 0.148 \quad (\text{kN} \cdot \text{m})$$

（2）横梁在风荷载作用下的弯矩（kN·m）

风荷载线分布最大荷载集度标准值 q_{wk}（梯形分布）：

$$q_{wk} = w_k H = 1.000 \times 0.700 = 0.700 \quad (\text{kN/m})$$

风荷载线分布最大荷载集度设计值 q_w（梯形分布）：

$$q_w = \gamma_w q_{wk} = 1.4 \times 0.700 = 0.980 \quad (\text{kN/m})$$

横梁在风荷载作用下的弯矩 M_{yw}：

$$M_{yw} = \frac{q_w L^2 (3 - H^2/L^2)}{24} = \frac{0.980 \times 1.200^2 \times (3 - 0.700^2/1.200^2)}{24} = 0.156 \quad (\text{kN} \cdot \text{m})$$

（3）地震作用下横梁的弯矩

β_E：动力放大系数，$\beta_E = 5.0$。

α_{max}：地震影响系数最大值，$\alpha_{max} = 0.09$。

G_k / A：幕墙构件自重，$G_k / A = 980 \text{N/m}^2$。

横梁平面处地震作用标准值 q_{EAk}：

$$q_{EAk} = \beta_E \alpha_{max} G_k / A = 5.0 \times 0.09 \times 980/1000 = 0.441 \quad (\text{kN/m}^2)$$

H：横梁受荷高度（上下单元分格高度之和的一半），$H = 0.700\text{m}$。

水平地震作用线荷载集度标准值 q_{Ek}：

$$q_{Ek} = q_{EAk} H = 0.441 \times 0.700 = 0.3087 \quad (\text{kN/m})$$

水平地震作用线荷载集度设计值 q_E：

$$q_E = \gamma_E q_{Ek} = 1.4 \times 0.3087 = 0.432 \quad (\text{kN/m})$$

水平地震作用下横梁弯矩 M_{yE}：

$$M_{yE} = \frac{q_E L^2 (3 - H^2/L^2)}{24}$$

$$= \frac{0.432 \times 1.200^2 \times (3 - 0.700^2/1.200^2)}{24} = 0.0689 \quad (\text{kN} \cdot \text{m})$$

横梁在风荷载和水平地震作用下弯矩设计值 M_y（按 $0.2 S_w + S_E$ 组合）：

$$M_y = 0.2 M_{yw} + M_{yE} = 0.2 \times 0.156 + 0.0689 = 0.1001 \quad (\text{kN} \cdot \text{m})$$

（4）横梁的抗弯强度计算

W_x：横梁截面绕 x 轴（幕墙平面内方向）抵抗矩，$W_x = 3.121 \text{cm}^3$。

W_y：横梁截面绕 y 轴（幕墙平面内方向）抵抗矩，$W_y = 3.139 \text{cm}^3$。

γ：塑性发展系数，$\gamma = 1.05$

横梁计算强度 σ，按下式计算：

$$\sigma = \frac{M_x}{\gamma W_x} + \frac{M_y}{\gamma W_y}$$

$$= \left(\frac{0.148 \times 10^3}{1.05 \times 7.880} + \frac{0.1001 \times 10^3}{1.05 \times 7.910} \right) \text{N/mm}^2 = 29.94 \text{N/mm}^2 < f_a = 215.0 \text{N/mm}^2$$

横梁抗弯强度满足要求。

3. 横梁抗剪强度计算

（1）风荷载作用下横梁剪力标准值

w_k：风荷载标准值，$w_k = 1.000 \text{kN/m}^2$。

B：幕墙分格宽度，$B = 1.200 \text{m}$。

H：横梁受荷高度（上下单元分格高度之和的一半），$H = 0.700 \text{m}$。

风荷载作用下横梁剪力设计值 Q_{wk}（q_{wk}梯形分布）：

$$Q_{wk} = \frac{1}{2} w_k H B \left(1 - \frac{H}{2B}\right)$$

$$= \frac{1}{2} \times 1.000 \times 0.700 \times 1.200 \times \left(1 - \frac{0.700}{2 \times 1.200}\right) = 0.2975 \text{（kN）}$$

（2）风荷载作用下横梁剪力设计值 Q_w

$$Q_w = \gamma_w Q_{wk} = 1.4 \times 0.2975 = 0.417 \text{（kN）}$$

（3）地震作用下横梁剪力标准值 Q_{Ek}（q_{EAk}梯形分布）

q_{EAk}：横梁平面处地震作用标准值，$q_{EAk} = 0.441 \text{kN/m}^2$。

$$Q_{Ek} = \frac{1}{2} q_{EAk} H B \left(1 - \frac{H}{2B}\right)$$

$$= \frac{1}{2} \times 0.441 \times 0.700 \times 1.200 \times \left(1 - \frac{0.700}{2 \times 1.200}\right) = 0.1312 \text{（kN）}$$

（4）地震作用下横梁剪力设计值 Q_E

$$Q_E = \gamma_E Q_{Ek} = 1.4 \times 0.1312 = 0.1837 \text{（kN）}$$

（5）横梁所受剪力设计值 Q_y，采用 $0.2Q_w + Q_E$ 组合

$$Q_y = 0.2Q_w + Q_E = 0.2 \times 0.417 + 0.1837 = 0.267 \text{（kN）}$$

（6）横梁抗剪强度验算

I_x：x 轴惯性矩，$I_x = 11.177 \text{cm}^4$。

S_x：型材截面面积矩，$S_x = 14.877 \text{cm}^3$。

t：横梁薄厚，$t = 5.000 \text{mm}$。

横梁剪应力 τ，按下式计算：

$$\tau = \frac{Q_y S_x}{I_x t_x} = \left(\frac{0.267 \times 14.877 \times 100}{11.177 \times 5.00}\right) \text{N/mm}^2 = 7.108 \text{N/mm}^2 < f_a^v = 125.0 \text{N/mm}^2$$

横梁抗剪强度满足要求。

4. 横梁挠度计算

校核依据：《金属与石材幕墙工程技术规范》（JGJ 133）（2022 年送审稿）第 7.1.6 条规定，在风荷载或重力荷载标准值作用下，横梁的挠度限值 $d_{f,lim} = L_1/200$，即 $U_{max} = 1200/200 = 6.0 \text{（mm）}$。

I_x：x 轴惯性矩，$I_x = 11.177 \text{cm}^4$。

I_y：y 轴惯性矩，$I_y = 11.236 \text{cm}^4$。

B：幕墙分格宽度，$B = 1.200 \text{m}$。

H：横梁受荷高度（上下单元分格高度之和的一半），$H = 0.700 \text{m}$。

风荷载线分布最大荷载集度标准值 q_{wk}：

$$q_{wk} = W_k H = 1.000 \times 0.700 = 0.700 \text{（kN/m）}$$

横梁自重荷载线荷载分布荷载集度标准值 q_{Gk}：

$$q_{Gk} = G_k H = 980.0 \times 0.700/1000 = 0.686 \ （kN/m）$$

水平方向由风荷载标准值 q_{wk} 作用产生的挠度 U_1：

$$U_1 = \frac{q_{wk} B^4 \left[\frac{25}{8} - 5 \left(\frac{H}{2B} \right)^2 + 2 \left(\frac{H}{2B} \right)^4 \right]}{240EI_x}$$

$$= \left\{ \frac{0.700 \times 1.200^4 \times 1000 \times \left[\frac{25}{8} - 5 \times \left(\frac{0.700}{2 \times 1.200} \right)^2 + 2 \times \left(\frac{0.700}{2 \times 1.200} \right)^4 \right]}{240 \times 2.1 \times 11.177} \right\} mm$$

$$= 0.699 mm < B/200 = 6.0 mm$$

自重标准值 q_{Gk} 作用下产生的挠度 U_2：

$$U_2 = \frac{5 q_{Gk} B^4}{384 EI_y}$$

$$= \left(\frac{5 \times 0.686 \times 1.200^4 \times 1000}{384 \times 2.1 \times 11.236} \right) mm = 0.785 mm < B/200 = 6.0 mm$$

横梁挠度满足要求。

11.6.8 横梁与立柱连接件计算

1. 横梁节点（横梁与角码）计算

风荷载作用下横梁剪力设计值 $Q_w = 0.417 kN$。

地震作用下横梁剪力设计值 $Q_E = 0.1837 kN$。

连接部位受总剪力设计值 N_1，采用 $0.2S_w + S_E$ 组合：

$$N_1 = 0.2 Q_w + Q_E = 0.2 \times 0.417 + 0.1837 = 0.267 \ （kN）$$

选择横梁与立柱间连接螺栓为普通螺栓 Q235 钢，C 组。

连接螺栓抗拉强度设计值 $f_t^b = 170.0 N/mm^2$。

连接螺栓抗剪强度设计值 $f_v^b = 130.0 N/mm^2$。

N_v：连接处剪切面数，$N_v = 1$。

D_2：连接螺栓公称直径，$D_2 = 6.000 mm$。

D_0：连接螺栓有效直径，$D_0 = 5.060 mm$。

螺栓的受剪承载力 N_{vb}：

$$N_{vb} = N_v \frac{\pi D_0^2}{4} f_v^b = 1.0 \times \frac{\pi \times 5.060^2}{4} \times 130.0 = 2614.17 \ （N）$$

横梁与立柱间连接的螺栓个数 N_{um1}：

$$N_{um1} = \frac{N_1}{N_{vbh}} = \frac{0.267 \times 1000}{2614.17} = 0.102 \ （个）, \ 取 N_{um1} = 2 \ （个）$$

D_2：连接螺栓公称直径，$D_2 = 6.00 mm$。

N_{um1}：连接处螺栓个数，$N_{um1} = 2$。

t：幕墙横梁壁厚，$t = 5.000 mm$。

f_{ce}：横梁局部受压强度设计值，$f_{ce} = 320.0 N/mm^2$。

幕墙横梁壁抗压承载力 N_{cbg}：

$$N_{cbg} = N_{um1} D_2 t f_{ce} = (2 \times 6.00 \times 5.000 \times 320.0) N$$
$$= 19200.0N > N_1 = 0.267kN = 267.00N$$

抗压承载力满足要求。

2. 竖向节点（角码与立柱）计算

横梁自重荷载线荷载分布荷载集度标准值 q_{Gk}：

$$q_{Gk} = G_k H = 980.0 \times 0.700/1000 = 0.686 \quad (kN/m)$$

横梁自重荷载线荷载分布荷载集度标准值 q_G：

$$q_G = \gamma_G q_{Gk} = 1.2 \times 0.686 = 0.823 \quad (kN/m)$$

自重荷载设计值 N_2：

$$N_2 = q_G B/2 = 0.823 \times 1.200/2 = 0.4838 \quad (kN)$$

连接处组合荷载设计值 N，按 $S_G + 0.2 S_w + S_E$ 组合：

$$N = \sqrt{N_1^2 + N_2^2} = (\sqrt{0.267^2 + 0.4838^2}) kN = 0.55259kN = 552.59N$$

钢角码与立柱连接螺栓个数 N_{um2}：

$$N_{um2} = \frac{N}{N_{vbh}} = \frac{552.59}{2614.17} = 0.211 \quad (个)，取 2 个$$

L_{ct2}：连接处钢角码壁厚，$L_{ct2} = 4.000mm$。

f_{ce}：钢角码局部受压强度设计值，$f_{ce} = 320.0N/mm^2$。

钢角码型材壁抗压承载力 N_{cbg}：

$$N_{cbg} = N_{um1} D_2 L_{ct2} f_{ce} = (2 \times 6.00 \times 4.000 \times 320.0) N$$
$$= 15360.0N > N = 552.59N$$

抗压承载力满足要求。

第 12 章

金属幕墙设计

12.1　金属幕墙适用范围及分类

　　以金属板（如铝塑复合板、铝单板、蜂窝铝板等）作为饰面的幕墙称为金属幕墙。金属幕墙是一种新型的建筑幕墙形式，用于各种建筑的外装修工程。由于金属板材优良的加工性能，色彩的多样及良好的安全性，能完全适应各种复杂造型的设计，可以任意增加凹进和凸出的线条，而且可以加工各种形式的曲线线条，给建筑师以巨大的发挥空间，倍受建筑师的青睐，因而获得了突飞猛进的发展。

1. 金属幕墙适用范围

　　金属幕墙可适用于非抗震设防和抗震设防烈度6度、7度、8度和9度的民用建筑。《金属和石材幕墙工程技术规范》（JGJ 133）（2022年送审稿）中适用范围未明确包含工业建筑幕墙，主要考虑到工业建筑范围很广，有些情况下与民用建筑相比有较大的特殊性（如可能存在腐蚀、辐射、高温、高湿、振动、爆炸等），规范难以全部涵盖。但对一般用途的工业建筑（如轻工业厂房等），其金属幕墙的设计、加工、安装施工等可参照规范的有关规定执行；有特殊要求的厂房，应专门研究，采取相应的措施。

　　与玻璃幕墙相比，金属幕墙具有如下特点：

　　1）金属板重量轻，减少了建筑结构和基础的负荷，为高层建筑外装提供了良好的选择条件。

　　2）金属板具有隔热、隔声、防火、防污、防蚀的优良性能。

　　3）金属板加工、运输、安装、清洗等施工作业都较易实施。

　　4）金属板具有优良的加工性能，拓展了幕墙设计师的设计空间。

　　5）金属板的设计适应性强，根据不同的外观要求、性能要求和功能要求可设计与之适应的各种金属幕墙系统。

　　6）金属幕墙的性能价格比高，维护成本非常低廉，使用寿命长。

2. 金属幕墙分类

　　金属幕墙是由金属面板、连接件、金属骨架（横梁、立柱）、预埋件、密封条和胶缝等组成。金属幕墙按面板材料的不同，可分为铝板幕墙（包括铝单板幕墙、铝塑复合板幕墙、蜂窝铝板幕墙、夹芯保温铝板幕墙等）、铜合金板幕墙、钛合金板幕墙、锌合金板幕墙、彩色涂层钢板幕墙、搪瓷涂层钢板幕墙、不锈钢板幕墙等，其中铝板幕墙在金属幕墙中占主导地位。

　　金属幕墙面板按表面处理不同分为光面板、亚光板、压型板、波纹板和盒板等（图12-1）。

　　金属幕墙按其节点构造的不同，可分为整体式、内嵌式、外挂内装固定式、外挂外装固定式、外墩外装固定式、外扣式等，如图12-2所示。

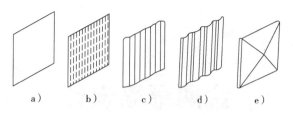

图 12-1　金属幕墙面板

a）光面板　b）亚光板　c）波纹板　d）压型板　e）盒板

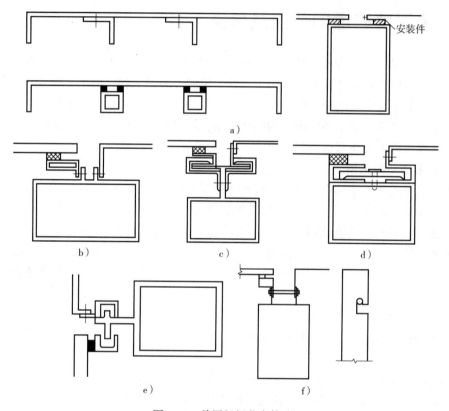

图 12-2　单层铝板节点构造

a）整体式　b）内嵌式　c）外挂内装式　d）外挂外装式　e）外墩外装式　f）外扣式

12.2　金属面板设计与计算

12.2.1　一般要求

（1）单层铝板　幕墙用铝板除强度、弹性模量等力学性能外，还要求有良好的加工性能，可小半径弯折而不开裂；有良好冷塑性，变形抗力小，成型后不反弹；有良好的耐腐蚀能力和与涂层的结合能力；有良好的焊接性能等。目前，符合上述条件的铝板牌号有：1×××系列（纯铝板）：1050，1060，1100等；3×××系列（铝锰合金板）：3003，3004，3005，3105等；5×××系列（铝镁合金板）：5005，5052，5754等。因此，《金属与石材幕墙工程技术规范》（JGJ 133）（2022 年送审稿）规定，单层铝板宜采用铝锰合金板、铝镁合金板，并应符合相应国家现行标准。

铝板表面常采用氟碳涂层。氟碳涂料通常由漆膜材料（包含树脂和着色剂）和溶剂组成。树脂包含氟碳树脂及其他树脂；漆膜材料约占氟碳漆的一半，溶剂也大约占一半。树脂占漆膜材料的 50% ~78%，其余为着色颜料。为保证足够的防护性能，氟碳树脂含量不应低于树脂总量的 70%，即占干膜总量的 35% ~54%，占氟碳涂料的 17% ~27%。

铝板表面采用氟碳涂层厚度宜符合表 12-1 的要求。喷涂涂层的局部最小厚度，采用二涂工艺时，不宜小于 25μm；采用三涂工艺时不宜小于 35μm。辊涂涂层厚度较均匀，所以分别不应小于 23μm 和 30μm。

表 12-1　氟碳涂层厚度　　　　　　　　　（单位：μm）

涂装工艺类型　涂层	喷涂		辊涂	
	平均膜厚	最小局部膜厚	平均膜厚	最小局部膜厚
二涂	≥30	≥25	≥25	≥23
三涂	≥40	≥35	≥32	≥30
四涂	≥65	≥55		

采用二涂或三涂工艺，一般由涂层颜色决定。二涂涂层由底漆、氟碳漆构成，适用于一般颜色要求的表面处理；金属色和色彩鲜艳的（如红色和绿色等）涂层由工艺、美观和耐火性能要求增加了一层面漆，采用三涂涂层。耐腐蚀防护性能主要取决于氟碳漆，二涂、三涂均可满足要求。

单层铝板的厚度，主要考虑其强度、刚度和平整度，表 12-2 从强度的因素规定了最小板厚。由于不同牌号铝板的弹性模量基本相同，采用 2.0mm 板厚的高强度铝板时，应采用加密肋条、减少间距的措施来保证其刚度和表面平整度。国内一些工程采用 2.0mm 的 5754 铝板时，肋间距取为 300 ~500mm，板面平整度可以满足要求。

表 12-2　单层铝板的板基厚度　　　　　　　（单位：mm）

铝板屈服强度 $\sigma_{0.2}/(N/mm^2)$	<100	$100 < \sigma_{0.2} \leqslant 150$	>150
铝板厚度 t/mm	≥3.0	≥2.5	≥2.0

注：波纹型单层铝板的板基厚度可小于本表的规定。

单层铝板在弯折加工时弯折外圆弧半径不应小于板厚的 1.5 倍，以防止出现折裂纹和集中应力。板上加强肋的固定可采用电栓钉，但应保证铝板外表面不变形、不褪色、固定应牢固。铝单板的折边上要做耳子用于安装，如图 12-3 所示。

（2）铝塑复合板　铝塑复合板（简称铝塑板）是指以普通塑料或经阻燃处理的塑料为芯材、两面为铝材的三层复合板材，并在产品表面覆以装饰性和保护性的涂层或薄膜（若无特别注明则通称为涂层）作为产品的装饰面。铝塑复合板应符合现行国家标准《建筑幕墙用铝塑复合板》（GB/T 17748—2016）的有关要求。

建筑幕墙用铝塑复合板是指采用经阻燃处理的塑料为芯材，并用作建筑幕墙材料的铝塑复合板。幕墙铝塑复合板所用铝材宜采用锰铝合金板，可采用 3×××系列、牌号为 3003 和 3105 的铝板，也可采用 5×××系列的镁铝合金板。

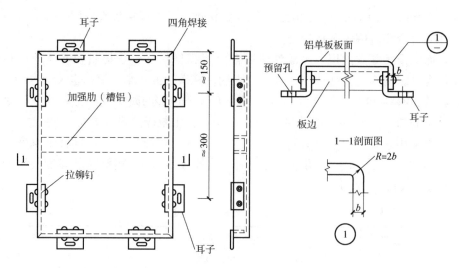

图 12-3　单层铝板的折边构造

　　幕墙铝复合板所用铝材的平均厚度不应小于 0.50mm，最小厚度不应小于 0.48mm，即厚度应为 0.50mm±0.02mm。铝材厚度检验测量时，测量点至少包含四角和中心共 5 个部位，一般应有一部分测量点厚度为 0.50～0.52mm，另一部分测量点厚度在 0.48～0.50mm。如果出现测量厚度小于 0.48mm，即为不合格产品。

　　铝塑复合板面有内外两层铝板，中间复合聚乙烯塑料。在切割内层铝板和聚乙烯塑料时，应保留不小于 0.3mm 厚的聚乙烯塑料，并不得划伤外层铝板的内表面，如图 12-4 所示。

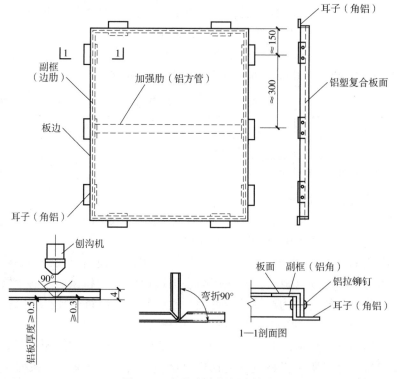

图 12-4　铝塑复合板折边构造

（3）铝蜂窝复合板　铝蜂窝复合板是指以铝蜂窝为芯材，两面粘结铝板的复合板材，通常表面具有装饰面层，如图 12-5 所示。用于幕墙的蜂窝铝板应采用铝蜂窝，不应采用耐久性、力学性能差的纸蜂窝；胶粘剂应有足够的耐久性能。

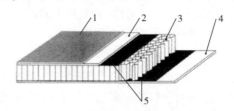

图 12-5　铝蜂窝复合板示意图

1—装饰面板　2—铝板（面板）　3—铝蜂窝芯　4—铝板（背板）　5—胶粘剂

《建筑外墙用铝蜂窝板》（JG/T 334—2012）规定，铝蜂窝板应符合下列要求：

1）截面厚度不宜小于 10mm。

2）芯材应采用铝蜂窝，板基宜采用 3×××系列（铝锰合金板）、5×××系列（铝镁合金板），板基的厚度允许偏差应取 ±0.025mm。

3）复合板的面板标称厚度不应小于 1.0mm，背板标称厚度不应小于 0.7mm，铝板允许负偏差取正值。

4）当表面采用氟碳涂层时，应符合表 12-1 的要求。

（4）不锈钢板　幕墙用不锈钢宜采用奥氏体型不锈钢材，奥氏体型不锈钢的铬、镍总含量不宜低于 25%，其中镍含量不宜低于 8%。

用于幕墙的不锈钢板的截面厚度，当为平板时不宜小于 2.5mm，当为波纹板时，不宜小于 1.0mm。有时由于建筑设计要求，也有国外工程采用 0.8mm 的薄板，此时板面常有波纹状起伏作为建筑装饰，同时也提高了面板的刚度。

在海滨、酸雨等恶劣大气条件下，不锈钢板仍有可能被侵蚀，只不过被侵蚀的程度较轻。在不锈钢板上做防锈涂层是防止腐蚀的更高效措施。海边或严重腐蚀地区，可采用单面涂层或双面涂层的不锈钢板，涂层厚度不宜小于 35μm。

（5）彩色涂层钢板　彩色涂层钢板是指在经过表面预处理的基板上连续涂覆有机涂料（正面至少为两层），然后进行烘烤固化而成的产品。彩色涂层钢板应符合《彩色涂层钢板及钢带》（GB/T 12754—2006）的规定。基材钢板宜镀锌，板厚不宜小于 1.5mm，并应具有适合室外使用的氟碳涂层、聚酯涂层或丙烯酸涂层。

12.2.2　金属面板设计计算

单层铝板和铝复合板一般通过四周折边增大板的刚度，而且可以避免铝复合板的芯材在大气中外露。但目前一些工程中也有采用铝复合板不折边而附加铝型材的办法，此时，铝复合板应嵌入铝框内或用密封胶将芯材密封。蜂窝铝板可以采用折边，将面板弯折后包封板边、采用密封胶封边的做法。采用开缝幕墙时尤应注意采取措施防止板芯直接外露。

金属面板较薄，必要时应设置加强肋增加其刚度并保持板面平整。金属板可根据受力要求设置加强肋，铝塑复合板折边处应设置边肋，边肋与折边可采用铝铆钉连接。加强肋可采用金属方管、槽形或角形型材，加强肋的截面厚度不应小于 1.5mm。

加强肋应与面板可靠连接，并应采取防腐措施。采用硅酮结构密封胶连接加强肋和面板时，胶缝宽度、厚度和质量应符合结构胶缝要求。作为金属板支承边的中肋应与边肋或单层铝板的折边可靠连接，中肋与中肋的连接应满足传力要求。实际工程中，当中肋只与面板连接，却不与边肋或单层铝板的板边连接，中肋处于无支座的浮动状态，无法作为区格板的支承边，此时，面板计算时不宜考虑中肋的支承边作用。

1. 金属面板计算简图

金属板材的周边，无论有无边肋，均可以产生转动，所以计算时可以作为简支边考虑；由于风荷载和地震作用对面板是均匀分布的荷载，中肋两侧的板区格同时受力，当跨度相等或接近时，基本上不发生明显的板面转动，计算时可作为固定边考虑。图 12-6 为不同加肋方式的面板类型，其中图 12-6a 为四边简支板，图 12-6b ~ 图 12-6e 为不同加肋方式的四边简支板，A、B、C、D、E、F 代表不同边界条件的区格，其边界条件见表 12-3。

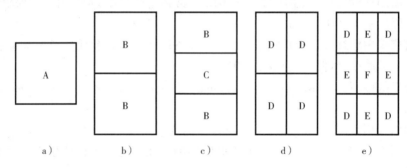

a）　　　　b）　　　　c）　　　　d）　　　　e）

图 12-6　板块类型

表 12-3　不同区格的边界条件

区格类型	A	B	C
边界条件	M_Y / M_X　l_y　q　l_x	M_x^0　M_Y / M_X　l_y　q　l_x	M_x^0　M_Y / M_X　l_y　q　l_x

区格类型	D	E	F
边界条件	M_x^0　M_Y / M_X　M_y^0　l_y　q　l_x	M_x^0　M_Y / M_X　M_y^0　l_y　q　l_x	M_y^0　M_x^0　M_Y / M_X　l_y　q　l_x

2. 金属面板内力计算

不同区格的跨中弯矩系数 m 和固端弯矩系数 m_x^0 或 m_y^0 可依据其类型和泊松比 ν（表 12-4），分别按表 12-5a ~ 表 12-5f 采用。

中肋支承线上的弯曲应力标准值可取其两侧板各固端弯矩计算结果的平均值。

表 12-4 材料的泊松比和弹性模量

材料		泊松比 ν	弹性模量 $E/$（N/mm²）
铝合金型材、单层铝板		0.30	0.70×10^5
钢、不锈钢		030	2.06×10^5
铝塑复合板	厚度 4mm	0.25	0.20×10^5
	厚度 6mm		0.30×10^5
蜂窝铝板	厚度 10mm	0.25	0.35×10^5
	厚度 15mm		0.27×10^5
	厚度 20mm		0.21×10^5

表 12-5a 区格 A（四边简支）

ν		0.125	0.200	0.250	0.300	0.333
l_x/l_y	μ	m				
0.50	0.01013	0.09868	0.09998	0.10085	0.10172	0.10224
0.55	0.00940	0.09183	0.09340	0.09445	0.09550	0.09613
0.60	0.00867	0.08503	0.08684	0.08805	0.08926	0.08999
0.65	0.00796	0.07839	0.08042	0.08178	0.08313	0.08394
0.70	0.00727	0.07200	0.07422	0.07570	0.07718	0.07807
0.75	0.00663	0.06596	0.06834	0.06993	0.07151	0.07246
0.80	0.00603	0.06028	0.06278	0.06445	0.06612	0.06712
0.85	0.00547	0.05495	0.05756	0.05930	0.06104	0.06208
0.90	0.00496	0.05008	0.05276	0.05455	0.05634	0.05741
0.95	0.00449	0.04555	0.04828	0.05010	0.05192	0.05301
1.00	0.00406	0.04140	0.04416	0.04600	0.04784	0.04894

表 12-5b 区格 B（一边固定三边简支）

ν		0.125	0.200	0.250	0.300	0.333	—
l_x/l_y	μ	m					m_x^0
0.50	0.00504	0.08203	0.08292	0.08351	0.08411	0.08446	−0.1212
0.55	0.00492	0.07736	0.07847	0.07921	0.07996	0.08040	−0.1187
0.60	0.00472	0.07266	0.07398	0.07486	0.07575	0.07627	−0.1158
0.65	0.00448	0.06798	0.06949	0.07050	0.07151	0.07212	−0.1124
0.70	0.00422	0.06341	0.06510	0.06623	0.06735	0.06803	−0.1087
0.75	0.00399	0.05887	0.06071	0.06149	0.06317	0.06390	−0.1048
0.80	0.00376	0.05449	0.05647	0.05779	0.05911	0.05990	−0.1007
0.85	0.00352	0.05034	0.05244	0.05384	0.05524	0.05607	−0.0965
0.90	0.00329	0.04645	0.04864	0.05010	0.05156	0.05244	−0.0922
0.95	0.00306	0.04272	0.04498	0.04649	0.04800	0.04890	−0.0880
1.00	0.00285	0.03926	0.04157	0.04311	0.04466	0.04558	−0.0839

（续）

l_x/l_y	ν	0.125	0.200	0.250	0.300	0.333	—
	μ			m			m_x^0
1.00	0.00285	0.03926	0.04157	0.04311	0.04466	0.04558	−0.0839
0.95	0.00306	0.04182	0.04426	0.04589	0.04752	0.04849	−0.0882
0.90	0.00329	0.04445	0.04703	0.04875	0.05047	0.05150	−0.0926
0.85	0.00352	0.04719	0.04991	0.05173	0.05354	0.05643	−0.0970
0.80	0.00376	0.04999	0.05287	0.05479	0.05671	0.05786	−0.1014
0.75	0.00399	0.05282	0.05586	0.05789	0.05992	0.06113	−0.1056
0.70	0.00422	0.05566	0.05888	0.06103	0.06317	0.06446	−0.1096
0.65	0.00448	0.05848	0.06188	0.06415	0.06642	0.06778	−0.1133
0.60	0.00472	0.06144	0.06504	0.06744	0.06984	0.07172	−0.1166
0.55	0.00492	0.06447	0.06826	0.07079	0.07332	0.07483	−0.1193
0.50	0.00504	0.06734	0.07132	0.07398	0.07663	0.07822	−0.1215

表 12-5c　区格 C（对边固定对边简支）

l_x/l_y	ν	0.125	0.200	0.250	0.300	0.333	—
	μ			m			m_x^0
0.50	0.00261	0.07024	0.07096	0.07144	0.07192	0.07220	−0.0843
0.55	0.00259	0.06659	0.06748	0.06808	0.06867	0.06903	−0.0840
0.60	0.00255	0.06288	0.06394	0.06465	0.06536	0.06579	−0.0834
0.65	0.00250	0.05915	0.06083	0.06120	0.06202	0.06251	−0.0826
0.70	0.00243	0.05540	0.05678	0.05770	0.05862	0.05917	−0.0814
0.75	0.00236	0.05183	0.05335	0.05436	0.05538	0.05598	−0.0799
0.80	0.00228	0.04833	0.04997	0.05106	0.05216	0.05281	−0.0782
0.85	0.00220	0.04496	0.04671	0.04788	0.04904	0.04974	−0.0763
0.90	0.00211	0.04182	0.04366	0.04489	0.04612	0.04685	−0.0743
0.95	0.00201	0.03879	0.04070	0.04198	0.04325	0.04402	−0.0721
1.00	0.00192	0.03594	0.03791	0.03923	0.04054	0.04133	−0.0698
l_x/l_y	μ			m			m_x^0
1.00	0.00912	0.003594	0.03791	0.03923	0.04054	0.04133	−0.0698
0.95	0.00223	0.03876	0.04083	0.04221	0.04360	0.04442	−0.0746
0.90	0.00260	0.04147	0.04392	0.04538	0.04683	0.04770	−0.0797
0.85	0.00303	0.04484	0.04714	0.04868	0.05021	0.05113	−0.0850
0.80	0.00354	0.04806	0.05050	0.05213	0.05375	0.05473	−0.0904
0.75	0.00413	0.05137	0.05396	0.05569	0.05742	0.05845	−0.0959
0.70	0.00482	0.05466	0.05742	0.05926	0.06111	0.06221	−0.1013
0.65	0.00560	0.05783	0.06079	0.06276	0.06474	0.06592	−0.1066
0.60	0.00647	0.06089	0.06406	0.06618	0.06829	0.06956	−0.1114
0.55	0.00743	0.06363	0.06703	0.06930	0.07157	0.07293	−0.1156
0.50	0.00844	0.06603	0.06967	0.07210	0.07453	0.07599	−0.1191

表 12-5d 区格 D（相邻边固定相邻边简支）

ν		0.125	0.200	0.250	0.300	0.333	—	
l_x/l_y	μ			m			m_x^0	m_y^0
0.50	0.00471	0.07828	0.07944	0.08021	0.08099	0.08145	−0.1179	−0.0786
0.55	0.00454	0.07337	0.07573	0.07564	0.07655	0.07709	−0.1140	−0.0785
0.60	0.00429	0.06847	0.07001	0.07104	0.07027	0.07268	−0.1095	−0.0782
0.65	0.00399	0.06359	0.06529	0.06643	0.06756	0.06824	−0.1045	−0.0777
0.70	0.00368	0.05882	0.06066	0.06189	0.06312	0.06385	−0.0992	−0.0770
0.75	0.00340	0.05407	0.05603	0.05734	0.05865	0.05943	−0.0938	−0.0760
0.80	0.00313	0.04955	0.05162	0.05300	0.05438	0.05521	−0.0883	−0.0748
0.85	0.00286	0.04531	0.04747	0.04891	0.05036	0.05122	−0.0829	−0.0733
0.90	0.00261	0.04138	0.04361	0.04510	0.04659	0.04748	−0.0776	−0.0716
0.95	0.00237	0.03765	0.03993	0.04145	0.04297	0.04388	−0.0726	−0.0698
1.00	0.00215	0.03426	0.03657	0.03811	0.03966	0.04058	−0.0677	−0.0677

表 12-5e 区格 E（三边固定三边简支）

ν		0.125	0.200	0.250	0.300	0.333	—	
l_x/l_y	μ			m			m_x^0	m_y^0
0.50	0.0258	0.07034	0.07133	0.07199	0.07265	0.07304	−0.0836	−0.0569
0.55	0.0255	0.06644	0.06758	0.06834	0.06910	0.06955	−0.0827	−0.0570
0.60	0.0249	0.06247	0.06377	0.06464	0.06551	0.06603	−0.0814	−0.0571
0.65	0.0240	0.5847	0.05992	0.06089	0.06186	0.06244	−0.0796	−0.0572
0.70	0.0229	0.05449	0.05608	0.05714	0.05820	0.05883	−0.0774	−0.0572
0.75	0.0219	0.05059	0.05229	0.05343	0.05456	0.05524	−0.0750	−0.0572
0.80	0.0208	0.04676	0.04856	0.04976	0.05097	0.05169	−0.0722	−0.0570
0.85	0.0196	0.04309	0.04498	0.04624	0.04750	0.04825	−0.0693	−0.0567
0.90	0.0184	0.03971	0.04166	0.04296	0.04427	0.04505	−0.0663	−0.0563
0.95	0.0172	0.03645	0.03846	0.03980	0.04114	0.04194	−0.0631	−0.0558
1.00	0.0160	0.03338	0.03543	0.03680	0.03817	0.03899	−0.0600	−0.0550
l_x/l_y	μ			m			m_x^0	m_y^0
0.50	0.00160	0.03338	0.03534	0.03680	0.03817	0.03899	−0.0600	−0.0550
0.55	0.00182	0.03577	0.03791	0.03934	0.04077	0.04162	−0.0629	−0.0599
0.60	0.00206	0.03823	0.04046	0.04195	0.04344	0.04433	−0.0656	−0.0653
0.65	0.00233	0.04073	0.04306	0.04461	0.04617	0.04710	−0.0683	−0.0711
0.70	0.00262	0.04328	0.04570	0.04731	0.04893	0.04989	−0.0707	−0.0772
0.75	0.00294	0.04589	0.04841	0.05009	0.05177	0.05277	−0.0729	−0.0837
0.80	0.00327	0.04850	0.05111	0.05285	0.05459	0.05563	−0.0748	−0.0903
0.85	0.00365	0.05108	0.05377	0.05556	0.05736	0.05843	−0.0762	−0.0970
0.90	0.00403	0.05359	0.05635	0.05819	0.06003	0.06113	−0.0773	−0.1033
0.95	0.00437	0.05594	0.05876	0.06064	0.06252	0.06364	−0.0780	−0.1093
1.00	0.00463	0.05816	0.06102	0.06293	0.06483	0.06597	−0.0784	−0.1146

表 12-5f　区格 F（四边固定）

ν		0.125	0.200	0.250	0.300	0.333	—	
l_x/l_y	μ	m					m_x^0	m_y^0
0.50	0.00253	0.06958	0.07037	0.07090	0.07143	0.07175	− 0.0829	− 0.0570
0.55	0.00246	0.06551	0.06651	0.06718	0.06784	0.06824	− 0.0814	− 0.0571
0.60	0.00236	0.06134	0.06253	0.06333	0.06412	0.06460	− 0.0793	− 0.0571
0.65	0.00224	0.05704	0.05841	0.05933	0.06024	0.06079	− 0.0766	− 0.0571
0.70	0.00211	0.05276	0.05429	0.05531	0.05634	0.05695	− 0.0735	− 0.0569
0.75	0.00197	0.04859	0.05027	0.05139	0.05251	0.05318	− 0.0701	− 0.0565
0.80	0.00182	0.04459	0.04638	0.04758	0.04877	0.04949	− 0.0664	− 0.0559
0.85	0.00168	0.04075	0.04264	0.04390	0.04516	0.04592	− 0.0626	− 0.0551
0.90	0.00153	0.03712	0.03908	0.04039	0.04170	0.04248	− 0.0588	− 0.0541
0.95	0.00140	0.03375	0.03576	0.03710	0.03844	0.03924	− 0.0550	− 0.0528
1.00	0.00127	0.03060	0.03264	0.03400	0.03536	0.03618	− 0.0513	− 0.0513

3. 金属面板的应力校核

在垂直于面板的风荷载、地震作用下，矩形区格面板的最大弯曲应力标准值宜采用几何非线性的有限元方法计算，也可分别按下列公式计算：

1）单层金属板

$$\sigma_{wk} = \frac{6mw_k l^2}{t^2}\eta \tag{12-1a}$$

$$\sigma_{Ek} = \frac{6mq_{Ek} l^2}{t^2}\eta \tag{12-1b}$$

非抗震设计
$$\theta = \frac{w_k l^4}{Et^4} \tag{12-1c}$$

抗震设计
$$\theta = \frac{(q_{Ek} + 0.2w_k)l^4}{Et^4} \tag{12-1d}$$

2）铝塑复合板和蜂窝铝板　铝塑复合板和蜂窝铝板为三层夹芯板，各层材料的力学性能不同，板的抗弯强度设计值可根据面板和背板的铝板牌号及合金状态确定；进行应力和挠度计算时，板的力学特性由等效截面模量 W_e 和等效刚度 D_e 表达。W_e 和 D_e 由夹层板的弯曲试验得出，也可采用平截面假定按材料力学方法近似计算，但计算时不宜考虑芯材的作用。在计算其参数 θ 值时，式（12-2c、d）的分母应采用 Et_e^4，也可近似用 $11.2D_e t_e$ 代替，此处 v 采用 0.25。

$$\sigma_{wk} = \frac{mw_k l^2}{W_e}\eta \tag{12-2a}$$

$$\sigma_{Ek} = \frac{mq_{Ek} l^2}{W_e}\eta \tag{12-2b}$$

非抗震设计
$$\theta = \frac{w_k l^4}{Et_e^4} = \frac{w_k l^4}{11.2D_e t_e} \tag{12-2c}$$

抗震设计
$$\theta = \frac{(q_{Ek} + 0.2w_k)l^4}{Et_e^4} = \frac{(q_{Ek} + 0.2w_k)l^4}{11.2D_e t_e} \tag{12-2d}$$

式中　σ_{wk}、σ_{Ek}——垂直于面板的风荷载、地震作用下产生的最大弯曲应力标准值（N/mm²）;

w_k——垂直于面板的风荷载标准值（N/mm²）;

q_{Ek}——垂直于板面的地震作用标准值（N/mm²）;

l——金属板区格的短边长度（mm），即 $l = (l_x, l_y)_{min}$;

m——板的弯矩系数，可按其边界条件按表 12-5 确定;

E——金属板的弹性模量（N/mm²），按表 12-4 确定;

t——面板厚度（mm）;

t_e——面板的折算厚度，铝塑复合板可取 $0.8t$，蜂窝铝板可取 $0.60t$;

W_e——铝塑复合板或蜂窝铝板的等效截面模量（mm²）;

D_e——铝塑复合板或蜂窝铝板的等效弯曲刚度（N·mm）;

θ——无量纲参数;

η——折减系数，可由参数 θ 按表 12-6 采用。

表 12-6　折减系数 η［JGJ 133（2022 年送审稿）］

θ	5.0	10.0	20.0	40.0	60.0	80.0	100.0
η	1.00	0.95	0.89	0.80	0.72	0.66	0.58
θ	120.0	150.0	200.0	250.0	300.0	350.0	400.0
η	0.48	0.47	0.44	0.36	0.33	0.31	0.30

3）最大应力设计值应进行组合
$$\sigma = \psi_w \gamma_w \sigma_{wk} + \psi_E \gamma_E \sigma_{Ek} \tag{12-3}$$

式中　σ_{wk}——风荷载产生的应力标准值;

σ_{Ek}——地震作用产生的应力标准值;

γ_w——风荷载分项系数，取 $\gamma_w = 1.4$;

γ_E——地震作用分项系数，取 $\gamma_E = 1.4$;

ψ_w——风荷载的组合系数，取 $\psi_w = 0.2$;

ψ_E——地震作用的组合值系数，取 $\psi_E = 1.0$。

4）最大应力设计值不应超过金属板的强度设计值 f_a，即
$$\sigma \le f_a \tag{12-4}$$

式中　f_a——金属板强度设计值（N/mm²），见表 12-7。

表 12-7　铝板强度设计值 f_{a1}　　　　（单位：N/mm²）

铝板牌号	合金状态	屈服强度标准值 $f_{ak1} = \sigma_{0.2}$	抗拉强度设计值 $f_{a1}^t = f_{ak1}/1.2$	抗剪强度设计值 $f_{a1}^v = f_{ak1}/2.07$
1050	H14、H24、H44	75	65	40
	H18	120	100	60
1060	H14、H24、H44	65	55	35
1100	H14、H24、H44	95	80	50

（续）

铝板牌号	合金状态	屈服强度标准值 $f_{ak1} = \sigma_{0.2}$	抗拉强度设计值 $f_{a1}^{t} = f_{ak1}/1.2$	抗剪强度设计值 $f_{a1}^{v} = f_{ak1}/2.07$
3003	H14、H24、H44	115	100	60
	H16、H26	145	125	70
3004	H42	140	120	65
	H16、H26	170	145	85
3005	H42	95	80	50
	H14、H24、H44	135	115	65
	H46	160	135	80
3105	H25	130	110	65
5005	H42	90	75	45
	H14、H24、H44	115	100	60
5052	H42	130	110	65
	H44	175	150	85
5754	H42	140	120	65
	H14、H24、H44	160	135	80
	H16、H26、H46	190	160	95

铝板的抗拉强度标准值 f_{ak1} 可取其屈服强度 $\sigma_{0.2}$。铝板抗拉强度设计值 f_{a1}^{t} 可按其抗拉强度标准值 f_{ak1} 除以系数 1.2 后采用，其抗剪强度设计值 f_{a1}^{v} 可按其抗拉强度标准值 f_{ak1} 除以系数 2.07 后采用。

4. 金属面板的挠度校核

在垂直于面板的风荷载作用下，金属板的挠度应符合下列要求：

1）单层金属板每个矩形区格的跨中挠度宜采用考虑几何非线性的有限元法计算，也可按下式简化计算：

$$d_f = \frac{\mu w_k l^4}{D} \eta \qquad (12\text{-}5)$$

式中　d_f——在风荷载标准值作用下挠度最大值（mm）；

　　　w_k——垂直于金属幕墙平面的风荷载标准值（N/mm²）；

　　　μ——挠度系数，可根据金属板的支承条件，由其短边与长边边长之比 l_x/l_y 按表 12-5 采用；

　　　η——折减系数，可由参数 θ 按表 12-6 采用。

面板的弯曲刚度 D 可按下式计算：

$$D = \frac{E t^3}{12(1 - \nu^2)} \qquad (12\text{-}6)$$

式中　D——面板的弯曲刚度（N·mm）；

　　　t——金属板的厚度（mm）；

　　　ν——泊松比，可按表 12-4 采用；

E——金属板的弹性模量（N/mm^2），可按表12-4采用。

2）铝塑复合板和蜂窝铝板的跨中挠度可按考虑非线性的有限元法计算，也可按下式计算：

$$d_f = \frac{\mu w_k l^4}{D_e} \eta \qquad (12\text{-}7)$$

式中　D_e——面板等效弯曲刚度（N·mm）。

3）在垂直于板面均布荷载作用下的最大挠度应满足下列要求：

$$d_f \leqslant d_{f,\text{lim}} \qquad (12\text{-}8)$$

在风荷载标准值 w_k 作用下，面板挠度限值 $d_{f,\text{lim}}$ 宜按其区格计算边长 l 的1/60。

12.2.3　金属面板加强肋计算

金属面板沿周边可采用压块或挂钩固定于横梁或立柱上。压块和非通长挂钩的中心间距不应大于300mm。固定压块的螺钉或螺栓的直径不宜小于4mm，数量应根据板材所承受的风荷载、地震作用由计算确定。挂钩宜设置防噪声垫块。

固定面板的铆钉、螺钉或螺栓孔，孔中心至板边缘的距离不应小于2倍的孔径；相邻孔中心距不应小于3倍的孔径，相邻孔中心距边不应小于300mm。

金属面板上作用的荷载可按三角形或梯形分布传递给相邻的板肋上（图12-7）。

金属面板的边肋截面尺寸可按构造要求设计，多跨交叉中肋可采用结构计算软件进行分析，也可假定集中力 $F = qab$ 作用于在肋的交接处，按结构力学方法进行简化计算。

在风荷载标准值作用下，面板加强肋的挠度限值 u_{max} 宜取其支承点距离的1/120。

以图12-8所示面板加强肋为例说明交叉肋内力和挠度的计算方法。

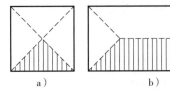

图 12-7　面板荷载向支承肋的传递

a）方板　b）矩形板

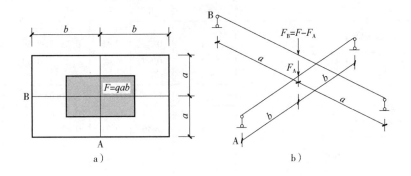

图 12-8　中肋计算简图

a）交叉肋简图　b）计算简图

设集中力 $F = qab$ 作用于交叉点，A 肋承受 F_A，B 肋承受 F_B，根据平衡条件可得：

$$F_A + F_B = F \tag{12-9}$$

根据变形协调条件，交叉点位移相等 $(f_A = f_B)$，即 $\dfrac{F_A(2b)^3}{48EI_A} = \dfrac{F_B(2a)^3}{48EI_B}$（假定 $EI_A = EI_B$），可得：

$$\frac{F_B}{F_A} = \left(\frac{b}{a}\right)^3 \tag{12-10}$$

由式（12-8）和式（12-9）可得：

$$F_A = \frac{F}{1+(b/a)^3}; \quad F_B = \frac{(b/a)^3 F}{1+(b/a)^3}$$

A 肋的最大弯矩 $M_A = \dfrac{1}{4}F_A(2b) = \dfrac{1}{2}F_A b = \left[\dfrac{1}{2}\dfrac{1}{1+(b/a)^3}\right]qab^2$

A 肋的最大剪力 $V_A = \left(\dfrac{2-b/a}{2}\right)qab$（当 $b < a$ 时，梯形分布）

$$V_A = \left[\frac{1}{2(b/a)}\right]qab \quad (当 b \geqslant a 时，三角形分布)$$

A 肋的最大挠度 $f_A = \dfrac{F_A(2b)^3}{48EI} = \dfrac{1}{6EI}F_A b^3 = \left\{\dfrac{(b/a)^3}{6[1+(b/a)^3]}\right\}\dfrac{qa^4 b}{EI}$

1）A 肋的弯矩系数：$\dfrac{1}{2}\dfrac{1}{1+(b/a)^3}$，当 $b/a = 0.8$、1.0 和 1.2 时，弯矩系数分别为 0.33、0.25、0.19。

2）A 肋的剪力系数：$\dfrac{2-b/a}{2}$ 或 $\dfrac{1}{2(b/a)}$，当 $b/a = 0.8$、1.0 和 1.2 时，剪力系数分别为 0.58、0.50、0.44。

3）A 肋的挠度系数 $\dfrac{(b/a)^3}{6[1+(b/a)^3]}$，当 $b/a = 0.8$、1.0 和 1.2 时，挠度系数分别为 0.057、0.084、0.107。

表 12-8　交叉肋的弯矩系数、剪力系数和挠度系数表

简图	b/a 梁号	0.8		1.0		1.2	
		M	V	M	V	M	V
$2 \times a$, $2 \times b$	A	0.33	0.58	0.25	0.50	0.19	0.44
	B	0.17	0.42	0.25	0.50	0.32	0.57
	μ	0.057		0.084		0.107	
$3 \times a$, $2 \times b$	A	0.46	0.71	0.42	0.67	0.37	0.62
	B	0.09	0.34	0.16	0.41	0.26	0.51
	μ	0.08		0.15		0.23	

（续）

简图	b/a 梁号	0.8 M	0.8 V	1.0 M	1.0 V	1.2 M	1.2 V
$4 \times a$, $2 \times b$, B, A1 A2 A1	A1	0.44	0.69	0.42	0.67	0.40	0.65
	A2	0.56	0.81	0.55	0.80	0.53	0.78
	B	0.08	0.33	0.12	0.37	0.18	0.43
	μ	0.10		0.19		0.31	
$3 \times a$, $3 \times b$, B B, A A	A	0.66	0.91	0.50	0.75	0.37	0.62
	B	0.34	0.59	0.50	0.75	0.63	0.88
	μ	0.31		0.44		0.55	
$4 \times a$, $3 \times b$, B B, A1 A2 A1	A1	0.75	1.00	0.66	0.91	0.55	0.80
	A2	1.02	1.27	0.91	0.16	0.78	1.03
	B	0.24	0.49	0.43	0.64	0.69	0.81
	μ	0.44		0.76		1.12	
$5 \times a$, $3 \times b$, B B, A1 A2 A2 A1	A1	0.72	0.97	0.66	0.91	0.60	0.85
	A2	1.07	1.32	1.02	1.27	0.95	1.20
	B	0.21	0.46	0.32	0.57	0.50	0.70
	μ	0.48		0.87		1.38	
$4 \times a$, $4 \times b$, B1 B2 B1, A1 A2 A1	A1	1.11	1.12	0.83	0.92	0.59	0.75
	A2	1.58	1.46	1.17	1.17	0.84	0.94
	B1	0.54	0.71	0.83	0.92	1.06	1.08
	B2	0.77	0.89	1.17	1.17	1.51	1.41
	μ	1.29		1.90		2.41	
$5 \times a$, $4 \times b$, B1 B2 B1, A1 A2 A2 A1	A1	1.21	1.19	1.02	1.05	0.83	0.91
	A2	1.91	1.69	1.64	1.50	1.34	1.29
	B1	0.40	0.62	0.71	0.81	1.03	1.02
	B2	0.57	0.76	1.00	1.03	1.46	1.31
	μ	1.57		2.63		3.75	
$6 \times a$, $4 \times b$, B1 B2 B1, A1 A2 A3 A2 A1	A1	1.18	1.17	1.06	1.08	0.93	0.98
	A2	1.95	1.72	1.79	1.60	1.59	1.46
	A3	2.20	1.89	2.04	1.78	1.83	1.63
	B1	0.26	0.57	0.54	0.73	0.89	0.91
	B2	0.36	0.70	0.76	0.91	1.26	1.16
	μ	1.76		3.23		5.02	

（续）

简图	b/a 梁号	0.8		1.0		1.2	
		M	V	M	V	M	V
	A1	1.14	1.14	1.03	1.06	0.94	0.90
	A2	1.90	1.68	1.79	1.60	1.66	1.51
	A3	2.22	1.91	2.15	1.86	2.03	1.77
	B1	0.16	0.56	0.38	0.68	0.69	0.83
	B2	0.23	0.68	0.54	0.84	0.98	1.05
	μ	1.82		3.43		5.57	
	A1	1.42	1.26	1.06	1.03	0.76	0.84
	A2	2.29	1.82	1.72	1.47	1.25	1.18
	B1	0.70	0.80	1.06	1.03	1.36	1.22
	B2	1.15	1.12	1.72	1.47	2.19	1.76
	μ	3.02		4.41		5.58	

注：1. 跨中最大弯矩用表中 M 栏的系数，弯矩分别按下式采用：

$$M_A、M_{A1}、M_{A2}、M_{A3} = （表中系数）\times qab^2$$

$$M_{B1}、M_{B2}、M_{B3} = （表中系数）\times qa^2 b$$

其中，a 为 A 肋的中心间距，b 为 B 肋的中心间距，q 为板单位面积上的风荷载或地震作用标准值，在计算中近似假定集中在肋交点处（$F = qab$）。

2. 肋端剪力用表中 V 栏的系数，乘数为 qab，即 V_A 或 $V_B = （表中系数）\times qab$。

3. 肋的最大挠度 u_{max} 用表中 μ 栏的系数，乘数为 $qa^4 b/EI$，即

$$u_{max} = （表中系数）\times qa^4 b/EI$$

4. 交叉肋四周假定为简支。

12.3　金属幕墙支承结构设计与计算

12.3.1　幕墙横梁设计计算

1. 横梁的计算简图

横梁通过连接件、螺栓或螺钉与立柱连接，因此横梁的支撑条件按简支考虑，其计算跨度为立柱之间的距离。

2. 横梁的荷载计算

横梁水平方向承受由风荷载、地震作用传来的荷载，其分布如图 12-9 所示；竖直方向承受由金属面板和横梁自重产生的均布荷载。幕墙横梁的计算简图如图 12-10 所示。

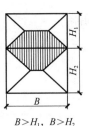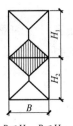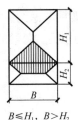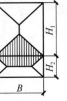

图 12-9　面板荷载向横梁的传递　　　　图 12-10　横梁的计算简图

在竖向均布荷载作用下，简支梁跨中最大弯矩 $M_x = \dfrac{1}{8}q_x l^2$，最大挠度 $d_{f,x} = \dfrac{5}{384EI_y}q_x l^4$，

支座最大剪力 $V_x = \dfrac{1}{2}q_x l$。

在水平方向三角形分布荷载作用下，简支梁跨中最大弯矩 $M_y = \dfrac{1}{12}q_y l^2$，最大挠度 $d_{f,y} =$

$\dfrac{1}{120EI_x}q_y l^4$，支座最大剪力 $V_y = \dfrac{1}{4}q_y l$。

3. 横梁的计算和校核

（1）横梁截面受弯承载力　横梁是双向受弯构件，其抗弯强度应按下式计算：

$$\frac{M_x}{\gamma_x W_{nx}} + \frac{M_y}{\gamma_y W_{ny}} \leqslant f \tag{12-11}$$

式中　M_x——横梁绕截面 x 轴（平行于幕墙平面方向）的弯矩设计值（N·mm）；

　　　M_y——横梁绕截面 y 轴（垂直于幕墙平面方向）的弯矩设计值（N·mm）；

　　　W_{nx}——横梁截面绕截面 x 轴（幕墙平面内方向）的净截面抵抗矩（mm³）；

　　　W_{ny}——横梁截面绕截面 y 轴（垂直于幕墙平面方向）的净截面抵抗矩（mm³）；

　　γ_x、γ_y——塑性发展系数，可取 $\gamma_x = \gamma_y = 1.05$；

　　　　f——铝合金型材的抗弯强度设计值（N/mm²）。

（2）横梁截面受剪承载力　横梁截面的抗剪强度应按下式计算：

$$\frac{V_y S_x}{I_x t_x} \leqslant f^v \tag{12-12}$$

$$\frac{V_x S_y}{I_y t_y} \leqslant f^v \tag{12-13}$$

式中　V_x——横梁水平方向（x 轴）的剪力设计值（N）；

　　　V_y——横梁竖直方向（y 轴）的剪力设计值（N）；

　　　S_x——横梁截面绕 x 轴的毛截面面积矩（mm³）

　　　S_y——横梁截面绕 y 轴的毛截面面积矩（mm³）；

　　　I_x——横梁截面绕 x 轴的毛截面惯性矩（mm⁴）；

　　　I_y——横梁截面绕 y 轴的毛截面惯性矩（mm⁴）；

　　　t_x——横梁截面垂直于 x 轴腹板的截面总宽度（mm）；

　　　t_y——横梁截面垂直于 y 轴腹板的截面总宽度（mm）；

f^{v}——型材抗剪强度设计值（N/mm^{2}）。

（3）横梁抗扭承载力　大跨度开口截面横梁宜考虑约束扭转产生的双力矩。

（4）校核　在风荷载或重力荷载标准值作用下，横梁的挠度限值 $d_{f,lim} = l/200$，其中 l 为横梁的跨度，悬臂构件可取挑出长度的 2 倍。

12.3.2　幕墙立柱设计计算

1. 立柱的布置

立柱的布置和设计应符合下列要求：

1）立柱上、下端均宜与主体结构铰接，宜采用上端悬挂方式；螺栓连接时，其上端支承点宜采用圆孔，下端支承点宜采用长圆孔。

2）当立柱的支承点可能产生较大位移时，应采用与该位移相适应的支承装置。

3）每段立柱的长度不宜大于 12m，多、高层建筑中，通长跨层布置立柱时，每层与主体结构的连接支承点不宜少于 1 个，当主体结构允许时，宜加密立柱的连接支承点。

4）上、下立柱之间不互相连接时，应留空隙，空隙宽度不宜小于 15mm。

2. 立柱的计算简图

幕墙立柱每层用一处连接件与主体结构连接，每层立柱在连接处向上悬挑一段，上一层立柱下端用插芯连接支承在悬挑端上，计算时取简支梁计算简图（图 12-11a）时对结构做了简化，假定立柱是以连接件为支座的单跨梁（也可以认为是以楼层高度为跨度的简支梁），这样按简支梁计算弯矩和剪力。

幕墙立柱每层有两处连接件与主体结构连接，每层立柱在楼层处连接点向上悬挑一段，上一跨立柱下端用插芯连接支承此悬挑端上，计算时取双跨梁计算简图（图 12-11b）。

幕墙立柱每层用一处连接件与主体结构连接，每层立柱在连接处向上悬挑一段，上一层立柱下端用插芯连接支承在此悬挑端上，实际上是一段带悬挑的简支梁用铰连接成多跨梁（图 12-11c），这种多跨静定梁计算简图要比取单跨简支梁与实际支承情况更为接近。

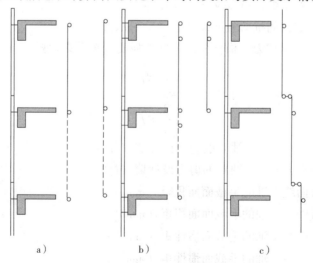

图 12-11　立柱的计算简图

a）简支梁　　b）双跨梁　　c）多跨静定梁

简支梁、双跨梁、连续梁的内力（包括弯矩、剪力）和挠度可由静力手册或结构软件计算得出。

3. 立柱荷载计算

立柱水平向承受风荷载和地震作用，使立柱受弯，竖向承受幕墙的重力荷载，使立柱产生轴力。因此，立柱是偏心受拉构件，在个别情况下，如果立柱在下面支撑，有可能出现偏心受压。立柱应采用上端悬挂支柱，尽量避免下端支撑。

按照构件式幕墙和单元式幕墙的不同，荷载的取值可分为以下两种情况：

1）幕墙为构件式：立柱承担两边分格内各一半的荷载。

2）幕墙为单元式：由于立柱为组合框，验算时要按照等刚度分配荷载。

4. 立柱计算与校核

（1）承受轴压力和弯矩作用的立柱　其承载力应符合下式要求：

$$\frac{N}{A_n} + \frac{M}{\gamma W_n} \leqslant f \tag{12-14}$$

式中　N——立柱的轴力设计值（N）；

　　　M——立柱的弯矩设计值（N·mm）；

　　　A_n——立柱的净截面面积（mm^2）；

　　　W_n——立柱在弯矩作用方向的净截面抵抗矩（mm^3）；

　　　γ——截面塑性发展系数，热轧型钢可取 1.05，冷成型薄壁型钢和铝合金型材可取 1.0；

　　　f——型材的抗弯强度设计值 f_a^t 或 f_s^t（N/mm^2）。

（2）承受轴压力和弯矩作用的立柱　其在弯矩作用方向的稳定性应符合下式要求：

$$\frac{N}{\varphi A} + \frac{M}{\gamma W(1 - \eta_1 N/N_E)} \leqslant f \tag{12-15a}$$

$$N_E = \frac{\pi^2 EA}{\beta \lambda^2} \tag{12-15b}$$

式中　N——立柱的轴压力设计值（N），此处为压力；

　　　N_E——临界轴压力（N）；

　　　M——立柱的最大弯矩设计值（N·mm）；

　　　φ——弯矩作用平面内的轴心受压的稳定系数，可按表 12-9 采用；

　　　β——参数，钢构件取 1.1，铝合金构件取 1.2；

　　　A——立柱的毛截面面积（mm^2）；

　　　η_1——钢构件取 0.8，T6 状态铝合金构件取 1.2，其他状态铝合金构件取 0.9；

　　　W——在弯矩作用方向上较大受压边的毛截面抵抗矩（mm^3）；

　　　λ——长细比；

　　　γ——截面塑性发展系数，热轧型钢可取 1.05；冷成型薄壁型钢和铝合金型材可取 1.0；

　　　f——型材的抗弯强度设计值 f_a^t 或 f_s^t（N/mm^2）。

表 12-9　轴心受压柱的稳定系数 φ

长细比 λ	热轧钢型材 GB 50017—2017		冷成型薄壁型钢 GB 50018—2002		铝型材 GB 50429—2007			
	Q235	Q345	Q235	Q345	6063-T5 6061-T4	6063A-T5	6063-T6 6063A-T6	6061-T6
20	0.97	0.96	0.95	0.94	0.94	0.03	0.96	0.95
40	0.90	0.88	0.89	0.87	0.85	0.80	0.86	0.82
60	0.81	0.73	0.82	0.78	0.72	0.65	0.69	0.58
80	0.69	0.58	0.72	0.63	0.57	0.48	0.48	0.38
90	0.62	0.50	0.66	0.55	0.50	0.41	0.39	0.31
100	0.56	0.43	0.59	0.48	0.43	0.35	0.33	0.25
110	0.49	0.37	0.52	0.41	0.38	0.30	0.28	0.21
120	0.44	0.32	0.45	0.35	0.33	0.26	0.24	0.18
130	0.39	0.28	0.40	0.30	0.29	0.22	0.20	0.16
140	0.35	0.25	0.35	0.26	0.26	0.20	0.18	0.14
150	0.31	0.21	0.31	0.23	0.23	0.17	0.16	0.12

（3）校核　在风荷载标准值作用下，立柱的挠度限值 $d_{f,lim}$ 宜按下列规定采用：

$$d_{f,lim} = l/200 \tag{12-16}$$

式中　l——支点间的距离（mm），悬臂构件可取挑出长度的 2 倍。

（4）立柱构造要求

1）立柱截面有效受力部位的厚度，应符合下列要求：

①铝型材截面开口部位的厚度不应小于 3.0mm，闭口部位的厚度不应小于 2.5mm。

②型材孔壁与螺钉之间直接采用螺纹受拉、受压连接时，应进行螺纹连接计算，其螺纹连接处的型材局部加厚部位的壁厚不应小于 4mm，宽度不应小于 13mm。

③热轧钢型材截面主要受力部位的厚度不应小于 3.0mm，冷弯型薄壁型钢截面主要受力部位的厚度不应小于 2.5mm，采用螺纹进行受拉连接时，应进行螺纹受力计算。

④对偏心受压立柱和偏心受拉立柱的杆件，其有效截面宽厚比应符合《铝合金结构设计规范》（GB 50492—2007）的有关规定。

2）上、下立柱之间互相连接时，连接方式应与立柱计算简图一致，并应符合下列要求：

①采用铝合金闭口截面型材的立柱，宜设置长度不小于 250mm 的芯柱连接，芯柱一端与立柱应紧密滑动配合，另一端与立柱宜采用机械连接方式固定。

②采用开口截面型材的立柱，可采用型材或板材连接。连接件一端应与立柱固定连接，另一端与立柱的连接方式不应限制立柱的轴向位移。

③采用闭口截面钢型材，可采用①或②的连接方式。

④两立柱接头部位应留空隙，空隙宽度不宜小于 15mm。

12.4 金属幕墙设计计算实例

12.4.1 基本参数

1) 幕墙类型：铝板金属幕墙。

2) 计算标高（z）：30.00m。

3) 地面粗糙度类别：C 类。

4) 基本风压 w_0（$R=50$ 年）：0.60kN/m²。

5) 设防烈度：8 度（设计基本加速度 $0.20g$）。

6) 幕墙分格：最大水平分格为 $B=1200$mm，竖向分格为 $H=2440$mm，层高为 3.2m。

7) 铝板规格：氟碳喷涂铝单板，分格宽度（B）×分格高度（H）$=1200$mm×2440mm。

12.4.2 荷载计算和荷载组合

1. 铝板幕墙板块的自重荷载计算

（1）铝板面板自重荷载标准值　选用 3mm 厚的氟碳喷涂铝单板，则幕墙铝板自重标准值：

$$G_k/A = 28.0 \times 0.003 = 0.084 \ (kN/m^2)$$

取考虑龙骨和各种零部件后的幕墙面板自重标准值 $G_k/A=0.30$kN/m²。

（2）铝板面板自重设计值　考虑龙骨和各种零部件后的幕墙面板自重设计值：

$$G/A = \gamma_G G_k/A = 1.2 \times 0.30 = 0.36 \ (kN/m^2)$$

2. 风荷载标准值计算

（1）风荷载标准值 w_k（kN/m²）

幕墙属于围护构件，根据《建筑结构荷载规范》（GB 50009—2012），作用在幕墙上的风荷载标准值 w_k 按下列公式计算：

$$w_k = \beta_{gz} \mu_z \mu_{s1} w_0$$

式中　w_k——作用在幕墙上的风荷载标准值（kN/m²）；

β_{gz}——瞬时风压的阵风系数，可根据地面粗糙度类型和计算点标高 z，按《建筑结构荷载规范》（GB 50009—2012）表 8.6.1，采用查表法确定阵风系数 β_{gz}。

μ_z——风压高度变化系数，根据《建筑结构荷载规范》（GB 50009—2012）表 8.2.1，风压高度变化系数 μ_z 采用查表法，也可按下列公式计算（C 类场地）：

$$\mu_z = 0.544 \left(\frac{z}{10}\right)^{0.44}$$

当 $z>450$m 时，取 $z=450$m，当 $z<15$m 时，取 $z=15$m；

μ_{s1}——局部风载体型系数，按《建筑结构荷载规范》（GB 50009—2012）第 8.3.3 条：计算围护构件及其连接的风荷载时，可按下列规定采用局部体型系数 μ_{s1}。

1) 外表面

①封闭式矩形平面房屋的墙面及屋面可按规范表 8.3.3 的规定采用。

②檐口、雨篷、遮阳板、边棱处的装饰条等凸出构件，取 -2.0。

③其他房屋和构筑物可按《建筑结构荷载规范》（GB 50009—2012）第8.3.1条规定体型系数的1.25倍取值。

2）内表面。《建筑结构荷载规范》（GB 50009—2012）第8.3.5条规定：封闭式建筑物，按其外表面风压的正负情况取 −0.2 或 0.2。

《金属与石材幕墙工程技术规范》（JGJ 133）（2022年送审稿）第5.3.2条规定，幕墙面板以及直接连接面板的幕墙支承结构，其风荷载标准值不应小于 1.000kN/m^2。

β_{gz}：$z = 30.0\text{m}$ 处阵风系数。

C类场地：$\beta_{gz} = 1 + 2gI_{10}\left(\dfrac{z}{10}\right)^{-\alpha} = 1 + 2 \times 2.5 \times 0.23 \times \left(\dfrac{30}{10}\right)^{-0.22} = 1.90$

或根据《建筑结构荷载规范》（GB 50009—2012）表8.6.1，阵风系数 β_{gz} 采用查表法，C类场地，$z = 30.00\text{m}$，$\beta_{gz} = 1.90$。

μ_z：$z = 14.000\text{m}$ 处风压高度变化系数。

C类场地：$\mu_z = 0.544\left(\dfrac{z}{10}\right)^{0.44} = 0.544 \times \left(\dfrac{30}{10}\right)^{0.44} = 0.88$

或根据《建筑结构荷载规范》（GB 50009—2012）表8.2.1，风压高度变化系数 μ_z 采用查表法，C类场地，$z = 30\text{m}$，$\mu_z = 0.88$。

μ_{s1}：局部风压体型系数，取 $\mu_{s1} = 1.0 + 0.2 = 1.2$。

w_0：基本风压值，取 $w_0 = 0.60\text{kN/m}^2$。

作用于幕墙上的风荷载标准值 w_k（kN/m^2）：

$$w_k = \beta_{gz}\mu_z\mu_{s1}w_0$$
$$= (1.90 \times 0.88 \times 1.2 \times 0.60)\text{kN/m}^2 = 1.204\text{kN/m}^2 > 1.0\text{kN/m}^2$$

（2）风荷载设计值 w（kN/m^2）

风荷载效应分项系数 $\gamma_w = 1.4$。

风荷载设计值 $w = \gamma_w w_k = 1.4 \times 1.204 = 1.686$（$\text{kN/m}^2$）

3. 地震作用计算

由《金属与石材幕墙工程技术规范》（JGJ 133）（2022年送审稿）式（5.3.5）可得：

$$q_{Ek} = \beta_E\alpha_{max}G_k/A$$

q_{Ek}：垂直于幕墙平面的分布水平地震作用标准值（kN/m^2）。

β_E：动力放大系数，取 $\beta_E = 5.0$。

α_{max}：水平地震影响系数最大值。

根据《建筑抗震设计规范》（GB 50011—2010）（2016年版），设防烈度为8度，地震设计基本加速度为 $0.20g$，水平地震影响系数最大值 $\alpha_{max} = 0.17$。

G_k：幕墙构件的重力荷载标准值（N）。

A：幕墙构件的面积（mm^2）。

1）垂直于平面的分布水平地震作用 q_{Ek}：

$$q_{Ek} = \beta_E\alpha_{max}G_k/A = 5.0 \times 0.17 \times 0.30 = 0.255\ (\text{kN/m}^2)$$

2）垂直于平面的分布水平地震作用设计值：

地震作用效应分项系数 $\gamma_E = 1.4$。

$$q_E = \gamma_E q_{Ek} = 1.4 \times 0.255 = 0.357\ (\text{kN/m}^2)$$

4. 荷载组合

根据《金属与石材幕墙工程技术规范》（JGJ 133）（2022 年送审稿）式（5.1.4）可得，荷载和作用效应按下式进行组合：

$$S = \gamma_G S_{Gk} + \psi_w \gamma_w S_{wk} + \psi_E \gamma_E S_{Ek} + \psi_T \gamma_T S_{Tk}$$

式中　　　　　S——作用效应组合的设计值；

$\quad\quad\quad\quad S_{Gk}$——重力荷载作为永久荷载产生的效应标准值；

S_{wk}、S_{Ek}、S_{Tk}——风荷载、地震作用、温度作用作为可变荷载产生的效应标准值；

γ_G、γ_w、γ_E、γ_T——各效应的分项系数；

ψ_w、ψ_E、ψ_T——风荷载、地震作用、温度作用效应的组合系数。

进行幕墙构件强度、连接件和预埋件承载力计算时：

重力荷载：$\gamma_G = 1.2$；风荷载：$\gamma_w = 1.4$；温度作用：$\gamma_T = 1.2$。

有地震作用组合时，地震作用：$\gamma_E = 1.4$，风荷载的组合系数 $\psi_w = 0.2$；地震作用的组合系数 $\psi_E = 1.0$。

进行挠度计算时：

重力荷载：$\gamma_G = 1.0$；风荷载：$\gamma_w = 1.0$；地震作用：可不做组合考虑。

水平荷载标准值：$q_k = 0.2 w_k + q_{Ek} = 0.2 \times 1.204 + 0.255 = 0.4958$（kN/m²）

水平荷载设计值：$q = 0.2 w + q_E = 0.2 \times 1.686 + 0.357 = 0.6942$（kN/m²）

12.4.3　铝板面板计算

铝板选用 3mm 氟碳喷涂铝单板，幕墙分格宽度 $B = 1200$mm，分格高度 $H = 2440$mm。

1. 铝单板面板强度校核

采用 3mm 铝单板，加三道横肋，横肋通长。铝板表面为折线形，计算铝面板时，考虑受力最不利的影响，选择受力最不利的部分，将其简化分析为平面型。

铝板分格的短边尺寸 $a = 0.62$m，长边尺寸 $b = 1.20$m，取中间板为一个计算单元，两对边固定，两对边简支（图 12-12）。

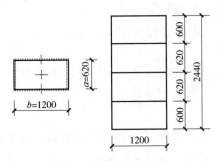

图 12-12　铝板计算简图

$$\theta = \frac{(q_{Ek} + 0.2 w_k) l^4}{E t^4} = \frac{0.4958 \times 10^{-3} \times 620^4}{0.7 \times 10^5 \times 3^4} = 12.92$$

由表 12-6，$\theta = 10.0$，$\eta = 0.95$，$\theta = 20.0$，$\eta = 0.89$，按线性插入法可得折减系数：

$$\eta = 0.89 + \frac{20 - 12.92}{20 - 10} \times (0.95 - 0.89) = 0.9325$$

由 $a/b = 620/1200 = 0.52$，泊松比 $\nu = 0.30$，查表 12-5c，$a/b = 0.50$，$m = 0.07192$，$a/b = 0.55$，$m = 0.06867$，按线性插入法可得弯矩系数 m：

$$m = 0.06867 + \frac{0.55 - 0.52}{0.55 - 0.50} \times (0.07192 - 0.06867) = 0.07062$$

$$\sigma = \frac{6m(0.2w + q_E)l^2}{t^2}\eta$$

$$= \left(\frac{6 \times 0.07062 \times 0.6942 \times 10^{-3} \times 620^2}{3^2} \times 0.9325\right) \text{N/mm}^2$$

$$= 11.72 \text{N/mm}^2 < f_{al}^t = 80 \text{N/mm}^2$$

铝板的强度满足要求。

2. 铝板面板的挠度校核

根据《金属与石材幕墙工程技术规范》（JGJ 133）（2022 年送审稿）第 6.2.4 条规定，在风荷载标准值作用下，面板挠度限值 $d_{f,\lim}$ 宜取其区格计算边长 l 的 1/60。

面板的弯曲刚度 D 可按下式计算：

$$D = \frac{Et^3}{12(1 - v^2)} = \frac{0.7 \times 10^5 \times 3^3}{12 \times (1 - 0.30^2)} = 1.731 \times 10^5 \quad (\text{N} \cdot \text{mm})$$

$$\theta = \frac{w_k l^4}{Et^4} = \frac{1.204 \times 10^{-3} \times 620^4}{0.7 \times 10^5 \times 3^4} = 31.377$$

由表 12-6，$\theta = 20.0$，$\eta = 0.89$，$\theta = 40.0$，$\eta = 0.80$，按线性插入法可得折减系数：

$$\eta = 0.80 + \frac{40 - 31.37}{40 - 20} \times (0.89 - 0.80) = 0.8388$$

由 $a/b = 620/1200 = 0.52$，泊松比 $\nu = 0.30$，查表 12-5c，$a/b = 0.50$，$\mu = 0.00261$，$a/b = 0.55$，$\mu = 0.00259$，按线性插入法可得挠度系数 μ：

$$\mu = 0.00259 + \frac{0.55 - 0.52}{0.55 - 0.50} \times (0.00261 - 0.00259) = 0.002602$$

风荷载标准值作用下面板的挠度 d_f：

$$d_f = \frac{\mu w_k l^4}{D}\eta = \left(\frac{0.002602 \times 1.204 \times 10^{-3} \times 620^4}{1.731 \times 10^5} \times 0.8388\right)\text{mm}$$

$$= 2.243 \text{mm} < d_{f,\lim} = l/60 = (620/60) \text{mm} = 10.33 \text{mm}$$

铝板挠度满足要求。

3. 铝肋校核

铝肋采用 6063-T5 型材，铝肋按简支梁模型进行计算，承受水平方向的荷载，上、下分格高度 $h_1 = h_2 = 0.31\text{m}$，铝肋计算长度 $L = 1.20\text{m}$，如图 12-13 所示。

（1）水平方向的线荷载

水平方向荷载设计值（线荷载）$q_肋$：

$$q_肋 = 2(0.2w + q_E)h_1 = 2qh_1 = 2 \times 0.6942 \times 0.31 = 0.4304 \quad (\text{kN/m})$$

（2）铝肋承受的最大弯矩（均布荷载）

$$M_肋 = \frac{1}{8}q_肋 L^2 = \frac{1}{8} \times 0.4304 \times 1.20^2 = 0.0775 \quad (\text{kN} \cdot \text{m})$$

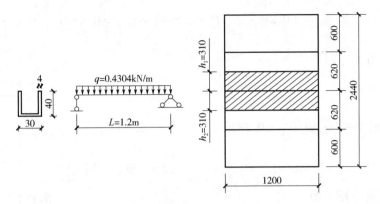

图 12-13　铝肋计算简图

（3）肋的截面参数

铝肋强度设计值 $f_a^t = 85.5 \text{N/mm}^2$

铝弹性模量 $E = 0.7 \times 10^5 \text{N/mm}^2$

横梁的截面面积 $A = 408 \text{mm}^2$

x 轴惯性矩 $I_x = 65146.4 \text{mm}^4$；$y$ 轴惯性矩 $I_y = 58056.0 \text{mm}^4$

x 轴抵抗矩 $W_x = 2727.8 \text{mm}^3$；y 轴抵抗矩 $W_y = 3870.4 \text{mm}^3$

塑性发展系数 $\gamma = 1.05$

（4）铝肋强度校核

依据 $\sigma_{max} = \dfrac{M}{\gamma W_x} \leqslant f_a^t = 85.5 \text{N/mm}^2$

$$\sigma_{max} = \frac{M}{\gamma W_x} = \left(\frac{0.0775 \times 10^6}{1.05 \times 2727.8}\right) \text{N/mm}^2 = 27.058 \text{N/mm}^2 < f_a^t = 85.5 \text{N/mm}^2$$

铝肋强度满足要求。

（5）挠度校核

根据《金属与石材幕墙工程技术规范》（JGJ 133）（2022 年送审稿）第 6.2.8 条规定，在风荷载标准值作用下，面板加强肋的挠度限值 $d_{f,lim}$ 宜取其支承点距离的 1/120。

风荷载标准值（线荷载）$q_{wk} = 2w_k h_1 = 2 \times 1.204 \times 0.31 = 0.7465$（kN/m）

铝肋跨中最大挠度 d_f：

$$d_f = \frac{5 q_{wk} l^4}{385 E I_x}$$

$$= \left(\frac{5 \times 0.7465 \times 1200^4}{385 \times 0.7 \times 10^5 \times 65146.4}\right) \text{mm} = 4.408 \text{mm} < d_{f,lim} = l/120 = (1200/120) \text{mm} = 10 \text{mm}$$

铝肋挠度满足要求。

12.4.4　幕墙立柱计算

选用（6063A-T5）铝型材，根据建筑结构特点，每根幕墙立柱在主体结构上。立柱高度 $H = 3.2 \text{m}$，立柱承受铝板幕墙荷载，最大横向计算分格宽度 $B = 1.2 \text{m}$。

1. 立柱计算简图

采用简支梁力学模型，荷载按均布荷载计算。计算简图如图 12-14 所示。

均布荷载设计值 $q_{柱} = (0.2w + q_E)B = 0.6942 \times 1.2 = 0.8330$（kN/m）

2. 内力计算

弯矩设计值 $M = \dfrac{1}{8}q_{柱}H^2 = \dfrac{1}{8} \times 0.8330 \times 3.2^2 = 1.0662$（kN·m）

剪力设计值 $V = \dfrac{1}{2}q_{柱}H = \dfrac{1}{2} \times 0.8330 \times 3.2 = 1.3328$（kN）

轴向力设计值 $N = \dfrac{\gamma_G G_k}{A}BH = 1.2 \times 0.30 \times 1.2 \times 3.2 = 1.382$（kN）

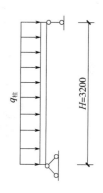

图 12-14　立柱计算简图

3. 立柱截面选择（图 12-15）

铝肋强度设计值 $f_a^t = 85.5\text{N/mm}^2$

铝弹性模量 $E = 0.7 \times 10^5 \text{N/mm}^2$

横梁的截面面积 $A = 1302.06\text{mm}^2$

x 轴惯性矩 $I_x = 2991394\text{mm}^4$；y 轴惯性矩 $I_y = 747176.0\text{mm}^4$

x 轴抵抗矩 $W_x = 44050.2\text{mm}^3$；y 轴抵抗矩 $W_y = 24905.9\text{mm}^3$

x 轴到最外缘距离 $Y_x = 67.9\text{mm}$，y 轴到最外缘距离 $Y_y = 30.0\text{mm}$

x 轴面积矩 $S_x = 19299.2\text{mm}^3$

塑性发展系数 $\gamma = 1.05$

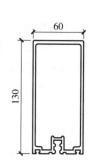

图 12-15　立柱截面

4. 立柱抗弯强度校核

校核依据：$\sigma_{max} = \dfrac{N}{A} + \dfrac{M}{\gamma W_x} \leqslant f_a^t$

$$\sigma_{max} = \frac{N}{A} + \frac{M}{\gamma W_x} = \left(\frac{1.382 \times 10^3}{1302.06} + \frac{1.0662 \times 10^6}{1.05 \times 44050.2}\right)\text{N/mm}^2 = 24.11\text{N/mm}^2 < f_a^t = 85.5\text{N/mm}^2$$

立柱抗弯强度满足要求。

5. 立柱抗剪强度校核

依据：$\tau_{max} = \dfrac{VS_x}{I_x t} \leqslant f_a^v$

$$\tau_{max} = \frac{VS_x}{I_x t} = \left(\frac{1.3328 \times 10^3 \times 19299.2}{2991394 \times 3}\right)\text{N/mm}^2 = 2.866\text{N/mm}^2 < f_a^v = 72.2\text{N/mm}^2$$

立柱的抗剪强度满足要求。

6. 立柱挠度校核

根据《金属与石材幕墙工程技术规范》（JGJ 133）（2022 年送审稿）第 7.2.9 条规定，在风荷载标准值作用下，立柱的挠度限值 $d_{f,lim} = l/200$。

风荷载标准值（线荷载）$q_{wk} = w_k B = 1.204 \times 1.2 = 1.4448$（kN/m）

立柱跨中最大挠度 d_f：

$$d_f = \frac{5q_{wk}H^4}{384EI_x}$$

$$= \left(\frac{5 \times 1.4448 \times 3200^4}{384 \times 0.7 \times 10^5 \times 2991394}\right)\text{mm} = 9.42\text{mm} < d_{f,lim} = l/200 = (3200/200)\text{mm} = 16\text{mm}$$

立柱的挠度满足要求。

12.4.5　幕墙立柱连接件计算

本工程铝板是通过拉铆钉、附框、压块、不锈钢螺栓与立柱连接的，如图 12-16 所示。应对起传力作用的连接件予以校核，以满足要求。

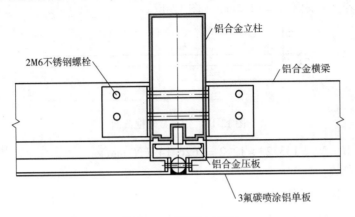

图 12-16　幕墙连接件

1. 拉铆钉计算

拉铆钉将铝板与铝合金附框连接起来，起传力作用需对其进行抗剪计算。

（1）拉铆钉内力计算

每层拉铆钉承受的剪力设计值 $N_v = q \dfrac{B}{2} H = 0.6942 \times \dfrac{1.2}{2} \times 3.2 = 1.33286$（kN）

（2）拉铆钉抗剪计算

拉铆钉采用钉体直径为 4mm，性能等级为 Ⅱ 级的钉，查表可知其拉铆钉的抗剪荷载 $N_v^b = 1.2$kN。

故需要拉铆钉 $n = \dfrac{N_v}{N_v^b} = \dfrac{1.33286}{1.2} = 1.11$（个）

根据构造要求，取 10 个拉铆钉，即铝合金附框及压块沿立柱布置为 10 个。

2. 铝合金附框计算

（1）内力计算

每个铝合金附框所承受的力 $N = 1.33286/10 = 0.13329$（kN）

（2）铝合金附框局部抗压承载力

拉铆钉采用钉体直径 $d = 4$mm，铝合金附框的壁厚 $t = 3$mm。

立柱局部承压能力 $N_c^r = dt f_c^r = (4 \times 3 \times 120)$N $= 1440$N $> N = 133.29$N

（拉铆钉受压强度设计值 $f_c^r = 120$N/mm²）

（3）铝合金附框强度校核

依据 $\sigma = \dfrac{N}{A} \leqslant f_a = 85.5$N/mm² 校核。

每个铝合金附框受力面面积 $A = th = 3 \times 50 = 150$（mm²）

$$\sigma = \frac{N}{A} = \left(\frac{133.29}{150}\right) \text{N/mm}^2 = 0.889 \text{N/mm}^2 < f_a = 85.5 \text{N/mm}^2$$

（4）铝合金附框的抗弯校核

由于铝合金附框与压块连接点处有弯矩，此处校核离荷载最远点的抗弯强度。

校核依据：
$$\sigma = \frac{M}{\gamma W} \leqslant f_a$$

此点离荷载作用点距离 $L = 12.2\text{mm}$（图 12-17）。

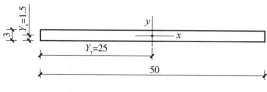

图 12-17　铝合金附框截面

弯矩设计值 $M = NL = 133.29 \times 12.2 = 1626.14$（N·mm）

附框的截面参数：

附框的截面面积 $A = 150.0\text{mm}^2$

x 轴惯性矩 $I_x = \frac{1}{12} \times 50 \times 3^3 = 112.5$（mm^4），$x$ 轴到最外缘距离 $Y_x = 1.5\text{mm}$

y 轴惯性矩 $I_y = \frac{1}{12} \times 3 \times 50^3 = 31250.0$（mm^4），$y$ 轴到最外缘距离 $Y_y = 25.0\text{mm}$

x 轴抵抗矩 $W_x = I_x / Y_x = 112.5/1.5 = 75.0$（mm^3）

塑性发展系数 $\gamma = 1.05$

$$\sigma = \frac{M}{\gamma W} = \left(\frac{1626.14}{1.05 \times 75.0} \right) \text{N/mm}^2 = 20.65\text{N/mm}^2 < f_a = 85.5\text{N/mm}^2$$

铝合金附框设计满足要求。

3. 铝合金压板计算

该处铝合金压板以拉栓的形式与立柱连接。铝合金压板长 $B = 50\text{mm}$，铝合金压板厚 $t = 5\text{mm}$。

（1）内力计算

压块受力模型如图 12-18a 所示。

每个铝合金附框所承受的力 $N = 0.13329\text{kN}$，此点离荷载作用点距离 $L = 16.1\text{mm}$

弯矩设计值 $M = NL = 133.29 \times 16.1 = 2145.97$（N·mm）

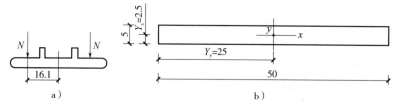

图 12-18　压板受力模型

a）受力模型　b）截面

（2）压块受弯强度验算

校核依据：$\sigma = \frac{M}{\gamma W} \leqslant f_a$

截面面积 $A = 250.0\text{mm}^2$

x 轴惯性矩 $I_x = \dfrac{1}{12} \times 50 \times 5^3 = 520.833$（$\text{mm}^4$），$x$ 轴到最外缘距离 $Y_x = 2.5\text{mm}$

y 轴惯性矩 $I_y = \dfrac{1}{12} \times 5 \times 50^3 = 52083.33$（$\text{mm}^4$），$y$ 轴到最外缘距离 $Y_y = 25.0\text{mm}$

x 轴抵抗矩 $W_x = I_x / Y_x = 520.833 / 2.5 = 208.33$（$\text{mm}^3$）

y 轴抵抗矩 $W_y = I_y / Y_y = 52083.33 / 25 = 2083.33$（$\text{mm}^3$）

塑性发展系数 $\gamma = 1.05$

$$\sigma = \frac{M}{\gamma W} = \left(\frac{2145.97}{1.05 \times 208.33} \right) \text{N/mm}^2 = 9.810\,\text{N/mm}^2 < f_a = 85.5\,\text{N/mm}^2$$

压块受弯强度满足要求。

4. M6 螺栓校核

每根铝合金压板通过 1 个 M6 螺栓与立柱相连，螺栓受拉，需对螺栓抗拉性能进行验算。

（M6 不锈钢螺栓抗拉强度设计值 $f_t^b = 320\text{N/mm}^2$，承压强度设计值 $f_c^b = 120\text{N/mm}^2$）

（1）内力计算

螺栓承受的拉力设计值 $N = 2 \times 133.29 = 266.58$（N）

（2）M6 螺栓校核

M6 不锈钢螺栓有效面积取 $A_b = 20.1\text{mm}^2$。

每个螺栓的抗拉承载力 $N_t^b = A_b f_t^b = (20.1 \times 320)\text{N} = 6432\text{N} > N = 266.58\text{N}$

（3）立柱局部抗压承载力验算

M6 不锈钢螺栓孔径 $d = 6\text{mm}$，立柱的壁厚 $t = 3\text{mm}$。

立柱的局部承压能力 $N_c^b = dt f_c^b = (6 \times 3 \times 120)\text{N} = 2160\text{N} > N = 266.58\text{N}$

（4）型材局部抗压承载力验算

型材壁厚 $t = 5\text{mm}$。

型材局部抗压承载力 $N_c^b = dt f_c^b = (6 \times 5 \times 120)\text{N} = 3600\text{N} > N = 266.58\text{N}$

M6 螺栓设计满足要求。

12.4.6　幕墙横梁计算

横梁选用 6063 – T5 铝合金型材。根据建筑结构特点，横梁简支在立柱上，须对横梁的强度和挠度进行校核。饰面材料为铝板，所受重力 $G_k / A = 0.30\text{kN/m}^2$，横梁的计算长度 $B = 1.2\text{m}$，横梁承受自重荷载分格高度 $H = 2.44\text{m}$，承受水平荷载分格高度 $h_1 = h_2 = 1.22\text{m}$。

1. 计算简图

横梁与立柱相连，相当于两端简支，水平方向承受三角形荷载，竖直方向承受矩形荷载，计算简图如图 12-19 所示。

2. 荷载计算

（1）竖向平面内横梁承受面板材料传来的重力作用

$$q_{Gk} = \frac{G_k}{A} H = 0.3 \times 2.44 = 0.732 \quad (\text{kN/m})$$

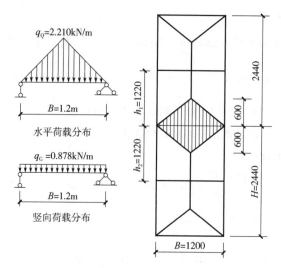

$q_Q=2.210\text{kN/m}$

$B=1.2\text{m}$

水平荷载分布

$q_G=0.878\text{kN/m}$

$B=1.2\text{m}$

竖向荷载分布

$h_1=1220$

$h_2=1220$

$H=2440$

2440

600

600

600

$B=1200$

图 12-19　横梁计算简图

$$q_G=\gamma_G q_{Gk}=1.2\times0.732=0.878\ (\text{kN/m})$$

（2）水平平面内，横梁承受风荷载、水平地震作用

水平荷载设计值：$q=0.2\times1.4\times w_k+1.4\times q_{Ek}=0.6942\text{kN/m}^2$

横梁承受的三角形分布荷载（$B=1.2\text{m}<H=2.44\text{m}$），其峰值线荷载：

$$q_Q=2qL/2=0.6942\times1.2=0.8330\ (\text{kN/m})$$

3. 横梁内力计算

（1）横梁承受自重最大弯矩设计（按矩形分布荷载计算）

$$M_x=\frac{1}{8}q_G B^2=\frac{1}{8}\times0.878\times1.2^2=0.158\ (\text{kN·m})$$

（2）横梁承受水平荷载最大弯矩设计（按三角形分布荷载计算）

$$M_y=\frac{1}{12}q_Q B^2=\frac{1}{12}\times0.8330\times1.2^2=0.100\ (\text{kN·m})$$

4. 横梁强度校核

（1）横梁截面参数（图 12-20）

横梁强度设计值 $f_a^t=85.5\text{kN/m}^2$

铝合金弹性模量 $E=0.7\times10^5\text{kN/m}^2$

横梁的截面面积 $A=925.475\text{mm}^2$

x 轴惯性矩 $I_x=257482.0\text{mm}^4$，x 轴到最外缘距离 $Y_x=38.0\text{mm}$

y 轴惯性矩 $I_y=600616.0\text{mm}^4$，y 轴到最外缘距离 $Y_y=38.7\text{mm}$

x 轴抵抗矩 $W_x=6774.47\text{mm}^3$；y 轴抵抗矩 $W_y=15512.2\text{mm}^3$

塑性发展系数 $\gamma=1.05$

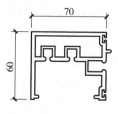

70

60

图 12-20　横梁截面

（2）横梁抗弯强度校核

校核依据：$\sigma_{max}=\dfrac{M_x}{\gamma_x W_x}+\dfrac{M_y}{\gamma_y W_y}\leqslant f_a^t$

$$\frac{M_x}{\gamma_x W_x} + \frac{M_y}{\gamma_y W_y} = \left(\frac{0.158 \times 10^6}{1.05 \times 6774.47} + \frac{0.100 \times 10^6}{1.05 \times 15512.2}\right) kN/m^2$$
$$= 28.35 kN/m^2 < f_a^t = 85.5 kN/m^2$$

横梁的抗弯强度满足要求。

5. 横梁挠度验算

校核依据:《金属与石材幕墙工程技术规范》(JGJ 133)(2022 年送审稿)第 7.1.6 条规定,在风荷载或重力荷载标准值作用下,横梁的挠度限值 $d_{f,lim} = l/200$,即 $d_{f,lim} = 1200/200 = 6.0$(mm)。

(1) 由自重荷载标准值作用下的竖向挠度

$$d_{f,xmax} = \frac{5 q_{Gk} B^4}{384 E I_x} = \left(\frac{5 \times 0.732 \times 1200^4}{384 \times 0.7 \times 10^5 \times 257482.0}\right) mm = 1.1 mm < d_{f,lim} = 6.0 mm$$

(2) 由风荷载标准值作用下的水平挠度

风荷载传给横梁为三角形分布,峰值荷载 $q_{Qwk} = 2 w_k \frac{B}{2} = 1.204 \times 1.2 = 1.4448$(kN)

$$d_{f,ymax} = \frac{q_{Qwk} B^4}{120 E I_y} = \left(\frac{1.4448 \times 1200^4}{120 \times 0.7 \times 10^5 \times 600616.0}\right) mm = 0.5938 mm < d_{f,lim} = 6.0 mm$$

横梁的挠度满足要求。

12.4.7 幕墙连接计算

1. 横梁与立柱的连接

(1) 计算模型

横梁与立柱通过 $48mm \times 25mm \times 3mm$ 铝合金角码,用 2M6 不锈钢螺栓连接,承受垂直于幕墙面的水平荷载和垂直方向上的自重荷载(图 12-21)。横梁计算长度 $B = 1.2m$,横梁承受的水平荷载按三角形分布,分格高度 $h_1 = h_2 = 1.22m$;承受的自重荷载按矩形分布,分格高度 $H = 2.44m$。

(2) 荷载计算

横梁的计算跨度 $L = 1.2m$,横梁承受的自重荷载设计值 $q_G = 0.878kN/m$,承受的水平荷载设计值 $q_Q = 0.8330kN/m$。

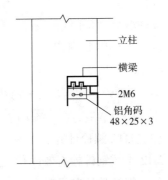

图 12-21 横梁与立柱的连接构造

横梁端部承受的垂直荷载 $N_G = \frac{1}{2} q_G L = \frac{1}{2} \times 0.878 \times 1.2 = 0.527$(kN)

横梁端部承受的水平荷载 $N_Q = \frac{1}{4} q_Q L = \frac{1}{4} \times 0.8330 \times 1.2 = 0.2499$(kN)

横梁端部所承受的剪力合力: $N = \sqrt{N_G^2 + N_Q^2} = \sqrt{0.527^2 + 0.2499^2} = 0.58324$(kN)

(3) 横梁与立柱相邻螺栓校核

M6 不锈钢螺栓有效面积取 $A_b = 20.1 mm^2$

不锈钢螺栓的抗剪强度 $f_v^b = 245 N/mm^2$

每个螺栓的抗剪承载力 $N_v^b = A_b f_v^b = (20.1 \times 245) \text{N} = 4924.5 \text{N} > N = 583.24 \text{N}$
根据构造要求，取 2 个 M6 的不锈钢螺栓。

（4）立柱局部承压能力

M6 不锈钢螺栓孔径 $d = 6\text{mm}$，立柱局部壁厚 $t = 4\text{mm}$，立柱的局部承压强度 $f_c^b = 120 \text{N/mm}^2$。
立柱的局部承压能力 $N_c^b = 2dt f_c^b = (2 \times 6 \times 4 \times 120) \text{N} = 5760 \text{N} > N = 583.24 \text{N}$

（5）角码局部承压能力

M6 不锈钢螺栓孔径 $d = 6\text{mm}$，角码壁厚 $t = 3\text{mm}$，角码局部承压强度 $f_c^b = 120 \text{N/mm}^2$。
立柱的局部承压能力 $N_c^b = 2dt f_c^b = (2 \times 6 \times 3 \times 120) \text{N} = 4320.0 \text{N} > N = 583.24 \text{N}$
由上述计算可见，横梁与立柱连接满足要求。

2. 立柱与角码连接计算

（1）计算简图（图 12-22）

计算宽度 $B = 1.2\text{m}$，高度 $H = 3.2\text{m}$。立柱为铝合金型材，局部承压强度 $f_c^b = 120 \text{N/mm}^2$，局部壁厚 $t = 4\text{mm}$，钢角码尺寸为 $140\text{mm} \times 100\text{mm} \times 8\text{mm}$，材料为钢材，局部承压强度 $f_c^b = 320 \text{N/mm}^2$，立柱的固定方式为双系点，即两侧均有角钢，用 2 个 M12 不锈钢螺栓连接。立柱承受水平荷载和自重荷载均按矩形分布。

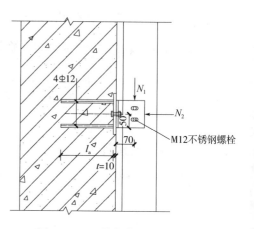

图 12-22　立柱与角码连接节点

（2）荷载计算

立柱承受的自重荷载设计值 $G/A = 1.2 \times 0.30 = 0.36$（$\text{kN/m}^2$）

立柱承受的水平线荷载设计值 $q_柱 = 0.8330 \text{kN/m}$
竖向荷载引起内力 $N_1 = G/ABH = 0.36 \times 1.2 \times 3.2 = 1.382$（kN）

水平荷载引起内力 $N_2 = q_柱 H = 0.8330 \times 3.2 = 2.6656$（kN）

组合内力 $N = \sqrt{(N_1)^2 + (N_2)^2} = \sqrt{1.382^2 + 2.6656^2} = 3.0026$（kN）

（3）M12 螺栓计算

M12 不锈钢螺栓有效面积 $A_b = 84.3 \text{mm}^2$，螺栓的抗剪强度 $f_v^b = 245 \text{N/mm}^2$。

每个螺栓的抗剪承载力 $N_v^b = 2 A_b f_v^b = (2 \times 84.3 \times 245) \text{N} = 41307 \text{N} > N = 3002.6 \text{N}$
根据构造要求，采用 2 个 M12 不锈钢螺栓。

（4）局部抗压计算

2 个 M12 螺栓，承压面个数 $n_v = 2 \times 2 = 4$

立柱局部抗压承载力 $N_c^b = n_v dt f_c^b = (4 \times 12 \times 4 \times 120) \text{N} = 23040 \text{N} > N = 3002.6 \text{N}$

钢连接件局部承载力 $N_c^b = n_v dt f_c^b = (4 \times 12 \times 8 \times 320) \text{N} = 122880 \text{N} > N = 3002.6 \text{N}$
由上述计算可见，立柱与钢角码连接设计满足要求。

3. 钢角码与预埋件连接

（1）计算模型

分格宽度 $B = 1.2\text{m}$，高度 $H = 3.2\text{m}$，钢角码尺寸为 $140\text{mm} \times 100\text{mm} \times 8\text{mm}$，材料为钢

材，局部承压强度 $f_c^b = 320 \text{N/mm}^2$，每个钢角码均采用 1 个 M12 高强螺栓与预埋件连接，如图 12-23 所示。

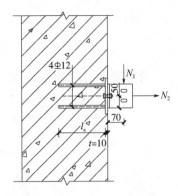

（2）荷载计算

竖向荷载设计值 $N_1 = 1.382/2 = 0.691$（kN）

水平荷载设计值 $N_2 = 2.6656/2 = 1.3328$（kN）

钢角码底部所受弯矩 $M = N_1 d_1 = 0.691 \times 0.07 = 0.04837$（kN·m）

由弯矩产生的拉拔力 $N_2' = M/d_2 = 0.04837/0.05 = 0.9674$（kN）

图 12-23　钢角码与预埋件连接构造

（3）M12 高强螺栓校核

M12 不锈钢螺栓有效面积 $A_b = 84.3 \text{mm}^2$，螺栓的抗剪强度 $f_v^b = 245 \text{N/mm}^2$。

每个螺栓的抗剪承载力 $N_v^b = A_b f_v^b = (84.3 \times 245) \text{N} = 20653.5 \text{N} > N_1 = 691.0 \text{N}$

每个螺栓的抗拉承载力 $N_t^b = A_b f_t^b = (84.3 \times 320) \text{N}$

$$= 26976 \text{N} > N_2 + N_2' = (1332.8 + 967.4) \text{N} = 2300.2 \text{N}$$

钢角码与预埋件设计满足要求。

4. 幕墙预埋件计算

（1）计算模型

主体结构采用 C30 混凝土（$f_c = 14.3 \text{N/mm}^2$，$f_t = 1.43 \text{N/mm}^2$），标高取为 30.0m，锚筋选用 HRB335 级（$f_y = 300 \text{N/mm}^2$），直径 12mm，共 4 根分 2 层，锚筋间距为 90mm，锚板尺寸采用 300mm×150mm×10mm 的 Q235 钢板，受力形式如图 12-24 所示。

（2）预埋件荷载

竖向荷载设计值 $N_1 = 1.382 \text{kN}$

水平荷载设计值 $N_2 = 2.6656 \text{kN}$

弯矩设计值 $M = N_1 d_1 = 1.382 \times 0.07 = 0.0967$（kN·m）

（3）锚筋最小截面面积计算

当有剪力、法向力、弯矩共同作用时，锚筋面积按下列公式计算，并应大于其最大值：

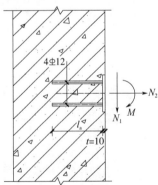

$$A_s \geq \frac{V}{a_r a_v f_v} + \frac{N}{0.8 a_b f_y} + \frac{M}{1.3 a_r a_b f_y z}$$

$$A_s \geq \frac{N}{0.8 a_b f_y} + \frac{M}{0.4 a_r a_b f_y z}$$

图 12-24　预埋件计算简图

剪力设计值 $V = N_1 = 1.382 \text{kN}$

法向拉力设计值 $N = N_2 = 2.6656 \text{kN}$

弯矩设计值 $M = 0.0967 \text{kN·m}$

α_r：钢筋层数影响系数，当锚筋等间距配置时，二层取 $\alpha_r = 1.0$。

α_v：锚筋受剪承载力系数，按下式计算：

$$a_v = (4.0 - 0.08 d) \sqrt{\frac{f_c}{f_y}} = (4.0 - 0.08 \times 12) \times \sqrt{\frac{14.3}{300}} = 0.664 < 0.7$$

α_b：锚板弯曲变形折减系数，按下式计算：

$$a_b = 0.6 + 0.25\frac{t}{d} = 0.6 + 0.25 \times 10/12 = 0.808$$

z：沿剪力作用方向最外层锚筋中心线之间的距离，取 $z = 90\text{mm}$。

$$A_s \geq \frac{V}{a_r a_v f_v} + \frac{N}{0.8 a_b f_y} + \frac{M}{1.3 a_r a_b f_y z}$$

$$= \frac{1.382 \times 10^3}{1.0 \times 0.664 \times 300} + \frac{2.6656 \times 10^3}{0.8 \times 0.808 \times 300} + \frac{0.0967 \times 10^6}{1.3 \times 1.0 \times 0.808 \times 300 \times 90}$$

$$= 24.089 \ (\text{mm}^2)$$

$$A_s \geq \frac{N}{0.8 a_b f_y} + \frac{M}{0.4 a_r a_b f_y z}$$

$$= \frac{2.6656 \times 10^3}{0.8 \times 0.808 \times 300} + \frac{0.0967 \times 10^6}{0.4 \times 1.0 \times 0.808 \times 300 \times 90}$$

$$= 24.83 \ (\text{mm}^2)$$

所需锚筋最小截面面积为 24.83mm^2。

（4）法向拉力校核

法向力 $0.5 f_t A = (0.5 \times 1.43 \times 300 \times 150)\text{N} = 32175\text{N} > N = 2665.6\text{N}$

预埋件锚板满足要求。

（5）预埋件锚筋确定

锚筋选用4根直径 12mm 的 HRB335 级，钢筋总截面面积 $A_s = (4 \times 113.1)\text{mm}^2 = 452.4\text{mm}^2 > 24.83\text{mm}^2$。

预埋件锚筋截面面积满足要求。

第13章

建筑幕墙节能设计

　　幕墙凭借其在外装饰性、节能保温以及抗震性能等方面的优越性，（超）高层建筑基本上都是采用玻璃幕墙作为外围护结构的。但玻璃幕墙建筑都是高耗能的建筑。玻璃窗与墙的单位能耗比值为 6:1，玻璃幕墙建筑"冬寒夏热"，多数（超）高层建筑不得不加大功率，开足空调以调节室温。冬天要先供暖，夏天要先制冷。玻璃幕墙建筑能耗高的主要原因为：①围护结构热容量小，容易受到天气变化影响；②太阳得热大，空调负荷高；③外立面不容易设置外遮阳装置；④保温效果差。

　　建筑幕墙作为围护结构节能的薄弱环节，成为建筑节能中最受关注的重点。据统计围护结构的制冷、采暖能耗中超过 50% 由门窗幕墙散失，能耗巨大，建筑门窗幕墙的节能受到高度关注。本章基于我国现行的建筑节能设计规范体系，介绍玻璃幕墙热工性能计算理论和计算方法。

13.1　建筑玻璃的热工性能表征

1. 自然界的热量形式

　　对于建筑物而言，自然界中有两种能量形式：①太阳辐射，其能量主要集中在 $0.3 \sim 2.5 \, \mu m$ 波段，其中可见光占 46%，近红外线占 44%，紫外线占 7% 和远红外线占 3%。②红外辐射，其热能形式为远红外线，能量主要集中在 $5 \sim 50 \, \mu m$ 波段。在室内，这部分能量主要是被太阳光照射后的物体吸收能量后以远红外线形式发出的能量以及家用电器、采暖系统和人体等以远红外线发出的能量；在室外，这部分能量主要是被太阳光照射后的物体吸收太阳能量后以远红外线形式发出的能量。太阳辐射光谱曲线和热辐射光谱曲线如图 13-1 所示。

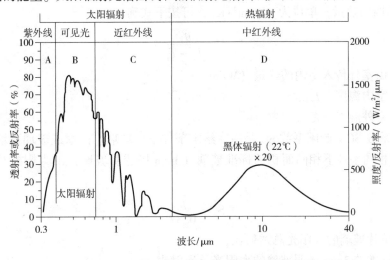

图 13-1　太阳辐射光谱曲线和热辐射光谱曲线

2. 玻璃传热机理

普通浮法玻璃是透明材料，其透明的光谱范围是 $0.3 \sim 4 \mu m$，即可见光和近红外线，刚好覆盖太阳光谱，因此普通浮法玻璃可透过约 80% 太阳光能量。

环境热量为 $5 \sim 50 \mu m$ 波段的远红外线，普通浮法玻璃是不透明的，其透过率为 0，其反射率也非常低，但其吸收率非常高，可达 83.7%。玻璃吸收远红外线后再以远红外线的形式向室内外二次辐射，由于玻璃的室外表面换热系数是室内表面换热系数的 3 倍左右，玻璃吸收的环境热量 75% 左右传到室外，25% 左右传到室内。在冬季，室内环境热量就是通过玻璃先吸收后辐射的形式，将室内的热量传到室外。普通浮法玻璃的光谱曲线如图 13-2 所示。

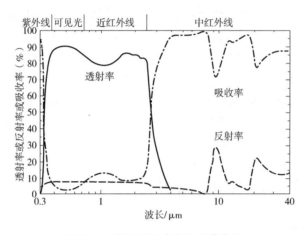

图 13-2 普通浮法玻璃的光谱曲线

3. 建筑玻璃的热工性能参数

（1）透明幕墙的热工性能参数 玻璃幕墙是透明幕墙，因此玻璃的性能决定了透明幕墙的性能。玻璃是透明围护材料，其与节能设计有关的性能可用传热系数 U、遮阳系数 SC、可见光透射率 τ_v 和气密性四个参数来表征。

1）传热系数 U。传热系数 U 是指两侧环境温度为 1K（℃）时，在单位时间内通过单位面积玻璃幕墙的热量，单位为 $W/(m^2 \cdot K)$，可按下式确定：

$$U = \frac{q_1}{T_o - T_i} \tag{13-1}$$

式中　q_1——由室外传入室内的热量（W/m^2）；

　　　T_i——室内温度（K）；

　　　T_o——室外温度（K）。

2）遮阳系数 SC。遮阳系数 SC 是指在给定条件下，玻璃、门窗或玻璃幕墙的太阳光总透射比 g，与相同条件下相同面积的标准玻璃（3mm 厚透明玻璃）的太阳光总透射比的比值，即

$$SC = \frac{g}{0.87} \tag{13-2}$$

式中　g——单片玻璃的太阳光总透射比；

　　0.87——标准的 3mm 透明玻璃的太阳光总透射比。

3）可见光透射比 τ_v。可见光透射比 τ_v 是指采用人眼视见函数进行加权，标准光源透过玻璃、门窗或幕墙成为室内的可见光通量与投射到玻璃、门窗或幕墙上的可见光通量的比值，即

$$\tau_\text{v} = \frac{\int_{380}^{780} D_\lambda \tau(\lambda) V(\lambda) \mathrm{d}\lambda}{\int_{380}^{780} D_\lambda V(\lambda) \mathrm{d}\lambda} \approx \frac{\sum_{380}^{780} D_\lambda \tau(\lambda) V(\lambda) \Delta\lambda}{\sum_{380}^{780} D_\lambda V(\lambda) \Delta\lambda} \tag{13-3}$$

式中　D_λ——D65 标准光源的相对光谱功率分布；

　　$\tau(\lambda)$——玻璃透射比的光谱数据；

　　$V(\lambda)$——人眼的视见函数；

　　$\Delta\lambda$——波长间隔，此处为 10nm。

《建筑门窗玻璃幕墙热工计算规程》（JGJ/T 151—2008）附录 D 表 D.0.1 给出了 D_{65} 光源标准的相对光谱分布 D_λ 乘以视见函数 $V(\lambda)$ 以及间隔 $\Delta\lambda$ 的数据。由表 D.0.1 可得，

$$\sum_{380}^{780} D_\lambda V(\lambda) \Delta\lambda = 99.0023$$

4）气密性。建筑幕墙作为围护结构不可能是完全密封的，由于建筑幕墙是由幕墙的支承系统和面板材料组成的，因此在面板与面板之间、面板与支承体系之间一定有缝隙，即便有密封胶密封，也无法保证没有缝隙，同时建筑门窗等可开启部位缝隙更是较大。有缝隙，就会有室内外空气的交换。因为室内外的空气温度可能不同，会造成室内外空气交换；室外的正负风压，也会造成室内空气的交换。不同温度的室内外空气交换将造成室内外热量的交换，即这是一个传质传热的过程。显然，建筑幕墙的缝隙越长，室内外交换的空气量越大，气密性越好，因此建筑幕墙用单位缝长的空气渗透量来表征幕墙的气密性。

（2）非透明幕墙的热工性能参数　非透明幕墙主要是指金属幕墙（包括铝单板幕墙和铝塑复合板幕墙）、石材幕墙（包括天然石材幕墙和人造石材幕墙）和后面附有保温材料的玻璃幕墙。非透明幕墙一般位于楼板位置或窗槛墙位置。金属幕墙和石材幕墙的共同特点是透过面板材料的背面连接部件与幕墙支承体系连接，面板与面板之间可以采用密封胶密封，也可以不密封。因此，金属幕墙和石材幕墙分为封闭式和开放式两种，将幕墙面板与面板之间的缝隙采用密封胶密封的称为封闭式，不密封的称为开放式，显然，开放式非透明幕墙作为建筑围护结构的一层对热工没有贡献，而密闭式非透明幕墙对热工有贡献，两者的计算方法不同。非透明幕墙的主要热工性能指标是传热系数 U，其定义与透明幕墙类似，这里不再赘述。

4. 节能建筑玻璃种类和选择

玻璃的热导率 λ 为 1.0W/(m·K)，而空气、氩气的热导率 λ 分别为 0.024W/(m·K)、0.016W/(m·K)，因此，由两片或多片玻璃和空气层组成的中空玻璃其传热系数降低很多，如普通单片玻璃的传热系数 U_g 为 5.2～6.0W/(m²·K)，而普通中空玻璃的传热系数降至2.5～3.2W/(m²·K)，充氩气后，中空玻璃的传热系数一般可再降 0.2～0.3W/(m²·K)。要想获得更低的传热系数可采用 Low-E 中空玻璃。Low-E 玻璃与普通浮法玻璃相比，其主要特征是对远红外线不再吸收，而是高反射，因此，可阻止环境热量通过玻璃进行传递，其光谱曲线如图 13-3 所示。

采用 Low-E 玻璃组成的中空玻璃，其传热系数一般可降至 1.5～2.1W/(m²·K)，依据

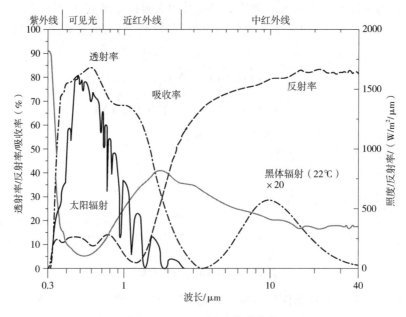

图 13-3　Low-E 玻璃光谱曲线

《公共建筑节能设计标准》（GB 50189—2015）的要求，在严寒地区（A 区、B 区），依据不同的体型系数和窗墙比，传热系数限值为 1.2 ~ 2.7W/（m² · K）。普通中空玻璃的传热系数为 2.5 ~ 3.5W/（m² · K），只能部分满足节能设计要求，Low-E 中空玻璃的传热系数一般为 1.5 ~ 2.1W/（m² · K），可以满足节能标准。

对于我国的夏热冬冷地区和夏热冬暖地区，建筑的夏季制冷是主要能耗，因此应降低建筑玻璃的遮阳系数，《公共建筑节能设计标准》（GB 50189—2015）对应于夏热冬冷地区和夏热冬暖地区的建筑玻璃遮阳系数有明确的规定。降低玻璃遮阳系数的方法很多，如采用着色玻璃、阳光控制镀膜玻璃和 Low-E 玻璃。

着色玻璃的遮阳系数可降至 0.55 ~ 0.85，阳光控制镀膜玻璃的遮阳系数可降至 0.25 ~ 0.55，由它们组合成的中空玻璃，其遮阳系数可进一步下降，但着色玻璃和阳光控制镀膜玻璃以及由它们组合成的中空玻璃，其传热系数与透明浮法玻璃基本一致。

Low-E 中空玻璃，特别是双银 Low-E 中空玻璃，不但其传热系数低、保温性能优良，而且其遮阳系数也可降至 0.30 ~ 0.60，隔热性能非常好，可满足《公共建筑节能设计标准》（GB 50189—2015）在任何地区对玻璃传热系数和遮阳系数的要求。此外，彩釉玻璃和建筑遮阳系统也可显著降低玻璃的遮阳系数，究竟采用何种遮阳方式，应结合建筑学来综合考虑确定。

13.2　幕墙玻璃面板传热系数计算

13.2.1　透明面板传热系数计算

按《建筑门窗玻璃幕墙热工计算规程》（JGJ/T 151—2008）第 6.4.1 条规定，计算玻璃或透明面板的传热系数 U_g 时应采用简单的模拟条件，仅考虑室内外温差，没有太阳辐射

$(I_s = 0)$，应按下式计算：

$$U_g = \frac{1}{R_t} \tag{13-4}$$

式中 R_t——玻璃系统的传热阻（$m^2 \cdot K/W$）。

1. 玻璃系统传热阻 R_t 计算

玻璃系统的传热阻 R_t 应为各层玻璃、气体间层、内外表面换热阻之和，即：

$$R_t = \frac{1}{h_{out}} + \sum_{i=2}^{n} R_i + \sum_{i=1}^{n} R_{g,i} + \frac{1}{h_{in}} \tag{13-5}$$

$$R_{g,i} = \frac{t_{g,i}}{\lambda_{g,i}} \tag{13-6}$$

$$R_i = \frac{T_{f,i} - T_{b,i-1}}{q_i} \quad (i = 2 \sim n) \tag{13-7}$$

式中 $R_{g,i}$——第 i 层玻璃的固体热阻（$m^2 \cdot K/W$），按式（13-6）计算；

$t_{g,i}$——第 i 层玻璃的厚度（m）；

$\lambda_{g,i}$——第 i 层玻璃的热导率 $[W/(m \cdot K)]$；

R_i——第 i 层气体间层的热阻（$m^2 \cdot K/W$），按式（13-7）计算；

$T_{f,i}$、$T_{b,i-1}$——第 i 层气体间层的内表面和外表面温度（K）；

q_i——第 i 层气体间层的热流密度（W/m^2）。

其中，第一层气体间层为室外，最后一层气体间层（$n+1$）为室内。

在计算传热系数时，应设定太阳辐射 $I_s = 0W/m^2$。在每层材料为玻璃（或远红外透射比为零的材料）的系统中，可按下列热平衡方程计算气体间层的传热：

$$q_i = h_{c,i}(T_{f,i} - T_{b,i-1}) + h_{r,i}(T_{f,i} - T_{b,i-1}) \tag{13-8}$$

式中 $h_{r,i}$——第 i 层气体层的辐射换热系数，按式（13-16）计算；

$h_{c,i}$——第 i 层气体层的对流换热系数，按式（13-17）计算。

由式（13-7）和式（13-8）整理可得，第 i 层气体间层的热阻 R_i 可表达为：

$$R_i = \frac{1}{h_{c,i} + h_{r,i}} \quad (i = 2 \sim n) \tag{13-9}$$

2. 室内外换热系数 h 计算

外表面或内表面的换热系数应按下式计算：

$$h = h_r + h_c \tag{13-10}$$

式中 h_r——辐射换热系数 $[W/(m^2 \cdot K)]$；

h_c——对流换热系数 $[W/(m^2 \cdot K)]$。

（1）室内表面换热系数 室内表面换热系数 h_{in} 可按下式计算：

$$h_{in} = h_{r,in} + h_{c,in} \tag{13-11}$$

式中 h_{in}——玻璃内表面的换热系数 $[W/(m^2 \cdot K)]$；

$h_{r,in}$——玻璃内表面的辐射换热系数 $[W/(m^2 \cdot K)]$；

$h_{c,in}$——玻璃内表面的对流换热系数 $[W/(m^2 \cdot K)]$。

传热系数计算应采用冬季标准计算条件，并取 $I_s = 0W/m^2$。玻璃内表面对流换热系数 $h_{c,in} = 3.6W/(m^2 \cdot K)$。

设计或评价建筑门窗、玻璃幕墙定型产品的热工性能时，门窗或幕墙室内表面的辐射换热系数应按下式计算：

$$h_{r,in} = 4.4 \frac{\varepsilon_{s,in}}{0.837} \tag{13-12}$$

$$\varepsilon_{s,in} = \frac{1}{\dfrac{1}{\varepsilon_{surf}} + \dfrac{1}{\varepsilon_{in}} - 1} \tag{13-13}$$

式中　ε_{surf}——玻璃面或框材料室内表面半球发射率；

　　　ε_{in}——室内环境材料的平均发射率，一般可取 0.9。

（2）室外表面换热系数

$$h_{out} = h_{r,out} + h_{c,out} \tag{13-14}$$

式中　h_{out}——玻璃外表面的换热系数 $[W/(m^2 \cdot K)]$；

　　　$h_{r,out}$——玻璃外表面的辐射换热系数 $[W/(m^2 \cdot K)]$；

　　　$h_{c,out}$——玻璃外表面的对流换热系数 $[W/(m^2 \cdot K)]$。

传热系数计算应采用冬季标准计算条件，并取 $I_s = 0W/m^2$。玻璃外表面对流换热系数 $h_{c,out} = 16W/(m^2 \cdot K)$。

设计或评价建筑门窗、玻璃幕墙定型产品的热工性能时，门窗或幕墙室外表面的辐射换热系数应按下式计算：

$$h_{r,out} = 3.9 \frac{\varepsilon_{s,out}}{0.837} \tag{13-15}$$

式中　$\varepsilon_{s,out}$——玻璃面或框材料室外表面半球发射率。

3. 多层玻璃系统 U 值计算

1）多层玻璃系统材料的固体热阻 $R_{g,i}$ 按式（13-6）计算确定。

2）多层玻璃体系中间每一层气体间层换热阻计算如下：

玻璃（或其他远红外辐射透射比为零的板材）气体间层两侧玻璃的辐射换热系数 h_r 应按下式计算：

$$h_r = 4\sigma \left(\frac{1}{\varepsilon_1} + \frac{1}{\varepsilon_2} - 1 \right)^{-1} T_m^3 \tag{13-16}$$

式中　h_r——辐射换热系数；

　　　σ——斯蒂芬-玻尔兹曼常数，取 $5.67 \times 10^{-8}W/(m^2 \cdot K)$；

　　　T_m——气体间层中两个表面的平均绝对温度（K）；

　　　ε_1、ε_2——气体间层中的两个玻璃表面在平均绝对温度 T_m 下的半球发射率。

气体间层两侧玻璃的对流换热系数：

$$h_{c,i} = Nu_i \left(\frac{\lambda_{g,i}}{d_{g,i}} \right) \tag{13-17}$$

式中　$d_{g,i}$——气体间层 i 的厚度(m)；

　　　$\lambda_{g,i}$——所充气体的热导率$[W/(m \cdot K)]$；

　　　Nu_i——努谢尔特数，是瑞利数Ra_i、气体间层高厚比和气体间层倾角 θ 的函数。

玻璃层间气体间层的瑞利（Rayleigh）数 Ra 可按下式计算：

$$Ra = \frac{\gamma^2 d^3 G \beta c_p \Delta T}{\mu \lambda} \tag{13-18}$$

式中　γ——气体密度（kg/m^3）；

$\quad\quad G$——重力加速度（m/s^2），可取 9.80 m/s^2；

$\quad\quad c_p$——常压下气体的比热容［$J/(kg \cdot K)$］；

$\quad\quad \mu$——常压下气体的黏度［$kg/(m \cdot s)$］；

$\quad\quad \lambda$——常压下气体的热导率［$W/(m \cdot K)$］；

$\quad\quad d$——气体间层的厚度（m）；

$\quad\quad \Delta T$——气体间层前后玻璃表面的温度差（K）。

当填充气体做理想气体处理时，气体的膨胀系数 β 为：

$$\beta = \frac{1}{T_m} \tag{13-19}$$

式中　T_m——填充气体的平均温度（K）。

第 i 层气体间层的高厚比 $A_{g,i}$ 为：

$$A_{g,i} = \frac{H}{d_{g,i}} \tag{13-20}$$

式中　H——气体间层顶部到底部的距离（m），通常应和窗的透光区域高度相同。

应对应于不同的倾角 θ 值或范围，定量计算通过玻璃气体间层的对流热传递。以下计算假定从室内加热（即 $T_{f,i} > T_{b,i-1}$），若实际上室外温度高于室内（$T_{f,i} < T_{b,i-1}$），则要将（$180° - \theta$）代替 θ。

玻璃气体间层的努谢尔特数 Nu_i 应按下列公式计算：

1）气体间层倾角 $0° \leqslant \theta < 60°$

$$Nu_i = 1 + 1.44 \left(1 - \frac{1708}{Ra\cos\theta}\right)^* \left[1 - \frac{1708\sin^{1.6}(1.8\theta)}{Ra\cos\theta}\right] + \left[\left(\frac{Ra\cos\theta}{5830}\right)^{\frac{1}{3}} - 1\right]^* \tag{13-21}$$

$$Ra < 10^5 \text{ 且 } A_{g,i} > 20$$

式中，函数 $[x]^*$ 表达式为：$[x]^* = \dfrac{x + |x|}{2}$。

2）气体间层倾角 $\theta = 60°$

$$Nu_i = (Nu_1, \ Nu_2)_{max} \tag{13-22}$$

式中　$Nu_1 = \left[1 + \left(\dfrac{0.0936Ra^{0.314}}{1 + G_N}\right)^7\right]^{\frac{1}{7}}$

$\quad\quad Nu_2 = \left(0.104 + \dfrac{0.175}{A_{g,i}}\right)Ra^{0.283}$

$\quad\quad G_N = \dfrac{0.5}{\left[1 + \left(\dfrac{Ra}{3160}\right)^{20.6}\right]^{0.1}}$

3）气体间层倾角 $60° < \theta < 90°$。可根据式（13-22）和式（13-23）的计算结果按倾角 θ 做线性插入。以上公式适用于 $10^2 < Ra < 2 \times 10^7$ 且 $5 < A_{g,i} \leqslant 100$ 的情况。

4）垂直气体间层（$\theta = 90°$）

$$Nu_i = (Nu_1, \ Nu_2)_{max} \tag{13-23}$$

式中　$Nu_1 = 0.0673838\, Ra^{\frac{1}{2}}$　（当 $Ra > 5 \times 10^4$ 时）

　　　$Nu_1 = 0.028154\, Ra^{0.4134}$　（当 $10^4 < Ra \leqslant 5 \times 10^4$ 时）

　　　$Nu_1 = 1 + 1.7596678 \times 10^{-10} Ra^{2.2984755}$　（当 $Ra \leqslant 10^4$ 时）

　　　$Nu_2 = 0.242 \left(\dfrac{Ra}{A_{g,i}}\right)^{0.272}$

5）气体间层倾角 $90° < \theta < 180°$

$$Nu_i = 1 + (Nu_v - 1)\sin\theta \tag{13-24}$$

式中　Nu_v——按式（13-23）计算的垂直气体间层的努谢尔特数。

4. 玻璃或透明面板的太阳光总透射比 g_g

玻璃系统的遮阳系数的计算应符合下列规定：

1）各层玻璃室外侧方向的热阻应按下式计算：

$$R_{out,i} = \frac{1}{h_{out}} + \sum_{k=2}^{i} R_k + \sum_{k=1}^{i-1} R_{g,k} + \frac{1}{2} R_{g,i} \tag{13-25}$$

式中　$R_{g,i}$——第 i 层玻璃的固体热阻（$m^2 \cdot K/W$）；

　　　$R_{g,k}$——第 k 层玻璃的固体热阻（$m^2 \cdot K/W$）；

　　　R_k——第 k 层气体间层的热阻（$m^2 \cdot K/W$）。

2）各层玻璃向室内的二次传热应按下式计算：

$$q_{in,i} = \frac{A_{s,i} R_{out,i}}{R_t} \tag{13-26}$$

3）玻璃系统的太阳光总透射比应按下式计算：

$$g_g = \tau_s + \sum_{i=1}^{n} q_{in,i} \tag{13-27}$$

式中　τ_s——单片玻璃的太阳光直接透射比，按式（13-28）计算。

单片玻璃的太阳光直接透射比 τ_s：

$$\tau_s = \frac{\int_{300}^{2500} \tau(\lambda) S_\lambda \, d\lambda}{\int_{300}^{2500} S_\lambda \, d\lambda} \approx \frac{\sum_{\lambda=300}^{2500} \tau(\lambda) S_\lambda \Delta\lambda}{\sum_{\lambda=300}^{2500} S_\lambda \Delta\lambda} \tag{13-28}$$

式中　$\tau(\lambda)$——玻璃透射比的光谱；

　　　S_λ——标准太阳光谱。

5. 基本材料特性

（1）校正发射率（ε）　在计算辐射换热系数 h_r 时，必须用到作为密闭空间界面的表面校正发射率 ε。对于普通玻璃表面，校正发射率值 ε 选用 0.837。对镀膜玻璃表面，校正发射率按下列步骤计算：

1）标准发射率 ε_n。镀膜玻璃表面的标准发射率（ε_n）应在接近正常入射状况下，利用红外光谱仪测试玻璃反射曲线。在反射曲线上，可按照表 13-1 给出的 30 个波长值，测定相应的反射率 $R_n(\lambda_i)$，取其数学平均值，得到 283K（10℃）温度下的标准发射率 R_n。

$$R_n = \frac{1}{30} \sum_{i=1}^{30} R_n(\lambda_i) \tag{13-29}$$

283K（10℃）温度下的标准发射率 ε_n 应按下式计算：

$$\varepsilon_n = 1 - R_n \tag{13-30}$$

表 13-1　用于测定 283K 下标准反射率 R_n 的波长

序号	波长/μm	序号	波长/μm	序号	波长/μm
1	5.5	11	11.8	21	19.2
2	6.7	12	12.4	22	20.3
3	7.4	13	12.9	23	21.7
4	8.1	14	13.5	24	23.3
5	8.6	15	14.2	25	25.2
6	9.2	16	14.8	26	27.7
7	9.7	17	5.6	27	30.9
8	10.2	18	16.3	28	35.7
9	10.7	19	17.2	29	43.9
10	11.3	20	18.1	30	50.0

注：当测试的波长仅达到 25 μm 时，25 μm 以上波长的发射系数可用 25 μm 波长的发射系数替代。

2）校正发射率 ε。校正发射率 ε 为表 13-2 给出的系数乘以标准发射率（ε_n）。

表 13-2　校正发射率与标准发射率之间的关系

标准发射率 ε_n	系数 $\varepsilon/\varepsilon_n$	标准发射率 ε_n	系数 $\varepsilon/\varepsilon_n$
0.03	1.22	0.5	1.00
0.05	1.18	0.6	0.98
0.1	1.14	0.7	0.96
0.2	1.10	0.8	0.95
0.3	1.06	0.89	0.94
0.4	1.03		

注：其他值可以通过线性插值或外推获得。

（2）气体特性　需要用到的气体特性包括：①热导率 $\lambda\,[\mathrm{W/(m\cdot K)}]$；②密度 $\rho\,(\mathrm{kg/m^3})$；③动态黏度 $\mu\,[\mathrm{kg/(m\cdot s)}]$；④比热容 $c\,[\mathrm{J/(kg\cdot K)}]$。

对于混合气体，气体特性与各种气体的体积分数成正比。如果使用的混合气体时，气体 1 所占体积分数为 R_1，气体 2 所占体积分数为 R_2，…，则

$$F = F_1 R_1 + F_2 R_2 + \cdots \tag{13-31}$$

式中　F 代表相关的特性，如热导率、密度、动态黏度或比热容。

中空多层玻璃的有关气体特性按表 13-3 取值。

表 13-3　气体特性

气体	温度 θ /℃	密度 ρ /(kg/m³)	动态黏度 μ /[kg/(m·s)]	热导率 λ /[W/(m·K)]	比热容 c /[J/(kg·K)]
空气	-10	1.326	1.672×10^{-5}	0.0233	1005.9782
	0	1.277	1.721×10^{-5}	0.0241	1006.1015
	+10	1.232	1.770×10^{-5}	0.0249	1006.2247
	+20	1.189	1.820×10^{-5}	0.0256	1006.3479

气体	温度 θ /℃	密度 ρ /(kg/m³)	动态黏度 μ /[kg/(m·s)]	热导率 λ /[W/(m·K)]	比热容 c /[J/(kg·K)]
氩气	−10	1.829	2.035×10^{-5}	0.0158	521.9285
	0	1.762	2.100×10^{-5}	0.0163	521.9285
	+10	1.699	2.164×10^{-5}	0.0168	521.9285
	+20	1.640	2.228×10^{-5}	0.0174	521.9285
氪气	−10	3.832	2.267×10^{-5}	0.0084	248.0917
	0	3.690	2.344×10^{-5}	0.0087	248.0917
	+10	3.560	2.422×10^{-5}	0.0090	248.0917
	+20	3.430	2.500×10^{-5}	0.0092	248.0917

13.2.2 非透明面板传热系数计算

封闭金属幕墙、封闭石材幕墙和非透明玻璃幕墙作为建筑围护结构的一部分，其传热系数采用《民用建筑热工设计规范》（GB 50176—2016）进行计算。非透明幕墙的传热系数 U_p 按下式计算：

$$\frac{1}{U_p} = R_{out} + R + R_{in} \tag{13-32}$$

式中　　R_{out}——外表面热阻，冬季取 $R_{out} = 0.04\,\text{m}^2 \cdot \text{K/W}$，夏季取 $R_{out} = 0.05\,\text{m}^2 \cdot \text{K/W}$；

R_{in}——内表面热阻，冬季和夏季均取 $R_{in} = 0.11\,\text{m}^2 \cdot \text{K/W}$；

R——非透明幕墙热阻，按下式计算：

$$R = d/\lambda \tag{13-33}$$

式中　　d——材料厚度（m）；

λ——材料的热导率 [W/(m·K)]。

常用建筑材料的热物理性能计算参数应按《民用建筑热工设计规范》（GB 50176—2016）表 B.1 选用。表 13-4 给出了不带铝箔、单面铝箔、双面铝箔封闭空气层的热阻值。

表 13-4　空气层的热阻值　　　　　　（单位：m²·K/W）

位置、热流状况及材料特性	冬季状况 间层厚度/mm							夏季状况 间层厚度/mm						
	5	10	20	30	40	50	≥60	5	10	20	30	40	50	≥60
一般空气间层														
热流向下（水平、倾斜）	0.10	0.14	0.17	0.18	0.19	0.20	0.20	0.09	0.12	0.15	0.15	0.16	0.16	0.15
热流向上（水平、倾斜）	0.10	0.14	0.15	0.16	0.17	0.17	0.17	0.90	0.11	0.13	0.13	0.13	0.13	0.13
垂直空气间层	0.10	0.14	0.16	0.17	0.18	0.18	0.18	0.09	0.12	0.14	0.14	0.15	0.15	0.15
单层铝箔空气间层														
热流向下（水平、倾斜）	0.16	0.18	0.43	0.51	0.57	0.60	0.64	0.15	0.25	0.37	0.44	0.38	0.52	0.54
热流向上（水平、倾斜）	0.16	0.26	0.35	0.40	0.42	0.42	0.43	0.14	0.20	0.28	0.29	0.30	0.30	0.28
垂直空气间层	0.16	0.26	0.39	0.44	0.47	0.49	0.50	0.15	0.22	0.31	0.34	0.36	0.37	0.37

（续）

位置、热流状况 及材料特性	冬季状况							夏季状况						
	间层厚度/mm							间层厚度/mm						
	5	10	20	30	40	50	≥60	5	10	20	30	40	50	≥60
双层铝箔空气间层														
热流向下（水平、倾斜）	0.18	0.34	0.56	0.71	0.84	0.94	1.01	0.16	0.30	0.49	0.63	0.73	0.81	0.86
热流向上（水平、倾斜）	0.17	0.29	0.45	0.52	0.55	0.56	0.57	0.15	0.25	0.34	0.37	0.38	0.38	0.35
垂直空气间层	0.18	0.31	0.49	0.59	0.65	0.69	0.71	0.15	0.27	0.39	0.46	0.49	0.50	0.50

　　开放式金属幕墙和开放式石材幕墙作为建筑围护结构一部分，其传热系数可采用《民用建筑热工设计规范》（GB 50176—2016）进行计算。由于金属幕墙和石材幕墙后面空气层的温度与室外温度基本相同，因此幕墙面材和空气层的热阻不应计入围护结构总传热阻中。外表面传热系数也变为12W/（m²·K），即开放式非透明幕墙的传热系数按下式计算：

$$\frac{1}{U_p} = R_e + R + R_i \tag{13-34}$$

式中　R_e——外表面热阻，取 $R_e = 0.08\,\mathrm{m^2 \cdot K/W}$；

　　　　R_i——内表面热阻，取 $R_i = 0.11\,\mathrm{m^2 \cdot K/W}$；

　　　　R——非透明幕墙热阻。

13.3　幕墙框的传热系数计算

13.3.1　框的传热系数及框与面板接缝的线传热系数计算

　　应采用二维稳态热传导计算软件进行框的传热计算。软件中的计算程序应包括复杂灰色体漫反射模型和玻璃气体间层内、框空腔内的对流换热计算模型。

1. 框的传热系数 U_f

计算框的传热系数 U_f 时应符合下列规定：

　　1）框的传热系数 U_f 应在计算窗或幕墙的某一框截面的二维热传导的基础上获得。

　　2）在框的计算截面中，应用一块热导率 $\lambda = 0.03\,\mathrm{W/（m \cdot K）}$ 的板材替代实际的玻璃（或其他镶嵌板）、板材的厚度等于所替代面板的厚度，嵌入框的深度按照面板嵌入的实际尺寸，可见部分的板材宽度 b_p 不应小于200mm（图13-4）。

　　3）在室内外标准条件下，用二维热传导计算程序计算流过图 13-4 所示截面的热流 q_w，并应按下式整理：

$$q_w = \frac{(U_f b_f + U_p b_p)(T_{n,in} - T_{n,out})}{b_f + b_p} \tag{13-35}$$

截面的线传热系数：

$$L_f^{2D} = \frac{q_w(b_f + b_p)}{T_{n,in} - T_{n,out}} \tag{13-36}$$

框的传热系数：

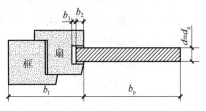

图 13-4　框传热系数计算模型示意

$$U_f = \frac{L_f^{2D} - U_p b_p}{b_f} \tag{13-37}$$

式中　U_f——框的传热系数$[W/(m^2 \cdot K)]$；

　　　L_f^{2D}——框截面整体的线传热系数$[W/(m \cdot K)]$；

　　　U_p——板材的传热系数$[W/(m^2 \cdot K)]$；

　　　b_f——框的投影宽度(m)；

　　　b_p——板材可见部分的宽度(m)；

　　　$T_{n,in}$——室内环境温度(K)；

　　　$T_{n,out}$——室外环境温度(K)。

2. 框与面板接缝的线传热系数 ψ

计算框与玻璃系统(或其他镶嵌板)接缝的线传热系数ψ时，应符合下列规定：

1)用实际的玻璃系统(或其他镶嵌板)替代热导率 $\lambda = 0.03W/(m \cdot K)$ 的板材，其他尺寸不改变(图13-5)。

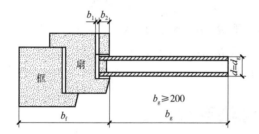

图13-5　框与面板接缝线传热系数计算模型示意

2)用二维热传导计算程序，计算在室内外标准条件下流过图13-5所示截面的热流q_ψ，并应按下式整理：

$$q_\psi = \frac{(U_f b_f + U_g b_g + \psi)(T_{n,in} - T_{n,out})}{b_f + b_g} \tag{13-38}$$

截面的线传热系数：

$$L_\psi^{2D} = \frac{q_\psi (b_f + b_g)}{T_{n,in} - T_{n,out}} \tag{13-39}$$

框与面板接缝的线传热系数：

$$\psi = L_\psi^{2D} - U_f b_f - U_g b_g \tag{13-40}$$

式中　ψ——框与玻璃(或其他镶嵌板)接缝的线传热系数$[W/(m \cdot K)]$；

　　　L_ψ^{2D}——框截面整体的线传热系数$[W/(m \cdot K)]$；

　　　U_g——玻璃的传热系数$[W/(m^2 \cdot K)]$；

　　　b_g——玻璃可见部分的宽度(m)；

　　　$T_{n,in}$——室内环境温度(K)；

　　　$T_{n,out}$——室外环境温度(K)。

3. 传热控制方程

框(包括固体材料、空腔和缝隙)的二维稳态传导计算程序应采用如下基本方程：

$$\frac{\partial^2 T}{\partial x^2} + \frac{\partial^2 T}{\partial y^2} = 0 \tag{13-41}$$

1）窗框内部任意两种材料相接表面的热流密度 q 应按下式计算：

$$q = -\lambda \left(\frac{\partial T}{\partial x} e_x + \frac{\partial T}{\partial y} e_y \right) \tag{13-42}$$

式中 λ——材料的热导率；

e_x、e_y——两种材料交界面单位法向量在 x 和 y 方向的分量。

2）在窗框的外表面，热流密度 q 应按下式计算：

$$q = q_c + q_r \tag{13-43}$$

式中 q_c——热流密度的对流换热部分；

q_r——热流密度的辐射换热部分。

3）采用二维稳态热传导方程求解框截面的温度和热流分布时，截面的网格划分原则应符合下列规定：

①任何一个网格内部只能含有一种材料。

②网格的疏密程度应根据温度分布变化的剧烈程度而定，应根据经验判断，温度变化剧烈的地方网格应密些，温度变化平缓的地方网格可稀疏一些。

③当进一步细分网格，流经窗框横截面边界的热流不再发生明显变化时，该网格的疏密程度可认为是适当的。

④可用若干段折线近似代替实际的曲线。

4）固体材料的热导率可选用《建筑门窗玻璃幕墙热工计算规程》（JGJ/T 151—2008）附录 F 的数值，也可直接采用检测结果。在求解二维稳态传热方程时，应假定所有材料热导率均不随温度变化。

固体材料的表面发射率应按《建筑门窗玻璃幕墙热工计算规程》（JGJ/T 151—2008）附录 G 确定。

5）判断是否需要考虑热桥影响的原则应符合下列规定：

①当 $F_b \leqslant 1\%$ 时，忽略热桥影响。

②当 $1\% < F_b \leqslant 5\%$，且 $\lambda_b > 10\lambda_n$ 时，应按下述规定计算。

③当 $F_b > 5\%$ 时，必须按下述规定计算。

有热桥存在时，应按下列公式计算热桥部位（例如螺栓、螺钉等部位）固体的当量热导率：

$$\lambda_{eff} = F_b \lambda_b + (1 - F_b) \lambda_n \tag{13-44}$$

$$F_b = \frac{S}{A_d} \tag{13-45}$$

式中 S——热桥元件的面积（例如螺栓的面积）（m^2）；

A_d——热桥元件的间距范围内材料的总面积（m^2）；

λ_b——热桥材料热导率 [W/(m·K)]；

λ_n——无热桥材料时材料的热导率 [W/(m·K)]。

4. 玻璃气体间层的传热

计算框与玻璃系统（或其他镶嵌板）接缝处的线传热系数 ψ 时，应计算玻璃空气间层的传热。可将玻璃的空气间层当作一种不透明的固体材料，热导率可采用当量热导率代替，第 i 个气体间层的当量热导率应按下式计算：

$$\lambda_{\text{eff},i} = q_i \left(\frac{d_{g,i}}{T_{f,i} - T_{b,i-1}} \right) \tag{13-46}$$

式中　$d_{g,i}$——第 i 个气体间层的厚度（m）；

　　　$T_{f,i}$——第 i 层玻璃前表面温度（K）；

　　$T_{b,i-1}$——第 $i-1$ 层玻璃后表面温度（K）；

　　　q_i——气体间层的传热（W/m²）。

5. 封闭空腔的传热

计算框内封闭空腔的传热时，应将封闭空腔当作一种不透明的固体材料，其当量热导率应考虑空腔内的辐射和对流热，应按下列公式计算：

$$\lambda_{\text{eff}} = (h_c + h_r) d \tag{13-47}$$

$$h_c = \text{Nu} \frac{\lambda_{\text{air}}}{d} \tag{13-48}$$

式中　λ_{eff}——封闭空腔的当量热导率 [W/(m·K)]；

　　　h_c——封闭空腔内空腔对流换热系数 [W/(m²·K)]，应根据努谢尔特数来计算，并应依据热流方向是朝上、朝下或水平分别考虑三种不同情况的努谢尔特数；

　　　h_r——封闭空腔内辐射换热系数 [W/(m²·K)]；

　　　d——封闭空腔在热流方向的厚度（m）；

　　　Nu——努谢尔特数，按表 13-5 计算；

　　　λ_{air}——空腔的热导率 [W/(m·K)]。

表 13-5　努谢尔特数 Nu

热流方向	示意图	努谢尔特数 Nu	备注
朝下		Nu = 1.0	
朝上		当 $L_v/L_h \leqslant 1$ 时，Nu = 1.0 当 $1 < L_v/L_h \leqslant 5$ 时 $\text{Nu} = 1 + \left(1 - \frac{\text{Ra}_{\text{crit}}}{\text{Ra}}\right)^* (k_1 + 2k_2^{1-\text{lnk}_2}) +$ $\left[\left(\frac{\text{Ra}}{5380}\right)^{\frac{1}{3}} - 1\right]^* \left\{1 - e^{-0.95\left[\left(\frac{\text{Ra}_{\text{crit}}}{\text{Ra}}\right)^{\frac{1}{3}} - 1\right]^*}\right\}$ 当 $L_v/L_h > 5$ 时 $\text{Nu} = 1 + 1.44\left(1 - \frac{1708}{\text{Ra}}\right)^* + \left[\left(\frac{\text{Ra}}{5830}\right)^{\frac{1}{3}} - 1\right]^*$	$k_1 = 1.40$ $k_2 = \frac{\text{Ra}^{\frac{1}{3}}}{450.5}$ $\text{Ra}_{\text{crit}} = e^{\left(0.721\frac{L_h}{L_v}\right) + 7.46}$ $\text{Ra} = \frac{\gamma_{\text{air}}^2 L_v^3 g \beta c_{p,\text{air}} (T_{\text{hot}} - T_{\text{cold}})}{\mu_{\text{air}} \lambda_{\text{air}}}$

（续）

热流方向	示意图	努谢尔特数 Nu	备注
水平	$q_v=0$ T_{hot} → q_h → T_{cold} L_v $q_v=0$ L_h 或 $q_v=0$ T_{cold} ← q_h ← T_{hot} L_v $q_v=0$ L_h	当 $L_v/L_h \leqslant 0.5$ 时 $Nu = 1 + \left\{ \left[2.756 \times 10^{-6} Ra^2 \left(\dfrac{L_v}{L_h} \right)^8 \right]^{-0.386} + \left[0.623 Ra^{\frac{1}{5}} \left(\dfrac{L_v}{L_h} \right)^{\frac{2}{3}} \right]^{-0.886} \right\}^{-2.59}$ 当 $0.5 < L_v/L_h < 5$ 时，按 L_v/L_h 做线性插值计算 当 $L_v/L_h \geqslant 5$ 时，$Nu = (Nu_{ct}, \ Nu_i, \ Nu_t)_{max}$ $Nu_{ct} = \left\{ 1 + \left[\dfrac{0.104 \, Ra^{0.293}}{1 + \left(\dfrac{6310}{Ra} \right)^{1.36}} \right]^3 \right\}^{\frac{1}{3}}$ $Nu_i = 0.242 \left(Ra \dfrac{L_h}{L_v} \right)^{0.273}$; $Nu_t = 0.0605 \, Ra^{\frac{1}{3}}$	$Ra = \dfrac{\gamma_{air}^2 L_v^3 G \beta c_{p,air} (T_{hot} - T_{cold})}{\mu_{air} \lambda_{air}}$ 当框的空腔是垂直方向时，可假定其热流为水平方向且 $L_v/L_h \geqslant 5$，努谢尔特数 Nu 按 $L_v/L_h \geqslant 5$ 时计算

注：其中，γ_{air} 为空气密度（kg/m³）；L_v、L_h 为空腔垂直和水平方向的尺寸；G 为重力加速度，可取 9.80m/s²；β 为气体热膨胀系数；$c_{p,air}$ 为常压下空腔比热容 [J/（kg·K）]；μ_{air} 为常压下空气运动黏度 [W/（m·s）]；λ_{air} 为常压下空气的热导率 [W/(m·K)]；T_{hot} 为空腔热测温度（K）；T_{cold} 为空腔冷侧温度（K）；Ra_{crit} 为临界瑞利数；Ra 为空腔的瑞利数。

函数 $[x]^*$ 的表达式为 $[x]^* = \dfrac{x + |x|}{2}$

开始计算努谢尔特数时，温度 T_{hot} 和 T_{cold} 应预先估算，可先采用 $T_{hot} = 10℃$、$T_{cold} = 0℃$ 开始进行迭代计算。每次计算后，应根据已得温度分布对齐进行修正，并按此重复，直到两次连续计算得到的温度差在 1℃ 以内。每次计算都应检查计算初始时假定的热流方向，如果与计算初始时假定的热流方向不同，则应在下次计算中予以修正。

当热流为水平方向时，封闭空腔的辐射传热系数 h_r 应按下列公式计算：

$$h_r = \dfrac{4 \sigma T_{ave}^3}{\dfrac{1}{\varepsilon_{cold}} + \dfrac{1}{\varepsilon_{hot}} - 2 + \dfrac{1}{\dfrac{1}{2} \left\{ \left[1 + \left(\dfrac{L_h}{L_v} \right)^2 \right]^{\frac{1}{2}} - \dfrac{L_h}{L_v} + 1 \right\}}} \tag{13-49}$$

$$T_{ave} = \dfrac{T_{cold} + T_{hot}}{2}$$

式中　T_{ave} ——冷、热两个表面的平均温度（K）；

　　　ε_{cold} ——冷表面的发射率；

　　　ε_{hot} ——热表面的发射率。

当热流是垂直方向时，应将式（13-49）中的宽高比 L_h/L_v 改为高宽比 L_v/L_h。

对于形状不规则的封闭空腔，可将其转换为相当的矩形空腔来计算其当量热导率，转换应使用下列方法来将实际空腔的表面转换成相应矩形空腔的垂直表面和水平表面（图 13-6、图 13-7）。

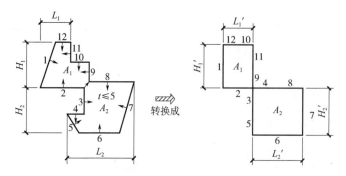
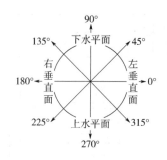

图 13-6 形状不规则的封闭空腔转换成相应的矩形空腔示意
注：转换后要保持宽高比不变，即 $L_1/H_1 = L_1'/H_1'$ 和 $L_2/H_2 = L_2'/H_2'$。

图 13-7 内法线与表面位置示意

1）内法线在 135°和 45°之间的任何表面应转换为向左的垂直表面。

2）内法线在 45°和 135°之间的任何表面应转换为向上的水平表面。

3）内法线在 135°和 225°之间的任何表面应转换为向右的垂直表面。

4）内法线在 225°和 315°之间的任何表面应转换为向下的水平表面。

5）如果两个相对立表面的最短距离小于 5mm，则应在此处分割框内空腔。

转换后空腔的垂直和水平表面的温度应取该表面的平均温度。

转换后空腔的热流方法应由空腔的垂直和水平表面之间温差来确定，并应符合下列规定：

1）如果空腔垂直表面之间温度差的绝对值大于水平表面之间的温度差的绝对值，则热流是水平的。

2）如果空腔水平表面之间温度差的绝对值大于垂直表面之间温度差的绝对值，则热力方向由上下表面的温度确定。

6. 敞口空腔、槽的传热

小面积的沟槽或由一条宽度大于 2mm 但小于 10mm 的缝隙连通到室外或室内环境的空腔可作为轻微通风空腔来处理（图 13-8）。轻微通风空腔应作为固体处理，其当量热导率应取相同截面封闭空腔的等效热导率的 2 倍，表面发射率可取空腔内表面的发射率。

当轻微通风空腔的开口宽度小于或等于 2mm 时，可作为封闭空腔来处理。

大面积的沟槽或连通到室外或室内环境的缝隙宽度大于 10mm 的空腔应作为通风良好的空腔开口处理（图 13-9）。通风良好的空腔应将其整个表面视为暴露于外界环境中，表面换热系数 h_{in} 和 h_{out} 应按《建筑门窗玻璃幕墙热工计算规程》（JGJ/T 151—2008）第 10 章的规定计算。

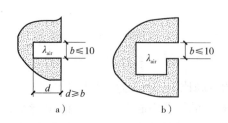
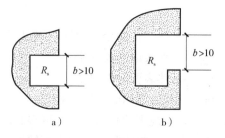

图 13-8 轻微通风的沟槽和空腔
a）小开口沟槽 b）小开口空腔

图 13-9 通风良好的沟槽和空腔
a）大开口沟槽 b）大开口空腔

7. 框的太阳光总透射比 g_f

框的太阳光总透射比应按下式计算：

$$g_f = \alpha_f \frac{U_f}{\dfrac{A_{surf}}{A_f} h_{out}}$$

（13-50）

式中　h_{out}——室外表面换热系数；

　　　α_f——框表面太阳辐射吸收系数；

　　　U_f——框的传热系数 $[W/(m^2 \cdot K)]$；

　　　A_{surf}——框的外表面面积（m^2）；

　　　A_f——框投影面积（m^2）。

13.3.2　框的传热系数近似计算方法

计算框的传热系数时，按照《建筑门窗玻璃幕墙热工计算规程》（JGJ/T 151—2008）的规定，用二维稳态热传导计算软件计算，得到框的传热系数，也可采用该规范附录 B 提供的方法计算框的传热系数。

1. 框的传热系数 U_f

本计算中给出的所有的数值全部是窗垂直安装的情况。传热系数的数值包括了外框面积的影响。计算传热系数的数值时，取内表面换热系数 $h_{in} = 8.0W/(m^2 \cdot K)$ 和外表面换热系数 $h_{out} = 23W/(m^2 \cdot K)$。

框的传热系数 U_f 的数值可以通过下列步骤获得：

（1）塑料窗框　见表 13-6。

表 13-6　带金属钢衬的塑料窗框的传热系数

窗框材料	窗框种类	$U_f/[W/(m^2 \cdot K)]$
聚氨酯	带有金属加强筋，型材壁厚的净厚度≥5mm	2.8
PVC 腔体截面	从室内到室外为两腔结构，无金属加强筋	2.2
	从室内到室外为两腔结构，带有金属加强筋	2.7
	从室内到室外为三腔结构，无金属加强筋	2.0

（2）金属窗框　金属框的传热系数 U_f 公式为：

$$U_f = \frac{1}{\dfrac{A_{f,i}}{h_i A_{d,i}} + R_f + \dfrac{A_{f,e}}{h_e A_{d,e}}}$$

（13-51）

式中　$A_{d,i}$——室内侧框的表面积（m^2）；

　　　$A_{d,e}$——室外侧框的表面积（m^2）；

　　　$A_{f,i}$——从室内侧投影，得到的可视框室内投影面积（m^2）；

　　　$A_{f,e}$——从室外侧投影，得到的可视框室外投影面积（m^2）；

　　　h_i——窗框的内表面换热系数 $[W/(m^2 \cdot K)]$；

　　　h_e——窗框的外表面换热系数 $[W/(m^2 \cdot K)]$；

　　　R_f——窗框截面的热阻 $[(m^2 \cdot K)/W]$ [当隔热条的热导率为 $0.2 \sim 0.3W/(m \cdot K)$ 时]。

金属窗框截面的热阻 R_f 按下式计算：

$$R_f = \frac{1}{U_{f0}} - 0.17 \tag{13-52}$$

没有隔热的金属框，$U_{f0} = 5.9 W/(m^2 \cdot K)$；具有隔热的金属窗框，$U_{f0}$ 的数值按图13-10中阴影区域上限的粗线选取，图13-11 和图13-12 为两种不同隔热金属框截面类型示意。

图13-11 中，带隔热条的金属窗框适用的条件是：

$$\sum b_j \leqslant 0.2 b_f \tag{13-53}$$

式中 d——热断桥对应的铝合金截面之间的最小距离（mm）；

b_j——热断桥 j 的宽度（mm）；

b_f——窗框的宽度（mm）。

图13-12 中，采用泡沫材料隔热的金属窗框适用的条件是：

$$\sum b_j \leqslant 0.3 b_f \tag{13-54}$$

式中 d——热断桥对应的铝合金截面之间的最小距离（mm）；

b_j——热断桥 j 的宽度（mm）；

b_f——窗框的宽度（mm）。

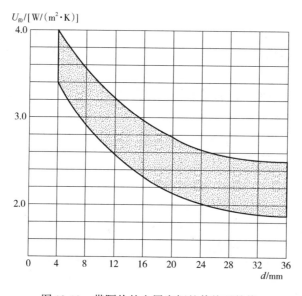

图13-10 带隔热的金属窗框的传热系数值

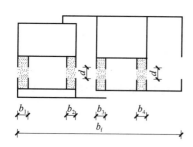

图13-11 隔热金属框截面类型1

[采用热导率低于 0.30W/(m·K) 的隔热条]

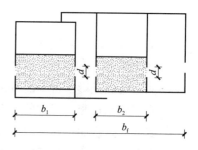

图13-12 隔热金属框截面类型2

[采用热导率低于 0.20W/(m·K) 的泡沫材料]

2. 幕墙框与玻璃接合处线传热系数 ψ

窗框与玻璃结合处的线传热系数 ψ，在没有精确计算的情况下，可采用表 13-7 中的估算值。

表 13-7 铝合金、钢（不包括不锈钢）与中空玻璃结合的线传热系数 ψ

窗框材料	双层或三层为镀膜中空玻璃 ψ $/[W/(m\cdot K)]$	双层 Low-E 镀膜或三层（其中两片 Low-E 镀膜）中空玻璃 $\psi/[W/(m\cdot K)]$
木窗框和塑料窗框	0.04	0.06
带热断桥的金属窗框	0.06	0.08
没有断桥的金属窗框	0	0.02

13.4 玻璃幕墙系统热工计算

1. 计算环境边界条件

设计或评价建筑门窗、玻璃幕墙定型产品的热工性能时，应统一采用标准条件进行计算。冬季、夏季标准计算条件见表 13-8。

传热系数计算应采用冬季标准计算条件，并取 $I_s = 0W/m^2$。遮阳系数、太阳光总透射比计算应采用夏季标准计算条件。

表 13-8 计算条件

指标	冬季标准计算条件	夏季标准计算条件
室内空气温度 $T_{in}/℃$	20	25
室外空气温度 $T_{out}/℃$	−20	30
室内对流换热系数 $T_{c,in}/[W/(m^2\cdot K)]$	3.6	2.5
室外对流换热系数 $T_{c,out}/[W/(m^2\cdot K)]$	16	16
室内平均辐射温度 $T_{rm,in}/℃$	20	25
室外平均辐射温度 $T_{rm,out}/℃$	−20	30
太阳辐射照度 $I_s/(W/m^2)$	300	500

2. 幕墙的几何描述

应根据框截面、镶嵌面板类型的不同将幕墙框节点进行分类，不同种类的框截面节点均应计算其传热系数及对应框和镶嵌面板接缝的线传热系数。

在进行幕墙热工计算时应按下列规定进行面积划分（图 13-13）：

1）框投影面积 A_f：是指从室内、外两侧分别投影，得到的可视框投影面积中的较大值，简称"框面积"。

2）玻璃投影面积 A_g（或其他镶嵌板的投影面积 A_p）：是指室内、外侧可见玻璃（或其他镶嵌板）边缘围合面积的较小值，简称"玻璃面积"（或"镶嵌板面积"）。

3）幕墙总投影面积 A_t：是指框面积 A_f 与玻璃面积 A_g（和其他面板面积 A_p）之和，简称"幕墙面积"。

幕墙玻璃（或其他镶嵌板）和框结合的线传热系数对应的边缘长度 l_ψ 应为框与面板的

接缝长度，并应取室内、室外接缝长度的较大值（图13-14）。

幕墙计算的边界和单元的划分应根据幕墙形式的不同而采用不同的方式。幕墙计算单元的划分应符合下列规定：

1）构件式幕墙计算单元可从型材中线剖分（图13-15）。

2）单元式幕墙计算单元可从单元间的拼缝处剖分（图13-16）。

幕墙计算的节点应包括幕墙所有典型的节点，对于复杂的节点可拆分计算（图13-17）。

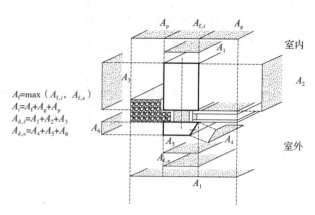

$A_f = \max\left(A_{f,i}, A_{f,e}\right)$
$A_s = A_f + A_g + A_p$
$A_{d,i} = A_1 + A_2 + A_3$
$A_{d,e} = A_4 + A_5 + A_6$

图 13-13　幕墙各部件面积划分示意

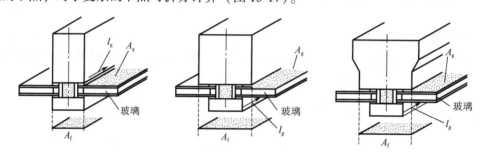

图 13-14　框与面板结合的几种情况示意

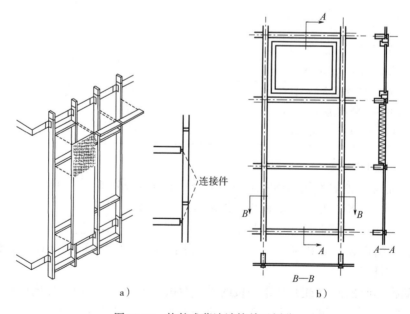

图 13-15　构件式幕墙计算单元划分

a）构造原理　b）计算单元划分示意

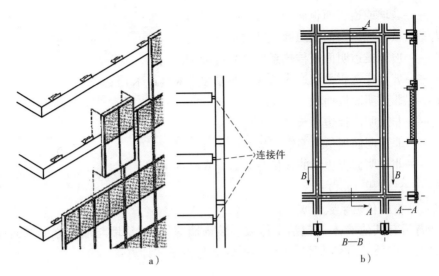

图 13-16　单元式幕墙计算单元划分

a）构造原理　b）计算单元划分示意

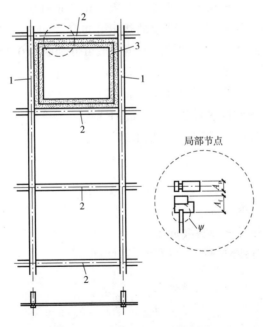

图 13-17　幕墙计算节点的拆分

1—立柱　2—横梁　3—开启扇框

3. 幕墙传热系数 U_{CW}

玻璃幕墙整体的传热系数应采用各部件的相应数值按面积进行加权平均计算。单幅幕墙的传热系数 U_{CW} 应按下式计算：

$$U_{CW} = \frac{\sum U_g A_g + \sum U_p A_p + \sum U_f A_f + \sum \psi_g l_g + \sum \psi_p l_p}{\sum A_g + \sum A_p + \sum A_f} \quad （13-55）$$

式中　U_{CW}——单幅幕墙的传热系数 $[W/(m^2 \cdot K)]$；

A_g——玻璃或透明面板面积（m^2）；

l_g——玻璃或透明面板边缘长度（m）；

U_g——玻璃或透明面板传热系数［$W/(m^2 \cdot K)$］；

ψ_g——玻璃或透明面板边缘的线传热系数［$W/(m \cdot K)$］；

A_p——非透明面板面积（m^2）；

l_p——非透明面板边缘长度（m）；

U_p——非透明面板传热系数［$W/(m^2 \cdot K)$］；

ψ_p——非透明面板边缘的线传热系数［$W/(m \cdot K)$］；

A_f——框面积（m^2）；

U_f——框的传热系数［$W/(m^2 \cdot K)$］。

当幕墙背后有其他墙体（包括实体墙、装饰墙等），且幕墙与墙体之间为封闭空气层时，此部分的室内环境到室外环境的传热系数 U 应按下式计算：

$$U = \cfrac{1}{\cfrac{1}{U_{CW}} - \cfrac{1}{h_{in}} + \cfrac{1}{U_{Wall}} - \cfrac{1}{h_{out}} + R_{air}} \tag{13-56}$$

式中　U_{CW}——在墙体范围内外层幕墙的传热系数［$W/(m^2 \cdot K)$］；

R_{air}——幕墙与墙体间封闭空气间层的热阻［$W/(m^2 \cdot K)$］，30mm、40mm、50mm 及以上厚度封闭空气层的热阻取值一般可分别取为 0.17、0.18、0.18；

U_{Wall}——墙体范围内的墙体传热系数［$W/(m^2 \cdot K)$］；

h_{in}——幕墙室内表面换热系数［$W/(m^2 \cdot K)$］；

h_{out}——幕墙室外表面换热系数［$W/(m^2 \cdot K)$］。

幕墙背后单层墙体的传热系数 U_{Wall} 应按下式计算：

$$U_{Wall} = \cfrac{1}{\cfrac{1}{h_{out}} + \cfrac{d}{\lambda} + \cfrac{1}{h_{in}}} \tag{13-57}$$

式中　d——单层材料的厚度（m）；

λ——单层材料的热导率［$W/(m \cdot K)$］。

幕墙背后多层墙体的传热系数 U_{Wall} 应按下式计算：

$$U_{Wall} = \cfrac{1}{\cfrac{1}{h_{out}} + \sum_i \cfrac{d_i}{\lambda_i} + \cfrac{1}{h_{in}}} \tag{13-58}$$

式中　d_i——各单层材料的厚度（m）；

λ_i——各单层材料的热导率［$W/(m \cdot K)$］。

若幕墙与墙体之间存在热桥，当热桥的总面积不大于墙体部分面积 1% 时，热桥的影响可忽略；当热桥的总面积大于实体墙部分面积 1% 时，应计算热桥的影响。

计算热桥的影响，可采用当量热阻 R_{eff} 代替式（13-56）中的空气热阻 R_{air}。当量热阻 R_{eff} 应按下式计算：

$$R_{eff} = \cfrac{A}{\cfrac{A - A_b}{R_{air}} + \cfrac{A_b \lambda_b}{d}} \tag{13-59}$$

式中　A_b——热桥元件的总面积（m^2）；

　　　A——计算墙体范围内幕墙的面积（m^2）；

　　　λ_b——热桥材料的热导率［$W/(m\cdot K)$］；

　　　R_{air}——空气间层的热阻［$W/(m^2\cdot K)$］；

　　　d——空气间层的厚度（m）。

4. 幕墙遮阳系数 SC_{CW}

玻璃幕墙整体遮阳系数应采用各部件的相应数值按面积进行加权平均计算。单幅幕墙的太阳光总透射比 g_{CW} 应下式计算：

$$g_{CW} = \frac{\sum g_g A_g + \sum g_p A_p + \sum g_f A_f}{A} \tag{13-60}$$

式中　g_{CW}——单幅幕墙太阳光总透射比；

　　　A_g——玻璃或透明面板面积（m^2）；

　　　g_g——玻璃或透明面板的太阳光总透射比；

　　　A_p——非透明面板面积（m^2）；

　　　g_p——非透明面板的太阳能总透射比；

　　　g_f——框的太阳光总透射比；

　　　A_f——幕墙单元面积（m^2）。

单幅幕墙的遮阳系数 SC_{CW} 应按下式计算：

$$SC_{CW} = \frac{g_{CW}}{0.87} \tag{13-61}$$

式中　SC_{CW}——单幅幕墙的遮阳系数；

　　　g_{CW}——单幅幕墙的太阳光总透射比。

5. 幕墙可见光透射比 τ_{CW}

玻璃幕墙可见光透射比应采用各部件的相应数值按面积进行加权平均计算。幕墙可见光透射比 τ_{CW} 应按下式计算：

$$\tau_{CW} = \frac{\sum \tau_v A_g}{A} \tag{13-62}$$

式中　τ_{CW}——幕墙单元的可见光透射比；

　　　τ_v——透光面板的可见光透射比；

　　　A——幕墙单元面积（m^2）；

　　　A_g——透光面板面积（m^2）。

13.5　幕墙结露性能评价

1. 一般规定

1）评价实际工程中建筑门窗、玻璃幕墙的结露性能时，所采用的计算条件应符合相应的建筑设计标准，并满足工程设计要求；评价门窗、玻璃幕墙产品的结露性能时应采用下列结露性能评价标准条件，并应在给出计算结果时注明计算条件。

结露性能评价与计算的标准计算条件：

室内环境温度 $T_{in,std}$：20℃

室内环境湿度 f：30%、60%

室外环境温度 $T_{out,std}$：0℃、−10℃、−20℃

室外对流换热系数：20W/（m²·K）

2）室外和室内的对流换热系数应根据所选定的计算条件，按《建筑门窗玻璃幕墙热工计算规程》（JGJ/T 151—2008）第10章的规定计算确定。

3）门窗、玻璃幕墙的结露性能评价指标，应采用各个部件内表面温度最低的10%面积所对应的最高温度值（T_{10}）。

4）采用二维稳态传热计算程序进行典型节点的内表面温度计算。门窗、玻璃幕墙所有典型节点均应进行计算。

5）对于每一个二维截面，室内表面的展开边界应细分为若干分段，其尺寸不应大于计算软件中使用的网格尺寸，且应给出所有分段的温度计算值。

2. 露点温度的计算

水表面（高于0℃）的饱和水蒸气压应按下式计算：

$$E_s = E_0 \times 10^{\frac{at}{b+t}} \tag{13-63}$$

式中　E_s——空气的饱和水蒸气压（hPa）；

　　　E_0——空气温度为0℃时的饱和水蒸气压，取 $E_0 = 6.11$ hPa；

　　　t——空气温度（℃）；

a、b——参数，$a = 7.5$，$b = 237.3$。

在一定空气相对湿度 f 下，空气的水蒸气压 e 可按下式计算：

$$e = fE_s \tag{13-64}$$

式中　e——空气的水蒸气压（hPa）；

　　　f——空气的相对湿度（%）；

　　　E_s——空气的饱和水蒸气压（hPa）。

空气的露点温度 T_d 可按下式计算：

$$T_d = \frac{b}{\dfrac{a}{\lg\left(\dfrac{e}{6.11}\right)} - 1} \tag{13-65}$$

式中　T_d——空气的露点温度（℃）；

　　　e——空气的水蒸气压（hPa）；

a、b——参数，$a = 7.5$，$b = 237.3$。

3. 结露的计算与评价

在进行门窗、玻璃幕墙结露计算时，计算节点应包括所有的框、面板边缘以及面板中部。

结露性能评价指标 T_{10} 的物理意义是指在规定的条件下门窗或幕墙的各个部件（图13-18）有且只有10%的面积出现低于某个温度的温度值。

1）面板中部的结露性能评价指标 T_{10} 应为采用二维稳态传热计算得到的面板中部区域室内的温度值；玻璃面板中部的结露性能评价指标 T_{10} 可采用《建筑门窗玻璃幕墙热工计算规

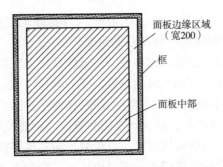

图 13-18　门窗、幕墙各部件划分示意

程》（JGJ/T 151—2008）第 6 章计算得到的室内表面温度值。

2）框、面板边缘区域各自结露性能评价指标 T_{10} 应按照下列方法确定：

①采用二维稳态传热计算程序，计算框、面板边缘区域的二维截面室内表面各分段的温度。

②对于每个部件，按照截面室内表面各分段温度的高低进行排序。

③由最低温度开始，将分段长度进行累加，直至统计长度达到该截面室内表面对应长度的 10%。

④所统计分段的最高温度即为该部件截面的结露性能评价指标值 T_{10}。

在进行工程设计或工程应用产品性能评价时，应以门窗、幕墙各个截面中每个部件的结露性能评价指标 T_{10} 均不低于露点温度为满足要求。

在进行产品性能分级或评价时，应按各个部件最低的结露性能评价指标 $T_{10,min}$ 进行分级或评价。

采用产品的结露性能评价指标 $T_{10,min}$ 确定门窗、玻璃幕墙在实际工程中是否结露，应以内表面最低温度不低于室内露点温度为满足要求，可按下式判断：

$$(T_{10,min} - T_{out,std}) \frac{T_{in} - T_{out}}{T_{in,std} - T_{out,std}} + T_{out} \geq T_d \qquad (13\text{-}66)$$

式中　$T_{10,min}$——产品的结露性能评价指标（℃）；

$T_{in,std}$——结露性能计算时对应的室内标准温度（℃）；

$T_{out,std}$——结露性能计算时对应的室外标准温度（℃）；

T_{in}——实际工程对应的室内计算温度（℃）；

T_{out}——实际工程对应的室外计算温度（℃）；

T_d——室内设计环境条件对应的结露温度（℃）。

13.6　幕墙热工性能的要求

13.6.1　建筑设计的一般要求

《公共建筑节能设计标准》（GB 50189—2015）规定：

1）建筑总平面设计应有利于自然通风和冬季日照。建筑的主朝向宜选择本地区最佳朝向或适宜朝向，且宜避开冬季主导风向。

2）严寒、寒冷地区建筑的体型系数：当$300\text{m}^2 <$单栋建筑面积$A \leqslant 800\text{m}^2$时，体型系数$\leqslant$0.50；当单栋建筑面积$A > 800\text{m}^2$时，体型系数$\leqslant 0.40$。

3）外墙与屋面的热桥部位的内表面温度不应低于室内空气露点温度。

4）夏热冬暖、夏热冬冷、温和地区的建筑各朝向外窗（包括透光幕墙）均应采取遮阳措施；寒冷地区的建筑宜采取遮阳措施。当设置外遮阳时应符合下列规定：东西向宜设置活动外遮阳，南向宜设置水平外遮阳；建筑外遮阳装置应兼顾通风及冬季日照。

5）建筑中庭应充分利用自然通风降温，可设置机械排风装置加强自然补风。

6）严寒地区建筑的外门应设置门斗；寒冷地区建筑面向冬季主导风向的外门应设门斗或双层外门，其他外门宜设置门斗或采取其他防冷风渗透的措施；夏热冬冷、夏热冬暖和温和地区建筑的外门应采取保温隔热措施。

13.6.2 权衡判断

1. 参照建筑的构造

参照建筑是进行围护结构热工性能权衡判断时，作为计算满足标准要求的全年供暖和空气调节能耗用的基准建筑。参照建筑的形状、大小、朝向、窗墙面积比、内部的空间划分和使用功能应与所设计建筑完全一致。

当设计建筑的屋顶透光部分面积大于屋顶总面积的20%时，参照建筑的屋顶透光部分的面积应按比例缩小，使参照建筑的屋顶透光部分的面积小于等于屋顶总面积的20%。

参照建筑围护结构的热工性能参数取值应按《公共建筑节能设计标准》（GB 50189—2015）第3.3.1条的规定取值。

参照建筑的外墙和屋面的构造应与设计建筑一致。当《公共建筑节能设计标准》（GB 50189—2015）第3.3.1条对外窗（包括透光幕墙）太阳得热系数未做规定时，参照建筑外窗（包括透光幕墙）的太阳得热系数 HSGC 应与设计建筑一致。

2. 权衡判断分析

围护结构热工性能权衡判断是指当建筑设计不能满足围护结构热工设计规定指标要求时，计算并比较参照建筑和设计建筑的全年供暖和空气调节能耗，判断围护结构的总体热工性能是否符合节能设计要求的方法，简称权衡判断。

进行维护结构热工性能权衡判断前，应对设计建筑的热工性能进行核查；当满足下列基本要求时，方可进行权衡判断：

1）屋面的传热系数基本要求应符合表13-9的规定。

表13-9 屋面的传热系数基本要求

屋面传热系数 K /[W/(m²·K)]	严寒A、B区	严寒C区	寒冷地区	夏热冬冷地区	夏热冬暖地区
	≤0.35	≤0.45	≤0.55	≤0.70	≤0.90

2）外墙（包括非透光幕墙）的传热系数基本要求应符合表13-10的规定。

表13-10 外墙（包括非透光幕墙）的传热系数基本要求

传热系数 K /[W/(m²·K)]	严寒A、B区	严寒C区	寒冷地区	夏热冬冷地区	夏热冬暖地区
	≤0.45	≤0.50	≤0.60	≤1.0	≤1.50

3）当单一立面的窗墙面积比大于或等于 0.40 时，外窗（包括透光幕墙）的传热系数和综合太阳得热系数 HSGC 基本要求应符合表 13-11 的规定。

表 13-11　外窗（包括透光幕墙）的传热系数和太阳得热系数基本要求

气候分区	窗墙面积比	传热系数 $K/[W/(m^2 \cdot K)]$	太阳得热系数 SHGC
严寒 A、B 区	0.40 < 窗墙面积比 ≤ 0.60	≤ 2.5	—
	窗墙面积比 > 0.60	≤ 2.2	
严寒 C 区	0.40 < 窗墙面积比 ≤ 0.60	≤ 2.6	—
	窗墙面积比 > 0.60	≤ 2.3	
寒冷地区	0.40 < 窗墙面积比 ≤ 0.70	≤ 2.7	—
	窗墙面积比 > 0.70	≤ 2.4	
夏热冬冷地区	0.40 < 窗墙面积比 ≤ 0.70	≤ 3.0	≤ 0.44
	窗墙面积比 > 0.70	≤ 2.6	
夏热冬暖地区	0.40 < 窗墙面积比 ≤ 0.70	≤ 4.0	≤ 0.44
	窗墙面积比 > 0.70	≤ 3.0	

建筑围护结构热工性能权衡判断，应首先计算参照建筑在规定条件下的全年供暖和空气调节能耗，然后计算设计建筑在相同条件下的全年供暖和空气调节能耗，当设计建筑的供暖和空气调节能耗不大于参照建筑的供暖和空气调节能耗时，应判定围护结构的总体热工性能符合节能要求。当设计建筑的供暖和空气调节能耗大于参照建筑的供暖和空气调节能耗时，应调整设计参数重新计算，直至设计建筑的供暖和空气调节能耗不大于参照建筑的供暖和空气调节能耗。

13.6.3　透明幕墙的热工性能要求

透明幕墙是指可见光可直接透射入室内的幕墙，可采用传热系数、太阳得热系数、可见光透射率和气密性来表征其热工性能，并针对不同地区提出不同的技术指标。

1. 热工性能分区

全国代表城市建筑热工设计分区见表 13-12。

表 13-12　代表城市建筑热工设计分区

气候分区		代表性城市
严寒地区	严寒 A 区	博克图、伊春、呼玛、海拉尔、满洲里、阿尔山、齐齐哈尔、玛多、黑河、嫩江、海伦、富锦、哈尔滨、牡丹江、大庆、安达、佳木斯、二连浩特、多伦、大柴旦、阿勒泰、那曲
	严寒 B 区	
	严寒 C 区	长春、通化、延吉、通辽、四平、抚顺、阜新、沈阳、本溪、鞍山、呼和浩特、包头、鄂尔多斯、赤峰、额济纳旗、大同、乌鲁木齐、克拉玛依、酒泉、西宁、日喀则、甘孜、康定
寒冷地区	寒冷 A 区	丹东、大连、石家庄、承德、唐山、青岛、洛阳、太原、阳泉、晋城、天水、榆林、宝鸡、银川、平凉、兰州、喀什、尹宁、阿坝、拉萨、林芝、北京、天津、石家庄、保定、邢台、济南、德州、郑州、安阳、徐州、运城、西安、咸阳、吐鲁番、库尔勒、哈密
	寒冷 B 区	

（续）

气候分区		代表性城市
夏热冬冷地区	夏热冬冷 A 区	南京、蚌埠、盐城、南通、合肥、安庆、九江、武汉、黄石、岳阳、汉中、安康、上海、杭州、宁波、温州、宜昌、长沙、南昌、株洲、永州、赣州、
	夏热冬冷 B 区	韶关、桂林、重庆、达县、万州、涪陵、南充、宜宾、成都、遵义、凯里、绵阳、南平
夏热冬暖地区	夏热冬暖 A 区	福州、莆田、龙岩、梅州、兴宁、英德、河池、柳州、贺州、泉州、厦门、
	夏热冬暖 B 区	广州、深圳、湛江、汕头、南宁、北海、梧州、海口、三亚
温和地区	温和 A 区	昆明、贵阳、丽江、会泽、腾冲、保山、大理、楚雄、曲靖、泸西、屏边、广南、兴义、独山
	温和 B 区	瑞丽、耿马、临沧、澜沧、思茅、江城、蒙自

2. 传热系数和太阳得热系数

根据建筑热工设计的气候分区，甲类公共建筑的单一朝向外窗（包括透明幕墙）的热工性能应符合表 3-11 的相关要求。乙类公共建筑的外墙热工性能应符合表 13-13 的规定。

1）由于严寒地区冬季漫长寒冷，夏季凉爽短暂，为在冬季最大限度地利用太阳能为室内增加热量，降低采暖能耗，《公共建筑节能设计标准》（GB 50189—2015）中对透明幕墙仅提出传热系数的要求，而对太阳得热系数不做规定。该标准还将严寒地区分为 A、B 区和 C 区，传热系数 K 要求见表 3-11。

2）由于寒冷地区冬季寒冷，夏季炎热，为降低冬季采暖能耗和夏季制冷能耗，《公共建筑节能设计标准》（GB 50189—2015）中对透明幕墙不仅提出传热系数的要求，而且对太阳得热系数 HSGC 也做出了规定。传热系数 K 和太阳得热系数 HSGC 要求见表 3-11。

3）夏热冬冷地区和夏热冬暖地区的共同特点是夏季炎热漫长，日照强烈，冬季略感寒冷或温暖，因此夏季遮阳是透明幕墙的主要矛盾，其传热系数 K 和太阳得热系数 HSGC 见表 3-11。

表 13-13　乙类公共建筑外墙、外窗（包括透光幕墙）热工性能限值

围护结构部位	传热系数/[W/(m²·K)]					太阳的热系数 SHGC		
	严寒 A、B 区	严寒 C 区	寒冷地区	夏热冬冷地区	夏热冬暖地区	寒冷地区	夏热冬冷地区	夏热冬暖地区
外墙（包括非透光幕墙）	≤0.45	≤0.50	≤0.60	≤1.0	≤1.5	—	—	—
单一立面外窗（包括透光幕墙）	≤2.0	≤2.2	≤2.5	≤3.0	≤4.0		≤0.52	≤0.48

3. 可见光透射比

《公共建筑节能设计标准》（GB 50189—2015）规定，甲类公共建筑单一立面窗墙面积比小于 0.40 时，透光材料的可见光透射比不应小于 0.60；甲类公共建筑单一立面窗墙面积比大于等于 0.40 时，透光材料的可见光透射比不应小于 0.40。

4. 气密性

透明幕墙的气密性应符合《建筑幕墙》（GB/T 21086—2007）中第 5.1.3 条的规定，且

不应低于 3 级。

建筑外窗的气密性分级应符合《建筑外门窗气密、水密、抗风压性能分级及检测方法》（GB/T 7106—2008）中第 4.1.2 条的规定，并应满足下列要求：

1）10 层及以上建筑外窗的气密性不应低于 7 级。

2）10 层以下建筑外窗的气密性不应低于 6 级。

3）严寒和寒冷地区外门的气密性不应低于 4 级。

单一立面外窗（包括透光幕墙）的有效通风换气面积应符合下列规定：

1）甲类公共建筑外窗（包括透光幕墙）应设可开启窗扇，其有效通风换气面积不宜小于所在房间面积的 10%；当透光幕墙受条件限制无法设置可开启窗扇时，应设置通风换气装置。

2）乙类公共建筑外窗有效通风换气面积不宜小于窗面积的 30%。

5. 窗墙面积比

严寒地区甲类公共建筑各单一立面窗墙面积比（包括透光幕墙）均不宜大于 0.60；其他地区甲类公共建筑各单一立面窗墙面积比（包括透光幕墙）均不宜大于 0.70。

甲类公共建筑的屋顶透光部分面积不应大于屋顶总面积的 20%，当不能满足规定时，必须按《公共建筑节能设计标准》（GB 50189—2015）规定的方法进行"权衡判断"。

13.6.4　非透明幕墙的热工性能要求

《公共建筑节能设计标准》（GB 50189—2015）对非透明幕墙的热工性能要求仅用传热系数来表征。根据建筑热工设计的气候分区，甲类公共建筑非透明幕墙传热系数的要求见表 13-14。

表 13-14　外墙（包括非透明幕墙）传热系数限值

非透明幕墙		严寒地区 A、B 区	严寒地区 C 区	寒冷地区
传热系数 $/[W/(m^2 \cdot K)]$	体型系数≤0.30	≤0.38	≤0.43	≤0.50
	0.30＜体型系数≤0.50	≤0.35	≤0.38	≤0.45
非透明幕墙		夏热冬冷地区	夏热冬暖地区	温和地区
传热系数 $/[W/(m^2 \cdot K)]$	围护结构热惰性指标 D≤2.5	≤0.60	≤0.80	≤0.80
	围护结构热惰性指标 D＞2.5	≤0.80	≤1.50	≤1.50

注：围护结构热惰性指标 D 是表征围护结构反抗温度波动和热流波动的无量纲指标。单一材料围护结构热惰性指标 D 为材料层的热阻和材料蓄热系数的乘积。

13.7　玻璃幕墙节能设计计算实例

13.7.1　幕墙系统结构基本参数

（1）地区参数　根据全国各主要城市所处气候分区（表 13-12），幕墙系统地区类别属于夏热冬冷地区。

（2）建筑参数　建筑物平面尺寸 62.1m × 60.1m，总高度 26.2m，建筑物朝向：西、北；建筑物体型系数为 0.104；建筑物窗墙面积比为 0.47。采用明框玻璃幕墙。

（3）环境参数　建筑物采用空气调节系统。

（4）单元参数

中空玻璃：6mm + 12mm（Ar）+ 6（mm），外片为 Low-E 镀膜玻璃，内片为普通玻璃。

中空气体间层气体：氩气。

幕墙系统的面积：$A = 29.07\text{m}^2$。

幕墙系统玻璃的面积：$A_g = 26.136\text{m}^2$。

幕墙系统框的面积：$A_f = 2.934\text{m}^2$。

幕墙系统框的总表面面积：$A_{surf} = 4.89\text{m}^2$。

玻璃区域的总周长：$l_\psi = 21.6\text{m}$。

幕墙系统角度：$\theta = 90°$。

计算单元高度：$H = 10.4\text{m}$。

（5）框传热系数相关参数

室内侧框的表面积 $A_{d,i} = 1.5\text{m}^2$

室外侧框的表面积 $A_{d,e} = 0.5\text{m}^2$

从室内侧投影，得到的可视框室内投影面积 $A_{f,i} = 1.0\text{m}^2$

从室外侧投影，得到的可视框室外投影面积 $A_{f,e} = 0.3\text{m}^2$

13.7.2　计算条件参数及规定

按《建筑门窗玻璃幕墙热工计算规程》（JGJ/T 151—2008）采用。

1）冬季、夏季标准计算条件。冬季标准计算条件、夏季标准计算条件见表 13-8。计算传热系数应采用冬季标准计算条件，并取 $I_s = 0\text{W/m}^2$。计算遮阳系数、太阳光总透射比应采用夏季标准计算条件。

2）结露性能评价与计算的标准计算条件

室内环境温度：20℃。

室内环境湿度：30%，60%。

室外环境温度：0℃，−10℃，−20℃。

3）框的太阳光总透射比 g_f 计算应采用下列边界条件：

$$q_{in} = \alpha I_s \tag{13-67}$$

式中　α——框表面太阳辐射吸收系数；

$\quad I_s$——太阳辐射照度（W/m²）；

$\quad q_{in}$——框吸收的太阳辐射热（W/m²）。

《公共建筑节能设计标准》（GB 50189—2015）的部分规定：

1）幕墙系统所在的建筑气候分区应按表 13-12 取用。

2）根据建筑所处城市的建筑气候分区，围护结构的热工性能应分别符合表 13-13 的相关规定。

13.7.3　玻璃的传热系数 U 值的计算

图 13-19 为玻璃结构传热分析简图。

1. 计算基础及依据

依据《建筑门窗玻璃幕墙热工计算规程》（JGJ/T 151—2008）进行玻璃的传热系数 U_g 值计算。

U_g 值是表征玻璃传热的参数，表示热量通过玻璃中心部位而不考虑边缘效应，稳态条件下，玻璃两表面在单位环境温度差条件时，通过单位面积的热量。U_g 值的单位是 $W/(m^2 \cdot K)$。

按《建筑门窗玻璃幕墙热工计算规程》（JGJ/T 151—2008）第 6.4.1 条规定，玻璃传热系数按式（13-4）计算：

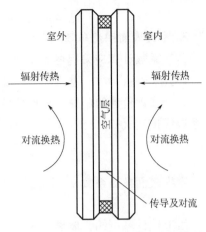

图 13-19　中空玻璃结构传热分析简图

$$U_g = \frac{1}{R_t}$$

式中　R_t——玻璃系统的传热阻（$m^2 \cdot K/W$）。

而玻璃系统的传热阻 R_t 应为各层玻璃、气体间层、内外表面换热阻之和，应按式（13-5）计算，即

$$R_t = \frac{1}{h_{out}} + \sum_{i=2}^{n} R_i + \sum_{i=1}^{n} R_{g,i} + \frac{1}{h_{in}}$$

$$R_{g,i} = \frac{t_{g,i}}{\lambda_{g,i}}(i = 1 \sim n)$$

$$R_i = \frac{T_{f,i} - T_{b,i-1}}{q_i}(i = 2 \sim n)$$

$$q_i = h_{c,i}(T_{f,i} - T_{b,i-1}) + h_{r,i}(T_{f,i} - T_{b,i-1})$$

式中　$R_{g,i}$——第 i 层玻璃的固体热阻（$m^2 \cdot K/W$），按式（13-6）计算；

$\quad\quad R_i$——第 i 层气体间层的热阻（$m^2 \cdot K/W$），按式（13-7）计算；

$\quad\quad t_{g,i}$——第 i 层玻璃的厚度（m）；

$\quad\quad \lambda_{g,i}$——第 i 层玻璃的热导率 [$W/(m \cdot K)$]；

$T_{f,i}$、$T_{b,i-1}$——第 i 层气体间层的内表面和外表面温度（K）；

$\quad\quad q_i$——第 i 层气体间层的热流密度（W/m^2）。

2. 室外表面换热系数

传热系数计算应采用冬季标准计算条件，并取 $I_s = 0W/m^2$。玻璃外表面对流换热系数 $h_{c,out} = 16W/(m^2 \cdot K)$。

幕墙室外表面的辐射换热系数 $h_{r,out}$ 应按式（13-15）计算。计算中，取玻璃面或框材料室外表面半球发射率 $\varepsilon_{s,out} = 0.837$。

$$h_{r,out} = 3.9 \times \frac{\varepsilon_{s,out}}{0.837} = 3.9 \times \frac{0.837}{0.837} = 3.9 [W/(m^2 \cdot K)]$$

外表面的换热系数 h_{out} 应按公式（13-14）计算：

$$h_{out} = h_{r,out} + h_{c,out}$$

由上述计算可知，玻璃外表面的辐射换热系数 $h_{r,out} = 3.9W/(m^2 \cdot K)$；玻璃外表面的对流换热系数 $h_{c,out} = 16W/(m^2 \cdot K)$，代入上式可得：

$$h_{\text{out}} = h_{\text{r,out}} + h_{\text{c,out}} = 3.9 + 16 = 19.9 \left[\text{W}/(\text{m}^2 \cdot \text{K}) \right]$$

3. 室内表面换热系数

传热系数计算应采用冬季标准计算条件，并取 $I_s = 0\text{W}/\text{m}^2$。玻璃内表面对流换热系数 $h_{\text{c,in}} = 3.6\text{W}/(\text{m}^2 \cdot \text{K})$。夏季标准计算条件，$h_{\text{c,in}} = 2.5\text{W}/(\text{m}^2 \cdot \text{K})$。

设计或评价建筑门窗、玻璃幕墙定型产品的热工性能时，门窗或幕墙室内表面的辐射换热系数应按式（13-12）计算。计算中取玻璃表面矫正发射率 $\varepsilon_{\text{s,in}} = 0.837$，则

$$h_{\text{r,in}} = 4.4 \times \frac{\varepsilon_{\text{s,in}}}{0.837} = 4.4 \times \frac{0.837}{0.837} = 4.4 \left[\text{W}/(\text{m}^2 \cdot \text{K}) \right]$$

室内表面换热系数 h_{in} 可按式（13-11）计算，即

$$h_{\text{in}} = h_{\text{r,in}} + h_{\text{c,in}}$$

由上述计算可知，玻璃内表面的辐射换热系数 $h_{\text{r,in}} = 4.4\text{W}/(\text{m}^2 \cdot \text{K})$，玻璃内表面的对流换热系数，冬季：$h_{\text{c,in}} = 3.6\text{W}/(\text{m}^2 \cdot \text{K})$、夏季：$h_{\text{c,in}} = 2.5\text{W}/(\text{m}^2 \cdot \text{K})$，分别代入上式可得：

对于通常情况下的玻璃表面辐射和自由对流：

冬季：$h_{\text{in}} = h_{\text{r,in}} + h_{\text{c,in}} = 4.4 + 3.6 = 8.0 \left[\text{W}/(\text{m}^2 \cdot \text{K}) \right]$

夏季：$h_{\text{in}} = h_{\text{r,in}} + h_{\text{c,in}} = 4.4 + 2.5 = 6.9 \left[\text{W}/(\text{m}^2 \cdot \text{K}) \right]$

4. 多层玻璃系统材料的固体热阻

多层玻璃系统材料的固体热阻 $R_{\text{g},i}$ 按式（13-6）计算，即

$$R_{\text{g},i} = \frac{t_{\text{g},i}}{\lambda_{\text{g},i}} \quad (i = 1 \sim n)$$

式中　$t_{\text{g},i}$——第 i 层玻璃的厚度，$t_{\text{g},1} = t_{\text{g},2} = 0.006\text{m}$；

　　　$\lambda_{\text{g},i}$——第 i 层玻璃的热导率，取 $\lambda_{\text{g},1} = \lambda_{\text{g},2} = 1.00\text{W}/(\text{m} \cdot \text{K})$。

$$\sum_{i=1}^{2} R_{\text{g},i} = \frac{0.006}{1.0} + \frac{0.006}{1.0} = 0.012 \, (\text{m}^2 \cdot \text{K}/\text{W})$$

5. 多层玻璃系统内部气体间层的热阻

1) 玻璃中空气体间层两侧玻璃的辐射换热系数 h_{r} 应按式（13-16）计算，即：

$$h_{\text{r}} = 4\sigma \left(\frac{1}{\varepsilon_1} + \frac{1}{\varepsilon_2} - 1 \right)^{-1} \times T_{\text{m}}^3$$

式中　σ——斯蒂芬-玻尔兹曼常数，取 $\sigma = 5.67 \times 10^{-8}\text{W}/(\text{m}^2 \cdot \text{K})$；

　　　T_{m}——气体间层中两个表面的平均绝对温度（K），取 $T_{\text{m}} = 273\text{K}$；

　ε_1、ε_2——气体间层中的两个玻璃表面在平均绝对温度 T_{m} 下的半球发射率，$\varepsilon_1 = 0.1$，$\varepsilon_2 = 0.837$。

$$h_{\text{r}} = 4\sigma \left(\frac{1}{\varepsilon_1} + \frac{1}{\varepsilon_2} - 1 \right)^{-1} \times T_{\text{m}}^3$$

$$= 4 \times 5.67 \times 10^{-8} \times \left(\frac{1}{0.1} + \frac{1}{0.0837} - 1 \right)^{-1} \times 273^3 = 0.453 \left[\text{W}/(\text{m}^2 \cdot \text{K}) \right]$$

2) 玻璃中空气体间层两侧玻璃的对流换热系数。气体间层两侧玻璃的对流换热系数 $h_{\text{c},i}$ 按式（13-17）计算，即

$$h_{\text{c},i} = \text{Nu}_i \left(\frac{\lambda_{\text{g},i}}{d_{\text{g},i}} \right)$$

式中　$d_{g,i}$——气体间层 i 的厚度（m）；

$\lambda_{g,i}$——所充气体的热导率[W/(m·K)]；

Nu_i——努谢尔特数，是瑞利数 Ra_i、气体间层高厚比和气体间层倾角 θ 的函数。

玻璃层间气体间层的瑞利（Rayleigh）数 Ra 可按式（13-18）计算：

$$Ra = \frac{\gamma^2 d^3 G\beta c_p \Delta T}{\mu\lambda}$$

式中　γ——气体密度，氩气 $\gamma = 1.7834$ kg/m³；

G——重力加速度（m/s²），可取 $G = 9.80$ m/s²；

c_p——常压下气体的比热容，氩气 $c_p = 521.9285$ J/(kg·K)；

μ——常压下气体的黏度，氩气 $\mu = 2.1 \times 10^{-5}$ kg/(m·s)；

λ——常压下气体的热导率，氩气 $\lambda = 0.0163$ W/(m·K)；

d——气体间层的厚度，$d = 0.012$ m；

ΔT——气体间层前后玻璃表面的温度差，$\Delta T = 3$ K。

当填充气体作理想气体处理时，气体的膨胀系数 β 按式（13-19）计算，即

$$\beta = \frac{1}{T_m}$$

式中　T_m——填充气体的平均温度（K）。

$$\beta = \frac{1}{T_m} = \frac{1}{273} = 0.00366$$

第 i 层气体间层的高厚比 $A_{g,i}$ 按式（13-20）计算，即

$$A_{g,i} = \frac{H}{d_{g,i}}$$

式中　H——气体间层顶部到底部的距离（m），通常应和窗的透光区域高度相同。

$$A_{g,i} = \frac{H}{d_{g,i}} = \frac{10400}{12} = 866.67$$

$$Ra = \frac{\gamma^2 d^3 G\beta c_p \Delta T}{\mu\lambda}$$

$$= \frac{1.7834^2 \times 0.012^3 \times 9.8 \times 0.00366 \times 521.9285 \times 3}{0.000021 \times 0.0163} = 901.724 < 10^4$$

应对应于不同的倾角 θ 值或范围，定量计算通过玻璃气体间层的对流热传递。玻璃气体间层的努谢尔特数 Nu_i 应按式（13-21）~式（13-24）进行计算。

垂直气体间层（$\theta = 90°$），玻璃气体间层的努谢尔特数 Nu_i 应按式（13-23）计算，即

$$Nu_i = (Nu_1, \ Nu_2)_{max}$$

式中　$Nu_1 = 0.0673838 \, Ra^{\frac{1}{2}}$（当 $Ra > 5 \times 10^4$ 时）

$Nu_1 = 0.028154 \, Ra^{0.4134}$（当 $10^4 < Ra \leqslant 5 \times 10^4$ 时）

$Nu_1 = 1 + 1.7596678 \times 10^{-10} Ra^{2.2984755}$（当 $Ra \leqslant 10^4$ 时）

$Nu_2 = 0.242 \left(\dfrac{Ra}{A_{g,i}}\right)^{0.272}$

本计算中 $\theta = 90°$，且 $Ra = 901.724 \leqslant 10^4$，所以

$$Nu_1 = 1 + 1.7596678 \times 10^{-10} Ra^{2.2984755}$$

$$= 1 + 1.7596678 \times 10^{-10} \times 9\,01.724^{2.2984755} = 1.00109$$

$$\mathrm{Nu}_2 = 0.242 \left(\frac{\mathrm{Ra}}{A_{g,i}}\right)^{0.272} = 0.242 \times \left(\frac{901.724}{866.67}\right)^{0.272} = 0.2446$$

$$\mathrm{Nu}_i = (\mathrm{Nu}_1, \ \mathrm{Nu}_2)_{\max} = 1.0011$$

将Nu_i代入式（13-17）可得：

$$h_{c,i} = \mathrm{Nu}_i \left(\frac{\lambda_{g,i}}{d_{g,i}}\right) = 1.0011 \times \left(\frac{0.0163}{0.012}\right) = 1.360\,[\,\mathrm{W}/(\mathrm{m}^2 \cdot \mathrm{K})\,]$$

由式（13-9）可得第i层气体间层的热阻R_i：

$$R_i = \frac{1}{h_{c,i} + h_{r,i}} = \frac{1}{1.360 + 0.453} = 0.552\,(\mathrm{m}^2 \cdot \mathrm{K}/\mathrm{W})$$

代入式（13-5）可得玻璃系统的传热阻R_t（冬季）为

$$R_t = \frac{1}{h_{out}} + \sum_{i=2}^{n} R_i + \sum_{i=1}^{n} R_{g,i} + \frac{1}{h_{in}}$$

$$= \frac{1}{19.9} + 0.552 + 0.012 + \frac{1}{8} = 0.739\,(\mathrm{m}^2 \cdot \mathrm{K}/\mathrm{W})$$

玻璃传热系数按U_g值为其传热阻R_t的倒数，即

$$U_g = \frac{1}{R_t} = \frac{1}{0.739} = 1.353\,[\,\mathrm{W}/(\mathrm{m}^2 \cdot \mathrm{K})\,]$$

13.7.4 幕墙系统框的传热系数 U_f 值的计算

1. 框的传热系数 U_f

在计算框的传热系数时，按照《建筑门窗玻璃幕墙热工计算规程》（JGJ/T 151—2008）的规定，可以通过输入数据，用二维有限单元法进行数值计算，得到框的传热系数。也可以采用该规范附录 B 提供的方法计算框的传热系数。本计算选择附录 B 提供的方法进行计算。

本计算中给出的所有的数值全部是窗垂直安装的情况。传热系数的数值包括了外框面积的影响。计算传热系数的数值时，取内表面换热系数 $h_{in} = 8.0\mathrm{W}/(\mathrm{m}^2 \cdot \mathrm{K})$ 和外表面换热系数 $h_{out} = 23\mathrm{W}/(\mathrm{m}^2 \cdot \mathrm{K})$。

框的传热系数 U_f 的数值可以通过下列程序获得：

金属框的传热系数 U_f 按式（13-51）计算，即

$$U_f = \frac{1}{\dfrac{A_{f,i}}{h_i A_{d,i}} + R_f + \dfrac{A_{f,e}}{h_e A_{d,e}}}$$

式中　$A_{d,i}$——室内侧框的表面积（m^2）；

　　　$A_{d,e}$——室外侧框的表面积（m^2）；

　　　$A_{f,i}$——从室内侧投影，得到的可视框室内投影面积（m^2）；

　　　$A_{f,e}$——从室外侧投影，得到的可视框室外投影面积（m^2）；

　　　h_i——窗框的内表面换热系数 $[\,\mathrm{W}/(\mathrm{m}^2 \cdot \mathrm{K})\,]$；

　　　h_e——窗框的外表面换热系数 $[\,\mathrm{W}/(\mathrm{m}^2 \cdot \mathrm{K})\,]$；

　　　R_f——窗框截面的热阻 $[\,(\mathrm{m}^2 \cdot \mathrm{K})/\mathrm{W}\,]$ [当隔热条的热导率$0.2 \sim 0.3\mathrm{W}/(\mathrm{m} \cdot \mathrm{K})$ 时]。

金属窗框截面的热阻 R_f 按式（13-52）计算，即

$$R_f = \frac{1}{U_{f0}} - 0.17$$

没有隔热的金属框，$U_{f0} = 5.9 \mathrm{W}/(\mathrm{m}^2 \cdot \mathrm{K})$。

具有隔热的金属窗框，U_{f0} 的数值按图 13-10 中阴影区域上限的粗线选取。本幕墙结构采用断热铝合金型材，断热截面金属框间距 $d = 20\mathrm{mm}$，由图 13-10 可得金属框的传热系数 $U_{f0} = 2.76 \mathrm{W}/(\mathrm{m}^2 \cdot \mathrm{K})$。

2. 幕墙框与玻璃结合处的线传热系数 ψ_g

窗框与玻璃结合处的线传热系数 ψ_g，主要描述了在窗框、玻璃和间隔层之间交互作用下附加的热传递，线性热传递传热系数 ψ_g 主要受间隔层材料传导率的影响。在没有精确计算的情况下，可采用表 13-7 估算窗框与玻璃结合处的线传热系数 ψ_g。

带热桥的金属窗框，采用 Low-E 镀膜玻璃，由表 13-7 可得，金属窗框与中空玻璃结合的线传热系数 $\psi_g = 0.08 \mathrm{W}/(\mathrm{m} \cdot \mathrm{K})$。

由式（13-52）可得金属窗框的热阻 R_f：

$$R_f = \frac{1}{U_{f0}} - 0.17 = \frac{1}{2.76} - 0.17 = 0.1923$$

由式（13-51）可得金属框的传热系数 U_f：

$$
\begin{aligned}
U_f &= \cfrac{1}{\cfrac{A_{f,i}}{h_i A_{d,i}} + R_f + \cfrac{A_{f,e}}{h_e A_{d,e}}} \\
&= \cfrac{1}{\cfrac{1.0}{8 \times 1.5} + 0.1923 + \cfrac{0.3}{23 \times 0.5}} = 3.318 \left[\mathrm{W}/(\mathrm{m}^2 \cdot \mathrm{K}) \right]
\end{aligned}
$$

13.7.5 幕墙系统整体的传热系数 U 值

玻璃幕墙整体的传热系数应采用各部件的相应数值按面积进行加权平均计算。单幅幕墙的传热系数 U_{CW} 应按式（13-55）计算：

$$U_{CW} = \frac{\sum U_g A_g + \sum U_p A_p + \sum U_f A_f + \sum \psi_g l_g + \sum \psi_p l_p}{\sum A_g + \sum A_p + \sum A_f}$$

玻璃或透明面板面积 $A_g = 26.136 \mathrm{m}^2$。

玻璃或透明面板边缘长度 $l_g = 21.6\mathrm{m}$。

玻璃或透明面板传热系数 $U_g = 1.353 \left[\mathrm{W}/(\mathrm{m}^2 \cdot \mathrm{K}) \right]$。

玻璃或透明面板边缘的线传热系数 $\psi_g = 0.08 \left[\mathrm{W}/(\mathrm{m} \cdot \mathrm{K}) \right]$。

框面积 $A_f = 2.934 \mathrm{m}^2$。

框的传热系数 $U_f = 3.318 \left[\mathrm{W}/(\mathrm{m}^2 \cdot \mathrm{K}) \right]$。

幕墙系统 U_{CW}（冬季）：

$$
\begin{aligned}
U_{CW} &= \frac{\sum U_g A_g + \sum U_p A_p + \sum U_f A_f + \sum \psi_g l_g + \sum \psi_p l_p}{\sum A_g + \sum A_p + \sum A_f} \\
&= \left(\frac{26.136 \times 1.353 + 2.934 \times 3.318 + 21.6 \times 0.08}{29.07} \right) \mathrm{W}/(\mathrm{m}^2 \cdot \mathrm{K}) \\
&= 1.611 \mathrm{W}/(\mathrm{m}^2 \cdot \mathrm{K}) < 2.4 \mathrm{W}/(\mathrm{m}^2 \cdot \mathrm{K})
\end{aligned}
$$

按《公共建筑节能设计标准》（GB 50189—2015）的要求（表3-11），冬暖夏冷地区，$0.4 <$ 窗墙面积比 $= 0.47 \leqslant 0.5$，传热系数不应大于 $2.4\text{W}/(\text{m}^2 \cdot \text{K})$，所以满足规范要求。

13.7.6 太阳光透射比及遮阳系数计算

1. 太阳光总透射比 g_t

总透射比是通过幕墙系统构件传入室内的热量的太阳辐射与投射到幕墙系统构件上的太阳辐射的比值。传入室内热量的太阳辐射部分包括直接的太阳光透射得热和被构件吸收的太阳辐射再经传热进入室内的得热。

1）框的太阳光总透射比 g_f 按式（13-50）计算：

$$g_f = \alpha_f \frac{U_f}{\dfrac{A_{surf}}{A_f} h_{out}}$$

室外表面换热系数 $h_{out} = 19.9 \ [\text{W}/(\text{m}^2 \cdot \text{K})]$。

框表面太阳辐射吸收系数 $\alpha_f = 0.6$。

框的传热系数 $U_f = 3.318 \ [\text{W}/(\text{m}^2 \cdot \text{K})]$。

框的外表面面积 $A_{surf} = 2.934\text{m}^2$。

框投影面积 $A_f = 2.934\text{m}^2$。

$$g_f = \alpha_f \frac{U_f}{\dfrac{A_{surf}}{A_f} h_{out}} = 0.6 \times \frac{3.318}{\dfrac{2.934}{2.934} \times 19.9} = 0.06$$

2）幕墙系统玻璃区域太阳光总透射比 g_g：

玻璃区域太阳光总透射比，$g_g = 0.3$

3）幕墙系统计算单元太阳光总透射比 g_{CW}：

玻璃幕墙整体遮阳系数应采用各部件的相应数值按面积进行加权平均计算。单幅幕墙的太阳光总透射比 g_{CW} 应按式（13-60）计算：

$$g_{CW} = \frac{\sum g_g A_g + \sum g_p A_p + \sum g_f A_f}{A}$$

玻璃或透明面板面积 $A_g = 26.136\text{m}^2$。

玻璃或透明面板的太阳光总透射比 $g_g = 0.3$。

框的太阳光总透射比 $g_f = 0.06$。

幕墙单元面积 $A_f = 2.934 \ (\text{m}^2)$。

$$g_{CW} = \frac{\sum g_g A_g + \sum g_p A_p + \sum g_f A_f}{A} = \frac{26.136 \times 0.3 + 2.934 \times 0.06}{29.07} = 0.276$$

2. 幕墙系统计算单元的遮阳系数

幕墙系统计算单元的遮阳系数应为幕墙系统计算单元的太阳光总透射比与标准3mm厚透明玻璃的太阳光总透射比的比值。

单幅幕墙的遮阳系数 SC_{CW} 应按式（13-61）计算：

$$SC_{CW} = \frac{g_{CW}}{0.87} = \frac{0.276}{0.87} = 0.317 < 0.45$$

按照《公共建筑节能设计标准》（GB 50189—2015）的规定，此处遮阳系数不应大于0.45，所以满足规范要求。

3. 幕墙系统计算单元可见光透射比计算

玻璃幕墙可见光透射比应采用各部件的相应数值按面积进行加权平均计算。幕墙可见光透射比 τ_{CW} 应按式（13-62）计算：

$$\tau_{CW} = \frac{\sum \tau_v A_g}{A}$$

透光面板的可见光透射比 $\tau_v = 0.62$。

幕墙单元面积 $A = 29.07\text{m}^2$。

透光面板面积 $A_g = 26.136\text{m}^2$。

$$\tau_{CW} = \frac{\sum \tau_v A_g}{A} = \frac{26.136 \times 0.62}{29.07} = 0.557 > 0.4$$

对于居住建筑，玻璃的可见光透射比不做要求。

对于公共建筑，《公共建筑节能设计标准》（GB 50189—2015）第 3.2.4 条规定，甲类公共建筑单一立面窗墙面积比大于等于 0.40 时，透光材料的可见光透射比不应小于 0.40。

本工程可见光透射比满足要求。

13.7.7　结露计算

1. 水表面的饱和水蒸气压计算

水表面（高于 0℃）的饱和水蒸气压 E_s 应按式（13-63）计算：

空气温度为 0℃时的饱和水蒸气压 $E_0 = 6.11\text{hPa}$。

空气温度 $t = 20℃$；

参数取 $a = 7.5$，$b = 237.3$。

$$E_s = E_0 \times 10^{\frac{at}{b+t}} = 6.11 \times 10^{\frac{7.5 \times 20}{237.3+20}} = 23.389$$

2. 空气的水蒸气压计算

在一定空气相对湿度 f 下，空气的水蒸气压 e 可按式（13-64）计算：

由上述计算可知，空气的饱和水蒸气压 $E_s = 23.389\text{hPa}$，取空气的相对湿度 $f = 30\%$。

$$e = fE_s = 0.3 \times 23.389 = 7.017$$

3. 空气的结露点温度计算

空气的露点温度 T_d 可按式（13-65）计算：

由上述计算可知，空气的水蒸气压 $e = 7.017\text{hPa}$；取参数 $a = 7.5$，$b = 237.3$。

$$T_d = \frac{b}{\dfrac{a}{\lg\left(\dfrac{e}{6.11}\right)} - 1} = \frac{237.3}{\dfrac{7.5}{\lg\left(\dfrac{7.017}{6.11}\right)} - 1} = 1.917 \text{（℃）}$$

4. 幕墙系统玻璃内表面的计算温度

室内环境温度：$T_{in} = 20.0℃$。

室外环境温度：$T_{out} = -10℃$。

玻璃内表面换热系数：$h_{in} = 8\text{W}/(\text{m}^2 \cdot \text{K})$。

玻璃的传热系数：$U_g = 1.761 \mathrm{W/(m^2 \cdot K)}$。

室内玻璃表面温度：$T_{g,in}$。

$$T_{g,in} = T_{in} - \frac{T_{in} - T_{out}}{h_{in}} U_g$$

$$= 20 - \frac{20 - (-10)}{8} \times 1.761 = 13.396 \quad (℃)$$

5. 结露性能评价

采用产品的结露性能评价指标 $T_{10,min}$ 确定门窗、玻璃幕墙在实际工程中是否结露，应以内表面最低温度不低于室内露点温度为满足要求，可按式（13-66）判断。

$$\left(T_{10,min} - T_{out,std}\right) \frac{T_{in} - T_{out}}{T_{in,std} - T_{out,std}} + T_{out} \geqslant T_d$$

式（13-66）左项可取围护结构内表面最低温度，即 $T_{g,in}$；因为 $T_d = 1.917℃ \leqslant T_{g,in} = 13.396℃$，玻璃内表面不会出现结露现象。

第14章

建筑幕墙防火设计

幕墙凭借其在外装饰性、节能保温以及抗震性能等方面的优越性，高层和超高层建筑基本上都是采用幕墙作为外围护结构，这对建筑物的安全性提出了更高的要求，尤其是对建筑幕墙防火性能的要求。幕墙防火作为整个建筑物防火系统的一个重要方面在火灾发生时应能阻止或延缓火势的蔓延，并为消防扑救工作提供便利。国内外近代建筑史上，由于建筑物外墙防火设计的缺陷或防火材料选择不当，造成了多起重大火灾，致使人员和财产严重损失，例如2009年2月9日在建的中央电视台电视文化中心（TVCC）配楼火灾、2009年4月19日南京中环国际广场火灾、2010年11月15日上海静安区教师公寓火灾、1988年5月4日美国洛杉矶 First Interstate Bank 火灾等。因此，防火设计是建筑幕墙设计中最重要的安全措施之一。建筑幕墙防火性能除提高或增强幕墙构件或材料的燃烧性能外，合理有效的措施就是幕墙防火构造设计。本章主要介绍建筑幕墙材料火灾特性、幕墙防火材料选用以及幕墙防火构造设计等内容。

14.1 幕墙建筑火灾特征

14.1.1 建筑火灾发展阶段

根据室内火灾温度随时间的变化特点，火灾发展过程可分为火灾初起、火灾全面发展、火灾熄灭三个阶段。

（1）火灾初起阶段 室内发生火灾后，最初只是起火部位及其周围可燃物着火燃烧，火灾燃烧范围不大；室内温度差别大，在燃烧区域及其附近存在高温，室内平均温度50～100℃；火灾发展速度较慢，在发展过程中火势不稳定；因点火源、可燃物质性质和分布、通风条件的不同，火灾延续时间5～20min。

针对火灾初起阶段的特点，在建筑物内安装和配备适当数量的灭火设备，设置及时发现火灾和报警的装置等措施，设法争取尽早发现火灾，把火灾及时控制消灭在起火点。

（2）火灾全面发展阶段 在火灾初起阶段后期，火灾范围迅速扩大，当火灾房间温度达到一定值时，聚积在房间内的可燃气体突然起火，整个房间都充满了火焰，房间内所有可燃物表面部分都卷入火灾之中，燃烧很猛烈，温度升高很快。房间内局部燃烧向全室性燃烧过渡的这种现象通常称为轰燃。轰燃是室内火灾最显著的特征之一，它标志着火灾全面发展阶段的开始。轰燃发生后，房间内所有可燃物都在猛烈燃烧，放热速度很大，因而房间内温度升高很快，并出现持续性高温，室内平均温度150～270℃，最高温度350℃。火焰、高温烟气从房间的开口大量喷出，引起火灾蔓延到建筑物的其他部分。火灾全面发展阶段的持续时间取决于室内可燃物的性质和数量、通风条件等。

针对火灾全面发展阶段的特点，在建筑防火设计中应采取的主要措施：在建筑物内设置具有一定耐火性能的防火分隔物，把火灾控制在一定的范围之内，防止火灾大面积蔓延；选用耐火程度较高的建筑结构作为建筑物的承重体系，确保建筑物发生火灾时不倒塌破坏，为火灾时人员疏散、消防队扑救火灾，火灾后建筑物修复、继续使用创造条件。

（3）火灾熄灭阶段　在火灾全面发展阶段后期，随着室内可燃物的挥发物质不断减少，以及可燃物数量减少，火灾燃烧速度递减，温度逐渐下降。当室内平均温度降到温度最高值的80%时，则认为火灾进入熄灭阶段。随后，房间温度下降明显，直到把房间内的全部可燃物烧光，室内外温度趋于一致，宣告火灾结束。

针对火灾熄灭阶段的特点，应注意防止建筑构件因较长时间受高温作用和灭火射水的冷却作用而出现裂缝、下沉、倾斜或倒塌破坏，确保消防人员的人身安全，并应注意防止火灾向相邻建筑蔓延。

从火灾发生到全面燃烧阶段，室内平均温度达到300℃是需要一定时间的，最少需要30min。据统计，我国80%的火灾延续时间在1.0h以内，96%的火灾延续时间在2.0h以内。

在建筑物防火措施中，防止烟雾扩散是非常重要的一环。统计资料表明，建筑火灾造成的人员死亡，75%以上是由于烟雾所引起的。

烟雾扩散的速度取决于空气流动、上浮效应、热气流膨胀和自然风，而且它的扩散速度会远远快于火焰向周围扩散的速度。幕墙系统本身也产生一些有毒气体。铝合金表面喷漆、密封橡胶条、泡沫棒，现代幕墙内广泛使用的保温材料 EPS（模塑聚苯板）、XPS（挤塑聚苯板）、PU（硬泡聚氨酯板）等，其防火性能大多为 B2 可燃级或 B1 难燃级，且燃烧产物含有大量有毒气体，并通过幕墙内部缝隙向上层扩散。

14.1.2　幕墙建筑火灾特征

1. 幕墙建筑火势向上蔓延的机理

一般幕墙玻璃均不耐火，在250℃左右即会炸裂，而且垂直幕墙与水平楼板之间往往存在缝隙，如果未经处理或处理不当，火灾初起时，浓烟即已通过该缝隙向上层扩散（图 14-1a，称为窜烟）；火焰可通过这一层缝隙向上窜到上一层楼层（图 14-1b，称为窜火）；当幕墙玻璃开裂掉落后，火焰可从幕墙

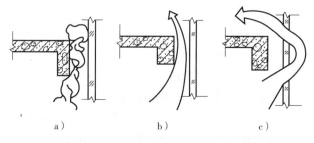

图 14-1　火势向上蔓延的机理
a）窜烟　b）窜火　c）卷火

外侧窜至上层墙面烧裂上层玻璃幕墙后，窜入上层室内（图 14-1c，称为卷火）。

2. 幕墙建筑火势向上蔓延的方式

（1）第一种火势向上蔓延的方式　当建筑物室内起火，燃烧产生火焰、热、气和烟雾。起初阶段热气流上升，形成温差和压差，使周围的空气源源不断地补充进来，燃烧温度不断提高，引燃附近可燃性物质，火势不断地扩大。燃烧室内部各处的压差是不同的，且是动态变化的。室外和下面楼层的空气通过幕墙中的间隙和楼板缝隙（如管道、楼梯间等）吸进室内。气密性好的幕墙可以延缓这个阶段火势的扩大。

随着室内温度的不断提高，室内外的压差也在不断增加。普通玻璃（非防火玻璃）在

火焰的不断冲击下，往往会在15min内破碎。大量的热量和烟雾瞬间冲出室外，导致图14-2火势向上蔓延的方式。破碎窗口室内侧的温度下降几百度，同时大量的空气进入室内参与燃烧，通过缺口常常将燃烧引到室外，形成对玻璃幕墙的内外夹攻。层间非可视玻璃及上层可视玻璃直接暴露在火焰中，增加了火势向上蔓延的可能性。如果由于窗间墙处防火材料或构造上的缺陷造成防火系统提前失效，就有可能形成所谓的焰卷效应。高层幕墙建筑火灾的研究统计资料表明，约有10%的火势是通过室外侧向上蔓延的。

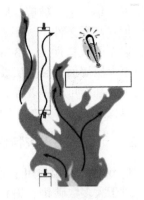

图14-2 火势向上蔓延的
三种方式示意

（2）第二种火势向上蔓延的方式 在混凝土楼板外侧与幕墙内侧之间存在一个缝隙。缝隙的大小既与建筑设计和幕墙铝合金系统的大小有关，也与混凝土结构尺寸误差、幕墙构造及制作安装误差等因素有关。大部分建筑物的玻璃幕墙与每层楼板的缝隙相当大，有的甚至达到150~200mm，这么大的缝隙不仅会窜烟、窜火，而且还对人员也是不安全的，一旦发生火灾就会成为"引火通道"。这个缝隙也用来补偿由于温度、荷载、地震作用等引起的建筑物变形。这个缝隙应该视为混凝土楼板的延伸，防火设计中它应该可靠地填满防火棉，设计合理的周边水平防火带必须具有《建筑设计防火规范》（GB 50016—2014）（2018年版）所要求的耐火极限。

在实际失火状态下，这个缝隙有可能进一步被扩大。主要是由于铝合金构件和镀锌钢板背板的变形，五金连接件、承重支撑构件的松动。如果防火棉、防烟层不能有效地补偿这个变位，火焰和高温气流就会通过这些缝隙直接进入上层楼面。

（3）第三种火势向上蔓延的方式 这种火势蔓延方式是通过热量传递方式进行的。热量传递的方式有传导、对流和辐射。幕墙系统的铝合金立柱是非常好的传热载体，而且立柱往往是跨越两个不同防火分区，火源层的热量能通过立柱向上层传递。幕墙的这种构造形式决定了它很难被界定为具有等级概念的"防火幕墙"。在短时间内上层楼面铝合金表面的温度会高于一般纸张的自燃点（130~250℃）。对流是由于空气流动传递热量。开启窗或玻璃破碎虽然对排烟有好处，但增加了空气的流动，也增加了氧气的供给。辐射是温度较高的物体以能量波的方式向温度较低的物体传热的一种方式。

在火源层，当温度升高达到了某个临界点，"轰燃"使得在短时间内火势由局部扩散到整个空间。火源层的热量通过楼板、金属幕墙及周边水平防火带向上层传递。如果上一层楼面的温度升高达到了某个临界点，也可能会发生轰燃现象，火势就以这样的方式向上发展。

14.2 建筑幕墙材料火灾特性

建筑幕墙耐火等级是由组成幕墙构件的燃烧性能和构件最低的耐火极限来决定的。《建筑材料及制品燃烧性能分级》（GB 8624—2012）将建筑材料及其制品的燃烧性能分为四个等级：A（不燃性建筑材料）、B1（难燃性建筑材料）、B2（可燃性建筑材料）、B3（易燃性建筑材料）。《建筑设计防火规范》（GB 50016—2014）（2018年版）中规定：耐火等级为一级的建筑物，必须采用不燃材料制作的构件。与建筑幕墙有着直接和间接联系的材料主要有钢材、铝合金、玻璃、胶及塑料、混凝土等五大类材料，其中绝大部分属于不燃性建筑材料。但在高温条件下，不燃材料会发生各种物理、化学变化，如钢材在550℃左右急剧软化，以至受火构件15~30min突然倒塌；普通玻璃受火1min炸裂脱落，致使火焰从幕墙外侧窜至上层墙面烧裂上层玻璃幕墙后，窜入上层室内，失去隔火作用；混凝土强度降低，变形增大，甚至可能爆裂等。因此，在幕墙建筑防火设计中要充分考虑这些材料在火灾中的特性，以提高幕墙整体耐火等级。

14.2.1 钢材的火灾特性

1. 钢材在高温作用下的强度

对于大多数碳钢、铬钼（Cr-Mo）钢和奥氏体不锈钢，抗拉强度随温度的变化曲线如图14-3所示。钢材的抗拉强度在100℃时有所降低，随后开始上升，在250℃升高到最大值〔碳钢和某些低合金钢（Cr-Mo钢）由于时效硬化造成抗拉强度出现一个上升的峰值〕，随后又开始下降，温度升高到500℃时，抗拉强度降低很大，约为常温下强度的1/2，600℃时约为常温下强度的1/3，1000℃时降为零。图14-4为钢材屈服强度随温度的变化曲线。

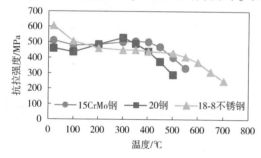

图14-3　钢材抗拉强度随温度的变化曲线

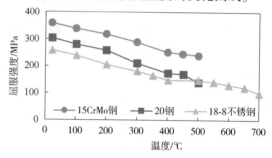

图14-4　钢材屈服强度随温度的变化曲线

图14-5、图14-6分别给出了碳钢和15CrMo钢的伸长率、断面收缩率随温度的变化规律，由图可见，碳钢和15CrMo钢的伸长率、断面收缩率随温度的升高而逐渐下降，在250℃左右为极小，称为蓝脆区，蓝脆性是由随着温度而变化的不同程度可溶性的元素碳（C）和氢（H）引起的；以后随温度的升高，伸长率和断面收缩率明显升高，说明高温时钢材的塑性变好。

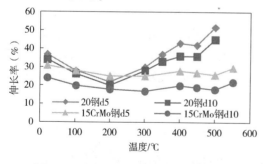

图14-5　钢材伸长率随温度的变化曲线

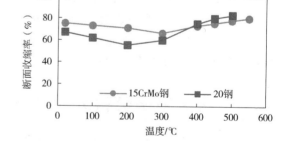

图14-6　钢材断面收缩率随温度的变化曲线

布氏硬度在300℃到达最高点，然后随温度升高而下降，630℃左右下降到原来的1/2。

钢材的弹性模量随温度增加而迅速减小，高温下钢筋弹性模量可按下式计算：

$$E_{at} = \beta_a E_a \tag{14-1}$$

式中　E_{at}——温度 t 时钢筋的弹性模量（N/mm^2）；

　　　E_a——常温时钢筋的弹性模量（N/mm^2）；

　　　β_a——钢筋弹性模量变化系数，可按表 14-1 取值。

表 14-1　钢筋弹性模量变化系数

温度	20 ~ 50℃	100℃	200℃	300℃	400℃	500℃	600℃
β_a	1.00	0.96	0.92	0.88	0.83	0.78	0.73

钢材被加热时，原子间距增加，金属出现热膨胀现象。钢材的线膨胀系数（α_L）值在 $(10 \sim 20) \times 10^{-6}$ 的范围之内。在温度稍高于 700℃ 以上，由于发生向奥氏体转变，膨胀系数有所下降。

2. 钢结构的临界温度

承重钢构件失去承载能力的温度称为钢结构的临界温度（T_s）。钢梁的破坏发生在整个截面均达到屈服点，这需要较高的温度，且还取决于其截面形状。超静定梁的临界温度要比静定梁的高。在实际应用时，静定梁的临界温度可以近似采用 420℃；超静定梁的临界温度可以近似采用 520℃。钢柱的临界温度取决于荷载大小和钢柱的形状外，还取决于钢柱的长细比。在实际应用时，长柱（$\lambda \geqslant 100$）的临界温度采用 520℃，短柱（$\lambda < 100$）的临界温度采用 420℃。

钢结构的临界温度（T_s）可以按下式计算：

$$T_s = 750 - 450 \frac{\sigma_0}{f} \tag{14-2}$$

式中　σ_0——钢构件的初始应力（N/mm^2），按《钢结构设计标准》（GB 50017—2017）计算；

　　　f——常温下钢材的屈服强度设计值（N/mm^2）。

钢梁的初始应力 σ_0 可按下式计算：

$$\sigma_0 = \frac{M_0}{\gamma_x W_{nx}} \quad （两端简支梁）$$

$$\sigma_0 = \frac{2}{3} \frac{M_0}{\gamma_x W_{nx}} \quad （一端固定一端简支超静定梁） \tag{14-3}$$

$$\sigma_0 = \frac{1}{2} \frac{M_0}{\gamma_x W_{nx}} \quad （两端固定超静定梁）$$

式中　M_0——简支梁的跨中弯矩（$N \cdot mm$）；

　　　γ_x——截面的塑性发展系数，工字型截面，取 $\gamma_x = 1.05$；

　　　W_{nx}——对 x 轴的净截面模量（m^3）。

3. 钢结构的耐火极限

对任一建筑构件按时间 - 温度标准曲线进行耐火试验，从受到火的作用时起，到失去支撑能力或完整性被破坏或失去隔火作用时为止的这段时间称为耐火极限，用小时（h）表示。钢结构在火灾中，由于高温作用，强度损失很快，经过一定时间便失去承载能力，发生扭曲倒塌。耐火极限试验表明，未经任何保护的钢结构，其耐火极限只有 0.25h，也就是 15min。钢结构的耐火极限可按下式计算：

$$t = 0.54(T_s - 50)\left(\frac{F}{V}\right)^{-0.6} \tag{14-4}$$

式中　　t——钢结构耐火极限（min）；

　　　　T_s——钢结构临界温度（℃）；

　　F/V——构件表面系数，为单位长度构件的受火面积 F 与其体积 V 的比值（m^{-1}）。

4. 钢材的高温蠕变

在高于 $0.5T_m$（T_m 为熔点温度）及远低于屈服强度的应力下，材料随加载时间的延长缓慢地产生塑性变形的现象称为高温蠕变。高温蠕变比高温强度能更有效地预示材料在高温下长期使用时的应变趋势和断裂寿命，是材料的重要力学性能之一，它与材料的材质及结构特征有关。碳素钢当温度超过 $300\sim350℃$，合金钢温度超过 $350\sim400℃$ 时，均会发生蠕变。除了应力和温度是影响钢材蠕变性能的主要因素，钢材的蠕变性能还与以下因素有关：钢材的熔点越高，抗蠕变性能越好；钢材内晶型具有密排结构，抗蠕变性能比较好；含钼（Mo）的钢材具有较好的抗蠕变性能；预变形可以提高钢材的蠕变强度；钢材内含碳（C）量对蠕变有影响，在 400℃ 下含碳量从 0.15% 增加到 0.35%，钢材的抗蠕变性能达到最好，含碳量继续增加，则抗蠕变性能下降；沸腾钢的抗蠕变性能低于镇静平炉钢，电炉钢的蠕变性能大大超过平炉钢。

5. 钢材的高温腐蚀

碳钢在空气中被加热时，温度对氧化速度影响很大，氧化过程为：

1）温度小于 200℃ 时，出现 $\gamma\text{-}Fe_2O_3$（或 Fe_3O_4）氧化膜，有良好的保护性。

2）温度上升到 $250\sim275℃$ 时，膜补层的 $\gamma\text{-}Fe_2O_3$（或 Fe_3O_4）向 $\alpha-Fe_2O_3$ 转变，氧化膜加厚，氧化速度加快。

3）当温度高于 575℃ 时，碳钢表面氧化膜由三层组成：$FeO\text{—}Fe_3O_4\text{—}\alpha-Fe_2O_3$，氧化速度加快。

4）温度高于 $800\sim900℃$ 时，氧化速度发生显著增加。

除了氧，水蒸气、二氧化碳、氯、硫化氢等对碳钢都有强烈的氧化性。

钢材在高温氧化过程中表面的渗碳体（Fe_3C）与气体作用导致渗碳体减少，称为钢的脱碳。主要反应如下：

$$Fe_3C + O_2 \rightarrow 3Fe + CO_2$$
$$Fe_3C + CO_2 \rightarrow 3Fe + 2CO$$
$$Fe_3C + H_2O \rightarrow 3Fe + CO + H_2$$
$$Fe_3C + 2H_2 \rightarrow 3F + CH_4$$

生成的气体离开钢材表面，使氧化脱碳过程继续下去，造成钢表面膜的破坏和硬度、疲劳强度下降。

14.2.2　铝型材的火灾特性

纯铝的强度低，不能承重荷载。在纯铝中加入一定量的镁（Mg）、锰（Mn）、铜（Cu）、硅（Si）后，可制成强度高的铝合金。建筑型材主要采用锻铝（LD）、特殊铝（LT）两类变形铝合金。铝合金在火灾高温作用下强度损失很快，250℃ 左右铝合金抗拉强度降低到原来强度的 1/2，370℃ 左右抗拉强度几乎全部损失。

14.2.3　玻璃的火灾特性

玻璃是以石英砂、纯碱、石灰石为主要原料，外加助溶剂、脱色剂、着色剂等辅助原料，经高温熔融，成型、冷却而成的固态物质。

按照玻璃的无定型-晶子学说，玻璃是一种具有近程有序区（晶子），而远程无序（网络）的无定型物质。组成玻璃的 SiO_2，每个硅原子处在中心，周围被四个氧原子所包围，形成硅氧四面体，2~4 个硅氧四面体按照一定方式有序排列，组成一个微小的晶子。玻璃中存在着无数的微小晶子，这些晶子之间的相互连接组成网络，但其排列是毫无规律的，玻璃中的碱金属和碱土金属离子无规律分散填充在中间，使得玻璃具有各向同性的特征。玻璃光学、电学、热学和力学性质都与它的方向和位置没有任何关系。

着火时玻璃受火面温度升高，背火面及其他未受火烤的区域，由于玻璃热导率小，仍维持较低温度，于是在玻璃内产生热应力。这个应力如果超过玻璃强度，玻璃就会炸裂。实验表明，玻璃局部温度达到 250℃ 就会发生炸裂现象。玻璃在火焰高温作用下很快会炸裂而失去隔火作用。

玻璃内所产生的温度应力可按下式计算：

$$\sigma_g = K\alpha_T(E\Delta T) \tag{14-5}$$

式中　σ_g——玻璃温度应力（N/mm^2）；

　　　α_T——玻璃线膨胀系数（1/℃）；

　　　ΔT——玻璃平面上的温度差（℃）；

　　　K——修正系数，$K = 0.7 \sim 1.0$；

　　　E——玻璃弹性模量（N/mm^2）。

式（14-5）计算表明，当 $\sigma_g = f_g$ 时，玻璃温度 ΔT 约为 50℃，即普通玻璃温差 50℃ 左右即会炸裂。

14.2.4　胶及塑料的火灾特性

玻璃幕墙常用胶及塑料有聚乙烯铝复合板、硅酮结构密封胶、3M 胶带、PVB 胶片、聚硫胶、丁基胶、环氧树脂、云石胶、聚乙烯泡沫塑料、三元乙丙胶条、断热条等。这些附件是由合成树脂、填料与外加剂组成的，其共同特点：

1）密度小，具有良好的耐腐蚀性与绝缘性，但其耐热性差，稍微加热即发生软化，机械强度降低，变成黏稠橡胶状物质。

2）温度继续升高，黏稠状物质的分子间的键开始断裂，分解成分子量较小的物质。热分解温度一般在 200~400℃，热分解的产物大多数是可燃的、有毒的。在热分解的过程中还会产生微碳粒烟尘而冒黑烟。

3）当分解产物浓度超过爆炸下限时，遇明火会发生闪燃现象。发生闪燃的最低温度称为"闪点"。进一步提高温度，热分解速度加快，则会发生连续燃烧，此时材料被引燃，引燃时的温度称为"燃点"。

4）燃烧时发热量比较高，软质聚乙烯、聚苯乙烯的燃烧热为木材的 2~3 倍。燃烧热大，燃烧时火焰温度必然就高，多数在 2000℃ 左右。火灾发展猛烈，燃烧速度快，同时产生大量的烟和有毒气体。

14.2.5　混凝土的火灾特性

混凝土是非燃性建筑材料，在火灾中不燃烧、不发烟、不产生有毒气体。但混凝土在火灾高温作用下，抗压、抗拉强度、弹性模量、粘结强度等重要力学性能均会降低，影响建筑物或幕墙的稳定性，甚至倒塌。

1. 混凝土在火灾高温作用下的抗压强度

混凝土被加热到300℃以下，温度与抗压强度关系的规律性不明显，一般强度还略有提高。这是因为加热到100~150℃时发生自蒸过程，水蒸气促进水泥熟料水化，水泥石强度增高；加热到200~300℃，硅酸二钙凝胶水分排出，氧化钙水合物结晶以及硅酸三钙水化，导致混凝土硬化，抗压强度增加。当混凝土加热到300℃以上，水化硅酸钙和水化铝酸钙发生脱水。此时水泥石一方面发生受热膨胀，同时又出现脱水收缩，这种热物理现象随着温度升高，脱水收缩比受热膨胀越来越显著，最后的收缩率可达0.5%以上；而混凝土中的骨料随温度升高不断膨胀，特别是砂子、花岗石和砾石，含有石英，石英在573℃时，α型晶格转变成β型晶格，体积膨胀达0.85%；575℃时，水泥石中的$Ca(OH)_2$脱水，使$Ca(OH)_2$晶体破坏，产生的氧化钙若吸收水分又重新生成$Ca(OH)_2$，体积重新膨胀。由于混凝土内的这种复杂的收缩、膨胀以及水泥石凝胶体、结晶体的破坏，使得混凝土温度被加热到300℃以后，强度迅速下降，600℃时强度损失50%，800℃以上时强度损失80%。

2. 混凝土在火灾高温作用下的抗拉强度

混凝土在火灾高温作用下，抗拉强度降低比抗压强度下降10%~15%，这是因为混凝土中水泥结石的微裂纹扩展的结果。这种情况对钢筋混凝土楼板受拉面的损害极大，尤其是对于幕墙与主体连接点处的危害必须引起高度重视。

3. 受热混凝土强度的恢复

只要温度不超过500℃，受热混凝土冷却后又会慢慢地吸收水分，再度进行水化反应，逐渐恢复强度，一年后可恢复90%的强度。混凝土的弹性模量也可逐渐恢复。但温度超过500℃以后，混凝土的强度及弹性模量均很难恢复了。

4. 混凝土在火灾高温作用下的弹性模量

随着温度的升高，混凝土内凝胶与结晶体脱水，结构松弛，孔隙增多，变形增大，导致混凝土弹性模量下降。

5. 混凝土在火灾高温作用下的粘结力

随着混凝土温度升高，水泥结石发生脱水收缩，钢筋发生热膨胀，使两者的摩擦力增加，但同时水泥结石由于脱水而变得多孔松弛，强度降低，混凝土与钢筋的粘结力下降。在常温下，抗压强度$20N/mm^2$的普通混凝土同光面钢筋的粘结力为$2.7N/mm^2$，在450℃时粘结力降低为零。在常温下普通混凝土与变截面钢筋的粘结力为$5.5N/mm^2$，在150℃时粘结力不仅不下降，还增加25%，在450℃时粘结力降低为20%。其他混凝土与钢筋粘结力变化规律更复杂些，但超过450℃温度，混凝土与钢筋的粘结力均会下降。

14.3 建筑幕墙材料防火保护设计

14.3.1 钢材的防火保护

分析表明，钢材在火灾高温作用下，强度损失很快。而在玻璃幕墙中大量使用了型钢（如方钢、角钢、槽钢）作为支撑构件，若不加以保护或保护不利，在火灾中有可能失去承载能力而导致整个玻璃幕墙的倒塌。

由于钢结构的耐火极限仅 0.25h, 与《建筑设计防火规范》（GB 50016—2014）（2018 年版）对玻璃幕墙的耐火极限要求相差很远，所以必须对钢结构实施防火保护。钢结构的防火保护方法主要有涂覆防火涂料、包封法。

1. 涂覆防火涂料

施涂于钢构件表面，能形成耐火隔热保护层，以提高钢构件耐火极限的涂料，称为钢结构防火涂料。按其涂层厚度又可分为厚涂型、薄涂型和超薄涂型防火涂料。

（1）薄涂型防火涂料 薄涂型防火涂料一般涂层厚度只有 2~7mm, 高温时涂层发泡膨胀，被涂覆过的钢结构耐火极限可达 0.5~1.5h。涂层粘结力强、抗震和抗弯性能好，有一定装饰效果，可调配各种颜色以满足不同的装饰要求，适用于建筑物竣工后依然裸露的钢结构。薄涂型防火涂料性能指标见表 14-2。

表 14-2 薄涂型防火涂料性能指标

项目	指标
粘结强度/MPa	≥0.15
抗弯性	挠曲 $L/100$, 涂层不起层、脱落
抗震性	挠曲 $L/200$, 涂层不起层、脱落
耐水性/h	≥24
耐冻融循环性/次	≥15

（2）厚涂型防火涂料 厚涂型防火涂料一般涂层厚度为 8~50mm, 呈粒状面，密度较小，热导率低，耐火极限可达 0.5~3.0h, 厚涂型防火涂料因涂层厚，要求干密度小，不得过多增加建筑物的荷载，同时要求热导率低、耐火隔热性好，适合于建筑物竣工后，已经被围护、装饰材料遮蔽、隔离的隐蔽工程。防火保护层的外观要求不高，但其耐火极限往往要求在 1.5h 以上。厚涂型防火涂料性能指标见表 14-3。

表 14-3 厚涂型防火涂料性能指标

项目		指标				
粘结强度/MPa		≥0.04				
抗压强度/MPa		≥0.3				
干密度/(kg/m³)		≤500				
热导率/[W/(m·K)]		≤0.1160				
耐水性/h		≥24				
耐冻融循环性/次		≥15				
耐火极限	涂层厚度/mm	15	20	30	40	50
	耐火时间不低于/h	1.0	1.5	2.0	2.5	3.0

（3）超薄膨胀型钢结构防火涂料

1）SCA 型涂料。该涂料是以几种水性树脂复合反应物为基料，磷酸与氢氧化铝为主的复合阻燃剂，以水为溶剂制成的。SCA 涂层厚度 1.61mm, 耐火极限 63min。

2）SCB 型涂料。该涂料是以拼和树脂为基料，轻溶剂油为溶剂的溶剂型钢结构膨胀型防火涂料。涂料干燥时间表干为 1h；粘结强度为 0.19MPa；抗震性为挠曲 $L/200$，涂层不起层，不脱落；抗弯性为挠曲 $L/100$，涂层不起层，不脱落；耐水、耐酸碱、耐冻融。涂层厚度 2.69mm，耐火极限 147min。

SCA（水性）、SCB（溶剂型）超薄膨胀防火涂料适用于高层建筑装饰的钢柱、钢梁、钢框、钢桁架、钢结构网架的防火保护。

2. 包封法

包封法是将钢结构用防火隔热材料包封起来，使钢结构免受火灾高温作用。包封法的具体做法包括：

1）使用围护材料：采用不燃吊顶或隔墙将钢结构保护起来，使钢结构不与火直接接触。

2）在钢结构外浇筑混凝土保护层：混凝土内含有 16%～20% 的水分，水分蒸发需吸收热量，混凝土的热导率比较小，混凝土保护层能有效地提高钢结构的耐火极限。但混凝土保护层自重大，施工复杂。

3）用不燃性材料包覆钢构件：用不燃性材料制作的板材，如蛭石板、蛭石水泥板、石膏板、硅钙板粘贴或用钢钉固定在钢结构上。25mm 的蛭石板可使钢结构的耐火极限达到 90min。

4）喷涂无机防火隔热涂料：如矿棉纤维、玻璃纤维、珍珠岩粉料、蛭石粉料、石膏、水泥砂浆等。如在钢柱表面用金属网 M5 砂浆保护，砂浆厚 25mm，耐火极限可达 0.8h，50mm 厚的耐火极限可达 1.35h。

14.3.2 玻璃的防火保护

普通玻璃遇火即炸，耐火极限很低，很难满足玻璃幕墙的耐火极限要求，为此必须对普通玻璃进行防火处理。防火玻璃除了具有普通玻璃的一些性能，还具有阻缓火势蔓延、隔热的性能。根据所用材质的不同，防火玻璃可分为以下几种：

1. 夹丝防火玻璃

夹丝防火玻璃是在两层玻璃中间的有机胶片或无机浆体的夹层中加入金属丝网构成的复合体。丝网加入后，不仅提高防火玻璃的整体抗冲击强度，而且能与电加热和安全报警系统相连接，起到多种功能的作用。夹丝防火玻璃的两层玻璃为无机玻璃，有机胶片为 PVB 胶或 PVC 胶，无机浆体为水合金属盐（如硅酸钠、磷酸盐、铝酸盐等），金属丝为不锈钢丝。

2. 特种材料防火玻璃

（1）硼硅酸盐防火玻璃 硼硅酸盐防火玻璃的化学组成：SiO_2 含量在 70%～80%，B_2O_3 含量 8%～13%，Al_2O_3 含量 2%～4%，R_2O 含量 4%～10%。这种玻璃的特点是软化点高，热膨胀系数低，化学性能稳定。软化点约 850℃，0～300℃ 时热膨胀系数为 $3～4×10^{-7}/℃$。

（2）铝硅酸盐玻璃 铝硅酸盐玻璃的化学组成为 SiO_2 含量在 55%～60%，B_2O 8%～35%，Al_2O_3 18%～25%，R_2O 0.5%～1.0%，CaO 4.5%～8.0%，MgO 6%～9%。这种玻璃的特点是 Al_2O_3 含量低，软化点高，直接放在火焰上加热一般不会炸裂或变形。软化点在 900～920℃，热膨胀系数为 $(5～7)×10^{-6}/℃$。

（3）微晶防火玻璃 微晶防火玻璃是在玻璃一定的化学组成中加入 Li_2O、TiO_2、ZrO_2 等晶核剂，玻璃熔化后再进行热处理，使微晶析出并均匀生长而形成的多晶体。这种玻璃的特点：具有良好的化学稳定性和物理力学性能，机械强度高，抗折抗压强度高，软化温度高，热膨胀系数小。

3. 中空防火玻璃

中空防火玻璃是在接触火焰一面的玻璃基片上，涂一层金属盐，在一定温度、湿度下干燥后，再加工成中空玻璃的防火玻璃。

4. 夹层复合防火玻璃

夹层复合防火玻璃是由两层或两层以上的普通平板玻璃间夹以一层或多层透明遇火膨胀的防火胶粘剂组成。这种防火玻璃性能的好坏主要取决于透明防火胶粘剂性能的好坏。

透明防火胶粘剂可分为无机材料、有机材料两类。国内防火玻璃较少采用有机材料胶粘剂，而大多采用无机材料胶粘剂。无机材料胶粘剂为硅酸钠（俗称水玻璃），配方一般为：硅酸钠＋水＋多羟基化合物＋助剂。这种防火玻璃的防火原理是：发生火灾后，玻璃遇到高温，其防火胶粘剂发泡膨胀，形成绝热的耐火隔热泡沫层，吸收大量热量，从而有效地阻止火焰和烟雾穿透玻璃向外蔓延，同时在一定的时间内能够阻止高温由向火面向背火面迅速传导，以保证背火面邻近物品的安全。

夹层复合防火玻璃透光率不低于同层数平板玻璃的 80%，粘结抗拉强度 $7 \times 10^5 \mathrm{Pa}$，在 $-15℃$ 和 $+60℃$ 温度下放置 24h，性能无变化。复合防火玻璃耐火性能见表 14-4。

表 14-4　复合防火玻璃耐火性能

型号	厚度/mm	耐火等级	耐火极限/min
FB18	18.0 ± 1.0	甲级	≥72
FB15	15.0 ± 1.0	乙级	≥54

总之，防火玻璃特别是夹层复合防火玻璃，具有良好的透光性能和防火隔热性能，耐久性能和耐光性能好，具有一定的抗冲击强度，产品性能稳定，使用环境温度范围宽，可广泛用于防火门、窗和玻璃幕墙防火分区等部位。

5. 高强度单片铯钾防火玻璃

高强度单片铯钾防火玻璃（化学防火玻璃）是通过特殊化学处理在高温状态下进行 20 多小时离子交换，替换了玻璃表面的金属钠，形成表面化学钢化应力，同时通过物理处理后，玻璃表面形成高强的压应力。它是一种新型的建筑用功能材料，具有良好的透光性能和防火阻燃性能。高强度铯钾防火玻璃具有以下特点：

1）优越的耐火性能。高强度单片铯钾防火玻璃在高达 1000℃ 的火焰冲击下能保持 85～183min 不炸裂，在 1200℃ 以上的高温下仍有良好的防火阻燃性，从而有效地阻止火焰与烟雾的蔓延，使人们有足够长的时间撤离现场，并进行救灾工作。

2）高强度。在同样玻璃厚度下，高强度单片铯钾防火玻璃的强度是浮法玻璃的 6～12 倍，是钢化玻璃的 2～3 倍。

3）安全性。单片防火玻璃破碎后碎片为钝角状态，并且碎片比钢化玻璃碎片更小，即使受到破坏也不会对人体造成伤害。

4）高耐候性。高强度单片铯钾防火玻璃在紫外线的长时间照射下，无任何影响外观和使用性能的变化，能长期保持通透与明亮。

5）可加工性能好。高强度单片铯钾防火玻璃可单片使用，也可根据需要通过各种不同的组合及加工方式，在保证防火性能的基础上，获得其他的功能，满足建筑设计的需求（表14-5）。

表14-5　高强度铯钾防火玻璃组合

组合方式	防火夹层玻璃	防火中空玻璃	单片防火玻璃
玻璃组成	高强度单片铯钾防火玻璃＋PVB胶膜＋其他玻璃基片	高强度单片铯钾防火玻璃＋气体层＋其他玻璃基片	高强度单片铯钾防火玻璃
玻璃形状	平板、单曲面及其他		
实现功能	防火、遮蔽、隔声、防紫外线、防弹	防火、遮蔽、隔热、隔声、防结露、节能	防火

注：其他玻璃基片为高强度单片铯钾防火玻璃、高强度单片低辐射镀膜防火玻璃、普通钢化玻璃、半钢化玻璃、Low-E钢化玻璃或普通玻璃等种类。需要考虑整体强度性能的防火夹层玻璃或防火中空玻璃，建议两个基片都采用高强度单片铯钾防火玻璃。

14.3.3　胶及塑料的防火保护

胶及塑料在玻璃幕墙结构中主要起粘贴及密封作用，其耐热性的好坏直接影响着玻璃的粘结强度、气密性、水密性及附件的耐腐蚀性。胶及塑料的防火保护主要是对胶及塑料进行阻燃处理，将可燃、易燃的材料变成难燃的材料，使火灾难以发生，或发生后难以蔓延。阻燃处理方法一般有以下三种：

1. 添加阻燃剂

在塑料中加入无机阻燃剂、有机阻燃剂和惰性的无机填料，使塑料制品的燃烧性能得到改善。聚乙烯（PE）塑料是幕墙应用最多的一种材料，也是一种易燃塑料（氧气指数17.4左右），为此必须对其进行阻燃处理。如在聚乙烯中加入无机阻燃剂$Al(OH)_3$或$Mg(OH)_2$后，氧气指数可达24～27，垂直燃烧试验可达V-1、V-0级。

聚氯乙烯（PVC）分子中含氯量达56%，则具有很好的阻燃效果，若氧指数高于45，则具有自熄性。但为制得软制品，需加入50%的增塑剂等各种助剂，含氯量下降到30%，氧指数降到20，是一种易燃塑料。为了改善阻燃性能，可在其中加入一定的阻燃剂：如加入三氧化二锑（Sb_2O_3），在燃烧时会与氯化氢（HCl）生成二氯化锑（$SbCl_2$），起覆盖作用；同时在反应过程中还需吸收热量，起到很好的阻燃作用。

2. 共混

在所有塑料树脂中，含卤素聚合物一般是难燃的。因为卤化氢在燃烧过程中有捕捉OH自由基生成H_2O、降低OH自由基的作用，使燃烧难以进行下去。如果将阻燃性较差的树脂与卤素树脂共混，则得到比原有树脂好的阻燃性能，例如在ABS树脂中加入聚氯乙烯。

3. 接枝

在基础聚合物上用阻燃性好的单体进行接枝共聚。例如在ABS树脂接枝上氯乙烯单体，氯乙烯含量达到一定数量，就具有较好的阻燃性能；将四溴双酚A与环氧树脂反应，可制得四溴双酚A二缩水甘油醚环氧树脂，其含卤量达16%～50%。溴含量越高，阻燃性越好。四溴双酚A加得过多，会使制品的电气、机械性能有所下降，常常把溴化环氧树脂与其他环氧树脂配合使用，使树脂的电气、机械性能不致有大的下降。为了弥补因此而引起的阻燃性下降，可适当加入三氧化二锑（Sb_2O_3）、氢氧化铝［$Al(OH)_3$］等阻燃剂。

14.3.4　混凝土的防火保护

建筑幕墙属于外围护结构，其金属框架的立柱通过连接件与主体结构中预埋在混凝土中的预埋件相连形成整体。因此，混凝土的强度等级直接影响建筑幕墙整体的稳定性。作为埋设预埋件的主体结构梁板，在火灾高温作用下，混凝土抗拉强度下降很快，其耐火极限达不到幕墙 1.0h 的耐火极限要求。为了提高其耐火极限，除采取增加主筋的保护层厚度以外，还可采取喷涂防火涂料或涂抹砂浆保护层的办法，特殊部位应采用耐火混凝土。

1. 喷涂防火涂料

按《建筑构件耐火试验方法 第 1 部分：通用要求》（GB/T 9978.1—2008）进行耐火试验，在预应力混凝土空心楼板配筋一面喷涂 5mm 厚的防火涂料，楼板的耐火极限可达 2h 左右。

2. 涂抹砂浆保护层

常用的保温隔热砂浆有水泥膨胀蛭石砂浆、水泥膨胀珍珠岩砂浆、水泥石灰膨胀蛭石砂浆等。涂 20mm 厚的蛭石石膏浆，耐火极限可达 2h。

另外，混凝土最小保护层厚度应满足《混凝土结构设计规范》（GB 50010—2010）（2015 年版）的规定，以防止混凝土剥落，钢筋暴露在大气中，特别是预埋件连接处。

3. 耐火混凝土

在起承重作用的特殊部位应采用耐火混凝土。耐火混凝土可采用硅酸盐水泥耐火混凝土、铝酸盐水泥耐火混凝土、水玻璃耐火混凝土等。

耐火混凝土的组成要求：

1）胶结料：耐火混凝土中掺入了耐热性能好的胶结料，如矾土水泥、加有硅氟酸钠的水玻璃，其胶结料加热到 800℃之后，抗拉强度几乎不降低。

2）骨料：不采用易分解、易膨胀的石灰质、硅质骨料，而采用膨胀性能与石灰石接近的红砖、铬铁矿、矿渣、安山石、焦宝石等。同时尽量采用颗粒较小的骨料，以使混凝土内膨胀比较均匀。大颗粒骨料膨胀在局部易产生较大热应力。

3）配合比：降低水胶比，坍落度不宜大于 20mm，从而减少混凝土的含水量，适当降低水泥与骨料之比，在混凝土中，骨料强度及耐热性好于水泥结石，水泥用量占总混凝土重量的 10%。

14.4　建筑幕墙防火材料的选择

建筑物应根据其耐火等级来选定构件材料和构造方式，保证结构的耐火稳定性，并使建筑物在火灾过后易于修复。

14.4.1　建筑材料及制品燃烧性能等级

《建筑材料及制品燃烧性能分级》（GB 8624—2012）将建筑材料及其制品（铺地材料除外）燃烧性能分为 A、B1、B2、B3 四个等级，分别与欧盟标准分级（A1、A2）、（B、C）、（D、E）、F 相对应。

对墙面保温泡沫塑料，除符合表 14-6 规定外应同时满足以下要求：B1 级氧指数值 OI≥

30%；B2 级氧指数值 OI≥26%。试验依据为《塑料 用氧指数法测定燃烧行为 第 2 部分：室温试验》（GB/T 2406.2—2009）。

表 14-6　平板状建筑材料及制品的燃烧性能等级及分级判据

燃烧性能等级		试验方法		分级判据
A	A1	GB/T 5464[①]且		炉内升温 $\Delta T \leqslant 30℃$ 质量损失率 $\Delta m \leqslant 50\%$ 持续燃烧时间 $t_f = 0$
		GB/T 14402		总热值 $PCS \leqslant 2.0MJ/kg$[①]、[②]、[③]、[⑤] 总热值 $PCS \leqslant 1.4MJ/m^2$[④]
	A2	GB/T 5464[①]或	且	炉内升温 $\Delta T \leqslant 50℃$ 质量损失率 $\Delta m \leqslant 50\%$ 持续燃烧时间 $t_f \leqslant 20s$
		GB/T 14402		总热值 $PCS \leqslant 3.0MJ/kg$[①]、[③] 总热值 $PCS \leqslant 4.0MJ/m^2$[②]、[④]
		GB/T 20284		燃烧增长速率指数 $FIGRA_{0.2MJ} \leqslant 120W/s$ 火焰横向蔓延未达到试样长翼边缘 600s 的总散热量 $THR_{600s} \leqslant 7.5MJ$
B1	B	GB/T 20284 且		燃烧增长速率指数 $FIGRA_{0.2MJ} \leqslant 120W/s$ 火焰横向蔓延未达到试样长翼边缘 600s 的总散热量 $THR_{600s} \leqslant 7.5MJ$
		GB/T 8626 点火时间 30s		60s 内的焰尖高度 $Fs \leqslant 150mm$ 60s 内无燃烧滴落物引燃滤纸现象
	C	GB/T 20284 且		燃烧增长速率指数 $FIGRA_{0.4MJ} \leqslant 250W/s$ 火焰横向蔓延未达到试样长翼边缘 600s 的总散热量 $THR_{600s} \leqslant 15MJ$
		GB/T 8626 点火时间 30s		60s 内焰尖高度 $Fs \leqslant 150mm$ 60s 内无燃烧滴落物引燃滤纸现象
B2	D	GB/T 20284 且		燃烧增长速率指数 $FIGRA_{0.4MJ} \leqslant 750W/s$
		GB/T 8626 点火时间 30s		60s 内焰尖高度 $Fs \leqslant 150mm$ 60s 内无燃烧滴落物引燃滤纸现象
	E	GB/T 8626 点火时间 15s		20s 内焰尖高度 $Fs \leqslant 150mm$ 20s 内无燃烧滴落物引燃滤纸现象
B3	F	无性能要求		

①均质制品或非匀质制品的主要组分。

②非匀质制品的外部次要组分。

③当外部次要组分的 $PCS \leqslant 2.0MJ/m^2$ 时，若整体制品的 $FIGRA_{0.2MJ} \leqslant 20W/s$，$LFS <$ 试样边缘、$THR_{600s} \leqslant 4.0MJ$ 并达到产烟特性等级 s1 和燃烧滴落物/微粒等级 d0 级，则达到 A1 级。

④非匀质制品的任一内部次要组分。

⑤整体制品。

14.4.2 建筑幕墙的防火材料选择

除填充棒和双面胶带等少量辅材外，幕墙的材料均应采用不燃（A 级）或难燃（B1）级材料。随着国家对建筑节能的重视，外墙普遍进行了保温处理，目前幕墙防火的问题主要出在保温材料上。在中央电视台新址电视文化中心（TVCC）的配楼发生大火后，公安部联合住建部，颁布了《民用建筑外保温系统级外墙装饰防火暂行规定》（公通字［2009］46号），对建筑幕墙的保温材料做了明确的规定：

1）建筑高度大于等于 24m 时，保温材料的燃烧性能应为 A 级。

2）建筑高度小于 24m 时，保温材料的燃烧性能应为 A 级或 B1 级。其中，当采用 B1 级保温材料时，每层应设置水平防火隔离带。

3）保温材料应采用不燃材料作防护层。防护层应将保温材料完全覆盖。防护层厚度不应小于 3mm。

4）采用金属、石材等非透明幕墙结构的建筑，应设置基层墙体，其耐火极限应符合《建筑设计防火规范》（GB 50016—2014）（2018 年版）关于外墙耐火极限的有关规定；玻璃幕墙的窗间墙、窗槛墙、裙墙的耐火极限和防火构造应符合现行防火规范关于建筑幕墙的有关规定。

5）基层墙体内部空腔及建筑幕墙与基层墙体、窗间墙、窗槛墙及裙墙之间的空间，应在每层楼板处采用防火封堵材料封堵。

14.5 建筑幕墙防火设计分析

幕墙系统主要由抗燃性不强的铝型材、硅胶、玻璃等材料组成。在实际的幕墙设计中，应注意防火分区的设计。在建筑物内采取划分防火分区这一措施，可以在建筑物一旦发生火灾时，有效地把火势控制在一定的范围内，阻止火势蔓延扩大，减少火灾损失，同时可以为人员安全疏散、消防扑救提供有利条件。

14.5.1 建筑幕墙防火设计要求

建筑幕墙作为建筑物的外围护结构是建筑重要组成部分，也应符合《建筑设计防火规范》（GB 50016—2014）（2018 年版）的有关规定，所以防火是玻璃幕墙主要性能之一。

《建筑设计防火规范》（GB 50016—2014）（2018 年版）对建筑幕墙应采取的相应防火措施做了规定：

1）建筑幕墙在每层楼板外沿处采取防火措施，应符合下列要求：

建筑外墙上、下层开口之间应设置高度不小于 1.2m 的实体墙；当室内设置自动喷水灭火系统时，上、下层开口之间的实体墙高度不应小于 0.8m。当上、下层开口之间设置实体墙确有困难时，可设置防火玻璃墙，但高层建筑的防火玻璃墙的耐火完整性不应低于 1.0h，单、多层建筑的防火玻璃墙的耐火完整性不应低于 0.50h，外窗的耐火完整性不应低于防火玻璃墙的耐火完整性要求。

2）幕墙与每层楼板、隔墙处的缝隙应采用防火封堵材料封堵。

《玻璃幕墙工程技术规范》（JGJ 102）（2022 年送审稿）对建筑幕墙防火的规定：

1）玻璃幕墙的防火设计应符合《建筑设计防火规范》（GB 50016—2014）（2018 年版）的有关规定。

2）在无主体结构实体墙的部位，幕墙与周边防火分隔构件间的缝隙、与楼板或隔墙外沿间的缝隙等，应进行防火封堵设计；在有主体结构实体墙的部位，与实体墙面洞口边缘间的缝隙以及与实体墙周边的缝隙等，应进行防火封堵设计。

3）当玻璃幕墙无窗槛墙设计时，应在每层楼板外沿设置耐火极限不低于 1.0h、高度不低于 0.8m 的不燃烧实体裙墙或者防火玻璃裙墙。位于楼板边缘的混凝土梁板或钢梁板的高度可以计入此高度。

4）玻璃幕墙与各层楼板、隔墙外沿的间隙应采取防火封堵措施，并应符合下列要求：

①在窗槛墙部位宜采用上下两层水平防火封堵构造。当采用一层防火封堵时，防火封堵构造应位于窗槛墙的下部。

②楼层间的水平防烟带的岩棉或矿棉宜采用厚度不小于 1.5mm 的镀锌钢板承托，镀锌钢板与主体结构、幕墙框架可靠连接；钢板支撑构造与主体结构、幕墙构部件以及钢承托板之间的接缝处应采用防火密封胶密封。

③玻璃幕墙与各层楼板、隔墙外沿间的缝隙，当采用岩棉或矿棉封堵时，应填充密实，填充厚度不应小于 100mm。

《防火封堵材料》（GB 23864—2009）对幕墙在防火封堵时使用的防火材料做了明确规定。防火封堵材料应满足幕墙相关规范的要求，耐久性应不低于 25 年，耐火性能不低于 1.0h，且具有伸缩变形能力、烟密性、水密性等技术指标。

防火封堵材料的耐火性能按耐火时间分为 1h、2h、3h 三个级别，耐火性能的缺陷类别为 A 类。防火封堵材料的耐火性能应符合表 14-7 的规定。

表 14-7　防火封堵材料的耐火性能

序号	技术参数	耐火极限/h		
		1	2	3
1	耐火完整性	≥1.00	≥2.00	≥3.00
2	耐火隔热性	≥1.00	≥2.00	≥3.00

14.5.2　幕墙建筑防火分区划分

防火分区是指在建筑内部采用防火墙、楼板及其他防火分隔设施分隔而成，能在一定时间内防止火灾向同一建筑的其余部分蔓延的局部空间。根据防止火灾向防火分区以外扩大蔓延的功能不同，防火分区可分为竖向防火分区和水平防火分区两类。

竖向防火分区是指用耐火性能较好的楼板及窗间墙（含窗下墙），在建筑物的垂直方向对每个楼层进行的防火分隔。竖向防火分区用以防止建筑物层与层之间竖向发生火灾蔓延。

水平防火分区是指用防火墙或防火门、防火卷帘等防火分隔物将各楼层在水平方向分隔出的防火区域。水平防火分区用以防止火灾在水平方向扩大蔓延。防火分区应用防火墙分隔，如确有困难时，可采用防火卷帘加冷却水幕或闭式喷水系统，或采用防火分隔水幕分隔。

从防火的角度看，防火分区划分得越小，越有利于保证建筑物的防火安全。防火分区面积大小的确定应考虑建筑物的使用性质、重要性、火灾危险性、建筑物高度、消防扑救能力以及火灾蔓延的速度等因素。《建筑设计防火规范》（GB 50016—2014）（2018 年版）表 5.3.1 规定了不同耐火等级民用建筑防火分区最大允许建筑面积要求，对于高层民用建筑（耐火等级一、二级），防火分区的最大允许建筑面积 1500m²，对于多层民用建筑（耐火等级一、二级），防火分区的最大允许建筑面积 2500m²。

14.5.3　幕墙防火封堵设计

1. 幕墙竖向防火封堵设计

幕墙建筑物周边水平防火带指的是在幕墙内侧与建筑物楼板之间的缝隙中，建立与建筑物楼板具有相同防火等级的水平防火带，以切断层间通道，阻止火势上窜蔓延。

设计水平防火带，除了考虑风载、地震作用、温差作用等因素引起的变位，还要考虑起火情况下周围材料的破碎、脱落、支撑强度降低及巨大变形等，同时还必须同幕墙内部结构和防火材料相结合，一起抵抗来自建筑物内部和外部的火势攻击，将火势控制在最小范围内。幕墙系统窗间墙部分须具备一定的防火和阻燃性能，它在防止"焰卷效应"，保证水平防火带有效工作方面起着关键作用。

防火的同时还必须考虑防烟，组成一条完整的防火防烟带，争取更多的时间，挽救更多的生命。

竖向防火封堵设计应注意以下几点：

1）当玻璃幕墙无窗槛墙设计时，应在每层楼板外沿设置耐火极限不低于 1.0h、高度不低于 800mm 的不燃烧实体裙墙或者防火玻璃裙墙。可以计入这个高度的有不燃烧的实体墙（混凝土、砖墙等）；位于楼板边缘的混凝土梁板、有防火保护的钢梁和组合楼板；由防火材料组成的防火墙（如硅镁防火板加 120mm 厚的防火岩棉等）；铯钾防火玻璃及其制成的中空玻璃、夹层玻璃。图 14-7 为梁高大于 800mm 的层间防火节点构造。

无窗槛墙的玻璃幕墙应保证不燃烧实体墙的高度不低于 800mm，如达不到，不足部分可以考虑上翻一个混凝土踢脚线（图 14-8），或在梁底加设防火岩棉带；当玻璃为大面全玻或点支承幕墙时，则采用铯钾防火玻璃加高（图 14-9）。图 14-10 给出了主体为钢结构的幕墙层间防火节点构造。

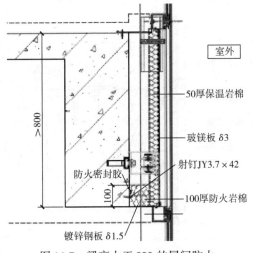

图 14-7　梁高大于 800 的层间防火
节点构造（单位：mm）

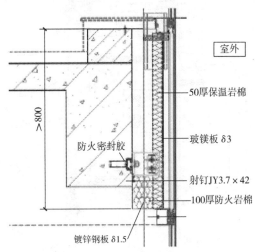

图 14-8　梁高小于 800 的层间防火
节点构造（单位：mm）

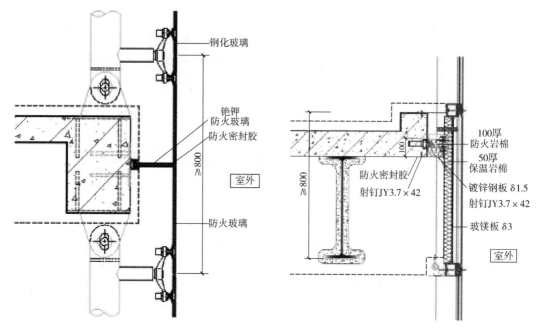

图 14-9　全玻或点支式幕墙的层间防火节点构造　　　图 14-10　主体为钢结构的幕墙层间防火节点构造

当梁离板边太远应另设不燃烧墙体。

图 14-11 所示为典型幕墙层间防火节点构造，由图可见，转接件应尽量封在两道防火层内；防火封堵尽量设置在横框部位，以避免一块玻璃跨越两个区间；竖框伸缩缝宽度应大于 10mm。

与构件式幕墙相比，单元式幕墙防火封堵设计更应注意防火封堵组件安装顺序，因为单元幕墙为整体吊装，不利于幕墙外侧安装防火封堵，所以应在单元幕墙吊装之前将不宜后安装的封堵组件先固定好，其余部件应在单元安装好以后安装，如图 14-12 所示。

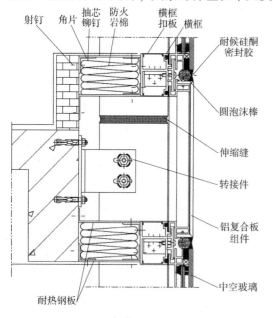

图 14-11　典型幕墙层间防火节点构造

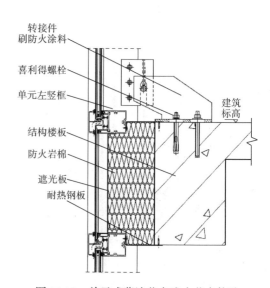

图 14-12　单元式幕墙节点防火节点构造

值得注意的是，对于高层建筑，除了在每层楼板处做层间封堵外，还应根据《建筑外墙保温防火隔离带技术规程》（JGJ 289—2012）的有关规定设置防火隔离带。考虑经济因素，层间封堵是局部防火设计，而隔离带部位的玻璃幕墙应进行全方位的防火设计（包括防火玻璃、防火胶、防火混凝土、防火螺栓等）。

大部分采用幕墙的既有建筑未设置800mm 高不燃烧实体裙墙，这是由于建筑师（业主）认为不燃烧实体裙墙影响幕墙艺术效果。为了满足幕墙防护构造要求，根据卷火直径约为1200mm 的原理，也有实际工程采用在楼层上设 300mm 高的贴脚线，在圈梁底向下设约 500mm 混凝土挡火板，这样加上圈梁（约400mm）高度，总高度约为1200mm，在贴脚线顶部和挡火板底部各用 40mm 厚硅酸铝（钙）板（耐火极限 >1.0h）封闭，在板与幕墙杆件（玻璃）间用防火密封胶密封的层间防火节点构造（图 14-13）。这种节点构造达到防止浓烟上窜，1200mm 高实体混凝土板可防止卷火，即使卷火使 1200mm 范围内玻璃开裂再次进入幕墙与混凝土墙板之间，也被贴脚线顶部防火层挡住不能窜入上一层房间。

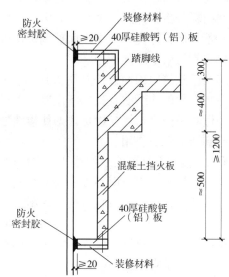

图 14-13　幕墙层间防火节点构造（单位：mm）

2）为了防止下部楼层的烟雾穿过幕墙与楼板间的缝隙进入上部楼层，在无主体结构实体墙的部位，幕墙与周边防火分隔构件间的缝隙、与楼板或隔墙外沿间的缝隙等，应进行防火封堵设计；在有主体结构实体墙的部位，与实体墙面洞口边缘间的缝隙以及与实体墙周边的缝隙等，应进行防火封堵设计。

玻璃幕墙与各层楼板、隔墙外沿的间隙应采取防火封堵措施，并应符合下列要求：

①在窗槛墙部位宜采用上、下两层水平防火封堵构造。当采用一层防火封堵时，防火封堵构造应位于窗槛墙的下部。

②水平防火封堵构造应采用不小于 1.5mm 镀锌钢板与主体结构、幕墙框架可靠连接；钢板支撑构造与主体结构、幕墙构部件以及钢承托板之间的接缝处应采用防火密封胶密封。

③当采用岩棉或矿棉封堵时，应填充密实，填充厚度应不小于100mm。

岩棉或矿棉封堵材料填满窗下幕墙板后面的全部缝隙，这是不对的。《玻璃幕墙工程技术规范》（JGJ 102）（2022 年送审稿）要求 100mm 厚的隔烟材料"充填密实"，没有要求"全面塞满"。塞满后容易产生冷凝水，降低充填材料的保温或防火性能；当前面是玻璃板时，在阳光透射下会积聚热量，使玻璃板因温度升高而破裂，即使是做保温，也应离开玻璃板 30～50mm。

3）同一幕墙玻璃单元不得跨越建筑物的两个防火分区。

火灾时玻璃会破损，当一块玻璃跨越两个防火分区时，会使无火灾的区域失去维护功能，并且火灾易窜入无火灾区域。因此，同一幕墙玻璃单元不得跨越建筑物上下、左右相邻的防火分区。

　　幕墙面板分格要考虑多方面的因素,除了要满足建筑设计效果,还要考虑面板材料规格、材料强度和刚度、室内空间组合、原材料利用率,以及防火分区等要求。

　　幕墙设计人员应正确理解防火分区概念,楼面梁及实体窗槛墙均属于上下防火分区的隔断,因此对有窗槛墙的防火分区宜以楼面、楼面梁及实体窗槛墙的外沿线进行划分确定,保证层间面板分格不穿越两个防火分区。玻璃面板并未穿越两个防火分区,与规范中的有关要求也并不矛盾,即使火灾中楼面玻璃板块破坏,由于上道防火封堵并未受到破坏,防火封堵仍可以起到有效的阻隔作用。

　　若由于建筑原因面板跨越防火区时,可以采取措施,将楼面处的玻璃采用防火铯钾玻璃,并且立柱的伸缩缝宜稍向下设置,以错开横梁的角码位置;或者在楼面上的第一根横梁上方加做一道防火封堵,以保证即使楼面处的板块破坏,由于上道防火封堵未受破坏,仍可有效起到防火保护作用。

　　4) 铝板和石材幕墙后面往往是实体墙,实体墙一般是不透烟的。所以除可按一般幕墙做层间隔烟层外,也可以不设层间隔烟而做门窗洞口周边隔烟。

　　有实体墙的金属与石材幕墙的保温材料应采用不燃烧材料做防护层,防护层应将保温材料完全覆盖,防护层厚度不应小于3mm,可采用玻镁防火板、水泥板、镀锌钢板或憎水型A级保温砂浆。有实体墙幕墙保温防火的构造要求见表14-8。图14-14、图14-15给出了石材幕墙层间防火节点示意。

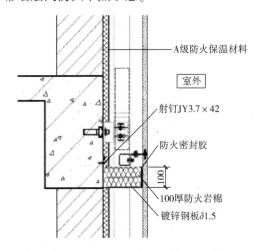
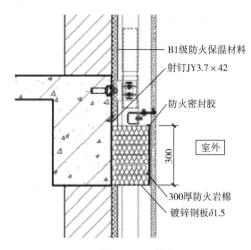

图 14-14　高层石材幕墙层间防火节点　　　　图 14-15　B1级防火材料的石材幕墙层间防火节点

表 14-8　有实体墙幕墙保温防火的构造要求

保温材料燃烧性能级别	防火构造要求			适用建筑高度	典型保温材料典型列举
	层间 300mmA 级防火隔离带	层间 100mmA 级防火封堵	3mm 防火保护层		
A	不设置	设置	设置	无限制	岩棉、玻璃棉、泡沫玻璃、陶瓷纤维、无机纤维
B1	设置	设置	设置	≤24m	石墨 EPS、酚醛板

2. 幕墙水平防火封堵设计

　　水平防火封堵设计要点如下:

1) 水平防火分区之间的防火墙到了楼板边缘,其左右两侧各 1.0m 范围内必须为不燃烧墙体,实体墙、由不燃烧材料组成的墙体、单片防火玻璃及其制品等均可计入其宽度。

在水平防火分区的实际防火墙两侧设置幕墙时,距离防火墙两侧各 1.0m 的部位不应有门窗洞口,若设置洞口,则应采用防火窗。

2) 当水平防火分区设置玻璃幕墙时,玻璃幕墙应采用铯钾防火玻璃和带经防火涂料处理的钢龙骨外包铝合金形式。

3) 防火分区隔断与主体结构的后连接宜采用后扩底锚栓或通过耐高温测试的化学锚栓。主要是由于国内一些产品中化学药剂含有大量的苯乙烯,而苯乙烯预热后不稳定。

3. 楼层防火单元间的玻璃防火隔断

楼层上防火单元间通常用防火墙分隔。当建筑设计要求防火隔断为透明时,可采用玻璃防火隔断。玻璃防火隔断面板应采用单片铯钾防火玻璃及其制品。支承框架采用防火处理后的钢结构,并用防火密封胶密封。防火隔断与主体结构的后连接不应采用化学螺栓,应采用机械螺栓,如图 14-16 所示。

幕墙的下列部位应采用防火玻璃:

1) 透明的层间隔烟封堵。

2) 防火墙左右两侧的竖向透明防火带。

3) 无窗下实体墙或实体墙高度不足时,楼板上下两侧的透明水平防火带。

4) 划分防火分区的透明防火墙。

5) 其他透明防火隔断、透明楼板。

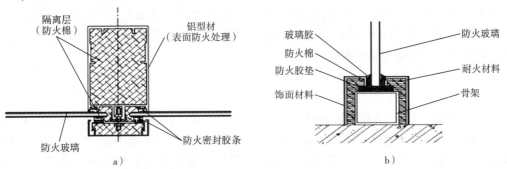

图 14-16　防火玻璃幕墙或隔墙节点

a) 防火玻璃幕墙节点　b) 防火玻璃隔断节点

4. 双层幕墙防火封堵构造

(1) 由于双层幕墙内外层幕墙之间的空气间层在火灾时容易成为火势蔓延的通道,而双层幕墙内外层幕墙之间通常存在用于支撑外层幕墙的金属支撑结构。双层幕墙的内外层幕墙之间的金属支撑结构的耐火极限不应低于 1.0h,为此可采用涂敷防火涂料、包覆防火板材或柔性毡状隔热材料、注水冷却、施加水喷淋或水喷雾等防火保护措施对金属支撑结构进行防火保护。

(2) 双层幕墙的内层幕墙的幕墙防火封堵构造应符合《建筑幕墙防火技术规程》(T/CECS 806—2021) 第 4.2.4 条的规定。

(3) 双层幕墙的空气间层在火灾时极易成为火势蔓延的通道,并且上下贯通的空气间层会产生烟囱效应,加剧火势蔓延。因此,《建筑幕墙防火技术规程》(T/CECS 806—2021)

规定，双层幕墙空气间层内的防火设计应符合下列规定：

1）单楼层式双层幕墙的空气间层单元的竖向（高度）为一个楼层的高度，故单楼层式双层幕墙应在每层设置层间幕墙防火封堵构造。

2）当多楼层式双层幕墙的空气间层单元的竖向（高度）为两个楼层的高度，为阻止火灾在楼层间蔓延，应在分隔层设置层间幕墙防火封堵构造的同时，在非分隔层也需要设置不燃性防火挑檐或幕墙防火封堵系统。

3）当多楼层式双层幕墙的空气间层竖向（高度）为两个以上层高时，空气间层跨越的楼层数较多，为阻止火灾在楼层间蔓延，需要在空气间层内设置必要的防火封堵措施。当为建筑高度小于或等于50m的民用建筑时，应每三层设置一道层间幕墙防火封堵构造，并且在另外两层也需要各设置一道不燃性防火挑檐或幕墙防火封堵系统。

4）采用空气间层竖向（高度）为两个以上层高的多楼层式双层幕墙的民用建筑，当为建筑高度大于50m的民用建筑时，应每两层设置一道层间幕墙防火封堵构造，间隔层应设置不燃性防火挑檐或幕墙防火封堵系统。

（4）双层幕墙空气间层内的防火挑檐，耐火极限不应低于1.0h。公共建筑双层幕墙的防火挑檐宽度不应小于1.0m，住宅建筑双层幕墙的防火挑檐宽度不应小于0.6m；防火挑檐的最小宽度不应小于内外层幕墙间距的1/2。防火挑檐的长度不应低于空气间层的长度。

（5）双层幕墙空气间层内的幕墙防火封堵系统，耐火极限不应低于1.0h。幕墙防火封堵系统应能完整封闭空气间层。

（6）内通风双层幕墙空气间层的进出风口，以及位于层间幕墙防火封堵构造内的通风口，在火灾时可成为火灾蔓延的通道，在火灾时应迅速关闭，以阻止火灾蔓延。因此应在此类风口设置乙级防火窗或防火阀，其中乙级防火窗应与火灾自动报警系统联动；防火阀应与火灾自动报警系统联动或采用温度熔断自动关闭。

（7）用于双层幕墙强制通风的通风管道应符合《建筑设计防火规范》（GB 50016—2014）（2018年版）的有关规定。

（8）电器设备和电气线路是重要的火灾引发因素，故双层幕墙空气间层内如需设置电器设备，需要安装在不燃性基层上，并采取必要的防火措施。双层幕墙空气间层内设置的电器设备应安装在不燃性基层上，且应和难燃、可燃材料保持不小于150mm的距离。电气线路应采用金属导管保护。

5. 消防逃生设计

夹层玻璃虽然是安全玻璃，但是采用夹层玻璃的幕墙如果没有设置足够的疏散通道和充分的自动室内消防设施，就会存在可怕的安全隐患，一旦火灾发生，需要消防救援时，消防人员无法击碎玻璃，而难以施救。因此幕墙玻璃采用夹层玻璃时，应采取以下安全措施：

1）幕墙玻璃采用夹层玻璃时，应设置消防救援单元，且该单元应设置明显标志。一旦需要消防救援时，应能及时击破各层规定部位的幕墙玻璃板块，快速开辟适合人员进出幕墙的洞口。消防救援单元可以选定于幕墙固定板块或者开启扇部位，便于击碎、开启或拆卸。玻璃面板可以选用与大面玻璃同类型玻璃的单层构造形式，既减少影响玻璃幕墙外观效果，又满足应急击碎的特殊需要。每层采用不少于2块，间距不大于20m，宽度不小于1.2m，高度不小于1.0m的非夹层玻璃作为应击碎玻璃。

2）在紧急出口的玻璃幕墙室内，可设置方便逃生的装置（如缓降器等）。

第 15 章

建筑幕墙防雷设计

雷电是伴有闪电和雷鸣的一种放电现象，雷电流是流经雷击点的电流，具有幅值大、陡度大、冲击性强、冲击过电压高等特点。雷电击中建筑物时，通常会产生闪电感应，雷电流释放出的巨大能量，会对被击中的建筑物造成破坏。在雷云和大地形成电场时，建筑幕墙的金属框架（横梁、立柱）由于雷电的效应，将会产生静电感应作用，在幕墙的金属体积聚与雷云极性相反的大量感应电荷。当雷云瞬间放电后，云与大地的电场突然消失，由于幕墙的金属体感应电荷无法以相应速度消散，将会产生数万伏的对地静电感应电压，这对人和设备将会产生危害。

建筑幕墙是独立悬挂在建筑物主体结构之外的建筑外围护系统，当建筑幕墙围护建筑物后，建筑物原防雷装置由于建筑幕墙的屏蔽效应，不能直接起到接闪和防雷作用，闪击对建筑物的雷击，往往变成了对建筑幕墙的直接雷击。建筑幕墙的金属框架是良导体，幕墙的防雷措施处理不当，可能会遭到雷电的侧击破坏，严重的可能招致火灾。因此，建筑幕墙设计时必须做好防雷设计，以防范雷电对建筑幕墙的损害。本章结合《建筑物防雷设计规范》（GB 50057—2010）等相关规范和工程实践，介绍建筑幕墙防雷体系设计方面的内容。

15.1 建筑幕墙的防雷分类

《建筑物防雷设计规范》（GB 50057—2010）根据建筑物的重要性、使用性质、发生雷电事故的可能性和后果，按防雷要求分为三类。

1）在可能发生对地闪击的地区，遇下列情况之一时，应划为第一类防雷建筑物：

①凡制造、使用或储存火炸药及其制品（包括火药、炸药、弹药、引信和火工品等）的危险建筑物，因电火花而引起爆炸、爆轰，会造成巨大破坏和人身伤亡者。爆轰是指爆炸物中一小部分受到引发或激励后爆炸物整体瞬时爆炸。

②具有 0 区或 20 区爆炸危险场所的建筑物。

③具有 1 区或 21 区爆炸危险场所的建筑物，因电火花而引起爆炸，会造成巨大破坏和人身伤亡者。

2）在可能发生对地闪击的地区，遇下列情况之一时，应划为第二类防雷建筑物：

①国家级重点文物保护的建筑物。

②国家级的会堂、办公建筑物、大型展览和博览建筑物、大型火车站、国宾馆、国家级档案馆、大型城市的重要给水水泵房等特别重要的建筑物。

③国家级计算中心、国际通信枢纽等对国民经济有重要意义的建筑物。

④国家特级和甲级大型体育馆。

⑤制造、使用或储存爆炸及其制品的危险建筑物，且电火花不易引起爆炸或不致造成巨

大破坏和人身伤亡者。

⑥具有 1 区或 21 区爆炸危险场所的建筑物，且电火花不易引起爆炸或不致造成巨大破坏和人身伤亡者。

⑦具有 2 区或 22 区爆炸危险场所的建筑物。

⑧有爆炸危险的露天钢质封闭气罐。

⑨预计雷击次数大于 0.05 次/a 的部、省级办公建筑物和其他重要或人员密集的公共建筑物，以及火灾危险场所。

⑩预计雷击次数大于 0.25 次/a 的住宅、办公楼等一般性民用建筑物或一般性工业建筑物。

3）在可能发生对地闪击的地区，遇下列情况之一时，应划为第三类防雷建筑物：

①省级重点文物保护的建筑物及省级档案馆。

②预计雷击次数大于或等于 0.01 次/a，且小于或等于 0.05 次/a 的部、省级办公建筑物和其他重要或人员密集的公共建筑物，以及火灾危险场所。

③预计雷击次数大于或等于 0.05 次/a，且小于或等于 0.25 次/a 的住宅、办公楼等一般性民用建筑物或一般性工业建筑物。

④在平均雷暴日大于 15d/a 的地区，高度在 15m 及以上的烟囱、水塔等孤立的高耸建筑物；在平均雷暴日小于或等于 15d/a 的地区，高度在 20m 及以上的烟囱、水塔等孤立的高耸建筑物。

《可燃性粉尘环境用电气设备 第 3 部分：存在或可能存在可燃性粉尘的场所分类》（GB/T 12476.3—2017）按气体场所的不同，爆炸危险场所可分为 0 区、1 区和 2 区；按粉尘场所的不同，爆炸危险场所可分为 20 区、21 区和 22 区，见表 15-1。

表 15-1　爆炸危险场所分区（GB/T 12476.3—2017）

分区		爆炸危险场所
按气体场所划分	0 区	连续出现或长期出现或频繁出现爆炸性气体混合物的场所
	1 区	在正常运行时，可能偶然出现爆炸性气体混合物的场所
	2 区	在正常运行时，不可能出现爆炸性气体混合物的场所，或即使出现也仅是短时存在的爆炸性气体混合物的场所
按粉尘场所划分	20 区	以空气中可燃性粉尘云持续地或长期地或频繁地短时存在于爆炸性环境中的场所
	21 区	正常运行时，很可能偶然地以空气中可燃性粉尘云形式存在于爆炸性环境中的场所
	22 区	在正常运行时，不太可能以空气中可燃性粉尘云形式存在于爆炸性环境中的场所。如果存在仅是短暂的

第一类防雷建筑物主要是属于具有爆炸危险场所的建筑物，如制造、使用或储存火炸药及其制品的危险建筑物等，而目前常用的建筑幕墙主要是属于第二类或第三类防雷建筑物。

15.2　建筑幕墙防雷设计原理

1. 建筑幕墙防雷设计原理分析

大气的流通形成了雷云，随着雷云下部的负电荷积累，其电场强度增加到极限值，于是开始向下梯级放电，梯级先导前端接近地面数十米时，它趋向受地面上物体影响，从先导前端向四周伸出 10～100m 的长臂探索，一旦接触到地面物体或与地面提前先导相会便会发生闪击，这个长臂的臂长称为臂距或闪击距离，电气几何学根据雷电这一特性，将先导前端假定为球体中心，闪击距离为球体半径，即滚球半径 R。

《建筑物防雷设计规范》（GB 50057—2010）所提出的接闪器保护范围是以滚球法为基础的。所谓滚球法是以 R 为半径的一球体沿需要防直击雷的部分滚动，当球体只接触及接闪器（包括被利用作为接闪器的金属物）或只接触及接闪器和地面（包括与大地接触并能承受雷击的金属物）而不触及需要保护的部位时，则该部位就得到接闪器的保护。许多防雷导体（通常是垂直和水平导体）以下列方法盖住需要防雷的空间，即用一给定半径（R）的球体滚过上述防雷导体时不会接触要防雷的空间。它基于以下电气 – 几何模型（雷闪数学模型）：

$$R = 2i_0 + 30(1 - e^{-1/6.8}) \tag{15-1}$$

或简化为
$$R = 10i_0^{0.65} \tag{15-2}$$

式中　R——滚球半径（m）；

　　　i_0——最大雷电流（kA）。

表 15-2　给出了与最大雷电流 i_0 对应的滚球半径 R。

表 15-2　与最大雷电流对应的滚球半径

防雷建筑物类别	最大雷电流 i_0/kA			对应的滚球半径 R/m		
	正极性首次雷击	负极性首次雷击	负极性后续雷击	正极性首次雷击	负极性首次雷击	负极性后续雷击
第一类	200	100	50	313	200	127
第二类	150	75	37.5	260	165	105
第三类	100	50	25	200	127	81

当 $R = 30$m 时，$i_0 = 5.4$kA；当 $R = 45$m 时，$i_0 = 10.1$kA；当 $R = 60$m 时，$i_0 = 15.8$kA。

当雷电流 i_0 小于上述数值时，雷闪有可能穿过接闪器击于被保护建筑物上，而雷电流 i_0 等于或大于上述数值时，雷闪将击于接闪器上。

高层建筑物的接闪器和一般建筑相比，由于建筑物高，闪击距离因而增大，闪接器的保护范围也相应增大，但如果建筑物的高度（H）比设防的接闪器距离 R 还要大时，对于某个雷先导，建筑物的接闪器可能处于它的闪接距离之外，而建筑物侧面的某处可能处于该先导的闪接距离之内，可能受到雷击。例如 150m 高的建筑物，取其高度为滚球半径（$R = H = 150$m），其相对应的雷电流 $i_0 = 64.5$kA，也就是说，在距离建筑物屋顶周边 150m 的范围内大于（等于）64.5kA 的雷电流的雷击，会被屋顶周边接闪器吸引到自己身上使建筑物不受此雷击。但是对于一个较近距离（例如相当于 $R = 45$m）的 10.1kA 的雷先导，接闪器不能把它吸引过来，在幕墙 +45～+150m 范围内幕墙的金属杆件，由于雷先导已进入到对它的闪击距离之内，于是受到雷击。而当 45m 之内有一个小于 10.1kA 的雷先导可能使 +45m 以下金属杆件受雷击。侧击雷具有短的吸引半径（即小的滚球半径），其相应的雷电流也是小的。高层建筑结构通常能耐受这类小雷击电流的侧击，如图 15-1 所示。

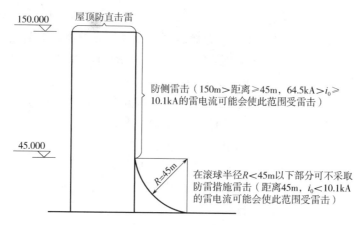

图 15-1 滚球法示意图

2. 建筑幕墙防雷保护的基本规定

雷云与大地（含地上的凸出物）之间的一次或多次放电称为对地闪击。对地闪击中的一次放电称为雷击，建筑物遭遇雷击的主要形式是直击雷和闪电感应。

直击雷是指闪击直接击于建（构）筑物、其他物体、大地或外部防雷装置上，产生电效应、热效应和机械力者。雷电的主要破坏力在于电流特性而不在于放电产生的高电位。强大的雷电流直接通过地面建筑物和地面设备泄入地中，在瞬间产生很大的机械振动力和高温高热使物体遭到破坏。当雷电流通过具有电阻或电感的物体时将产生很大的电压降和感应电压，能破坏绝缘，产生火花，引起燃烧、爆炸，使设备部件熔化，在雷电流流过的通道上物体水分受热汽化而剧烈膨胀，产生强大的冲击性机械力，因而可使人体组织、建筑物结构、设备部件等断裂破碎，从而导致人员伤亡、建筑物破坏以及设备毁坏等。

闪电感应是指闪电放电时，在附近导体上产生的雷电静电感应和雷电电磁感应，可能使金属部件之间产生火花放电。闪电感应可分为闪电静电感应和闪电电磁感应两种，这两种感应都可能对建筑物内的人和电子电气设备造成危害。

闪电静电感应是指由于雷云的作用，使附近导体上感应出与雷云负号相反的电荷，雷云主放电时，先导通道中的电荷迅速中和，在导体上的感应电荷得到释放，如没有就近泄入地中就会产生很高的电位，并以大电流、高电压冲击波的形式沿导电路径传播。这种过电压往往会造成建筑物内的导线、接地不良的金属物导体和大型的金属设备放电而引起电火花，从而引起火灾、爆炸、危及人身安全或对供电系统造成的危害。

闪电电磁感应是指由于雷电流迅速变化在其周围空间产生瞬变的强电磁场，使附近导体上感应出很高的电动势。闪电电磁感对建筑物内的电子设备造成干扰、破坏，又可能使周围的金属构件产生感应电流，从而产生大量的热而引起火灾。

建筑物的雷电防护主要包括以下四个方面：

（1）直击雷的防护　建筑物屋顶及建筑物侧击的防雷设计都属于直击雷的防护，直击雷的防护采用外部防雷装置。外部防雷装置由接闪器、引下线和接地装置组成，用接闪器截获击向建筑物屋顶及顶部侧面的直击雷，通过引下线把雷电流安全引导至接地装置，并将其流散入大地。

（2）闪电感应的防护　闪电感应的防护采用与外部防雷装置等电位连接，或者与外部防雷装置保持电气绝缘（即保持安全的间隔），避免闪电感应使建筑物内的金属部件之间产生火花放电。《建筑物防雷设计规范》（GB 50057—2010）规定，第一类防雷建筑物和有爆炸危险场所的第二类防雷建筑物应采取防闪电感应的措施。

（3）闪电电涌的防护　由于雷电对架空线路、电缆线路或金属通道的作用，雷电波（闪电电涌）可能沿着这些管线侵入屋内，危及人身安全或损坏设备。闪电电涌的防护采用与防闪电感应的接地装置等电位连接和装设电涌保护器的方法。

（4）雷击电磁脉冲的防护　《建筑物防雷设计规范》（GB 50057—2010）规定，第二类防雷建筑物中属于国家级建筑物的应采取防雷击电磁脉冲的措施，其目的是为了保护建筑物内的电气和电子系统。雷击电磁脉冲的防护通常采用屏蔽、接地和等电位连接的措施。

对于第一类防雷建筑物的防雷措施，除了防直击雷还需防雷电侵入的措施；而对于第二类或第三类防雷建筑物，即常用建筑幕墙的防雷措施主要是防直击雷（包括顶层直击雷、侧向直击雷）。

15.3　建筑幕墙防雷设计要求

15.3.1　建筑幕墙防雷设计基本要求

1. 建筑幕墙的防雷设计方法

《玻璃幕墙工程技术规范》（JGJ 102）（2022 年送审稿）、《金属与石材幕墙工程技术规范》（JGJ 133）（2022 年送审稿）均规定，幕墙的防雷设计应符合《建筑物防雷设计规范》（GB 50057—2010）的规定。幕墙的金属框架应与主体结构的防雷装置可靠连接，并保持导电畅通。

在幕墙的防雷设计中，充分利用建筑物外的防雷装置（防雷接闪器、引下线）与幕墙的自身防雷体系（金属框架）连通，使其两部分成为一个防雷整体，把幕墙获得的巨大雷电能量，通过建筑物的接地系统，迅速地输送到地下，共同起到保护幕墙和建筑物免遭雷电破坏作用。

建筑幕墙的防雷设计可考虑两种不同的防雷设计方法：

（1）幕墙金属构件不作为建筑物外部防雷装置的部件　建筑幕墙的压顶及顶部须防止侧击的部位均在建筑物外部防雷接闪器或接闪带（网）的保护范围内。建筑幕墙的防雷设计只考虑闪电感应的防护，幕墙金属构件与建筑防雷装置做等电位连接。

（2）幕墙金属构件作为建筑物外部防雷装置的部件　建筑幕墙的压顶及顶部须防侧击部位的金属构件作为建筑物外部防雷接闪器、引下线使用，此部分幕墙金属构件之间及其与建筑物防雷装置的连接必须达到接闪器和引下线的电气连接要求。建筑幕墙其余部位的金属构件只考虑闪电感应的防护与建筑物防雷装置做等电位连接。

2. 建筑幕墙的防侧击与等电位连接

《建筑物防雷设计规范》（GB 50057—2010）对于第一类防雷建筑物的防侧击及等电位连接有明确的规定，但对高于 60m 的第二类、第三类防雷建筑物只对防侧击保护措施做了规定，并未对防侧击部位以下的等电位连接做出说明。由于高层建筑物均为钢筋混凝土或钢结构建筑物，而且钢筋混凝土为现浇，钢筋已通过绑扎连通，整幢建筑物已处于等电位中。建筑幕墙的防侧击雷是通过将幕墙的金属立柱于每层与圈梁或柱子的钢筋连接的预埋件连通即可。这就要求在主体结构施工时，埋入的每个预埋件的直锚筋应和圈梁（楼板）中的钢筋用绑扎连接或焊接。如果采用后设锚板（例如用膨胀螺栓固定锚板）时，应将每块锚板与主体结构的钢筋连接［可以每块与伸出的钢筋连接，也可以先将每块锚板串联起来，再相隔一定距离（12～18m）与主体结构钢筋连接］。预埋件与主体结构防雷装置之间必须连接成电气通路。

根据《建筑物防雷设计规范》（GB 50057—2010）对雷击电磁脉冲的防护要求和工程实践，对高于60m的第二类、第三类防雷建筑物，也应从防侧击部位下端开始向下设置等电位连接环，对第二类防雷建筑物至45m止，环间垂直距离不大于12m；对第三类防雷建筑物至60m止，环间垂直距离不大于24m，对雷击电磁脉冲的防护要求较高的建筑物，等电位连接环可一直设置至地面。

3. 幕墙金属构件之间的电气连接要求

建筑幕墙的防雷设计的电气连接可分为防直击连接和等电位连接。

防直击连接必须达到接闪器和引下线的电气贯通要求，其作用是把闪击雷电流安全引入大地。防直击连接采用的金属构件及连接导体，其截面面积应满足表15-3的规定。

表15-3　接闪器（带）、接闪杆和引下线的材料、结构与最小截面（GB 50057—2010 表5.2.1）

材料	结构	最小截面/mm²	备注
铜、镀锡铜	单根扁铜	50（厚度2mm）	
	单根圆铜	50（直径8mm）	在机械强度没有重要要求之处，28mm²（直径6mm），并应减小固定支架间的间距
	铜绞线	50（每股线直径1.7mm）	
	单根圆铜	176（直径15mm）	注①：仅用于入地之处；仅应用于接闪杆，当应用于机械应力没达到临界值之处，可采用直径10mm，最长1m的接闪杆，并增加固定
铝	单根扁铝	70（厚度3mm）	
	单根圆铝	50（直径8mm）	
	铝绞线	50（每股线直径1.7mm）	
铝合金	单根扁形导体	50（厚度2.5mm）	
	单根圆形导体	50（直径8mm）	同注①
	绞线	50（每股线直径1.7mm）	
	单根圆形导体	176（直径15mm）	
	外表面镀铜的单根圆形导体	50（直径8mm，径向镀铜厚度至少70um，铜纯度99.9%）	
热浸镀锌钢	单根扁钢	50（厚度2.5mm）	
	单根圆钢	50（直径8mm）	避免在单位能量10MJ/Ω下熔化的最小截面是铜为16mm²、铝为25mm²、钢为50mm²、不锈钢为50mm²
	绞线	50（每股线直径1.7mm）	
	单根圆钢	176（直径15mm）	同注①

（续）

材料	结构	最小截面/mm²	备注
不锈钢	单根扁钢	50（厚度 2mm） （当温升和机械受力是重点考虑之处，75mm²）	对埋于混凝土中以及与可燃材料直接接触的不锈钢，其最小尺寸宜增大至直径 10mm 的 78mm²（单根圆钢）和最小厚度 3mm 的 75mm²（单根扁钢）
	单根圆钢	50（直径 8mm） （当温升和机械受力是重点考虑之处，75mm²）	
	绞线	70（每股线直径 1.7mm）	
	单根圆钢	176（直径 15mm）	同注①
外表面镀铜的钢	单根圆钢	50（直径 8mm）	镀铜厚度至少 70μm，铜纯度 99.9%
	单根扁钢	50（厚 2.5mm）	

等电位连接的电气贯通要求大大低于防直击连接，其作用是使金属构件与其环境保持等电位，并把感应电流引入大地。等电位连接采用的连接导体，其截面应满足表 15-4 的规定。

以往在建筑幕墙的防雷设计中，幕墙金属构件之间及其与建筑物防雷装置之间的电气连接方式没有明确的要求。《建筑物防雷设计规范》（GB 50057—2010）列出了可采用铜锌合金焊、熔焊、卷边压接、缝接、螺钉或螺栓连接的方法。因此，电气连接处如满足电气贯通的要求，不一定采用金属片（线）跨接的办法。为了使建筑幕墙的防雷设计做到安全可靠、经济合理，防雷电气贯通的连接方法应根据建筑物防雷分类和电气连接分类来确定。

表 15-4　防雷装置各连接部件的最小截面（GB 50057—2010 表 5.1.2）

等电位连接部位			材料	截面/mm²
等电位连接带（铜、外表面镀铜的钢或热镀锌钢）			Cu（铜）、 Fe（铁）	50
从等电位连接带至接地装置或各等电位连接带之间的连接导体			Cu（铜）	16
			Al（铝）	25
			Fe（铁）	50
从屋内金属装置至等电位连接带的连接导体			Cu（铜）	6
			Al（铝）	10
			Fe（铁）	16
连接电涌保护器的导体	电气系统	I 级试验的电涌保护器	Cu（铜）	6
		II 级试验的电涌保护器		2.5
		III 级试验的电涌保护器		1.5
	电子系统	D1 类电涌保护器		1.2
		其他类电涌保护器 （连接导体的截面可小于 1.5mm²）		根据具体情况确定

4. 建筑幕墙的防雷连接有效性的检测方法

目前，《玻璃幕墙工程技术规范》（JGJ 102）（2022 年送审稿）、《金属与石材幕墙工程技术规范》（JGJ 133）（2022 年送审稿）均规定，幕墙的金属框架应与主体结构的防雷体系可靠连接，却没有规定判定连接有效性的检测方法。在以往的工程中，有的只是外观检查，有的则套用防雷接地装置检测对地冲击电阻的方法。如果建筑物防雷装置的引下线、接地装置存在问题，则无法判定幕墙金属框架与主体结构防雷体系连接的真实情况。

为了判定幕墙金属框架与主体结构防雷体系连接的有效性，可采用《建筑物防雷工程施工与质量验收规范》（GB 50601—2010）中所规定的测量电气贯通连接处的直流过渡电阻的检测方法，并做隐蔽工程验收记录。建筑物防雷装置接地电阻（包括冲击接地电阻、工频接地电阻等）的检测属于整个建筑物防雷装置的施工验收问题，不属于建筑幕墙施工验收的范畴。

15.3.2 建筑幕墙防雷设计的技术要求

建筑幕墙防雷设计的技术要求包括：

1）建筑幕墙的防雷设计应按照建筑物的防雷分类采取相应的防雷措施。建筑幕墙的防雷设计与施工应符合《建筑物防雷设计规范》（GB 50057—2010）和《建筑物防雷工程施工与质量验收规范》（GB 50601—2010）的有关规定。

2）防雷建筑幕墙金属构件之间、幕墙金属构件与建筑物防雷装置之间的电气连接分为防直击连接和等电位连接。

①防直击连接环及其至建筑物防雷装置的连接导体应采用截面$\geq 50mm^2$，直径$\geq 8mm$ 或厚度$\geq 2.5mm$ 的热镀锌板。

②跨接用金属片和金属构件至防直击连接环或建筑物防雷装置的连接导体截面应满足下列要求：截面$\geq 50mm^2$，直径$\geq 8mm$ 或厚度：铜$\geq 2.0mm$，铝合金$\geq 2.5mm$，钢$\geq 2.5mm$，不锈钢$\geq 2.0mm$。

等电位连接采用的等电位连接环、连接导体应满足如下要求：

①等电位连接环及其至建筑物防雷装置的连接导体应采用截面$\geq 50mm^2$，直径$\geq 8mm$ 或厚度$\geq 2.5mm$ 的热镀锌板。

②跨接用金属片（线）和金属构件至等电位连接环的连接导体截面应满足下列要求：铜（Cu）$\geq 6mm^2$，铝（Al）$\geq 10mm^2$，铁（Fe）$\geq 16mm^2$。

3）防雷建筑幕墙压顶及顶部须防侧击的部位，若位于建筑物防雷接闪器或接闪带（网）的保护范围内，建筑幕墙的防雷设计可不考虑直击雷的防护，幕墙金属构件应与建筑物防雷装置做等电位连接并满足下列要求：

①当第一类防雷建筑物的建筑幕墙高度超过 30m 时，应从其顶部开始向下每隔不大于 12m 垂直距离设置等电位连接环，幕墙的金属立柱与等电位连接环之间、等电位连接环与防闪电感应的接地装置应做等电位连接。

②当第二类防雷建筑物的建筑幕墙高度超过 60m 时，应从其顶部开始至 45m 止向下每隔不大于 12m 垂直距离设置等电位连接环，幕墙的金属立柱与等电位连接环之间、等电位连接环与防闪电感应的接地装置应做等电位连接。

③当第三类防雷建筑物的建筑幕墙高度超过 60m 时，应从其顶部开始至 60m 止向下每隔不大于 24m 垂直距离设置等电位连接环，幕墙的金属立柱与等电位连接环之间、等电位连接环与防闪电感应的接地装置应做等电位连接。

4）利用幕墙系统金属构件作为防雷接闪器时，幕墙压顶板宜选用铝合金板，其厚度应不小于 2.5mm。幕墙压顶及顶部须防侧击部位的金属构件的截面面积厚度应满足下列要求：截面≥50mm²，厚度：铝合金≥2.5mm，钢≥2.5mm，不锈钢≥2.0mm。幕墙金属构件与建筑物防雷装置的连接应满足下列要求：

①幕墙金属顶板及顶部须防侧击部位的金属构件之间及其与建筑物防雷装置应做直击连接，其余的幕墙金属构件与建筑物防雷装置应做等电位连接。

②当第一类防雷建筑物的建筑幕墙高度超过 30m 时，建筑幕墙应从 30m 起至其顶部每隔不大于 6m 垂直距离设置防直击连接环，并应从 30m 开始向下每隔不大于 12m 垂直距离设置等电位连接环。30m 以上的建筑幕墙金属构件之间、幕墙金属构件与防直击连接环应做防直击连接，30m 以下的建筑幕墙金属构件之间、幕墙金属构件与等电位连接环应做等电位连接。

③当第二类防雷建筑物的建筑幕墙高度超过 60m 时，建筑幕墙位于建筑物上部占高度 20% 并超过 60m 的部位应防侧击，防侧击部位应每隔不大于 12m 垂直距离设置防直击连接环，并应从防侧击部位下端开始至 45m 止每隔不大于 12m 垂直距离设置等电位连接环。防侧击部位的建筑幕墙金属构件之间、幕墙金属构件与防直击连接环应做防直击连接，防侧击部位以下的建筑幕墙金属构件之间、幕墙金属构件与等电位连接环应做等电位连接。

④当第三类防雷建筑物的建筑幕墙高度超过 60m 时，建筑幕墙位于建筑物上部占高度 20% 并超过 60m 的部位应防侧击，防侧击部位应每隔不大于 24m 垂直距离设置防直击连接环，并应从防侧击部位下端开始至 60m 止每隔不大于 24m 垂直距离设置等电位连接环。防侧击部位的建筑幕墙金属构件之间、幕墙金属构件与防直击连接环应做防直击连接，防侧击部位以下的建筑幕墙金属构件之间、幕墙金属构件与等电位连接环应做等电位连接。

⑤防直击连接环应与建筑物的每处防雷引下线做防直击连接，等电位连接环应与建筑物的每处防雷引下线做等电位连接。

5）建筑幕墙金属框架构件、金属面板之间的电气贯通可采用熔焊、卷边压接、缝接、螺钉或螺栓连接、金属片（线）跨接的方法。但以下场合的电气贯通连接应采用金属片（线）跨接：

①对第一类防雷建筑物和有爆炸危险场所的第二类防雷建筑物，幕墙金属构件之间及其与建筑物防雷装置之间的防直击连接。

②防雷建筑物的幕墙压顶及顶部须防侧击部位的竖向金属构件之间及其与建筑物防雷装置之间的防直击连接。

③防雷建筑物的幕墙超过 60m 的部位，幕墙竖向金属构件之间及其与建筑物防雷装置之间的等电位连接。

6）跨接用金属片（线）宜采用同种金属材料，可采用焊接、螺钉或螺栓连接。

采用螺钉或螺栓连接时，连接部位应清除其表面的非导电保护膜层，连接部位与连接导体的接触面积应不小于连接导体的截面面积。

采用焊接时，应在焊接处做防腐处理，焊缝连接应符合表 15-5 的规定。

表 15-5　防雷装置钢材焊接时的搭接长度及焊接方法 （GB 50601—2010 表 4.1.2）

焊接材料	搭接长度	焊接方法
扁钢与扁钢	不应少于扁钢宽度的 2 倍	两个大面不应少于 3 个棱边焊接

(续)

焊接材料	搭接长度	焊接方法
圆钢与圆钢	不应小于圆钢直径的 6 倍	双面施焊
圆钢与扁钢	不应小于圆钢直径的 6 倍	双面施焊
扁钢与钢管、扁钢与角钢	紧贴角钢外侧两面或紧贴 3/4 钢管表面，上下两层施焊，并应焊以由扁钢弯成的弧形（或直角形）卡子或直接由扁钢本身弯成弧形或直角形与钢管或角钢焊接	

7) 防雷建筑幕墙金属构件之间、幕墙金属构件与建筑物防雷装置之间的电气连接应满足下列要求：

①对第一类防雷建筑物和有爆炸危险场所的第二类防雷建筑物，其防直击电气连接的直流过渡电阻不大于 0.03Ω。

②其他情况下的防直击电气连接及等电位电气连接，其直流过渡电阻不应大于 0.2Ω。

8) 防雷建筑幕墙的压顶板、每列竖向金属立柱或框架的顶端和底端，应与建筑物防雷装置做等电位连接。

9) 位于防雷建筑物地下室或地面层处的幕墙金属构件应与建筑物防雷装置做等电位连接。

15.4 建筑幕墙的防雷装置

建筑幕墙的防雷装置主要包括接闪器、引下线和接地装置。在建筑幕墙的防雷设计中，应充分利用建筑物的这些装置，将建筑幕墙竖向龙骨、横向龙骨和建筑物防雷网接通，连成一个防雷整体，把建筑幕墙获得的巨大雷电能量，通过建筑幕墙的防雷系统，迅速地输送到地下，保护建筑幕墙免遭雷电破坏的作用。

1. 接闪器

接闪器由截闪击的接闪杆、接闪带、接闪线、接闪网以及金属屋面、金属构件等组成。建筑幕墙常用的防雷装置的接闪器，通常是采用直接装设在建筑物上的接闪杆、接闪带或接闪网作为接闪器。

用作接闪器的接闪杆宜采用热镀锌圆钢或钢管制成，其直径应符合下列要求：杆长 1m 以下时，圆钢不应小于 12mm，钢管不应小于 20mm；杆长 1~2m 时，圆钢不应小于 16mm，钢管不应小于 25mm。而架空接闪线和接闪网宜采用截面不小于 50mm² 的热镀锌钢绞线或铜绞线。

专门敷设的接闪器，其布置应符合表 15-6 的规定。布置接闪器时，可单独或任意组合采用接闪杆、接闪带、接闪网。

表 15-6 接闪器布置

建筑物防雷类别	滚球半径 R/m	接闪网网格尺寸/m
第一类防雷建筑物	30	≤5×5 或 ≤6×4
第二类防雷建筑物	45	≤10×10 或 ≤12×8
第三类防雷建筑物	60	≤20×20 或 ≤24×16

《建筑物防雷设计规范》（GB 50057—2010）第 5.2.8 条规定，除第一类防雷建筑物外，屋顶上永久性金属物（如装饰物、女儿墙上的盖板等）宜作为接闪器，但其各部件之间均应连接成电气贯通。在建筑幕墙设计时，建筑幕墙顶部女儿墙的盖板采用铝单板（厚 3mm）时，有目的地把它设计成幕墙接闪器。因为该铝板是一种良好的导体，其电场强度很大，当它沿建筑物女儿墙的顶部分布时，雷电先驱很自然地被吸引过来，是雷击率最大的部位，从而起到接闪器的作用。这样，幕墙接闪器接受到的雷电流，就可以通过幕墙女儿墙的避雷均压环和防雷引下线，安全地把雷电流引到建筑物的防雷网，并导通到接地装置，达到避雷的作用。建筑幕墙顶部女儿墙防雷节点如图 15-2 所示。

当女儿墙与玻璃幕墙间的封修是采用金属板，可利用其做接闪器，但要求其厚度：不锈钢、热镀锌板、钛和铜板的厚度≥0.5mm，铝板的厚度≥0.65mm，锌板的厚度≥0.7mm。金属板之间的连接应是持久的电气贯通，可采用铜锌合金焊、熔焊、卷边压接、缝接、螺钉或螺栓连接。金属板应无绝缘被覆层（薄的油漆保护层或 1mm 厚沥青层或 0.5mm 厚聚氯乙烯层均不属于绝缘被覆层），利用做接闪器的金属封修板均应与女儿墙内钢筋连接成电气通路。《金属与石材幕墙工程技术规范》（JGJ 133）（2022 年送审稿）第 4.4.5 条

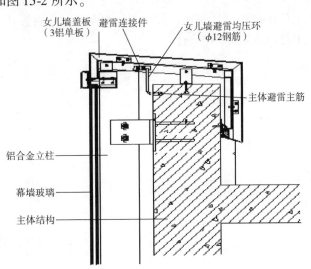

图 15-2　建筑幕墙顶部女儿墙防雷节点

文说明指出，兼有防雷功能的幕墙压顶板应采用金属板制作。幕墙压顶板体系与主体结构屋顶的防雷系统应有效连通。

建筑幕墙顶部的接闪器，通常只能防顶层直击雷，对于防侧向直击雷，主要是在建筑幕墙的层间部位，每隔三层设置一圈闭合的等电位连接环（均压环），等电位连接环（均压环）可用直径 12mm 镀锌钢筋（或采用 40mm×4mm 镀锌钢板）焊接而成，然后通过引下线引到接地装置。均压环的设置，对于第二类防雷的建筑物，均压环环间垂直距离不应大于 10m，引下线的水平距离不大于 10m。

2. 引下线

引下线是用于将雷电流从接闪器传导至接地装置的导体。建筑幕墙防雷装置的引下线是利用建筑幕墙铝合金立柱作为引下线，在幕墙立面规定范围之内，玻璃幕墙的铝合金立柱的芯套部位，设置柔性导线连通，铜质导线截面面积不小于 25mm²，铝质导线截面面积不小于 30mm²。在连接处上下各用 M6 不锈钢螺栓进行压接，并加不锈钢平垫和弹簧垫。

对于较高的建筑物，引下线很长，雷电流的电感压降将达到很大的数值，需要在每隔不大于 12m 之处，用等电位连接环（均压环）将各条引下线在同一高度处连接起来，并接到同一高度的屋内金属物体上，以减小其间的电位差，避免发生火花放电。《建筑物防雷设计规范》（GB 50057—2010）第 4.2.4 条规定，第一类防雷建筑物，当建筑物高度超过 30m

时，首先应沿屋顶周边敷设接闪带，接闪带应设在外墙外表面或屋檐边垂直面上，也可设在外墙外表面或屋檐垂直面外。建筑物应装设等电位连接环，环间垂直距离不应大于12m，所有引下线、建筑物的技术结构和金属设备均应连到环上，等电位连接环可利用电气设备的等电位连接干线环路。

等电位连接环（均压环）可利用梁内的纵向钢筋或另行安装。如采用梁内纵向钢筋做等电位连接环（均压环）时，幕墙位于等电位连接环（均压环）处的预埋件的锚筋必须与等电位连接环（均压环）处梁的纵向钢筋连通；设等电位连接环（均压环）位置的幕墙立柱必须与等电位连接环（均压环）连通，该位置处的幕墙横梁必须与幕墙立柱连通；未设等电位连接环（均压环）处的立柱必须与固定在设均压环楼层的立柱连通，如图15-3所示。以上接地电阻应小于4Ω。

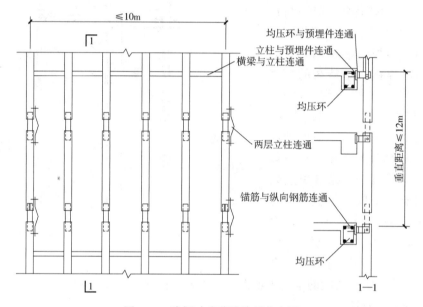

图15-3　隐框玻璃幕墙防雷节点图

3. 接地装置

接地装置是接地体和接地线的总和，用于传导雷电流并将其流散入大地。建筑幕墙常用的防雷装置的接地装置埋于土壤中的人工垂直接地体宜采用热镀锌角钢、钢管或圆钢，埋于土壤中的人工水平接地体宜采用热镀锌扁钢或圆钢。圆钢直径不应小于10mm，扁钢截面不应小于100mm²，其厚度不应小于4mm；角钢厚度不应小于4mm；钢管壁厚不应小于3.5mm。在腐蚀性较强的土壤中，应采取热镀锌等防腐措施或加大截面。

建筑幕墙在通常的情况下可以不用单独设计防雷接地装置，而是通过与土建的防雷接地装置共用，这种情况下，建筑幕墙避雷体系必须上下连通，依靠主体避雷体系进行防雷布置。布置时，建筑幕墙自身防雷系统要与土建防雷系统中的土建避雷主筋可靠连接，所有的引下线均应连到等电位连接环（均压环）上，均压环可用直径12mm镀锌钢筋（或采用40mm×4mm镀锌钢板）焊接而成。幕墙的主梁通过预埋件及避雷均压环和避雷引出线与土建主体避雷主筋相连焊接牢固，焊缝搭接长度不小于100mm。图15-4给出了避雷连接详图。

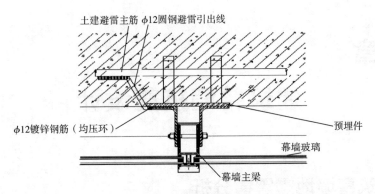

图 15-4 避雷连接详图

　　建筑幕墙所有龙骨安装完毕后,必须用电阻表进行检测,检测所有引下线接地电阻值应符合设计要求。通常情况下,对于第二类或第三类防雷的建筑物所有引下线接地电阻值≤10Ω;对于第一类防雷的建筑物所有引下线接地电阻值≤5Ω。

第 16 章

建筑幕墙抗震设计

16.1　建筑幕墙地震震害分析

1976 年在唐山大地震（Ms7.8 级）的残余建筑中，玻璃窗大多破损，多数只留下空的窗洞。而 1995 年日本阪神大地震（Ms7.3 级）和 1999 年我国台湾集集大地震（Ms7.6 级）均有大量的玻璃窗震害的报道。虽然大阪、神户和我国台中、台南等城市有不少带有幕墙的建筑，但却没有见到关于震后尚存建筑中幕墙的震害报道。2008 年四川汶川大地震（Ms8.0级）、2010 年的青海玉树大地震（Ms7.1 级）和 2013 年的四川雅安芦山大地震（Ms7.0 级）中，震区内建筑物的玻璃窗和玻璃幕墙的抗震性能表现出和历次地震几乎相同的规律性。2008 年汶川大地震和 2010 年玉树大地震的震害调查表明：我国的幕墙规范经受了地震的考验，按照规范进行设计施工的幕墙工程达到了设防烈度下保持完好或基本完好的要求，甚至在超烈度的强震下，也还能保持完整。

根据国内历次大地震的震害破坏特征，建筑幕墙呈现出如下震害规律：

1）一般点式玻璃幕墙都支承在抗震性能较好的钢结构上，钢结构具有良好的抗震性能，点支式玻璃幕墙具有较好的抗震性能。

2）隐框幕墙的支承结构和幕墙面板板块之间采用硅酮结构胶等柔性连接，这些硅酮结构胶不仅能将幕墙玻璃牢固持久地粘结在铝合金框料上，而且在地震作用引起建筑物严重振动变形时，能够被拉伸或压缩 20% 以上而不被破坏；硅酮结构胶为弹性体，还能有效地减小幕墙振动的强度和频率。因此，隐框玻璃幕墙抗震能力比明框玻璃幕墙要好。隐框玻璃幕墙只要建筑主体结构没有破坏，就基本没有多少损坏，隐框玻璃幕墙虽然有玻璃破裂，但未见骨架脱落。

3）明框玻璃幕墙破裂较多，受损比较严重。其主要原因是玻璃面板卡槽不规范、间隙处理不当，在地震大变位时，造成硬接触挤压玻璃而破坏。

4）地震区的铝板幕墙没有发生震害，铝板幕墙基本保持原状，情况良好。铝板幕墙抗震性能优于其他建筑幕墙。

5）干挂石材幕墙采用一般的环氧类石材干挂胶时，由于石材、干挂胶、金属挂件都是刚性材料，它们各自的热膨胀系数都不一样，造成石材开槽处被胀裂（一般是比较细小的裂痕）。地震时，石材本身的脆性，干挂处很容易被振裂。

若干挂石材幕墙采用弹性干挂胶时，在石材和金属挂件同时发生不同程度的膨胀或收缩，以及发生振动时，弹性的胶体就可以吸收这两种材料之间的变位应力，避免石材开裂现象的发生。

6）建筑幕墙的支承结构一般采用铰连接，且面板之间留有缝隙，使得建筑幕墙能够承受 1/100 ~ 1/60 的大位移（变形），此时绝大多数主体结构已经倒塌。因此，地震中只要主体结构尚未倒塌，幕墙一般都能保持完好，至多个别情况下有一些轻微的损伤，并未出现人们担心的"玻璃雨"现象。

7）建筑幕墙玻璃面板之间设有较宽的伸缩缝，缝隙采用硅酮耐候密封胶填充密封。硅酮耐候密封胶是很好的弹性建筑密封材料，不但具有良好的防水性、优异的耐高低温性能和卓越的耐老化等性能，而且具有极佳的弹性，能够被拉伸 60% 或压缩 20% 以上，完全能够承受幕墙板块间的位移，对幕墙起到了很好的缓冲保护作用。

建筑幕墙设计的设防烈度越大，或者幕墙的面板板块面积越大，需要设计的板块之间的伸缩缝就要越宽，就需要选用弹性模量较好的硅酮密封胶。索结构幕墙板块振动和位移更大，需要选用低模量高弹性的采光顶专用硅酮密封胶。

16.2　建筑幕墙抗震设计方法

建筑幕墙采用弹性方法计算，其截面应力设计值应不超过材料强度设计值（$\sigma \leq f$），荷载和作用效应按最不利组合进行设计。幕墙自重较轻，即使在罕遇地震作用下，其产生的分布荷载仅为风荷载作用的 2% ~ 10%，远小于风荷载，故抗风性能是主要设计因素。但地震作用属于动力作用，既对幕墙构件及其多重节点产生影响，又对主体结构产生影响，任何一个薄弱环节都会产生震害甚至导致幕墙脱落。因而，抗震性能是重要设计因素。

根据《建筑抗震设计规范》（GB 50011—2010）（2016 年版）的要求，建筑幕墙构件在抗震设计时应达到下列要求：

1）在多遇地震（比设防烈度低约 1.55 度，50 年设计基准期的超越概率约为 63.2%）作用下，幕墙不允许损坏，应保持完好。

2）在中震（对应于设防烈度，50 年设计基准期超越概率约为 10%）作用下，幕墙不应有严重损坏，一般只允许部分玻璃破碎，经修理后仍然可以使用。

3）在罕遇地震（相当于比设防烈度约高 1 度，50 年设计基准期超越概率为 2% ~ 3%）作用下，允许严重破坏，面板破碎，但骨架不应脱落、倒塌。

《建筑抗震设计规范》（GB 50011—2010）（2016 年版）采用二阶段设计实现上述三个水准的设防目标，第一阶段是承载力验算，取第一水准的地震动参数计算结构弹性地震作用标准值和相应的地震作用效应，采用《建筑结构可靠度设计统一标准》（GB 50068—2018）规定的分项系数表达式进行结构构件的截面承载力的验算，这样既满足了第一水准下具有必要的承载力可靠度，又满足第二水准的损坏可修的目标。对建筑幕墙而言，通过罕遇地震下变形验算和抗震构造措施来满足第三水准的设计要求。第二阶段是弹塑性变形验算，对建筑幕墙，除进行第一阶段设计外，还要进行变形验算并采取相应的抗震构造措施。

16.2.1　幕墙地震作用计算

《建筑抗震设计规范》（GB 50011—2010）（2016 年版）规定，一般情况下。非结构构件自身重力产生的地震作用可采用等效侧力法计算。采用等效侧力法时，水平地震作用标准值宜按下列公式计算：

$$F = \gamma \eta \xi_1 \xi_2 \alpha_{\max} G \qquad (16\text{-}1)$$

式中　F——沿最不利方向施加于非结构构件重心处的水平地震作用标准值（kN）；

　　　γ——非结构构件的功能系数，取决于建筑设防类别和使用要求，分为 1.4、1.0 和 0.6 三档，对于玻璃幕墙，乙类、丙类建筑时，取 $\gamma = 1.4$；

　　　η——非结构构件类别系数，取决于构件材料性能等因素，在 0.6~1.2 的范围内取值，对玻璃幕墙，取 $\eta = 0.9$；

　　　ξ_1——状态系数，又称动力放大系数，对幕墙，可取 $\xi_1 = 2.0$；

　　　ξ_2——位置系数，建筑顶点宜取 2.0，底部宜取 1.0，沿高度线性分布；

　　　α_{max}——地震影响系数最大值；

　　　G——非结构构件的重力（kN）。

采用楼面反应谱法时，非结构构件的水平地震作用标准值可按下式计算：

$$F = \gamma \eta \beta_s G \tag{16-2}$$

式中　β_s——非结构构件的楼面反应谱值，取决于设防烈度、场地条件、非结构构件与结构体系之间的周期比、质量比和阻尼比，以及非结构构件在结构的支承位置、数量和连接性质。

《玻璃幕墙工程技术规范》（JGJ 102）（2022 年送审稿）规定，对玻璃面板、框支承幕墙中横梁和立柱、全玻璃幕墙中的玻璃肋、跨度不超过 6m 的支承结构，垂直于玻璃幕墙平面上作用的分布水平地震作用标准值也可按下式计算：

$$q_{Ek} = \beta_E \alpha_{max} \frac{G_k}{A} \tag{16-3}$$

式中　q_{Ek}——垂直于玻璃幕墙平面上作用的分布水平地震作用标准值（kN/m²）；

　　　β_E——动力放大系数，取为 5.0。

按照《建筑抗震设计规范》（GB 50011—2010）（2016 年版）给出的建议值，可确定动力放大系数 $\beta_E = \gamma \eta \xi_1 \xi_2$。取非结构构件的功能系数 $\gamma = 1.4$，非结构构件的类别系数 $\eta = 0.9$，状态系数 $\xi_1 = 2.0$，位置系数 $\xi_2 = 2.0$，则 $\beta_E = \gamma \eta \xi_1 \xi_2 = 1.4 \times 0.9 \times 2.0 \times 2.0 = 5.04 \approx 5.0$。

　　　α_{max}——水平地震影响系数最大值，应按表 5-17 采用。对水平倒挂玻璃及其支承结构，应按表 5-17 乘 0.65 后采用。

　　　G_k——玻璃幕墙构件（包括玻璃面板和铝框）重力荷载标准值（kN）。

　　　A——玻璃幕墙平面面积（m²）。

平行于玻璃幕墙平面的集中水平地震作用标准值可按下式计算：

$$P_{Ek} = \beta_E \alpha_{max} G_k \tag{16-4}$$

式中　P_{Ek}——平行于玻璃幕墙平面的集中水平地震作用标准值（kN）。

《玻璃幕墙工程技术规范》（JGJ 102）（2022 年送审稿）中地震作用的计算公式并不能真实有效地反映计算建筑幕墙上的地震作用，因为没有考虑结构、连接件与幕墙的动力相互作用。规范公式也不能反映结构刚度的变化。精确的计算应考虑建筑幕墙与承重结构的动力相互作用进行整体弹塑性动力分析，必要时可结合模拟振动台模型试验。

16.2.2　幕墙地震作用指标

根据地震震害调查分析，地震作用对建筑幕墙产生两种作用：①地震动直接作用于幕墙，导致幕墙面材、型材、连接失效的直接效应，也就是幕墙直接承受的惯性力，以加速度作为考核指标；②建筑物主体结构在地震作用下产生层间变位等效应作用于幕墙而产生附加效应，也就是幕墙承受的主体结构的变形。对幕墙承受的地震作用根据《建筑幕墙》（GB/T 21086—2007）、《建筑幕墙层间变形性能分级及检测方法》（GB/T 18250—2015）、《玻璃幕墙工程技术规范》（JGJ 102）（2022 年送审稿）和《金属与石材幕墙工程技术规范》（JGJ 133）（2022 年送审稿）要求归纳为两种建筑幕墙抗震性能的考核指标主要包括加速度指标和位移指标两个方面。《建筑幕墙抗震性能振动台试验方法》（GB/T 18575—2017）没有给出试验要求达到的加速度指标和位移指标的定量规定，需要确定适用于建筑幕墙抗震性能试验的加速度指标和位移指标。

1. 加速度指标

《玻璃幕墙工程技术规范》（JGJ 102）（2022 年送审稿）和《金属与石材幕墙工程技术规范》（JGJ 133）（2022 年送审稿）均规定计算垂直于幕墙平面的分布水平地震作用标准值和平行于幕墙平面的集中水平地震作用标准值时，动力放大系数 β_E 取 5.0，也就是说建筑幕墙的加速度反应峰值达到设防烈度下地震作用（多遇、基本和罕遇）加速度峰值的 5 倍，即达到表 16-1 的要求。

表 16-1　设防烈度下的加速度峰值

设防烈度及设计地震基本加速度	6 (0.05g)			7 (0.10g)			7 (0.15g)		
	多遇	基本	罕遇	多遇	基本	罕遇	多遇	基本	罕遇
加速度 (g)	0.02	0.05	0.16	0.038	0.10	0.24	0.055	0.15	0.315
放大 5 倍加速度 (g)	0.10	0.25	0.00	0.19	0.50	1.20	0.275	0.75	1.575
设防烈度及设计地震基本加速度	8 (0.20g)			8 (0.30g)			9 (0.40g)		
	多遇	基本	罕遇	多遇	基本	罕遇	多遇	基本	罕遇
加速度 (g)	0.07	0.20	0.39	0.105	0.30	0.51	0.135	0.40	0.62
放大 5 倍加速度 (g)	0.35	1.00	1.95	0.525	1.50	2.55	0.675	2.00	3.10

建筑幕墙振动台试验方法应将设防烈度地震作用下测得的幕墙最大加速度反应峰值与规范规定的设防烈度下的加速度反应峰值的 5 倍进行比较，判断幕墙是否达到抗震设防烈度的要求。

2. 位移指标

在幕墙受到地震作用时，《玻璃幕墙工程技术规范》（JGJ 102）（2022 年送审稿）、《点支式玻璃幕墙工程技术规范》（CECS 127—2001）、《金属与石材幕墙工程技术规范》（JGJ 133）（2022 年送审稿）均规定建筑幕墙单元的平面内变形能力应在主体结构弹性变形能力的 3 倍以上。《建筑抗震设计规范》（GB 50011—2010）（2016 年版）弹性层间位移角限值 $[\theta_e]$ 和弹塑性层间位移角限值 $[\theta_p]$ 见表 16-2。

表 16-2　弹性层间位移角限值

结构类型	$[\theta_e]$	$3[\theta_e]$	$[\theta_p]$
钢筋混凝土框架	1/550	1/183	1/50
钢筋混凝土框架-抗震墙、板柱-抗震墙、框架-核心筒	1/800	1/267	1/100
钢筋混凝土抗震墙、筒中筒	1/1000	1/333	1/100

（续）

结构类型	$[\theta_e]$	$3[\theta_e]$	$[\theta_p]$
钢筋混凝土框支层	1/1000	1/333	1/120
多、高层钢结构	1/250	1/83	1/50

建筑幕墙振动台试验方法应将设防烈度作用下幕墙最大的层间位移角与规范规定的主体结构弹性位移角 $[\theta_e]$ 的 3 倍比较，判断是否达到设防烈度要求。由表 16-2 可见，主体结构在罕遇地震作用下的弹塑性变形限值 $[\theta_p]$ 大于现行规范对幕墙变形的限制，即在罕遇地震作用下幕墙先于主体结构发生破坏脱落，这是不安全的。因此，幕墙平面内的抗震性能，非抗震设计时应按主体结构弹性层间位移角限值 $[\theta_e]$ 进行设计；抗震设计时，应按《建筑抗震设计规范》（GB 50010—2010）（2016 年版）规定的主体结构弹性层间位移角限值 $[\theta_e]$ 的 3 倍进行设计；重点（特殊）设防时应按《建筑抗震设计规范》（GB 50010—2010）（2016 年版）规定的主体结构弹塑性层间位移角限值 $[\theta_p]$ 进行设计。

16.3 建筑幕墙抗震构造设计

16.3.1 建筑幕墙抗震构造要求

1. 框支承玻璃幕墙

明框幕墙组装时，应采取措施控制玻璃与铝合金框料之间的间隙。单层玻璃与槽口的配合尺寸（图 16-1）应符合表 16-3 的要求。中空玻璃与槽口的配合尺寸（图 16-2）应符合表 16-4的要求。

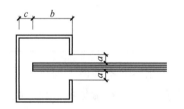

图 16-1 单层玻璃与槽口的配合尺寸　　图 16-2 中空玻璃与槽口的配合尺寸

表 16-3 单层玻璃与槽口的配合尺寸 （单位：mm）

玻璃厚度/mm	a	b	c
5~6	≥3.5	≥15	≥5
8~10	≥4.5	≥16	≥5
≥12	≥5.5	≥18	≥5

表 16-4 中空玻璃与槽口的配合尺寸 （单位：mm）

中空玻璃厚度/mm	a	b	c		
			下边	上边	侧边
$6+d_s+6$	≥5	≥17	≥7	≥5	≥5
$8+d_s+8$ 及以上	≥6	≥18	≥7	≥5	≥5

注：d_s 为气体层厚度，不应小于 9mm。

明框幕墙玻璃板块下边缘与框料的槽底之间应衬垫硬橡胶垫块，垫块数量不应少于 2 块，厚度不应小于 5mm，每块长度不应小于 100mm，垫块邵氏硬度宜为 85～90。

明框玻璃幕墙的玻璃板块边缘至框料槽底的间隙宽度应满足下式要求：

$$2c_1\left(1+\frac{l_1}{l_2}\frac{c_2}{c_1}\right)\geqslant u_{\lim}\qquad(16-5)$$

式中　$u_{\lim}$——主体结构层间位移引起框料的变形限值（mm），非抗震设计时，$u_{\lim}$ 应根据主体结构层间位移角限值确定；抗震设计时，$u_{\lim}$ 应根据主体结构弹性层间位移角的 3 倍确定；

　　　l_1——矩形玻璃板块竖向边长（mm）；

　　　l_2——矩形玻璃板块横向边长（mm）；

　　　c_1——玻璃与左右边框的平均间隙（mm），取值时应考虑 1.5mm 施工偏差；

　　　c_2——玻璃与上下边框的平均间隙（mm），取值时应考虑 1.5mm 施工偏差。

隐框、半隐框幕墙玻璃板块之间的拼接胶缝的宽度应满足玻璃面板和密封胶的变形要求，胶缝宽度不宜小于 10mm，并以弹性材料填塞，即内填泡沫棒外注硅酮耐候密封胶。硅酮建筑密封胶的施工厚度应不小于 5mm，较深的密封槽口底部应采用聚乙烯发泡材料填塞。

玻璃幕墙的拼接胶缝应有一定的宽度，以保证玻璃幕墙构件的正常变形要求。必要时玻璃幕墙的胶缝宽度 w_s 可按下式计算，但不宜小于规范规定的最小值。

$$w_s=\frac{\alpha\Delta Tb}{\delta}+d_c+d_E\qquad(16-6)$$

式中　w_s——胶缝宽度（mm），不宜小于 10mm；

　　　α——面板材料的线膨胀系数（1/℃）；

　　　ΔT——玻璃幕墙年温度变化（℃），可取 80℃；

　　　δ——硅酮密封胶允许的变位承载能力；

　　　b——计算方向玻璃面板的边长（mm）；

　　　d_c——施工偏差（mm），取为 3mm；

　　　d_E——考虑地震作用等其他因素影响的预留量，可取 2mm。

2. 点支式玻璃幕墙

点支式玻璃幕墙具有较好抗震性能，这是由于点支式玻璃幕墙一般都支承在抗震性能较好的钢结构上，点支式驳接爪都开有长条孔和大圆孔，既能满足安装误差调节，又能满足温度变形伸缩，在发生地震作用时，玻璃面板还能在大孔里面做适量的变形运动，有效地保护玻璃面板。且目前驳接头大多采用球铰，变形适应能力强，能够在 ±5°范围内调整，在地震作用时，固定在驳接头上的玻璃能随着球形爪做一定的摆动，避免玻璃与五金件之间发生硬性碰撞，有效地消除地震作用。驳接头都能够适应玻璃面板在支承点处的转动变形。驳接头的钢材与玻璃之间宜设置弹性材料的衬垫或衬套，衬垫和衬套的厚度不宜小于 1mm。

3. 全玻璃幕墙

全玻璃幕墙抗震性能较差，因此应满足如下要求：

1）全玻幕墙的周边收口槽壁与玻璃面板或玻璃肋的空隙均不宜小于 8mm，吊挂玻璃下端与下槽底的空隙尚应满足玻璃伸长变形的要求。槽壁与玻璃间宜采用弹性垫块支承或填塞，并应采用硅酮建筑密封胶密封。

2）全玻璃幕墙的面板不应与其他刚性材料直接接触，板面与装饰面或结构面之间的空隙应不小于 8mm，且应采用密封胶密封。

3）下端支承式全玻幕墙，在自重作用下，面板和肋都处于偏心受压状态，容易出现平面外的稳定问题，且玻璃容易变形影响美观。当玻璃高度大于规范限值的全玻幕墙应悬挂在主体结构上，使全玻幕墙的面板和肋所受的轴向力为拉力。

4. 单元式玻璃幕墙

单元式玻璃幕墙的单元板块采用对插式组合构件，单元部件之间应有一定的搭接长度，竖向搭接长度不应小于10mm，横向搭接长度不应小于15mm，因此具有良好的抗震性能。

5. 金属幕墙

由于金属幕墙的面板不属于脆性材料，一般变形不会破坏，与玻璃幕墙相比具有较好抗震性能。

6. 石材幕墙

石材面板一般采用插件和挂件连接，为防止插件（挂钩）从插槽（挂槽）中脱出，《建筑幕墙》（GB/T 21086—2007）表51"石材面板挂装系统安装允许偏差"中，规定了挂钩与挂槽搭接深度允许偏差 +1.0~0mm、插件与插槽搭接深度允许偏差 +1.0~0mm。

对于短槽连接石材幕墙合理地使用挂件槽弹性类填胶，可实现良好的抗震性能。对于背栓连接（采用双切面背栓连接）石材幕墙具有良好的抗震性能，但要严格控制孔径偏差在 +0.4~-0.2mm范围，且背栓锚固深度不宜小于石材厚度的1/2，也不宜大于石材厚度的2/3。

16.3.2 建筑幕墙连接部位抗震构造要求

1. 立柱与横梁之间的连接

横梁可通过角码、螺钉或螺栓与立柱连接。角码应能承受横梁的剪力，其厚度不应小于3mm；角码与立柱之间的连接螺钉或螺栓应满足抗剪和抗扭承载力要求。

横梁与立柱之间应留有1~2mm的缝隙，横梁两端应涂密封胶或用柔性垫片隔离，以适应热胀冷缩和防止相对摩擦发出响声。

2. 立柱与立柱之间的连接

幕墙在平面内应有一定的活动能力，以适应主体结构的侧移。立柱每层设活动接头后，就可以使立柱有上、下活动的可能，从而使幕墙在自身平面内有变形能力。此外，活动接头的间隙，还要满足立柱的温度变形；立柱安装施工的误差；主体结构承受竖向荷载后的轴向压缩变形等要求。因此，上、下柱接头部位应留空隙，空隙宽度不宜小于15mm。

采用铝合金闭口截面型材的立柱时，上、下柱之间宜设置长度不小于250mm的芯柱连接，芯柱一端与立柱相互连接时，立柱应紧密滑动配合（配合间隙应控制在0.5~1.0mm之间），另一端与立柱宜采用机械连接方式固定。采用开口截面型材的立柱，上、下柱之间可采用型材或板材连接。连接件一端应与立柱固定连接，另一端的连接方式不应限制立柱的轴向位移。

3. 立柱与主体结构的连接

幕墙主杆件一般采用悬挂形式，与主体必须连接牢固，一般采用螺栓连接。立柱与主体结构之间每个受力连接部位的连接螺栓不应少于2个，且连接螺栓直径不宜小于10mm。加工铝合金立柱与结构连接的螺栓孔时，立柱孔直径要比螺栓直径大1mm。

立柱与连接件之间应采用垫片隔离。铝合金立柱与结构连接角钢之间必须采用弹性垫片（如尼龙等）且垫片厚度≥2mm。

玻璃幕墙构架与主体结构采用后加固锚栓连接时，对于后补锚栓应符合下列规定：

1）产品应有出厂合格证。

2）碳素钢锚栓应经过防腐处理。

3）应进行承载力现场试验，必要时应进行极限拉拔试验。

4）每个连接点不应少于 2 个锚栓。

5）锚栓直径应通过承载力计算确定，并不应小于 10mm。

6）不宜在与化学锚栓接触的连接件上进行焊接操作。

7）锚栓承载力设计值不应大于其极限承载力的 50%。

另外，后补锚栓采用后切式膨胀螺栓，抗震性能也较好。

4. 变形缝部位幕墙的构造

地震时建筑物主框架变形缝处主框架变位是必然的（主框架变形缝大小由主体结构决定），对于幕墙要正确处理主框架变形缝部位幕墙的构造。在建筑物主框架变形缝处的幕墙采用可伸缩构造（如采用风琴板构造等），如图 16-3 所示，使变形缝处两侧面板分属不同两个独立的单元。

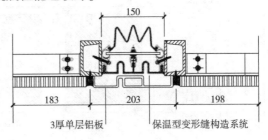

图 16-3　变形缝部位幕墙构造示意（单位：mm）

变形缝抗震作用大，建筑幕墙应重视变形缝节点设计。按照《建筑抗震设计规范》（GB 50010—2010）（2016 年版）的要求，设计变形缝时起码龙骨间的距离要和土建变形缝大小一致，满足第三水准要求；易挤压破碎掉落的面板间距离可以根据第二水准计算确定；中间过渡材料可采用橡胶等弹性材料或采用较薄的金属板材，最好可以水平滑动。

16.4　建筑幕墙抗震性能动力试验方法

美国标准《Recommended Dynamic Test Method for Determining the Seismic Drift Causing Glass Fallout From a Wall System》（AAMA 501.6—01），即"用于确定引起玻璃幕墙发生玻璃脱落的地震层间位移的动力试验方法的建议"，强调强度极限状态下墙体或隔墙系统的抗震性能，而《Recommended Static Test Method For Evaluating Curtain Wall And Storefront Systems Subjected To Seismic And Wind Induced Interstory Drifts》（AAMA 501.4—00），即"评价幕墙和橱窗体系承受地震作用和风荷载引起的层间位移的静力试验方法的建议"，主要在正常使用极限状态下墙体系统的抗震性能。本节介绍 AAMA 501.6—01 中的动力试验方法。

1. 适用范围

这种动力试验方法（AAMA 501.6—01）是 AAMA 501.4—00 的补充。AAMA 501.4—00 主要强调墙体系统正常使用状态的改变（如空气、水渗漏率等）。相比之下，AAMA 501.6—01 主要强调确定墙体体系中有代表性的面板的动力脱落。因此，AAMA 501.4—00 主要在正常使用极限状态下墙体系统的抗震性能，而 AAMA 501.6—01 强调强度极限状态下墙体或隔墙系统的抗震性能。

这种方法适用于安装在墙体框架构件上的任何玻璃面板类型，包括相关装配组件，如底座滑轮、衬垫、垫片和扣件接合件等。

2. 试验设备和仪器

（1）试验装置　图 16-4、图 16-5 为美国宾夕法尼亚州立大学建筑工程系建筑围护研究实验室的加载装置。试验装置包括 Instron Schenk 加载系统、反力墙装置、台座和钢框架加载装置。该加载系统由两根钢柱（Steel Column）和支撑（Bracing）、上、下滑动钢管（梁）（Sliding Steel Tube）、摆动臂（Pivot Arm）和调节杆（Fulcrum）、导轨等组成。

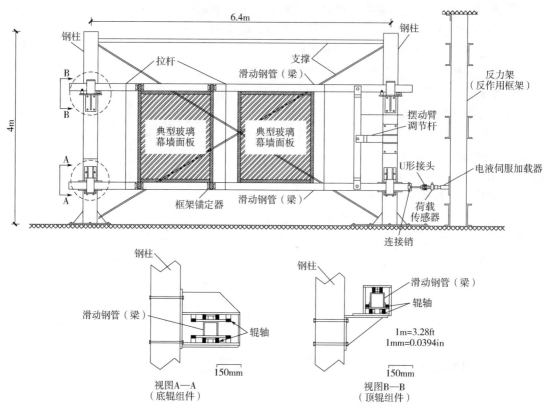

图 16-4　动力试验装置

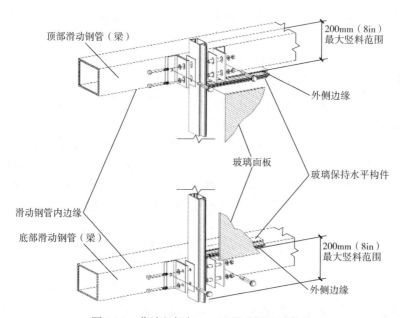

图 16-5　幕墙竖框与上、下滑动梁连接构造

在上、下滑动梁的端部位置，各安装了一个位移传感器，分别测量上、下滑动梁的水平位移，由此得到上、下滑动梁之间的相对位移，即层间位移。

（2）测量仪器　采用电液伺服加载器（Hydraulic Actuator Ram）［荷载传感器（Load Cell）、位移传感器（Displacement Transducer）］来测定作用于试件上的力和位移的大小。测量的上、下滑动梁的位移和加载器的作用力、位移的传感器都接入高速应变测试仪。

3. 试验加载方案

建筑幕墙抗震性能动力试验方法是根据美国建筑制造商协会（AAMA）的标准 AAMA 501.6—01 中的"渐强试验（Crescendo tests）"在概念上和构造上与 ATC-24（1992）描述的"多步试验（Multiple Step Test）"相似，由一系列"放大期"（ramp up intervals）和一系列的"维持振幅期"（constant amplitude intervals）组成，如图 16-6 所示。在"维持振幅期"面内（水平）推拉位移达到 6mm（0.25in）。每个"放大期"和"维持振幅期"内，振动由 4 个正弦周期组成。"渐强试验"频率为 0.8 + 0.1/ − 0.0Hz，层间位移应达到 ±75mm（±3in），或频率为 0.4 + 0.1/ − 0.0Hz，层间位移大于 ±75mm（3in）。位移测量系统应精确到 ±2mm（ ±1/16in）之内。"渐强试验"应连续进行到结束。

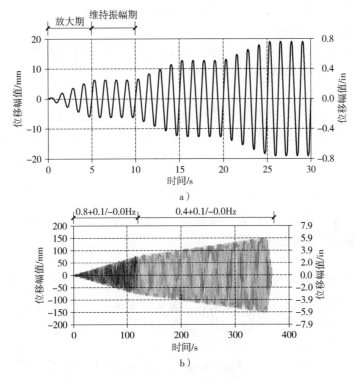

图 16-6　"渐强试验"位移时程

a) 前 30s 渐强试验　b) 全渐强试验

每个"渐强试验"应进行到满足下列条件之一时方能结束：

1）发生幕墙面板脱落。

2）层间位移角达到 0.10（10%）。

3）试验试件的动力推拉位移达到 ±150mm（ ±6in）。

4. 试验结果分析

测试引起玻璃脱落的层间位移试验的三个玻璃幕墙面板应能够进行"渐强试验"。在每个"渐强试验"中应记录与玻璃脱落相关的动力推拉位移幅值。引起玻璃脱落的最小层间位移 $\Delta_{fallout}$ 是这一批试件的控制位移值。若"渐强试验"没有玻璃脱落，就认为引起玻璃面板脱落的层间位移 $\Delta_{fallout}$ 比试验测试到的最大层间位移还大。

虽然试验的重点放在玻璃脱落，当墙体系统的其他部件发生脱落时，应记录下此时的动力推拉位移幅值作为有用的信息。若构件在"渐强试验"过程中发生脱落在玻璃之前，就认为与玻璃脱落关系密切。

16.5 建筑幕墙抗震性能振动台试验方法

主体结构的地震反应是幕墙结构体系的主要地震作用来源，这种作用要传递到建筑幕墙整个体系，其中一部分的破坏有可能导致整个幕墙结构体系的失效。我国现行规范建筑幕墙抗震性能的设计理论是基于弹性的多遇地震作用下的等效侧力法，而对幕墙在罕遇地震作用下的弹塑性反应却没有明确的规定，也没有考虑到主体结构动力特征、幕墙体系的类别及其自身运动特性、地震波的频谱特征等对建筑幕墙的动力反应所产生的影响。因此，这种弹性的多遇地震作用下的等效侧力法不能正确地保证建筑幕墙在罕遇地震作用下的抗震性能，需要通过振动台试验来研究罕遇地震作用下幕墙弹塑性反应。

1. 试验原理

建筑幕墙抗震性能是指在规定的地震作用下，建筑幕墙抵抗地震作用的性能，通常包括幕墙承载能力、变形能力和破坏模式。采用模拟地震振动台对建筑幕墙试件进行动力反应的试验，用以检查、验证、评估建筑幕墙的抗震性能。《建筑幕墙抗震性能振动台试验方法》（GB/T 18575—2017）规定了建筑幕墙抗震性能振动台试验方法，其试验原理是将建筑幕墙试体（包括建筑幕墙足尺试件及其安装用的模拟试验框架）安装在振动台台面上，通过振动台台面输入规定的地震记录波和人工地震波，模拟地震对试体作用，观测各工况下幕墙试件面板、连接件和支承构件的地震反应。

2. 试验装置

振动台应符合《建筑抗震试验规程》（JGJ/T 101—2015）的规定，宜选用具有迭代修正功能的低频大位移数控式模拟地震振动台。振动台台面尺寸及空间应能满足模拟试验框架及幕墙试件的安装要求。

3. 试体要求

模拟地震振动台试验重点在于再现结构原型的振动的特性和地震响应。幕墙振动台试验通常采用柔性构架，既可以实现较大的层间位移，也可实现较大的地震加速度作用，但往往不能一起再现与原型结构一致的位移响应和加速度响应。一般而言，模拟地震试验时，幕墙试件采用相似比为1:1的足尺试件，专门设计制作试验框架来模拟安装幕墙试件的主体结构，试件的安装和镶嵌应符合设计要求。

（1）模拟试验框架 模拟试验框架用于模拟安装幕墙试件的主体结构，应能满足幕墙试件的安装要求及测量要求。模拟试验框架应具有合适的刚度和承载能力，在试验过程中宜保持弹性状态，并能满足幕墙层间位移角（幕墙试件顶部和底部测点的水平位移差与该测点间距之比）设计要求。

（2）幕墙试件

1）幕墙试件的确定应符合《建筑幕墙》（GB/T 21086—2007）的规定。试件应为委托方自检合格的产品，并应符合设计要求。工程检测时，其面板、连接件和支承构件等应与实际工程相同。

2）试件应具有幕墙工程的代表性，应为足尺试件。构件式幕墙试件的高度不宜少于一个层高，宽度不宜少于三个分格。单元式幕墙试件应至少包括上下两个单元和左右三个单元。

3）试件应包括典型的垂直接缝、水平接缝和十字缝。当幕墙有可开启部分时，尚应包括可开启部分。

4）试件应按设计要求或采用与实际工程相同的连接方法安装在模拟试验框架上，无扭转检测要求时，幕墙试件的布置应能避免试件在试验过程中产生扭转反应。

4. 测试仪器

测量仪器应根据试件的动力特性、动力反应、模拟地震振动台的性能以及所需的测试参数来选择。动态数据采集系统应符合下列要求：

1）动态数据采集系统应与模拟地震振动台性能匹配，应具有幕墙试件动力反应以及相关参数的实时采集能力。

2）动态数据采集系统的使用频率范围，其下限应低于试验用地震记录最低主要频率分量的 1/10，上限应大于最高有效频率分量值。

3）动态数据采集系统的动态范围应大于 60dB，信噪比优于 -40dB；动态数据采集系统的精度不应低于满量程的 0.5%。

4）测量用传感器及其连接导线应具有良好的机械抗冲击性能，且便于安装和拆卸。传感器的质量和体量不应影响试件的动力特性。

5）测量用传感器的连接导线应采用屏蔽电缆。测试仪器的输出阻抗和输出电平应与记录仪器或数据采集系统匹配。

5. 试验准备

应根据需要测量幕墙试件的加速度、位移和应变等主要参数的动力响应。

1）加速度传感器的位置及数量应根据测量需要确定。其位置宜符合下列要求：

①在振动台台面中心位置，应按三维方向布置测点。

②在模拟试验框架每个楼层位置处，按平行于幕墙表面的水平方向分别布置测点。

③在动力反应较大或复杂变化的部位布置测点。

④在模拟试验框架的固定底座处，宜布置测点监测其相对于台面的滑动情况。

⑤当需测量扭转分量时，应在幕墙试件的同一标高的两端部对称位置布置测点。

2）位移传感器宜采用非接触式位移计。当采用接触式位移计测量幕墙试件位移时，安装位移计的仪表架自身应有足够的刚度。位移传感器的布置宜同加速度传感器的布置的要求。

3）当需要测量应变时，应变片应布置在幕墙试件中受力复杂、局部变形较大以及有性能化设计要求的部位。

4）传感器应与试体可靠接触，连接导线应捆绑在幕墙试件上。传感器与试体间应采用绝缘垫隔离，绝缘垫谐振频率应远大于幕墙试件的频率。

6. 加载方法

1）振动台试验加载时，台面输入的加速度时程波形应符合下列要求：

①设计和选择台面输入加速度时程波形时，应考虑主体结构及幕墙自振频率、拟建场地类别和设计地震分组等因素。

②应按照场地类别和设计地震分组选取至少三条加速度时程波形进行试验，每条地震波的选取宜满足《建筑抗震设计规范》（GB 50011—2010）（2016 年版）的有关规定。

试验选取的加速度时程曲线可直接选用典型强震记录的加速度时程，也可选择一条根据场地特征拟合的人工地震波。

试验选取的地震波应与主体结构设计或试验选用的地震波相适应。

人工地震波可按拟建场地特性进行拟合；有条件时，试验选取的人工合成地震波应可根据幕墙试件选取位置的实际工程地震反应谱拟合人工地震波。可采用一定比例系数将原始地震波进行放大处理。人工地震波的有效持续时间不宜小于试体基本周期的 10 倍，其中强震动部分的持续时间不宜小于 10s。

幕墙振动台性能试验可选用以下实测地震波形对主体结构进行地震反应分析，获得相应楼层的地震作用：

①ELCENTRO 波（埃尔森特罗地震波），适用于中软场地。

②TAFT 波（塔夫特地震波），适用于中硬场地。

③SAN 波。

④EUR 波。

⑤DUZCE 波。

⑥天津地震波，适用于软弱场地。

⑦兰州地震波。

⑧滦县地震波，适用于坚硬场地。

在对幕墙进行抗震性能试验时，不能把设防烈度下的地面运动直接作为台面输入，因为所选取的幕墙单元安装在一定高度处，该处的地震反应就是幕墙的主要作用，即加速度反应和位移反应。改进的方法是输入幕墙所在标高处的反应谱，即楼面反应谱。楼面谱的发展经历了两个阶段：第一阶段——楼面谱将不含附属系统的主系统的楼面反应作为输入，求具有不同自振周期的单自由度系统的反应谱，其优点是解耦，避免了求解系统的运动方程。第二阶段——楼面谱"基于求解出主系统和安装在不同楼层上的单自由度附属系统组成的组合系统中附属系统的地震反应"。为建立楼面谱，需要计算自振周期在 0～6s 范围的附属系统的地震反应，用时程积分法求解时，需要对不同的地震记录，不同周期的附属系统，积分求解组合系统的反应，这包含极大的工作量。因此，第二阶段楼面谱通常用滤波白噪声表示地面运动，用随机振动法通过峰值系数直接得到楼面谱。

2）加载前及加载后应采用白噪声激振法测定试体加载前后的动力特性。白噪声的频率范围宜为 0.5～50Hz，应能覆盖试体的自振频率范围，加速度幅值宜取 50～80cm/s²，单方向有效持续时间不宜少于 120s。台面白噪声激振可采用三向同时加载或单向分别加载。

3）试验宜采用分级多次加载方法，宜按下列步骤进行：

①依据主体结构与幕墙试件模型理论计算的弹性和非弹性地震反应情况，确定分级次数

及对应的台面加速度幅值，并宜覆盖多遇地震、设防烈度地震和预估罕遇地震相对应的加速度幅值，测试试体出现从弹性阶段、弹塑性阶段甚至到破坏阶段依次变化的地震反应。除设计另有要求外，多遇地震、设防烈度地震和预估罕遇地震的加速度幅值应按表 16-5 选取。

表 16-5　地震波加速度幅值

抗震设防烈度及 设计基本地震加速度值	6 度	7 度		8 度		9 度
	0.05g	0.10g	0.15g	0.20g	0.30g	0.40g
加速度幅值/ （cm/s²）　多遇地震			65	70	110	140
设防烈度地震	50	100	150	200	300	400
预估罕遇地震	125	220	310	400	510	620

注：表中 g 为重力加速度。

②根据试验加载工况，每次输入某一幅值的加速度时程波形，记录模拟试验框架及幕墙试件的动力响应，观察幕墙试件各部位的变形、破坏情况，分析加速度放大系数和幕墙试件的抗震性能。

③若需要进行破坏试验，可继续加大台面输入加速度波的幅值或在某一加速度幅值下多次进行地震输入，直到幕墙试件发生整体破坏现象，观察、记录幕墙试件的极限抗震能力。

④应至少在两个水平主轴方向分别进行试验；测试幕墙试件两个水平方向地震作用相互影响时，应按设计规定的加速度幅值同时进行双水平方向试验；如果幕墙试件对竖向地震反应敏感时，宜同时进行两个水平方向和竖向三向地震输入试验，各项地震输入的加速度幅值比例应符合设计要求。

4）试验观测和动力反应测量。每个工况试验后，应观测幕墙试件面板、连接件和支承构件的地震反应，并按输入工况进行描绘与记录，主要内容包括：

①面板状况，包括面板开裂、面板间间隙变化情况等。

②面板与支承构件连接状况、支承构件与模拟试验框架连接状况。

③支承构件破坏状况。

④模拟试验框架的地震反应。

试验过程宜采用视频进行实时记录。对于幕墙试件主要部位的开裂、失稳屈服及其他破坏情况，应拍摄照片并做记录。

7. 数据处理

试验数据采样频率应满足一般信号数值处理的要求。

1）试验数据分析前，应对数据进行以下处理：

①根据传感器的标定值及应变计的灵敏系数等对试验数据进行修正。

②根据试验情况和分析需要，可采用滤波处理、零均值化、消除趋势项等减小测量误差的措施。

2）采用白噪声激振法确定试体的自振频率和阻尼比时，宜通过传递函数分析求得，试件的振型宜通过传递函数或互功率谱分析求得。

3）试体的位移反应可采用位移传感器直接测试，也可采用加速度传感器进行测试，并通过对实测加速度反应时程进行两次积分求得位移值，但应在积分前消除趋势项和进行滤波处理。

4）处理后的试验数据，应提取测试数据的最大值及其相应时刻、时程反应曲线以及试体的自振频率、振型和阻尼比等数据。

8. 检测报告

检测报告至少应包括下列内容：

1）幕墙试件的名称、类型、主要尺寸及图样（包括模拟试验框架、幕墙试件的平立剖面、主要节点、型材和密封条的截面、主要受力构件的尺寸以及可开启部分的开启方式和五金件的品牌、种类、规格及位置）。

2）面板的品种、厚度、规格和安装方法，并配相关照片。

3）密封材料的材质和牌号。

4）附件的名称、材质和配置。

5）点支承玻璃幕墙的拉索预拉力设计值。

6）试验方法及试验用主要测量传感器、仪器设备描述。

7）模拟地震作用，包括台面输入地震波等。

8）振动台台面、模拟试验框架及试件的加速度、位移、应变反应时程曲线，幕墙层间位移角等。

9）幕墙试件变化情况，包括面板、连接件和支承构件的变化情况等。

10）注明试验过程中对幕墙试件所做的修改。

11）检测单位、检测日期和检测人员。

附录

建筑幕墙（采光顶）、门窗设计
相关规范、标准

建筑幕墙（采光顶）、门窗设计相关规范、标准（截止2021年12月）。

1 有关设计规范、标准

1.1 幕墙（采光顶）设计

《建筑幕墙术语》（GB/T 34327—2017）

《建筑幕墙、门窗通用技术条件》（GB/T 31433—2015）

《建筑幕墙》（GB/T 21086—2007）

《小单元建筑幕墙》（JG/T 216—2007）

《建筑幕墙工程技术标准》（DB32/T 4065—2021）［江苏］

《建筑幕墙工程技术规范》（DGJ 08-56—2012）［上海］

《建筑玻璃应用技术规程》（JGJ 113—2015）

《玻璃幕墙工程技术规范》（JGJ 102—2003）（JGJ 102）（2022年送审稿）

《金属与石材幕墙工程技术规范》（JGJ 133—2001）（JGJ 133）（2022年送审稿）

《石材幕墙工程技术规程》（DB21/T 1705—2008）［辽宁］

《人造板材幕墙工程技术规范》（JGJ 336—2016）

《建筑陶瓷薄板应用技术规程》（JGJ/T 172—2012）

《陶瓷薄板幕墙工程技术规范》（DBJ/T 15-123—2016）［广东］

《非透光幕墙保温工程技术规程》（DB11/T 1883—2021）［北京］

《岩棉板或玻璃板保温幕墙工程技术规程》（DB21/T 2159—2013）［辽宁］

《中空纤维增强水泥板幕墙工程技术规程》（T/CECS 523—2018）

《挤出成型玻璃纤维增强水泥板幕墙工程技术规程》（T/CECS 561—2018）

《机场航站楼建筑幕墙工程技术规程》（T/CBDA 37—2020）

《超大尺寸玻璃幕墙应用技术规程》（T/CECS 962—2021）

《装配式幕墙工程技术规程》（T/CECS 745—2020）

《装配式混凝土幕墙板技术条件》（GB/T 40715—2021）

《建筑幕墙用光伏系统通用技术要求》（DB13/T 2826—2018）［河北］

《太阳能光伏玻璃幕墙电气设计规范》（JGJ/T 365—2015）

《建筑幕墙防火技术规程》（T/CECS 806—2021）

《建筑幕墙防雷技术规范》（DB37/T 2647—2015）［山东］

《建筑幕墙防雷技术规范》（DB41/T 935—2014）［河南］

《防静电工程技术规程》（DG/TJ 08-83—2009）

《建筑玻璃采光顶技术要求》（JG/T 231—2018）

《采光顶与金属屋面技术规程》（JGJ 255—2012）

《玻璃幕墙光热性能》（GB/T 18091—2015）

《建筑幕墙用不锈钢通用技术条件》（GB/T 34472—2017）

《铜及铜复合板幕墙技术条件》（JC/T 2491—2019）

《建筑外墙清洗维护技术规程》（JGJ 168—2009）

1.2　建筑设计

《民用建筑设计统一标准》（GB 50352—2019）

《民用建筑热工设计规范》（GB 50176—2016）

《公共建筑节能设计标准》（GB 50189—2015）

《公共建筑节能改造技术规范》（JGJ 176—2009）

《建筑设计防火规范》（GB 50016—2014）（2018 年版）

《建筑幕墙防火技术规程》（T/CECS 806：2021）

《建筑物防雷设计规范》（GB 50057—2010）

《民用建筑电气设计标准》（GB 51348—2019）

《工业建筑供暖通风与空气调节设计规范》（GB 50019—2015）

《建筑采光设计标准》（GB/T 50033—2013）

《民用建筑隔声设计规范》（GB 50118—2010）

1.3　结构设计

《工程结构设计基本术语标准》（GB/T 50083—2014）

《建筑结构可靠性设计统一标准》（GB 50068—2018）

《建筑结构荷载规范》（GB 50009—2012）

《工程结构通用规范》（GB 55001—2021）

《钢结构通用规范》（GB 55006—2021）

《钢结构设计标准》（GB 50017—2017）

《钢结构焊接规范》（GB 50661—2011）

《冷弯薄壁型钢结构设计规范》（GB 50018—2002）

《高层民用建筑钢结构技术规程》（JGJ 99—2015）

《混凝土结构通用规范》（GB 55008—2021）

《混凝土结构设计规范》（GB 50010—2010）（2015 年版）

《高层建筑混凝土结构技术规程》（JGJ 3—2010）

《混凝土结构后锚固技术规程》（JGJ 145—2013）

《铝合金结构设计规范》（GB 50429—2007）

《索结构设计规程》（JGJ 257—2012）

《不锈钢结构技术规范》（CECS 410：2015）

《工程抗震术语标准》（JGJ/T 97—2011）

《建筑抗震设计规范》（GB 50011—2010）（2016 年版）

《建筑抗震试验规程》（JGJ/T 101—2015）

《建筑工程抗震设防分类标准》（GB 50223—2008）

《中国地震烈度表》（GB/T 17742—2020）

《中国地震动参数区划图》（ GB 18306—2015 ）

《地震震级的规定》（GB/T 17740—2017）

《预应力筋用锚具、夹具和连接器应用技术规程》（JGJ 85—2010）

《建筑工程预应力施工规程》（CECS 180：2005）

《工程网络计划技术规程》（JGJ/T 121—2015）

1.4 全玻及点支承设计

《吊挂式玻璃幕墙支承装置》（JG/T 139—2017）

《点支式玻璃幕墙工程技术规程》（CECS 127：2001）

《建筑玻璃点支承装置》（JG/T 138—2010）

《建筑幕墙用点支承装置》（GB/T 37266—2018）

《建筑用不锈钢绞线》（JG/T 200—2007）

《建筑幕墙用钢索压管接头》（JG/T 201—2007）

1.5 材料规范、标准

1.5.1 玻璃

《建筑门窗及幕墙用玻璃术语》（JG/T 354—2012）

《平板玻璃》（GB 11614—2009）

《镀膜玻璃 第1部分：阳光控制镀膜玻璃》（GB/T 18915.1—2013）

《镀膜玻璃 第2部分：低辐射镀膜玻璃》（GB/T 18915.2—2013）

《建筑用安全玻璃 第1部分：防火玻璃》（GB 15763.1—2009）

《建筑用安全玻璃 第2部分：钢化玻璃》（GB 15763.2—2005）

《建筑用安全玻璃 第3部分：夹层玻璃》（GB 15763.3—2009）

《建筑用安全玻璃 第4部分：均质钢化玻璃》（GB 15763.4—2009）

《半钢化玻璃》（GB/T 17841—2008）

《中空玻璃》（GB/T 11944—2012）

《真空玻璃》（JC/T 1079—2020）

《压花玻璃》（JC/T 511—2002）

《防弹玻璃》（GB 17840—1999）

《建筑门窗幕墙用钢化玻璃》（JG/T 455—2014）

《门窗幕墙用纳米涂膜隔热玻璃》（JG/T 384—2012）

《热弯玻璃》（JC/T 915—2003）

《建筑用 U 型玻璃》（JC/T 867—2000）

《超白浮法玻璃》（JC/T 2128—2012）

《釉面钢化及釉面半钢化玻璃》（JC/T 1006—2018）

《防爆炸透明材》（GA 667—2020）

《建筑用太阳能光伏夹层玻璃》（GB 29551—2013）

《建筑用太阳能光伏中空玻璃》（GB/T 29759—2013）

《电致液晶夹层调光玻璃》（JC/T 2129—2012）

《高光热比本体着色平板玻璃》（T/ZBH 006—2018）

1.5.2 铝材及铝板

《变形铝及铝合金牌号表示方法》（GB/T 16474—2011）

《变形铝及铝合金状态代号》（GB/T 16475—2008）

《变形铝及铝合金化学成分》（GB/T 3190—2020）

《铝合金建筑型材 第1部分：基材》（GB/T 5237.1—2017）

《铝合金建筑型材 第2部分：阳极氧化型材》（GB/T 5237.2—2017）

《铝合金建筑型材 第3部分：电泳涂漆型材》（GBT 5237.3—2017）

《铝合金建筑型材 第4部分：喷粉型材》（GBT 5237.4—2017）

《铝合金建筑型材 第5部分：喷漆型材》（GB/T 5237.5—2017）

《铝合金建筑型材 第6部分：隔热型材》（GB/T 5237.6—2017）

《铝及铝合金阳极氧化膜与有机聚合物膜 第1部分：阳极氧化》（GB/T 8013.1—2018）

《铝及铝合金阳极氧化膜与有机聚合物膜 第2部分：阳极氧化复合膜》（GB/T 8013.2—2018）

《铝及铝合金阳极氧化膜与有机聚合物膜 第3部分：有机聚合物涂膜》（GB/T 8013.3—2018）

《一般工业用铝及铝合金板、带材 第1部分：一般要求》（GB/T 3880.1—2012）

《一般工业用铝及铝合金板、带材 第2部分：力学性能》（GB/T 3880.2—2012）

《一般工业用铝及铝合金板、带材 第3部分：尺寸偏差》（GB/T 3880.3—2012）

《铝及铝合金焊丝》（GB/T 10858—2008）

《建筑用铝型材、铝板氟碳涂层》（JG/T 133—2000）

《铝幕墙板 第1部分：板基》（YS/T 429.1—2014）

《铝幕墙板 第2部分：有机聚合物喷涂铝单板》（YS/T 429.2—2012）

《建筑幕墙用铝塑复合板》（GB/T 17748—2016）

《建筑幕墙用氟碳铝单板制品》（JG/T 331—2011）

《建筑外墙用铝蜂窝板》（JG/T 334—2012）

《铝塑复合板用铝带》（YS/T 432—2000）

《铝型材截面几何参数算法及计算机程序要求》（YS/T 437—2009）

《建筑用隔热铝合金型材》（JG/T 175—2011）

《铝及铝合金彩色涂层板、带材》（YS/T 431—2009）

《钛及钛合金板材》（GB/T 3621—2007）

《铜及铜合金板材》（GB/T 2040—2017）

1.5.3 钢材（不锈钢）

《不锈钢丝绳》（GB/T 9944—2015）

《不锈钢丝》（GB/T 4240—2019）

《高碳铬不锈钢丝》（YB/T 096—2015）

《不锈钢钢绞线》（GB/T 25821—2010）

《不锈钢棒》（GB/T 1220—2007）

《不锈钢冷加工钢棒》（GB/T 4226—2009）

《不锈钢冷轧钢板及钢带》（GB/T 3280—2015）

《不锈钢热轧钢板及钢带》（GB/T 4237—2015）

《建筑屋面和幕墙用冷轧不锈钢钢板和钢带》（GB/T 34200—2017）

《不锈钢小直径无缝钢管》（GB/T 3090—2020）

《不锈钢冷轧钢板和钢带》（GB/T 3280—2015）

《不锈钢热轧钢板和钢带》（GB/T 4237—2015）

《不锈钢冷加工钢棒》（GB/T 4226—2009）

《不锈钢复合钢板和钢带》（GB/T 8165—2008）

《结构用不锈钢无缝钢管》（GB/T 14975—2012）

《不锈钢焊条》（GB/T 983—2012）

《电工用铝包钢线》（GB/T 17937—2009）

《碳素结构钢》（GB/T 700—2006）

《优质碳素结构钢》（GB/T 699—2015）

《合金结构钢》（GB/T 3077—2015）

《低合金高强度结构钢》（GB/T 1591—2018）

《耐候结构钢》（GB/T 4171—2008）

《彩色涂层钢板及钢带》（GB/T 12754—2019）

《连续热镀锌和锌合金镀层钢板及钢带》（GB/T 2518—2019）

《碳素结构钢和低合金结构钢 热轧薄钢板及钢带》（GB/T 912—2008）

《碳素结构钢和低合金结构钢 热轧厚钢板及钢带》（GB/T 3274—2017）

《钢的成品化学成分允许偏差》（GB/T 222—2006）

《钢铁产品牌号表示方法》（GB/T 221—2008）

《钢分类 第1部分 按化学成分分类》（GB/T 13304.1—2008）

《钢分类 第2部分 按主要质量等级和主要性能或使用特性的分类》（GB/T 13304.2—2008）

《连续热镀锌钢板及钢带》（GB/T 2518—2008）

《结构用高频焊接薄壁 H 型钢》（JG/T 137—2007）

《结构用无缝钢管》（GB/T 8162—2018）

《建筑结构用冷弯矩形钢管》（JG/T 178—2005）

《焊缝符号表示法》（GB/T 324—2008）

《热强钢焊条》（GB/T 5118—2012）

《非合金钢及细晶粒钢焊条》（GB/T 5117—2012）

《钢结构防火涂料》（GB 14907—2018）

1.5.4 密封胶

《建筑密封胶分级和要求》（GB/T 22083—2008）

《硅酮和改性硅酮建筑密封胶》（GB/T 14683—2017）

《聚氨酯建筑密封胶》（JC/T 482—2003）

《聚硫建筑密封胶》（JC/T 483—2006）

《丙烯酸酯建筑密封胶》（JC/T 484—2006）

《幕墙玻璃接缝用密封胶》（JG/T 882—2001）

《金属板用建筑密封胶》（JC/T 884—2016）

《石材用建筑密封胶》（GB/T 23261—2009）

《混凝土建筑接缝用密封胶》（JC/T 881—2017）

《建筑用防霉密封胶》（JC/T 885—2016）

《建筑用阻燃密封胶》（GB/T 24267—2009 ）

《建筑用硅酮结构密封胶》（GB 16776—2005）

《建筑幕墙用硅酮结构密封胶》（JG/T 475—2015）

《中空玻璃用结构密封胶》（GB 24266—2009）

《建筑门窗幕墙用中空玻璃弹性密封胶》（JG/T 471—2015）

《中空玻璃用丁基热熔密封胶》（JC/T 914—2014）

《中空玻璃用反应型热熔密封胶》（T/ZBH 010—2019）

《中空玻璃用弹性密封胶》（GB 29755—2013）

《防火封堵材料》（GB 23864—2009/XG 1—2012）

《建筑防火封堵应用技术规程》（CECS 154：2003）

《建筑表面用有机硅防水剂》（JC/T 902—2002）

《丁基橡胶防水密封胶粘带》（JC/T 942—2004）

《干挂石材幕墙用环氧胶粘剂》（JC 887—2001）

《工业用橡胶板》（GB/T 5574—2008）

《硫化橡胶或热塑性橡胶撕裂强度的测定》（GB/T 529—2008）

《硫化橡胶或热塑性橡胶压入硬度试验方法 第 1 部分：邵氏硬度计法（邵尔硬度)》（GB/T 531.1—2008）

《硫化橡胶或热塑性橡胶压入硬度试验方法 第 2 部分：便携式橡胶国际硬度计法》（GB/T 531.2—2009）

《纤维植物和真皮用天然橡胶胶粘剂》（HG/T 3318—2018）

《结构胶粘剂 粘接前金属和塑料表面处理导则》（GB/T 21526—2008）

《建筑窗用弹性密封剂》（JC 485—2007）

《建筑密封材料试验方法 第 1 部分：试验基材的规定》（GB/T 13477.1—2002）

《建筑密封材料试验方法 第 2 部分：密度的测定》（GB/T 13477.2—2018）

《建筑密封材料试验方法 第 3 部分：使用标准器具测定密封材料挤出性的方法》（GB/T 13477.3—2017）

《建筑密封材料试验方法 第 4 部分：原包装单组分密封材料挤出性的测定》 （GB/T 13477.4—2017）

《建筑密封材料试验方法 第 5 部分：表干时间的测定》（GB/T 13477.5—2002）

《建筑密封材料试验方法 第 6 部分：流动性的测定》（GB/T 13477.6—2002）

《建筑密封材料试验方法 第 7 部分：低温柔性的测定》（GB/T 13477.7—2016）

《建筑密封材料试验方法 第 8 部分：拉伸粘结性的测定》（GB/T 13477.8—2017）

《建筑密封材料试验方法 第 9 部分：浸水后拉伸粘结性的测定》（GB/T 13477.9—2017）

《建筑密封材料试验方法 第 10 部分：定伸粘结性的测定》（GB/T 13477.10—2017）

《建筑密封材料试验方法 第 11 部分：浸水后定伸粘结性的测定》（GB/T 13477.11—2017）

《建筑密封材料试验方法 第 12 部分：同一温度下拉伸—压缩循环后粘结性的测定》（GB/T 13477.12—2018）

《建筑密封材料试验方法 第 13 部分：冷拉—热压后粘结性的测定》（GB/T 13477.13—2019）

《建筑密封材料试验方法 第 14 部分：浸水及拉伸—压缩循环后粘结性的测定》（GB/T 13477.14—2019）

《建筑密封材料试验方法 第 15 部分：经过热、透过玻璃的人工光源和水曝露后粘结性的测定》（GB/T 13477.15—2017）

《建筑密封材料试验方法 第 16 部分：压缩特性的测定》（GB/T 13477.16—2002）

《建筑密封材料试验方法 第 17 部分：弹性恢复率的测定》（GB/T 13477.17—2017）

《建筑密封材料试验方法 第 18 部分：弹剥离粘结性的测定》（GB/T 13477.18—2002）

《建筑密封材料试验方法 第 19 部分：质量与体积变化的测定》（GB/T 13477.19—2017）

《建筑密封材料试验方法 第 20 部分：污染性的测定》（GB/T 13477.20—2017）

《铝合金建筑型材用隔热材料 第 1 部分：聚酰胺型材》（GB/T 23615.1—2017）

《铝合金建筑型材用隔热材料 第 2 部分：聚氨酯隔热胶》（GB/T 23615.2—2017）

《建筑门窗、幕墙用密封胶条》（GB/T 24498—2009）

《塑料门窗用密封条》（GB 12002—1989）

《建筑铝合金型材用聚酰胺热条》（JG/T 174—2014）

《建筑装饰用天然石材防护剂》（JC/T 973—2005）

《建筑用岩棉、矿渣棉制品》（GB/T 19686—2015）

《绝热用岩棉、矿渣棉及其制品》（GB/T 11835—2016）

《民用建筑外保温系统及外墙装饰防火暂行规定》（公通字〔2009〕46 号）

《建筑材料不燃性试验方法》（GB/T 5464—2010）

《建筑材料可燃性试验方法》（GB/T 8626—2007）

《建筑材料及制品燃烧性能分级》（GB 8624—2012）

《建筑材料及制品的燃烧性能 燃烧值的测定》（GB/T 14402—2007）

《建筑材料或制品的单体燃烧试验》（GB/T 20284—2006）

《材料产烟毒性危险分级》（GB/T 20285—2006）

《绝热用硬质酚醛泡沫制品》（GB/T 20974—2014）

《建筑绝热用硬质聚氨酯泡沫塑料》（GB/T 21558—2008）

1.5.5 石材

《天然石材术语》（GBT 13890—2008）

《天然饰面石材术语》（GB/T 13890—2008）

《天然石材统一编号》（GB/T 17670—2008）

《天然花岗石荒料》（JC/T 204—2011）

《天然花岗石建筑板材》（GB/T 18601—2009）

《天然大理石荒料》（JC/T 202—2011）

《天然大理石建筑板材》（GB/T 19766—2016）

《天然板石》（GB/T 18600—2009）

《干挂饰面石材及其金属挂件 第1部分 干挂饰面石材》（JC 830.1—2005）

《干挂饰面石材及其金属挂件 第2部分 金属挂件》（JC 830.2—2005）

《建筑材料放射性核素限量》（GB 6566—2010）

《超薄天然石材复合板》（JC/T 1049—2007）

《建筑幕墙用瓷板》（JG/T 217—2007）

《建筑幕墙用陶板》（JG/T 324—2011）

《建筑装饰用微晶玻璃》（JC/T 872—2019）

《建筑装饰用搪瓷钢板》（JG/T 234—2008）

1.5.6 节能设计

《民用建筑能耗数据采集标准》（JGJ/T 154—2007 ）

《严寒和寒冷地区居住建筑节能设计标准》（JGJ 26—2018）

《温和地区居住建筑节能设计标准》（JGJ 475—2019）

《夏热冬冷地区居住建筑节能设计标准》（JGJ 134—2010）

《夏热冬暖地区居住建筑节能设计标准》（JGJ 75—2012）

《既有居住建筑节能改造技术规程》（JGJ 129—2012）

《建筑门窗玻璃幕墙热工计算规程》（JGJ/T 151—2008）

《建筑构件和建筑单元热阻和传热系数计算方法》（GB/T 20311—2021）

1.5.7 幕墙配件

《建筑幕墙用槽式预埋组件（英文版）》（GB/T 38525—2020E）

《建筑木框架幕墙组件》（GB/T 38704—2020）

《建筑幕墙用平推窗滑撑》（JG/T 433—2014）

《封闭型沉头抽芯铆钉》（GB/T 12616.1—2004）

《封闭型平圆头抽芯铆钉》（GB/T 12615.4—2004）

《紧固件公差 螺栓、螺钉、螺柱和螺母》（GB/T 3103.1—2002）

《紧固件机械性能 螺栓、螺钉和螺柱》（GB/T 3098.1—2010）

《紧固件机械性能 螺母》（GB/T 3098.2—2015）

《紧固件机械性能 螺母、细牙螺纹》（GB/T 3098.4—2000）

《紧固件机械性能 自攻螺钉》（GB/T 3098.5—2016）

《紧固件机械性能 不锈钢螺栓、螺钉、螺柱》（GB/T 3098.6—2014）

《紧固件机械性能 不锈钢螺母》（GB/T 3098.15—2014）

《紧固件机械性能 抽芯铆钉》（GB/T 3098.19—2004）

《紧固件机械性能 不锈钢自攻螺钉》（GB/T 3098.21—2014）

《紧固件术语 盲铆钉》（GB/T 3099.2—2004）

《紧固件术语 螺纹紧固件、销及垫圈》（GB/T 3099.1—2008）

《螺纹紧固件应力截面积和承载面积》（GB/T 16823.1—1997）

《十字槽盘头自钻自攻螺钉》（GB/T 15856.1—2002）

《十字槽沉头自钻自攻螺钉》（GB/T 15856.2—2002）

《十字槽盘头螺钉》（GB/T 818—2016）

《工程结构用中、高强度不锈钢铸件》（GB/T 6967—2009）

《铜和铜合金铸件》（GB/T 13819—2013）

《锌合金压铸件》（GB/T 13821—2009）

《铝合金压铸件》（GB/T 15114—2009）

《铸件 尺寸公差、几何公差与机械加工余量》（QB/T 6414—2017）

《螺栓或螺钉和平垫圈组合件》（GB/T 9074.1—2002）

《预应力筋用锚具、夹具和连接器》（GB/T 14370—2015）

《外装门锁》（QB/T 2473—2017）

《弹子插芯门锁》（GB/T 2474—2000）

《叶片门锁》（QB/T 2475—2000）

《球形门锁》（QB/T 2476—2017）

1.5.8 其他规范、标准

《建筑幕墙工程 BIM 实施标准》（T/CBDA 7—2016）

《幕墙工程施工过程模型细度标准》（DB11/T 1837—2021）

《建设工程劳动定额 装饰工程—玻璃、幕墙及采光屋面工程》（LD/T 73.4—2008）

《声学 建筑和建筑构件隔声测量 第 1 部分：侧向传声受抑制的实验室测试设施要求》（GB/T 19889.1—2005）

《声学 建筑和建筑构件隔声测量 第 2 部分：数据精密度的确定、验证和应用》（GB/T 19889.2—2005）

《声学 建筑和建筑构件隔声测量 第 3 部分：建筑构件空气声隔声的实验室测量》（GB/T 19889.3—2005）

《声学 建筑和建筑构件隔声测量 第 4 部分：房间之间空气声隔声的现场测量》（GB/T 19889.4—2005）

《声学 建筑和建筑构件隔声测量 第 5 部分：外墙构件和外墙空气声隔声的现场测量》（GB/T 19889.5—2006）

《声学 建筑和建筑构件隔声测量 第 6 部分：楼板撞击声隔声的实验室测量》（GB/T 19889.6—2005）

《声学 建筑和建筑构件隔声测量 第 7 部分：楼板撞击声隔声的现场测量》（GB/T 19889.7—2005）

《声学 建筑和建筑构件隔声测量 第 8 部分：重质标准楼板覆面层撞击声改善量的实验室测量》（GB/T 19889.8—2006）

《声学　建筑和建筑构件隔声测量　第 10 部分：小建筑构件空气声隔声的实验室测量》（GB/T 19889.10—2006）

《声环境质量标准》（GB 3096—2008）

《建筑物防雷装置检测技术规范》（GB/T 21431—2015）

《静电安全术语》（GB/T 15463—2018）

《建筑构件耐火试验方法　第 1 部分：通用要求》（GB/T 9978.1—2008）

《建筑构件耐火试验方法　第 2 部分：耐火试验试件受火作用均匀性的测量指南》（GB/T 9978.2—2019）

《建筑构件耐火试验方法　第 3 部分：试验方法和试验数据应用注释》（GB/T 9978.3—2008）

《建筑构件耐火试验方法　第 4 部分：承重垂直分隔构件的特殊要求》（GB/T 9978.4—2008）

《建筑构件耐火试验方法　第 5 部分：承重水平分隔构件的特殊要求》（GB/T 9978.5—2008）

《建筑构件耐火试验方法　第 6 部分：梁的特殊要求》（GB/T 9978.6—2008）

《建筑构件耐火试验方法　第 7 部分：柱的特殊要求》（GB/T 9978.7—2008）

《建筑构件耐火试验方法　第 8 部分：非承重垂直分隔构件的特殊要求》（GB/T 9978.8—2008）

《建筑构件耐火试验方法　第 9 部分：非承重吊顶构件的特殊要求》（GB/T 9978.9—2008）

《塑料　用氧指数法测定燃烧行为　第 1 部分：导则》（GB/T 2406.1—2008）

《塑料　用氧指数法测定燃烧行为　第 2 部分：室温试验》（GB/T 2406.2—2009）

《可燃性粉尘环境用电气设备　第 1 部分：通用要求》（GB 12476.1—2013）

《可燃性粉尘环境用电气设备　第 2 部分：选型和安装》（GB 12476.2—2010）

《可燃性粉尘环境用电气设备　第 3 部分：存在或可能存在可燃性粉尘的场所分类》（GB/T 12476.3—2017）

《高处作业吊篮》（GB/T 19155—2017）

《绝热用玻璃棉及其制品》（GB/T 13350—2017）

《建筑绝热用玻璃棉制品》（GB/T 17795—2019）

《混凝土机械锚栓》（JG/T 160—2017）

《擦窗机》（GB/T 19154—2017）

2　有关性能检测及验收规范、标准

《建筑工程施工质量验收统一标准》（GB 50300—2013）

《钢结构工程施工质量验收规范》（GB 50205—2020）

《铝合金结构工程施工质量验收规范》（GB 50576—2010）

《混凝土结构工程施工质量验收规范》（GB 50204—2015）（2021 年修订）

《建筑装饰装修工程施工质量验收规范》（GB 50210—2018）

《建筑幕墙工程施工质量验收规程》（DB34/T 3950—2021）

《铝塑复合板幕墙工程施工及验收规程》（CECS 231—2007）

《合成树脂幕墙装饰工程施工及验收规程》（CECS 157—2004）

《建筑节能工程施工质量验收标准》（GB 50411—2019）

《建筑物防雷工程施工与质量验收规范》（GB 50601—2010）

《防静电工程施工与质量验收规范》（GB 50944—2013）

《公共建筑节能检测标准》（JGJ/T 177—2009）

《居住建筑节能检测标准》（JG/T 132—2009）

《建筑隔声评价标准》（GB/T 50121—2005）

《建筑幕墙工程检测方法标准》（JGJ/T 324—2014）

《玻璃幕墙工程质量检验标准》（JGJ/T 139—2020）

《建筑幕墙气密、水密、抗风压性能检测方法》（GB/T 15227—2019）

《建筑采光顶气密、水密、抗风压性能检测方法》（GB/T 34555—2017）

《建筑幕墙动态风压作用下水密性能检测方法》（GB/T 29907—2013）

《建筑幕墙层间变形性能分级及检测方法》（GB/T 18250—2015）

《建筑幕墙和门窗抗风携碎物冲击性能分级及检测方法》（GB/T 29738—2013）

《玻璃幕墙和门窗抗爆炸冲击性能分级及检测方法》（GB/T 29908—2013）

《建筑幕墙抗震性能振动台试验方法》（GB/T 18575—2017）

《建筑幕墙面板抗地震脱落检测方法》（GB/T 39528—2020）

《建筑幕墙耐撞击性能分级及检测方法》（GB/T 38264—2019）

《建筑幕墙保温性能分级及检测方法》（GB/T 29043—2012）

《建筑玻璃 可见光透射比、太阳光直接透射比、太阳能总透射比、紫外线透射比及有关窗玻璃参数的测定》（GB/T 2680—2021）

《透光围护结构太阳得热系数检测方法》（GB/T 30592—2014）

《建筑用窗承受机械力的检测方法》（GB/T 9158—2015）

《建筑幕墙空气声隔声性能分级及检测方法》（GB/T 39526—2020）

《建筑门窗空气隔声性能分级及检测方法》（GB/T 8485—2008）

《建筑幕墙热循环试验方法》（JG/T 397—2012）

《双层玻璃幕墙热性能检测 示踪气体法》（GB/T 30594—2014）

《高层建筑物玻璃幕墙模拟雷击实验方法》（T/ASC 6001—2021）

《建筑用窗承受机械力的检测方法》（GB/T 9158—2015）

《门窗反复启闭耐久性试验方法》（GB/T 29739—2013）

《建筑光伏幕墙采光顶检测方法》（GB/T 38388—2019）

《玻璃幕墙面板牢固度检测方法》（GB/T 39525—2020）

《建筑门窗、幕墙中空玻璃性能现场检测方法》（JG/T 454—2014）

《建筑门窗玻璃幕墙热工性能现场检测规程》（T/CECS 811—2021）

《建筑玻璃幕墙粘接结构可靠性试验方法》（GB/T 34554—2017）

《玻璃幕墙粘结可靠性检测评估技术标准》（JGJ/T 413—2019）

《建筑幕墙安全性评估技术标准》（T/CECS 970—2021）

《结构装配用建筑密封胶试验方法》（GB/T 37126—2018）

《建筑防水材料老化试验方法》（GB/T 18244—2000）

《彩色涂层钢板和钢带试验方法》（GB/T 13448—2019）

《金属覆盖层　钢铁制件热浸镀锌层　技术要求及试验方法》（GB/T 13912—2020）

《合格评定　词汇和通用原则》（GB/T 27000—2006）

《合格评定　供方的符合性声明　第1部分：通用要求》（GB/T 27050.1—2006）

《合格评定　供方的符合性声明　第2部分：支持性文件》（GB/T 27050.2—2006）

《铝及铝合金阳极氧化氧化膜厚度的测量方法　第1部分：测量原则》（GB/T 8014.1—2005）

《铝及铝合金阳极氧化氧化膜厚度的测量方法　第2部分：质量损失法》（GB/T 8014.2—2005）

《铝及铝合金阳极氧化氧化膜厚度的测量方法　第3部分：分光束显微镜法》（GB/T 8014.3—2005）

《金属材料　拉伸试验　第1部分：室温试验方法》（GB/T 228.1—2010）

《金属材料　拉伸试验　第2部分：高温试验方法》（GB/T 228.2—2015）

《天然石材试验方法　第1部分：干燥、水饱和、冻融循环后压缩强度试验》（GB/T 9966.1—2020）

《天然石材试验方法　第2部分：干燥、水饱和、冻融循环后弯曲强度试验》（GB/T 9966.2—2020）

《天然石材试验方法　第3部分：吸水率、体积密度、真密度、真气孔率试验》（GB/T 9966.3—2020）

《天然石材试验方法　第4部分：耐磨性试验》（GB/T 9966.4—2020）

《天然石材试验方法　第5部分：硬度试验》（GB/T 9966.5—2020）

《天然石材试验方法　第6部分：耐酸性试验》（GB/T 9966.6—2020）

《天然石材试验方法　第7部分：石材挂件组合单元挂装强度试验》（GB/T 9966.7—2020）

《天然饰面石材试验方法　第8部分：用均匀静态压差检测石材挂装系统结构强度试验方法》（GB/T 9966.8—2008）

《硫化橡胶或热塑性橡胶撕裂强度的测定（裤形、直角形和新月形试样)》（GB/T 529—2008）

《绿色建筑评价标准》（GB/T 50378—2019）

《绿色建材评价　建筑幕墙》（T/CECS 10027—2019）

《绿色建材评价　门窗幕墙用型材》（T/CECS 10041—2019）

《绿色建材评价　建筑门窗及配件》（T/CECS 10026—2019）

3　有关既有建筑幕墙规范、标准

《既有玻璃幕墙安全性检测与鉴定技术规程》（DB11/T 1812—2020）［北京］

《既有建筑幕墙安全性鉴定技术规程》（DB34/T 3752—2020）［安徽］

《既有建筑幕墙安全检查技术规程》（T/CECS 990—2022）

《既有建筑幕墙可靠性能检验评估技术规程》（DB21/T 1999—2012）［辽宁］

《既有建筑幕墙可靠性检验评估技术规程》（DB32/T 3697—2019）［江苏］

《既有玻璃幕墙可靠性能检测评估技术规范》（DB34/T 1631—2012）［安徽］

《既有建筑幕墙可靠性鉴定技术规程》（DB42/T 1709—2021）［湖北］

《既有建筑幕墙改造技术规程》（T/CBDA 30—2019）

《既有门窗幕墙玻璃微中空改造技术规程》（T/CECS 573—2019）

《既有建筑幕墙工程维修技术规程》（DB21/T 3383—2021）［辽宁］

《既有幕墙维护维修技术规程》（T/CECS 863—2021）

《既有建筑幕墙安全检查技术规程》（T/CECS 990—2022）

4 有关建筑门窗规范、标准

《建筑门窗术语》（GB/T 5823—2008）

《建筑门窗洞口尺寸协调要求》（GB/T 30591—2014）

《建筑门窗洞口尺寸系列》（GB/T 5824—2021）

《防火卷帘、防火门、防火窗施工及验收规范》（GB 50877—2014）

《铝合金门窗工程技术规范》（JGJ 214—2010）

《建筑门窗附框应用技术规程》（T/CECS 996—2022）

《建筑门窗附框技术要求》（GB/T 39866—2021）

《建筑门窗智能控制系统通用技术要求》（T/CADBM 26—2020）

《建筑门窗自动控制系统通用技术要求》（JG/T 458—2014）

《建筑门窗玻璃幕墙热工计算规程》（JGJ/T 151—2008）

《铝合金门窗工程设计、施工及验收规范》（DBJ 15—30—2002）［广东］

《民用建筑门窗安装及验收规程》（DBJ 50—065—2007）［重庆］

《住宅建筑门窗应用技术规范》（DBJ 01—79—2004）［北京］

《民用建筑门窗技术规程》（DB21/T 3113—2019）［辽宁］

《居住建筑门窗工程技术规范》（DB11/ 1028—2013）［北京］

《建筑门窗工程检测技术规程》（JGJ/T 205—2010）

《建筑外门窗气密、水密、抗风压性能分级及检测方法》（GB/T 7106—2019）

《门在地震引起对角变形时的开启性能测试方法》（Test method of doorset opening performance in diagonal deformation-Seismic aspects）（ISO 15822—2007）

《建筑幕墙和门窗抗风携碎物冲击性能分级及检测方法》（GB/T 29738—2013）

《玻璃幕墙和门窗抗爆炸冲击性能分级及检测方法》（GB/T 29908—2013）

《建筑外门窗保温性能分级及检测方法》（GB/T 8484—2020）

《建筑玻璃 可见光透射比、太阳光直接透射比、太阳能总透射比、紫外线透射比及有关窗玻璃参数的测定》（GB/T 2680—2021）

《建筑门窗遮阳性能检测方法》（JG/T 440—2014）

《建筑门窗力学性能检测方法》（GB/T 9158—2015）

《建筑门窗空气隔声性能分级及检测方法》（GB/T 8485—2008）

《建筑外窗采光性能分级及检测方法》（GB/T 11976—2015）

《建筑门窗防沙尘性能分级及检测方法》（GB/T 29737—2013）

《整樘门 垂直荷载试验》（GB/T 29049—2012）

《平开门和旋转门 抗静扭曲性的测定》（GB/T 29530—2013）

《门窗反复启闭耐久性试验方法》（GB/T 29739—2013 ）

《整樘门 软重物体撞击试验》（GB/T 14155—2008）

《建筑门窗耐候性能试验方法》（GB/T 39524—2020）

《镶玻璃构件耐火试验方法》（GB/T 12513—2006）

《建筑门窗耐火完整性试验方法》（GB/T 38252—2019）

《建筑门窗、幕墙中空玻璃性能现场检测方法》（JG/T 454—2014）

《建筑门窗玻璃幕墙热工性能现场检测规程》（T/CECS 811—2021）

《建筑门窗及幕墙用玻璃术语》（JG/T 354—2012）

《平板玻璃》（GB 11614—2009）

《半钢化玻璃》（GB/T 17841—2008）

《中空玻璃》（GB/T 11944—2012）

《镀膜玻璃 第 1 部分：阳光控制镀膜玻璃》（GB/T 18915.1—2013）

《镀膜玻璃 第 2 部分：低辐射镀膜玻璃》（GB/T 18915.2—2013）

《建筑用安全玻璃 第 1 部分：防火玻璃》（GB 15763.1—2009）

《建筑用安全玻璃 第 2 部分：钢化玻璃》（GB 15763.2—2005）

《建筑门窗幕墙用钢化玻璃》（JG/T 455—2014）

《建筑门窗用铝塑共挤型材》（JG/T 437—2014）

《建筑门窗用木型材》（JC/T 2569—2020）

《建筑用隔热铝合金型材》（JG/T 175—2011）

《建筑门窗用未增塑聚氯乙烯彩色型材》（JG/T 263—2010）

《铝合金建筑型材 第 1 部分：基材》（GB/T 5237.1—2017）

《铝合金建筑型材 第 2 部分：阳极氧化型材》（GB/T 5237.2—2017）

《铝合金建筑型材 第 3 部分：电泳涂漆型材》（GB/T 5237.3 2017）

《铝合金建筑型材 第 4 部分：喷粉型材》（GB/T 5237.4 2017）

《铝合金建筑型材 第 5 部分：喷漆型材》（GB/T 5237.5—2017）

《铝合金建筑型材 第 6 部分：隔热型材》（ GB/T 5237.6—2017）

《铝及铝合金阳极氧化膜与有机聚合物膜 第 1 部分：阳极氧化》（GB/T 8013.1—2018）

《铝及铝合金阳极氧化膜与有机聚合物膜 第 2 部分：阳极氧化复合膜》（GB/T 8013.2—2018）

《铝及铝合金阳极氧化膜与有机聚合物膜 第 3 部分：有机聚合物涂膜》（GB/T 8013.3—2018）

《建筑门窗扇开、关方向和开、关面的标志符号》（GB 5825—1986）

《铝合金门窗》（GB/T 8478—2020）

《铝合金门插销》（QB/T 3885—1999）

《平开铝合金窗执手》（QB/T 3886—1999）

《铝合金窗撑挡》（QB/T 3887—1999）

《铝合金窗不锈钢滑撑》（QB/T 3888—1999）

《铝合金门窗拉手》（QB/T 3889—1999）

《铝合金门窗锁》（QB/T 5338—2018）

《推拉铝合金门用滑轮》（QB/T 3892—1999）

《轴承铰链》（QB/T 4063—2010）

《自动门》（JG/T 177—2005）

《地弹簧》（QB/T 2697—2013）

《防火窗》（GB 16809—2008）

《防火门》（GB 12955—2015）

《闭合器》（QB/T 2698—2013）

《建筑门窗五金件 通用要求》（GB/T 32223—2015）

《建筑门窗五金件 旋压执手》（JG/T 213—2017）

《建筑门窗五金件 传动机构用执手》（JG/T 124—2017）

《建筑门窗五金件 合页（铰链）》（JG/T 125—2017）

《建筑门窗五金件 传动锁闭器》（JG/T 126—2017）

《建筑门窗五金件 滑撑》（JG/T 127—2017）

《建筑门窗五金件 撑挡》（JG/T 128—2017）

《建筑门窗五金件 滑轮》（JG/T 129—2017）

《建筑门窗五金件 单点锁闭器》（JG/T 130—2017）

《建筑门窗五金件 插销》（JG/T 214—2017）

《建筑门窗五金件 多点锁闭器》（JG/T 215—2017）

《建筑门窗五金件 双面执手》（JG/T 393—2012）

《紧固件 铆钉用通孔》（GB/T 152.1—1988）

《紧固件 沉头螺钉用沉孔》（GB/T 152.2—2014）

《建筑门窗内平开下悬五金系统》（JG/T 168—2004）

《钢塑共挤门窗》（JG/T 207—2007）

《电动采光排烟天窗》（JG/T 189—2006）

《建筑门窗用通风器》（JG/T 233—2017）

《建筑铝合金型材用聚酰胺隔热条》（JG/T 174—2014）

《埋弧焊用非合金钢及细晶粒钢实心焊丝、药芯焊丝和焊丝—焊剂组合分类要求》（GB/T 5293—2018）

《建筑门窗用组角结构密封胶》（JC/T 2560—2020）

《建筑窗用弹性密封胶》（JC/T 485—2007）

《建筑门窗幕墙用中空玻璃弹性密封胶》（JG/T 471—2015）

《中空玻璃用丁基热熔密封胶》（JC/T 914—2014）

《聚氯乙烯（PVC）门窗固定片》（JG/T 132—2000）

《建筑门窗、幕墙用密封胶条》（GB/T 24498—2009）

《建筑门窗复合密封条》（JG/T 386—2012）

《建筑门窗密封毛条》（JC/T 635—2011）

参 考 文 献

[1] 罗忆，黄圻，刘忠伟．建筑幕墙设计与施工 [M]．2 版．北京：化学工业出版社，2011.

[2] 张芹．建筑幕墙与采光顶设计施工手册 [M]．3 版．北京：中国建筑工业出版社，2012.

[3] 王洪涛．建筑幕墙物理性能及检测技术 [M]．北京：化学工业出版社，2010.

[4] 丁大钧．薄板按弹性和塑性理论计算 [M]．南京：东南大学出版社，1991.

[5] 建筑结构静力计算手册编写组．建筑结构静力计算手册 [M]．2 版．北京：中国建筑工业出版社，1998.

[6] 赵西安．中国幕墙三十年 [J]．建筑技艺，2012，18（6）：121-129.

[7] 王璐．高层玻璃建筑的风格演变 [J]．中外建筑，2010，16（11）：76-80.

[8] 艾英旭．"水晶宫"的建筑创新启示 [J]．华中建筑，2009，27（7）：213-215.

[9] 曹勇，画与思——重读密斯·凡·德·罗的建筑表现 [J]．建筑师，2008（1）：36-46.

[10] 德国博览会公司办公大楼，汉诺威，德国 [J]．世界建筑，2007（6）：66-72.

[11] 德克萨斯沃斯堡城市中心大厦，美国 [J]．世界建筑，1990（4）：48-49.

[12] 沈凤鸾．长城饭店的玻璃幕墙 [J]．建筑学报，1984（5）：31-33.

[13] 香港中国银行大厦 [J]．世界建筑，1988（1）：15-17.

[14] 戴庆峰．建筑玻璃幕墙的发展趋势——呼吸幕墙 [J]．安徽建筑，2006，13（6）：128-130.

[15] 听雨．瑞士再保险塔 高科技"让子弹飞" [J]．工业设计，2011（Z1）：24-29.

[16] 项家贵，宋文训，周光明，等．中国国际贸易中心工程玻璃幕墙安装施工 [J]．建筑技术，1990，21（4）：41-44.

[17] 思思．北京京广中心大厦 [J]．建筑知识，1989（6）：9.

[18] 吕琢．对话与共生——北京天文馆新馆建筑设计 [J]．建筑学报，2003（11）：59-61.

[19] 王弄极，包志禹．用建筑书写历史——北京天文馆新馆 [J]．建筑学报，2005（3）：36-41.

[20] 上海东方明珠广播电视塔，中国 [J]．世界建筑，1996（3）：50-51.

[21] 范毓庆．上海环球金融中心塔楼单元式幕墙安装技术 [J]．安徽建筑，2008，15（4）：66-67，74.

[22] 程华旭．上海环球金融中心塔楼幕墙 TOT 安装技术 [J]．安徽建筑，2008，15（5）：55-57.

[23] 南京紫峰大厦，南京，中国 [J]．城市建筑，2008（10）：72-73.

[24] 张华，杨江华．广州西塔单元式幕墙系统设计与施工技术 [J]．城市建设，2010（总64）：366-368.

[25] 谷再平．深圳京基金融中心设计 [J]．建筑学报，2012（7）：81.

[26] 陈卫群，吴树甜，梁隽，等．技术与艺术的完美结合——广州塔幕墙设计 [J]．建筑技艺，2011（Z3）：228-231.

[27] 梁隽，吴树甜，陈卫群，等．广州塔 [J]．建筑创作，2010（12）：40-55.

[28] 龙文志．超高层（上海中心）幕墙设计分析与讨论（上）[J]．门窗，2012（4）：1-10.

[29] 龙文志．超高层（上海中心）幕墙设计分析与讨论（下）[J]．门窗，2012（5）：1-13.

[30] 何志军．上海中心幕墙支撑结构设计概况（下）[J]．结构工程师，2014，30（01）：1-6.

[31] 胡殷，何志军，丁洁明．上海中心大厦支撑结构体的选型分析 [J]．结构工程师，2011，27（5）：1-5.

[32] 龙文志．上海世博会建筑幕墙简介与启动 [J]．门窗，2010（7）：1-10.

[33] 罗亿．国家大剧院钛饰金属屋面解析 [J]．建筑，2005（10）：66-68.

[34] 林飞燕，高力峰．解读国家大剧院 [J]．华中建筑，2008，26（7）：15-18.

[35] 保罗·安德鲁．中国国家大剧院 [J]．建筑创作，2002（1）：8-17.

[36] 陈先明，赵志雄，张欣．国家游泳中心（水立方）ETFE 膜结构技术在水立方中的应用 [J]．建筑技

术，2008，39（3）：195-198.

[37] 邵韦平．首都机场 T3 航站楼设计［J］．建筑学报，2008（5）：1-13.

[38] 花定兴，王飞勇．昆明新机场航站楼幕墙工程新技术介绍［C］.2012 年全国铝门窗幕墙行业年会论文，68-72.

[39] 赵西安．迪拜哈利法塔的幕墙［J］．建筑科学，2010，26（9）：91-94.

[40] 凌吉，陈峻．中国中央电视台（CCTV）新台址工程玻璃幕墙设计［J］．上海建设科技，2006（2）：38-40.

[41] 龙文志．央视新厦 CCTV 大楼及幕墙设计解读（一）反建筑的建筑、反幕墙的幕墙［J］．门窗，2014（6）：4-9

[42] 龙文志．央视新厦 CCTV 大楼及幕墙设计解读（二）反建筑的建筑、反幕墙的幕墙［J］．门窗，2014，（7）：5-10.

[43] 龙文志．央视新厦 CCTV 大楼及幕墙设计解读（三）反建筑的建筑、反幕墙的幕墙［J］．门窗，2014（8）：1-6.

[44] 王利峰．凤凰国际传媒中心鱼鳞式幕墙单元框架加工组装技术［J］．建筑，2013（10）：59-60.

[45] 王元清，孙芬，石永久，等．北京土城电话局点支式玻璃幕墙柔性支承体系的设计分析［J］，工业建筑，2005，35（2）：29-31.

[46] 周桂林．全玻玻璃幕墙稳定性研究［D］．南京：东南大学，2008.

[47] 常华．拉索式点连接全玻璃幕墙的设计与结构分析［D］．太原：太原理工大学，2005.

[48] 刘杰，王乐文，陈珊．北京新保利大厦设计［J］．建筑学报，2009（7）：49.

[49] 刘晓烽，李硕．点支式玻璃幕墙格构式钢结构支承构件的设计［J］．钢结构，2002，17（6）：13-15.

[50] 郭彦林，郭宇飞．预应力自平衡索桁架的承载性能研究［J］．空间结构，2008，14（3）：41-46.

[51] 刘军进，吕志涛．预应力索桁架在玻璃幕墙支承体系中的应用［J］．建筑结构，2001，31（6）：59-62.

[52] 赵西安．四川汶川大地震中建筑物玻璃窗和玻璃幕墙抗震性能的初步分析［J］．建筑技术，2008，39（11）：822-825.

[53] 赵西安．青海玉树地震中的玻璃窗和玻璃幕墙［J］．中国建筑金属结构，2010（5）：23-28.

[54] 赵西安．四川芦山地震中的玻璃窗和建筑幕墙［J］．门窗，2013（6）：18-22.

[55] 黄宝锋，卢文胜，曹文清．建筑幕墙抗震性能指标探讨［J］．土木工程学报，2009，42（9）：7-12.